量子力学選書

坂井典佑・筒井　泉 監修

多粒子系の量子論

立命館大学教授

理学博士

藪　博之 著

裳　華　房

QUANTUM THEORY OF MANY - PARTICLE SYSTEMS

by

Hiroyuki YABU, Dr. Sci.

SHOKABO

TOKYO

刊 行 趣 旨

現代物理学を支えている，宇宙・素粒子・原子核・物性の各分野の理論的骨組みの多くは，20 世紀初頭に誕生した量子力学によって基礎付けられているといっても過言ではありません．そして，その後の各分野の著しい発展により，最先端の研究においては量子力学の原理の理解に加え，それを十分に駆使することが必須となっています．また，量子情報に代表される新しい視点が 20 世紀末から登場し，量子力学の基礎研究も大きく進展してきています．そのため，大学の学部で学ぶ量子力学の内容をきちんと理解した上で，その先に広がるさらに一歩進んだ理論を修得することが求められています．

そこで，こうした状況を踏まえ，主に物理学を専攻する学部・大学院の学生を対象として，「量子力学」に焦点を絞った，今までにない新しい選書を刊行することにしました．

本選書は，学部レベルの量子力学を一通り学んだ上で，量子力学を深く理解し，新しい知識を学生が道具として使いこなせるようになることを目指したものです．そのため，各テーマは，現代物理学を体系的に修得する上で互いに密接な関係をもったものを厳選し，なおかつ，各々が独立に読み進めることができるように配慮された構成となっています．

本選書が，これから物理学の各分野を志そうという読者の方々にとって，良き「道しるべ」となることを期待しています．

坂井典佑
筒井　泉

はじめに

1928年，ディラックは，今日ディラック方程式とよばれる電子の相対論的な波動方程式を提出した[†1]．この方程式は，電子のもつスピン角運動量を説明するなど電子の多くの性質を説明したが，いくらでも大きい負のエネルギー状態が現れるため，電磁場などの相互作用があると，電子の安定な状態が存在しないという深刻な問題があった．ディラックは1930年に，真空の状態において負のエネルギー状態はすべて1個ずつの電子で占拠されており，電子が正のエネルギー状態につけ加わっても，パウリの排他原理のために負のエネルギー状態には遷移できず真空状態ともども安定である，としてこの問題の解決を提案した[†2]．真空状態にうごめく負のエネルギー電子は何もしないわけではなく，エネルギーを受け取って正のエネルギー状態に遷移すると空席状態が生じ，それは正の電荷をもつ粒子のように振舞う．

1932年，アンダーソンは宇宙線中に正の電荷をもつ陽電子を発見し[†3]，ディラックの理論の正しさが証明された．物理学の歴史の有名な一コマである．これにより，電子の安定性は確保されたが，1個の電子（あるいは0個でさえも）を考えることは，真空状態にうごめく無限個の電子も合わせて考えなくてはならない多体問題となった．いくらか過剰な表現をするならば，分子や物質など元来たくさんの粒子からなる系のみならず，何でも多粒子問題になってしまったのである

このことからすれば，多粒子系の量子力学というのはすべての物理を含むということになるのかもしれない．しかしながら，すべての物理を解説する本を書くということは実際上不可能であるし，そもそも非才な著者にそんな能力は全くない．また，電磁場に対して光子という粒子が存在するように，

†1　P. A. M. Dirac：Proc. Roy. Soc. **A117** (1928) 610.
†2　P. A. M. Dirac：Proc. Roy. Soc. **A126** (1931) 360.
†3　C. D. Anderson：Phys. Rev. **43** (1933) 491.

場と粒子の対応ということがある．場を量子化すると，一般に粒子の多体状態が記述される．すなわち，場の量子論と多粒子系の量子力学は広い意味では同じものといえる．場の量子論については本シリーズを含めて多くのすぐれた著述が存在する．

これらのことを踏まえて，本書は，通常の量子力学のコースで主に取り扱われる1粒子や2粒子の量子力学から出発して，同種粒子系の対称性を踏まえた上で，多粒子系の多体波動関数を導入，それが第2量子化とよばれる多粒子系を扱うのによく用いられる方法と等価であることを示すという記述をとった．そして，相互作用する多粒子系を取り扱う基本的な方法について紹介した後，最後に場の量子論との等価性を議論した．これは，ある意味において場の量子論の行き方の逆コースになっている．量子力学的にいえば相補的といえるかもしれない．

通常の量子力学から出発することもあり，取り扱った内容は非相対論的な量子力学から始めた．読者は，通常の量子力学のコースで取り扱われる内容，確率振幅と波動関数，束縛状態と散乱状態，演算子と固有値，軌道角運動量とスピン，などの基本的な事柄については知っているものとするが，本書の最初の部分に簡単なまとめを書いておいた．また，本文中で用いることのある，演算子の計算式，ルジャンドル関数と球面調和関数，スピン角運動量，ルジャンドルの未定係数法，については付録でやや詳しく述べた．

本書では，多粒子系のさまざまな現代的な応用や計算法を広く述べるよりは，粒子対称性，多体波動関数，第2量子化の方法といった多粒子系の量子力学の基本的な考え方を詳しく説明すること，それから，ハートリー－フォック近似，乱雑位相近似，摂動法，といった基本的な計算法の考え方について説明すること，に重点をおいた．各部分においては，実際的な例をできるだけさまざまな領域，すなわちクォーク模型，核物質，電子ガス模型，ボース－アインシュタイン凝縮，などからとった．これらの例は，各分野の研究内容とその発展を紹介するというよりは，多粒子系の量子力学の考え方の例として議論した．有名ではあるが，古典的な研究から紹介したものがほとんどである．それぞれの物理分野をきちんと理解するためには，さまざまな基礎知識を必要とし，また古典的な段階から現代に至るまではさまざまな発展があるわけであるが，それらについてはほとんど触れることはできなかった．この点，中途半端になってしまったのではないかということを恐れる．簡単な歴史的事柄を各章末にコラムとして述べた．しかしながら，歴史というものは実際には複雑な発展過程をとるものであり，思わぬ考え違いということもあるかもしれない．そのような点については，歴史についてよくご存知の方のご教示を願えれば幸いである．

本書における数式の導出は，計算をできるだけ省略せず丁寧に行った．そのために，かなり長い計算となってしまった場合もある．計算の細部により全体が見えにくくなる場合には，詳細を付録に回した場合も多い．計算はなるべく少ない労力でやれるように工夫したつもりであるが，辛抱強くつき合っていただけることを願う．

ここで，用語について1点だけお断りしておきたい．本書では，多粒子（系）および多体（系）という用語が共に用いられている．これらの用語は同じ意味で用いられることも多いが，多体（系）の方が意味が広く，粒子以外にも多自由度の意味で用いられる．よって多自由度の意味が強い場合には慣用にも従って，多体問題や多体波動関数など，多体（系）を用いた。その反面，多体系の量子力学としてしまうと類書の内容からも無限個数の無限系というイメージが強いので，小数有限の系の内容を含みづらく，広く本書の取り扱う内容を表す場合には多粒子（系）を用いた。このことにより，不用の混乱が生じないことを願うものである。

読者が多体系の物理学に興味をもち，本書がそれを学ぶ上で出発点となり少しでも役立てば著者の喜びである．

本書を執筆する機会を与えていただき，また遅れがちな原稿を辛抱強く待っていただいた，監修者の坂井典佑氏と筒井泉氏，裳華房の石黒浩之氏に厚くお礼を申し上げたい．監修者からは，原稿における数多くの誤りを訂正していただくと共に多くの貴重な意見をいただいた．また，鈴木徹氏（前首都大学東京）と仲野英司氏（高知大学）からも貴重な意見をいただいた．お礼を申し上げたい．特に，鈴木徹氏の立命館大学集中講義での講義ノートは本書を執筆する上で非常に啓発的であり，本書の執筆にあたって鈴木氏の了解のもと一部分参考にさせていただいた．立命館大学理工学部物理科学科の院生諸君からはゼミの場で貴重な意見をいただき，お礼を申し上げたい．最後に，この本の執筆にあたって大きな支えとなってくれた，妻真裕美と長男貴幸に感謝の意を表したい．

2016年10月

藪　博之

目　　次

1．多体系の波動関数

2．自由粒子の多体波動関数

3．第2量子化

4．フェルミ粒子多体系と粒子空孔理論

5．ハートリー－フォック近似

6．乱雑位相近似と多体系の励起状態

7. ボース粒子多体系とボース - アインシュタイン凝縮

8．摂動法の多体系量子論への応用

9．場の量子論と多粒子系の量子論

付 録

コ　ラ　ム

第1章 多体系の波動関数

この章では，通常の量子力学の過程で扱われる1体および2体の量子力学を，記号や用語の説明を兼ねて，簡単に復習した後，その拡張として多体系の波動関数を導入する．次に，古典系にはない量子力学に特有の概念として，同じ種類の粒子からなる同種粒子系の概念を紹介し，ボース粒子とフェルミ粒子について述べる．さらに，同種粒子系の対称性として，粒子の置換群の作用と置換対称性について議論する．最後に，対称群の作用を用いて多体波動関数を構成する例として，クォーク模型によるバリオン波動関数を紹介する．

1.1 量子力学の1体問題

粒子1個の量子力学を簡単に述べる[†1]．これを1体系の量子力学という．

1.1.1 確率振幅と波動関数

古典力学においては，粒子の状態を位置 $\boldsymbol{x}$ と運動量 $\boldsymbol{p} = m\boldsymbol{v}$ を変数に用いて表し，粒子の運動は状態の時間変化 $(\boldsymbol{x}(t), \boldsymbol{p}(t))$ により表される．量子力学では，不確定性関係により位置や運動量が同時に任意の精度で測定できないため，『状態 ϕ にある ⇒ 状態 φ にある』[†2] といった過程を考えて，それに対して**確率振幅** (probability amplitude) $\langle \varphi | \phi \rangle$ という複素数を対応させ

†1　量子力学の標準的な内容については文献 [1]，[2]，[3]，[4] などを参照．

†2　ϕ や φ は，粒子が位置 $\boldsymbol{x}$ にある，運動量 $\boldsymbol{p}$ をもつ，エネルギー E をもつ，などの状態．

る．確率振幅 $|\langle\phi|\psi\rangle|^2$ は，その過程が観測される確率であるという物理的意味をもち，次の性質を満たす．

$$\langle\phi|\psi\rangle^* = \langle\psi|\phi\rangle$$

今，粒子の位置の測定を行う過程『状態 ψ にある ⇒ 位置 $\boldsymbol{x}$ にある』に対応する確率振幅を $\langle\boldsymbol{x}|\psi\rangle$ と書くことにする．これを $\boldsymbol{x}$ の関数と考えて $\psi(\boldsymbol{x})=\langle\boldsymbol{x}|\psi\rangle$ としたものを**波動関数**（wave function）（あるいは状態関数）という．確率振幅の定義から $|\psi(\boldsymbol{x})|^2$ に微小な体積 $\varDelta^3\boldsymbol{x}$ を掛けたもの $|\psi(\boldsymbol{x})|^2\varDelta^3\boldsymbol{x}$ は，状態 ψ にある粒子に対して位置の測定を行った時，位置 $\boldsymbol{x}$ の周りの体積 $\varDelta^3\boldsymbol{x}$ の領域に粒子が観測される確率を表す．$|\psi(\boldsymbol{x})|^2$ は確率密度である．確率と確率密度の違いは，$\boldsymbol{x}$ が連続値変数であることから来る．すべての $\boldsymbol{x}$ に対して $\psi(\boldsymbol{x})$ がわかれば，それは状態 ψ を決定することに等しい．このことにより，波動関数 $\psi(\boldsymbol{x})$ を状態 ψ と同一視するのが普通である．

状態 ψ と ϕ に対する波動関数が $\psi(\boldsymbol{x})$ と $\phi(\boldsymbol{x})$ で与えられた時，『状態 ψ にある ⇒ 状態 ϕ にある』[†3] ことに対する確率振幅 $\langle\phi|\psi\rangle$ は，

$$\langle\phi|\psi\rangle = \int_V d^3\boldsymbol{x}\,\langle\phi|\boldsymbol{x}\rangle\langle\boldsymbol{x}|\psi\rangle = \int_V d^3\boldsymbol{x}\,\phi^*(\boldsymbol{x})\psi(\boldsymbol{x}) \tag{1.1}$$

により与えられる．これは，『状態 ψ にある ⇒ 位置 $\boldsymbol{x}$ にある状態 ⇒ 状態 ϕ にある』という位置 $\boldsymbol{x}$ の状態を中間に含む複合的な過程[†4] に対して，$\langle\phi|\boldsymbol{x}\rangle\times\langle\boldsymbol{x}|\psi\rangle$ という確率振幅の積が対応し，これをすべての中間の状態 $\boldsymbol{x}$ について加え合わせた（この場合は積分すること）ものは，中間の状態を考えない『状態 ψ にある ⇒ 状態 ϕ にある』に等しいからである．これを確率振幅の**重ね合わせの原理**（superposition principle）という．(1.1) に現れた関数の積の積分を関数 $\phi(\boldsymbol{x})$ と $\psi(\boldsymbol{x})$ の内積という．一般に，領域 V における関数 $f(\boldsymbol{x})$ と $g(\boldsymbol{x})$ の内積 $\langle f|g\rangle$ を次のように定義する．

$$\langle f|g\rangle = \int_V d^3\boldsymbol{x}\,f^*(\boldsymbol{x})g(\boldsymbol{x}) \tag{1.2}$$

状態 ψ は一般に時間が経つと変わる．よって，波動関数も時間と共に変化

---

†3　すなわち，『状態 ψ にある粒子に対して，状態 ϕ を測定する』こと．

†4　中間の位置 $\boldsymbol{x}$ の状態については実際に観測しない．

する．これを時間に依存する波動関数とよび，$\psi(\boldsymbol{x}, t)$ と表す．

この粒子は領域 V（体積も V とする）の中に存在するとし，生成消滅しないとすれば，任意の時間 t においてこの粒子を領域 V の内部で観測する確率は1である（どこかに必ずいる）．よって通常，波動関数は規格化条件

$$\int_V |\psi(\boldsymbol{x}, t)|^2 \, d^3\boldsymbol{x} = 1 \tag{1.3}$$

を満たすように与えられる[†5]．内積 (1.2) を用いれば，規格化条件 (1.3) は次のように書くことができる．

$$\langle \psi | \psi \rangle = 1 \tag{1.4}$$

1.1.2 観測量と演算子，交換関係

量子力学においては，状態 ψ に対応した波動関数 $\psi(\boldsymbol{x})$ を決定[†6]するために，位置 $\boldsymbol{x}$ や運動量 $\boldsymbol{p}$ といった観測量 A に対して，波動関数に作用する演算子 $\hat{A}$ を対応させる．位置 $\boldsymbol{x}$ や運動量 $\boldsymbol{p}$ という古典力学における正準変数に対しては，解析力学に現れるポアソンの括弧式 $\{A, B\}_{\mathrm{PB}}$ に演算子の交換関係を

$$\{A, B\}_{\mathrm{PB}} \;\to\; \frac{1}{i\hbar}[\hat{A}, \hat{B}] = \frac{1}{i\hbar}(\hat{A}\hat{B} - \hat{B}\hat{A})$$

のように対応させる．これを**正準量子化** (canonical quantization)[†7] とよぶ．

ここで，位置 x_i と座標 p_i の**ポアソンの括弧式** (Poisson bracket) は，

$$\{x_i, x_j\}_{\mathrm{PB}} = \{p_i, p_j\}_{\mathrm{PB}} = 0, \qquad \{x_i, p_j\}_{\mathrm{PB}} = \delta_{i,j}$$

であるから，対応する演算子 $\hat{x}_i$ と $\hat{p}_j$ は，交換関係

$$\left.\begin{array}{c} \hat{x}_i\,\hat{x}_j - \hat{x}_j\,\hat{x}_i = [\hat{x}_i, \hat{x}_j] = 0, \qquad \hat{p}_i\,\hat{p}_j - \hat{p}_j\,\hat{p}_i = [\hat{p}_i, \hat{p}_j] = 0 \\ \hat{x}_i\,\hat{p}_j - \hat{p}_j\,\hat{x}_i = [\hat{x}_i, \hat{p}_j] = i\hbar\delta_{i,j} \end{array}\right\} \tag{1.5}$$

---

†5 無限に広がる平面波状態や，散乱状態のように規格化できない波動関数を扱うこともある．

†6 しばらくの間，時間 t 依存性は考えないことにする．

†7 正準量子化については，場の量子化に関係して9.1節で再び議論する．

に従う．この交換関係を満たし，波動関数 $\psi(\boldsymbol{x}, t)$ に作用するものとして次の演算子がある．

$$\hat{\boldsymbol{x}} = \boldsymbol{x} = (x, y, z), \qquad \hat{\boldsymbol{p}} = \frac{\hbar}{i}\nabla = \left(\frac{\hbar}{i}\frac{\partial}{\partial x}, \frac{\hbar}{i}\frac{\partial}{\partial y}, \frac{\hbar}{i}\frac{\partial}{\partial z}\right) \tag{1.6}$$

なお，$\hat{\boldsymbol{x}}$ は $\boldsymbol{x}$ の関数 $\psi(\boldsymbol{x}, t)$ に変数 $\boldsymbol{x}$ を掛けて関数 $\boldsymbol{x}\psi(\boldsymbol{x}, t)$ を作る演算子，$\hat{\boldsymbol{p}}$ は関数 $\psi(\boldsymbol{x}, t)$ を微分する演算子である．

観測量 A の観測を行った時に得られる値 a とそれに対応する状態 ϕ_a は，対応する演算子 $\hat{A}$ の固有値と固有状態として

$$\hat{A}\phi_a = a\phi_a \tag{1.7}$$

のように決定される．観測量に対応する演算子 $\hat{A}$ は，観測量が実数でなければならないことから，$\hat{A}^\dagger = \hat{A}$ を満たすエルミート演算子でなければならない．状態 ψ にある粒子に対して，観測量 A を測定すれば $\hat{A}$ の固有値のいずれかの値 a が得られ，粒子の状態は固有状態 ϕ_a となる．この過程の確率振幅は $\langle\phi_a|\psi\rangle$ であるから，観測値 a が観測される確率は $|\langle\phi_a|\psi\rangle|^2$ である．よって，この観測を多数繰り返した時に得られる観測値の期待値 $\langle A\rangle$ は，次のようになる．

$$\langle\hat{A}\rangle = \sum_a a\,|\langle\phi_a|\psi\rangle|^2 \tag{1.8}$$

1.1.3　平面波状態

領域 V における，運動量演算子 $\hat{\boldsymbol{p}}$ の固有値 $\boldsymbol{p} = \hbar\boldsymbol{k}$（ド・ブロイの関係式）と固有状態 $\phi_k(\boldsymbol{x})$

$$\hat{\boldsymbol{p}}\phi_k(\boldsymbol{x}) = \frac{\hbar}{i}\nabla\phi_k(\boldsymbol{x}) = \hbar\boldsymbol{k}\phi_k(\boldsymbol{x}) \tag{1.9}$$

を考える．これより，$\phi_k(\boldsymbol{x}) = Ae^{i\boldsymbol{kx}}$ となる．これは波数 $\boldsymbol{k}$ の平面波を表す関数と同型であるので，**平面波状態**（**plane - wave state**）とよばれる．A は規格化定数である．

今，粒子が存在する領域 V を 1 辺が長さ L の立方体とする．箱の境界で

周期的境界条件

$$\left.\begin{array}{c} \phi_k(0, y, z) = \phi_k(L, y, z), \qquad \phi_k(x, 0, z) = \phi_k(x, L, z) \\ \phi_k(x, y, 0) = \phi_k(x, y, L) \end{array}\right\} \tag{1.10}$$

を満たすように $\phi_k(\boldsymbol{x})$ を決めれば，波数 $\boldsymbol{k}$ は，

$$\boldsymbol{k} = \left(\frac{2\pi}{L}n_x, \frac{2\pi}{L}n_y, \frac{2\pi}{L}n_z\right) \quad (n_x, n_y, n_z = 0, \pm 1, \pm 2, \cdots) \tag{1.11}$$

となり，波数 $\boldsymbol{k}$ の空間で間隔 $2\pi/L$ の格子点のみが固有値として許される．(1.11) の n_x, n_y, n_z のような，量子力学において状態や物理量を区別する指標となる数一般を**量子数**（**quantum number**）という．必要に応じて $L \to \infty$ の極限をとる．(1.11) で得られる波数 $\boldsymbol{k}$ をもつ関数 $e^{i\boldsymbol{kx}}$ は，フーリエ級数の基底である．

よって，波数 $\boldsymbol{k} = (2\pi/L)(n_x, n_y, n_z)$ と $\boldsymbol{k}' = (\pi/L)(n'_x, n'_y, n'_z)$ に対して，次の直交関係が成立する[†8]．

$$\int_V e^{i(-\boldsymbol{k}+\boldsymbol{k}')\boldsymbol{x}}\, d^3\boldsymbol{x} \equiv \int_0^L dx \int_0^L dy \int_0^L dz\, e^{i(-\boldsymbol{k}+\boldsymbol{k}')\boldsymbol{x}} = V\delta_{\boldsymbol{k},\boldsymbol{k}'} \tag{1.12}$$

ここで，$\delta_{\boldsymbol{k},\boldsymbol{k}'}$ はクロネッカーの δ 記号であり，次のように定義される．

$$\delta_{\boldsymbol{k},\boldsymbol{k}'} = \delta_{n_x,n'_x}\delta_{n_y,n'_y}\delta_{n_z,n'_z} = \begin{cases} 1 & (\boldsymbol{k} = \boldsymbol{k}') \\ 0 & (\boldsymbol{k} \neq \boldsymbol{k}') \end{cases}$$

直交関係 (1.12) は，$\int dx$, $\int dy$, $\int dz$ の単独積分に分解した上で，各積分は $k_i \neq k_i'$ $(n_i \neq n'_i)$ で指数関数の積分と境界条件 (1.10) から 0 となり，$k_i = k_i'$ の時は $e^{i(-k_i+k'_i)x_i} = 1$ の積分が L となることから証明される．

波動関数 $\phi_k(\boldsymbol{x}) = Ae^{i\boldsymbol{kx}}$ の規格化定数 A は規格化条件 (1.4) から求められる．(1.12) を用いれば，

$$1 = \langle\phi_k|\phi_k\rangle = \int_V |\phi_k(\boldsymbol{x})|^2\, d^3\boldsymbol{x} = |A|^2 \int_V |e^{i\boldsymbol{kx}}|^2\, d^3\boldsymbol{x}$$

---

†8 領域 V の体積も V と書く ($V = L^3$)．

$$= |A|^2 \int_V d^3\boldsymbol{x} = |A|^2 V$$

であるから，$A = 1/\sqrt{V}$ となる[†9]．よって，平面波状態の波動関数 $\phi_{\boldsymbol{k}}(\boldsymbol{x})$ は次のようになる．

$$\phi_{\boldsymbol{k}}(\boldsymbol{x}) = \frac{1}{\sqrt{V}} e^{i\boldsymbol{k}\boldsymbol{x}} \tag{1.13}$$

再び (1.12) を用いれば，$\phi_{\boldsymbol{k}}$ の**規格直交性** (**orthonormality**) が

$$\langle \phi_{\boldsymbol{k}} | \phi_{\boldsymbol{k}'} \rangle = \frac{1}{V} \int_V d^3\boldsymbol{x}\, e^{i(-\boldsymbol{k}+\boldsymbol{k}')\boldsymbol{x}} = \delta_{\boldsymbol{k},\boldsymbol{k}'} \tag{1.14}$$

として導かれる．

領域 V で周期的境界条件 (1.10) を満たす関数 $f(\boldsymbol{x})$ は，(1.13) を用いて

$$f(\boldsymbol{x}) = \sum_{\boldsymbol{k}} c_{\boldsymbol{k}} \frac{1}{\sqrt{V}} e^{i\boldsymbol{k}\boldsymbol{x}} = \sum_{\boldsymbol{k}} c_{\boldsymbol{k}}\, \phi_{\boldsymbol{k}}(\boldsymbol{x})$$

のようにフーリエ展開できる．波動関数 $\phi_{\boldsymbol{k}}$ の規格直交性 (1.14) を用いれば，

$$\langle \phi_{\boldsymbol{k}} | f \rangle = \sum_{\boldsymbol{k}'} c_{\boldsymbol{k}'} \langle \phi_{\boldsymbol{k}} | \phi_{\boldsymbol{k}'} \rangle = \sum_{\boldsymbol{k}'} c_{\boldsymbol{k}'}\, \delta_{\boldsymbol{k},\boldsymbol{k}'} = c_{\boldsymbol{k}}$$

であるから，関数 f のフーリエ係数 $c_{\boldsymbol{k}}$ は次のように表される．

$$c_{\boldsymbol{k}} = \langle \phi_{\boldsymbol{k}} | f \rangle = \int_V d^3\boldsymbol{x}\, \phi_{\boldsymbol{k}}^*(\boldsymbol{x}) f(\boldsymbol{x}) = \frac{1}{\sqrt{V}} \int_V e^{-i\boldsymbol{k}\boldsymbol{x}} f(\boldsymbol{x})\, d^3\boldsymbol{x} \tag{1.15}$$

これをフーリエ展開の定義式に代入して次の式を得る．

$$f(\boldsymbol{x}) = \sum_{\boldsymbol{k}} \int_V d^3\boldsymbol{x}'\, \phi_{\boldsymbol{k}}^*(\boldsymbol{x}') f(\boldsymbol{x}') \phi_{\boldsymbol{k}}(\boldsymbol{x}) = \int_V d^3\boldsymbol{x}' \left\{ \sum_{\boldsymbol{k}} \phi_{\boldsymbol{k}}(\boldsymbol{x}) \phi_{\boldsymbol{k}}^*(\boldsymbol{x}') \right\} f(\boldsymbol{x}')$$

さらに，ディラックの δ 関数 $\delta^3(\boldsymbol{x}) = \delta(x)\delta(y)\delta(z)$ の公式

$$\int_V d^3\boldsymbol{x}' \delta^3(\boldsymbol{x} - \boldsymbol{x}') f(\boldsymbol{x}') = f(\boldsymbol{x}) \quad (\boldsymbol{x},\, \boldsymbol{x}' \text{ は領域 } V \text{ 内の点}) \tag{1.16}$$

と比較して，$\phi_{\boldsymbol{k}}$ の**完全性** (**completeness**)

---

†9　A は，正の実数となるように位相を選んだ．

$$\sum_{\boldsymbol{k}} \phi_{\boldsymbol{k}}(\boldsymbol{x})\phi_{\boldsymbol{k}}^*(\boldsymbol{x}') = \frac{1}{V}\sum_{\boldsymbol{k}} e^{i\boldsymbol{k}(\boldsymbol{x}-\boldsymbol{x}')} = \delta^3(\boldsymbol{x}-\boldsymbol{x}') \tag{1.17}$$

を得る．完全性 (1.17) と規格直交性 (1.14) は，対になっていることに注意しよう．

1.1.4 規格直交性と完全性条件

一般に (1.7) で定義された，観測量 A に対応する演算子 $\widehat{A}$ の固有状態 ϕ_a は，

$$\langle\phi_a|\phi_{a'}\rangle = \delta_{a,a'}, \qquad \sum_a \phi_a(\boldsymbol{x})\phi_a^*(\boldsymbol{x}') = \delta^3(\boldsymbol{x}-\boldsymbol{x}') \tag{1.18}$$

のように完全性と規格直交性をもつ[†10]．規格直交性と完全性条件 (1.18) が成立するならば，

$$\begin{aligned}\int_V d^3\boldsymbol{x}\,\psi^*(\boldsymbol{x})\{a\phi_a(\boldsymbol{x})\} &= \int_V d^3\boldsymbol{x}\,\psi^*(\boldsymbol{x})\{\widehat{A}\phi_a(\boldsymbol{x})\}\\ &= \int_V d^3\boldsymbol{x}\,\{\widehat{A}^\dagger\psi(\boldsymbol{x})\}^*\phi_a(\boldsymbol{x})\end{aligned}$$

であるから，(1.8) の右辺は次のようになる．

$$\begin{aligned}\sum_a a\,|\langle\phi_a|\psi\rangle|^2 &= \sum_a\int_V d^3\boldsymbol{x}\,\psi^*(\boldsymbol{x})\{a\phi_a(\boldsymbol{x})\}\int_V d^3\boldsymbol{x}'\,\phi_a^*(\boldsymbol{x}')\psi(\boldsymbol{x}')\\ &= \sum_a\int_V d^3\boldsymbol{x}\,\{\widehat{A}^\dagger\psi(\boldsymbol{x})\}^*\phi_a(\boldsymbol{x})\int_V d^3\boldsymbol{x}'\phi_a^*(\boldsymbol{x}')\psi(\boldsymbol{x}')\\ &= \int_V d^3\boldsymbol{x}\int_V d^3\boldsymbol{x}'\,\{\widehat{A}^\dagger\psi(\boldsymbol{x})\}^*\{\sum_a\phi_a(\boldsymbol{x})\phi_a^*(\boldsymbol{x}')\}\psi(\boldsymbol{x}')\\ &= \int_V d^3\boldsymbol{x}\int_V d^3\boldsymbol{x}'\,\{\widehat{A}^\dagger\psi(\boldsymbol{x})\}^*\delta^3(\boldsymbol{x}-\boldsymbol{x}')\psi(\boldsymbol{x}')\\ &= \int_V d^3\boldsymbol{x}\,\{\widehat{A}^\dagger\psi(\boldsymbol{x})\}^*\psi(\boldsymbol{x}) = \int_V d^3\boldsymbol{x}\,\psi^*(\boldsymbol{x})\widehat{A}\psi(\boldsymbol{x})\end{aligned}$$

この時，最後の積分を $\langle\psi|\widehat{A}|\psi\rangle$ と書く．これから，状態 ψ にある粒子に対して観測量 A を観測した時に得られる観測値の期待値 (1.8) を，演算子 $\widehat{A}$ と波動関数 $\psi(\boldsymbol{x})$ で表す表式

---

†10 実際には，規格化ができない場合などもう少し緩やかな条件にすることも多い．

$$\langle \hat{A} \rangle \equiv \langle \psi | \hat{A} | \psi \rangle = \int_V d^3\boldsymbol{x}\, \psi^*(\boldsymbol{x}) \hat{A} \psi(\boldsymbol{x}) \tag{1.19}$$

として得る．この結果から，$\langle \psi | \hat{A} | \psi \rangle$もまた演算子$\hat{A}$の期待値という．

1.1.5　波動関数の時間発展とシュレディンガー方程式

波動関数$\psi(\boldsymbol{x}, t)$の時間発展を記述するために，ハミルトニアン演算子$\hat{H}$を導入する．ポテンシャル$V(\boldsymbol{x})$中で運動する質量mの粒子の古典的ハミルトニアンは，$H(\boldsymbol{x}, \boldsymbol{p}) = \boldsymbol{p}^2/2m + V(\boldsymbol{x})$で得られる．(1.6)での正準量子化の処方に従い，$H(\boldsymbol{x}, p)$に対応するハミルトニアン演算子$\hat{H}$は次のように定義される．

$$\hat{H} = \frac{\hat{\boldsymbol{p}}^2}{2m} + V(\hat{\boldsymbol{x}}) = -\frac{\hbar^2}{2m}\boldsymbol{\nabla}^2 + V(\boldsymbol{x}) \tag{1.20}$$

なお，$\boldsymbol{\nabla}^2$はラプラス演算子である．

$$\boldsymbol{\nabla}^2 = \frac{\partial^2}{\partial x^2} + \frac{\partial^2}{\partial y^2} + \frac{\partial^2}{\partial z^2}$$

ポテンシャル$V(\boldsymbol{x})$中で運動する波動関数$\psi(\boldsymbol{x}, t)$の時間発展は，次のシュレディンガー方程式により決定される．

$$i\hbar\frac{\partial \psi}{\partial t} = \hat{H}\psi = -\frac{\hbar^2}{2m}\boldsymbol{\nabla}^2\psi + V(x)\psi$$

波動関数$\psi_1(\boldsymbol{x}, t)$と$\psi_2(\boldsymbol{x}, t)$がシュレディンガー方程式の解であれば，その和$\psi(\boldsymbol{x}, t) = \psi_1(\boldsymbol{x}, t) + \psi_2(\boldsymbol{x}, t)$も解であることが直接に代入して確かめられる．これを，シュレディンガー方程式の重ね合わせの原理という．シュレディンガー方程式の線形性によるものである．

1.1.6　時間に依存しないシュレディンガー方程式とエネルギー固有状態

ポテンシャル$V(\boldsymbol{x})$が時間に依存しない場合には，(1.20)は時間tと位置座標$\boldsymbol{x}$の依存性が分離した

$$\psi(\boldsymbol{x}, t) = e^{-iEt/\hbar}\phi(\boldsymbol{x}) \tag{1.21}$$

という解をもつ．この波動関数の確率密度は $|\psi(\boldsymbol{x},t)|^2=|\phi(\boldsymbol{x})|^2$ となり，時間に依存しない定常状態を表す解であることがわかる．前節のシュレディンガー方程式に直接代入することにより，位置成分波動関数 $\phi(\boldsymbol{x})$ は，時間に依存しないシュレディンガー方程式

$$\widehat{H}\phi(\boldsymbol{x})=-\frac{\hbar^2}{2m}\boldsymbol{\nabla}^2\phi(\boldsymbol{x})+V(\boldsymbol{x})\phi(\boldsymbol{x})=E\phi(\boldsymbol{x})$$

の解であることがわかる．ハミルトニアン演算子 $\widehat{H}$ の固有値 E は，定常状態 $\psi(\boldsymbol{x},t)$ のエネルギーに対応する．関数 $\phi(\boldsymbol{x})$ を時間に依存しない波動関数とよぶ．$\psi(\boldsymbol{x},t)$ の規格化条件 (1.9) より，空間部分 $\phi(\boldsymbol{x})$ は次の規格化条件を満たす．

$$\langle\phi|\phi\rangle=\int|\phi(\boldsymbol{x})|^2d^3\boldsymbol{x}=1 \tag{1.22}$$

(1.13) で与えられた，領域 V に閉じ込められた粒子の波動関数 $\phi_{\boldsymbol{k}}(\boldsymbol{x})$ は，$V(\boldsymbol{x})=0$ とおいた時間に依存しないシュレディンガー方程式

$$-\frac{\hbar^2}{2m}\boldsymbol{\nabla}^2\phi_{\boldsymbol{k}}(\boldsymbol{x})=\frac{(\hbar\boldsymbol{k})^2}{2m}\phi_{\boldsymbol{k}}(\boldsymbol{x})$$

を満たすことが直接の計算により確かめられ，状態 $\phi_{\boldsymbol{k}}$ に対するエネルギー固有値 E は

$$\left.\begin{array}{c}E=E_{\boldsymbol{k}}=\dfrac{(\hbar\boldsymbol{k})^2}{2m}=\dfrac{\hbar^2(2\pi)^2}{2mL^2}\,(n_x^2+n_y^2+n_z^2)\\(n_x,\,n_y,\,n_z=0,\,\pm1,\,\pm2,\,\cdots)\end{array}\right\} \tag{1.23}$$

のようになる．波数ベクトル $\boldsymbol{k}$ に対して (1.11) を用いた．(1.21) から，エネルギー固有値 (1.23) は波動の角振動数と $E_{\boldsymbol{k}}=\hbar\omega_{\boldsymbol{k}}$ の関係にあることがわかる．時間依存性まで含めた平面波状態の波動関数 $\psi_{\boldsymbol{k}}(\boldsymbol{x},t)$ は，次のようになる．

$$\psi_{\boldsymbol{k}}(\boldsymbol{x},t)=e^{-i\omega_{\boldsymbol{k}}t}\phi_{\boldsymbol{k}}(\boldsymbol{x})=\frac{1}{\sqrt{V}}e^{i(\boldsymbol{k}\boldsymbol{x}-\omega_{\boldsymbol{k}}t)} \tag{1.24}$$

1.1.7　角運動量とスピン

量子力学における自由度には，古典的な対応物をもたないものも存在する．その代表的なものとして電子などのもつスピンを考える．量子力学において一般の**角運動量演算子**（angular momentum operator）$\hat{\boldsymbol{J}} = (\hat{J}_1, \hat{J}_2, \hat{J}_3)$ は，交換関係

$$[\hat{J}_1, \hat{J}_2] = i\hat{J}_3, \quad [\hat{J}_2, \hat{J}_3] = i\hat{J}_1, \quad [\hat{J}_3, \hat{J}_1] = i\hat{J}_2 \tag{1.25}$$

を満たすものとして定義される[†11]．**軌道角運動量演算子**（orbital angular momentum operator）$\hbar\hat{\boldsymbol{L}} = \hat{\boldsymbol{x}} \times \hat{\boldsymbol{p}}$ は，これを満たす．物理量としての角運動量はプランク定数 $\hbar$ を掛けた $\hbar\hat{\boldsymbol{J}}$ であるが，ここでは $\hbar$ を取り去ったものを角運動量演算子とする．

角運動量演算子の一般論より，$\hat{\boldsymbol{J}}^2$ と $\hat{J}_3$ の同時固有状態を

$$\hat{\boldsymbol{J}}^2\phi_{j,m} = j(j+1)\phi_{j,m}, \qquad \hat{J}_3\phi_{j,m} = m\phi_{j,m} \tag{1.26}$$

と求めることができる．角運動量の大きさに対応する固有値 j は

$$j = 0, \frac{1}{2}, 1, \frac{3}{2}, 2, \cdots$$

のように 0 または非負の整数または正の半整数が許される．角運動量の z 方向成分[†12]に対応する m は，

$$m = -j, -j+1, \cdots, j-1, j \tag{1.27}$$

のように，それぞれの j に対して，最小値 $-j$ から 1 ずつ増えて最大値 j までの $(2j+1)$ 個の値をとる．

運動している粒子は一般に軌道角運動量をもつが，静止している粒子がもつ角運動量を**スピン角運動量**（spin angular momentum operator）という[†13]．電子は $j = 1/2$ のスピン角運動量をもち，$m = \pm 1/2$ の 2 つの状態 $\chi_m = \phi_{1/2,m}$ からなる．これをスピン m の状態とよぶことにする．この状態を具体的に表すために，『スピン m の状態にある ⇒ スピン s の状態にある』と

---

†11　角運動量の量子論については，付録 B および D を参照．

†12　空間の任意の方向に対する成分を考えても同じである．

†13　スピン角運動量については付録 D を参照．

いう過程を考え，対応する確率振幅を $\langle s|m\rangle$ とする．$s, m = \pm 1/2$ であるから，この確率振幅は4通りしかなく，スピン1/2の状態で観測を行いスピン1/2を観測する確率は1でスピン $-1/2$ を観測する確率はゼロであるなどのことから，

$$\langle s|m\rangle = \delta_{s,m} \tag{1.28}$$

とできる．確率振幅 $\langle \boldsymbol{x}|\psi\rangle$ と波動関数 $\psi(\boldsymbol{x})$ の関係にならい，次のように書く．

$$\chi_m(s) = \langle s|m\rangle = \delta_{s,m} \tag{1.29}$$

m は状態 χ_m の量子数，s は変数である．

2つの変数 $s = \pm 1/2$ に対する χ_m の値をベクトルのように並べて書いたもの

$$\chi_m = \begin{pmatrix} \chi_m\left(+\frac{1}{2}\right) \\ \chi_m\left(-\frac{1}{2}\right) \end{pmatrix} \tag{1.30}$$

を，状態 χ_m と同一視することも多い．具体的な表式は，(1.28) を用いて次のようになる．

$$\chi_{+1/2} = \begin{pmatrix} 1 \\ 0 \end{pmatrix}, \qquad \chi_{-1/2} = \begin{pmatrix} 0 \\ 1 \end{pmatrix} \tag{1.31}$$

これをパウリの**2成分スピノル**（**two - component spinor**）の基底といい，一般的には $\chi_{\pm 1/2}$ を複素数 $\alpha_{\pm 1/2}$ で重ね合わせてできる関数

$$\chi = \alpha_{+1/2}\chi_{+1/2} + \alpha_{-1/2}\chi_{-1/2} = \begin{pmatrix} \alpha_{+1/2} \\ \alpha_{-1/2} \end{pmatrix} \tag{1.32}$$

がスピノルの一般形となる．

(1.32) で定義されるスピンの状態関数 χ と χ' の内積は，次のように定義される．

$$\langle \chi|\chi'\rangle = \sum_{s=\pm 1/2} \chi^*(s)\chi'(s) = \chi^\dagger \chi' \tag{1.33}$$

(1.2) の積分に対して，変数が不連続なので和になっている．波動関数の場合の (1.14) と (1.17) に対応する χ_m の正規直交性および完全性は，次のよ

うになる[†14]．

$$\langle \chi_m | \chi_{m'} \rangle = (\chi_m)^\dagger \chi_{m'} = \delta_{m,m'}, \qquad \sum_{m=\pm 1/2} \chi_m(s) \chi_m^*(s') = \delta_{s,s'} \tag{1.34}$$

スピン角運動量 $j=1/2$ に対する角運動量演算子 $\hat{\boldsymbol{S}} = (\hat{S}_1, \hat{S}_2, \hat{S}_3)$ は，スピノル (1.32) に作用する演算子である．これは通常，**パウリのスピン行列** **(Pauli's matrices)**

$$\sigma_1 = \begin{pmatrix} 0 & 1 \\ 1 & 0 \end{pmatrix}, \qquad \sigma_2 = \begin{pmatrix} 0 & -i \\ i & 0 \end{pmatrix}, \qquad \sigma_3 = \begin{pmatrix} 1 & 0 \\ 0 & -1 \end{pmatrix} \tag{1.35}$$

を用いて

$$\hat{\boldsymbol{S}} = \frac{1}{2}\boldsymbol{\sigma} \tag{1.36}$$

のように表される．これが (1.26) に相当する式

$$\hat{\boldsymbol{S}}^2 \chi_m = \frac{3}{4}\chi_m, \qquad \hat{S}_3 \chi_m = m\chi_m \tag{1.37}$$

を満たすことは，直接の計算により確かめられる．

1.1.8　スピン 1/2 をもつ粒子の波動関数

これまでの議論より，領域 V 内の波数 $\boldsymbol{k}$ およびスピン m をもつ粒子の波動関数 $\phi_{\boldsymbol{k},m}(\boldsymbol{x}, s)$ は次のように表される．

$$\phi_{\boldsymbol{k},m}(\boldsymbol{x}, s) = \phi_{\boldsymbol{k}}(\boldsymbol{x}) \chi_m(s) = \frac{1}{\sqrt{V}} e^{i\boldsymbol{k}\boldsymbol{x}} \chi_m(s) \tag{1.38}$$

ここで，$\phi_{\boldsymbol{k}}(\boldsymbol{x})$ を空間部分，$\chi_m(s)$ をスピン部分という．一般の波動関数 $\Phi(\boldsymbol{x}, s)$ は，(1.38) を重ね合わせた次のようなものになる．

$$\Phi(\boldsymbol{x}, s) = \sum_{\boldsymbol{k}} \sum_m c_{\boldsymbol{k},m} \phi_{\boldsymbol{k},m}(\boldsymbol{x}, s) \tag{1.39}$$

これは，2 成分スピノル表示を用いて，次のように表されることも多い．

---

†14　関係式 (1.34) は (1.31) を用いた直接の計算により確かめられる．

$$\Phi(\boldsymbol{x}) = \begin{pmatrix} \Phi_{\boldsymbol{k},m}\left(\boldsymbol{x}, +\frac{1}{2}\right) \\ \Phi_{\boldsymbol{k},m}\left(\boldsymbol{x}, -\frac{1}{2}\right) \end{pmatrix} \tag{1.40}$$

これを，パウリの2成分波動関数という．

スピンをもつ粒子の波動関数の内積は，空間部分とスピン部分の内積を組み合わせて

$$\langle \Phi | \Psi \rangle = \sum_{s=\pm 1/2} \int_V d^3\boldsymbol{x}\, \Phi^*(\boldsymbol{x}, s)\, \Psi(\boldsymbol{x}, s) = \int_V d^3\boldsymbol{x}\, \Phi^\dagger(\boldsymbol{x})\, \Psi(\boldsymbol{x}) \tag{1.41}$$

のように定義される．空間部分およびスピン部分に対する正規直交性および完全性を用いて，

$$\begin{aligned} \langle \phi_{\boldsymbol{k},m} | \phi_{\boldsymbol{k}',m'} \rangle &= \sum_{s=\pm 1/2} \int_V d^2\boldsymbol{x}\, \phi^*_{\boldsymbol{k}}(\boldsymbol{x}) \chi^*_m(s) \phi_{\boldsymbol{k}'}(\boldsymbol{x}) \chi_{m'}(s) \\ &= \int_V d^2\boldsymbol{x}\, \phi^*_{\boldsymbol{k}}(\boldsymbol{x}) \phi_{\boldsymbol{k}'}(\boldsymbol{x}) \sum_{s=\pm 1/2} \chi^*_m(s) \chi_{m'}(s) \\ &= \langle \phi_{\boldsymbol{k}} | \phi_{\boldsymbol{k}'} \rangle \langle \chi_m | \chi_{m'} \rangle = \delta_{\boldsymbol{k},\boldsymbol{k}'} \delta_{m,m'} \end{aligned}$$

および，

$$\begin{aligned} \sum_{\boldsymbol{k}} \sum_{m=\pm 1/2} \phi_{\boldsymbol{k},m}(\boldsymbol{x}, s) \phi^*_{\boldsymbol{k},m}(\boldsymbol{x}', s') &= \sum_{\boldsymbol{k}} \sum_{m=\pm 1/2} \phi_{\boldsymbol{k}}(\boldsymbol{x}) \chi_m(s) \phi^*_{\boldsymbol{k}}(\boldsymbol{x}') \chi^*_m(s') \\ &= \sum_{\boldsymbol{k}} \phi_{\boldsymbol{k}}(\boldsymbol{x}) \phi^*_{\boldsymbol{k}}(\boldsymbol{x}') \sum_m \chi_m(s) \chi^*_m(s') \\ &= \delta^3(\boldsymbol{x} - \boldsymbol{x}') \delta_{s,s'} \end{aligned}$$

となるので，(1.38) の波動関数 $\phi_{\boldsymbol{k},m}$ の正規直交性および完全性は，

$$\langle \phi_{\boldsymbol{k},m} | \phi_{\boldsymbol{k}',m'} \rangle = \delta_{\boldsymbol{k},\boldsymbol{k}'} \delta_{m,m'} \tag{1.42}$$

$$\sum_{\boldsymbol{k}} \sum_{m=\pm 1/2} \phi_{\boldsymbol{k},m}(\boldsymbol{x}, s) \phi^*_{\boldsymbol{k},m}(\boldsymbol{x}', s') = \delta^3(\boldsymbol{x} - \boldsymbol{x}') \delta_{s,s'} \tag{1.43}$$

となる．

1.2 量子力学の2体問題

多体問題を考える手始めに，粒子が2個の系を考える．これを2体問題と

いう．例えば，水素原子は陽子である原子核と電子という異なる種類の粒子からできている2体系である．陽子と電子は，共にスピン1/2をもつ粒子である．

1.2.1　2体の波動関数 — 水素原子の波動関数 —

1体系の場合にならって，この系の量子力学的な状態をΦと書くことにする．陽子の位置とスピンの組$(\boldsymbol{x}_\mathrm{p}, s_\mathrm{p})$と電子の位置とスピンの組$(\boldsymbol{x}_\mathrm{e}, s_\mathrm{e})$を観測する過程を考えると，確率振幅は$\langle \boldsymbol{x}_\mathrm{p}, s_\mathrm{p}; \boldsymbol{x}_\mathrm{e}, s_\mathrm{e} | \Phi \rangle$であるから，これを変数$(\boldsymbol{x}_\mathrm{p}, s_\mathrm{p})$と$(\boldsymbol{x}_\mathrm{e}, s_\mathrm{e})$の関数と考えて次のようになる．

$$\Phi(\boldsymbol{x}_\mathrm{p}, s_\mathrm{p}; \boldsymbol{x}_\mathrm{e}, s_\mathrm{e}) = \langle \boldsymbol{x}_\mathrm{p}, s_\mathrm{p}; \boldsymbol{x}_\mathrm{e}, s_\mathrm{e} | \Phi \rangle \tag{1.44}$$

これを2体の波動関数といい，1体問題の場合と同じく2体系の状態を表していると考えてよい．その物理的意味は，

$$|\Phi(\boldsymbol{x}_\mathrm{p}, s_\mathrm{p}; \boldsymbol{x}_\mathrm{e}, s_\mathrm{e})|^2 = |\langle \boldsymbol{x}_\mathrm{p}, s_\mathrm{p}; \boldsymbol{x}_\mathrm{e}, s_\mathrm{e} | \Phi \rangle|^2 \tag{1.45}$$

が状態Ψにおいて陽子と電子の位置とスピンを観測して，$\boldsymbol{x}_\mathrm{p}, s_\mathrm{p}, \boldsymbol{x}_\mathrm{e}, s_\mathrm{e}$となる確率（位置に関しては確率密度）である．

陽子と電子の質量を$m_\mathrm{p}, m_\mathrm{e}$とし運動量演算子を$\hat{\boldsymbol{p}}_\mathrm{p}, \hat{\boldsymbol{p}}_\mathrm{e}$とする．正準量子化により，

$$\hat{\boldsymbol{p}}_\mathrm{p} = \frac{\hbar}{i}\boldsymbol{\nabla}_\mathrm{p} = \frac{\hbar}{i}\left(\frac{\partial}{\partial x_\mathrm{p}}, \frac{\partial}{\partial y_\mathrm{p}}, \frac{\partial}{\partial z_\mathrm{p}}\right), \quad \hat{\boldsymbol{p}}_\mathrm{e} = \frac{\hbar}{i}\boldsymbol{\nabla}_\mathrm{e} = \frac{\hbar}{i}\left(\frac{\partial}{\partial x_\mathrm{e}}, \frac{\partial}{\partial y_\mathrm{e}}, \frac{\partial}{\partial z_\mathrm{e}}\right) \tag{1.46}$$

である．ここで，$\boldsymbol{x}_\mathrm{p} = (x_\mathrm{p}, y_\mathrm{p}, z_\mathrm{p})$，$\boldsymbol{x}_\mathrm{e} = (x_\mathrm{e}, y_\mathrm{e}, z_\mathrm{e})$とした．

陽子電子間の相互作用ポテンシャルを$V = V(\boldsymbol{x}_\mathrm{p}, s_\mathrm{p}; \boldsymbol{x}_\mathrm{e}, s_\mathrm{e})$とすれば，ハミルトニアン演算子は次のようになる．

$$\hat{H} = \frac{\hat{\boldsymbol{p}}_\mathrm{p}^2}{2m_\mathrm{p}} + \frac{\hat{\boldsymbol{p}}_\mathrm{e}^2}{2m_\mathrm{e}} + V = -\frac{\hbar^2}{2m_\mathrm{p}}\boldsymbol{\nabla}_\mathrm{p}^2 - \frac{\hbar^2}{2m_\mathrm{e}}\boldsymbol{\nabla}_\mathrm{e}^2 + V \tag{1.47}$$

エネルギーEの定常状態を決定するシュレディンガー方程式は，

$$\begin{aligned}\hat{H}\Phi(\boldsymbol{x}_\mathrm{p}, s_\mathrm{p}; \boldsymbol{x}_\mathrm{e}, s_\mathrm{e}) &= \left\{-\frac{\hbar^2}{2m_\mathrm{p}}\boldsymbol{\nabla}_\mathrm{p}^2 - \frac{\hbar^2}{2m_\mathrm{e}}\boldsymbol{\nabla}_\mathrm{e}^2 + V\right\}\Phi(\boldsymbol{x}_\mathrm{p}, s_\mathrm{p}; \boldsymbol{x}_\mathrm{e}, s_\mathrm{e}) \\ &= E\Phi(\boldsymbol{x}_\mathrm{p}, s_\mathrm{p}; \boldsymbol{x}_\mathrm{e}, s_\mathrm{e})\end{aligned} \tag{1.48}$$

となり，1 体問題の場合に比べて複雑なものとなる．

相互作用ポテンシャル V がスピンに依存せず，陽子と電子の相対的な位置関係 $\boldsymbol{r} = \boldsymbol{x}_{\mathrm{e}} - \boldsymbol{x}_{\mathrm{p}}$ にのみ依存している $V = V(\boldsymbol{r}) = V(\boldsymbol{x}_{\mathrm{e}} - \boldsymbol{x}_{\mathrm{p}})$ のような場合を考える．実際，陽子と電子の相互作用ポテンシャルは第 1 近似として

$$V = -\frac{1}{4\pi\varepsilon_0}\frac{e^2}{|\boldsymbol{x}_{\mathrm{e}} - \boldsymbol{x}_{\mathrm{p}}|} \tag{1.49}$$

というクーロンポテンシャルである．なお e は，電子および陽子の電荷の大きさ (電気素量) である．このポテンシャルは，

$$V = -\frac{\alpha\hbar c}{|\boldsymbol{x}_{\mathrm{e}} - \boldsymbol{x}_{\mathrm{p}}|}, \qquad \alpha = \frac{e^2}{4\pi\varepsilon_0\hbar c} \sim \frac{1}{137} \quad \text{：微細構造定数} \tag{1.50}$$

と書いておくと電磁気の単位系によらなくなり便利である[†15]．c は真空中の光速度で，**微細構造定数** (**fine - structure constant**) α は無次元の定数であることに注意しよう．

1.2.2 2 体の波動関数の変数分離型

ポテンシャル (1.50) の場合には V はスピンに依存しないので，シュレディンガー方程式もまた全体としてスピンに依存しない．よって，シュレディンガー方程式 (1.48) は空間部分とスピン部分が分離した

$$\Phi(\boldsymbol{x}_{\mathrm{p}}, s_{\mathrm{p}} ; \boldsymbol{x}_{\mathrm{e}}, s_{\mathrm{e}}) = \phi(\boldsymbol{x}_{\mathrm{p}}, \boldsymbol{x}_{\mathrm{e}}) X(s_{\mathrm{p}}, s_{\mathrm{e}}) \tag{1.51}$$

という解をもつ．方程式 (1.48) に代入して $X(s_{\mathrm{p}}, s_{\mathrm{e}})$ で割れば，空間部分 $\phi(\boldsymbol{x}_{\mathrm{p}}, \boldsymbol{x}_{\mathrm{e}})$ に対する方程式

$$\left\{-\frac{\hbar^2}{2m_{\mathrm{p}}}\boldsymbol{\nabla}_{\mathrm{p}}^2 - \frac{\hbar^2}{2m_{\mathrm{e}}}\boldsymbol{\nabla}_{\mathrm{e}}^2 + V\right\}\phi(\boldsymbol{x}_{\mathrm{p}}, \boldsymbol{x}_{\mathrm{e}}) = E\phi(\boldsymbol{x}_{\mathrm{p}}, \boldsymbol{x}_{\mathrm{e}}) \tag{1.52}$$

を得る．

複雑な方程式を解く時の方法の 1 つとして，うまく変数を選び直して簡単にするということがある．この場合には，$\boldsymbol{x}_{\mathrm{p}}$ と $\boldsymbol{x}_{\mathrm{e}}$ の代わりに，

---

†15 物性関係の多体量子論では，$\alpha\hbar c$ を e^2 とする単位系のとり方がよく見られる．

$$\boldsymbol{X} = \frac{m_{\mathrm{p}}\boldsymbol{x}_{\mathrm{p}} + m_{\mathrm{e}}\boldsymbol{x}_{\mathrm{e}}}{m_{\mathrm{p}} + m_{\mathrm{e}}}, \qquad \boldsymbol{r} = \boldsymbol{x}_{\mathrm{e}} - \boldsymbol{x}_{\mathrm{p}} \tag{1.53}$$

と選べばよいことはよく知られている．$\boldsymbol{X}$ は2粒子の重心座標であり，$\boldsymbol{r}$ は陽子から見た電子の相対座標である．

波動関数を $\boldsymbol{X}$ と $\boldsymbol{r}$ の関数 $\phi(\boldsymbol{x}_{\mathrm{p}}, \boldsymbol{x}_{\mathrm{e}}) = \phi(\boldsymbol{X}, \boldsymbol{r})$ と考え直し[†16]，シュレディンガー方程式 (1.52) を $\boldsymbol{X}$ と $\boldsymbol{r}$ で表すと，次のように書きかえられる．

$$\left\{-\frac{\hbar^2}{2M}\nabla_X^2 - \frac{\hbar^2}{2\mu}\nabla_{\boldsymbol{r}}^2 + V(\boldsymbol{r})\right\}\phi(\boldsymbol{X}, \boldsymbol{r}) = E\phi(\boldsymbol{X}, \boldsymbol{r}) \tag{1.54}$$

M は系全体の質量で μ は換算質量とよばれ，

$$M = m_{\mathrm{p}} + m_{\mathrm{e}}, \qquad \mu = \frac{m_{\mathrm{p}}m_{\mathrm{e}}}{m_{\mathrm{p}} + m_{\mathrm{e}}} \tag{1.55}$$

の関係がある．

(1.54) は，$\boldsymbol{X}$ に依存した部分と $\boldsymbol{r}$ に依存した部分が分離した変数分離型になっている．変数分離型の方程式は

$$\phi(\boldsymbol{X}, \boldsymbol{r}) = G(\boldsymbol{X})f(\boldsymbol{r}) \tag{1.56}$$

のように分離した変数の関数の積で表される解をもつ．これを (1.54) に代入して $\phi(\boldsymbol{X}, \boldsymbol{r})$ で割れば，

$$-\frac{\hbar^2}{2M}\frac{1}{G(\boldsymbol{X})}\nabla_X^2 G(\boldsymbol{X}) + \frac{1}{f(\boldsymbol{r})}\left\{-\frac{\hbar^2}{2\mu}\nabla_{\boldsymbol{r}}^2 + V(\boldsymbol{r})\right\}f(\boldsymbol{r}) = E \tag{1.57}$$

となり，$\boldsymbol{X}$ の関数と $\boldsymbol{r}$ の関数の和が定数 E となっている．これを満たすのは，$\boldsymbol{X}$ の関数と $\boldsymbol{r}$ の関数が共に定数である

$$\left.\begin{aligned} -\frac{\hbar^2}{2M}\nabla_X^2 G(\boldsymbol{X}) = \varepsilon_X G(\boldsymbol{X}) \\ \left\{-\frac{\hbar^2}{2\mu}\nabla_{\boldsymbol{r}}^2 + V(r)\right\}f(\boldsymbol{r}) = \varepsilon_{\boldsymbol{r}} f(\boldsymbol{r}), \qquad E = \varepsilon_X + \varepsilon_{\boldsymbol{r}} \end{aligned}\right\} \tag{1.58}$$

という場合のみである．

---

†16　これは関数としては異なるので，異なる関数記号を用いるべきであるが，同じ ϕ で表す．

重心座標 $\boldsymbol{X}$ に対する方程式は，1.1.6項で述べた，$V=0$ のシュレディンガー方程式である．相対座標 $\boldsymbol{r}$ に対する方程式はポテンシャル $V(\boldsymbol{r})$ に対する1体問題のシュレディンガー方程式であり，例えば，クーロンポテンシャル (1.50) の場合については，初等的な関数を用いて解くことができる．

以上は，標準的な量子力学の教科書においても扱われている内容である．ここで重要なことは，2体問題がうまく変数を選ぶことにより1体問題に還元され，簡単化されていることである．このようなことは一般の多体問題においては常にうまくいくとは限らないし，うまくいくとしても複雑な自明ではない変数のとり方をしなければならないこともある．しかしながら，簡単にいかない場合においても多体問題を1体問題に還元することは有効な近似法でありうるし,多体問題の物理を考える上で重要な視点を与えるのである．

この例における座標の選び方，特に重心座標 $\boldsymbol{X}$ については並進対称性の考え方が重要な役割をもっている．対称性は多粒子系に限らず，物理において重要な考え方であるが，これについては後ほど述べることとする．

1.2.3　2体スピン状態関数

元に戻って，(1.51) において分離されたスピン部分 $X(s_{\mathrm{p}}, s_{\mathrm{e}})$ は，ここでは不定である．陽子と電子のスピンは共に1/2であるから，前節のスピン状態関数 (1.29) を用いて，陽子のスピン s_{p}，電子のスピン s_{e} の状態を表す分離型の2体スピン状態関数

$$X(s_{\mathrm{p}}, s_{\mathrm{e}}) = X_{m_{\mathrm{p}}, m_{\mathrm{e}}}(s_{\mathrm{p}}, s_{\mathrm{e}}) = \chi_{m_{\mathrm{p}}}(s_{\mathrm{p}})\chi_{m_{\mathrm{e}}}(s_{\mathrm{e}}) \qquad (1.59)$$

や，陽子と電子のスピンを合成した**合成スピン状態関数** (**composite spin state function**) が用いられる．

後者の場合には，角運動量の合成則 ($1/2 \times 1/2 = 0 + 1$) より合成スピンは $J=0,1$ の2種類がある．合成スピン状態関数 $X_{J,M}$ は，次のように表される[†17]．

---

†17　付録Dの (D.22) を参照．

$$\left.\begin{aligned}X_{0,0}(s_p,s_e)&=\frac{1}{\sqrt{2}}\sum_{m,m'}(i\sigma_2\sigma_0)_{m,m'}\chi_m(s_p)\chi_{m'}(s_e)\\X_{1,M}(s_p,s_e)&=\frac{1}{\sqrt{2}}\sum_{m,m'}(i\sigma_2\sigma_{1,M})_{m,m'}\chi_m(s_p)\chi_{m'}(s_e)\end{aligned}\right\}\quad(1.60)$$

ここで，行列 σ_0 は次の行列である[†18]．

$$\sigma_0=\begin{pmatrix}1&0\\0&1\end{pmatrix}$$

行列 $\sigma_{1,M}$ $(M=+1,0,-1)$ は，角運動量の標準的表示によるパウリのスピン行列

$$\sigma_{1,\pm1}=\mp\frac{1}{\sqrt{2}}(\sigma_1\pm i\sigma_2),\qquad\sigma_{1,0}=\sigma_3$$

である．

(1.60) を具体的に書き下せば次のようになる[†19]．

$$\left.\begin{aligned}X_{0,0}(s_p,s_e)&=\frac{1}{\sqrt{2}}\{\chi_{+1/2}(s_p)\chi_{-1/2}(s_e)-\chi_{-1/2}(s_p)\chi_{+1/2}(s_e)\}\\X_{1,\pm1}(s_p,s_e)&=\chi_{\pm1/2}(s_p)\chi_{\pm1/2}(s_e)\\X_{1,0}(s_p,s_e)&=\frac{1}{\sqrt{2}}\{\chi_{+1/2}(s_p)\chi_{-1/2}(s_e)+\chi_{-1/2}(s_p)\chi_{+1/2}(s_e)\}\end{aligned}\right\}\quad(1.61)$$

さらに，スピン角運動量と軌道角運動量とを合成した全角運動量を対角化させる波動関数も用いることがある．

1.3　同種粒子系と N 体問題

1.3.1　N 体のシュレディンガー方程式

N 個の粒子からなる系（N 体系）を考える．i 番目の粒子の質量を m_i と

†18　付録 D の (D.19) を参照．
†19　付録 D の (D.23) を参照．

し，粒子の自由度[†20]をまとめて ξ_i と書くことにする．前節で述べた2体系の場合にならって，この系の量子力学的状態は N 体の波動関数

$$\Phi = \Phi(\xi_1, \xi_2, \cdots, \xi_N) \tag{1.62}$$

で表される．これは，物理的意味として，

$$|\Phi|^2 = |\Phi\,(\xi_1, \xi_2, \cdots, \xi_N)|^2 \tag{1.63}$$

は，i 番目の粒子が ξ_i に観測される確率（連続変数の場合は確率密度）を表すという性質をもつ．定常状態を決定する N 体のシュレディンガー方程式は，

$$\begin{aligned}\widehat{H}\Phi(\xi_1, \cdots, \xi_N) &= \left\{\sum_{i=1}^{N}\hat{h}_i + V_{\text{int}}\right\}\Phi(\xi_1, \cdots, \xi_N)\\ &= E\Phi(\xi_1, \cdots, \xi_N)\end{aligned} \tag{1.64}$$

といったものになる．1体部分の演算子 $\hat{h}_i = \hat{h}_i(\xi_i)$ は，

$$\begin{aligned}\hat{h}_i(\xi_i) &= \frac{\hbar^2}{2m_i}\boldsymbol{\nabla}_i^2 + V_{\text{ex},i}\,(\xi_i)\\ &= -\frac{\hbar^2}{2m_i}\left(\frac{\partial^2}{\partial x_i^2} + \frac{\partial^2}{\partial y_i^2} + \frac{\partial^2}{\partial z_i{}^2}\right) + V_{\text{ex},i}(\xi_i)\end{aligned} \tag{1.65}$$

といった形をしており，V_{ex} は，原子内の電子に対して原子核が及ぼすクーロン力のような，外力ポテンシャルを表す．なお，ポテンシャル

$$V_{\text{int}} = V_{\text{int}}\,(\xi_1, \cdots, \xi_N) \tag{1.66}$$

は粒子間の相互作用を表す．

1.3.2 同種粒子系の多体波動関数

ここで，N 個の粒子がすべて同じ種類である場合を考える．これを**同種粒子多体系**（**many - body system of identical particles**）とよぶ．この場合には（1.64）における質量や外力ポテンシャルはすべて同じであって，$m_i = m$ および $V_{\text{ex},i}(\xi_i) = V_{\text{ex}}(\xi_i)$ であるから $\hat{h}_i = \hat{h}\,(\xi_i)$ となり，自由度 ξ_i も，例えば電子であれば座標とスピンの組 $\xi_i = (\boldsymbol{x}_i, s_i)$ というように，同じ種類のものとなる．同種粒子多体系に対するシュレディンガー方程式（1.64）は

---

†20 位置座標の他にスピン自由度 s_i などがあれば，$\xi_i = (\boldsymbol{x}_i, s_i)$ のように，それも含める．

次のようになる．

$$\sum_{i=1}^{N}\hat{h}(\xi_i)\Phi(\xi_1,\cdots,\xi_N)+V_{\text{int}}(\xi_1,\cdots,\xi_N)\Phi(\xi_1,\cdots,\xi_N)$$
$$=E\Phi(\xi_1,\cdots,\xi_N)\quad(1.67)$$

同種粒子系においては，粒子の変数の入れかえという変換が意味をもつ．N 体波動関数 $\Phi(\xi_1,\xi_2,\cdots,\xi_N)$ がシュレディンガー方程式 (1.67) の解とする．これから，ξ_1 と ξ_2 を入れかえた波動関数 $\Phi'(\xi_1,\xi_2,\cdots,\xi_N)$ を次のように定義する．

$$\Phi'(\xi_1,\xi_2,\cdots,\xi_N)=\Phi(\xi_2,\xi_1,\cdots,\xi_N)\quad(1.68)$$

この Φ' もまた，同種粒子の N 体シュレディンガー方程式の解である．なぜならば，$\Phi(\xi_2,\xi_1,\cdots,\xi_N)$ は

$$\{\hat{h}(\xi_2)+\hat{h}(\xi_1)+\cdots\hat{h}(\xi_N)\}\Phi(\xi_2,\xi_1,\cdots,\xi_N)$$
$$+V_{\text{int}}(\xi_2,\xi_1,\cdots,\xi_N)\Phi(\xi_2,\xi_1,\cdots,\xi_N)=E\Phi(\xi_2,\xi_1,\cdots,\xi_N)$$
$$(1.69)$$

を満たすからである．これは (1.67) で ξ_1 を ξ_2，ξ_2 を ξ_1 と書いただけのものであるから自明である．

また，N 個の同種粒子は互いに区別がつかないことから，相互作用ポテンシャルは粒子の入れかえに対して対称である．つまり，

$$V_{\text{int}}(\xi_1,\xi_2,\cdots,\xi_N)=V_{\text{int}}(\xi_2,\xi_1,\cdots,\xi_N)\quad(1.70)$$

となる．これは，V_{int} が 2 体力からなる場合には

$$V_{\text{int}}=\sum_{i<j}v(\boldsymbol{x}_i-\boldsymbol{x}_j),\qquad v(\boldsymbol{x})=v(-\boldsymbol{x})$$

のように明らかである．1 体部分 $\sum_{i=1}^{N}\hat{h}(\xi_i)$ も粒子の入れかえに対して対称であるから，(1.69) は，

$$\sum_{i=1}^{N}\hat{h}(\xi_i)\Phi(\xi_2,\xi_1,\cdots,\xi_N)$$
$$+V_{\text{int}}(\xi_1,\xi_2,\cdots,\xi_N)\Phi(\xi_2,\xi_1,\cdots,\xi_N)=E\Phi(\xi_2,\xi_1,\cdots,\xi_N)$$

となり，$\Phi'(\xi_1,\xi_2,\cdots,\xi_N)=\Phi(\xi_2,\xi_1,\cdots,\xi_N)$ がシュレディンガー方程式 (1.67) の解であることがわかる．

1.3.3　粒子の置換と対称群の作用

これは同種粒子 N 体系の波動関数 $\varPhi$ に対して変数 ξ_i の入れかえ，すなわち N 次の置換が作用することを意味している．N 個のもの $(1, 2, \cdots, N)$ を $(\sigma(1), \sigma(2), \cdots, \sigma(N))$ に入れかえる写像 σ を N 次の置換という．これは通常，

$$\sigma = \begin{pmatrix} 1 & 2 & \cdots & N \\ \sigma(1) & \sigma(2) & \cdots & \sigma(N) \end{pmatrix}$$

と書かれる．N 次の置換の集合は写像の積に関して群をなし，これを N 次の**対称群 (symmetric group)** S_N という．S_N は，N 個のものの入れかえ (順列) の数である $N!$ 個の元 (写像) からなる．N 体の波動関数 $\varPhi(\xi_1, \xi_2, \cdots, \xi_N)$ が与えられた時，N 次の置換が $\varPhi$ に作用してできる波動関数 $\sigma\varPhi$ を次のように定義する．

$$\sigma\varPhi(\xi_1, \xi_2, \cdots, \xi_N) = \varPhi(\xi_{\sigma^{-1}(1)}, \xi_{\sigma^{-1}(2)}, \cdots, \xi_{\sigma^{-1}(N)}) \qquad (1.71)$$

前節の (1.68) に述べた σ は 1 と 2 だけを入れかえる特別な置換で，これを $(1, 2)$ と書くのが普通である．よって，$\varPhi' = (1, 2)\varPhi$ である．

$\varPhi'$ の場合と同様の議論によって，$\varPhi$ が (1.67) の解であるならば，任意の置換に対する $\sigma\varPhi$ もまた (1.67) の解である．このことは，(1.67) に対応するハミルトニアン演算子 $\widehat{H} = \sum_{i=1}^{N} \widehat{h}(\xi_i) + V_{\text{int}}$ が，置換 σ の作用に対して不変

$$\sigma\widehat{H}\sigma^{-1} = \widehat{H}$$

である[†21]ことから，シュレディンガー方程式 $\widehat{H}\varPhi = E\varPhi$ に σ を作用させた，

$$E\varPhi' = E\sigma\varPhi = \sigma\widehat{H}\varPhi = \sigma\widehat{H}\sigma^{-1}\sigma\varPhi = \widehat{H}\sigma\varPhi = \widehat{H}\varPhi'$$

からも明らかである．これにより，1 つの解 $\varPhi$ が与えられた時，すべての置換の作用により作られる $N!$ 個の解 $\sigma\varPhi$ を作ることができる．ただし，これらがすべて異なる解であるとは限らない．例えば，$\varPhi$ が対称な関数

$$\sigma\varPhi(\xi_1, \cdots, \xi_N) \equiv \varPhi(\xi_{\sigma^{-1}(1)}, \xi_{\sigma^{-1}(2)}, \cdots, \xi_{\sigma^{-1}(N)}) = \varPhi(\xi_1, \xi_2, \cdots, \xi_N)$$

---

†21　すなわち，$\widehat{H}$ は σ をシンメトリーとしてもつ．

である場合，$\sigma\Phi = \Phi$ であるから，対称群の作用により新しい解を作ることはできない．

さて，すべての対称群の作用により Φ から作ることができる異なる解が M 個あったとし，これを $\Phi_A (A = 1, \cdots, M)$ とする．これに対称群の元 σ が作用すると再び Φ_A のいずれかになるから，次のように書くことができる．

$$\sigma\Phi_A = \sum_{B=1}^{M} R_{B,A}(\sigma)\Phi_B \tag{1.72}$$

置換 σ_1 と σ_2 が続けて波動関数 Φ_A に作用すると

$$\begin{aligned}\sigma_1\sigma_2\Phi_A &= \sigma_1[\sigma_2\Phi_A] = \sigma_1\Big\{\sum_B R_{B,A}(\sigma_2)\Phi_B\Big\} = \sum_B R_{B,A}(\sigma_2)\sigma_1\Phi_B \\ &= \sum_B R_{B,A}(\sigma_2)\sum_C R_{C,B}(\sigma_1)\Phi_C = \sum_C\sum_B R_{C,B}(\sigma_1)R_{B,A}(\sigma_2)\Phi_C\end{aligned}$$

となる．これは合成された置換 $\sigma_1\sigma_2$ が Φ に作用したと考えれば，(1.72) より，次のようにも表される．

$$\sigma_1\sigma_2\Phi_A = \sum_{B=1}^{M} R_{B,A}(\sigma_1\sigma_2)\Phi_B \tag{1.73}$$

$R_{ij}(\sigma)$ を成分とする M 行 M 列の行列を $R(\sigma)$ とすれば，この 2 つの式を等しいとおいて，

$$R(\sigma_1\sigma_2) = R(\sigma_1)R(\sigma_2)$$

となり，行列 $R(\sigma)$ は対称群 S_N の M 次元行列表現である．$R(\sigma)$ は，一般には対角行列化することにより，より次元の小さな表現行列の組に分解することができる[†22]．それに対して，これ以上には分割できない表現を**既約表現**（**irreducible representation**）という．見方を変えるならば，N 体同種粒子系の波動関数は，初めから対称群の作用によって既約表現となっているものを考えれば完全に求められる[†23]．

---

†22　このような表現は可約な表現とよばれる．

†23　これは，中心力ポテンシャル $V = V(r)$ での 1 体問題の解を軌道角運動量の固有状態（回転群の既約表現）$\phi(\boldsymbol{x}) = R_{n,l}(r)Y_{l,m}(\theta, \phi)$ として求めておけばよいのと同じことである．

1.3.4　対称群の既約表現とヤング図形

対称群の既約表現について簡単に述べる[†24]．対称群 S_N の既約表現の種類を表すのに，**ヤング図形**（**Young diagram**）[†25] が用いられる．これは N 個の正方形を並べた図形であって，左上の正方形を基準とし，右に行くほどあるいは下に行くほど正方形の数が少なくなるようにきっちりと並べたものである．$N = 1, 2, 3$ の場合を図 1.1 に示す．

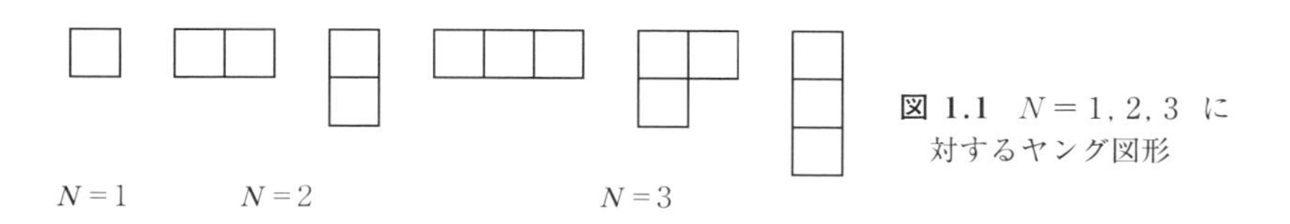

図 1.1　$N = 1, 2, 3$ に対するヤング図形

それぞれのヤング図形に対応して 1 つの既約表現が対応するため，ヤング図形の数だけ S_N の既約表現があることになる．一般に，p 個の元をもつ有限群の表現に関しては，既約表現が有限個数 n 存在し，各表現の次元を d_r $(r = 1, 2, \cdots, n)$ とすれば，

$$d_1^2 + d_2^2 + \cdots + d_n^2 = p \tag{1.74}$$

という関係が成立する．対称群 S_N の場合は，$p = N!$（N 個のものの置換の総数）である．2 個のもの（1 と 2）の対称群は

$$I = \begin{pmatrix} 1 & 2 \\ 1 & 2 \end{pmatrix}, \qquad (1, 2) = \begin{pmatrix} 1 & 2 \\ 2 & 1 \end{pmatrix}$$

のように $p = 2! = 2$ 個の元，恒等変換 I と互換 $(1, 2)$ からなる．

$p = 2$ に対する (1.74) の分解は，$2 = 1^2 + 1^2$ であるから，図 1.1 の $N = 2$ における 2 種類の既約表現は共に 1 次元表現である．これは 2 体の波動関数においては，**対称関数**（**symmetric function**）と**反対称関数**（**anti-symmetric function**）に相当する．これらは，

---

†24　対称群の表現は有限群の表現論の典型である．これらは大変に興味深いものであるが，紙数の関係で本書では基本的な事実を述べるにとどめる．興味のある読者は文献 [5]，[6] を参照されたい．

†25　ヤングの台ともいう．

$$\left.\begin{array}{l}(1,2)\Phi_{\mathrm{S}}(\xi_1,\xi_2)=\Phi_{\mathrm{S}}(\xi_2,\xi_1)=\Phi_{\mathrm{S}}(\xi_1,\xi_2)\\(1,2)\Phi_{\mathrm{A}}(\xi_1,\xi_2)=\Phi_{\mathrm{A}}(\xi_2,\xi_1)=-\Phi_{\mathrm{A}}(\xi_1,\xi_2)\end{array}\right\}\qquad(1.75)$$

という関係が成り立つ．対称関数と反対称関数における対称群 S_2 の表現を，**対称表現**（symmetric representation）と**反対称表現**（antisymmetric representation）という．

対称表現と反対称表現はすべての対称群 S_N に存在し，対称関数と反対称関数が

$$\left.\begin{array}{l}\sigma\Phi_{\mathrm{S}}(\xi_1,\cdots,\xi_N)=\Phi_{\mathrm{S}}(\xi_{\sigma^{-1}(1)},\cdots,\xi_{\sigma^{-1}(N)})=\Phi_{\mathrm{S}}(\xi_1,\cdots,\xi_N)\\\sigma\Phi_{\mathrm{A}}(\xi_1,\cdots,\xi_N)=\Phi_{\mathrm{A}}(\xi_{\sigma^{-1}(1)},\cdots,\xi_{\sigma^{-1}(N)})=\varepsilon_\sigma\Phi_{\mathrm{A}}(\xi_1,\cdots,\xi_N)\end{array}\right\}\qquad(1.76)$$

のように対応する．ここで，$\varepsilon_\sigma=\varepsilon_{\sigma(1),\cdots,\sigma(N)}$ は置換 σ の指標とよばれ，行列式の定義に用いられるものと同じものである．指標は $\varepsilon_\sigma=\mathrm{sgn}[\sigma]$ と書かれることも多い．対称表現と反対称表現は共に1次元表現であって，ヤング図形では横に N 個の正方形が並んだ図形と縦に N 個の正方形が並んだ図形にそれぞれ対応する（図1.2）．対称群 S_N の表現における1次元表現は，対称表現と反対称表現のみである．

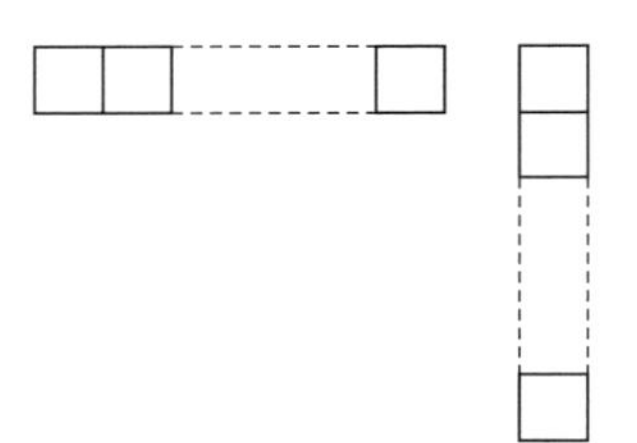

図 1.2　S_N の対称表現と反対称表現に対するヤング図形

$N=2$ の場合に戻る．1.2節における2体スピンの合成関数（1.61）は，変数 s_{p} と s_{e} の置換に対して，$X_{0,0}$ は反対称，$X_{1,m}(m=1,0,-1)$ の3つは対称になっていることに注意しよう．すなわち，（1.61）は対称群 S_2 の既約表現にもなっており，反対称波動関数が合成スピン $J=0$，対称波動関数が合成スピン $J=1$ の空間回転における既約表現[†26]の基底にもなっているのである．このように，波動関数に対称群と他の対称変換群（スピンの回転や内部対称性変換など）が作用している場合に，対称群の同じ既約表現をなす波動関数の組が対称群の表現の基底になることは**ワイルの相互律**（**Weyl's**

†26　正確には $SO(3)$ の2価同値の $SU(2)$ の表現．

reciprocity theorem）とよばれており，これを利用して，(1.61) のように連続群の既約表現を得る方法をテンソル積表現の既約分解という[†27]．

$N=3$ の場合，すなわち対称群 S_3 には，図 1.1 のヤング図形からわかるように，3 種類の既約表現がある．そのうち 2 つは対称表現と反対称表現であってその次元は共に 1 次元である．(1.74) を適用すれば，

$$1^2 + d_2^2 + 1^2 = 3! = 6 \quad \Rightarrow \quad d_2 = 2$$

となるので，図 1.1 の $N=3$ の場合における真ん中の鍵型のヤング図形で表される既約表現は，2 次元表現であることがわかる．この表現は，2 次元平面内の正三角形のシンメトリーとして現れる群 D_3 と同じである[†28]．群 D_3 は，恒等変換，120° 回転，240° 回転，および 3 つの対称軸に対する鏡映変換（線対称変換）の 6 個の元から成り立っているのである．対称群 S_3 の置換 σ に対するこの 2 次元表現の行列を $R(\sigma) = (R_{a,b}(\sigma))$ とすれば，$R(\sigma)$ は 2 次元の回転または鏡映変換の行列であるから，

$$^{t}R(\sigma)R(\sigma) = R(\sigma)\,^{t}R(\sigma) = I \tag{1.77}$$

であることに注意しよう．1.5 節で述べるように，この表現は，クォーク模型でクォーク 3 個からバリオンを作る時に重要な役割を果たしている．

1.4　フェルミ粒子とボース粒子

1.4.1　フェルミ粒子とボース粒子

前節で述べたように，同種粒子 N 体系の波動関数は対称群 S_N の既約表現で表される．この中で特に重要なものは，図 1.2 に対応する対称波動関数と反対称波動関数である．個数 N によらず，常に対称波動関数をとる粒子を**ボース粒子**（**Bose particle**，あるいは **Boson**），常に反対称波動関数をとる粒子を**フェルミ粒子**（**Fermi particle** あるいは **Fermion**）とよぶ．ボース粒

---

†27　ワイルの相互律とテンソル積表現の既約分解の証明は，文献 [5]，[6]，[7]，[8] を参照されたい．

†28　**2 面体群**（**dihedral group**）という．

子とフェルミ粒子は，統計力学を考えた時に，ボース - アインシュタイン統計およびフェルミ - ディラック統計とよばれる状態の数え方をするので，それぞれボース - アインシュタイン統計に従う粒子，フェルミ - ディラック統計に従う粒子ともいう[†29]．

電子やミューオンあるいはニュートリノなどのレプトンとよばれる粒子やクォークとよばれている粒子はフェルミ粒子であり，光子やグルーオンなどのゲージ粒子はボース粒子である．奇数個のフェルミ粒子からなる複合粒子はフェルミ粒子であって，偶数個のフェルミ粒子からなる複合粒子はボース粒子である．よってクォーク3個からなる陽子や中性子はフェルミ粒子であり，クォークと反クォークからなる π 中間子はボース粒子である．さらに水素原子（陽子1個 + 電子1個），重水素原子（陽子1個 + 中性子1個 + 電子1個），三重水素（陽子1個 + 中性子2個 + 電子1個）は，それぞれボース粒子，フェルミ粒子，ボース粒子である．一般に，原子番号 Z，質量数 A の中性原子は，Z 個の陽子，$N = A - Z$ 個の中性子，Z 個の電子からなる複合粒子で，$2Z + N = Z + A$ 個のフェルミ粒子からなり，$Z + A$ の偶奇に従ってボース粒子またはフェルミ粒子となる．

1.4.2　粒子のスピンと統計性

このように，これまで知られている基本的と考えられる粒子[†30]は，すべてボース粒子かフェルミ粒子である．粒子の統計性はスピンと関係があることが知られており，スピンの大きさが整数値をとるものはボース粒子であり，半整数値をとるものはフェルミ粒子である．これを**スピンと統計の関係**（**spin - statistics relation**）という．このように，ある粒子がボース粒子で，ある粒子がフェルミ粒子である理由はかなり深いところにあると考えられており，相対論的な場の量子論においては，エネルギーの正定値性や空間的に

---

†29　統計力学におけるボース - アインシュタイン統計およびフェルミ - ディラック統計については，文献 [11] を参照．本書では紙数の関係で統計力学にはほとんど触れないが，7.2節でボース - アインシュタイン凝縮に関係してボース - アインシュタイン統計については少し述べる．

†30　低次元系や物質中の特別な励起状態のようなものは除く．

離れた観測量に対応する演算子が交換するなどの仮定から，この定理を導き出すことができる[†31]．また，一般的にはパラ統計とよばれている統計性も許されるが，そのような統計に従う粒子は今までのところ存在しない．

この本では，粒子をボース粒子またはフェルミ粒子に限ることとする．ボース粒子に対する多体の波動関数は常に対称

$$\sigma\Phi_{\mathrm{S}}(\xi_1, \cdots, \xi_N) = \Phi_{\mathrm{S}}(\xi_{\sigma^{-1}(1)}, \cdots, \xi_{\sigma^{-1}(N)}) = \Phi_{\mathrm{S}}(\xi_1, \cdots, \xi_N) \tag{1.78}$$

であり，フェルミ粒子に対する多体の波動関数は常に反対称

$$\sigma\Phi_{\mathrm{A}}(\xi_1, \cdots, \xi_N) = \Phi_{\mathrm{A}}(\xi_{\sigma^{-1}(1)}, \cdots, \xi_{\sigma^{-1}(N)}) = \varepsilon_\sigma\Phi_{\mathrm{A}}(\xi_1, \cdots, \xi_N) \tag{1.79}$$

である．特に，2 個の座標の入れかえである**互換** (**transposition**) $\sigma = (i, j)$ $(i \neq j)$ に対して，次のようになる．

$$\begin{aligned}\sigma\Phi_{\mathrm{A}}(\xi_1, \cdots, \xi_i, \cdots, \xi_j, \cdots, \xi_N)\\ &= \Phi_{\mathrm{A}}(\xi_1, \cdots, \xi_j, \cdots, \xi_i, \cdots, \xi_N)\\ &= -\Phi_{\mathrm{A}}(\xi_1, \cdots, \xi_N)\end{aligned} \tag{1.80}$$

1.4.3 対称・反対称波動関数の合成

しかしながら，対称群 S_N の対称表現および反対称表現以外の表現がまったく用いられないわけではないことに注意しよう．原子内の電子の波動関数のような場合には，電子間の相互作用は第 1 近似としてはクーロン相互作用 (1.50) となり，電子のスピン自由度に依存しないため，2 体の波動関数 (1.51) のように空間部分とスピン部分が分離した波動関数の和が第 1 近似

$$\Phi(\xi_1, \cdots, \xi_N) = \sum_{a,b} c_{a,b}\phi_a(\boldsymbol{x}_1, \cdots, \boldsymbol{x}_N)X_b(s_1, \cdots, s_N) \tag{1.81}$$

となる．$c_{a,b}$ は 1 次結合の定数である．電子はフェルミ粒子であるため，左辺の波動関数 Φ は反対称でなければならないが，それは右辺の ϕ_1 や X_a が反対称であることを意味しない．対称群の作用に対して，ϕ_a と X_a がそれぞれ (1.72) のように既約表現

---

†31 スピンと統計性の定理の証明は文献 [12]，[13] を参照．

$$\sigma\phi_a = \sum_{a'=1}^{m} R^{\phi}_{a',a}(\sigma)\phi_{a'}, \qquad \sigma X_b = \sum_{b'=1}^{m} R^{X}_{b',b}(\sigma)X_{b'}$$

に従って変換するとすれば，$\sigma\Phi = \varepsilon_\sigma\Phi$ とならなければならない．

また，

$$\sigma\Phi = \sum_{a,b}\sum_{a',b'} c_{a,b}R^{\phi}_{a',a}(\sigma)R^{X}_{b',b}(\sigma)\phi_{a'}X_{b'} = \frac{1}{N}\sum_{a,b}\sum_{a',b'} c^{-1}_{b',a'}R^{\phi}_{b',a'}(\sigma)R^{X}_{b',b}(\sigma)c_{a,b}\Phi$$

であるから，

$$\frac{1}{N}\sum_{a,b}\sum_{a',b'} c^{-1}_{b',a'}R^{\phi}_{a',a}(\sigma)R^{X}_{b',b}(\sigma)c_{a,b} = \varepsilon_\sigma \tag{1.82}$$

となるような，行列 $C=(c_{a,b})$ が存在する表現 R^ϕ と R^X の組み合わせを用いればよい．(1.82) で C の逆行列が用いられることからも，R^ϕ と R^X の次元が等しくなければならないことが理解される．実際，このようなことは，ヤング図形で表した場合に，図 1.2 および図 1.3 に示すような，正方形の左上隅から右下隅を通る対角線に沿って盤を折り返してできる，縦横を反転した関係にある 2 種類の盤に対応する表現が該当する．

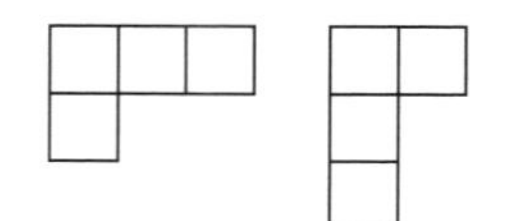

図 1.3　合成により反対称表現が作られる S_N のヤング図形

したがって，R^ϕ と R^X に対して，このようなヤング図形が対になっている表現をもってくれば，反対称な波動関数が作れるのである．特に図 1.2 の場合の，

$$(\text{対称波動関数}) \times (\text{反対称波動関数}) = (\text{反対称波動関数}) \tag{1.83}$$

は明らかであろう．

1.5 クォーク模型におけるバリオンの波動関数

1.5.1 クォーク模型

1.4節で述べた，対称群の表現を用いて反対称波動関数を構成する例は**クォーク模型**（quark model）に見られる[†32]．クォーク模型では，クォークとよばれる粒子3個から核子などのバリオンを構成する．1個のクォークは内部対称性として，**フレーバー自由度**（**flavor degrees of freedom**）（$f = u, d, s$），スピン自由度（$s = \pm 1/2$），**カラー自由度**（**color degrees of freedom**）（$c = r, g, b$）をもつ．

それぞれの自由度の波動関数を，$\chi_m(s)$（スピン部分，$m, s = \pm 1/2$），$\phi_i(f)$（フレーバー部分，$i, f = u, d, s$），$\zeta_\alpha(c)$（カラー部分，$\alpha, c = r, g, b$）とし，空間部分を $\xi(\boldsymbol{x})$ とすれば，1個のクォークの波動関数は，

$$q_{m,i,\alpha}(\boldsymbol{x}, s, f, c) = \xi(\boldsymbol{x})\chi_m(s)\phi_i(f)\zeta_\alpha(c)$$

となる．$\chi_m(s)$，$\phi_i(f)$，$\zeta_\alpha(c)$ は，それぞれスピン回転 $SU_S(2)$，フレーバー変換 $SU_V(3)$，カラー変換 $SU_C(3)$ の基本表現であって，ユニタリー行列，$g^S = (g^S_{m,m'}) \in SU_S(2)$，$g^V = (g^V_{i,i'}) \in SU_V(3)$,$g^C = (g^C_{\alpha,\alpha'}) \in SU_C(3)$ に対して，

$$g^S\chi_m(s) = \sum_{m'=1}^{2} g^S_{m,m'}\chi_{m'}(s), \qquad g^V\phi_i(f) = \sum_{i'=1}^{3} g^V_{i,i'}\phi_{i'}(f),$$

$$g^C\zeta_\alpha(c) = \sum_{\alpha'=1}^{3} g^C_{\alpha,\alpha'}\zeta_{\alpha'}(c)$$

のように変換する．フレーバー変換 $SU_V(3)$ は近似的な対称性である．

1.5.2 バリオンの波動関数

クォーク模型ではメソン（中間子）はクォークと反クォークから，バリオンはクォーク3個からできているとする．クォーク3個からなるバリオンの波動関数は，

$$\psi(\xi_1, \xi_2, \xi_3) = \psi(\boldsymbol{x}_1, s_1, f_1, c_1\,;\boldsymbol{x}_2, s_2, f_2, c_2\,;\boldsymbol{x}_3, s_3, f_3, c_3)$$

---

†32　クォーク模型については文献［15］,［16］を参照されたい．

と書ける．クォークはフェルミ粒子であるから，波動関数 ψ は反対称である．カラー部分は，それだけで反対称状態[†33]のみが物理的状態として許されるとする．この性質を**カラーの閉じ込め**（**color confinement**）という．

ここで，$Z(c_1, c_2, c_3)$ を反対称なカラー部分波動関数とすると，

$$\psi(\xi_1, \xi_2, \xi_3) = \Phi(\boldsymbol{x}_1, s_1, f_1; \boldsymbol{x}_2, s_2, f_2; \boldsymbol{x}_3, s_3, f_3) Z(c_1, c_2, c_3)$$

という関係で示すように ψ は分離型になる．波動関数 ψ と Z は反対称であるから，(1.83) より，空間スピンフレーバー部分 Φ は対称でなければならない．3個のクォークは，例えば球対称ポテンシャルに閉じ込められた波動関数であって，最低エネルギーでは 1s 状態 $\xi_0(\boldsymbol{x})$ にあるとすれば，空間部分は，

$$\Xi(\boldsymbol{x}_1, \boldsymbol{x}_2, \boldsymbol{x}_3) = \xi_0(\boldsymbol{x}_1)\xi_0(\boldsymbol{x}_2)\xi_0(\boldsymbol{x}_3)$$

となるため対称波動関数である．空間部分が分離されると仮定すれば，

$$\Phi(\boldsymbol{x}_1, s_1, f_1; \boldsymbol{x}_2, s_2, f_2; \boldsymbol{x}_3, s_3, f_3) = \Xi(\boldsymbol{x}_1, \boldsymbol{x}_2, \boldsymbol{x}_3) SF(s_1, f_1; s_2, f_2; s_3, f_3)$$

と表される．(1.83) と同様にして，

$$(\text{対称波動関数}) \times (\text{対称波動関数}) = (\text{対称波動関数}) \qquad (1.84)$$

が成立するためには，Φ と Ξ が対称であることから，スピンフレーバー部分 SF も対称でなければならない．よって，問題はスピン部分とフレーバー部分からいかにして対称関数を作るかにある．SF はスピン部分とフレーバー部分の分離型である必要はなく．スピンフレーバー部分 SF は，反対称表現 (1.81) を構成した場合と同様に，スピン部分 $X_a(s_1, s_2, s_3)$ とフレーバー部分 $F_a(f_1, f_2, f_3)$ から，1次結合の係数 $c_{a,b}$ を用いて

$$SF(s_1, f_1; s_2, f_2; s_3, f_3) = \sum_{a,b} c_{a,b} X_a(s_1, s_2, s_3) F_a(f_1, f_2, f_3) \qquad (1.85)$$

のように構成される．対称群の作用に対して，X_a と F_a がそれぞれ (1.72) のように既約表現

$$\sigma X_a = \sum_{a'=1}^{m} R^X_{a',a}(\sigma) X_{a'}, \qquad \sigma F_b = \sum_{b'=1}^{m} R^F_{b',b}(\sigma) F_{b'}$$

に従って変換するとすれば，$\sigma SF = SF$ とならなければならない．よって，

---

†33　ワイルの相互率により $SU_C(3)$ の1次元表現＝1重項．

$$\sigma SF = \sum_{a,b}\sum_{a',b'} c_{a,b} R^X_{a',a}(\sigma) R^F_{b',b}(\sigma) X_{a'} F_{b'}$$
$$= \sum_{a',b'} c_{a',b'} X_{a'} F_{b'}$$

であるから，係数 $c_{a,b}$ は以下の関係式を満たさなければならない．

$$\sum_{a,b} R^X_{a',a}(\sigma) R^F_{b',b}(\sigma) c_{a,b} = c_{a',b'} \tag{1.86}$$

1.5.3　バリオンのスピン部分状態関数の構成

3個の自由度からなる波動関数は，対称群 S_3 の既約表現として表される．それはヤング図形で説明すると，図1.1の右側 $(N=3)$ の3種類が存在し，左から1次元対称表現，2次元表現，1次元反対称表現に該当する．まず，最初にスピン部分を考えてみよう．クォークのスピンは1/2であるので，その波動関数は (1.29) の $\chi_m(s)$ $(m = \pm 1/2)$ からなる．よってスピン部分 $X(s_1, s_2, s_3)$ は，$\chi_{m_1}(s_1)$，$\chi_{m_2}(s_2)$，$\chi_{m_3}(s_3)$ の積の1次結合として構成される．例えば，1次元対称波動関数は次のようになる．

$$X_{m_1,m_2,m_3}(s_1, s_2, s_3) = \frac{1}{\sqrt{N}} \sum_{\sigma\in S_3} \chi_{m_1}(s_{\sigma^{-1}(1)}) \chi_{m_2}(s_{\sigma^{-1}(2)}) \chi_{m_3}(s_{\sigma^{-1}(3)}) \tag{1.87}$$

ここで，N は規格化定数である．

また，スピン部分 X_{m_1,m_2,m_3} が対称関数であることを示すため，対称群 S_3 の置換 τ の作用を計算すると[†34]

$$\begin{aligned}
&\tau X_{m_1,m_2,m_3}(s_1, s_2, s_3)\\
&\quad = X_{m_1,m_2,m_3}(s_{\tau^{-1}(1)}, s_{\tau^{-1}(2)}, s_{\tau^{-1}(3)})\\
&\quad = \frac{1}{\sqrt{N}} \sum_{\sigma\in S_3} \chi_{m_1}(s_{\sigma^{-1}(\tau^{-1}(1))}) \chi_{m_2}(s_{\sigma^{-1}(\tau^{-1}(2))})\ \chi_{m_3}(s_{\sigma^{-1}(\tau^{-1}(3))})\\
&\quad = \frac{1}{\sqrt{N}} \sum_{\sigma\in S_3} \chi_{m_1}(s_{(\tau\sigma)^{-1}(1)}) \chi_{m_2}(s_{(\tau\sigma)^{-1}(2)}) \chi_{m_3}(s_{(\tau\sigma)^{-1}(3)})\\
&\quad = \frac{1}{\sqrt{N}} \sum_{\sigma'\in S_3} \chi_{m_1}(s_{\sigma'^{-1}(1)}) \chi_{m_2}(s_{\sigma'^{-1}(2)}) \chi_{m_3}(s_{\sigma'^{-1}(3)})
\end{aligned}$$

---

†34　置換 σ と $\sigma' = \tau\sigma$ は1対1対応するため，$\sum_{\sigma\in S_3}$ と $\sum_{\sigma'\in S_3}$ は等しいことを用いた．

$$= X_{m_1, m_2, m_3}(s_1, s_2, s_3)$$

となる．よって，

$$\tau X_{m_1, m_2, m_3} = X_{m_1, m_2, m_3}$$

であるから，X_{m_1, m_2, m_3} は対称関数である．(1.87) のようにして対称関数を作る操作を**対称化** (**symmetrization**) という†35．

同様にして，X_{m_1, m_2, m_3} の状態を表す量子数 (m_1, m_2, m_3) の置換を考える．(1.87) より，S_3 の置換 τ に対して，

$$X_{m_{\tau(1)}, m_{\tau(2)}, m_{\tau(3)}} = X_{m_1, m_2, m_3} \tag{1.88}$$

すなわち，スピン部分 X_{m_1, m_2, m_3} は量子数の入れかえに対しても対称になっている．このことは，

$$\begin{aligned}
&X_{m_{\tau(1)}, m_{\tau(2)}, m_{\tau(3)}}(s_1, s_2, s_3) \\
&\quad = \frac{1}{\sqrt{N}} \sum_{\sigma \in S_3} \chi_{m_{\tau(1)}}(s_{\sigma^{-1}(1)}) \chi_{m_{\tau(2)}}(s_{\sigma^{-1}(2)}) \chi_{m_{\tau(3)}}(s_{\sigma^{-1}(3)}) \\
&\quad = \frac{1}{\sqrt{N}} \sum_{\sigma \in S_3} \chi_{m_1}(s_{\sigma^{-1}(\tau^{-1}(1))}) \chi_{m_2}(s_{\sigma^{-1}(\tau^{-1}(2))}) \chi_{m_3}(s_{\sigma^{-1}(\tau^{-1}(3))}) \\
&\quad = X_{m_1, m_2, m_3}(s_{\tau^{-1}(1)}, s_{\tau^{-1}(2)}, s_{\tau^{-1}(3)}) = X_{m_1, m_2, m_3}(s_1, s_2, s_3)
\end{aligned}$$

のように証明できる†36．

対称関係式 (1.88) より，スピン部分 X_{m_1, m_2, m_3} は m_1, m_2, m_3 に $\pm 1/2$ が何個ずつあるかで決定され，(m_1, m_2, m_3) に対して，

$$\left(\frac{1}{2}, \frac{1}{2}, \frac{1}{2}\right), \left(\frac{1}{2}, \frac{1}{2}, -\frac{1}{2}\right), \left(\frac{1}{2}, -\frac{1}{2}, -\frac{1}{2}\right), \left(-\frac{1}{2}, -\frac{1}{2}, -\frac{1}{2}\right) \tag{1.89}$$

の4通りが存在する．クォーク3個の全スピンは $S = S_1 + S_2 + S_3$ で定義され，z 方向成分は $S_z = m_1 + m_2 + m_3$ となるから，この4通りのスピン状態に対する S_z はそれぞれ次のようになる．

$$S_z = \frac{3}{2}, \frac{1}{2}, -\frac{1}{2}, -\frac{3}{2} \tag{1.90}$$

---

†35　これについては2.1節で詳細に議論する．

†36　2番目の等式で χ を並べかえ，最後で X_{m_1, m_2, m_3} が対称関数であることを用いた．

角運動量の規則 (1.27) から，スピンの大きさは $S=3/2$ であることがわかる．よって，対称波動関数 (1.87) を

$$X_{\varDelta}(s_1, s_2, s_3), \qquad \varDelta=\frac{3}{2}, \frac{1}{2}, -\frac{1}{2}, -\frac{3}{2} \tag{1.91}$$

というように S_z の値で表すことにする (ただし，$\varDelta=S_z$).

次に，スピン部分の1次元反対称波動関数について考える．反対称波動関数は，(1.87) にならって次のように構成され，これを**反対称化** (**antisymmetrization**) という[†37].

$$X_{m_1,m_2,m_3}(s_1, s_2, s_3) = \frac{1}{\sqrt{N}}\sum_{\sigma\in S_3}\varepsilon_\sigma \chi_{m_1}(s_{\sigma^{-1}(1)})\chi_{m_2}(s_{\sigma^{-1}(2)})\chi_{m_3}(s_{\sigma^{-1}(3)}) \tag{1.92}$$

対称波動関数の場合と同様にして，(s_1, s_2, s_3) と (m_1, m_2, m_3) に対する反対称性が

$$\begin{aligned}\tau X_{m_1,m_2,m_3}(s_1, s_2, s_3) &= X_{m_1,m_2,m_3}(s_{\tau^{-1}(1)}, s_{\tau^{-1}(2)}, s_{\tau^{-1}(3)}) \\ &= \varepsilon_\tau X_{m_1,m_2,m_3}(s_1, s_2, s_3)\end{aligned} \tag{1.93}$$

$$X_{m_{\tau(1)},m_{\tau(2)},m_{\tau(3)}} = \varepsilon_\tau X_{m_1,m_2,m_3} \tag{1.94}$$

のように証明される．

反対称波動関数の場合には，m_1, m_2, m_3 の中に同じ値が2つ以上あった時 $(m_1=m_2=m)$ には，$X_{m_1,m_2,m_3}=0$ となる．(1.94) より，

$$X_{m,m,m_3} = X_{m_1,m_2,m_3} = -X_{m_2,m_1,m_3} = -X_{m,m,m_3}$$

となるからである．しかしながら，スピンの場合は $m_i=\pm 1/2$ の2通りの値しかとれないため，m_1, m_2, m_3 には必ず同じ値をとる変数が2個あるいはそれ以上存在する．よって，3個のスピン 1/2 からなる反対称波動関数は存在しない．

残るスピン部分の表現は，図1.1における $N=3$ の真ん中にある鍵型のヤング盤で表される表現である．この表現は1.3節の最後で述べたように2次元表現 $(d_2=2)$ であって，平面内の回転によって表される (2面体群 D_3)．この表現に対するスピン状態がもつ全スピンについて調べてみよう．今，

---

†37 これについても2.1節で詳細に議論する．

クォークは大きさ1/2のスピンをもち，バリオンはクォーク3個から構成されるとしている．よって，バリオンの全スピン部分は1/2の大きさの角運動量3つを合成 $(1/2\times 1/2\times 1/2)$ してできる．角運動量の大きさ j_1 と j_2 を合成してできる合成角運動量 J の大きさは，角運動量の合成規則

$$J=|j_1-j_2|,\ |j_1-j_2|+1,\ \cdots,\ j_1+j_2 \qquad (1.95)$$

により求められる．$j_1=1/2$ と $j_2=1/2$ の合成から0と1の角運動量が作られ，このそれぞれと最後の $j_3=1/2$ から，$0\times 1/2=1/2, 1\times 1/2=1/2$, $3/2$ が得られる．よって3個のクォークの合成スピンは，次のようになる．

$$S=\left(\frac{1}{2}\right)_1,\ \left(\frac{1}{2}\right)_2,\ \frac{3}{2} \qquad (1.96)$$

となる．スピン1/2の状態は2通り存在し，これを $(1/2)_\gamma\ (\gamma=1,2)$ と表した．γ を**多重度**（**multiplicity**）という．多重度は2個の角運動量の合成(1.95)では現れない，3個以上の角運動量の合成の特徴であることに注意しよう[†38]．

(1.96)で求められた合成スピンのうち，$S=3/2$ は対称波動関数に対応することを(1.90)で見た．よって，$S=(1/2)_1$，$(1/2)_2$ の状態それぞれに対して $S_z=\pm 1/2$ の波動関数が存在し，合計4個の波動関数があることになる．反対称波動関数のスピン部分は存在しないことがわかっているので，$S=(1/2)_1$，$(1/2)_2$ の状態は鍵型ヤング図形における2次元表現の波動関数2組に対応することがわかる．非常に興味深いことに，ワイルの相互律によれば，この4個の波動関数を，

$$X_{m,a}(s_1,s_2,s_3),\qquad m=\pm\frac{1}{2},\qquad a=1,2$$

とし，スピン $SU(2)$ 回転 $g=(g_{m,m'})$ と対称群 S_3 の表現 $R_{a,a'}(\sigma)$ に対して，

$$gX_{m,a}=\sum_{m=\pm 1/2} g_{m',m}X_{m,a},\qquad \sigma X_{m,a}=\sum_{a=1}^{2} R_{a',a}(\sigma)X_{m,a'} \qquad (1.97)$$

と変換するように選ぶことができる．変換式(1.97)は，$SU(2)$ の回転が波動関数に作用する時には対称群の表現の指標が複数の $SU(2)$ の表現を区別

†38　大きい群では一般に2個の表現の合成でも現れる．

するラベルの役割をし，対称群の置換が波動関数に作用する時は $SU(2)$ の表現の指標が複数の対称群の表現を区別するラベルの役割をする，ということを意味している[†39]．このことは，一般線形群 $GL(n)$，特殊線形群 $SL(n)$，特殊ユニタリ群 $SU(n)$ の非常に広い群に対して成立する[†40]．

1.5.4 バリオンのフレーバー部分状態関数の構成

フレーバー部分 $F(f_1, f_2, f_3)$ も，スピン部分と同様にして構成することができる．フレーバーの自由度に対する内部対称性の変換は $SU_V(3)$ であって，スピンの $SU_S(2)$ と同種のものであるからである．スピンの $s=+1/2, -1/2$ に対応して $f=u, d, s$ になっている．ワイルの相互律により，フレーバー部分はスピン部分と同じ方法で，対称群 S_3 の表現から図 1.1 における $N=3$ のヤング図形に対応して構成される．以下でこれについて述べる．

1 次元対称表現は，クォーク 1 個のフレーバー波動関数 $\phi_i(f)$ $(i, f=u, d, s)$ から (1.87) の方法により，対称化して対称波動関数 $F_{i_1, i_2, i_3}(f_1, f_2, f_3)$ を作ればよい．F_{i_1, i_2, i_3} の対称性および (1.88) がスピン部分と同様に

$$
\begin{aligned}
\tau F_{i_1, i_2, i_3}(f_1, f_2, f_3) &= F_{i_1, i_2, i_3}(f_{\tau^{-1}(1)}, f_{\tau^{-1}(2)}, f_{\tau^{-1}(3)}) \\
&= F_{i_1, i_2, i_3}(f_1, f_2, f_3) \qquad (1.98)
\end{aligned}
$$

$$
F_{i_{\tau(1)}, i_{\tau(2)}, i_{\tau(3)}} = F_{i_1, i_2, i_3} \qquad (1.99)
$$

となる．フレーバー波動関数 F の種類は，(1.89) と同様に f_1, f_2, f_3 に u, d, s が何個ずつあるかで決まる．すべて数え上げてみると，

$$
\begin{aligned}
(f_1, f_2, f_3) = {} & (u, u, u), (u, u, d), (u, u, s), (u, d, d), (u, d, s), \\
& (u, s, s), (d, d, d), (d, d, s), (d, s, s), (s, s, s)
\end{aligned}
\qquad (1.100)
$$

の 10 通りあることがわかる．この 10 個の対称波動関数は $SU_V(3)$ の 10 次元表現をなす．群 $SU(3)$ の表現は次元で表すことがよく行われ，この表現

†39 これが相互律という名前の由来である．

†40 特殊直交群 $SO(n)$ などに対しては特別な注意を必要とする[9]．

を **10** と書く．適当にラベルをつけて，10 個の対称関数を次のように表す．

$$F_{\mathbf{10}\,;\,I}(f_1, f_2, f_3) \quad (I = 1, 2, \cdots, 10) \tag{1.101}$$

1 次元反対称表現は，(1.92) による反対称化を行った反対称関数 F_{i_1, i_2, i_3} で表される．スピン部分に対する (1.93) と (1.94) と同様に，

$$\begin{aligned}\tau F_{i_1, i_2, i_3}(f_1, f_2, f_3) &= F_{i_1, i_2, i_3}(f_{\tau^{-1}(1)}, f_{\tau^{-1}(2)}, f_{\tau^{-1}(3)}) \\ &= \varepsilon_\tau F_{i_1, i_2, i_3}(f_1, f_2, f_3)\end{aligned} \tag{1.102}$$

$$F_{i_{\tau(1)}, i_{\tau(2)}, i_{\tau(3)}} = \varepsilon_\tau F_{i_1, i_2, i_3} \tag{1.103}$$

を満たす．スピン部分と異なり $i_1 \neq i_2 \neq i_3$ を満たす $(i_1,\ i_2,\ i_3)$ の組み合わせが $(u,\ d,\ s)$ の 1 つだけ存在し，対応して反対称関数 $F_{u,d,s}$ が 1 つだけ存在する．これは $SU_V(3)$ の 1 次元表現 (群に対して不変な表現) **1** を作る．

残る鍵型ヤング盤に対応する表現を調べるために，$SU_V(3)$ 表現の次元について調べてみよう．クォークのフレーバーは $f = u,\ d,\ s$ が存在し，これは $SU_V(3)$ の 3 次元表現 **3** である．クォーク 3 個からできるフレーバーの種類は $3 \times 3 \times 3 = 27$ である．このうち，対称な表現が 10 個，反対称な表現が 1 個であるから，残りは 16 個である．鍵型ヤング盤は S_3 の 2 次元表現であるから，これは $SU_V(3)$ の 8 次元表現 **8** が 2 組あることを意味する．スピン部分と同様に，この 16 個の波動関数は，

$$F_{\mathbf{8}\,;\,M,a}(f_1, f_2, f_3) \quad (M = 1, 2, \cdots, 8,\ a = 1, 2)$$

と書くことができ，フレーバーの $SU_V(3)$ 回転 g に対する **8** 表現の行列 $D^{(8)}_{M,M'}(g)$ と対称群 S_3 の表現 $R_{a,a'}(\sigma)$ に対して，

$$gF_{\mathbf{8}\,;\,M,a} = \sum_{M'=1}^{8} D^{(8)}_{M,M'}(g) F_{\mathbf{8}\,;\,M',a}, \quad \sigma F_{\mathbf{8}\,;\,M,a} = \sum_{a=1}^{2} R_{a',a}(\sigma) F_{\mathbf{8}\,;\,M,a} \tag{1.104}$$

と変換するように選ぶことができる．

1.5.5 バリオンのスピンフレーバー部分状態関数の構成

スピン部分とフレーバー部分が決まったので，これを用いて (1.85) のスピンフレーバー部分 SF を決定しよう．これは対称関数でなければならない．図 1.1 の $N = 3$ のヤング図形に対応する S_3 の表現から，2 通りの対称

な SF が構成できることがわかる．1つは (1.84) によるもので，スピン部分の1次元対称表現 (1.91) とフレーバー部分の1次元対称表現 (1.101) の積からなる 40 個の波動関数であり，

$$\left.\begin{array}{c} SF_{\mathbf{10}\,;\,I,\Delta}(s_1, f_1\,;\,s_2, f_2\,;\,s_3\,;f_3) = X_{\Delta}(s_1,\ s_2,\ s_3)F_{\mathbf{10}\,;\,I}(f_1, f_2, f_3) \\ \left(\Delta = -\dfrac{3}{2},\ -\dfrac{1}{2}, \dfrac{1}{2}, \dfrac{3}{2}, I = 1,\ 2,\ \cdots,\ 10\right) \end{array}\right\} \tag{1.105}$$

と表される．

もう1つは，鍵型ヤング盤の対称性から来るもので，スピン部分 $X_{m,a}$ とフレーバー部分 $F_{\mathbf{8}\,;\,M,a}$ から構成される．対称波動関数は，

$$SF_{\mathbf{8}\,;\,M,m}(s_1, f_1\,;\,s_2, f_2\,;\,s_3\,;f_3) = \sum_{a=1}^{2} X_{m,a}(\sigma_1,\ \sigma_2,\ \sigma_3)F_{\mathbf{8}\,;\,M,a}(f_1, f_2, f_3) \tag{1.106}$$

からなる 16 個の波動関数である ($m = \pm 1/2,\ M = 1,\ 2,\ \cdots, 8$)．これが対称であることは，対称群 S_3 の任意の置換に対して，$X_{m,a}$ と $F_{\mathbf{8}\,;\,M,a}$ は，それぞれ (1.97) と (1.104) のように回転行列で変換するので，スピン・フレーバー部分 (1.106) は，

$$\begin{aligned} \sigma SF_{\mathbf{8}\,;\,M,m} &= \sum_{a=1}^{2} R_{a,b}(\sigma) X_{m,a'} R_{a,b'}(\sigma) F_{\mathbf{8}\,;\,M,b'} \\ &= \sum_{b=1}^{2} \sum_{b'=1}^{2} \left\{ \sum_{a=1}^{2} R_{a,b}(\sigma) R_{a,b'}(\sigma) \right\} X_{m,b} F_{\mathbf{8}\,;\,M,b'} \\ &= \sum_{b=1}^{2} X_{m,b} F_{\mathbf{8}\,;\,M,b} = SF_{\mathbf{8}\,;\,M,m} \end{aligned}$$

となることからわかる．ここで，(1.77) に述べた対称群の表現 $R(\sigma)$ の直交行列性を用いたことに注意しよう．置換に対する対称性は，回転に対する内積の不変性として表されているのである．

(1.105) は，$\Delta, \Sigma^*, \Xi^*, \Omega$ の **10** 重項 ($S = 3/2$) のバリオンを表し，(1.106) は，$N\,(= n,\ p), \Lambda, \Sigma, \Xi$ の **8** 重項 ($S = 1/2$) のバリオンを表す．よって，クォーク模型は低エネルギーのバリオンをよく説明する．

群論と量子力学

群論が物理学に用いられるのは，空間での並進や回転，あるいは本章で議論したような粒子の置換などの変換が，対称性として群を構成するからである．群はいろいろな用いられ方をするが，量子力学への応用で特に重要なものに，1.2 節の(1.72) で定義した群の表現がある．群が与えられた時に，既約表現を求めたり，可約な表現をより小さい規約な表現にどのように分解するか，といったことを調べる分野を表現論という．

有限群 (元の個数が有限個) の表現論 (群多元環という大きい表現を規約分解する方法[5,6]) は，フロベニウスやシューアによってまとめられた．本章で用いた粒子の置換の群である対称群は典型的な有限群であり，シューアによる対称多項式を用いた扱いや，ヤングによるヤング図形や台を用いたダイアグラムによる扱いなどさまざまな方法が存在する．

回転群やユニタリ群など無限次元の連続群の表現論も量子力学においては重要となることは，角運動量の量子論が回転群 $SO(3)$ の表現論であることからも明らかである．リー群に代表される連続群の表現論を展開するには，(１) リー群とリー代数の対応であるリーの定理を用いて，代数の表現論に帰着させる方法 (通常の角運動量の量子化がその例)，(２) テンソルによる連続群の表現を，ワイルの相互律により (テンソルの指標の置換である) 対称群の表現を用いて既約表現に分解する方法 (1.5 節でクォーク模型に用いた) [5,6,7,8]，(３) 有限群の表現論を無限次元に拡張する方法[10]，が代表的な方法としてあり，それぞれ興味深く，また長所と短所がある．

クォーク模型

1950年頃から，宇宙線や粒子加速器を用いた実験によって非常に多くの素粒子（特にハドロン）が発見され，それらを整理するため，多くのハドロンは少数の基本粒子が結合した複合粒子であるとする複合粒子模型が提唱された[†41]．日本の坂田昌一グループは，陽子（p），中性子（n），ラムダ粒子（Λ）を基本粒子（$SU(3)$の基本表現である**3**重項）とする坂田模型（1956年）に端を発して複合模型の研究を進め，$SU(3)$対称性（フレーバーの対称性）の重要性が明らかとなった．坂田模型では，質量の小さいメソン（π, K, η, η'）を，$SU(3)$の**8**重項と**1**重項とすることによってうまく記述できるが，バリオンについては（p, n ,Λ）を**3**重項とするとうまく記述できないことがわかった．ゲルマンとネーマンは，バリオン（p, n, Λ）がΞとよばれるバリオンと合わせて$SU(3)$の**8**重項であるとし（1961年），その理論を**八正道**（**eight - fold way**）と名づけた．

このことを受けて，ゲルマン，ツヴァイク，坂田は，$SU(3)$の**3**重項の基本粒子が別に存在し，メソン・バリオンはその基本粒子からなる複合粒子であるという模型を提唱した（1962年）．この基本粒子を，ゲルマンは**クォーク**（**quark**），ツヴァイクは**エース**（**ace**），坂田は**ウルバリオン**（**urbaryon**），と名づけた[†42]．

その後，クォークの統計性から，スピン・フレーバーの他にもう1つの$SU(3)$対称性があり，クォークはその対称性の**3**重項の自由度をもつことが，ゲルマンやハン（韓）と南部によって提唱された．ゲルマンはカラー自由度とよび，ハン - 南部の模型は3重3元模型とよばれる[†43]．

現在では，新しいクォークも見つかり，（u, d, s, c, b, t）の6種類のフレーバーのクォークが発見されている．

本書では多体系の取り扱いの一例として，クォーク模型の状態の構成を取り上げた（1.5節）ので，クォークのダイナミックスについては議論しなかった．クォークのダイナミックスは**量子色力学**（**QCD**）とよばれるゲージ理論であることがわかっており，現在盛んに研究されている[15,16]．

---

†41　素粒子の複合模型については文献［14］を参照．

†42　現在ではクォークというよび方が通用している．

†43　現在ではカラー自由度というよび方が通用している．

第2章 自由粒子の多体波動関数

この章では，相互作用のない自由粒子の多体波動関数の構成について議論する．自由粒子の多体波動関数は，1粒子波動関数から粒子の置換対称性に従って構成される．この型の波動関数は，後章で議論するハートリー－フォック近似の波動関数に用いられるのみならず，一般に相互作用する多体系を議論する場合の基礎となるものである．

さらに，自由粒子の多体波動関数を紹介した後で，多体波動関数の占拠数表示について述べ，多体波動関数をまとめて取り扱う母関数の方法を紹介する．フェルミ粒子系の場合には，母関数の定義にグラスマン数を用いるので，グラスマン数についても紹介する．母関数表示は計算を簡単にするばかりでなく，次章で述べる第2量子化との関係でも重要な役割を果たす．

最後に，ここで構成される多体波動関数の応用例として水素原子のハイトラー－ロンドン近似の解析解について述べ，核力や磁性の理論で重要な役割をする交換相互作用について触れる．

2.1 多体波動関数の対称化・反対称化

2.1.1 多体波動関数の簡略な記法

1.3節で与えられた，同種粒子系の N 体波動関数 $\Phi(\xi_1, \cdots, \xi_N)$ を簡単に書くための記法を導入する．まず，$I = I_N$ を対称群 S_N の恒等置換

$$I = \begin{pmatrix} 1 & 2 & \cdots & N \\ 1 & 2 & \cdots & N \end{pmatrix}$$

とする．N 体波動関数 $\Phi(\xi_1, \cdots, \xi_N)$ を短く $\Phi(\xi_I)$ と書き，

$$\Phi(\xi_I) = \Phi(\xi_{I(1)}, \xi_{I(2)}, \cdots, \xi_{I(N)}) = \Phi(\xi_1, \xi_2, \cdots, \xi_N)$$

と表す．$\Phi(\xi_I)$ に S_N の置換 σ が作用してできる $\sigma\Phi(\xi_I)$ は，次のように書くことにする．

$$\sigma\Phi(\xi_I) = \Phi(\xi_{\sigma^{-1}(1)}, \cdots, \xi_{\sigma^{-1}(N)}) = \Phi(\xi_{I\sigma^{-1}(1)}, \cdots, \xi_{I\sigma^{-1}(N)}) = \Phi(\xi_{I\sigma^{-1}})$$

ここで，自由度の添字への作用を $I\sigma^{-1}$ で定義するのは，置換 σ と τ に対して，

$$\sigma\tau\Phi(\xi_I) = \Phi(\xi_{I(\sigma\tau)^{-1}}) = \Phi(\xi_{I\tau^{-1}\sigma^{-1}}) = \sigma[\tau\Phi](\xi_I) \tag{2.1}$$

が成立するようにするためである．

N 体波動関数 Φ と Ψ の内積は，

$$\langle\Phi|\Psi\rangle = \sum_{s_1, \cdots, s_N} \int d^3\boldsymbol{x}_1 \cdots d^3\boldsymbol{x}_N\, \Phi^*(\boldsymbol{x}_1, s_1, \cdots, \boldsymbol{x}_N, s_N) \times \Psi(\boldsymbol{x}_1, s_1, \cdots, \boldsymbol{x}_N, s_N) \tag{2.2}$$

で定義されるが，これも次のように簡潔に書く記法を用いる．

$$\langle\Phi|\Psi\rangle = \int d\xi_I\, \Phi^*(\xi_I)\Psi(\xi_I) \tag{2.3}$$

次に，置換 σ が作用した $\sigma\Phi$ と $\sigma\Psi$ の内積は次のようになる．

$$\langle\sigma\Phi|\sigma\Psi\rangle = \int d\xi_I\, \sigma\Phi^*(\xi_I)\sigma\Psi(\xi_I) = \int d\xi_I\, \Phi^*(\xi_{I\sigma^{-1}})\Psi(\xi_{I\sigma^{-1}}) = \int d\xi'_{I\sigma}\Phi^*(\xi'_I)\Psi(\xi'_I)$$

最後のところで，$\xi'_i = \xi_{\sigma^{-1}(i)}$, $\xi_i = \xi'_{\sigma(i)}$ と変数変換した．$d\xi_i$ の並べかえによる，

$$d\xi'_{I\sigma} = d\xi'_{\sigma(1)} \cdots d\xi'_{\sigma(N)} = d\xi'_1 \cdots d\xi'_N = d\xi'_I$$

を用いれば，内積 $\langle\sigma\Phi|\sigma\Psi\rangle$ は

$$\langle\sigma\Phi|\sigma\Psi\rangle = \int d\xi'_{I\sigma}\Phi^*(\xi'_I)\Psi(\xi'_I) = \int d\xi'_I\Phi^*(\xi'_I)\Psi(\xi'_I)$$

のようになる．

よって，N 体波動関数の内積が置換に対して

$$\langle\sigma\Phi|\sigma\Psi\rangle = \langle\Phi|\Psi\rangle \tag{2.4}$$

のように不変であることが示された．これは，波動関数に対する置換 σ の作用がユニタリ演算子であることを意味する．

2.1.2　多体波動関数の対称化・反対称化

1.5節でのクォーク模型において，波動関数の対称化・反対称化を (1.87) と (1.94) で行った．これを，一般の N 体波動関数 Φ に対して拡張しよう．

対称化波動関数から考える．3体波動関数の対称化 (1.87) を N 体波動関数 $\Phi(\xi_I)$ に拡張して，対称化波動関数 $\Phi_{\mathrm{S}}(\xi_I)$ は，

$$\Phi_{\mathrm{S}}(\xi_I) \propto \sum_{\sigma\in S_N} \Phi(\xi_{\sigma^{-1}(1)}, \cdots, \xi_{\sigma^{-1}(N)}) = \sum_{\sigma\in S_N} \Phi(\xi_{I\sigma^{-1}}) = \sum_{\sigma\in S_N} \sigma\Phi(\xi_I)$$

となることは明らかである．よって，**対称化演算子** (symmetrizer) $\mathscr{S}$ を，

$$\mathscr{S}\Phi(\xi_I) = \frac{1}{N!}\sum_{\sigma\in S_N} \sigma\Phi(\xi_I) \tag{2.5}$$

により定義する．$1/N!$ は規格化定数ではなく，$\mathscr{S}$ の性質を簡単にするためにつけたものである．これについては後ほど述べることにする．

同様にして反対称化波動関数 $\Phi_{\mathrm{A}}(\xi_I)$ は，(1.92) を拡張して，

$$\begin{aligned}\Phi_{\mathrm{A}}(\xi_I) &\propto \sum_{\sigma\in S_N} \varepsilon_\sigma \Phi(\xi_{\sigma^{-1}(1)}, \cdots, \xi_{\sigma^{-1}(N)}) \\ &= \sum_{\sigma\in S_N} \varepsilon_\sigma \Phi(\xi_{I\sigma^{-1}}) = \sum_{\sigma\in S_N} \varepsilon_\sigma \sigma\Phi(\xi_I)\end{aligned}$$

とすればよいことがわかる．**反対称化演算子** (antisymmetrizer) $\mathscr{A}$ は次のように定義される．

$$\mathscr{A}\Phi(\xi_I) = \frac{1}{N!}\sum_{\sigma\in S_N} \varepsilon_\sigma \sigma\Phi(\xi_I) \tag{2.6}$$

ここで，**符号関数** (signature function) $\mathrm{sgn_P}[\sigma]$ $(\mathrm{P} = \mathrm{S, A})$ を，

$$\mathrm{sgn_S}[\sigma] = 1, \qquad \mathrm{sgn_A}[\sigma] = \varepsilon_\sigma \tag{2.7}$$

で定義しておくと，対称化・反対称化演算子 $\mathscr{S}$ と $\mathscr{A}$ は，

$$\mathscr{P} = \frac{1}{N!}\sum_{\sigma\in S_N} \mathrm{sgn_P}[\sigma]\sigma \quad (\mathrm{P} = \mathrm{S, A}) \tag{2.8}$$

とまとめて表せるので便利である．

対称反対称 (P = S, A) に関わらず，対称群 S_N の置換 σ, τ に対して次の式が成り立つことに注意しよう．

$$\mathrm{sgn}_{\mathrm{P}}[\sigma\tau] = \mathrm{sgn}_{\mathrm{P}}[\sigma]\mathrm{sgn}_{\mathrm{P}}[\tau], \qquad \mathrm{sgn}_{\mathrm{P}}[\sigma^{-1}] = \mathrm{sgn}_{\mathrm{P}}[\sigma] \tag{2.9}$$

演算子 $\mathcal{P}$ と置換 σ の積 $\sigma\mathcal{P}$ を考える．(2.1) が成立するので，

$$\sigma\mathcal{P} = \frac{1}{N!}\sum_{\tau\in S_N}\mathrm{sgn}_{\mathrm{P}}[\tau]\sigma\tau$$

としてよく，$\sigma\tau = \tau'$ とすれば $\tau = \sigma^{-1}\tau'$ であるから，次のようになる．

$$\sigma\mathcal{P} = \frac{1}{N!}\sum_{\tau\in S_N}\mathrm{sgn}_{\mathrm{P}}[\tau]\sigma\tau = \frac{1}{N!}\sum_{\tau'\in S_N}\mathrm{sgn}_{\mathrm{P}}[\sigma^{-1}\tau']\tau'$$

$$= \frac{1}{N!}\sum_{\tau'\in S_N}\mathrm{sgn}_{\mathrm{P}}[\sigma^{-1}]\mathrm{sgn}_{\mathrm{P}}[\tau']\tau' = \mathrm{sgn}_{\mathrm{P}}[\sigma]\mathcal{P}$$

なお，計算過程で符号関数の性質 (2.9) を用いた．置換の総和において，$\sigma\tau = \tau'$ であるから τ が S_N のすべての置換を動けば τ' もすべての置換を動くため，$\sum_{\tau\in S_N}$ を $\sum_{\tau'\in S_N}$ としても同じであることも用いた．同様の計算により，$\mathcal{P}\sigma = \mathrm{sgn}_{\mathrm{P}}[\sigma]\mathcal{P}$ であることも示すことができる．まとめると，対称化・反対称化演算子に対する置換の作用の公式

$$\sigma\mathcal{P} = \mathcal{P}\sigma = \mathrm{sgn}_{\mathrm{P}}[\sigma]\mathcal{P} \quad (\mathcal{P} = \mathcal{S}, \mathcal{A}) \tag{2.10}$$

を得る．

これを用いて，$\mathcal{P}$ のべき等性および $\mathcal{S}$ と $\mathcal{A}$ の直交性

$$\mathcal{P}^2 = \mathcal{P}, \qquad \mathcal{S}\mathcal{A} = \mathcal{A}\mathcal{S} = 0 \quad (\mathcal{P} = \mathcal{S}, \mathcal{A}) \tag{2.11}$$

が示される．演算子の定義に $1/N!$ をつけて定義したのは，これらの性質が成り立つようにするためである．べき等性は次の計算で証明される．

$$\mathcal{P}^2 = \left\{\frac{1}{N!}\sum_{\sigma\in S_N}\mathrm{sgn}_{\mathrm{P}}[\sigma]\sigma\right\}\mathcal{P} = \frac{1}{N!}\sum_{\sigma\in S_N}\mathrm{sgn}_{\mathrm{P}}[\sigma]\sigma\mathcal{P}$$

$$= \frac{1}{N!}\sum_{\sigma\in S_N}\mathrm{sgn}_{\mathrm{P}}[\sigma]\mathrm{sgn}_{\mathrm{P}}[\sigma]\mathcal{P} = \frac{1}{N!}\left\{\sum_{\sigma\in S_N}1\right\}\mathcal{P} = \mathcal{P}$$

直交性は次のように示される ($\mathcal{A}\mathcal{S} = 0$ も同様である)．

$$\mathcal{S}\mathcal{A} = \left\{\frac{1}{N!}\sum_{\sigma\in S_N}\mathrm{sgn}_{\mathrm{S}}[\sigma]\sigma\right\}\mathcal{A} = \frac{1}{N!}\sum_{\sigma\in S_N}\sigma\mathcal{A}$$

$$= \frac{1}{N!}\sum_{\sigma\in S_N} \mathrm{sgn}_{\mathrm{A}}[\sigma]\mathscr{A} = \frac{1}{N!}\left\{\sum_{\sigma\in S_N}\varepsilon_\sigma\right\}\mathscr{A} = 0$$

以上の証明では，それぞれで以下の式を用いた．

$$\sum_{\sigma\in S_N} 1 = S_N \text{の元の個数} = N!, \qquad \sum_{\sigma\in S_N}\varepsilon_\sigma = 0$$

後者は互換 $\tau = (1, 2)$ を用いれば，(2.10) の導出に用いた置換の総和に対する議論から，

$$\sum_{\sigma\in S_N}\varepsilon_{(1,2)\sigma} = \sum_{\sigma\in S_N}\varepsilon_\sigma$$

となり，符号関数 ε_σ の性質

$$\sum_{\sigma\in S_N}\varepsilon_{(1,2)\sigma} = \sum_{\sigma\in S_N}\varepsilon_{(1,2)}\varepsilon_\sigma = -\sum_{\sigma\in S_N}\varepsilon_\sigma$$

と合わせて $\sum_{\sigma\in S_N}\varepsilon_\sigma = 0$ が示されるのである．

2.2　自由粒子多体系

2.2.1　自由粒子系の多体波動関数

同種粒子系の N 体系シュレディンガー方程式 (1.67) において，ハミルトニアン演算子が粒子間の相互作用を含まない場合 ($V_{\mathrm{int}} = 0$) である

$$\widehat{H}\Phi(\xi_I) = \sum_{i=1}^{N}\widehat{h}(\xi_i)\Phi(\xi_I) = E\Phi(\xi_I) \tag{2.12}$$

を考える．1体ハミルトニアン演算子 $\widehat{h}(\xi)$ (1.65) のように，

$$\widehat{h}(\xi) = -\frac{\hbar^2}{2m}\boldsymbol{\nabla}^2 + V_{\mathrm{ex}}(\xi) \tag{2.13}$$

のように表されたとする．これは，外部ポテンシャル V_{ex} 中の互いに相互作用しない N 個の同種粒子系（自由粒子系）を表す．

1体のハミルトニアン演算子 $\widehat{h}(\xi)$ に対する1体問題

$$\hat{h}(\xi)\phi(\xi) = -\frac{\hbar^2}{2m}\nabla^2\phi(\xi) + V_{\rm ex}(\xi)\phi(\xi) = \varepsilon\phi(\xi)$$

を考え，その解 $\phi_a(\xi)$ $(a = 1, 2, \cdots)$ が完全に求まり，

$$\hat{h}(\xi)\phi_a(\xi) = \varepsilon_a\phi_a(\xi) \tag{2.14}$$

を得たとする．エネルギー固有値 ε_a は，図2.1のように小さい順番に下から並んでいるとしよう $(\varepsilon_1 \leq \varepsilon_2 \leq \cdots)$．波動関数 $\phi_a(\xi)$ を**1粒子波動関数**（one-particle wave function），ε_a を**1粒子エネルギー**（one-particle energy）という．

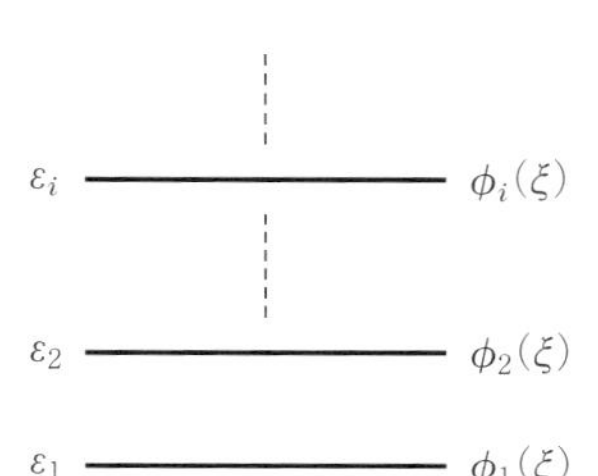

図 2.1 1粒子エネルギーと1粒子状態

1粒子状態と1粒子エネルギーの一例としては，体積 V の領域に閉じ込められた粒子に対する平面波解 (1.38) があり，一様系の状態としてよく用いられ，対応する1粒子エネルギーは (1.23) である．極低温原子気体などの場合には，調和振動子ポテンシャル

$$V_{\rm ex}(\boldsymbol{x}) = \frac{1}{2}m(\omega_x^2x^2 + \omega_y^2y^2 + \omega_z^2z^2)$$

に閉じ込められた原子気体を扱うことも多く，その場合には，1粒子状態が量子数 n_x, n_y, n_z で $\phi_{n_x, n_y, n_z}(x)$ と表され，1粒子エネルギーは

$$\varepsilon_{n_x,n_y,n_z} = \sum_{i=x,y,z}\hbar\omega_i\left(n_i + \frac{1}{2}\right) \quad (n_i = 0, 1, 2, \cdots)$$

と表される．これらを求めることは1体のシュレディンガー方程式 (2.12) を解くことに他ならない．

N 粒子系に戻り，N 体の波動関数 $(a_i = 1, 2, \cdots)$

$$\Phi_{a_1,\cdots,a_N}(\xi_I) = \phi_{a_1}(\xi_1)\phi_{a_2}(\xi_2)\cdots\phi_{a_N}(\xi_N)$$

を考える．

$$\begin{aligned}\hat{H}\Phi_{a_1,\cdots,a_N}(\xi_I) &= \sum_{i=1}^{N}\hat{h}(\xi_i)\Phi_{a_1,\cdots,a_N}(\xi_I)\\ &= \{\hat{h}(\xi_1)\phi_{a_1}(\xi_1)\}\phi_{a_2}(\xi_2)\cdots\phi_{a_N}(\xi_N)\end{aligned}$$

$$+\phi_{a_1}(\xi_1)\cdots\{\hat{h}(\xi_i)\phi_{a_i}(\xi_i)\}\cdots\phi_{a_N}(\xi_N)+\phi_{a_1}(\xi_1)\cdots\{\hat{h}(\xi_N)\phi_{a_N}(\xi_i)\}$$
$$=\{\varepsilon_{a_1}\Phi_{a_1}(\xi_1)\}\phi_{a_2}(\xi_2)\cdots\phi_{a_N}(\xi_N)+\phi_{a_1}(\xi_1)\cdots\{\varepsilon_{a_i}\phi_{a_i}(\xi_i)\}\cdots\phi_{a_N}(\xi_N)$$
$$+\phi_{a_1}(\xi_1)\cdots\{\varepsilon_{a_N}\phi_{a_N}(\xi_i)\}=\left\{\sum_{i=1}^{N}\varepsilon_{a_i}\right\}\Phi_{a_1,\cdots,a_N}(\xi_I)$$

であるから，$\Phi_{a_1,\cdots,a_N}(\xi_I)$ はエネルギー固有値 $E=\sum_{i=1}^{N}\varepsilon_{a_i}$ の解である．1.3 節の (1.71) で示したように，$\Phi_{a_1,\cdots,a_N}(x_I)$ に S_N の置換 σ が作用した波動関数 $\sigma\Phi_{a_1,\cdots,a_N}$ も，同じエネルギー固有値をもつ解である．

したがって，これを重ね合わせた対称化・反対称化波動関数

$$\Phi^{\mathrm{P}}_{a_1,\cdots,a_N}(\xi_I)=\frac{1}{\sqrt{N_{\mathrm{P}}}}\mathcal{P}\Phi_{a_1,\cdots,a_N}(\xi_I) \tag{2.15}$$

も $\Phi^{\mathrm{P}}_{a_1,\cdots,a_N}\neq 0$ であれば，$\hat{H}$ のエネルギー固有値 $E=\sum_{i=1}^{N}\varepsilon_{a_i}$ の固有状態である．ここで，N_{P} は規格化定数である．粒子がボース粒子であるかフェルミ粒子であるかに従って，P = S または A となる．

これは，N 個の粒子がエネルギー準位 $a_1, a_2, \cdots, a_N$ の 1 粒子状態にある状態と考えることができる．この状態の性質をもう少しはっきり調べてみるために，$F(i)=a_i$ で定義される $\{1, 2, \cdots, N\}$ から自然数への関数 F をとり，$\Phi_{a_1,\cdots,a_N}(\xi_I)$ を，$\Phi_F(\xi_I)$ と書くことにすれば

$$\Phi_F(\xi_I)=\phi_{F(1)}(\xi_1)\phi_{F(2)}(\xi_2)\cdots\phi_{F(N)}(\xi_N)$$
$$=\phi_{a_1}(\xi_1)\phi_{a_2}(\xi_2)\cdots\phi_{a_N}(\xi_N)=\Phi_{a_1,\cdots,a_N}(\xi_I) \tag{2.16}$$

となる．

この記法に従って，(2.15) の対称化・反対称化関数も次のように表す．

$$\Phi^{\mathrm{P}}_F(\xi_I)=\frac{1}{\sqrt{N_{\mathrm{P}}}}\mathcal{P}\Phi_F(\xi_I) \tag{2.17}$$

2.2.2　自由粒子多体波動関数への置換の作用

この波動関数への S_N の置換 σ の作用を調べてみよう．$\Phi^{\mathrm{P}}_F(x_I)$ は対称・反対称波動関数であるから，

$$\sigma\Phi^{\mathrm{P}}_F(\xi_I)=\Phi^{\mathrm{P}}_F(\xi_{I\sigma^{-1}})=\mathrm{sgn}_{\mathrm{P}}[\sigma]\Phi^{\mathrm{P}}_F(\xi_I) \tag{2.18}$$

が成り立つ．対称・反対称波動関数 $\Phi^{\mathrm{P}}_F(\xi_I)$ に対して，$F\sigma=F\circ\sigma$ として，

$$\sigma \Phi_F^{\mathrm{P}}(\xi_I) = \Phi_{F\sigma}^{\mathrm{P}}(\xi_I) \tag{2.19}$$

が成立することを示そう．すなわち，ξ_I の並べかえは状態 $a_1, \cdots, a_N$ の並べかえでもあるということである．

まず，2.1.1項で定義された置換の作用の公式を用いれば，置換の積 $\sigma\tau$ の作用は

$$\begin{aligned}
\sigma\tau\Phi_F(\xi_I) &= \Phi_F(\xi_{I\tau^{-1}\sigma^{-1}}) = \phi_{F(1)}(\xi_{\tau^{-1}\sigma^{-1}(1)})\cdots\phi_{F(N)}(\xi_{\tau^{-1}\sigma^{-1}(N)}) \\
&= \phi_{F\sigma(n_1)}(\xi_{\tau^{-1}(n_1)})\cdots\phi_{F\sigma(n_N)}(\xi_{\tau^{-1}(n_N)}) \\
&= \phi_{F\sigma(1)}(\xi_{\tau^{-1}(1)})\cdots\phi_{F\sigma(N)}(\xi_{\tau^{-1}(N)}) \\
&= \Phi_{F\sigma}(\xi_{I\tau^{-1}}) = \tau\Phi_{F\sigma}(\xi_I)
\end{aligned}$$

となる．途中で，$n_i = \sigma^{-1}(i)$, $i = \sigma(n_i)$ とした上で，$\phi_{F(i)}(\xi_{\tau^{-1}\sigma^{-1}(i)}) = \phi_{F\sigma(n_i)}(\xi_{\tau^{-1}(n_i)})$ とし，n_i を 1, 2, 3, ⋯, N の順に並べかえたのである．これを用いて，目的の式 (2.19)

$$\begin{aligned}
\sigma\Phi_F^{\mathrm{P}}(\xi_I) &= \frac{1}{\sqrt{N_{\mathrm{P}}}}\sigma\mathcal{P}\Phi_F(\xi_I) = \frac{1}{\sqrt{N_{\mathrm{P}}}}\frac{1}{N!}\sum_{\tau\in S_N}\mathrm{sgn}_{\mathrm{P}}[\tau]\sigma\tau\Phi_F(\xi_I) \\
&= \frac{1}{\sqrt{N_{\mathrm{P}}}}\frac{1}{N!}\sum_{\tau\in S_N}\mathrm{sgn}_{\mathrm{P}}[\tau]\tau\Phi_{F\sigma}(\xi_I) = \Phi_{F\sigma}^{\mathrm{P}}(\xi_I)
\end{aligned}$$

が示される．この結果を (2.18) と組み合わせて，次の置換 σ の作用に関する恒等式が得られる．

$$\Phi_F^{\mathrm{P}}(\xi_I) = \mathrm{sgn}_{\mathrm{P}}[\sigma]\Phi_{F\sigma}^{\mathrm{P}}(\xi_I) \tag{2.20}$$

この式から，$\Phi_{F\sigma}(\xi_I)$ と $\Phi_F(\xi_I)$ は対称化・反対称化した時に，（負号を除いて）同じ波動関数を与えることがわかる．例えば，$F(1) = a_1 = 1$, $F(2) = a_2 = 2$, $F(3) = a_3 = 3$ とすれば，次のようになる．

$$\Phi_{1,2,3}^{\mathrm{P}} = \Phi_{2,3,1}^{\mathrm{P}} = \Phi_{3,1,2}^{\mathrm{P}} = \pm\Phi_{2,1,3}^{\mathrm{P}} = \pm\Phi_{3,2,1}^{\mathrm{P}} = \pm\Phi_{1,3,2}^{\mathrm{P}}$$

よって，(2.16) の $a_1, \cdots, a_N$ は昇順 ($a_1 \leq \cdots \leq a_N$) に限定しておいて構わない．また，反対称波動関数 ($\mathrm{P} = \mathrm{A}$) の場合には，$a_1, \cdots, a_N$ はすべて異なる1粒子状態でなければならない．なぜならば，$F(i) = a_i = a_j = F(j)$ であったとすれば，$\sigma = (i, j)$ として $F\sigma = F$ となり，恒等式 (2.20) は次のようになるからである．

$$\Phi_F^{\mathrm{A}}(\xi_I) = \mathrm{sgn}_{\mathrm{A}}[\sigma]\Phi_{F\sigma}^{\mathrm{A}}(\xi_I) = -\Phi_F^{\mathrm{A}}(\xi_I)$$

2.2.3　$N=2$ の場合の自由粒子に対する対称・反対称波動関数

例として，$N=2$ の場合の対称・反対称波動関数を (2.15) から作ってみよう．反対称化 P = A の場合から始める．この時，$F(1)=a_1$, $F(2)=a_2$ $(a_1<a_2)$ として一般性を失わない．対称群 S_2 の元は，恒等変換 I と互換 $(1,2)$ であって，$\mathrm{sgn}_{\mathrm{A}}[I]=1$ と $\mathrm{sgn}_{\mathrm{A}}[(1,2)]=-1$ である．$\Phi_{a_1,a_2}(\xi_I)=\phi_{a_1}(\xi_I)\phi_{a_2}(\xi_2)$ に対して，(2.15) を用いれば

$$\begin{aligned}\Phi^{\mathrm{A}}_{a_1,a_2}(\xi_I)&=\frac{1}{\sqrt{N_{\mathrm{A}}}}\mathscr{A}\Phi_{a_1,a_2}(\xi_I)=\frac{1}{\sqrt{N_{\mathrm{A}}}}\frac{1}{2!}\sum_{\sigma\in S_2}\mathrm{sgn}_{\mathrm{A}}[\sigma]\sigma\Phi_{a_1,a_2}(\xi_I)\\&=\frac{1}{2\sqrt{N_{\mathrm{A}}}}\{\Phi_{a_1,a_2}(\xi_I)-\Phi_{a_1,a_2}(\xi_{I(1,2)^{-1}})\}\\&=\frac{1}{2\sqrt{N_{\mathrm{A}}}}\{\phi_{a_1}(\xi_1)\phi_{a_2}(\xi_2)-\phi_{a_1}(\xi_2)\phi_{a_2}(\xi_1)\}\end{aligned}$$

となる．

後で決まる規格化定数 $N_{\mathrm{A}}=1/2$ を用いれば[†1]

$$\begin{aligned}\Phi^{\mathrm{A}}_{a_1,a_2}(\xi_I)&=\frac{1}{\sqrt{2}}\{\phi_{a_1}(\xi_1)\phi_{a_2}(\xi_2)-\phi_{a_1}(\xi_2)\phi_{a_2}(\xi_1)\}\\&=-\frac{1}{\sqrt{2}}\{\phi_{a_2}(\xi_1)\phi_{a_1}(\xi_2)-\phi_{a_2}(\xi_2)\phi_{a_1}(\xi_1)\}=-\Phi^{\mathrm{A}}_{a_2,a_1}(\xi_I)\end{aligned}\tag{2.21}$$

となる．最後の等号は恒等式 (2.20) を用いた．

同様にして $N=2$ の対称波動関数は，$a_1=a_2$ の場合と $a_1<a_2$ の場合に分けて計算すれば，次のようになる[†2]．

$$\left.\begin{aligned}\Phi^{\mathrm{S}}_{a_1,a_1}(\xi_I)&=\phi_{a_1}(\xi_1)\phi_{a_1}(\xi_2)\\\Phi^{\mathrm{S}}_{a_2,a_1}(\xi_I)&=\frac{1}{\sqrt{2}}\{\phi_{a_1}(\xi_1)\phi_{a_2}(\xi_2)+\phi_{a_1}(\xi_2)\phi_{a_2}(\xi_1)\}=\phi^{\mathrm{S}}_{a_2,a_1}(\xi_1)\end{aligned}\right\}\tag{2.22}$$

ここで，反対称波動関数 (2.21) と対称波動関数 (2.22) は，合成された２体

---

†1　2.5 節の (2.62) を参照のこと．直接 $\langle\Phi_{a_1,a_2}|\Phi_{a_1,a_2}\rangle=1$ を計算して $N_{\mathrm{A}}=1/2$ を求めてもよい．

†2　規格化定数は 2.4 節の (2.41) を用いた．

スピン波動関数 (1.61) と同型であることに注意しよう.

2.3 占拠数表示

2.3.1 N 体波動関数の基底

前節の結果から，N 体の自由粒子波動関数は，1 粒子状態 $a_1 \leq a_2 \leq \cdots \leq a_N$ が与えられれば，$\Phi_{a_1,\cdots,a_N}(\xi_I) = \phi_{a_1}(\xi_1)\cdots\phi_{a_N}(\xi_N)$ を，粒子がボース粒子であるかフェルミ粒子であるかに従い，(2.15) あるいは (2.17) によって対称化・反対称化すれば求められることがわかった．ただし，フェルミ粒子 (反対称化) の場合は $a_1 < a_2 < \cdots < a_N$ である.

このようにして作られる $\Phi^{\mathrm{P}}_{a_1,\cdots,a_N}(\xi_I)$ は N 体波動関数の基底を構成し，一般の N 体の対称・反対称波動関数 $\Psi^{\mathrm{P}}(\xi_I)$ は，$\Phi^{\mathrm{P}}_{a_1,\cdots,a_N}(\xi_I)$ で展開して

$$\Psi^{\mathrm{P}}(\xi_I) = \sum_{a_1 \leq \cdots \leq a_N} c_{a_1,\cdots,a_N}\Phi^{\mathrm{P}}_{a_1,\cdots,a_N}(\xi_I)$$

と表される.

2.3.2 占 拠 数

波動関数 $\Phi^{\mathrm{P}}_{a_1,\cdots,a_N}(\xi_I)$ は，異なる方法で表すことができる．図 2.1 において，1 粒子状態 ϕ_1 をとる粒子の数を n_1, ϕ_2 をとる粒子の数を n_2, $\cdots$, 一般に ϕ_i をとる粒子の数を n_i とする．今 N 粒子系を考えているのであるから，全粒子数と全エネルギーは次のようになる.

$$\sum_{i=1}^{\infty} n_i = N, \qquad \sum_{i=1}^{\infty} \varepsilon_i n_i = E \tag{2.23}$$

この個数 n_i を，状態 ϕ_i を占拠している粒子数という意味で**占拠数** (**occupation number**) という．占拠数が決まれば，波動関数 $\Phi_{a_1,\cdots,a_N}(\xi_I)$ として，

$$\Phi_{a_1,\cdots,a_N}(\xi_I) = \underbrace{\phi_1(\xi_1)\cdots\phi_1(\xi_{n_1})}_{n_1\text{個}}\underbrace{\phi_2(\xi_{n_1+1})\cdots\phi_2(\xi_{n_1+n_2})}_{n_2\text{個}}\cdots \tag{2.24}$$

をとり，これを対称化・反対称化すればよい．N 体の波動関数が占拠数 n_i に

よって表されることを**占拠数表示**（occupation - number representation）という．ボース粒子の場合は n_i は 0 または自然数であるが，フェルミ粒子の場合は $n_i = 0, 1$ であることに注意しよう．

2.3.3　占拠数関数

占拠数表示の波動関数を簡単に表すため，

$$f(1) = n_1, f(2) = n_2, \cdots, f(i) = n_i, \cdots$$

で定義される自然数から非負整数への関数 f を考える．(2.23) より，

$$\sum_{i=1}^{\infty} f(i) = N, \qquad \sum_{i=1}^{\infty} \varepsilon_i f(i) = E \tag{2.25}$$

でなければならない．関数 f を**占拠数関数**（occupation - number function）とよぶ．

占拠数関数 f に対して，$a_1, \cdots, a_N$ を表す関数 F_f を，

$$\left.\begin{array}{c} F_f(1) = 1, \cdots, F_f(n_1) = 1 \\ F_f(n_1 + 1) = 2, \cdots, F_f(n_1 + n_2) = 2 \\ F_f(n_1 + n_2 + 1) = 3, \cdots, F_f(n_1 + n_2 + n_3) = 3 \\ \vdots \end{array}\right\} \tag{2.26}$$

により定義する（$f(1) = n_1, f(2) = n_2, \cdots$）．例えば，$f(1) = 2, f(2) = 0, f(3) = 1\,(N = 3)$ に対しては，$F_f(1) = 1, F_f(2) = 1, F_f(3) = 3$ である．F_f に対する波動関数 (2.24)

$$\Phi_{F_f}(\xi_I) = \underbrace{\phi_1(\xi_I)\cdots\phi_1(\xi_{f(1)})}_{f(1)\text{個}}\underbrace{\phi_2(\xi_{f(1)+1})\cdots\phi_2(\xi_{f(1)+f(2)})}_{f(2)\text{個}}\cdots \tag{2.27}$$

を対称化・反対称化した N 体波動関数を

$$\Psi_f^{\mathrm{P}}(\xi_I) = \frac{1}{\sqrt{N_{\mathrm{P}}}}\mathcal{P}\Phi_{F_f}(\xi_I) \tag{2.28}$$

と表す．これが，前節の波動関数 (2.17) と同じ状態を占拠数 f で表したものであることは明らかであろう．

2.4 ボース粒子多体波動関数の母関数

2.4.1 多体波動関数の母関数

前節で定義した占拠数表示の N 体波動関数 (2.27) は，実際の計算においてはまだ面倒である．これを改善してくれるものに，**多体波動関数の母関数** (**generating function of many - body wave functions**) がある．これは，伏見らによって導入されたもので非常に便利なものである[†3]．この節では，ボース粒子の N 体波動関数（対称波動関数）の母関数について議論し，フェルミ粒子の場合は次節で議論する．

母関数というのは，関数の系列 $f_i(z)$ に対して $F(z, t)$ というパラメータ t を含んだ関数が存在し，t で展開した時に，

$$F(z, t) = \sum_{n=0}^{\infty} f_n(z) t^n$$

となるようなものである．直交多項式や特殊関数などにおいてよく用いられるが，$F(z, t)$ が簡単な関数である場合に意味があるのはいうまでもない．

(2.14) のような 1 粒子状態の波動関数 $\phi_a(\xi)$ が与えられた時，無限個の変数 $\zeta_a (a = 1, 2, \cdots)$ を導入して，パラメータ ζ をもつ関数 $\phi_\zeta(\xi)$ を

$$\phi_\zeta(\xi) = \sum_{a=1}^{\infty} \zeta_a \phi_a(\xi) \tag{2.29}$$

と定義する．これを用いて，ボース粒子系の N 体波動関数の母関数 $[\phi_\zeta]^N(\xi_I)$ を

$$[\phi_\zeta]^N(\xi_I) = \phi_\zeta(\xi_1) \cdots \phi_\zeta(\xi_N) \tag{2.30}$$

と定義する．母関数 $[\phi_\zeta]^N(\xi_I)$ が置換 σ の作用に対して

$$\sigma[\phi_\zeta]^N(\xi_I) = [\phi_\zeta]^N(\xi_{I\sigma^{-1}}) = [\phi_\zeta]^N(\xi_I)$$

のように対称であることは，定義から明らかであろう．

---

†3　多体波動関数の母関数に関する原論文は文献 [17]，[18] を参照．

2.4.2　母関数の展開

関数 $[\phi_\zeta]^N(\xi_I)$ が，前節で定義した $\Phi_f^{\mathrm{S}}(\xi_I)$ の母関数になっていることを示そう．そのために占拠数関数 f に対して，ζ_i の N 次式 $P_f[\zeta]$ を導入すれば[†4]

$$P_f[\zeta] = \sqrt{\frac{N\,!}{f(1)\,!\,f(2)\,!\cdots}}\,\zeta_1^{f(1)}\zeta_2^{f(2)}\cdots = \sqrt{\frac{N!}{f!}}\,\zeta^f \qquad (2.31)$$

となる．例えば，$N=2$ の場合には，占拠数関数は $f_{a,a}$ と $f_{a,b}(a<b)$ があり，$f_{a,a}(a)=2$（それ以外は 0）および $f_{a,b}(a)=f_{a,b}(b)=1$（それ以外は 0）と定義される．対応する $P_f[\zeta]$ は，(2.31) を用いて

$$P_{f_{a,a}}[\zeta] = \zeta_a^2, \qquad P_{f_{a,b}}[\zeta] = \sqrt{2}\,\zeta_a\zeta_b \qquad (2.32)$$

と計算される．

N 体ボース粒子系の占拠数関数 f の集合を $\mathrm{ON}_N^{\mathrm{S}}$ とする．母関数 $[\phi_\zeta]^N(\xi_I)$ を (2.29) を用いて展開し，

$$[\phi_\zeta]^N(\xi_I) = \sum_{f\in\mathrm{ON}_N^{\mathrm{S}}} \Psi_f^{\mathrm{S}}(\xi_I)P_f[\zeta] \qquad (2.33)$$

のように ζ_a の多項式部分（N 次式）と波動関数 ϕ_a の積の和で表す．母関数 $[\phi_\zeta]^N(\xi_I)$ が対称であるので，$\Psi_f^{\mathrm{S}}(\xi_I)$ も対称である．

対称関数 $\Psi_f^{\mathrm{S}}(\xi_I)$ の規格化を調べるために，母関数の内積を計算する．1 粒子波動関数 ϕ_a の規格直交性 $\langle\phi_a|\phi_b\rangle = \delta_{a,b}$ より，(2.29) の波動関数 $\phi_\zeta(\xi)$ の内積は，

$$\langle\phi_\eta|\phi_\zeta\rangle = \sum_{a,b}\eta_a^\dagger\zeta_b\langle\phi_a|\phi_b\rangle = \sum_{a,b}\eta_a^\dagger\zeta_b\delta_{a,b} = (\eta^\dagger\zeta) \qquad (2.34)$$

である[†5]．これを用いて，母関数 $[\phi_\zeta]^N(\xi_I)$ の内積が計算できて

$$\begin{aligned}\langle[\phi_\eta]^N|[\phi_\zeta]^N\rangle &= \int d\xi_1\cdots d\xi_N\,\{\phi_\eta(\xi_1)\cdots\phi_\eta(\xi_N)\}^\dagger\phi_\zeta(\xi_1)\cdots\phi_\zeta(\xi_N)\\ &= \left[\int d\xi\,\{\phi_\eta(\xi)\}^\dagger\phi_\zeta(\xi)\right]^N = (\eta^\dagger\zeta)^N\end{aligned}$$

---

†4　手短に (2.31) の最右辺のように書く．

†5　$\eta^\dagger$ は複素共役であるが，次節で述べるフェルミ粒子の場合との対応で $\eta^\dagger$ と書く．

となる．右辺を (2.33) のように N 次式の和で表すために，N 項定理を用いれば

$$
\begin{aligned}
(\eta^{\dagger}\zeta)^{N} &= (\eta_1^{\dagger}\zeta_1 + \cdots + \eta_N^{\dagger}\zeta_N)^{N} \\
&= \sum_{f\in \mathrm{ON}_N^{\mathrm{S}}} \frac{N!}{f(1)!\,f(2)!\cdots}(\eta_1^{\dagger}\zeta_1)^{f(1)}(\eta_2^{\dagger}\zeta_2)^{f(2)}\cdots \\
&= \sum_{f\in \mathrm{ON}_N^{\mathrm{S}}} \frac{N!}{f!}(\eta^{\dagger})^{f}\zeta^{f} = \sum_{f\in \mathrm{ON}_N^{\mathrm{S}}} P_f[\eta^{\dagger}]P_f[\zeta] \qquad (2.35)
\end{aligned}
$$

と計算される．よって，母関数 $[\phi_\zeta]^N(\xi_I)$ の内積は次のようになる．

$$
\langle [\phi_\eta]^N \,|\, [\phi_\zeta]^N \rangle = \sum_{f\in \mathrm{ON}_N^{\mathrm{S}}} P_f[\eta^{\dagger}]P_f[\zeta] \qquad (2.36)
$$

一方で，母関数の内積に展開式 (2.33) を代入すれば，

$$
\langle [\phi_\eta]^N \,|\, [\phi_\zeta]^N \rangle = \sum_{f,g\in \mathrm{ON}_N^{\mathrm{S}}} \langle \Psi_f^{\mathrm{S}} \,|\, \Psi_g^{\mathrm{S}} \rangle P_f[\eta^{\dagger}]P_g[\zeta] \qquad (2.37)
$$

となり，両方の結果を比較して

$$
\langle \Psi_f^{\mathrm{S}} \,|\, \Psi_g^{\mathrm{S}} \rangle = \delta_{f,g} \qquad (2.38)
$$

を得る．これより，Ψ_f^{S} は規格直交化された N 体対称波動関数であることがわかる．

$N=2$ の場合に，(2.33) の展開を行い Ψ_f^{S} を求めてみると

$$
\begin{aligned}
[\phi_\zeta]^2(\xi_I) &= \phi_\zeta(\xi_1)\phi_\zeta(\xi_2) = \sum_a \phi_a(\xi_1)\zeta_a \sum_b \phi_b(\xi_2)\zeta_b = \sum_{a,b} \phi_a(\xi_1)\phi_b(\xi_2)\,\zeta_a\zeta_b \\
&= \sum_a \phi_a(\xi_1)\phi_a(\xi_2)\zeta_a^2 + \sum_{a<b}\{\phi_a(\xi_1)\phi_b(\xi_2) + \phi_b(\xi_1)\phi_a(\xi_2)\}\zeta_a\zeta_b \\
&= \sum_a \phi_a(\xi_1)\phi_a(\xi_2)P^{\mathrm{S}}_{f_{a,a}}[\zeta] \\
&\quad + \sum_{a<b}\frac{1}{\sqrt{2}}\{\phi_a(\xi_1)\phi_b(\xi_2) + \phi_b(\xi_1)\phi_a(\xi_2)\}P_{f_{a,b}}[\zeta]
\end{aligned}
$$

が得られる．多項式 (2.32) を用いた．$P_f[\zeta]$ の係数から求められる波動関数は，2.3 節の (2.22) と同じものであることは明らかである．

2.4.3　多体波動関数の規格化定数（ボース粒子系）

(2.33) から求められる N 体対称波動関数が，(2.28) で定義された Ψ_f^{S} と

同じものであることを示し，規格化定数を決定しよう．そのために，母関数の展開公式 (2.33) 中に，(2.27) の

$$\Phi_{F_f}(\xi_I) = \underbrace{\phi_1(\xi_1)\cdots\phi_1(\xi_{f(1)})}_{f(1)\text{ 個}}\underbrace{\phi_2(\xi_{f(1)+1})\cdots\phi_2(\xi_{f(1)+2})}_{f(2)\text{ 個}}\cdots$$

がどのように現れるかを調べる．母関数 $[\phi_\zeta]^N(\xi_1)$ に (2.29) を代入して展開すると，最初の $\phi_\zeta(\xi_1)\cdots\phi_\zeta(\xi_{f(1)})$ から，

$$\zeta_1\phi_1(\xi_1)\cdots\zeta_1\phi_1(\xi_{f(1)}) = \phi_1(\xi_1)\cdots\phi_1(\xi_{f(1)})\zeta_1^{f(1)}$$

が現れ，次の $\phi_\zeta(\xi_{f(1)+1})\cdots\phi_\zeta(\xi_{f(1)+f(2)})$ から，

$$\zeta_2\phi_2(\xi_{f(1)+1})\cdots\zeta_2\phi_2(\xi_{f(1)+f(2)}) = \zeta_2^{f(2)}\phi_2(\xi_{f(1)+1})\cdots\phi_2(\xi_{f(1)+f(2)})$$

が現れる．

同様に続けて，$\Phi_{F_f}(\xi_1)$ が次のように現れることがわかる．

$$\begin{aligned}[\phi_\zeta]^N(\xi_1) &= \cdots + \{\phi_1(\xi_1)\cdots\phi_1(\xi_{f(1)})\} \\ &\qquad \times \{\phi_2(\xi_{f(1)+1})\cdots\phi_2(\xi_{f(1)+f(2)})\cdots\}\{\zeta_1^{f(1)}\zeta_2^{f(2)}\cdots\} + \cdots \\ &= \cdots + \sqrt{\frac{f!}{N!}}\Phi_{F_f}(\xi_I)P_f[\zeta] + \cdots\end{aligned}$$

母関数の展開公式 (2.33) と比較して次の結果を得る．

$$\Psi_f^{\mathrm{S}}(\xi_I) = \sqrt{\frac{f!}{N!}}\Phi_{F_f}(\xi_I) + \cdots \tag{2.39}$$

一方で，対称波動関数 $\Psi_f^{\mathrm{S}}(\xi_I)$ の定義 (2.28) から，

$$\begin{aligned}\Psi_f^{\mathrm{S}}(\xi_I) &= \frac{1}{\sqrt{N_{\mathrm{S}}}}\mathcal{S}\Phi_{F_f}(\xi_I) = \frac{1}{\sqrt{N_{\mathrm{S}}}}\frac{1}{N!}\sum_{\sigma\in S_N}\Phi_{F_f}(\xi_{I\sigma^{-1}}) \\ &= \frac{1}{\sqrt{N_{\mathrm{S}}}}\frac{1}{N!}\sum_{\sigma\in S_N}\Phi_{F_f\sigma}(\xi_I)\end{aligned}$$

となる．関数 F_f は (2.26) で定義される ($n_i = f(i)$)．置換 σ が作用した $F_f\sigma$ のうち，最初の $(1,\cdots,f(1))$, 次の $(f(1)+1,\cdots,f(2))$, $\cdots$, をグループ間で置換する σ に対しては $F_f\sigma = F_f$ である．このような置換は，$f(1)!f(2)!\cdots = f!$ 個ある．よって，$\Psi_f^{\mathrm{S}}(\xi_I)$ の中に $\Phi_{F_f}(\xi_I)$ は次のように含まれる．

$$\Psi_f^{\mathrm{S}} = \frac{1}{\sqrt{N_{\mathrm{S}}}}\frac{1}{N!}f!\Phi_{F_f}(\xi_I) + \cdots \tag{2.40}$$

ここで，(2.39) と (2.40) を比較すると，規格化定数

$$\frac{1}{\sqrt{N_{\mathrm{S}}}} = \sqrt{\frac{N!}{f!}} \tag{2.41}$$

が求められる．これまでの結果をまとめて，$\Phi_{F_f}(\xi_I)$ の対称化と $\Psi_f^{\mathrm{P}}(\xi_I)$ との関係

$$\Psi_f^{\mathrm{S}}(\xi_I) = \sqrt{\frac{N!}{f!}}\mathcal{S}\Phi_{F_f}(\xi_I) = \frac{1}{\sqrt{N!\,f!}}\sum_{\sigma\in S_N}\Phi_{F_f}(\xi_{I\sigma^{-1}}) \tag{2.42}$$

を得る．これが実際に (2.22) を再現することは，繰り返しになるので行わない．

2.5 フェルミ粒子多体波動関数の母関数

2.5.1 グラスマン数

この節では，フェルミ粒子の N 体波動関数（反対称波動関数）の母関数を導入する．そのためには，**グラスマン数**（**Grassmann number**）というものを導入するのが便利である[†6]．ここではグラスマン数を利用する立場として導入し，数学的な定義には踏み込まないことにする．

N 個の基底 $\zeta_1, \cdots, \zeta_N$ を導入し，これはベクトルのように複素数係数 c_a $(a=1,\cdots,N)$ と 1 次結合

$$\sum_{a=1}^{N} c_a\zeta_a = c_1\zeta_1 + \cdots + c_N\zeta_N$$

が作れるものとする．基底 ζ_a には積が定義され，$\zeta_{a_1}\zeta_{a_2}\cdots\zeta_{a_M}$ は一般には新しい基底とする．しかし，この積は

$$\zeta_a\zeta_b + \zeta_b\zeta_a = 0 \tag{2.43}$$

のように反交換するものとする．よって，ζ_a の積はすべてが独立な基底ではない．(2.43) より，ζ_a の積で順序交換を行ったものは符号を除いて同じ基

†6 グラスマン数はフェルミ粒子系の経路積分の定義に用いられるため，ゲージ場の量子論でよく登場する．ここでは文献 [19] の記法を用いた．

底である．特に (2.43) で $a = b$ とすれば，ζ_a はべき零

$$\zeta_a^2 = 0 \tag{2.44}$$

である．

以上から，独立な基底 $\xi_{a_1} \cdots \xi_{a_M}$ は，a_i がすべて異なり昇順 $a_1 < a_2 < \cdots < a_M$ のものに限ってよい．また，$N + 1$ 個以上の積は必ずその中に 2 回以上現れる ζ_a が存在するため，べき零性 (2.44) により 0 となり存在しない．最大個数の積は N 個の積で，$\zeta_1 \zeta_2 \cdots \zeta_N$ の 1 種類しかない．よって，独立な基底は表 2.1 に与えられたものとなる．これらと複素数との 1 次結合をグラスマン数という．

表 2.1　グラスマン数の基底（$|A|$ は統計指数）

$\lvert A \rvert$	A	個数
0	1	1
1	ζ_a	N
2	$\zeta_a \zeta_b$	$\dfrac{N(N-1)}{2}$
$\vdots$	$\vdots$	$\vdots$
N	$\zeta_1 \zeta_2 \cdots \zeta_N$	1

グラスマン数を A とした時，ζ_a の積の個数を**統計指数** (statistics index) とよび $|A|$ と表す (表 2.1)．また，$(-1)^{|A|}$ を**符号因子** (signature factor) という．統計指数 n のグラスマン数は ${}_N C_n$ 個あり，グラスマン数の基底の個数は全部で，

$$\sum_{n=0}^{N} {}_N C_n = 2^N \tag{2.45}$$

である．これは，基底の構成の仕方からも明らかである．以下では，無限個の基底をもつグラスマン数 ($N = \infty$) を考える．

符号因子を用いると，グラスマン数 A と B の交換は次のようになる．

$$AB = (-1)^{|A||B|} BA \tag{2.46}$$

特に，偶数個の ζ_a の積はすべてのグラスマン数と交換することがわかる．

グラスマン数は非可換であるため，微分などの演算についても作用する順序が問題となる．微分に関しては，左から作用する**左微分** (left derivative) と右から作用する**右微分** (right derivative) が存在し，それぞれ $[\partial/\partial\zeta]A$ と $\partial A/\partial\zeta$ と書くことにする．グラスマン数の積 AB に対してそれぞれの微分は，

$$[\partial/\partial\zeta]AB = \{[\partial/\partial\zeta]A\}B + (-1)^{|A|}A[\partial/\partial\zeta]B$$

$$\partial AB/\partial\zeta = A\partial B/\partial\zeta + (-1)^{|B|}\{\partial A/\partial\zeta\}B$$

となる．例を挙げると次のようになる．

$$\begin{aligned}[\partial/\partial\zeta_a](\zeta_b\zeta_c) &= \{[\partial/\partial\zeta_a]\zeta_b\}\zeta_c + (-1)^1\zeta_b[\partial/\partial\zeta_a]\zeta_c \\ &= \delta_{a,b}\zeta_c - \zeta_b\delta_{a,c} \\ \partial\zeta_b\zeta_c/\partial\zeta_a &= \zeta_b\partial\zeta_c/\partial\zeta_a + (-1)^1\{\partial\zeta_b/\partial\zeta_a\}\zeta_c \\ &= \zeta_b\delta_{c,a} - \delta_{b,a}\zeta_c\end{aligned}$$

フェルミ粒子の N 体波動関数（反対称波動関数）の母関数はグラスマン数のパラメータ $\zeta_a (a=1, 2, \cdots)$ を用いて，ボース粒子系の場合と同じやり方で定義される．

1 粒子波動関数 ϕ_ζ を (2.29) と同様にして

$$\phi_\zeta(\xi) = \sum_{a=1}^{\infty}\zeta_a\phi_a(\xi) \tag{2.47}$$

と定義する．グラスマン数の反交換性 (2.43) を用いれば，$\phi_\zeta(\xi)$ は

$$\begin{aligned}\phi_\zeta(\xi_i)\phi_\zeta(\xi_j) &= \sum_{a,b}\zeta_a\zeta_b\phi_a(\xi_i)\phi_b(\xi_j) \\ &= -\sum_{b,a}\zeta_b\zeta_a\phi_b(\xi_j)\phi_a(\xi_i) \\ &= -\phi_\zeta(\xi_j)\phi_\zeta(\xi_i)\end{aligned} \tag{2.48}$$

となり，反交換である．

2.5.2　フェルミ粒子系の母関数

フェルミ粒子の N 体波動関数（反対称波動関数）の母関数 $[\phi_\zeta]^N(\xi_N)$ は，

$$[\phi_\zeta]^N(\xi_I) = \phi_\zeta(\xi_1)\cdots\phi_\zeta(\xi_N) \tag{2.49}$$

と定義される．これはボース粒子系の母関数 (2.30) と同型であるが，ζ_a がグラスマン数であるので積の順番に気をつける必要がある．反交換性 (2.48) から，$[\phi_\zeta]^N(\xi_I)$ は

$$\begin{aligned}\sigma[\phi_\zeta]^N(\xi_I) &= [\phi_\zeta]^N(\xi_{I\sigma^{-1}}) = \phi_\zeta(\xi_{\sigma^{-1}(1)})\cdots\phi_\zeta(\xi_{\sigma^{-1}(N)}) \\ &= \varepsilon_\sigma\phi_\zeta(\xi_I)\cdots\phi_\zeta(\xi_N) \\ &= \varepsilon_\sigma[\phi_\zeta]^N(\xi_I)\end{aligned}$$

となり，反対称である．

波動関数 ϕ_ζ の反交換性より，$\phi_\zeta(\xi_{\sigma^{-1}(1)})\cdots\phi_\zeta(\xi_{\sigma^{-1}(N)})$ から $\phi_\zeta(\xi_I)\cdots\phi_\zeta(\xi_N)$ の並べかえに対して，ϕ_ζ の入れかえごとに負号が出るからである．

フェルミ粒子系の占拠数関数 f は，$f(i)=0$ または $f(i)=1$ である．よって，$f(i)!=1$ であることに注意しよう．N 体フェルミ粒子系の占拠数関数 f の集合を $\mathrm{ON}_N^{\mathrm{A}}$ とする．

フェルミ粒子系に対する N 次式 $P_f[\zeta]$ は，

$$P_f[\zeta]=\sqrt{N!}\,\zeta_1^{f(1)}\zeta_2^{f(2)}\cdots=\sqrt{N!}\,\zeta^f \tag{2.50}$$

と表される．ζ_a の積は，上に示した通り昇順で定義されているとする．例えば，$N=2$ の場合には，占拠数関数は $f_{a,b}(a<b)$ であり，$P_f[\zeta]$ は (2.48) から

$$P_{f_{a,b}}[\zeta]=\sqrt{2}\,\zeta_a\zeta_b \tag{2.51}$$

のように求められる．

母関数 $[\phi_\zeta]^N(\xi_I)$ に対して (2.49) を代入して展開し，ζ_a の多項式部分（N 次式）と波動関数 ϕ_a の積の和で表せば，母関数 $[\phi_\zeta]^N(\xi_I)$ の展開式

$$[\phi_\zeta]^N(\xi_I)=\sum_{f\in\mathrm{ON}_N^{\mathrm{A}}}\Psi_f^{\mathrm{A}}(\xi_I)P_f[\zeta] \tag{2.52}$$

を得る．母関数 $[\phi_\zeta]^N(\xi_I)$ が反対称であるので，$\Psi_f^{\mathrm{A}}(\xi_I)$ も反対称である．

$\Psi_f^{\mathrm{A}}(\xi_I)$ の規格化を調べるのに母関数の内積を計算する．そのために，グラスマン数の複素共役を導入する．まず，ζ_a の複素共役は $\zeta_a^\dagger$ と書くことにする．グラスマン数の積の複素共役は（行列のエルミート共役と同じく），$(AB)^\dagger=B^\dagger A^\dagger$ とする．よって，母関数 $[\phi_\zeta]^N(\xi_I)$ のエルミート共役は

$$\{[\phi_\zeta]^N(\xi_I)\}^\dagger=\{\phi_\zeta(\xi_1)\cdots\phi_\zeta(\xi_N)\}^\dagger=\phi_\zeta(\xi_N)^\dagger\cdots\phi_\zeta(\xi_1)^\dagger \tag{2.53}$$

のようになる．積の順序の入れかえを行えば，

$$\{[\phi_\zeta]^N(\xi_I)\}^\dagger=(-1)^{\{N(N-1)/2\}}\{[\phi_\zeta^\dagger]^N(\xi_I)\}$$

となる．また，N 次式 $P_f[\zeta]$ の複素共役を $P_{f^\dagger}[\zeta^\dagger]$ と書けば，

$$\begin{aligned}P_{f^\dagger}[\zeta^\dagger]&=\{P_f[\zeta]\}^\dagger=\sqrt{N!}\,(\zeta^f)^\dagger\\&=\sqrt{N!}\cdots[\zeta_2^\dagger]^{f(2)}[\zeta_1^\dagger]^{f(1)}\end{aligned} \tag{2.54}$$

となる．

1粒子波動関数 ϕ_a の規格直交性 $\langle \phi_a | \phi_b \rangle = \delta_{a,b}$ より，波動関数 ϕ_ζ の (2.47) の内積は，

$$\langle \phi_\eta | \phi_\zeta \rangle = \sum_{a,b} \eta_a^\dagger \zeta_b \langle \phi_a | \phi_b \rangle = \sum_{a,b} \eta_a^\dagger \zeta_b \delta_{a,b} = (\eta^\dagger \zeta) \tag{2.55}$$

となる．これを用いて，母関数 $[\phi_\zeta]^N(\xi_I)$ の内積は

$$\begin{aligned}\langle [\phi_\eta]^N | [\phi_\zeta]^N \rangle &= \int d\xi_1 \cdots d\xi_N \{[\phi_\eta]^N(\xi_I)\}^\dagger [\phi_\zeta]^N(\xi_I) \\ &= \int d\xi_1 \cdots d\xi_N \, \phi_\eta(\xi_N)^\dagger \cdots \phi_\eta(\xi_1)^\dagger \phi_\zeta(\xi_1) \cdots \phi_\zeta(\xi_N) \\ &= \int d\xi_1 \, \phi_\eta(\xi_1)^\dagger \phi_\zeta(\xi_1) \\ &\qquad \times \int d\xi_2 \cdots d\xi_N \, \phi_\eta(\xi_N)^\dagger \cdots \phi_\eta(\xi_2)^\dagger \phi_\zeta(\xi_2) \cdots \phi_\zeta(\xi_N) \\ &= \left\{ \int d\xi \, \phi_\eta(\xi)^\dagger \phi_\zeta(\xi) \right\}^N = (\eta^\dagger \zeta)^N \end{aligned} \tag{2.56}$$

と計算できる．ここで，グラスマン数の積 $\phi_\eta(\xi_1)^\dagger \phi_\zeta(\xi_1)$ は他のグラスマン数と可換であるため，連れ合って最左部に抜け出すことを用いた．それを繰り返して最後の結果に至るのである．

ボース粒子の場合 (2.35) と同様に，右辺を N 次式の和で表すために N 項定理を用いて計算する．$f(i) = 0$ または 1 であるから，$f(i)! = 1$ であることを用いて

$$\begin{aligned}(\eta^\dagger \zeta)^N &= (\eta_1^\dagger \zeta_1 + \cdots + \eta_\infty^\dagger \zeta_\infty)^N \\ &= \sum_{f \in \mathrm{ON}_N^{\mathrm{A}}} \frac{N!}{f(1)!\, f(2)! \cdots} (\eta_1^\dagger \zeta_1)^{f(1)} (\eta_2^\dagger \zeta_2)^{f(2)} \cdots \\ &= \sum_{f \in \mathrm{ON}_N^{\mathrm{A}}} N! \{\eta^f\}^\dagger \zeta^f = \sum_{f \in \mathrm{ON}_N^{\mathrm{A}}} P_f^\dagger[\eta] P_f[\zeta] \end{aligned} \tag{2.57}$$

となる．最後の分解は，例えば次のように求められる．

$$\begin{aligned}(\eta_{a_1}^\dagger \zeta_{a_1})(\eta_{a_2}^\dagger \zeta_{a_2})(\eta_{a_3}^\dagger \zeta_{a_3}) &= \eta_{a_3}^\dagger (\eta_{a_1}^\dagger \zeta_{a_1})(\eta_{a_2}^\dagger \zeta_{a_2}) \zeta_{a_3} \\ &= \eta_{a_3}^\dagger \eta_{a_2}^\dagger \eta_{a_1}^\dagger \zeta_{a_1} \zeta_{a_2} \zeta_{a_3} = \{\eta_{a_1} \eta_{a_2} \eta_{a_3}\}^\dagger \zeta_{a_1} \zeta_{a_2} \zeta_{a_3}\end{aligned}$$

最左端に抜けていっている $\eta_{a_i}^\dagger$ は偶数個の積 $\eta_{a_i}^\dagger \zeta_{a_i}$ と交換しているため，負号が現れないのである．

よって，母関数 $[\phi_\zeta]^N(\xi_I)$ の内積として次の結果を得る．

$$\langle[\phi_\eta]^N|[\phi_\zeta]^N\rangle = (\eta^\dagger\zeta)^N = \sum_{f\in \mathrm{ON}_N^\mathrm{A}} P_f^\dagger[\eta]P_f[\zeta] \tag{2.58}$$

一方，母関数の内積に展開式 (2.52) を代入して

$$\langle[\phi_\eta]^N|[\phi_\zeta]^N\rangle = \sum_{f,g\in \mathrm{ON}_N^\mathrm{A}} \langle\Psi_f^\mathrm{A}|\Psi_g^\mathrm{A}\rangle P_f^\dagger[\eta]P_g[\zeta] \tag{2.59}$$

という結果になる．ボース粒子系の場合と同様に，両方の結果を比較して反対称波動関数 Ψ_f^A の規格直交条件式

$$\langle\Psi_f^\mathrm{A}|\Psi_g^\mathrm{A}\rangle = \delta_{f,g} \tag{2.60}$$

を得る．波動関数 Ψ_f^A は，規格直交化された N 体反対称波動関数であることがわかる．

再び $N=2$ の場合に，(2.52) の展開を行い Ψ_f^A を求めてみよう．

$$\begin{aligned}[\phi_\zeta]^2(\xi_I) &= \phi_\zeta(\xi_1)\phi_\zeta(\xi_2) = \sum_a \phi_a(\xi_1)\zeta_a \sum_b \phi_b(\xi_2)\zeta_b \\ &= \sum_{a,b}\phi_a(\xi_1)\phi_b(\xi_2)\zeta_a\zeta_b = \sum_{a<b}\{\phi_a(\xi_1)\phi_b(\xi_2) - \phi_b(\xi_1)\phi_a(\xi_2)\}\zeta_a\zeta_b \\ &= \sum_{a<b}\frac{1}{\sqrt{2}}\{\phi_a(\xi_1)\phi_b(\xi_2) - \phi_b(\xi_1)\phi_a(\xi_2)\}P_{f_{a,b}}[\zeta]\end{aligned}$$

上で示した式展開において，グラスマン数多項式 (2.51) を用いた．$P_f[\zeta]$ の係数から求められる波動関数は，2.2 節の (2.21) と同じものであることは明らかである．

2.5.3　多体波動関数の規格化定数（フェルミ粒子系）

母関数の展開式 (2.52) から求められる N 体反対称波動関数が (2.28) の Ψ_f^A と同じものであることを示し，規格化定数を決定しよう．(2.26) で定義される F_f は，反対称波動関数の場合には，$F_f(1) < F_f(2) < \cdots < F_f(N)$ であるから，(2.27) の $\Phi_{F_f}(x_I)$ は次のようになる．

$$\Phi_{F_f}(x_I) = \phi_{F_f(1)}(\xi_1)\phi_{F_f(2)}(\xi_2)\cdots\phi_{F_f(N)}(\xi_N)$$

ここで，母関数の展開式 (2.52) 中に

$$\Phi_{F_f}(x_I) = \underbrace{\phi_1(\xi_1)\cdots\phi_1(\xi_{f(1)})}_{f(1)\ 個}\underbrace{\phi_2(\xi_{f(1)+1})\cdots\phi_2(\xi_{f(1)+f(2)})}_{f(2)\ 個}\cdots$$

がどのように現れるかを以下で述べてみる．初めに，母関数 (2.52) を (2.29) を用いて展開すると，最初の $\phi_\zeta(\xi_1)$ から $\phi_{F_f(1)}(\xi_1)\zeta_{F_f(1)}$，次 の$\phi_\zeta(\xi_2)$ から $\phi_{F_f(2)}(\xi_2)\zeta_{F_f(2)}$ を取り出し，最後の $\phi_\zeta(\xi_N)$ から $\phi_{F_f(N)}(\xi_N)\zeta_{F_f(N)}$ を出す項が

$$
\begin{aligned}
[\phi_\zeta]^N(\xi_I) &= \cdots + \phi_{F_f(1)}(\xi_1)\zeta_{F_f(1)} \times \cdots \times \phi_{F_f(N)}(\xi_N)\zeta_{F_f(N)} + \cdots \\
&= \cdots + \{\phi_{F_f(1)}(\xi_1)\cdots\phi_{F_f(N)}(\xi_N)\}\{\zeta_{F_f(1)}\cdots\zeta_{F_f(N)}\} + \cdots \\
&= \cdots + \frac{1}{\sqrt{N!}}\Phi_{F_f(1)}(\xi_I)P_f[\zeta] + \cdots
\end{aligned}
$$

のように含まれる．これを母関数の展開式 (2.52) と比較して

$$
\Psi_f^{\mathrm{A}}(\xi_1) = \frac{1}{\sqrt{N!}}\Phi_{F_f}(\xi_I) + \cdots \tag{2.61}
$$

を得る．一方で，反対称化波動関数 $\Psi_f^{\mathrm{A}}(\xi_I)$ の定義 (2.28) から，$\Psi_f^{\mathrm{A}}(\xi_I)$ 中に $\Phi_{F_f}(\xi_I)$ が次のように含まれることがわかる．

$$
\begin{aligned}
\Psi_f^{\mathrm{A}}(\xi_I) &= \frac{1}{\sqrt{N_{\mathrm{A}}}}\mathscr{A}\Phi_{F_f}(\xi_I) = \frac{1}{\sqrt{N_{\mathrm{A}}}}\frac{1}{N!}\sum_{\sigma\in S_N}\varepsilon_\sigma\Phi_{F_f}(\xi_{I\sigma^{-1}}) \\
&= \frac{1}{\sqrt{N_{\mathrm{A}}}}\frac{1}{N!}\sum_{\sigma\in S_N}\varepsilon_\sigma\Phi_{F_f\sigma}(\xi_I) = \frac{1}{\sqrt{N_{\mathrm{A}}}}\frac{1}{N!}\Phi_{F_f}(\xi_I) + \cdots
\end{aligned}
$$

両者を比較して規格化定数

$$
\frac{1}{\sqrt{N_{\mathrm{A}}}} = \sqrt{N!} \tag{2.62}
$$

が求められる．

よって，$\Phi_{F_f}(\xi_I)$ の反対称化と $\Psi_f^{\mathrm{A}}(\xi_I)$ との関係は

$$
\Psi_f^{\mathrm{A}}(\xi_I) = \sqrt{N!}\,\mathscr{A}\Phi_{F_f}(\xi_I) = \frac{1}{\sqrt{N!}}\sum_{\sigma\in S_N}\varepsilon_\sigma\Phi_{F_f}(\xi_{I\sigma^{-1}}) \tag{2.63}
$$

のようになる．この式は，$F_f(i) = a_i$ とすれば，

$$
\Psi_f^{\mathrm{A}}(\xi_I) = \frac{1}{\sqrt{N!}}\sum_{\sigma\in S_N}\varepsilon_\sigma\phi_{a_1}(\xi_{\sigma^{-1}(1)})\cdots\phi_{a_N}(\xi_{\sigma^{-1}(N)}) \tag{2.64}
$$

となり，右辺は $\phi_{a_i}(\xi_j)$ を成分とする行列式の形で

$$
\Psi_f^{\mathrm{A}}(\xi_I) = \frac{1}{\sqrt{N!}}\begin{vmatrix} \phi_{a_1}(\xi_1) & \cdots & \phi_{a_1}(\xi_N) \\ \vdots & \ddots & \vdots \\ \phi_{a_N}(\xi_1) & \cdots & \phi_{a_N}(\xi_N) \end{vmatrix} \tag{2.65}
$$

となることがわかる．これをスレーター行列式という．このことから，一般にスレーター行列式で表される状態そのものをスレーター行列式とよぶことがある．

前節と本節とで N 体の対称・反対称波動関数，特に母関数の方法について述べた．反対称波動関数の場合に ζ_a がグラスマン数になることから来る積の順序に注意すれば，多くの公式が同じ形式で表されることに注意しよう．まず，母関数は (2.30) と (2.49) で同型である．母関数の展開公式 (2.33) と (2.52) は，

$$[\phi_\zeta]^N(\xi_I) = \sum_{f \in \mathrm{ON}_N^{\mathrm{P}}} \Psi_f^{\mathrm{P}}(\xi_I) P_f[\zeta] \quad (\mathrm{P} = \mathrm{S},\ \mathrm{A}) \tag{2.66}$$

とひとまとめに書くことができる．占拠数関数の $\mathrm{ON}_N^{\mathrm{S}}$ と $\mathrm{ON}_N^{\mathrm{A}}$ の違いは，本質的ではない．$\mathrm{ON}_N^{\mathrm{S}}$ に属して $\mathrm{ON}_N^{\mathrm{A}}$ に属さない占拠数関数 f には $f(a) \geq 2$ となる a があり，これに対してグラスマン数の $P_f[\zeta]$ を作ると ζ_a^2 を含み 0 になるからである．また，対称・反対称波動関数 $\Psi_f^{\mathrm{P}}(\xi_I)$ は，(2.40) および (2.63) より次のように書ける．

$$\begin{aligned} \Psi_f^{\mathrm{P}}(\xi_I) &= \sqrt{\frac{N!}{f!}}\,\mathcal{P}\Phi_{F_f}(\xi_I) \\ &= \frac{1}{\sqrt{N!\,f!}} \sum_{\sigma \in S_N} \mathrm{sgn}_{\mathrm{P}}[\sigma]\,\Phi_{F_f}(\xi_{I\sigma^{-1}}) \quad (\mathrm{P} = \mathrm{S},\ \mathrm{A}) \end{aligned} \tag{2.67}$$

反対称波動関数の場合には $f(a) = 0$ または $f(a) = 1$ であるから $f! = 1$ となり，(2.63) と一致することに注意しよう．

2.6　自由粒子波動関数による期待値の計算 I

2.6.1　多体演算子と多体波動関数による期待値

量子力学における計算では，波動関数による演算子の期待値や行列要素を求めることが重要である．ここでは N 体の同種粒子多体系を考え，演算子としては $\hat{O}(\xi_I) = \hat{O}(\xi_1, \cdots, \xi_N)$ という形のものを考える．ただし，$\hat{O}$ は微分の演算子 $-i\hbar\nabla$ を含んでいてもよい．この演算子は，粒子の入れかえに

対して対称

$$\sigma\widehat{O}(\xi_I)\sigma^{-1} = \widehat{O}(\xi_{I\sigma^{-1}}) = \widehat{O}(\xi_{I\sigma^{-1}(1)}, \cdots, \xi_{I\sigma^{-1}(N)}) = \widehat{O}(\xi_I) \quad (2.68)$$

であるとする（σ は S_N の置換）．対称な演算子には，(2.12) のような **1 体対称演算子**（**one - body symmetric operator**）

$$\widehat{H} = \sum_{i=1}^{N} \widehat{h}(\xi_i) \quad (2.69)$$

がある．また，(1.3) のような粒子間相互作用ポテンシャルに現れる **2 体対称演算子**（**two - body symmetric operator**）は以下のようになる．

$$\widehat{V} = \sum_{i<j} \widehat{v}(\xi_i, \xi_j) = \frac{1}{2}\sum_{i\neq j} \widehat{v}(\xi_i, \xi_j) \quad (2.70)$$

n* 体対称演算子**（n* - body symmetric operator**）も同様である．

2.6.2 1 体対称演算子の期待値

これらの演算子の N 体波動関数 (2.67) での期待値を計算する．最初に，1 体対称演算子 (2.69) の場合を考えよう．

母関数 (2.66) を用いて $\widehat{H}$ 期待値を計算すれば，

$$\langle [\phi_\eta]^N | \widehat{H} | [\phi_\zeta]^N \rangle = \sum_{f, g \in ON_N^{\mathrm{P}}} \langle \Psi_f^{\mathrm{P}} | \widehat{H} | \Psi_g^{\mathrm{P}} \rangle P_f^\dagger[\eta^\dagger] P_g[\zeta] \quad (2.71)$$

となり，$\langle [\phi_\eta]^N | \widehat{H} | [\phi_\zeta]^N \rangle$ を $\eta^\dagger$，ζ で展開すれば，その係数として N 体波動関数による行列要素が求められる．パラメータの順序に注意すれば，対称・反対称関数の場合が同時に計算できる．

まず，$\widehat{h}(\xi_i)$ の期待値を計算しよう．すると，

$$\begin{aligned}
\langle [\phi_\eta]^N | \widehat{h}(\xi_i) | [\phi_\zeta]^N \rangle &= \int d\xi_I \{[\phi_\eta]^N(\xi_I)\}^\dagger \widehat{h}(\xi_i) [\phi_\zeta]^N(\xi_I) \\
&= \int d\xi_1 \cdots d\xi_N \, \phi_\eta(\xi_N)^\dagger \cdots \phi_\eta(\xi_1)^\dagger \widehat{h}(\xi_i) \phi_\zeta(\xi_1) \cdots \phi_\zeta(\xi_N) \\
&= \left\{ \int d\xi \, \phi_\eta(\xi)^\dagger \widehat{h}(\xi) \phi_\zeta(\xi) \right\} \left\{ \int d\xi \, \phi_\eta(\xi)^\dagger \phi_\zeta(\xi) \right\}^{N-1} \\
&= \langle \phi_\eta | \widehat{h} | \phi_\zeta \rangle \{ \langle \phi_\eta | \phi_\zeta \rangle \}^{N-1} = \sum_{a, b} \langle \phi_a | \widehat{h} | \phi_b \rangle \eta_a^\dagger \zeta_b (\eta^\dagger \zeta)^{N-1}
\end{aligned}$$

となる．この計算は (2.56) の計算と全く同じ方法で，i 番目の成分が $\widehat{h}(\xi)$

を含んでいるだけである．最後の部分で，

$$\langle\phi_\eta|\hat{h}|\phi_\zeta\rangle = \int d\xi\,\phi_\eta(\xi)^\dagger \hat{h}(\xi)\phi_\zeta(\xi) = \sum_{a,b}\langle\phi_a|\hat{h}|\phi_b\rangle\eta_a^\dagger\zeta_b$$

を用いた．この結果は i に依存しない．

次に，$\hat{h}(\xi)$ の積分に対して次の記法を導入する．

$$(\phi_a|\hat{h}|\phi_b) \equiv \int d\xi\,\phi_a(\xi)^\dagger \hat{h}(\xi)\phi_b(\xi)$$

もちろん，$(\phi_a|\hat{h}|\phi_b) = \langle\phi_a|\hat{h}|\phi_b\rangle$ である．どうして，このような 2 重の定義をするのかは 2 体以上の演算子の計算で明らかになる．また，1 体波動関数の完全系 $\phi_a(\xi)$ が決まっている場合には，さらなる略記 $h_{a\,;\,b}$ を用いて

$$h_{a\,;\,b} \equiv (\phi_a|\hat{h}|\phi_b) = \langle\phi_a|\hat{h}|\phi_b\rangle = \int d\xi\,\phi_a(\xi)^\dagger \hat{h}(\xi)\phi_b(\xi) \quad (2.72)$$

となる．よって，母関数による 1 体演算子 $\hat{H}$ の期待値は次のようになる．

$$\langle[\phi_\eta]^N|\hat{H}|[\phi_\zeta]^N\rangle = \sum_{i=1}^{N}\langle[\phi_\eta]^N|\hat{h}(\xi_i)\,|\,[\phi_\zeta]^N\rangle = N\sum_{a,b}^{N} h_{a\,;\,b}\eta_a^\dagger\zeta_b(\eta^\dagger\zeta)^{N-1} \quad (2.73)$$

ここで，母関数の内積 (2.58) において，N が $N-1$ の場合の公式

$$(\eta^\dagger\zeta)^{N-1} = \sum_{F\in \mathrm{ON}_{N-1}^{\mathrm{P}}} P_{F^\dagger}[\eta^\dagger]P_F[\zeta]$$

を用いれば，期待値 (2.73) は

$$\begin{aligned}\langle[\phi_\eta]^N|\hat{H}|[\phi_\zeta]^N\rangle &= \sum_{a,b}\sum_{F\in \mathrm{ON}_{N-1}^{\mathrm{P}}} h_{a\,;\,b}N\eta_a^\dagger\zeta_b P_{F^\dagger}[\eta^\dagger]P_F[\zeta] \\ &= \sum_{a,b=1}^{N}\sum_{F\in \mathrm{ON}_{N-1}^{\mathrm{P}}} h_{a\,;\,b}NP_{F^\dagger}[\eta^\dagger]\eta_a^\dagger\zeta_b P_F[\zeta] \quad (2.74)\end{aligned}$$

のようになる．右辺に現れる $\zeta_b P_F[\zeta]$ は N 次多項式であるので

$$\begin{aligned}\zeta_b P_F[\zeta] &= \sqrt{\frac{(N-1)!}{F!}}\zeta_b\zeta_1^{F(1)}\cdots\zeta_b^{F(b)}\cdots \\ &= (\pm1)^{\sum_{c=1}^{b-1}F(c)}\sqrt{\frac{(N-1)!}{F!}}\zeta_1^{F(1)}\cdots\zeta_b^{F(b)+1}\cdots \quad (2.75)\end{aligned}$$

となる．符号因子 ±1 は P = S の場合が $+1$，P = A の場合が -1 である．

N 次式 (2.75) に対応する N 粒子占拠数 f は,

$$f(c) = \begin{cases} F(c) & (c \neq b) \\ F(c) + 1 & (c = b) \end{cases} = F(c) + \delta_{b,c}$$

であるから, これを $f = F + \delta_b$ と書くことにする. なお, 関数 δ_b は次のように定義される関数である.

$$\delta_b(c) = \delta_{b,c} \tag{2.76}$$

これを用いて多項式 (2.75) は,

$$\begin{aligned} \zeta_b P_F[\zeta] &= (\pm 1)^{\sum_{c=1}^{b-1} F(c)} \sqrt{\frac{F(b)+1}{N}} \sqrt{\frac{N!}{(F+\delta_b)!}} \zeta_1^{F(1)} \cdots \zeta_b^{F(b)+1} \cdots \\ &= (\pm 1)^{\sum_{c=1}^{b-1} f(c)} \sqrt{\frac{f(b)}{N}} P_f[\zeta] \end{aligned} \tag{2.77}$$

となる. 同様に, $g = F + \delta_a$ として多項式

$$P_{F^\dagger}[\eta^\dagger] \eta_a^\dagger = (\pm 1)^{\sum_{c=1}^{a-1} g(c)} \sqrt{\frac{g(a)}{N}} P_{g^\dagger}[\eta^\dagger]$$

を得る. これらを期待値 (2.74) に代入すれば, 次の公式を得る.

$$\langle [\phi_\eta]^N | \hat{H} | [\phi_\zeta]^N \rangle = \sum_{a,b} \sum_{F \in \mathrm{ON}_{N-1}^{\mathrm{P}}} (\pm 1)^{\sum_{c=1}^{a-1} g(c) - \sum_{c=1}^{b-1} f(c)} \times \sqrt{g(a) f(b)}\, h_{a;b} P_{g^\dagger}[\eta^\dagger] P_f[\zeta]$$

関数 f と g が $\mathrm{ON}_N^{\mathrm{P}}$ の占拠関数とならない場合には, N 次式 $P_{g^\dagger}[\eta^\dagger]$, $P_f[\zeta]$ が 0 になり, $f(b) = 0$ または $g(a) = 0$ の場合には因子 $\sqrt{g(a) f(b)}$ が 0 となることに注意しよう. また,

$$g = F + \delta_a = f + \delta_a - \delta_b \tag{2.78}$$

でなければならないことはもちろんである. よって, 母関数による 1 体演算子 $\hat{H}$ の期待値は次のようになる.

$$\langle [\phi_\eta]^N | \hat{H} | [\phi_\zeta]^N \rangle = \sum_{f,g \in \mathrm{ON}_N^{\mathrm{P}}} \sum_{a,b} \delta_{g, f+\delta_a-\delta_b} (\pm 1)^{\sum_{c=1}^{a-1} g(c) - \sum_{c=1}^{b-1} f(c)} \times \sqrt{g(a) f(b)}\, h_{a;b} P_{g^\dagger}[\eta^\dagger] P_f[\zeta] \tag{2.79}$$

波動関数 Ψ_f^{P} による期待値の展開式 (2.71) と比較して, 1 体演算子の行列要素は

$$\langle \Psi_{g^\dagger}^{\mathrm{P}} | \widehat{H} | \Psi_f^{\mathrm{P}} \rangle = \sum_{a,b} \delta_{g,f+\delta_a-\delta_b} (\pm 1)^{\sum_{c=1}^{a-1} g(c) - \sum_{c=1}^{b-1} f(c)} \sqrt{g(a) f(b)}\, h_{a;b} \tag{2.80}$$

のようになる．

最初に，占拠数関数が $f=g$ の場合を計算しよう．この場合には (2.78) より，$\delta_a-\delta_b=0$ すなわち $a=b$ の場合にのみ $\delta_{g,f+\delta_a-\delta_b}=1$ で，$a \neq b$ ならば0である．よって，1体演算子の行列要素 (2.80) は

$$\langle \Psi_{f^\dagger}^{\mathrm{P}} | \widehat{H} | \Psi_f^{\mathrm{P}} \rangle = \sum_a f(a)\, h_{a;a} \tag{2.81}$$

のように1粒子状態の期待値の和になる．

演算子 $\widehat{H} = \sum_{i=1}^{N} \widehat{h}(\xi_i)$ が自由粒子系のハミルトニアン演算子で，$\phi_a(\xi)$ が (2.14) のようにその固有状態 $\widehat{h}\phi_a = \varepsilon_a \phi_a$ である場合，状態 Ψ_f^{P} のエネルギー E は，(2.81) を用いて計算される．占拠数を $f(a)=n_a$ とすれば，

$$E = \langle \Psi_{f^\dagger}^{\mathrm{P}} | \widehat{H} | \Psi_f^{\mathrm{P}} \rangle = \sum_a f(a)\, h_{a;a} = \sum_a n_a \varepsilon_a \tag{2.82}$$

となり，これが N 体自由粒子のエネルギーであることは明らかである．

次に，$f \neq g$ の場合を考える．この場合には，$g=f+\delta_a-\delta_b$ の場合にのみ $\delta_{g,f+\delta_a-\delta_b}=1$ で，他は0である．よって，(2.80) で0になり得ない項は1項しかない．これは，$g(a)=f(a)+1$ で $g(b)=f(b)-1$ となり，他の1粒子状態 $(c \neq a, b)$ に対しては $f(c)=g(c)$ である場合，すなわち，占拠数関数 f の N 粒子状態から a 番目の順位の粒子が b 番目の順位に移ることによって，占拠数関数 g の N 粒子状態になる場合である．この時は，$a>b$ の場合と $a<b$ の場合に分けて考える．

（1）　$a>b$ の場合

$g=f+\delta_a-\delta_b$ として，(2.80) の符号因子の指数は，

$$\begin{aligned}\sum_{c=1}^{a-1} g(c) - \sum_{c=1}^{b-1} f(c) &= \sum_{c=1}^{a-1} \{f(c)+\delta_{a,c}-\delta_{b,c}\} - \sum_{c=1}^{b-1} f(c) \\ &= \sum_{c=1}^{a-1} f(c) - \delta_{b,b} - \sum_{c=1}^{b-1} f(c) = \sum_{c=b}^{a-1} f(c) - 1\end{aligned}$$

となる[†7]．また，$g(a) = f(a) + 1$ であるから，(2.81) は次のようになる．

$$\langle \Psi^{\mathrm{P}}_{(f+\delta_a-\delta_b)^\dagger} | \widehat{H} | \Psi^{\mathrm{P}}_f \rangle = (\pm 1)^{\sum_{c=b}^{a-1} f(c) - 1} \sqrt{\{f(a) + 1\} f(b)}\, h_{a\,;\,b} \quad (2.83)$$

（2）　$a < b$ の場合

符号因子の指数は，$a > b$ の場合と同様に計算して，

$$\begin{aligned}\sum_{c=1}^{a-1} g(c) - \sum_{c=1}^{b-1} f(c) &= \sum_{c=1}^{a-1} \{f(c) + \delta_{a,c} - \delta_{b,c}\} - \sum_{c=1}^{b-1} f(c) \\ &= \sum_{c=1}^{a-1} f(c) - \sum_{c=1}^{b-1} f(c) = -\sum_{c=a}^{b-1} f(c)\end{aligned}$$

となる．よって，(2.80) は次のようになる．

$$\langle \Psi^{\mathrm{P}}_{(f+\delta_a-\delta_b)^\dagger} | \widehat{H} | \Psi^{\mathrm{P}}_f \rangle = (\pm 1)^{\sum_{c=a}^{b-1} f(c)} \sqrt{\{f(a) + 1\} f(b)}\, h_{a\,;\,b} \quad (2.84)$$

これらの公式で注意すべきこととして，占拠数 f として $f(b) = 0$ の場合が含まれないこと[†8]，および，反対称波動関数 $\mathrm{P} = \mathrm{A}$ の場合には $f(a) = 1$ の場合が含まれないこと[†9]，がある．前者の条件は，(2.83) および (2.84) で $f(b) = 0$ とすれば右辺は共に 0 となるので，公式に含まれているが，後者は (2.84) の反対称波動関数の場合の付帯条件としなければならない．

2.7　自由粒子波動関数による期待値の計算 II

2.7.1　2 体対称演算子の期待値

次に，2 体対称演算子 (2.70) の計算を 1 体演算子の場合と同じ方法で行う．母関数による期待値の展開 (2.71) は，$\widehat{V}$ に対しても

$$\langle [\phi_\eta]^N | \widehat{V} | [\phi_\zeta]^N \rangle = \sum_{f,g \in \mathrm{ON}_N^{\mathrm{P}}} \langle \Psi^{\mathrm{P}}_f | \widehat{V} | \Psi^{\mathrm{P}}_g \rangle P^\dagger_{f_N} [\eta^\dagger] P_{g_N} [\zeta] \quad (2.85)$$

---

†7　$a > b$ であるから，総和 $\sum_{c=1}^{a-1}$ は $c = b$ を含む．

†8　$g(b) = f(b) - 1 = -1$ となり，g が占拠数関数でなくなってしまう．

†9　$g(a) = f(a) + 1 = 2$ となって，g が反対称波動関数の占拠数関数でなくなってしまう．

のように成立する．母関数の内積 (2.56) の計算と同じ方法で，$\hat{v}(\xi_i, \xi_j)$ の期待値を計算すれば

$$\begin{aligned}\langle[\phi_\eta]^N|\hat{v}(\xi_i, \xi_j)|[\phi_\zeta]^N\rangle &= \int d\xi_I \{[\phi_\eta]^N(\xi_I)\}^\dagger \hat{v}(\xi_i, \xi_j)[\phi_\zeta]^N(\xi_I) \\ &= \int d\xi_1 \cdots d\xi_N \, \phi_\eta(\xi_N)^\dagger \cdots \phi_\eta(\xi_1)^\dagger \hat{v}(\xi_i, \xi_j) \\ &\qquad \times \phi_\zeta(\xi_1) \cdots \phi_\zeta(\xi_N) \\ &= \left\{\int d\xi_1 d\xi_2 \, \phi_\eta(\xi_2)^\dagger \phi_\eta(\xi_1)^\dagger \hat{v}(\xi_1, \xi_2) \phi_\zeta(\xi_1) \phi_\zeta(\xi_2)\right\} \\ &\quad \times \left\{\int d\xi \, \phi_\eta(\xi)^\dagger \phi_\zeta(\xi)\right\}^{N-2} = \langle\phi_\eta^2|\hat{v}|\phi_\zeta^2\rangle\{\langle\phi_\eta|\phi_\zeta\rangle\}^{N-2} \\ &= \sum_{\substack{a_1, a_2 \\ b_1, b_2}} \langle\phi_{a_2}\phi_{a_1}|\hat{v}|\phi_{b_1}\phi_{b_2}\rangle \eta_{a_2}^\dagger \eta_{a_1}^\dagger \zeta_{b_1} \zeta_{b_2} (\eta^\dagger \zeta)^{N-2}\end{aligned} \tag{2.86}$$

となる．

ここで，

$$\langle\phi_{a_2}\phi_{a_1}|\hat{v}|\phi_{b_1}\phi_{b_2}\rangle = \int d\xi_1 \, d\xi_2 \, \phi_{a_2}(\xi_2)^\dagger \phi_{a_1}(\xi_1)^\dagger \hat{v}(\xi_1, \xi_2) \phi_{b_1}(\xi_1) \phi_{b_2}(\xi_2) \tag{2.87}$$

である．この結果はやはり i, j に依存しない．

1 体演算子の場合の (2.72) と同様に，$\hat{v}$ の積分に対して，

$$\begin{aligned} v_{a_1, a_2; b_1, b_2} &\equiv (\phi_{a_1}\phi_{a_2}|\hat{v}|\phi_{b_1}\phi_{b_2}) \\ &\equiv \int d\xi_1 \, d\xi_2 \, \phi_{a_1}(\xi_1)^\dagger \phi_{a_2}(\xi_2)^\dagger \hat{v}(\xi_1, \xi_2) \phi_{b_1}(\xi_1) \phi_{b_2}(\xi_2) \end{aligned}$$

を導入する．この記法において，添字 a_1, a_2 および b_1, b_2 は積分 ξ_1, ξ_2 の順に並べてあることに注意しよう．よって，

$$(\phi_{a_1}\phi_{a_2}|\hat{v}|\phi_{b_1}\phi_{b_2}) = \langle\phi_{a_2}\phi_{a_1}|\hat{v}|\phi_{b_1}\phi_{b_2}\rangle$$

となり，a_1 と a_2 を書く順番が逆転することになる†10．

まとめると，次のようになる．

$$v_{a_1, a_2; b_1, b_2} \equiv (\phi_{a_1}\phi_{a_2}|\hat{v}|\phi_{b_1}\phi_{b_2}) = \langle\phi_{a_2}\phi_{a_1}|\hat{v}|\phi_{b_1}\phi_{b_2}\rangle$$

---

†10　ここでの $(\phi_{a_1}\phi_{a_2}|\hat{v}|\phi_{b_1}\phi_{b_2})$ を $\langle\phi_{a_2}\phi_{a_1}|\hat{v}|\phi_{b_1}\phi_{b_2}\rangle$ と書いてある本も多いので，注意が必要である．

$$= \int d\xi_1 d\xi_2 \phi_{a_1}(\xi_1)^\dagger \phi_{a_2}(\xi_2)^\dagger \hat{v}(\xi_1, \xi_2) \phi_{b_1}(\xi_1) \phi_{b_2}(\xi_2) \tag{2.88}$$

展開式 (2.85) の右辺に (2.70) を代入して，演算子 $\hat{v}(\xi_i, \xi_j)$ の期待値 (2.86) を用いると，

$$\begin{aligned} \langle [\phi_\eta]^N | \hat{V} | [\phi_\zeta]^N \rangle &= \sum_{i<j} \langle [\phi_\eta]^N | \hat{v}(\xi_i, \xi_j) | [\phi_\zeta]^N \rangle \\ &= \frac{N(N-1)}{2} \sum_{\substack{a_1, a_2 \\ b_1, b_2}} v_{a_1, a_2 ; b_1, b_2} \eta_{a_2}^\dagger \eta_{a_1}^\dagger \zeta_{b_1} \zeta_{b_2} (\eta^\dagger \zeta)^{N-2} \end{aligned} \tag{2.89}$$

となる．粒子数が $N-2$ の場合の母関数内積の展開公式 (2.58)

$$(\eta^\dagger \zeta)^{N-2} = \sum_{F \in \mathrm{ON}_{N-2}^{\mathrm{P}}} P_{F^\dagger}[\eta^\dagger] P_F[\zeta]$$

を用いれば，1体演算子の期待値 (2.74) と同様にして，次の結果を得る．

$$\begin{aligned} \langle [\phi_\eta]^N | \hat{V} | [\phi_\zeta]^N \rangle &= \frac{N(N-1)}{2} \\ &\quad \times \sum_{\substack{a_1, a_2 \\ b_1, b_2}} \sum_{F \in \mathrm{ON}_{N-2}^{\mathrm{P}}} v_{a_1, a_2 ; b_1, b_2} P_{F^\dagger}[\eta^\dagger] \eta_{a_2}^\dagger \eta_{a_1}^\dagger \zeta_{b_1} \zeta_{b_2} P_F[\zeta] \end{aligned} \tag{2.90}$$

さらに，多項式 $\zeta_{b_1} \zeta_{b_2} P_F[\zeta]$を計算しよう．(2.77) を繰り返し用いて

$$\begin{aligned} \zeta_{b_1} \zeta_{b_2} P_F[\zeta] &= \zeta_1 \left\{ (\pm 1)^{\sum_{c=1}^{b_2-1} F(c)} \sqrt{\frac{[F + \delta_{b_2}](b_2)}{N-1}} P_{F+\delta_{b_2}}[\zeta] \right\} \\ &= (\pm 1)^{\sum_{c=1}^{b_2-1} F(c)} (\pm 1)^{\sum_{c=1}^{b_1-1} [F+\delta_{b_2}](c)} \\ &\quad \times \sqrt{\frac{[F + \delta_{b_2}](b_2)}{N-1}} \sqrt{\frac{[F + \delta_{b_2} + \delta_{b_1}](b_1)}{N}} P_{F+\delta_{b_2}+\delta_{b_1}}[\zeta] \end{aligned}$$

のように計算する．関数 δ_{b_1} と δ_{b_2} は，(2.76) で定義されたクロネッカーの δ 記号から導入された関数である．1体演算子の場合の記法を用いて，$f = F + \delta_{b_2} + \delta_{b_1}$ とすると

$$\zeta_{b_1} \zeta_{b_2} P_F[\zeta] = (\pm 1)^{\{\sum_{c=1}^{b_1-1} + \sum_{c=1}^{b_2-1}\} f(c)} (\pm 1)^{H(b_2 - b_1 - 1)}$$

$$\times \sqrt{\frac{[f-\delta_{b_1}](b_2)f(b_1)}{N(N-1)}} P_f[\zeta] \quad (2.91)$$

となる．符号因子を簡潔に表すため，次のように変形した．

$$(\pm 1)^{\sum_{c=1}^{b_2-1}[f-\delta_{b_1}](c)} (\pm 1)^{\sum_{c=1}^{b_1-1} f(c)} = (\pm 1)^{\{\sum_{c=1}^{b_1-1} + \sum_{c=1}^{b_2-1}\} f(c)} (\pm 1)^{-\sum_{c=1}^{b_2-1}\delta_{b_1}(c)}$$

$$= (\pm 1)^{\{\sum_{c=1}^{b_1-1} + \sum_{c=1}^{b_2-1}\} F(c)} (\pm 1)^{H(b_2-b_1-1)}$$

関数 H は次式で定義される関数である[†11]．

$$H(n) = 1 \quad (n \geq 0), \qquad H(n) = 0 \quad (n < 0) \quad (2.92)$$

同様に，$g = F + \delta_{a_2} + \delta_{a_1}$ として多項式の次の表式を得る．

$$P_{F^\dagger}[\eta^\dagger]\eta_{a_2}^\dagger \eta_{a_1}^\dagger = (\pm 1)^{\{\sum_{c=1}^{a_1-1} + \sum_{c=1}^{a_2-1}\} g(c)} (\pm 1)^{H(a_2-a_1-1)} \times \sqrt{\frac{[g-\delta_{a_1}](a_2) g(a_1)}{N(N-1)}} P_g^\dagger[\eta^\dagger] \quad (2.93)$$

多項式 (2.91) および (2.93) を母関数による $\widehat{V}$ の期待値 (2.90) に代入して，展開式 (2.85) と比較すれば行列要素

$$\langle \Psi_f^{\mathrm{P}} | \widehat{V} | \Psi_g^{\mathrm{P}} \rangle = \frac{1}{2} \sum_{\substack{a_1, a_2 \\ b_1, b_2}} \delta_{g, f+\delta_{a_1}+\delta_{a_2}-\delta_{b_1}-\delta_{b_2}} \times (\pm 1)^{\{\sum_{c=1}^{a_1-1} + \sum_{c=1}^{a_2-1}\} g(c) - \{\sum_{c=1}^{b_1-1} + \sum_{c=1}^{b_2-1}\} f(c)} (\pm 1)^{H(a_2-a_1-1)-H(b_2-b_1-1)} \times \sqrt{[g-\delta_{a_1}](a_2) g(a_1) [f-\delta_{b_1}](b_2) f(b_1)}\, v_{a_1, a_2; b_1, b_2} \quad (2.94)$$

が求められる．

行列要素の公式 (2.94) を用いて，Ψ_f^{P} による期待値 ($f = g$) を計算してみよう．a_1 と a_2 の和を，次の3領域に分けて計算する．

$$\sum_{a_1, a_2} = \sum_{a_1 < a_2} + \sum_{a_1 = a_2} + \sum_{a_1 > a_2}$$

（1）　領域 $a_1 < a_2$ の総和 $g = f = f + \delta_{a_1} + \delta_{a_2} - \delta_{b_1} - \delta_{b_2}$ より，総和変数 b_1, b_2 は，$(b_1, b_2) = (a_1, a_2)$ または $(b_1, b_2) = (a_2, a_1)$ と決定さ

---

†11　ヘヴィサイド関数にならって定義した．

れる．いずれにせよ $b_1 \neq b_2$ である．(2.94) は次のようになる．

$$\frac{1}{2}\sum_{a_1<a_2} f(a_2)f(a_1)\{v_{a_1,a_2;a_1,a_2} \pm v_{a_1,a_2;a_2,a_1}\} \tag{2.95}$$

（2） 領域 $a_1 = a_2$ の総和 $f = f + \delta_{a_1} + \delta_{a_2} - \delta_{b_1} - \delta_{b_2}$ より，$a_1 = a_2 = b_1 = b_2$ の項が残る．(2.94) は次のようになる†12．

$$\frac{1}{2}\sum_{a_1} f(a_1)\{f(a_1) - 1\}v_{a_1,a_1;a_1,a_1} \tag{2.96}$$

（3） 領域 $a_1 > a_2$ の総和 $a_1 > a_2$ の場合は，(2.95) と同じ結果を得る．

このことは a_1 と a_2 の対称性からも明らかである．

よって，(2.95) と (2.96) から，波動関数 Ψ_f^{P} による $\hat{V}$ の期待値は

$$\langle \Psi_f^{\mathrm{P}} | \hat{V} | \Psi_f^{\mathrm{P}} \rangle = \frac{1}{2}\sum_{a_1 \neq a_2} f(a_2)f(a_1)\{v_{a_1,a_2;a_1,a_2} \pm v_{a_1,a_2;a_2,a_1}\} + \frac{1}{2}\sum_{a_1} f(a_1)\{f(a_1) - 1\}v_{a_1,a_1;a_1,a_1} \tag{2.97}$$

と求められる．この式は

$$\langle \Psi_f^{\mathrm{P}} | \hat{V} | \Psi_f^{\mathrm{P}} \rangle = \frac{1}{2}\sum_{a_1,a_2}\left[f(a_2)f(a_1)(1 - \delta_{a_1,a_2}) + \frac{f(a_1)\{f(a_1) - 1\}}{2}\delta_{a_1,a_2}\right]\{v_{a_1,a_2;a_1,a_2} \pm v_{a_1,a_2;a_2,a_1}\} \tag{2.98}$$

のようにも表すことができる．また，δ_{a_1,a_2} の部分を分離すれば，次の表式が得られることにも注意しよう．

$$\langle \Psi_f^{\mathrm{P}} | \hat{V} | \Psi_f^{\mathrm{P}} \rangle = \frac{1}{2}\sum_{a_1,a_2} f(a_2)f(a_1)\{v_{a_1,a_2;a_1,a_2} \pm v_{a_1,a_2;a_2,a_1}\} - \frac{1}{2}\sum_{a_1} f(a_1)\{f(a_1) + 1\}\begin{cases}\{v_{a_1,a_1;a_1,a_1}\} & (\mathrm{P} = \mathrm{S}) \\ 0 & (\mathrm{P} = \mathrm{A})\end{cases} \tag{2.99}$$

---

†12 反対称波動関数（P = A）の場合には $f(a_1) = 0$ または 1 であるから，$f(a_1)\{f(a_1) - 1\} = 0$ となり，(2.96) は自動的に消えることに注意しよう．

なお，占拠数関数 $f \neq g$ の場合の行列要素も，同様に (2.94) から計算することができる．

2.7.2　n 体対称演算子の期待値

一般的に n 体対称演算子は，次のように表すことができる．

$$\widehat{O} = \sum_{i_1<\cdots<i_n} \hat{o}\,(\xi_{i_1},\,\cdots,\,\xi_{i_n}) = \frac{1}{n!}\sum_{\substack{i_1,\cdots,i_n \\ i_k\neq i_l}} \hat{o}(\xi_{i_1},\,\cdots,\,\xi_{i_n}) \tag{2.100}$$

2 体演算子の場合の (2.85) と同様に，母関数による期待値は

$$\langle[\phi_\eta]^N|\widehat{O}|[\phi_\zeta]^N\rangle = \sum_{f,g\in \mathrm{ON}_N^{\mathrm{P}}} \langle \Psi_f^{\mathrm{P}}|\widehat{O}|\Psi_g^{\mathrm{P}}\rangle P_{f^\dagger}[\eta^\dagger]P_g[\zeta] \tag{2.101}$$

となる．左辺を 2 体演算子の場合の (2.86) と同様に計算すれば，次の結果が得られる[†13]．

$$\langle[\phi_\eta]^N|\widehat{O}|[\phi_\zeta]^N\rangle = \sum_{i_1<\cdots<i_n} \langle[\phi_\eta]^N|\hat{o}(\xi_{i_1},\,\cdots,\,\xi_{i_n})|[\phi_\zeta]^N\rangle = \binom{N}{n}\sum_{\substack{a_1,\cdots,a_n \\ b_1,\cdots,b_n}} o_{a_1,\cdots,a_n\,;\,b_1,\cdots,b_n}\eta_{a_n}^\dagger\cdots\eta_{a_1}^\dagger\zeta_{b_1}\cdots\zeta_{b_n}(\eta^\dagger\zeta)^{N-n} \tag{2.102}$$

これは，2 体演算子における (2.89) に対応するものである．

ここで，n 体演算子 $\hat{o}$ の行列要素は，次のように定義される．

$$\begin{aligned} o_{a_1,\cdots,a_n\,;\,b_1,\cdots,b_n} &= (\phi_{a_1}\cdots\phi_{a_n}|\hat{o}|\phi_{b_1}\cdots\phi_{b_n}) \\ &= \langle\phi_{a_n}\cdots\phi_{a_1}|\hat{o}|\phi_{b_1}\cdots\phi_{b_n}\rangle \\ &= \int d\xi_1\cdots d\xi_n\phi_{a_n}(\xi_n)^\dagger\cdots\phi_{a_1}(\xi_1)^\dagger\hat{o}(\xi_1,\cdots,\xi_n)\phi_b(\xi_1)\cdots\phi_{b_n}(\xi_2) \end{aligned} \tag{2.103}$$

2 体演算子の場合の (2.91) のように $\zeta_{b_1}\cdots\zeta_{b_n}P_F[\zeta]$ を計算し，展開式 (2.102) に用いることによって，行列要素 $\langle\Psi_f^{\mathrm{P}}|\widehat{O}|\Psi_g^{\mathrm{P}}\rangle$ を計算する (2.97) に対応す

---

†13　2 項係数 $\binom{N}{n}$ は，(2.100) における 2 番目の項の項数 (N 個の座標 ξ_i から n 個を取り出す場合の数) である．

る公式が求められる[†14].

2.8　ハイトラー－ロンドン近似による水素分子

2.8.1　水素分子のハミルトニアン

前節の結果の応用として，水素分子 H_2 の問題を考える．水素分子は水素原子 2 個が結合した系であって，電子 2 個および陽子 (原子核) 2 個からなっている．陽子の質量は電子の質量の約 2000 倍であるため，水素分子における陽子の運動は電子の運動に比べて遅く，電子のエネルギーを計算する時には第 1 近似として陽子を固定しておいて計算してよい[†15]．2 個の陽子 (A と B) の位置ベクトルを $\boldsymbol{R}_{\mathrm{A}}$ と $\boldsymbol{R}_{\mathrm{B}}$ とし，陽子間の距離を $R = |\boldsymbol{R}_{\mathrm{A}} - \boldsymbol{R}_{\mathrm{B}}|$ とする．

2 個の電子の位置ベクトルを $\boldsymbol{r}_1$ と $\boldsymbol{r}_2$ とする．陽子 A から見た電子 1 の座標は $\boldsymbol{r}_{1\mathrm{A}} = \boldsymbol{r}_1 - \boldsymbol{R}_{\mathrm{A}}$ とし，陽子 A と電子 1 の距離を $r_{1\mathrm{A}} = |\boldsymbol{r}_{1\mathrm{A}}|$ とする．他の位置ベクトルも同様に定義する (図 2.2)．2 個の電子間距離は，$r_{12} = |\boldsymbol{r}_1 - \boldsymbol{r}_2|$ であることに注意しよう．

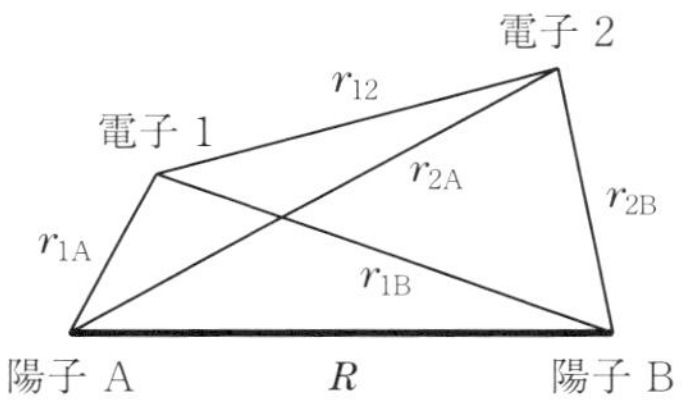

図 2.2　水素分子における電子 1 および 2 の座標

電子 1 と 2 のハミルトニアン演算子は次のようになる．

$$H = -\frac{\hbar^2}{2m}(\nabla_{r_1}^2 + \nabla_{r_2}^2) + \alpha\hbar c\left(\frac{1}{R} + \frac{1}{r_{12}} - \frac{1}{r_{1\mathrm{A}}} - \frac{1}{r_{2\mathrm{B}}} - \frac{1}{r_{1\mathrm{B}}} - \frac{1}{r_{2\mathrm{A}}}\right) \quad (2.104)$$

電子の質量を m とした．クーロンポテンシャルは，(1.50) を用いて微細構

†14　このくらいになると，次章で述べる第 2 量子化の方法が有利である．(2.102) は，第 2 量子化による方法がここで述べた多体波動関数の計算と同じ結果を与えることの証明に用いるために，ここに示しておいたのである．

†15　この種の近似をボルン－オッペンハイマー近似という．

造定数 α で表してある．このハミルトニアン演算子は (1.47) と同じ型であるが，今回は2個の粒子が同種粒子（電子）であることに注意しよう．

ここで，ハミルトニアン演算子を簡単にするために，ボーア半径 a_{B} とリュードベリエネルギー Ry を

$$a_{\mathrm{B}} = \frac{\hbar c}{mc^2\alpha}, \qquad Ry = \frac{mc^2\alpha^2}{2} \tag{2.105}$$

のように導入し,長さとエネルギーをこれらの量でスケールし無次元化する．例えば，無次元化した位置ベクトルを $\boldsymbol{S} = \boldsymbol{R}/a_{\mathrm{B}}$, $\mathbf{s}_{1\mathrm{A}} = \boldsymbol{r}_{1\mathrm{A}}/a_{\mathrm{B}}$ などとし，その大きさを $X = R/a_{\mathrm{B}}$, $s_{1\mathrm{A}} = r_{1\mathrm{A}}/a_{\mathrm{B}}$ などとする．また，無次元化したハミルトニアン演算子を $\widehat{\mathscr{H}} = \widehat{H}/Ry$ とすれば，(2.104) は次のように表される．

$$\widehat{\mathscr{H}} = \widehat{\mathscr{H}}_0 + \widehat{\mathscr{V}} \tag{2.106}$$

$$\widehat{\mathscr{H}}_0 = \hat{h}_1 + \hat{h}_2 = \left\{-\,\boldsymbol{\nabla}_{s_1}^2 - \frac{2}{s_{1\mathrm{A}}} - \frac{2}{s_{1\mathrm{B}}}\right\} + \left\{-\,\boldsymbol{\nabla}_{s_2}^2 - \frac{2}{s_{2\mathrm{A}}} - \frac{2}{s_{2\mathrm{B}}}\right\} \tag{2.107}$$

$$\widehat{\mathscr{V}} = \frac{2}{s_{12}} + \frac{2}{X} \tag{2.108}$$

と表される．$\widehat{\mathscr{H}}_0$ と $\widehat{\mathscr{V}}$ は，それぞれ対称1体演算子 (2.69) と対称2体演算子 (2.70) である．また，$\hat{h}_1$ と $\hat{h}_2$ はそれぞれ電子1および電子2の1体ハミルトニアン演算子であり，共に陽子Aと陽子Bを中心とする2中心クーロンポテンシャルをもつ．

2.8.2　水素分子波動関数 ― スピン部分の分離 ―

ハミルトニアン演算子 $\widehat{\mathscr{H}}$ のエネルギー固有値問題

$$\widehat{\mathscr{H}}\Phi(\xi_1, \xi_2) = \mathscr{E}\Phi\,(\xi_1, \xi_2) \tag{2.109}$$

を考える．電子の自由度は座標とスピンであるから，$\xi_i = (\boldsymbol{r}_i, s_i)$ である $(i = 1, 2,\ s_i = \pm 1/2)$．電子はフェルミ粒子であるから，$\Phi$ は反対称波動関数

$$\Phi(\xi_1, \xi_2) = -\,\Phi\,(\xi_2, \xi_1) \tag{2.110}$$

でなければならない．ハミルトニアン演算子 (2.106) はスピン自由度に依存

しないため，波動関数 Φ は軌道部分とスピン部分に変数分離した

$$\Phi(\xi_1, \xi_2) = R(\boldsymbol{s}_1, \boldsymbol{s}_2)X(s_1, s_2) \tag{2.111}$$

という形で求められる．電子 1 と 2 のスピンは 1/2 であるから，角運動量合成則 (1.60) により合成スピン角運動量は $J = 0, 1$ となり，スピン部分は，(1.61) の $X_{J,M}(s_1, s_2)$ で与えられる[†16]．$X_{0,0}(s_1, s_2)$，$X_{1,M}(s_1, s_2)$ はスピン自由度 s_1 と s_2 の置換に対して，それぞれ反対称・対称である．よって，波動関数 (2.111) が ξ_1 と ξ_2 の置換に対して反対称であるためには，$X_{0,0}$，$X_{1,M}$ と組み合わさる空間部分 R がそれぞれ対称波動関数 $R_{\rm S}$，反対称波動関数 $R_{\rm A}$ でなければならない．

以上から，2 通りの反対称波動関数

$$\left.\begin{array}{c} \Phi_{0,0} = R_{\rm S}(\boldsymbol{s}_1, \boldsymbol{s}_2)X_{0,0}(s_1, s_2) \quad \Phi_{1,M} = R_{\rm A}(\boldsymbol{s}_1, \boldsymbol{s}_2)X_{1,M}(s_1, s_2) \\ (M = -1, 0, 1) \end{array}\right\} \tag{2.112}$$

が得られる．これを固有値方程式 (2.109) に代入してスピン部分を除くと，$\mathscr{E} = \mathscr{E}_{\rm P}$として $({\rm P} = {\rm S}, {\rm A})$，空間部分の固有値方程式

$$\widehat{\mathscr{H}}R_{\rm P}(\boldsymbol{s}_1, \boldsymbol{s}_2) = \mathscr{E}_{\rm P}R_{\rm P}(\boldsymbol{s}_1, \boldsymbol{s}_2) \quad ({\rm P} = {\rm S}, {\rm A}) \tag{2.113}$$

を得る．これを解けばいいわけであるが，この解は解析的には求まらない．

2.8.3 ハイトラー - ロンドンの変分波動関数とエネルギー期待値

ハイトラーとロンドン[†17]は，変分法を用いて (2.113) のエネルギー $\mathscr{E}_{\rm P}$ を近似的に評価した．固有値方程式 (2.113) と $R_{\rm P}$ の内積をとって変形すれば，

$$\mathscr{E}_{\rm P} = \frac{\langle R_{\rm P}|\widehat{\mathscr{H}}|R_{\rm P}\rangle}{\langle R_{\rm P}|R_{\rm P}\rangle} \tag{2.114}$$

となることに注意しよう．これは変分法の基礎となる式である[†18]．

ハイトラー - ロンドンの変分波動関数は，陽子 A と B をそれぞれ中心と

---

†16 $s_{\rm e} \to s_1$，$s_{\rm p} \to s_2$ とした．

†17 H. Heitler and F. London：Z. für Physik **44** (1927) 455.

†18 量子力学における変分原理については 5.2 節を参照．

するクーロンポテンシャルの１体ハミルトニアン演算子

$$\widehat{\mathscr{H}}_{\mathrm{A}} = -\boldsymbol{\nabla}_s^2 - \frac{2}{s_{\mathrm{A}}}, \qquad \widehat{\mathscr{H}}_{\mathrm{B}} = -\boldsymbol{\nabla}_s^2 - \frac{2}{s_{\mathrm{B}}}$$

の最低エネルギー波動関数（1s 状態波動関数）

$$\phi_{\mathrm{A}}(\boldsymbol{s}) = \frac{e^{-s_{\mathrm{A}}}}{a_{\mathrm{B}}^{3/2}\sqrt{\pi}}, \qquad \phi_{\mathrm{B}}(\boldsymbol{s}) = \frac{e^{-s_{\mathrm{B}}}}{a_{\mathrm{B}}^{3/2}\sqrt{\pi}} \tag{2.115}$$

から構成され（a_{B} はボーア半径），Ry でスケールされた固有値方程式とエネルギー固有値は，次のようになる．

$$\widehat{\mathscr{H}}_{\mathrm{A}}\phi_{\mathrm{A}}(\boldsymbol{s}) = \varepsilon\phi_{\mathrm{A}}(\boldsymbol{s}) = -\phi_{\mathrm{A}}(\boldsymbol{s}), \quad \widehat{\mathscr{H}}_{\mathrm{B}}\phi_{\mathrm{B}}(\boldsymbol{s}) = \varepsilon\phi_{\mathrm{B}}(\boldsymbol{s}) = -\phi_{\mathrm{B}}(\boldsymbol{s}) \tag{2.116}$$

なお，ϕ_α を $|\alpha\rangle(\alpha = \mathrm{A}, \mathrm{B})$ などで表して内積を計算すれば，

$$\langle\alpha|\alpha\rangle = \int d^3\boldsymbol{r}\,|\phi_\alpha(\boldsymbol{s})|^2 = 1 \quad (\alpha = \mathrm{A}, \mathrm{B}) \tag{2.117}$$

$$\langle\mathrm{A}|\mathrm{B}\rangle = \langle\mathrm{B}|\mathrm{A}\rangle = \int d^3\boldsymbol{r}\,\phi_{\mathrm{A}}(\boldsymbol{s})\phi_{\mathrm{B}}(\boldsymbol{s}) \equiv S_X \neq 0 \tag{2.118}$$

であり，１体波動関数 $\phi_\alpha(\alpha = \mathrm{A}, \mathrm{B})$ は規格化されているが直交していないことに注意しよう．ϕ_{A} と ϕ_{B} の内積 S_X は**重なり積分**（**overlap integral**）とよばれる．また，クーロンポテンシャルの波動関数 (2.115) は次の式を満たす[†19]．

$$\langle\alpha|\boldsymbol{\nabla}^2|\alpha\rangle = \varepsilon = -1, \quad \left\langle\alpha\left|\frac{1}{s_\alpha}\right|\alpha\right\rangle = -\varepsilon = 1, \quad (\alpha = \mathrm{A}, \mathrm{B}) \tag{2.119}$$

２個の電子の状態として，ϕ_{A} と ϕ_{B} を用いて (2.67) による対称・反対称波動関数

$$R_{\mathrm{P}}(\boldsymbol{s}_1, \boldsymbol{s}_2) = \frac{1}{\sqrt{2}}\{\phi_{\mathrm{A}}(s_1)\phi_{\mathrm{B}}(s_2) \pm \phi_{\mathrm{B}}(s_1)\phi_{\mathrm{A}}(s_2)\} \quad (\mathrm{P} = \mathrm{S}, \mathrm{A}) \tag{2.120}$$

を作る．ϕ_{A} と ϕ_{B} は直交していないため，この波動関数は規格化されていない．実際，１体波動関数と同様に，$|\alpha\beta\rangle = \phi_\alpha(s_1)\phi_\beta(s_2)\,(\alpha, \beta = \mathrm{A}, \mathrm{B})$ と表

---

†19　ビリアル定理[3,4]，あるいは表式 (2.115) を用いた直接計算により求められる．

せば，規格化積分は重なり積分 S_X を用いて

$$\langle R_P | R_P \rangle = \frac{1}{2}\langle \mathrm{AB} \pm \mathrm{BA} | \mathrm{AB} \pm \mathrm{BA} \rangle$$

$$= \frac{1}{2}\{\langle \mathrm{AB} | \mathrm{AB} \rangle \pm \langle \mathrm{AB} | \mathrm{BA} \rangle \pm \langle \mathrm{BA} | \mathrm{AB} \rangle + \langle \mathrm{BA} | \mathrm{BA} \rangle\}$$

$$= \langle \mathrm{A} | \mathrm{A} \rangle \langle \mathrm{B} | \mathrm{B} \rangle \pm \langle \mathrm{A} | \mathrm{B} \rangle^2 = 1 \pm S_X^2 \tag{2.121}$$

と表される．

波動関数 $R_P(\boldsymbol{s}_1, \boldsymbol{s}_2)$ によるハミルトニアン演算子 (2.106) の期待値

$$\langle R_P | \widehat{\mathscr{H}} | R_P \rangle = \langle R_P | \widehat{\mathscr{H}}_0 | R_P \rangle + \langle R_P | \widehat{\mathscr{V}} | R_P \rangle \tag{2.122}$$

を評価しよう．右辺第1項は対称1体演算子で，波動関数 R_P は $P = S, A$ に従い対称あるいは反対称であるが，ϕ_A と ϕ_B が直交していないため2.6節の公式 (2.81) は成り立たない．ここでは，直接計算することにする．期待値 $\langle R_P | \hat{h}_1 | R_P \rangle$ は，

$$\langle \mathrm{AB} | \hat{h}_1 | \mathrm{AB} \rangle = \langle \mathrm{A} | \hat{h}_1 | \mathrm{A} \rangle \langle \mathrm{B} | \mathrm{B} \rangle = \langle \mathrm{A} | \hat{h}_1 | \mathrm{A} \rangle$$

$$= \left\langle \mathrm{A} \middle| -\boldsymbol{\nabla}_{s_1}^2 - \frac{2}{s_{1\mathrm{A}}} - \frac{2}{s_{1\mathrm{B}}} \middle| \mathrm{A} \right\rangle = \varepsilon S_X - 2\left\langle \mathrm{A} \middle| \frac{1}{s_{1\mathrm{B}}} \middle| \mathrm{A} \right\rangle$$

$$\langle \mathrm{AB} | \hat{h}_1 | \mathrm{BA} \rangle = \langle \mathrm{A} | \hat{h}_1 | \mathrm{B} \rangle \langle \mathrm{B} | \mathrm{A} \rangle = \langle \mathrm{A} | \hat{h}_1 | \mathrm{B} \rangle S_X$$

$$= \langle \mathrm{A} | -\boldsymbol{\nabla}_{s_1}^2 - \frac{2}{s_{1\mathrm{A}}} - \frac{2}{s_{1\mathrm{B}}} | \mathrm{B} \rangle S_X = \left\{\varepsilon - 2\left\langle \mathrm{A} \middle| \frac{1}{s_{1\mathrm{B}}} \middle| \mathrm{B} \right\rangle\right\} S_X$$

などの式を用いて，次のようになる[†20]．

$$\langle R_P | \hat{h}_1 | R_P \rangle = \frac{1}{2}\langle \mathrm{AB} \pm \mathrm{BA} | \hat{h}_1 | \mathrm{AB} \pm \mathrm{BA} \rangle$$

$$= \frac{1}{2}\{\langle \mathrm{AB} | \hat{h}_1 | \mathrm{AB} \rangle \pm \langle \mathrm{AB} | \hat{h}_1 | \mathrm{BA} \rangle \pm \langle \mathrm{BA} | \hat{h}_1 | \mathrm{AB} \rangle + \langle \mathrm{BA} | \hat{h}_1 | \mathrm{BA} \rangle\}$$

$$= (1 \pm S_X^2)\,\varepsilon - \left\{\left\langle \mathrm{A} \middle| \frac{1}{s_{1\mathrm{B}}} \middle| \mathrm{A} \right\rangle + \left\langle \mathrm{B} \middle| \frac{1}{s_{1\mathrm{A}}} \middle| \mathrm{B} \right\rangle\right\} \mp \left\{\left\langle \mathrm{A} \middle| \frac{1}{s_{1\mathrm{B}}} \middle| \mathrm{B} \right\rangle + \left\langle \mathrm{B} \middle| \frac{1}{s_{1\mathrm{A}}} \middle| \mathrm{A} \right\rangle\right\}$$

---

†20 $\langle \mathrm{A} | 1/s_{1\mathrm{B}} | \mathrm{A} \rangle = \langle \mathrm{B} | 1/s_{1\mathrm{A}} | \mathrm{B} \rangle$, $\langle \mathrm{A} | 1/s_{1\mathrm{B}} | \mathrm{B} \rangle = \langle \mathrm{B} | 1/s_{1\mathrm{A}} | \mathrm{A} \rangle$ を用いた．

$$= (1 \pm S_X^2)\,\varepsilon - 2\left\langle \mathrm{A} \left| \frac{1}{s_{1\mathrm{B}}} \right| \mathrm{A} \right\rangle \mp 2S_X \left\langle \mathrm{A} \left| \frac{1}{s_{1\mathrm{B}}} \right| \mathrm{B} \right\rangle$$

同様にして，$\langle R_\mathrm{P} | \hat{h}_2 | R_\mathrm{P} \rangle = \langle R_\mathrm{P} | \hat{h}_1 | R_\mathrm{P} \rangle$ を得る．これより，1 体演算子 $\hat{\mathscr{H}}_0$ の期待値が次のように求められる．

$$\langle R_\mathrm{P} | \hat{\mathscr{H}}_0 | R_\mathrm{P} \rangle = \langle R_\mathrm{P} | \hat{h}_1 | R_\mathrm{P} \rangle + \langle R_\mathrm{P} | \hat{h}_2 | R_\mathrm{P} \rangle$$
$$= 2(1 \pm S_X^2)\varepsilon - 4\left\langle \mathrm{A} \left| \frac{1}{s_\mathrm{B}} \right| \mathrm{A} \right\rangle \mp 4S_X \left\langle \mathrm{A} \left| \frac{1}{s_\mathrm{B}} \right| \mathrm{B} \right\rangle \tag{2.123}$$

上式において，1 体積分の積分変数を $\boldsymbol{s}_1$ から $\boldsymbol{s}$ とし，距離 $s_{1\mathrm{B}}$ を s_B とした．

ポテンシャル $\mathscr{V}$ は 2 体演算子で波動関数 R_P も 2 体演算子であるから，その期待値は (2.97) を用いて計算できる．2/X は定数項であるから，その期待値は，規格化積分 (2.121) を用いて

$$\left\langle R_\mathrm{P} \left| \frac{2}{X} \right| R_\mathrm{P} \right\rangle = \frac{2}{X} \langle R_\mathrm{P} | R_\mathrm{P} \rangle = \frac{2}{X}(1 \pm S_X^2) \tag{2.124}$$

と求められる．ポテンシャル $1/s_{12}$ の期待値は，(2.97) を用いて計算できる．粒子数は 2 であるから a_1 と a_2 しかなく，$(a_1, a_2) = (\mathrm{A}, \mathrm{B})$ または (B, A) である．よって，$a_1 \neq a_2$ で $f(a_1) = f(a_2) = 1$ である．電子 1 と電子 2 の対称性

$$\left\langle \mathrm{BA} \left| \frac{1}{s_{12}} \right| \mathrm{AB} \right\rangle = \left\langle \mathrm{AB} \left| \frac{1}{s_{12}} \right| \mathrm{BA} \right\rangle, \quad \left\langle \mathrm{BA} \left| \frac{1}{s_{12}} \right| \mathrm{BA} \right\rangle = \left\langle \mathrm{AB} \left| \frac{1}{s_{12}} \right| \mathrm{AB} \right\rangle$$

を用いて，$\langle R_\mathrm{P} | 2/s_{12} | R_\mathrm{P} \rangle$ は次のように表せる．

$$\left\langle R_\mathrm{P} \left| \frac{2}{s_{12}} \right| R_\mathrm{P} \right\rangle = 2\left\langle \mathrm{BA} \left| \frac{1}{s_{12}} \right| \mathrm{AB} \right\rangle \pm 2\left\langle \mathrm{BA} \left| \frac{1}{s_{12}} \right| \mathrm{BA} \right\rangle \tag{2.125}$$

これより，(2.124) の結果と合わせて，期待値

$$\langle R_\mathrm{P} | \mathscr{V} | R_\mathrm{P} \rangle = \left\langle R_\mathrm{P} \left| \frac{2}{X} \right| R_\mathrm{P} \right\rangle + \left\langle R_\mathrm{P} \left| \frac{2}{s_{12}} \right| R_\mathrm{P} \right\rangle$$
$$= \frac{2}{X}(1 \pm S_X^2) + \left\langle \mathrm{BA} \left| \frac{2}{s_{12}} \right| \mathrm{AB} \right\rangle \pm \left\langle \mathrm{BA} \left| \frac{2}{s_{12}} \right| \mathrm{BA} \right\rangle \tag{2.126}$$

を得る．(2.123) と (2.126) より，エネルギー期待値 (2.114) の左辺が求め

られる．これは陽子間距離 X の関数であるから，

$$f_{\mathrm{P}}(X) \equiv \frac{\langle R_{\mathrm{P}}|\widehat{\mathscr{H}}|R_{\mathrm{P}}\rangle}{\langle R_{\mathrm{P}}|R_{\mathrm{P}}\rangle} = 2\varepsilon - b_{\mathrm{P}} = 2\varepsilon + \frac{Q \pm J}{1 \pm S_X^2} \qquad (2.127)$$

と定義する．2ε は 2 個の水素原子のエネルギーの和であるから，$b_{\mathrm{P}} \equiv B_{\mathrm{P}}/Ry$ は（Ry でスケールされた）電子の結合エネルギーである[†21]．Q と J は**クーロン積分**（**Coulomb integral**）と**交換積分**（**exchange integral**）とよばれる量で，それぞれ次のように定義される．

$$\begin{aligned} Q &= \frac{2}{X} - 4\left\langle \mathrm{B}\left|\frac{1}{s_{\mathrm{A}}}\right|\mathrm{B}\right\rangle + 2\left\langle \mathrm{BA}\left|\frac{1}{s_{12}}\right|\mathrm{AB}\right\rangle \\ &= \frac{2}{X} - 4\int d^3\boldsymbol{r}\,\frac{\phi_{\mathrm{B}}(s)^2}{s_{1\mathrm{A}}} + 2\iint d^3\boldsymbol{r}_1\, d^3\boldsymbol{r}_2\,\frac{\phi_{\mathrm{A}}(s_1)^2\phi_{\mathrm{B}}(s_2)^2}{s_{12}} \end{aligned} \qquad (2.128)$$

$$\begin{aligned} J &= \frac{2S_X^2}{X} - 4S_X\left\langle \mathrm{A}\left|\frac{1}{s_{\mathrm{A}}}\right|\mathrm{B}\right\rangle + 2\left\langle \mathrm{BA}\left|\frac{1}{s_{12}}\right|\mathrm{BA}\right\rangle \\ &= \frac{2S_X^2}{X} - 4S_X\int d^3\boldsymbol{r}\,\frac{\phi_{\mathrm{A}}(s)\phi_{\mathrm{B}}(s)}{s_{1\mathrm{A}}} \\ &\qquad + 2\iint d^3\boldsymbol{r}_1\, d^3\boldsymbol{r}_2\,\frac{\phi_{\mathrm{A}}(s_1)\phi_{\mathrm{B}}(s_2)\phi_{\mathrm{A}}(s_2)\,\phi_{\mathrm{B}}(s_1)}{s_{12}} \end{aligned} \qquad (2.129)$$

変分法の原理から，(2.127) で定義された $f_{\mathrm{P}}(X)$ の最小値が水素エネルギーの最もよい近似値となる．これを求めるには，Q, J および (2.118) で定義される重なり積分 S_X を X の関数として評価する必要がある．Q, J, S_X に現れる積分は，J の最後に現れる 2 重積分（**交換反発積分**（**exchange repulsion integral**）という）を除くと，長球回転楕円体座標を用いて

$$\left\langle \mathrm{B}\left|\frac{1}{s_{\mathrm{A}}}\right|\mathrm{B}\right\rangle = \int d^3\boldsymbol{r}\,\frac{\phi_{\mathrm{B}}(s)^2}{s_{1\mathrm{A}}} = \frac{1}{X}\{1 - e^{-2X}(1 + X)\}$$

$$\left\langle \mathrm{A}\left|\frac{1}{s_{\mathrm{A}}}\right|\mathrm{B}\right\rangle = \int d^3\boldsymbol{r}\,\frac{\phi_{\mathrm{A}}(s)\phi_{\mathrm{B}}(s)}{s_{1\mathrm{A}}} = e^{-X}(1 + X)$$

---

†21　正確には，$b_{\mathrm{P}} > 0$ であれば，電子 2 個が距離 R 離れて固定された陽子に結合する結合エネルギーとなり，$b_{\mathrm{P}} < 0$ であれば結合していない．

$$\left\langle \mathrm{AB}\left|\frac{1}{s_{12}}\right|\mathrm{AB}\right\rangle = \iint d^3\boldsymbol{r}_1\, d^3\boldsymbol{r}_2 \frac{\phi_{\mathrm{A}}(s_1)^2 \phi_{\mathrm{B}}(s_2)^2}{s_{12}}$$
$$= \frac{1}{\mathrm{X}}\left\{1 - \left(1 + \frac{11}{8}X + \frac{3}{4}X^2 + \frac{1}{6}X^3\right)e^{-2X}\right\}$$

のように簡単に求めることができる[†22]．これらは**核引力積分**（**nuclear attraction integral**），**混成核引力積分**（**hybrid nuclear attraction integral**），**クーロン反発積分**（**Coulomb repulsion integral**）とよばれる．以上から，重なり積分 S_X は次のようになる．

$$S_X = e^{-X}\left(1 + X + \frac{X^2}{3}\right) \tag{2.130}$$

最も複雑な交換反発積分については，ハイトラーとロンドンが積分の上限値を求めて近似的にこれを計算したが，その直後に杉浦は**長球回転楕円体座標**（**prolate spheroidal coordinates**）を用いて解析的に求めた[†23]．

$$\left\langle \mathrm{BA}\left|\frac{1}{s_{12}}\right|\mathrm{BA}\right\rangle = \iint d^3\boldsymbol{r}_1\, d^3\boldsymbol{r}_2 \frac{\phi_{\mathrm{A}}(s_1)\phi_{\mathrm{B}}(s_2)\phi_{\mathrm{A}}(s_2)\phi_{\mathrm{B}}(s_1)}{s_{12}}$$
$$= -\frac{1}{5}e^{-2X}\left(-\frac{25}{8} + \frac{23}{4}X + 3X^2 + \frac{1}{3}X^3\right)$$
$$+ \frac{6}{5X}\{S_X^2(\gamma + \log X) - 2S_X\mathit{\Delta}(X)\mathrm{Ei}(-2X)$$
$$+ \mathit{\Delta}(X)^2\mathrm{Ei}(-4X)\} \tag{2.131}$$

が得られた．γ は**オイラー - マスケローニ定数**（**Euler-Mascheroni constant**）（$\gamma \sim 0.5772$）である．なお，関数 $\mathit{\Delta}(X)$ は次のように定義される．

$$\mathit{\Delta}(X) = e^X\left(1 - X + \frac{1}{3}X^2\right)$$

また，関数 Ei は**指数積分**（**exponential integral**）とよばれ，

$$\mathrm{Ei}(x) = -\int_{-x}^{\infty} dx \frac{e^{-x}}{x} \quad (x < 0)$$

で定義される特殊関数である．

---

†22　付録 C を参照．

†23　Y. Sugiura：Z. für Physik **45**（1927）484．この積分の導出は付録 C を参照．

2.8.4 水素分子の結合エネルギー

図 2.3 に，(2.127) で定義された電子の結合エネルギー $b_{\rm P}$ (P = S, A) の陽子間距離 X 依存性を，先に与えられた積分を用いて計算したものとして示す．反対称状態 $R_{\rm A}$ に対する結合エネルギー $-b_{\rm A}$ は，有限の X では極小をもたず，X に対して単調減少し $X\to\infty$ が最小であることがわかる．このことは 2 個の水素原子が解離した方がエネルギーが低いことを意味し，分子結合状態をもたない．対称状態 $R_{\rm S}$ に対する結合エネルギーは有限の X で最小値をもち，分子結合状態が存在することがわかる．最小点では $X = 1.64$, $b_{\rm S} = 0.232$ であり，これから基底状態での水素分子の陽子間距離と結合エネルギーが，

$$R = 1.64 \times a_{\rm B} = 0.082\,{\rm nm}, \qquad B_{\rm S} = 0.232 \times Ry = 3.15\,{\rm eV}$$

となる†24．実験値は $R_{\rm ex} = 0.074\,{\rm nm}$, $B_{\rm ex} = 4.47\,{\rm eV}$ であるから，簡単な近似としては悪くない．また，水素分子の空間部分波動関数は対称であるから，スピン部分は反対称でなければならない．よって，水素分子の電子の全スピン角運動量は $S = 0$ であることがわかる．

ハイトラー - ロンドン近似は原子価結合法とよばれる方法の最も簡単な場

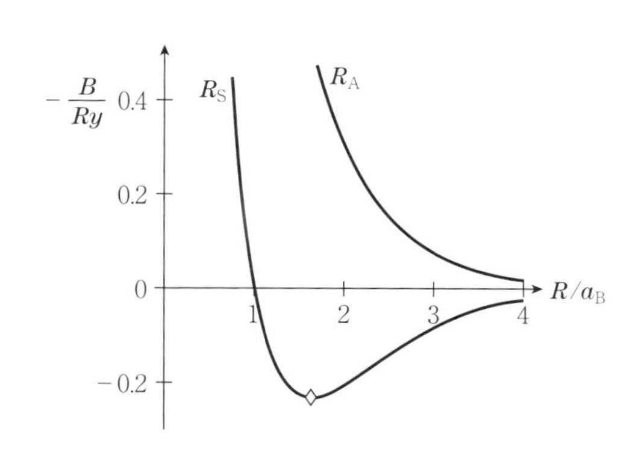

図 2.3 ハイトラー - ロンドン近似における，電子の結合エネルギーの陽子間距離依存性．なお，◇は最小点を表す（水素分子の基底状態に対応）．

†24 正確には，電子的解離エネルギーとよばれる量である．実際には自由度 X も量子化され零点振動のエネルギーなどが生じるので，結合エネルギーはこれより小さくなる．水素分子の場合には，零点振動エネルギーは 0.2 eV 程度である[20] ので，ここでは結合エネルギーと区別しないことにする．

合になっており，化学結合の計算の 1 つの基礎を与える[†25]．

2.9 交換相互作用

前節で議論したハイトラー - ロンドン近似を水素分子を離れて議論する．原子軌道波動関数 ϕ_{A}, ϕ_{B} は (2.115) に限定せず，(2.112) と (2.120) で与えられる 2 体波動関数を一般的に考える．その場合でも，エネルギー期待値 (2.127) や積分 Q, J, S_X の定義式 (2.118)，(2.128)，(2.129) は同じである．

原子軌道波動関数 ϕ_{A} と ϕ_{B} が直交する場合 ($S_X = 0$) を考えよう．これは例えば，ϕ_{A} と ϕ_{B} がそれぞれの中心 A, B の周りに十分局在化していれば成立する．ハイトラー - ロンドン近似の場合でも重なり積分 (2.130) において，X が大きければ $S_X \sim 0$ であることがわかる．この場合には，エネルギー期待値 (2.127) は，

$$f_{\pm} = 2\varepsilon + Q \pm J \tag{2.132}$$

となる．(2.129) において $S_X = 0$ とすれば，交換積分 J は，

$$J = 2\left\langle \mathrm{BA}\left|\frac{1}{s_{12}}\right|\mathrm{BA}\right\rangle = 2\iint d^3\boldsymbol{r}_1\, d^3\boldsymbol{r}_2\, \frac{\phi_{\mathrm{A}}(s_1)\ \phi_{\mathrm{B}}(s_2)\ \phi_{\mathrm{A}}(s_2)\ \phi_{\mathrm{B}}(s_1)}{s_{12}} \tag{2.133}$$

となり，交換反発積分と一致する．これは通常は正の量である[†26]．

エネルギー期待値 $f_{\pm}$ は，それぞれ対称波動関数 R_{S} と反対称波動関数 R_{A} に対応している．そして，電子がフェルミ粒子であることから，それぞれの状態は電子スピンの反対称 ($S = 0$)，対称 ($S = 1$) な状態のエネルギーでもある．

ここで，中心 A, B 周りの電子のスピン角運動量にのみ依存するハミルトニアン演算子

---

†25　水素分子をはじめ化学結合の理論に興味のある読者は，文献 [20] を参照されたい．

†26　前節の水素分子のハイトラー - ロンドン近似では，重なり積分が 0 でないので J は負になっている．

$$\widehat{\mathscr{H}}_s = 2\varepsilon + Q - J\frac{1 + \boldsymbol{\sigma}_1\cdot\boldsymbol{\sigma}_2}{2} \tag{2.134}$$

を考える．なお，$\boldsymbol{\sigma}_\alpha = (\sigma_{\alpha,x}, \sigma_{\alpha,y}, \sigma_{\alpha,z})$ $(\alpha = 1, 2)$ は α 番目の粒子のスピンに作用するパウリ行列である．電子の全スピン角運動量は，次の式で定義される．

$$\boldsymbol{S} = \frac{\boldsymbol{\sigma}_1 + \boldsymbol{\sigma}_2}{2}$$

角運動量 $\boldsymbol{S}$ の大きさは次のようになる†27．

$$\boldsymbol{S}^2 = \frac{1}{4}(\boldsymbol{\sigma}_1 + \boldsymbol{\sigma}_2)^2 = \frac{1}{4}(\boldsymbol{\sigma}_1{}^2 + \boldsymbol{\sigma}_2^2 + 2\boldsymbol{\sigma}_1\cdot\boldsymbol{\sigma}_2)^2 = \frac{1}{2}(3 + \boldsymbol{\sigma}_1\cdot\boldsymbol{\sigma}_2)$$

よって，ハミルトニアン演算子 (2.134) は，全スピン角運動量の大きさ $\boldsymbol{S}^2$ を用いて

$$\widehat{\mathscr{H}}_s = 2\varepsilon + Q - J(\boldsymbol{S}^2 - 1) \tag{2.135}$$

と表せる．このハミルトニアン演算子に対する 2 電子波動関数 (2.112) によるエネルギー期待値は，

$$\mathscr{E}_{S,M} = \langle \Phi_{S,M} | \widehat{H}_s | \Phi_{S,M} \rangle = 2\varepsilon + Q - J\{S(S+1) - 1\}$$

となる†28．$S = 0$ (反対称) および $S = 1$ (対称) の状態に対して値をとる．

$$\mathscr{E}_{0,0} = 2\varepsilon + Q + J, \qquad \mathscr{E}_{1,M} = 2\varepsilon + Q - J$$

これは (2.132) で与えられたエネルギー期待値と一致している．元の 2 電子系のハミルトニアン演算子 $\widehat{\mathscr{H}}$ (2.104) には，電子のスピンに依存する相互作用は含まれていないことに注意しよう．したがって，このスピン角運動量の違いによる相関は，電子の波動関数が反対称でなければならないという量子統計性によってもたらされたものである．ハミルトニアン演算子 $\widehat{\mathscr{H}}_s$ の $-J$ に比例する項を，**交換相互作用** (exchange interaction) という．

重なり積分 S_X が無視できるほど小さく，交換積分 J が (2.133) で与えられるならば，通常 $J > 0$ であるので $\mathscr{E}_{1,M}$ の方がエネルギーが小さくなり，スピン波動関数が対称でスピンが揃った方がエネルギーが低くなることがわか

---

†27 $\boldsymbol{\sigma}_\alpha^2 = \sigma_{\alpha,x}^2 + \sigma_{\alpha,y}^2 + \sigma_{\alpha,z}^2 = 3$ を用いた．

†28 実際には固有値になっている．

る．これは，2 電子状態ではあるが強磁性状態である．ハイゼンベルグおよびディラックは交換相互作用が物質の強磁性状態の原因であると考え，次の N 体スピン系のハミルトニアン演算子を考えた．物質中の位置 $\boldsymbol{r}_\alpha$ ($\alpha = 1, \cdots, N$) に 1/2 のスピンが存在するとし，それに作用するパウリのスピン行列を $\boldsymbol{\sigma}_\alpha$ とする．スピン間に (2.134) 型の相互作用が存在するとすれば，系のハミルトニアン演算子は，

$$\widehat{\mathscr{H}}_H = -\sum_{\alpha \neq \beta} J_{\alpha,\beta} \frac{1 + \boldsymbol{\sigma}_\alpha \cdot \boldsymbol{\sigma}_\beta}{2} = -\sum_{\alpha \neq \beta} 2J_{\alpha,\beta} \left\{ \frac{1}{4} + \boldsymbol{S}_\alpha \cdot \boldsymbol{S}_\beta \right\} \quad (2.136)$$

となる．ここで $\boldsymbol{S}_\alpha = (1/2)\boldsymbol{\sigma}_\alpha$ はスピン角運動量演算子である．定数項を無視しても固有状態は同じであるから，便宜上

$$\widehat{\mathscr{H}}_H = -\frac{1}{2}\sum_{\alpha \neq \beta} J_{\alpha,\beta} \boldsymbol{\sigma}_\alpha \cdot \boldsymbol{\sigma}_\beta = -\sum_{\alpha \neq \beta} 2J_{\alpha,\beta} \boldsymbol{S}_\alpha \cdot \boldsymbol{S}_\beta \quad (2.137)$$

のようにする．これを**ハイゼンベルグ型ハミルトニアン演算子**（**Heisenberg Hamiltonian operator**）とよび，磁性を研究する上での基本的なものの 1 つである．

この節で述べた交換相互作用は，直接交換相互作用あるいはハイゼンベルグ型交換相互作用とよばれるものであり，ハイトラー－ロンドン近似に基づく導出を行った．実際の磁性を記述する模型の導出に対しては，ハイトラー－ロンドン的な記述の妥当性を含めて多くの研究がなされており，また交換相互作用にはさまざまなものがある[†29]．

---

†29　他の種類の交換相互作用や，それを用いた磁性の物理については文献 [21] などを参照されたい．

水素分子と化学結合の量子力学

シュレディンガーが波動力学を提唱し，クーロンポテンシャルの場合にシュレディンガー方程式を解いて水素原子の波動関数を求め発表したのは1926年の論文で，ハイトラーとロンドンの論文は1927年でわずか1年後のことである．電子のスピン角運動量は発見されパウリの排他律は提唱されていたが (1925年)，ハイトラーとロンドンの論文の議論の進め方は，現在の扱いとは少し異なっている．ハイトラーとロンドンは水素分子の2体波動関数として，(2.121) で用いた，$|AB\rangle$ と $|BA\rangle$ の2個の波動関数を用いる．ハミルトニアン演算子 (2.108) の1体演算子 $\mathscr{H}_0$ に対して両者は同じ期待値を与える．相互作用 $\widehat{V}$ が加わることにより，$|AB\rangle$ と $|BA\rangle$ は混合し，永年方程式 (縮退のある摂動論) を解いた結果として，対称・反対称化波動関数 (2.120) が得られるのである．2.8節で紹介したように，ハイトラーとロンドンの論文の直後，杉浦 (義勝，1895 − 1960) は長球楕円体座標を用いてハイトラー - ロンドン理論の解析解を求めた．彼は理化学研究所で研究した後，立教大学初代理学部長を務めた方とのことである[†30]．

ハイトラー - ロンドン理論は，分子を構成している原子の波動関数として電子の波動関数を考え，それから分子の波動関数を構成するもので，原子価結合法とよばれる方法に発展した．化学結合の理論には，それとは別に分子軌道法という考え方がある．これは，水素分子の場合で説明すると，まず2個の原子核が作る2中心ポテンシャルを考え，その中を運動する電子の1体波動関数を構成する．簡単な近似では $|\pm\rangle \propto |A\rangle \pm |B\rangle$ ととる．これは $|+\rangle$ の方がエネルギーが低く結合性軌道とよばれ，$|-\rangle$ は反結合性軌道とよばれる．水素分子は，エネルギーの低い結合性軌道の状態に2個の電子がある2体状態 $|++\rangle$ とするのである．状態 $|++\rangle$ を展開してみれば，原子価結合法には含まれていない $|AA\rangle$ と $|BB\rangle$ (電子が2個とも片方の原子核に局在した状態) が含まれていることがわかる．現実は両者の中間となるが，水素分子に限っていえば原子価結合法の方がよりよい近似になっているとされている[†31]．

---

†30　文献 [22] およびコトバンク (https://kotobank.jp/word/杉浦義勝-1083636) による．

†31　水素分子を含め，化学結合の理論のさまざまな面については文献 [20] を参照されたい．

第3章
第2量子化

第2量子化の方法は，1粒子波動関数から構成される多体波動関数を取り扱う上で，非常に便利なものであると共に，異なる粒子数の状態を同時に扱えるため，前章で導入した多体波動関数では扱いにくい粒子数を破る近似などが非常に見やすく行えるという利点をもつ．

この章では，粒子の生成消滅演算子を導入してフォック空間を構成し，その上での多体系の計算法について述べる．占拠数表示が，前章で述べた多体波動関数とフォック空間上の状態を結びつけるポイントとなる．ここでは，フォック空間上の多体状態の母関数としてコヒーレント状態を導入し，それと前章で導入した多体波動関数の母関数を比較することにより両者の同等性を証明し，また，多体波動関数上での多体演算子がフォック空間上のどのような演算子に対応するかを示す．

さらに，フォック空間上で場の演算子を定義し，それを用いて多体波動関数と対応させる方法についても述べる．この方法を用いて，多粒子系の相互作用がフォック空間でどのように表されるかを求め，それを図形で表すダイアグラムの方法を紹介する．フォック空間上での演算子積やその期待値の計算を組織的に行うための正規順序，演算子の縮約，ウィックの定理について述べる．

最後に，異なる種類のフェルミ粒子の生成消滅演算子が可換であるか反可換であるかという問題を解決する，クライン変換について紹介する．

3.1　第2量子化の方法

第2章では，自由粒子の多体波動関数 $\Psi_f^{\mathrm{P}}(\xi_I)$ $(\mathrm{P}=\mathrm{S},\ \mathrm{A})$ を導入し，それによる対称な演算子の計算について述べた．この波動関数の状態は占拠数 f，すなわち各1粒子準位を占拠している粒子の個数，で決定されている．

同種粒子多体系ではボース粒子であれフェルミ粒子であれ，粒子を互いに区別することはできない．そのことを多体波動関数 $\Psi_f^{\mathrm{P}}(\xi_I)$ では，一旦は各粒子を区別する自由度を $\xi_i (i=1, \cdots, N)$ として導入しておき，i 番目の粒子の１体波動関数を $\phi_a(\xi_i)$ として導入した上で，N 体の波動関数を対称化（ボース粒子の場合），または反対称化（フェルミ粒子の場合）することにより表していることになる．対称化・反対称化は，異なる波動関数において，符号を含めた定数を乗じて加え合わせる操作であるから，状態の重ね合わせという量子力学に特有の性質を利用していることに注意しよう．

第２章では，この $\Psi_f^{\mathrm{P}}(\xi_I)$ による行列要素の計算を，母関数 $[\phi_\xi]^N(\xi_I)$ を用いた組織的な計算法で示した．しかしながら占拠数 f だけで決定される状態を，一旦は粒子を区別する自由度 $\xi_i (i=1, \cdots, N)$ を用いて表すことは，余計な変数を導入していることになり，行列要素のような計算を必要以上に複雑にしているのは事実である．よって，直接に占拠数 f を用いて (2.79) や (2.97) を求める計算法があれば，計算を形式化することにより，その労力を大きく減らすことができる．

第２量子化 (second quantization) はそのような計算法を与える[†1]．計算の見通しをよくすることにより，問題を解くための新しい方法や近似法を見出す可能性も出てくる．このことが，量子多体系において第２量子化を用いる利点の１つである．

第２量子化のもう１つの利点は，粒子数 N の異なる状態を同時に扱えることである．このことは，素粒子のような粒子が生成消滅するような系では本質的でさえある．非相対論的な多体系では，粒子が生成消滅して粒子数 N が本質的に保存しないような系を扱うことはあまりない．しかしながら，粒子数の異なる状態を同時に扱うことができると，考えている系が外部と粒子交換を行い系の粒子数がゆらいでいるような場合や，粒子数を破る（異なる粒子数を重ね合わせる）状態を用いる近似法を考えることができ，非常に有効である．これらの例としては，統計力学における大正準分布や超伝導状態

†1　第２量子化は，場の量子論や多体問題の教科書では必ず取り上げられる[12,19,23,24,25,26]．

における BCS 理論がある．多体波動関数 $\Psi_f^{\mathrm{P}}(\xi_I)$ は粒子数 N が決まった状態に対応するため，粒子数を破る状態を考えることは，全く不可能というわけではないが，非常に面倒である．

本章では第2量子化の方法を導入し，それによる計算法について述べ，それが前章で求めた多体波動関数 $\Psi_f^{\mathrm{P}}(\xi_I)$ による計算と同じ結果を与えることを示す．第2量子化はまた，1体のシュレディンガー方程式そのものを波動関数の場 $\psi(\boldsymbol{x}, t)$ に対する古典場の方程式と考え，相対論的場の理論で行われるように場の量子化を行い，量子場の理論を構成することによっても作ることができる．第2量子化という名称はそのことによる．これについては第9章で議論するが，結果は本章で述べるものと全く同じである．

3.2　1次元調和振動子

生成消滅演算子を導入するために，1次元調和振動子の演算子解法を復習する．1次元調和振動子のハミルトニアン演算子は次式で与えられる．

$$\widehat{H} = \frac{\widehat{p}^2}{2m} + \frac{m\omega^2}{2}\widehat{x}^2 \tag{3.1}$$

ここで，m は調和振動子ポテンシャル中の粒子の質量，ω は調和振動子の角振動数である．$\widehat{x}$ と $\widehat{p}$ は位置と運動量の演算子で，正準交換関係

$$[\widehat{x}, \widehat{p}] = \widehat{x}\widehat{p} - \widehat{p}\widehat{x} = i\hbar, \qquad [\widehat{x}, \widehat{x}] = [\widehat{p}, \widehat{p}] = 0 \tag{3.2}$$

を満たす．ここで，長さの次元をもつ量である調和振動子長

$$a_{\mathrm{HO}} = \sqrt{\frac{(\hbar c)^2}{mc^2\hbar\omega}} = \sqrt{\frac{\hbar}{m\omega}} \tag{3.3}$$

を導入する．調和振動子長を用いて無次元化された位置と運動量の演算子を次式で定義する．

$$\widehat{\xi} = \frac{\widehat{x}}{a_{\mathrm{HO}}}, \qquad \widehat{\pi} = \frac{a_{\mathrm{HO}}}{\hbar}\widehat{p} \tag{3.4}$$

なお，演算子 $\widehat{\xi}$ と $\widehat{\pi}$ の交換関係は次のようになる．

$$[\widehat{\xi}, \widehat{\pi}] = \widehat{\xi}\widehat{\pi} - \widehat{\pi}\widehat{\xi} = i \tag{3.5}$$

よって，エネルギーの次元をもつ量 $\hbar\omega$ を用いて，ハミルトニアン演算子は

$$\widehat{H} = \frac{\hbar\omega}{2}(\widehat{\pi}^2 + \widehat{\xi}^2) \tag{3.6}$$

のようになる．

これを解くのに，**昇降演算子**（**rising and lowering operators**）$\widehat{a}$ と $\widehat{a}^\dagger$（エルミート共役演算子）を

$$\widehat{a} = \frac{1}{\sqrt{2}}(\widehat{\pi} - i\widehat{\xi}), \qquad \widehat{a}^\dagger = \frac{1}{\sqrt{2}}(\widehat{\pi} + i\widehat{\xi}) \tag{3.7}$$

のように定義する†2．正準交換関係 (3.5) を用いると，$\widehat{a}$ および $\widehat{a}^\dagger$ は交換関係

$$[\widehat{a}, \widehat{a}^\dagger] = \frac{1}{2}[\widehat{\pi} - i\widehat{\xi}, \widehat{\pi} + i\widehat{\xi}] = \frac{1}{2}\{i[\widehat{\pi}, \widehat{\xi}] - i[\widehat{\xi}, \widehat{\pi}]\} = \frac{1}{2}\{i(-i) - ii\} = 1 \tag{3.8}$$

を満たす．また，$\widehat{a}$ 同士，$\widehat{a}^\dagger$ 同士は可換

$$[\widehat{a}, \widehat{a}] = [\widehat{a}^\dagger, \widehat{a}^\dagger] = 0 \tag{3.9}$$

である．交換関係 (3.8) と (3.9) もまた正準交換関係とよぶ．また，ハミルトニアン演算子 $\widehat{H}$ は，$\widehat{a}$ および $\widehat{a}^\dagger$ を用いて次のように表される．

$$\widehat{H} = \frac{\hbar\omega}{2}(\widehat{a}^\dagger\widehat{a} + \widehat{a}\widehat{a}^\dagger) = \hbar\omega\left(\widehat{a}^\dagger\widehat{a} + \frac{1}{2}\right) = \hbar\omega\left(\widehat{N} + \frac{1}{2}\right) \tag{3.10}$$

ここで，**個数演算子**（**number operator**）

$$\widehat{N} = \widehat{a}^\dagger\widehat{a} \tag{3.11}$$

を導入した．正準交換関係 (3.8) と (3.9) を用いて，個数演算子と昇降演算子の交換関係

$$[\widehat{N}, \widehat{a}] = \widehat{N}\widehat{a} - \widehat{a}\widehat{N} = [\widehat{a}^\dagger\widehat{a}, \widehat{a}] = \widehat{a}^\dagger[\widehat{a}, \widehat{a}] + [\widehat{a}^\dagger, \widehat{a}]\widehat{a} = -\widehat{a} \tag{3.12}$$

が求められる†3．$\widehat{N}$ と $\widehat{a}^\dagger$ の交換関係は，直接計算あるいは (3.12) のエルミート共役より

---

†2　演算子 $\widehat{a}$ の定義には位相因子 $e^{i\theta}$ を掛ける任意性がある．

†3　付録 A.1 節の (A.3) を用いた．

$$[\hat{N}, \hat{a}^\dagger] = \hat{N}\hat{a}^\dagger - \hat{a}^\dagger\hat{N} = \hat{a}^\dagger \tag{3.13}$$

として求められる．

ここまでは演算子の機械的な計算である．個数演算子$\hat{N}$の固有値αの固有状態$|\alpha\rangle$を次のように仮定する．

$$\hat{N}|\alpha\rangle = \alpha|\alpha\rangle \tag{3.14}$$

個数演算子はエルミート演算子（$\hat{N}^\dagger = \hat{N}$）であるから，固有値$\alpha$は実数である．また，$|\alpha\rangle$は規格化可能であるとする[†4]．つまり，

$$\langle\alpha|\alpha\rangle = 1 \tag{3.15}$$

である．状態$|\alpha\rangle$に演算子$\hat{a}$を作用させた状態$\hat{a}|\alpha\rangle$を考える．$|\Psi\rangle = \hat{a}|\alpha\rangle$とすれば，$\hat{N}$の固有値方程式(3.14)に$\langle\alpha|$を作用させると，

$$\alpha = \langle\alpha|\alpha|\alpha\rangle = \langle\alpha|\hat{N}|\alpha\rangle = \langle\alpha|\hat{a}^\dagger\hat{a}|\alpha\rangle = \langle\Psi|\Psi\rangle \tag{3.16}$$

となる．もし$|\Psi\rangle \neq 0$ならば，右辺は0でない状態$|\Psi\rangle$の内積で正の値となり，$\alpha > 0$である．$|\Psi\rangle = 0$であるならば，(3.16)の右辺は0であるので，$\alpha = 0$となる．よって，$\hat{N}$の固有値αは0または正の値に限られる．また，この状態に$\hat{N}$を作用させると，

$$\hat{N}\hat{a}|\alpha\rangle = (\hat{a}\hat{N} - \hat{a})|\alpha\rangle = (\alpha - 1)\,\hat{a}|\alpha\rangle \tag{3.17}$$

となる．よって，$\hat{a}|\alpha\rangle$は$\hat{N}$の固有値$\alpha - 1$をもつ固有状態である．(3.16)より，この状態は規格化可能であることに注意しよう．同様にして，$\hat{a}^\dagger$を作用させた$\hat{a}^\dagger|\alpha\rangle$に$\hat{N}$を作用させると，(3.13)を用いて，

$$\hat{N}\hat{a}^\dagger|\alpha\rangle = (\hat{a}^\dagger\hat{N} + \hat{a}^\dagger)|\alpha\rangle = (\alpha + 1)\,\hat{a}^\dagger|\alpha\rangle \tag{3.18}$$

となり，固有値$\alpha + 1$の状態であることがわかる．

さて，演算子$\hat{N}$の固有値$\alpha = \alpha_0$(0または正の実数)をもつ状態$|\alpha_0\rangle$が存在するとしよう．これに対して$\hat{a}$を$|\alpha_0\rangle$に次々と作用させれば，α_0から1ずつ小さい固有値をもつ（規格化可能な）固有状態が定義される．α_0は有限の大きさをもつ正の実数であるから，ある自然数nが存在して$\hat{a}^{n-1}|\alpha_0\rangle$と$\hat{a}^n|\alpha_0\rangle$は$\hat{N}$の固有状態で，固有値は$0 < \alpha_0 - (n-1) \leqq 1$, $\alpha_0 - n \leqq 0$となる．もし，α_0が正の整数nでなければ，負の固有値をもつ状態$\hat{a}^n|\alpha_0\rangle$が

---

†4　この仮定は，調和振動子を解く上で非常に重要であることを強調しておく．

あることになり，$\hat{N}$の固有値が0または正であることに矛盾する．よって，$\hat{a}^n|n\rangle$は固有値0の規格化可能な状態であり，(3.16) により $\hat{a}^{n+1}|n\rangle = 0$ となる．これから，$\hat{N}$の固有値αは0または正の整数nに限られることがわかる．ある $n = n_0$ に対する規格化可能な固有状態があれば (3.17) と (3.18) より，$\hat{a}$と$\hat{a}^\dagger$を繰り返し作用させることで，$n = 0, 1, 2, \cdots$ に対する規格化可能な固有状態を作ることができる．0固有値の状態$|\Psi_0\rangle$に$\hat{a}$を作用させても $\hat{a}|\Psi_0\rangle = 0$ であって，固有状態の系列は途切れてしまい，負の固有値に対応する状態は作れないのである．

よって，

$$\hat{N}|0\rangle = \hat{a}|0\rangle = 0, \qquad \langle 0|0\rangle = 1 \tag{3.19}$$

つまり，0固有値状態$|0\rangle$から出発し直すことにしよう．(3.18) より，$|0\rangle$に$(\hat{a}^\dagger)^n$を作用させると固有値nの状態ができる．これを

$$|n\rangle = \frac{1}{\sqrt{N_n}}(\hat{a}^\dagger)^n|0\rangle \tag{3.20}$$

と定義する．

規格化因子N_nは $\langle n|n\rangle = 1$ を満たすように決められ，またN_nが正の実数であるように状態$|n\rangle$の位相が決められているとする．(3.19) より，$|0\rangle$に対して $N_0 = 1$ である．状態$|n\rangle$に対して$\hat{a}^\dagger$を作用させた状態

$$\hat{a}^\dagger|n\rangle = \sqrt{\frac{N_{n+1}}{N_n}}|n+1\rangle \tag{3.21}$$

の自身との内積を計算すれば，

$$\langle n|\hat{a}\hat{a}^\dagger|n\rangle = \frac{N_{n+1}}{N_n}\langle n+1|n+1\rangle = \frac{N_{n+1}}{N_n} \tag{3.22}$$

を得る．左辺を正準交換関係を用いて変形すれば，

$$\langle n|\hat{a}\hat{a}^\dagger|n\rangle = \langle n|\hat{a}^\dagger\hat{a}+1|n\rangle = \langle n|\hat{N}+1|n\rangle = (n+1) \tag{3.23}$$

である．

よって，(3.22) と合わせて，漸化式 $N_{n+1} = (n+1)N_n$ を得る．これを解いて，つまり，$N_n = nN_{n-1} = n(n-1)N_{n-2} = \cdots = n!N_0 = n!$ となる．

これを用いれば，(3.20) で定義された$|n\rangle$は次のようになる．

$$|n\rangle = \frac{1}{\sqrt{n!}}(\hat{a}^\dagger)^n|0\rangle \tag{3.24}$$

同時に，(3.21) も次のように決まる．

$$\hat{a}^\dagger|n\rangle = \sqrt{\frac{N_{n+1}}{N_n}}|n+1\rangle = \sqrt{n+1}\,|n+1\rangle \tag{3.25}$$

この式において$n+1$をnとし，両辺に$\hat{a}$を作用させれば，

$$\sqrt{n}\,\hat{a}|n\rangle = \hat{a}\hat{a}^\dagger|n-1\rangle = (\hat{a}^\dagger\hat{a}+1)|n-1\rangle = n|n-1\rangle$$

となり，$\hat{a}$を$|n\rangle$に作用させる式

$$\hat{a}|n\rangle = \sqrt{n}\,|n-1\rangle \tag{3.26}$$

を得る．状態$|n\rangle$はハミルトニアン演算子 (3.10) の固有状態

$$\hat{H}|n\rangle = \hbar\omega\left(\hat{N}+\frac{1}{2}\right)|n\rangle = \hbar\omega\left(n+\frac{1}{2}\right)|n\rangle \tag{3.27}$$

である．

3.3　ボース粒子系のフォック空間

3.3.1　昇降演算子から構成される空間

前節で議論した1次元調和振動子の理論から，$\hat{x}$と$\hat{p}$は粒子の位置と運動量に対応する演算子であるといった物理的な面を忘れて，その形式面を取り出してみよう．演算子は，昇降演算子$\hat{a}$と$\hat{a}^\dagger$，および (3.11) で定義された個数演算子$\hat{N}=\hat{a}^\dagger\hat{a}$が本質的であり，(3.8) と (3.9)，(3.12) と (3.13) の交換関係

$$[\hat{a}, \hat{a}^\dagger] = 1, \qquad [\hat{a}, \hat{a}] = [\hat{a}^\dagger, \hat{a}^\dagger] = 0 \tag{3.28}$$

$$[\hat{N}, \hat{a}] = -\hat{a}, \qquad [\hat{N}, \hat{a}^\dagger] = \hat{a}^\dagger \tag{3.29}$$

が成立する．

また，$\hat{N}$の固有値n $(n=0, 1, 2, \cdots)$ の規格化された状態$|n\rangle$が存在する．これは，

$$\widehat{N}|n\rangle = n|n\rangle, \qquad \langle n|n\rangle = 1 \tag{3.30}$$

という性質がある．$|n\rangle$ は 0 固有値状態 $|0\rangle$ に $\hat{a}^\dagger$ を繰り返し作用して，(3.24) のように

$$|n\rangle = \frac{1}{\sqrt{n!}}(\hat{a}^\dagger)^n|0\rangle \tag{3.31}$$

と定義される．また，$|n\rangle$ への $\hat{a}$ および $\hat{a}^\dagger$ への作用は，(3.25) および (3.26) により，

$$\hat{a}^\dagger|n\rangle = \sqrt{n+1}\,|n+1\rangle, \qquad \hat{a}|n\rangle = \sqrt{n}\,|n-1\rangle \tag{3.32}$$

となる．特に $n=0$ として，次の $|0\rangle$ の重要な性質

$$\hat{a}|0\rangle = 0 \tag{3.33}$$

を得る．

我々はこの $\hat{a}$, $\hat{a}^\dagger$ および $|n\rangle$ からなる量子系を調和振動子から離れて，形式的に考えても構わない．これは，ユークリッド幾何学の体系を具体的な点や直線を離れて，公理系とそれから演繹される命題の体系と考えるのに似ている．その公理系が矛盾を含んでいない限り，その体系は形式的な意味を有するのである．この量子系の場合，その無矛盾性は，それが実際に調和振動子という具体的な体系（モデル）の上で実現されることによって保証される．調和振動子は量子力学でよく知られているように，シュレディンガー方程式という具体的な微分方程式として定義され，その状態はエルミート多項式と指数関数により具体的にあいまいさなく定義され，そこには矛盾は存在しない．このことは，ユークリッド幾何学の無矛盾性が実数空間上で解析幾何学というモデルとして具体的にあいまいさなく実現されることにより，（実数の無矛盾性の前提の上にではあるが）定義されるのと似ている．

3.3.2 ボース粒子系のフォック空間の構成

このように $\hat{a}$ と $\hat{a}^\dagger$ および $|n\rangle$ ($n=1,2,3,\cdots$) の系を考えると，前章 (2.3 節) で導入したボース粒子系の自由粒子多体波動関数の占拠数表示と類似していることがわかる．そこでは，2.2 節で定義された 1 粒子エネルギー ε_i の 1 粒子状態 ϕ_i ($i=1,2,3,\cdots$) を考え（図 2.1），状態 ϕ_i にある粒子の

個数を n_i $(n_i=0, 1, 2, \cdots)$ とすれば，(2.28) で与えられた多体波動関数 $\Psi_f(\xi_I)$ が決定されたのである．関数 f は占拠数 n_i を表すもので，$f(i)=n_i$ である．また，この時の粒子数 N と全エネルギー E は (2.23) により，占拠数 n_i の1次式

$$\sum_{i=1}^{\infty} n_i = N, \qquad \sum_{i=1}^{\infty} \varepsilon_i n_i = E \tag{3.34}$$

で表される．これは調和振動子と同じ形式である．すなわち，調和振動子の量子数 n に占拠数 n_i を対応させるのである．

この対応を完全に築き上げるのには次のようにすればよい．まず1粒子エネルギー状態 i に対して，演算子 $\hat{a}_i$ と $\hat{a}_i^\dagger$ および $|n_i\rangle_i$ $(n=0, 1, 2, \cdots)$ を導入する†5．状態 i の個数演算子は $\hat{N}_i=\hat{a}_i^\dagger\hat{a}_i$ である．これらは (3.28) ～ (3.33) の関係式を満たす．異なる状態 i に対する演算子は互いに無関係であるとし，交換するものとする．よって，交換関係は次のようになる．

$$[\hat{a}_i, \hat{a}_j^\dagger]=\delta_{i,j}, \qquad [\hat{a}_i, \hat{a}_j]=[\hat{a}_i^\dagger, \hat{a}_j^\dagger]=0 \tag{3.35}$$

$$[\hat{N}_i, \hat{a}_j]=-\delta_{i,j}\hat{a}_j, \qquad [\hat{N}_i, \hat{a}_j^\dagger]=\delta_{i,j}\hat{a}_j^\dagger \tag{3.36}$$

量子数 n_i を状態 i にある粒子数 n_i と考えるのであるから，(2.28) の多体波動関数 $\Psi_f(\xi_I)$ に対応する占拠数 $f(i)=n_i$ の状態 $|f\rangle$ は，

$$|f\rangle=|n_1, n_2, \cdots, n_\infty\rangle=|n_1\rangle_1|n_2\rangle_2\cdots|n_i\rangle_i\cdots \tag{3.37}$$

のようになる†6．占拠数 n_∞ に対応する状態があるわけではないが，$|n_1, \cdots, n_\infty\rangle$ と書く方が $|n_1, n_2, \cdots\rangle$ より記法上すわりがよいのでそう書くことにする†7．特に，すべての i について $n_i=0$ の状態（全粒子数が0の状態）を**真空状態**（**vacuum state**）とよび，$|f_0\rangle$ と記することにする．これは，

$$|f_0\rangle=|0, 0, \cdots\rangle=|0\rangle_1|0\rangle_2\cdots|0\rangle_i\cdots$$

と書ける．この状態の内積は自然に定義され，

---

†5　添字 i は状態 i を区別するために必要である．これがないと，例えば $n_i=2$ の時 $|n_i\rangle=|2\rangle$ となり，どの状態の占拠数かわからない．

†6　右辺の積は線形代数学でテンソル積 ⊗ と書かれるものであるが，ここでは通常の掛け算のように書いておく（並べておく）．

†7　この記法はホワイト[21]による．

$$\langle f|f'\rangle = \langle n_1, n_2, \cdots, n_\infty | n_1', n_2', \cdots, n_\infty' \rangle$$
$$= \langle n_1 | n_1' \rangle_1 \langle n_2 | n_2' \rangle_2 \cdots = \prod_i \delta_{n_i, n_i'} = \delta_{f, f'} \tag{3.38}$$

となる．

状態 i に対応する演算子（例えば $\widehat{O}_i$）が作用する時には，状態 i に対する $|n_i\rangle_i$ に作用するものとし，

$$\widehat{O}_i|f\rangle = \widehat{O}_i|n_1, \cdots, n_i, \cdots, n_\infty\rangle = |n_1\rangle_1 |n_2\rangle_2 \cdots \{\widehat{O}_i | n_i\rangle_i\} \cdots \tag{3.39}$$

となる．内積の定義 (3.38) と組み合わせると，$\widehat{O}_i$ の行列要素は次のように求められる．

$$\langle f | \widehat{O}_i | f' \rangle = \langle n_1, \cdots, n_i, \cdots, n_\infty | \widehat{O}_i | n_1', \cdots, n_i', \cdots, n_\infty \rangle$$
$$= \langle n_1 | n_1' \rangle_1 \cdots \langle n_i | \widehat{O}_i | n_i' \rangle_i \cdots = \delta_{n_1, n_1'} \cdots \langle n_i | \widehat{O}_i | n_i' \rangle_i \cdots \tag{3.40}$$

また，(3.37) で定義された状態 $|f\rangle = |n_1, n_2, \cdots\rangle$ は，(3.31) を用いて

$$|f\rangle = |n_1, n_2, \cdots, n_\infty\rangle = |n_1\rangle_1 |n_2\rangle_2 \cdots$$
$$= \frac{1}{\sqrt{n_1!}} (\hat{a}_1^\dagger)^{n_1} |0\rangle_1 \frac{1}{\sqrt{n_2!}} (\hat{a}_2^\dagger)^{n_2} |0\rangle_2 \cdots = \frac{1}{\sqrt{\prod_i n_i!}} \left\{ \prod_i (\hat{a}_i^\dagger)^{n_i} \right\} |f_0\rangle \tag{3.41}$$

と表される．同じように，$\hat{a}_i$, $\hat{a}_i^\dagger$, $\widehat{N}_i$ の作用に対して，

$$\hat{a}_i |n_1, \cdots, n_i, \cdots, n_\infty\rangle = \sqrt{n_i} |n_1, \cdots, n_i - 1, \cdots, n_\infty\rangle \tag{3.42}$$
$$\hat{a}_i^\dagger |n_1, \cdots, n_i, \cdots, n_\infty\rangle = \sqrt{n_i + 1} |n_1, \cdots, n_i + 1, \cdots, n_\infty\rangle \tag{3.43}$$
$$\widehat{N}_i |n_1, \cdots, n_i, \cdots, n_\infty\rangle = n_i |n_1, \cdots, n_i, \cdots, n_\infty\rangle \tag{3.44}$$

のようになる．演算子 $\hat{a}_i$ と $\hat{a}_i^\dagger$（調和振動子の場合の昇降演算子）は，状態 i にある粒子を 1 個増やすまたは減らす作用を状態に及ぼすので，**生成消滅演算子**（**creation and annihilation operators**）とよぶ．

(3.44) より，状態 $|n_1, n_2, \cdots, n_\infty\rangle$ は，演算子 $\widehat{N}_i$ に対して固有値 n_i の固有状態であることがわかる．n_i は状態 i の占拠数であるから，$\widehat{N}_i$ は**占拠数演算子**（**occupation-number operator**）である．占拠数演算子をすべての状態 i について加えたものである

$$\widehat{N} = \sum_i \widehat{N}_i \tag{3.45}$$

は，**全粒子数演算子**（**total - number operator**）である．占拠数表示の状態に作用すると (3.44) を用いて，

$$\widehat{N}|n_1,\cdots,n_\infty\rangle = \left\{\sum_i n_i\right\}|n_1,\cdots,n_\infty\rangle \tag{3.46}$$

となり，固有値として (2.23) の第1式 $N = \sum_{i=1}^{\infty} n_i$ を得る．

ハミルトニアン演算子を，

$$\widehat{H}_0 = \sum_i \varepsilon_i \widehat{N}_i = \sum_i \varepsilon_i \widehat{a}_i^\dagger \widehat{a}_i \tag{3.47}$$

とすれば，エネルギー固有値として (2.23) の第2式 $E = \sum_{i=1}^{\infty} \varepsilon_i n_i$ を得る．よって，

$$\widehat{H}_0|n_1,\cdots,n_\infty\rangle = \left\{\sum_i \varepsilon_i n_i\right\}|n_1,\cdots,n_\infty\rangle \tag{3.48}$$

となる．

状態 (3.41) の集合を基底として，その1次結合で定義されるヒルベルト空間をボース粒子系の**フォック空間**（**Fock space**）という．この基底は，(2.28) で求めた多体波動関数 $\Psi_f^{\mathrm{S}}(\xi_I)$ に対応し，占拠数（関数）f（$f(i) = n_i$）が与えられれば決定され，

$$\Psi_f^{\mathrm{S}}(\xi_I) \Leftrightarrow |f\rangle \tag{3.49}$$

となる．多体波動関数 $\Phi_f^S(x_I)$ は，全粒子数 N をまず固定してから求められたのに対して，フォック空間の $|f\rangle$ はすべての全粒子数 N の状態を同時に扱っていることに注意しよう．よって，$|f\rangle$ の占拠数（関数）f は特定の全粒子数に限る必要はないのである．フォック空間のベクトルは一般的に数係数を c_f として，

$$|\psi\rangle = \sum_f c_f|f\rangle \tag{3.50}$$

で与えられる．f は全粒子数を限定しない占拠数（関数）である．

全粒子数が $N = 0, 1, 2$ の場合を例として挙げておこう．$N = 0$ の場合は真空状態 $|f_0\rangle$ である．真空状態に対応する0体波動関数 $\Psi^{(0)}$ を考えることもあるが，粒子が存在しないので座標 ξ_I にはよらない．$N = 1$ の場合の占拠数状態は $|0_1,\cdots,1_i,\cdots,0_\infty\rangle = \widehat{a}_i^\dagger|f_0\rangle$ で，粒子が1個あってそれが状態 i

にある場合であり，1 体波動関数 $\phi_i(\xi)$ に対応する．$N=2$ の場合は，2 個の粒子が同じ状態 a_1 にあるか，異なる状態 a_1 と a_2 にあるかで (3.41) により規格化定数が異なり，

$$\left.\begin{aligned} |0,\cdots,2_{a_1},\cdots,0_\infty\rangle &= \frac{1}{\sqrt{2}}(\hat{a}_{a_1}^\dagger)^2|f_0\rangle \\ |0,\cdots,1_{a_1},\cdots,1_{a_2},\cdots,0_\infty\rangle &= \hat{a}_{a_1}^\dagger\hat{a}_{a_2}^\dagger|f_0\rangle \quad (a_1\neq a_2) \end{aligned}\right\} \tag{3.51}$$

となる．これらはそれぞれ (2.22) の $\Phi^{\mathrm{S}}_{a_1,a_1}$ と $\Phi^{\mathrm{S}}_{a_1,a_2}$ に対応する．

フォック空間においては，演算子は基本的に $\hat{a}_i$ と $\hat{a}_i^\dagger$ およびそれから和と積と定数倍を組み合わせて構成されるだけである．多体波動関数における (2.12) で定義される自由粒子ハミルトニアン演算子は (3.47) で定義され，また (3.46) で全粒子数演算子が定義されることが上記の議論から明らかである．多体波動関数に対する他の演算子がフォック空間で一般にどのように表されるかについては，後で述べることにする．

最後に，2.4 節の (2.31) で定義した関数 P_f を用いて，占拠数状態 (3.41) を表す式を求めておく．ここで，$f(i)=n_i$ であるから，

$$\begin{aligned} |f\rangle &= \frac{1}{\sqrt{\prod_i f(i)!}}\left\{\prod(\hat{a}_i^\dagger)^{f(i)}\right\}|f_0\rangle \\ &= \frac{1}{\sqrt{N!}}\sqrt{\frac{N!}{f(1)!f(2)!\cdots}}(\hat{a}_1^\dagger)^{f(1)}(\hat{a}_2^\dagger)^{f(2)}\cdots|f_0\rangle = \frac{1}{\sqrt{N!}}P_f[\hat{a}^\dagger]|f_0\rangle \end{aligned} \tag{3.52}$$

となる．この表式は後で用いる．

3.4　フェルミ粒子の生成消滅演算子

フェルミ粒子系に対するフォック空間を考えよう．まず，1 粒子状態が 1 つしかない場合を考える．パウリ原理より，フェルミ粒子はこの 1 粒子状態に 1 個もないか 1 個だけあるかどちらかであるから，占拠数は $n=0,1$ である．それぞれの状態をボース粒子の場合にならって $|0\rangle$ と $|1\rangle$ とする．これは，1 粒子状態が 1 個の場合のフェルミ粒子に対するフォック空間の基底

である．一般のベクトル $|\psi\rangle$ は，c_0 と c_1 を数係数として，

$$|\psi\rangle = c_0|0\rangle + c_1|1\rangle \tag{3.53}$$

と書ける．よって，2次元のベクトル空間と形式上等価であるので，これを2次元の縦ベクトルとして

$$|0\rangle = \begin{pmatrix} 0 \\ 1 \end{pmatrix}, \qquad |1\rangle = \begin{pmatrix} 1 \\ 0 \end{pmatrix} \tag{3.54}$$

のように表すことができる．縦ベクトルに対する通常の内積から，このベクトルに対する内積を定義することにより，

$$\langle 0|0\rangle = \langle 1|1\rangle = 1, \qquad \langle 0|1\rangle = \langle 1|0\rangle = 0 \tag{3.55}$$

が導かれ，$|0\rangle$ と $|1\rangle$ は正規直交基底であることがわかる．

この空間における演算子は 2×2 の行列で表される．生成演算子は粒子を1個生成し，消滅演算子は粒子を1個消滅するため，

$$\hat{b}^\dagger = \begin{pmatrix} 0 & 1 \\ 0 & 0 \end{pmatrix}, \qquad \hat{b} = \begin{pmatrix} 0 & 0 \\ 1 & 0 \end{pmatrix} \tag{3.56}$$

で定義される．実際，直接計算により，

$$\hat{b}^\dagger|0\rangle = |1\rangle, \quad \hat{b}^\dagger|1\rangle = 0, \quad \hat{b}|0\rangle = 0, \quad \hat{b}|1\rangle = |0\rangle \tag{3.57}$$

であることが示される．2番目の式は $|2\rangle \propto \hat{b}^\dagger|1\rangle = (\hat{b}^\dagger)^2|0\rangle = 0$ であるから，フェルミ粒子は1つの状態を1個しかとることができないというパウリ原理を表している．ボース粒子の場合と同様に個数演算子 $\hat{N}$ を次式で定義する．

$$\hat{N} = \hat{b}^\dagger\hat{b} = \begin{pmatrix} 0 & 1 \\ 0 & 0 \end{pmatrix}\begin{pmatrix} 0 & 0 \\ 1 & 0 \end{pmatrix} = \begin{pmatrix} 1 & 0 \\ 0 & 0 \end{pmatrix} \tag{3.58}$$

これより，(3.54) を用いて，

$$\hat{N}|0\rangle = 0, \qquad \hat{N}|1\rangle = |1\rangle \tag{3.59}$$

が導かれ，ボース粒子の場合の (3.30) と同じく，

$$\hat{N}|n\rangle = n|n\rangle \quad (n = 0,\ 1) \tag{3.60}$$

となり，$|n\rangle$ は $\hat{N}$ の固有値 n に対する固有状態である．

生成消滅演算子は，定義 (3.56) を用いて計算すると，

$$\hat{b}^\dagger\hat{b} + \hat{b}\hat{b}^\dagger = \begin{pmatrix} 0 & 1 \\ 0 & 0 \end{pmatrix}\begin{pmatrix} 0 & 0 \\ 1 & 0 \end{pmatrix} + \begin{pmatrix} 0 & 0 \\ 1 & 0 \end{pmatrix}\begin{pmatrix} 0 & 1 \\ 0 & 0 \end{pmatrix}$$
$$= \begin{pmatrix} 1 & 0 \\ 0 & 0 \end{pmatrix} + \begin{pmatrix} 0 & 0 \\ 0 & 1 \end{pmatrix} = \begin{pmatrix} 1 & 0 \\ 0 & 1 \end{pmatrix} = 1$$

となる．同様に，

$$\hat{b}\hat{b} = \hat{b}^\dagger\hat{b}^\dagger = 0$$

という関係もすぐに求められる．これらの関係は，演算子の反交換関係

$$\{\hat{A}, \hat{B}\} = \hat{A}\hat{B} + \hat{B}\hat{A} \tag{3.61}$$

を用いて，次のように表せる．

$$\{\hat{b}, \hat{b}^\dagger\} = \hat{b}^\dagger\hat{b} + \hat{b}\hat{b}^\dagger = 1, \quad \{\hat{b}, \hat{b}\} = 2\hat{b}\hat{b} = 0, \quad \{\hat{b}^\dagger, \hat{b}^\dagger\} = 2\hat{b}^\dagger\hat{b}^\dagger = 0 \tag{3.62}$$

このフェルミ粒子の生成消滅演算子は，ボース粒子の生成消滅演算子の正準交換関係 (3.28) に対応するもので，基本的なものである．フェルミ粒子系の正準反交換関係とよばれることがある．

実際，この正準反交換関係から出発して，これまで述べてきたフェルミ粒子状態の性質を特徴づけることができる．個数演算子を (3.58) と同じく $\hat{N} = \hat{b}^\dagger\hat{b}$ で定義し，その 2 乗を計算する．反交換関係 (3.62) を用いて，

$$\hat{N}^2 = \hat{b}^\dagger\hat{b}\hat{b}^\dagger\hat{b} = \hat{b}^\dagger(1 - \hat{b}^\dagger\hat{b})\hat{b} = \hat{N} - \hat{b}^\dagger\hat{b}^\dagger\hat{b}\hat{b} = \hat{N}$$

と計算される．よって，個数演算子 $\hat{N}$ はべき等 ($\hat{N}^2 = \hat{N}$) である．次に，個数演算子の固有値 α をもつ固有状態 $|\alpha\rangle$ を考える ($\hat{N}|\alpha\rangle = \alpha|\alpha\rangle$)．$0 = \hat{N}^2 - \hat{N}$ に作用させると，

$$0 = (\hat{N}^2 - \hat{N})|\alpha\rangle = (\alpha^2 - \alpha)|\alpha\rangle$$

であるから，$\alpha^2 - \alpha = 0$ となり，固有値は $\alpha = 0, 1$ に限られる．さらに生成消滅演算子との交換関係を計算する[†8]と，

$$[\hat{N}, \hat{b}] = [\hat{b}^\dagger\hat{b}, \hat{b}] = \hat{b}^\dagger\{\hat{b}, \hat{b}\} - \{\hat{b}^\dagger, \hat{b}\}\hat{b} = -\hat{b} \tag{3.63}$$

$$[\hat{N}, \hat{b}^\dagger] = [\hat{b}^\dagger\hat{b}, \hat{b}^\dagger] = \hat{b}^\dagger\{\hat{b}, \hat{b}^\dagger\} - \{\hat{b}^\dagger, \hat{b}^\dagger\}\hat{b} = \hat{b}^\dagger \tag{3.64}$$

となる．交換関係 (3.63) と (3.64) は，ボース粒子の場合の (3.29) と同じである．

---

†8 交換関係の計算は付録 A.1 節の公式 (A.5) を用いる．

したがって，2.3節での調和振動子の議論が同様に成立して，$\widehat{N}$の0固有値をもつ固有状態$|0\rangle$が存在する．$|1\rangle = \hat{b}^{\dagger}|0\rangle$と定義すれば，$\widehat{N}$の固有値1に対する固有状態となり，$|0\rangle$と$|1\rangle$は(3.57)を満たすことも確かめられる．

フェルミ粒子に対する生成消滅演算子は反交換関係(3.62)に従うため，$\hat{b}$と$\hat{b}^{\dagger}$に対して対称であることに注意しよう．これまで，$\hat{b}$を消滅演算子と考え$\hat{b}^{\dagger}$を生成演算子と考えてきたが，この対称性からこの役割を入れかえても何の問題も起きないのである．すなわち，$\hat{c} = \hat{b}^{\dagger}$とし$\hat{c}^{\dagger} = \hat{b}$として反交換関係(3.62)を書きかえても$\hat{c}$と$\hat{c}^{\dagger}$に対して，同じ型の正準反交換関係が得られ，$\hat{c}$を消滅演算子とし$\hat{c}^{\dagger}$を生成演算子と考えても構わないのである．これまでの$\hat{b}$に対する個数演算子を$\widehat{N}_b$と書くことにすると，$\hat{c}$に対する個数演算子は，

$$\widehat{N}_c = \hat{c}^{\dagger}\hat{c} = \hat{b}\hat{b}^{\dagger} = 1 - \hat{b}^{\dagger}\hat{b} = 1 - \widehat{N}_b \tag{3.65}$$

となる．よって，$\hat{b}$に対する個数n_bの状態$|n_b\rangle_b$と$\hat{c}$に対する個数n_cの状態$|n_c\rangle_c$は互いに入れかわり，

$$|0\rangle_c = |1\rangle_b, \qquad |1\rangle_c = |0\rangle_b \tag{3.66}$$

となる．

このように，状態$|n_c\rangle_c$として見ると，$\hat{b}$の意味で粒子が最大に詰まっている[†9]状態が$\hat{c}$の意味での真空状態となり，$\hat{b}$の意味での粒子がなくなった状態は$\hat{c}$の意味での粒子が1個存在する状態ということになる．このことから粒子が抜けて穴ができ，それが粒子のように振舞うことを**空孔状態**(**hole state**)とよんで$|1\rangle_c$と書き，その粒子を**空孔**(**hole**)とよぶ．この考え方は，相対論的量子力学におけるディラック方程式の荷電共役対称性による空孔理論や，4.1節で述べるフェルミ縮退状態における粒子空孔理論に用いられ，非常に重要な役割を果たす．この非常に興味深い性質はフェルミ粒子に特有な性質であり，ボース粒子には存在しない．これはボース粒子系の生成消滅演算子は正準交換関係(3.28)に従い，$\hat{a}$と$\hat{a}^{\dagger}$で非対称であるからである．

---

†9　1個だけであるが．

3.5 フェルミ粒子のフォック空間

前章（2.3節）で導入したフェルミ粒子系に対応するフォック空間は，ボース粒子の場合と同様に定義される．2.2節で定義された1粒子エネルギーε_iの1粒子状態$\phi_i(i = 1, 2, 3, \cdots)$を考え（図2.1），1粒子状態$i$に対して演算子$\hat{b}_i$と$\hat{b}_i^\dagger$を導入する．演算子$\hat{b}_i$，$\hat{b}_i^\dagger$は反交換関係

$$\{\hat{b}_i, \hat{b}_j^\dagger\} = \delta_{i,j}, \qquad \{\hat{b}_i, \hat{b}_j\} = \{\hat{b}_i^\dagger, \hat{b}_j^\dagger\} = 0 \tag{3.67}$$

に従うものとする．状態iの個数演算子は$\hat{N}_i = \hat{b}_i^\dagger \hat{b}_i$で定義すると，生成消滅演算子と交換関係

$$[\hat{N}_i, \hat{b}_j] = -\delta_{i,j}\hat{b}_j, \qquad [\hat{N}_i, \hat{b}_j^\dagger] = \delta_{i,j}\hat{b}_j^\dagger \tag{3.68}$$

を満たす．また，個数演算子$\hat{N}_i$と$\hat{N}_j$の交換関係は，(3.68)から次のようになり[†10]，交換することがわかる．

$$\begin{aligned}[\hat{N}_i, \hat{N}_j] &= [\hat{N}_i, \hat{b}_j^\dagger \hat{b}_j] = \hat{b}_j^\dagger [\hat{N}_i, \hat{b}_j] + [\hat{N}_i, \hat{b}_j^\dagger]\hat{b}_j \\ &= -\delta_{i,j}\hat{b}_j^\dagger \hat{b}_j + \delta_{i,j}\hat{b}_j^\dagger \hat{b}_j = 0 \end{aligned} \tag{3.69}$$

占拠数状態については，$n_i = 0$の状態（全粒子数が0の状態）を真空状態$|f_0\rangle$とする．真空状態$|f_0\rangle$は消滅演算子$\hat{b}_i$の作用に対して，

$$\hat{b}_i |f_0\rangle = 0 \tag{3.70}$$

を満たすとする．ボース粒子に対する(3.41)のように，生成演算子$\hat{b}_i^\dagger$を$|f_0\rangle$に作用させて有限個数の占拠数状態を作ることができる．

演算子の作用に関しては，フェルミ粒子の場合に注意が必要である．フェルミ粒子の生成消滅演算子は反交換関係(3.67)を満たすとして定義しているため，異なる状態iとjの生成消滅演算子は

$$\hat{b}_i\hat{b}_j = -\hat{b}_j\hat{b}_i, \qquad \hat{b}_i^\dagger \hat{b}_j^\dagger = -\hat{b}_j^\dagger \hat{b}_i^\dagger, \qquad \hat{b}_i \hat{b}_j^\dagger = -\hat{b}_j^\dagger \hat{b}_i \tag{3.71}$$

というように反交換となる[†11]．したがって，作用する順番によって符号が異なるということが起こる．例えば，2粒子系で占拠数が$n_1 = n_2 = 1$である状態は，真空状態$|f_0\rangle$に$\hat{b}_1^\dagger$と$\hat{b}_2^\dagger$を作用させれば作ることができるが，

$$\hat{b}_1^\dagger \hat{b}_2^\dagger |f_0\rangle = -b_2^\dagger b_1^\dagger |f_0\rangle$$

†10　付録A.1節の(A.3)を用いる．

†11　異なる状態の反可換性については3.6節で議論する．

であるため，どちらを $|1, 1\rangle$ とするかという問題が起こるのである[†12]．ここでは，フェルミ粒子の占拠数[†13]（関数）f に対応する状態 $|f\rangle = |n_1, \cdots, n_\infty\rangle$ を，生成演算子 $\hat{b}_i^\dagger$ の作用する順番も含めて，次のように定義することにする．

$$|f\rangle = |n_1, \cdots, n_\infty) = (\hat{b}_1^\dagger)^{n_1}(\hat{b}_2^\dagger)^{n_2}\cdots|f_0\rangle \qquad (3.72)$$

状態 $|f\rangle = |n_1, n_2, \cdots\rangle$ に対する演算子 $\hat{b}_i, \hat{b}_i^\dagger, \hat{N}_i$ の作用を計算しよう．(3.72) の $|f\rangle$ に $\hat{A} = \hat{b}_i$ または $\hat{A} = \hat{b}_i^\dagger$ を作用させると，$(\hat{b}_1^\dagger)^{n_1}\cdots(\hat{b}_{i-1}^\dagger)^{n_{i-1}}$ と反交換して符号因子 $(-1)^{n_1+\cdots+n_{i-1}}$ を出し，$(\hat{b}_i^\dagger)^{n_i}$ の左まで来る．この符号因子を，

$$(-1)^{\Sigma}_{i} = (-1)^{\sum_{k=1}^{i-1} n_k} = (-1)^{n_1+\cdots+n_{i-1}} \qquad (3.73)$$

と書くことにすれば

$$\hat{A}|n_1, \cdots, n_i, \cdots, n_\infty\rangle = (-1)^{\Sigma}_{i}(\hat{b}_1^\dagger)^{n_1}\cdots\hat{A}(\hat{b}_i^\dagger)^{n_i}\cdots|f_0\rangle$$

となる．

ここで，$\hat{A} = \hat{b}_i^\dagger$ の場合は，$\hat{b}_i^\dagger(\hat{b}_i^\dagger)^{n_i} = (1-n_i)(\hat{b}_i^\dagger)^{n_i+1}$ $(n_i = 0, 1)$ であるから，

$$\begin{aligned}\hat{b}_i^\dagger|n_1, \cdots, n_i, \cdots, n_\infty\rangle &= (-1)^{\Sigma}_{i}(1-n_i)(\hat{b}_1^\dagger)^{n_1}\cdots(\hat{b}_i^\dagger)^{n_i+1}\cdots|f_0\rangle \\ &= (-1)^{\Sigma}_{i}(1-n_i)|n_1, \cdots, n_i+1, \cdots, n_\infty\rangle\end{aligned}$$

となる．$\hat{A} = \hat{b}_i$ の場合は，$\hat{b}_i(\hat{b}_i^\dagger)^{n_i} = n_i(\hat{b}_i^\dagger)^{n_i-1} + (-1)^{n_i}(\hat{b}_i^\dagger)^{n_i}\hat{b}_i$ を用いれば[†14]，

$$\begin{aligned}&\hat{b}_i|n_1, \cdots, n_i, \cdots, n_\infty\rangle \\ &\quad = (-1)^{\Sigma}_{i}(\hat{b}_1^\dagger)^{n_1}\cdots\{n_i(\hat{b}_i^\dagger)^{n_i-1} + (-1)^{n_i}(\hat{b}_j^\dagger)^{n_i}\hat{b}_i\}\cdots|f_0\rangle \\ &\quad = (-1)^{\Sigma}_{i}n_i(\hat{b}_1^\dagger)^{n_1}\cdots(\hat{b}_i^\dagger)^{n_i-1}\cdots|f_0\rangle + (-1)^{\Sigma}_{i+1}(\hat{b}_1^\dagger)^{n_1}\cdots(\hat{b}_i^\dagger)^{n_i}\hat{b}_i\cdots|f_0\rangle \\ &\quad = (-1)^{\Sigma}_{i}n_i|n_1, \cdots, n_i-1, \cdots, n_\infty\rangle + (-1)^{\Sigma}_{i+1}(\hat{b}_1^\dagger)^{n_1}\cdots(\hat{b}_i^\dagger)^{n_i}\hat{b}_i\cdots|f_0\rangle\end{aligned}$$

と計算される．最後の項は $\hat{b}_i$ を $(\hat{b}_{i+1}^\dagger)^{n_i+1}\cdots$ と反交換させて右にもっていき，$\hat{b}_i|f_0\rangle = 0$ により 0 となる．以上から，結果は次のようになる．

---

†12　状態全体の位相の問題であるからどちらでもいいのであるが，混ぜて使ってはいけない．

†13　$f(i) = n_i = 0$ または 1 となる．

†14　フェルミ粒子であるから，$n_i = 0, 1$．

$$\hat{b}_i^\dagger|n_1, \cdots, n_i, \cdots, n_\infty\rangle = (-1)^{\Sigma_i}(1-n_i)|n_1, \cdots, n_i+1, \cdots, n_\infty\rangle \tag{3.74}$$

$$\hat{b}_i|n_1, \cdots, n_i, \cdots, n_\infty\rangle = (-1)^{\Sigma_i}n_i|n_1, \cdots, n_i-1, \cdots, n_\infty\rangle \tag{3.75}$$

これらを繰り返して用いると，次の式を得る[†15]．

$$\begin{aligned}\hat{N}_i|n_1, \cdots, n_i, \cdots, n_\infty\rangle &= n_i(2-n_i)|n_1, \cdots, n_i, \cdots, n_\infty\rangle \\ &= n_i|n_1, \cdots, n_i, \cdots, n_\infty\rangle\end{aligned} \tag{3.76}$$

全粒子数演算子と自由粒子ハミルトニアン演算子もボース粒子系と同型であるので

$$\hat{N} = \sum_i \hat{N}_i, \qquad \hat{H}_0 = \sum_i \varepsilon_i \hat{N}_i = \sum_i \varepsilon_i \hat{b}_i^\dagger \hat{b}_i \tag{3.77}$$

が成り立つ．状態 $|f\rangle = |n_1, n_2, \cdots, n_\infty\rangle$ に作用させれば，固有値として (2.23) を得る．

(3.72) で定義された状態 $|f\rangle = |n_1, \cdots, n_i, \cdots, n_\infty\rangle$ $(n_i = 0, 1)$ を基底として構成するヒルベルト空間を，フェルミ粒子のフォック空間という．

全粒子数が $N = 0, 1, 2$ の場合を例として挙げておこう．ボース粒子系の場合と同様，$N=0$ の場合は真空状態 $|f_0\rangle$ であり，$N=1$ の場合には占拠数状態 $|0_1, \cdots, 1_i, \cdots, 0_\infty\rangle = \hat{b}_i^\dagger|f_0\rangle$ は 1 体波動関数 $\phi_i(\xi)$ に対応する．$N=2$ の場合は $(\hat{b}_{a_1}^\dagger)^2 = 0$ であるから，同じ状態 a_1 に 2 個の粒子がある場合は存在せず (パウリ原理)，異なる状態 a_1 と a_2 に 1 個ずつ粒子が存在する状態のみを考えればよく，

$$|0_1, \cdots, 1_{a_1}, \cdots, 1_{a_2}, \cdots, 0_\infty\rangle = \hat{b}_{a_1}^\dagger \hat{b}_{a_2}^\dagger|f_0\rangle \quad (a_1 \neq a_2) \tag{3.78}$$

となる．これらは (2.21) の $\Phi^{\mathrm{A}}_{a_1, a_2}$ に対応する．

最後に，フェルミ粒子の占拠数状態 (3.72) も関数 P_f を用いて表せることを示す．$n_i = f(i) = 0, 1$ であるので，

$$|f\rangle = \frac{1}{\sqrt{N!}}\sqrt{N!}\,(\hat{b}_1^\dagger)^{f(1)}(\hat{b}_2^\dagger)^{f(2)}\cdots|f_0\rangle = \frac{1}{\sqrt{N!}}P_f[\hat{b}^\dagger]|f_0\rangle \tag{3.79}$$

となる．これはボース粒子に対する (3.52) と同型である．フェルミ粒子の

---

†15　$n_i^2 = n_i$ であるので，$n_i(2-n_i) = 2n_i - n_i^2 = 2n_i - n_i = n_i$ となる．

場合は，演算子が反交換であるので作用する順番に依存する．ここでは，常に $\hat{b}_i^\dagger$ の昇順としていることに注意しよう．

3.6 反交換演算子とクライン変換

前節でフェルミ粒子の生成消滅演算子 $\hat{b}_i$, $\hat{b}_i^\dagger$ を導入し，それは (3.67) に従うとした．1つの状態 i に対する生成消滅演算子はパウリ原理を満たすため，反交換関係

$$\{\hat{b}_i, \hat{b}_i^\dagger\} = 1, \qquad \{\hat{b}_i, \hat{b}_i\} = \{\hat{b}_i^\dagger, \hat{b}_i^\dagger\} = 0$$

に従うのは当然であるが，異なる2つの状態 i と j $(i \neq j)$ に対する生成消滅演算子もまた，反交換関係

$$\{\hat{b}_i, \hat{b}_j^\dagger\} = 0, \qquad \{\hat{b}_i, \hat{b}_j\} = \{\hat{b}_i^\dagger, \hat{b}_j^\dagger\} = 0 \quad (i \neq j)$$

に従うべきなのであろうかという問題が起こる．例えば，この2つの状態が水素原子のように電子（$\hat{b}_\mathrm{e}$ と $\hat{b}_\mathrm{e}^\dagger$）と陽子（$\hat{b}_\mathrm{p}$ と $\hat{b}_\mathrm{p}^\dagger$）であるとすれば，これらは独立な自由度なのであるから，むしろ交換可能な演算子

$$[\hat{b}_\mathrm{e}, \hat{b}_\mathrm{p}^\dagger] = [\hat{b}_\mathrm{e}^\dagger, \hat{b}_\mathrm{p}] = [\hat{b}_\mathrm{e}, \hat{b}_\mathrm{p}] = [\hat{b}_\mathrm{e}^\dagger, \hat{b}_\mathrm{p}^\dagger] = 0 \tag{3.80}$$

とするべきではないかという問題である．

先に答えを述べるならば，物理量が以下で定義されるクライン変換に対して不変な場合には，どちらかに決めて正しく計算すれば，物理量に対して同じ結果を与えるという意味で，どちらでもいいということになる．ここでは，異なる自由度の交換性と反交換性の関係について少し詳しく見てみることとする．

フェルミ粒子の生成消滅演算子として反交換関係 (3.67) に従う，$\hat{b}_i$, $\hat{b}_i^\dagger$ があるとする．それに対して次の演算子 $\hat{K}_i$ を考える．

$$\hat{K}_i = e^{i\pi\hat{N}_i} \tag{3.81}$$

なお，$\hat{N}_i = \hat{b}_i^\dagger \hat{b}_i^\dagger$ は状態 i に対する個数演算子である．$\hat{N}_i$ は行列表示で (3.58) であるから，これを (3.81) に代入すれば，次の行列表示を得る．

$$\hat{K}_i = \begin{pmatrix} e^{i\pi} & 0 \\ 0 & e^0 \end{pmatrix} = \begin{pmatrix} -1 & 0 \\ 0 & 1 \end{pmatrix} \tag{3.82}$$

上式を状態 $|n_i\rangle_i$ $(n_i = 0, 1)$ に作用させると，(3.54) を用いて，

$$\widehat{K}_i |n_i\rangle_i = (-1)^{n_i} |n_i\rangle_i$$

となり，符号因子 $(-1)^{n_i}$ に対する演算子であることがわかる．表式 (3.82) より，$\widehat{K}_i$ が

$$\widehat{K}_i^\dagger = \widehat{K}_i, \qquad (\widehat{K}_i)^2 = 1, \qquad \widehat{K}_i^{-1} = \widehat{K}_i \tag{3.83}$$

という性質を満たすことは明らかである．また，個数演算子 $\widehat{N}_i$ の可換性 (3.69) より，$\widehat{K}_i$ も

$$[\widehat{K}_i, \widehat{K}_j] = 0 \tag{3.84}$$

となり可換である．

続いて，(3.68) を繰り返して用いれば，

$$[\widehat{N}_i, \hat{b}_j] = -\delta_{i,j}\hat{b}_j, \qquad [\widehat{N}_i, [\widehat{N}_i, \hat{b}_j]] = \delta_{i,j}\hat{b}_j, \cdots$$

であるから，消滅演算子 $\hat{b}_j$ の $\widehat{K}_i$ による変換は次のようになる[†16]．

$$\begin{aligned}\widehat{K}_i\hat{b}_j\widehat{K}_i^\dagger &= e^{i\pi\widehat{N}_i}\hat{b}_j e^{-i\pi\widehat{N}_i} = \hat{b}_j + [i\pi\widehat{N}_i, \hat{b}_j] + \frac{1}{2!}[i\pi\widehat{N}_i, [i\pi\widehat{N}_i, \hat{b}_j]] \\ &\qquad + \frac{1}{3!}[i\pi\widehat{N}_i, [i\pi\widehat{N}_i, [i\pi\widehat{N}_i, \hat{b}_j]]] + \cdots \\ &= (1-\delta_{i,j})\hat{b}_j + \delta_{i,j}\left\{1 + (-i\pi) + \frac{(-i\pi)^2}{2!} + \frac{(-i\pi)^3}{3!} + \cdots\right\}\hat{b}_j \\ &= (1-\delta_{i,j})\hat{b}_j + \delta_{i,j}e^{-i\pi}\hat{b}_j = (1-2\delta_{i,j})\hat{b}_j\end{aligned}$$

この両辺のエルミート共役をとれば，$\hat{b}_i^\dagger$ の変換が求められる．両者の結果をまとめると，

$$\widehat{K}_i\hat{b}_j\widehat{K}_i^\dagger = (1-2\delta_{i,j})\hat{b}_j, \qquad \widehat{K}_i\hat{b}_j^\dagger\widehat{K}_i^\dagger = (1-2\delta_{i,j})\hat{b}_j^\dagger \tag{3.85}$$

となる．すなわち，$\widehat{K}_i$ と $\hat{b}_j$ (および$\hat{b}_j^\dagger$) は $i \neq j$ ならば可換で，$i = j$ ならば反可換である．

演算子 $\widehat{K}_i$ を用いた生成消滅演算子 $\hat{b}_i$, $\hat{b}_i^\dagger$ の変換

$$\left.\begin{aligned}\hat{c}_1 = \hat{b}_1,\ \hat{c}_2 = \widehat{K}_1\hat{b}_2,\ \cdots,\ \hat{c}_i = \widehat{K}_1\cdots\widehat{K}_{i-1}\hat{b}_i = \widehat{K}(1, i-1)\hat{b}_i,\ \cdots \\ \hat{c}_1^\dagger = \hat{b}_1^\dagger,\ \hat{c}_2^\dagger = \hat{b}_2^\dagger\widehat{K}_1,\ \cdots,\ \hat{c}_i^\dagger = \hat{b}^\dagger\widehat{K}_1\cdots\widehat{K}_{i-1} = \hat{b}_i^\dagger\widehat{K}(1, i-1),\ \cdots\end{aligned}\right\} \tag{3.86}$$

---

†16 付録 A.2 節の指数関数型演算子による変換公式 (A.8) を用いた．

を考える．記法を簡単にするため，

$$\hat{K}(i,j)=\hat{K}_i\hat{K}_{i+1}\cdots\hat{K}_j \quad (i<j)$$

とした．$K(i,i)$ は $K(i,i)=1$ と定義する．異なる $\hat{K}_i$ はすべて可換であるため，$\hat{K}(i,j)$ は

$$\hat{K}(i,j)^2=(\hat{K}_i\cdots\hat{K}_j)^2=(\hat{K}_i)^2\cdots(\hat{K}_j)^2=1$$

というようにべき等である．変換 (3.86) を，$\hat{b}_i$ から $\hat{c}_i$ への**クライン変換** (**Klein transformation**)†17 とよぶ．クライン変換は，状態 i を並べる順序 $i=1,2,\cdots$ に関係して与えられていることに注意しよう．

クライン変換による演算子 $\hat{c}_i$ は，反交換関係を満たす生成消滅演算子

$$\begin{aligned}\{\hat{c}_i,\hat{c}_i^\dagger\}&=\hat{c}_i\hat{c}_i^\dagger+\hat{c}_i^\dagger\hat{c}_i\\&=\hat{K}(1,i-1)\hat{b}_i\hat{b}_i^\dagger\hat{K}(1,i-1)+\hat{b}_i^\dagger\hat{K}(1,i-1)\hat{K}(1,i-1)\hat{b}_i\\&=\hat{K}(1,i-1)^2\{\hat{b}_i\hat{b}_i^\dagger+\hat{b}_i^\dagger\hat{b}_i\}=1\end{aligned}$$

および，

$$\{\hat{c}_i,\hat{c}_i\}=2\hat{c}_i\hat{c}_i=2\hat{K}(1,i-1)\hat{b}_i\hat{K}(1,i-1)\hat{b}_i=2\hat{K}(1,i-1)^2\hat{b}_i\hat{b}_i=0$$

となっている．$\hat{K}(1,i-1)$ は $\hat{K}_i$ を含まないので，$\hat{b}_i$ と交換することに注意しよう．反交換関係 $\{\hat{c}_i,\hat{c}_i\}=0$ の両辺のエルミート共役をとれば，$\{\hat{c}_i^\dagger,\hat{c}_i^\dagger\}=0$ も求められる．

次に，異なる2個の状態 i と j に対する交換関係について調べてみよう．一般性を失うことなく $i<j$ としてよいので，

$$\hat{c}_j=\hat{K}(1,j-1)\hat{b}_j=\hat{K}(1,i-1)\hat{K}_i\hat{K}(i+1,j-1)\hat{b}_j$$

である．$\hat{K}_i$ と $\hat{b}_i$ 以外はすべて可換，$\hat{K}_i$ と $\hat{b}_i$ は反可換に注意して計算すれば，

$$\begin{aligned}\hat{c}_i\hat{c}_j&=\hat{K}(1,i-1)\hat{b}_i\hat{K}(1,i-1)\hat{K}_i\hat{K}(i+1,j-1)\hat{b}_j\\&=\hat{K}(1,i-1)(\hat{b}_i\hat{K}_i)\hat{b}_j\hat{K}(1,i-1)\hat{K}(i+1,j-1)\\&=\hat{K}(1,i-1)(-\hat{K}_i\hat{b}_i)\hat{b}_j\hat{K}(1,i-1)\hat{K}(i+1,j-1)\\&=-\hat{K}(1,i-1)\hat{K}_i\hat{K}(i+1,j-1)(\hat{b}_i\hat{b}_j)\hat{K}(1,i-1)\\&=-\hat{K}(1,i-1)\hat{K}_i\hat{K}(i+1,j-1)(-b_jb_i)\hat{K}(1,i-1)\\&=\hat{K}(1,j-1)\hat{b}_j\hat{K}(1,i-1)\hat{b}_i=\hat{c}_j\hat{c}_i\end{aligned}$$

---

†17　O. Klein：J. Phys. Radium **9** (1938) 1．または，文献 [27] を参照．

となる．さらに，エルミート共役をとって，$\hat{c}_i^\dagger \hat{c}_j^\dagger = \hat{c}_j^\dagger \hat{c}_i^\dagger$ を得る．$\hat{c}_i \hat{c}_j^\dagger$ $(i < j)$ に関しても同様に，

$$\begin{aligned}
\hat{c}_i \hat{c}_j^\dagger &= \widehat{K}(1,\, i-1)\, \hat{b}_i \hat{b}_j^\dagger\, \widehat{K}(1,\, i-1)\, \widehat{K}_i \widehat{K}(i+1,\, j-1) \\
&= \widehat{K}(1,\, i-1)\, (\hat{b}_i \widehat{K}_i)\, \hat{b}_i^\dagger\, \widehat{K}(1,\, i-1)\, \widehat{K}(i+1,\, j-1) \\
&= \widehat{K}(1,\, i-1)\, (-\widehat{K}_i \hat{b}_i)\, \hat{b}_j^\dagger\, \widehat{K}(1,\, i-1)\, \widehat{K}(i+1,\, j-1) \\
&= -\widehat{K}(1,\, i-1)\, \widehat{K}_i \widehat{K}(i+1,\, j-1)\, (\hat{b}_i \hat{b}_j^\dagger)\, \widehat{K}(1,\, i-1) \\
&= -\widehat{K}(1,\, i-1)\, \widehat{K}_i \widehat{K}(i+1,\, j-1)\, (-b_j^\dagger b_i)\, \widehat{K}(1,\, i-1) \\
&= \widehat{K}(1,\, j-1)\, \hat{b}_j^\dagger\, \widehat{K}(1,\, i-1)\, \hat{b}_i = \hat{c}_j^\dagger \hat{c}_i
\end{aligned}$$

となる．この式のエルミート共役をとると，$i > j$ の場合にも $\hat{c}_i \hat{c}_j^\dagger = \hat{c}_j^\dagger \hat{c}_i$ が成立することがわかる．よって，異なる状態 i, j に対しては生成消滅演算子 $\hat{c}_i$ と $\hat{c}_i^\dagger$ は可換であるので，

$$[\hat{c}_i,\, \hat{c}_j] = [\hat{c}_i^\dagger,\, \hat{c}_j^\dagger] = [\hat{c}_i,\, \hat{c}_j^\dagger] = 0 \tag{3.87}$$

が得られる．

したがって，$\hat{b}_i$ の代わりに $\hat{c}_i$ を用いてフェルミ粒子のフォック空間を構成すれば，異なる状態間に対して可換な生成消滅演算子を使うことになる．これらはクライン変換により結びついているので，基本的には $\hat{c}_i$ を用いても $\hat{b}_i$ を用いた場合と同等である．クライン変換の定義から部分的に反可換な生成消滅演算子のグループに分けて，異なるグループ間では可換になるようにすることも可能である．

多体波動関数との対応としては，完全に反可換な $\hat{b}_i$ を用いて構成される状態 $|f\rangle = |n_1, \cdots, n_f\rangle$ は，全体を反対称化して得られる (2.28) の $\Psi_f^{\mathrm{A}}(\xi_I)$，同じことであるが全体を 1 つのスレーター行列式 (2.65) で表す多体波動関数にそれぞれ対応する．それに対して，例えば (3.80) のように，電子と陽子の系それぞれでは反可換であるが，電子陽子間では可換な生成消滅演算子を用いて状態を構成する場合は，反対称化された電子波動関数 $\Phi_{\mathrm{e}}^{\mathrm{A}}(\xi_{\mathrm{e}}, I)$ と $\Phi_{\mathrm{p}}(\xi_{\mathrm{p},I})$ を構成し，その積として全体の波動関数 $\Phi(\xi_{\mathrm{e},I}, \xi_{\mathrm{p},I}) = \Phi_{\mathrm{e}}^{\mathrm{A}}(\xi_{\mathrm{e},I}) \times \Phi_{\mathrm{p}}(\xi_{\mathrm{p},I})$ を構成する場合に対応する．

また，最初に $\hat{c}_i$ と $\hat{c}_i^\dagger$ を導入して，ボース粒子系の場合と同じようにテンソル積によりフォック空間を構成しておき，その上でクライン変換を逆に行

い，完全に半可換な生成消滅演算子 $\hat{b}_i$ と $\hat{b}_i^\dagger$ を構成することも可能である．

上記の電子と陽子のように，考えている理論の中で全く異なる粒子に対しては可換な生成消滅演算子が用いられることもあるが，通常の第 2 量子化の計算では，完全に反可換な生成消滅演算子を用いることが多い．それは反可換な場合と可換な場合を使い分ける必要がなく，かつ一般に反可換の計算のほうが楽だからである．本書ではフェルミ粒子の生成消滅演算子を用いる場合には完全に反可換であるとする．

本節で示した，クライン変換を用いた議論は，物理量を表す演算子がクライン変換に対して不変でない場合には，そのままでは成立しないので注意が必要である．

3.7　コヒーレント状態

3.7.1　多体波動関数とフォック空間

前節でボース粒子系およびフェルミ粒子系のフォック空間を導入し，多体系の占拠数状態を定義し，それが多体波動関数と対応していることを述べた．この対応を完全にする，すなわちフォック空間による多体問題が多体波動関数による計算と同等であることを示すためには，多体波動関数に対する演算子がフォック空間でどのような演算子に対応するのかを明らかにし，対応する多体波動関数での演算子の行列要素とフォック空間での状態の行列要素が等しいことを示せばよい．

2.4 節および 2.5 節において多体波動関数の母関数 (2.30) および (2.49) でそれぞれ導入し，2.6 節および 2.7 節で演算子の期待値を，1 体演算子の場合は (2.80) および 2 体演算子の場合は (2.94) で一般的に求めることができた．フォック空間で定義される占拠数状態に対しても同じような母関数を求め，演算子の期待値を求めてそれが多体波動関数の場合と同等であることを示せば，個別の占拠数表示の計算を繰り返すことなく，多体波動関数とフォック空間との計算の同等性が示せることになる．

3.7.2 ボース粒子系のコヒーレント状態

フォック空間での占拠数状態の母関数を構成するために，**コヒーレント状態**（coherent state）という状態を導入する．コヒーレント状態は物理的にも非常に重要なものであり，量子光学や量子場の理論などさまざまなところで用いられているものである[†18]．

ボース粒子の1状態の場合を考える．その状態の生成消滅演算子を $\hat{a}$ と $\hat{a}^\dagger$ とする．個数 n の占拠数状態は次のように与えられた．

$$|n\rangle = \frac{1}{\sqrt{n!}}(\hat{a}^\dagger)^n|0\rangle \tag{3.88}$$

複素数 z に対して $e^{\hat{a}^\dagger z}$ という演算子を考えると，

$$e^{\hat{a}^\dagger z} = 1 + \hat{a}^\dagger z + \frac{1}{2!}(\hat{a}^\dagger z)^2 + \cdots = \sum_{n=0}^{\infty}\frac{(\hat{a}^\dagger z)^n}{n!} \tag{3.89}$$

と書ける．これより，$\langle 0|\hat{a}^\dagger = 0$ を用いると以下のようになる．

$$\langle 0|e^{\hat{a}^\dagger z} = \langle 0|\left\{1 + \hat{a}^\dagger z + \frac{1}{2!}(\hat{a}^\dagger z)^2 + \cdots\right\} = \langle 0|$$

この式のエルミート共役をとれば，$e^{\hat{a}z^*}|0\rangle = |0\rangle$ であることに注意しよう．また，$e^{-\hat{a}^\dagger z}e^{\hat{a}^\dagger z} = 1$ であることに注意しよう．交換関係を繰り返し用いれば，

$$[\hat{a}, \hat{a}^\dagger] = 1, \qquad [\hat{a}, [\hat{a}, \hat{a}^\dagger]] = 0, \cdots$$

であるから，付録 A.2 節の $e^{\hat{A}}$ による変換公式 (A.8)[†19] を用いて計算すれば，次の結果を得る．

$$e^{-\hat{a}^\dagger z}\hat{a}e^{\hat{a}^\dagger z} = \hat{a} - [\hat{a}^\dagger z, \hat{a}] = \hat{a} - [\hat{a}^\dagger, \hat{a}]z = \hat{a} + z \tag{3.90}$$

これより，$e^{\hat{a}^\dagger z}$ は消滅演算子 $\hat{a}$ を $\hat{a} + z$ に変換する並進の演算子であることがわかる．一般に $\hat{a}$ の関数 $f(\hat{a})$ に対して，

$$e^{-\hat{a}^\dagger z}f(\hat{a})e^{\hat{a}^\dagger z} = f(\hat{a} + z) \tag{3.91}$$

となることが，$f(\hat{a})$ をテイラー展開すれば示される．

$e^{\hat{a}^\dagger z}$ を真空状態 $|0\rangle$ に作用させたものをコヒーレント状態とよび，$|z\rangle$ と

---

†18　本書では 7.8 節でボース - アインシュタイン凝縮に関する応用例を示す．

†19　証明は付録 A.2 節を参照．

書くことにすると，

$$|z\rangle = e^{\hat{a}^\dagger z}|0\rangle \tag{3.92}$$

となる．(3.89) を用いて $e^{\hat{a}^\dagger z}$ を展開すれば，z^n の項に占拠数 $|n\rangle$ が現れ，

$$|z\rangle = \sum_{n=0}^{\infty}\frac{(\hat{a}^\dagger z)^n}{n!}|0\rangle = \sum_{n=0}^{\infty}\frac{z^n}{\sqrt{n!}}|n\rangle \tag{3.93}$$

のようになる．よって，$|z\rangle$ は $|n\rangle$ の母関数と考えることができる．

コヒーレント状態の性質をいくつか証明しておくことにしよう．

コヒーレント状態 $|z\rangle$ に消滅演算子 $\hat{a}$ を作用させると，(3.90) を用いて次のようになる．

$$\begin{aligned}\hat{a}|z\rangle &= \hat{a}e^{\hat{a}^\dagger z}|0\rangle = e^{\hat{a}^\dagger z}e^{-\hat{a}^\dagger z}\hat{a}e^{\hat{a}^\dagger z}|0\rangle \\ &= e^{\hat{a}^\dagger z}(\hat{a}+z)|0\rangle = e^{\hat{a}^\dagger z}z|0\rangle = z|z\rangle\end{aligned}$$

よって

$$\hat{a}|z\rangle = z|z\rangle \tag{3.94}$$

となるので，コヒーレント状態は消滅演算子の固有状態であることがわかる．

コヒーレント状態の内積を計算すると，

$$\begin{aligned}\langle z|z'\rangle &= \langle 0|e^{z^*\hat{a}}e^{\hat{a}^\dagger z'}|0\rangle = \langle 0|e^{\hat{a}^\dagger z'}e^{-\hat{a}^\dagger z'}e^{z^*\hat{a}}e^{\hat{a}^\dagger z'}|0\rangle \\ &= \langle 0|e^{\hat{a}^\dagger z'}e^{z^*(\hat{a}+z')}|0\rangle = \langle 0|e^{\hat{a}^\dagger z'}e^{z^*\hat{a}}e^{z^*z'}|0\rangle = e^{z^*z'}\langle 0|0\rangle = e^{z^*z'}\end{aligned} \tag{3.95}$$

である．変換式 (3.91) より求められる，$e^{-\hat{a}^\dagger z'}e^{z^*\hat{a}}e^{\hat{a}^\dagger z'} = e^{(\hat{a}+z')z^*}$ を用いた．

最後にコヒーレント状態の微分を求めよう．z および z^* は複素数で可換な数であるから，フェルミ粒子の場合のグラスマン数の微分 (2.5) のように右微分と左微分を区別する必要はないのであるが，次に述べるフェルミ粒子のコヒーレント状態に対するグラスマン数の微分と対応させておくため，

$$\left.\begin{aligned}\partial|z\rangle/\partial z &= \partial e^{\hat{a}^\dagger z}/\partial z|0\rangle = \hat{a}^\dagger e^{\hat{a}^\dagger z}|0\rangle = \hat{a}^\dagger|z\rangle \\ [\partial/\partial z^*]\langle z| &= \langle 0|[\partial/\partial z^*]e^{z^*\hat{a}} = \langle 0|e^{z^*\hat{a}}\hat{a} = \langle z|\hat{a}\end{aligned}\right\} \tag{3.96}$$

のように右微分と左微分の形で書くことにする．

3.7.3 フェルミ粒子系のコヒーレント状態

次にフェルミ粒子に対するコヒーレント状態を考えよう．生成消滅演算子を $\hat{b}$ と $\hat{b}^\dagger$ とする．多体系波動関数の場合と同様にフェルミ粒子の場合にはグラスマン数 ζ を用いて指数関数 $e^{\hat{b}^\dagger\zeta}$ を定義する．グラスマン数と生成消滅演算子は反交換

$$\zeta\hat{b} + \hat{b}\zeta = \zeta\hat{b}^\dagger + \hat{b}^\dagger\zeta = 0 \qquad \zeta^\dagger\hat{b} + \hat{b}\zeta^\dagger = \zeta^\dagger\hat{b}^\dagger + \hat{b}^\dagger\zeta^\dagger = 0 \tag{3.97}$$

とする．これより，$\hat{b}^\dagger\zeta$ と ζ（および $\zeta^\dagger$）は

$$[\zeta, \hat{b}^\dagger\zeta] = -b^\dagger\{\zeta, \zeta\} + \{\zeta, b^\dagger\}\zeta = 0 \tag{3.98}$$

のように交換することに注意しよう．この式とべき零性 $\zeta^2 = (\hat{b}^\dagger)^2 = 0$ を用いて，$e^{\hat{b}^\dagger\zeta}$ を計算すれば，

$$e^{\hat{b}^\dagger\zeta} = \sum_{n=0}^{\infty}\frac{1}{n!}(\hat{b}^\dagger\zeta)^n = \sum_{n=0}^{\infty}\frac{1}{n!}(\hat{b}^\dagger)^n\zeta^n = 1 + \hat{b}^\dagger\zeta \tag{3.99}$$

となる．よって，フェルミ粒子に対するコヒーレント状態 $|\zeta\rangle$ は次のようになる．

$$|\zeta\rangle = e^{\hat{b}^\dagger\zeta}|0\rangle = (1 + \hat{b}^\dagger\zeta)|0\rangle \tag{3.100}$$

フェルミ粒子はパウリ原理により $|0\rangle$ と $|1\rangle$ しか存在しないので，これらの状態の 1 次結合になることは当然である．これにより，フェルミ粒子のコヒーレント状態の計算は（反交換性に注意すれば）簡単になる．

フェルミ粒子のコヒーレント状態は，ボース粒子のコヒーレント状態 (3.92) と類似の性質をもつ．指数関数演算子による変換は直接計算すれば，

$$\begin{aligned} e^{-\hat{b}^\dagger\zeta}\hat{b}e^{\hat{b}^\dagger\zeta} &= (1 - \hat{b}^\dagger\zeta)\,\hat{b}(1 + \hat{b}^\dagger\zeta) = \hat{b} - \hat{b}^\dagger\zeta\hat{b} + \hat{b}\hat{b}^\dagger\zeta - \hat{b}^\dagger\zeta\hat{b}\hat{b}^\dagger\zeta \\ &= \hat{b} + \{\hat{b}^\dagger, \hat{b}\}\zeta - \hat{b}^\dagger\hat{b}\hat{b}^\dagger\zeta^2 = \hat{b} + \zeta \end{aligned} \tag{3.101}$$

となる．これはボース粒子の場合の (3.90) と同型であることに注意しよう．よって，(3.94) と同じ型の式

$$\hat{b}|\zeta\rangle = \zeta|\zeta\rangle \tag{3.102}$$

が成立する．(3.100) を用いても簡単に示すことができる．

コヒーレント状態の内積も (3.95) と同様である．グラスマン数の場合に

は，(3.99) と同様にして，

$$e^{\zeta^\dagger\zeta'} = \sum_{n=0}^{\infty}\frac{1}{n!}(\zeta^\dagger\zeta')^n = 1 + \zeta^\dagger\zeta'$$

であるから，次のようになる．

$$\langle\zeta|\zeta'\rangle = e^{\zeta^\dagger\zeta'} = 1 + \zeta^\dagger\zeta' \tag{3.103}$$

グラスマン微分は，

$$\left.\begin{aligned} \partial e^{\hat{b}^\dagger\zeta}/\partial\zeta = \partial(1+\hat{b}^\dagger\zeta)/\partial\zeta = \hat{b}^\dagger = \hat{b}^\dagger(1+\hat{b}^\dagger\zeta) = \hat{b}^\dagger e^{\hat{b}^\dagger\zeta} \\ [\partial/\partial\zeta^\dagger]e^{\zeta^\dagger\hat{b}} = [\partial/\partial\zeta^\dagger](1+\zeta^\dagger\hat{b}^\dagger) = \hat{b} = (1+\zeta^\dagger\hat{b})\hat{b} = e^{\zeta^\dagger\hat{b}}\hat{b} \end{aligned}\right\} \tag{3.104}$$

を用いて，フェルミ粒子の場合は

$$\left.\begin{aligned} \partial|\zeta\rangle/\partial\zeta = \partial e^{\hat{b}^\dagger\zeta}/\partial\zeta|0\rangle = \hat{b}^\dagger e^{\hat{b}^\dagger\zeta}|0\rangle = \hat{b}^\dagger|\zeta\rangle \\ [\partial/\partial\zeta^\dagger]\langle\zeta| = \langle 0|[\partial/\partial\zeta^\dagger]e^{\zeta^\dagger\hat{b}} = \langle 0|e^{\zeta^\dagger\hat{b}}\hat{b} = \langle\zeta|\hat{b} \end{aligned}\right\} \tag{3.105}$$

のように (3.96) と同じ結果となる．

3.8 多状態コヒーレント状態

前節で導入したコヒーレント状態を多状態の場合に拡張して，多状態コヒーレント状態を定義する．

3.8.1 多状態コヒーレント状態

まずボース粒子の場合を考える．無限個の変数 $z_i(i=1,2,\cdots)$ に対して，生成消滅演算子 $\hat{a}_i^\dagger$ と $\hat{a}_i$ との積 $\hat{a}_i^\dagger z_i$ および $z_i^\dagger\hat{a}_i$ を考える．z は複素数の変数であるので生成消滅演算子とは交換し，書く順序はどうでもよいのであるが，次に述べるフェルミ粒子の場合との対応で順序をこのように決めておく．また複素共役を $z^\dagger$ と書いた．これらは次の交換関係を満たす．

$$[\hat{a}_i^\dagger z_i, \hat{a}_j^\dagger z_j'] = [\hat{a}_i^\dagger, \hat{a}_j^\dagger]z_i z_j' = 0, \qquad [z_i^\dagger\hat{a}_i, z_j'\hat{a}_i] = ([\hat{a}_j^\dagger z_j', \hat{a}_i^\dagger z_i])^\dagger = 0 \tag{3.106}$$

また，$z_i^\dagger\hat{a}_i$ と $\hat{a}_j^\dagger z_j'$ の交換関係は，

$$[z_i^\dagger\hat{a}_i, \hat{a}_j^\dagger z_j'] = z_i'z_j^\dagger[\hat{a}_i, \hat{a}_j^\dagger] = z_i^\dagger z_j'\delta_{i,j} \tag{3.107}$$

を満たす．フェルミ粒子の場合にはグラスマン数 $\zeta_i(i=1,2,\cdots)$ を用い

て，$\hat{b}^\dagger$ および $\hat{b}_i$ との積 $\hat{b}_i^\dagger\zeta_i$ および $\zeta_i{}^\dagger\hat{b}_i$ を定義する．$\hat{b}_i^\dagger\zeta_i$ と $\hat{b}_j^\dagger\eta_j$，$\zeta_i{}^\dagger\hat{b}_i$ と $\eta_j{}^\dagger\hat{b}_j$ もまた可換

$$[\hat{b}_i^\dagger\zeta_i,\ \hat{b}_j^\dagger\eta_j] = -\{\hat{b}_i^\dagger,\ \hat{b}_j^\dagger\}\zeta_i\eta_j = 0, \qquad [\zeta_i{}^\dagger\hat{b}_i,\ \eta_j\hat{b}_j] = ([\hat{b}_j^\dagger\eta_j,\ \hat{b}_i^\dagger\zeta_i])^\dagger = 0 \tag{3.108}$$

である．また，$\zeta_i{}^\dagger\hat{b}_i$ と $\hat{b}_j^\dagger\eta_j$ の交換関係は次のようになる．

$$[\zeta_i{}^\dagger\hat{b}_i,\ \hat{b}_j^\dagger\eta_j] = \zeta_i{}^\dagger\{\hat{b}_i,\ \hat{b}_j^\dagger\}\eta_j = \zeta_i{}^\dagger\eta_j\delta_{i,j} \tag{3.109}$$

ボース粒子の場合の交換関係 (3.106)，(3.107) およびフェルミ粒子の場合の交換関係 (3.108)，(3.109) は，同型であることに注意しよう．まとめて

$$[\hat{c}_i^\dagger\zeta_i,\ \hat{c}_j^\dagger\eta_j] = [\zeta_i{}^\dagger\hat{c}_i,\ \eta_j{}^\dagger\hat{c}_j] = 0, \qquad [\zeta_i{}^\dagger\hat{c}_i,\ \hat{c}_j^\dagger\eta_j] = \zeta_i{}^\dagger\eta_j\delta_{i,j} \tag{3.110}$$

と書ける．生成消滅演算子は，ボース粒子の場合は $\hat{a}^\dagger$ と $\hat{a}$，フェルミ粒子の場合は $\hat{b}^\dagger$ と $\hat{b}$ とし，変数 ζ_i などはボース粒子の場合は通常の複素数，フェルミ粒子の場合はグラスマン数とするのである．

ここで，$\hat{c}_i^\dagger\zeta_i$ と $\zeta_i{}^\dagger\hat{c}_i$ の 1 次結合

$$\hat{c}^\dagger\zeta = \sum_{i=1}^{\infty}\hat{c}_i^\dagger\zeta_i, \qquad \zeta^\dagger\hat{c} = \sum_{i=1}^{\infty}\zeta_i{}^\dagger\hat{c}_i \tag{3.111}$$

を定義する．交換関係 (3.110) を用いれば，

$$[\hat{c}^\dagger\zeta,\ \hat{c}^\dagger\eta] = [\zeta^\dagger\hat{c},\ \eta^\dagger\hat{c}] = 0, \qquad [\zeta^\dagger\hat{c},\ \hat{c}^\dagger\eta] = \zeta^\dagger\eta \tag{3.112}$$

が導かれる．なお，$\zeta^\dagger\eta = \sum_{i=1}^{\infty}\zeta_i{}^\dagger\eta_i$ である．

多状態コヒーレント状態は次のように定義される．

$$|\zeta\rangle = e^{\hat{c}^\dagger\zeta}|f_0\rangle$$

また，(3.110) より $\hat{c}_i^\dagger\zeta_i$ は互いに交換するので，指数演算子は

$$|\zeta\rangle = e^{\hat{c}_1^\dagger\zeta_1}e^{\hat{c}_2^\dagger\zeta_2}\cdots|f_0\rangle$$

というように分離することができる．

状態 $|\zeta\rangle$ に消滅演算子 $\hat{c}_i$ を作用させてみよう．$\hat{c}_i$ は $\hat{c}_j^\dagger\zeta_j (j \neq i)$ と可換であるから，$\hat{c}_i$ を $e^{\hat{c}_j^\dagger\zeta_j} (j \neq i)$ と交換して $e^{\hat{c}_i^\dagger\zeta_i}$ の左に移せるので

$$\hat{c}_i|\zeta\rangle = \hat{c}_i e^{\hat{c}_1^\dagger\zeta_1}\cdots|f_0\rangle = e^{\hat{c}_1^\dagger\zeta_1}\cdots e^{\hat{c}_{i-1}^\dagger\zeta_{i-1}}\hat{c}_i e^{\hat{c}_i^\dagger\zeta_i}\cdots|f_0\rangle$$

となる．さらに，前節の (3.91) および (3.101) より求められる公式

$$\hat{c}_i e^{\hat{c}_i^\dagger\zeta_i} = \zeta_i e^{\hat{c}_i^\dagger\zeta_i} + e^{\hat{c}_i^\dagger\zeta_i}\hat{c}_i \tag{3.113}$$

を用いる．上式の右辺第 2 項目は $e^{\hat{c}_i^\dagger\zeta_i}$ をすりぬけた $\hat{c}_i$ が右にある $e^{\hat{c}_j^\dagger\zeta_j}$

($j=i+1, \cdots$) と交換して $|f_0\rangle$ に作用し，$\hat{c}_i|f_0\rangle=0$ により 0 となる．第1項目に現れる ζ_i は，左にある $e^{\hat{c}_j^\dagger \zeta_j}$ ($j=1, \cdots, i-1$) と交換して左に出せば，

$$\hat{c}_i|\zeta\rangle=\zeta_i e^{\hat{c}_1^\dagger \zeta_1} e^{\hat{c}_2^\dagger \zeta_2} \cdots|f_0\rangle=\zeta_i|\zeta\rangle \tag{3.114}$$

となる．これは1状態コヒーレント状態の (3.94) および (3.102) と同じ性質である．エルミート共役をとれば次の式が得られる．

$$\langle\zeta|\hat{c}_i^\dagger=\langle\zeta|\zeta_i^\dagger \tag{3.115}$$

3.8.2　多状態コヒーレント状態の内積

多状態コヒーレント状態の内積を計算しよう．すると，

$$\langle\eta|\zeta\rangle=\langle f_0|e^{\eta^\dagger \hat{c}} e^{\hat{c}^\dagger \zeta}|f_0\rangle=\langle f_0|\cdots e^{\eta_1^\dagger \hat{c}_2} e^{\eta_1^\dagger \hat{c}_1} e^{\hat{c}_1^\dagger \zeta_1} e^{\hat{c}_2^\dagger \zeta_1} \cdots|f_0\rangle$$

が得られる．(3.113) より求められる，

$$e^{\eta_i^\dagger \hat{c}_i} e^{\hat{c}_i^\dagger \zeta_i}=e^{\hat{c}_i^\dagger \zeta_i}\{e^{-\hat{c}_i^\dagger \zeta_i} e^{\eta_i^\dagger \hat{c}_i} e^{\hat{c}_i^\dagger \zeta_i}\}=e^{\hat{c}_i^\dagger \zeta_i} e^{\eta_i^\dagger \zeta_i} e^{\eta_i^\dagger \hat{c}_i} \tag{3.116}$$

を用いれば，

$$\begin{aligned}
\langle f_0|\cdots e^{\eta_2^\dagger \hat{c}_2} e^{\eta_1^\dagger \hat{c}_1} e^{\hat{c}_1^\dagger \zeta_1} e^{\hat{c}_2^\dagger \zeta_2} \cdots|f_0\rangle &=\langle f_0|\cdots e^{\eta_2^\dagger \hat{c}_2} e^{\hat{c}_1^\dagger \zeta_1} e^{\eta_1^\dagger \zeta_1} e^{\hat{c}_2^\dagger \zeta_2} \cdots|f_0\rangle \\
&=\langle f_0|e^{\hat{c}_1^\dagger \zeta_1} e^{\eta_1^\dagger \zeta_1} \cdots e^{\eta_2^\dagger \hat{c}_2} e^{\hat{c}_2^\dagger \zeta_2} \cdots|f_0\rangle \\
&=e^{\eta_1^\dagger \zeta_1}\langle f_0|\cdots e^{\eta_2^\dagger \hat{c}^2} e^{\hat{c}_2^\dagger \zeta_2} \cdots|f_0\rangle
\end{aligned}$$

と計算できる．ここで，$e^{\hat{c}_1^\dagger \zeta_1}$ および $e^{\eta_1^\dagger \zeta_1}$ が他の $e^{\eta_i^\dagger \hat{c}_i} (i \neq 2)$ と可換であること，および $\langle f_0|e^{\hat{c}_1^\dagger \zeta_1}=\langle f_0|$ を用いた．結果的に $e^{\eta_1^\dagger \hat{c}_1} e^{\hat{c}_1^\dagger \zeta_1}$ が抜けて $e^{\eta_1^\dagger \zeta_1}$ が先頭に現れたことになる．この操作を $e^{\eta_2^\dagger \hat{c}_2} e^{\hat{c}_2^\dagger \zeta_2}$ などに繰り返せば，

$$\langle\eta|\zeta\rangle=e^{\eta_1^\dagger \zeta_1} e^{\eta_2^\dagger \zeta_2} \cdots=e^{\eta^\dagger \zeta} \tag{3.117}$$

となる．これは1状態コヒーレント状態の (3.95) および (3.103) に対応する．

最後に，コヒーレント状態の微分公式を求めよう．微分 $\partial / \partial \zeta_i$ は $e^{\hat{c}_j^\dagger \zeta_j}$ ($j \neq i$) と可換であるから，

$$\begin{aligned}
\partial|\zeta\rangle / \partial \zeta_i=\partial e^{\hat{c}^\dagger \zeta} / \partial \zeta_i|f_0\rangle &=\partial(e^{\hat{c}_1^\dagger \zeta_1} \cdots e^{\hat{c}_i^\dagger \zeta_i} \cdots) / \partial \zeta_i|f_0\rangle \\
&=e^{\hat{c}_1^\dagger \zeta_1} \cdots e^{\hat{c}_{i-1}^\dagger \zeta_{i-1}}(\partial e^{\hat{c}_i^\dagger \zeta_i} / \partial \zeta_i) e^{\hat{c}_{i+1}^\dagger \zeta_{i+1}} \cdots|f_0\rangle
\end{aligned}$$

となる．1状態コヒーレント状態に対する (3.104) から求められる公式

$$\partial e^{\hat{c}_i^\dagger \zeta_i} / \partial \zeta_i=\hat{c}_i^\dagger e^{\hat{c}_i^\dagger \zeta_i}, \qquad [\partial / \partial \zeta_i^\dagger] e^{\zeta_i^\dagger \hat{c}_i}=e^{\zeta_i^\dagger \hat{c}_i} \hat{c}_i \tag{3.118}$$

を用いて，

$$\partial|\zeta\rangle/\partial\zeta_i = e^{\hat{c}_1^\dagger\zeta_1}\cdots e^{\hat{c}_{i-1}^\dagger\zeta_{i-1}}\hat{c}_i^\dagger e^{\hat{c}_i^\dagger\zeta_i}e^{\hat{c}_{i+1}^\dagger\zeta_{i+1}}\cdots|f_0\rangle = \hat{c}_i^\dagger e^{\hat{c}_1^\dagger\zeta_1}\cdots|f_0\rangle = \hat{c}_i^\dagger|\zeta\rangle$$

を得る．最後の変形で，$\hat{c}_i^\dagger$ が $e^{\hat{c}_j^\dagger\zeta_j}$ $(j=1,\cdots,i-1)$ と可換であることを用いて，$\hat{c}_i^\dagger$ を先頭に移動した．よって，多状態コヒーレント状態の微分公式

$$\partial|\zeta\rangle/\partial\zeta_i = \hat{c}_i^\dagger|\zeta\rangle, \qquad [\partial/\partial\zeta_i^\dagger]\langle\zeta| = \langle\zeta|\hat{c}_i \tag{3.119}$$

を得る．2番目の式は最初の式のエルミート共役である．

3.9　フォック空間での占拠数状態の母関数

前節で導入したコヒーレント状態を多状態の場合に拡張して，3.3節と3.5節で述べたフォック空間での占拠数状態，(3.37) および (3.72) で定義された**占拠数状態の母関数** (**generating function of occupation-number states**) となっていることを示そう．

3.9.1　占拠数状態の母関数

占拠数状態は占拠数関数 f に対して決まる．占拠数関数 f は，状態 i に対してその状態にある粒子の個数 (占拠数) n_i を与える関数であることを思い出そう (ここで $f(i)=n_i$ が成り立つ)．ボース粒子に対しては $n_i=0,1,\cdots$ であり，フェルミ粒子に対しては $n_i=0,1$ をとる．ボース粒子に対する占拠数関数の集合を ON^S，フェルミ粒子に対する占拠数関数の集合を ON^A とした．

占拠数関数 f に対する占拠数状態は，ボース粒子の場合は (3.52) で表され，フェルミ粒子の場合は (3.79) で表される．これらは同型であるから，まとめて，

$$|f\rangle = \frac{1}{\sqrt{N!}}P_f[\hat{c}^\dagger]|f_0\rangle \tag{3.120}$$

と書くことができる．生成演算子 $\hat{c}^\dagger$ は，ボース粒子の場合には $\hat{a}^\dagger$ で交換関係を満たし，フェルミ粒子の場合には $\hat{b}^\dagger$ で反交換関係を満たすものとする．演算子を作用させる順番は昇順であるとする．

2.4節の(2.31)にならって，占拠数関数fに対して，

$$(\hat{c}^{\dagger}\zeta)^{f} = (\hat{c}_1^{\dagger}\zeta_1)^{f(1)}(\hat{c}_2^{\dagger}\zeta_2)^{f(2)}\cdots(\hat{c}_i^{\dagger}\zeta_i)^{f(i)}\cdots \tag{3.121}$$

と定義する．変数ζ_iと$\hat{c}_j^{\dagger}\zeta_j$の可換性（ボース粒子，フェルミ粒子の場合どちらでも）を用いて，生成演算子$\hat{c}_i^{\dagger}$と変数ζ_iを分離する．まず，$(\hat{c}_1^{\dagger}\zeta_1)^{f(1)}$については，

$$\begin{aligned}(\hat{c}_1^{\dagger}\zeta_1)^{f(1)} &= \hat{c}_1^{\dagger}\zeta_1(\hat{c}_1^{\dagger}\zeta_1)^{f(1)-1} = \hat{c}_1^{\dagger}(\hat{c}_1^{\dagger}\zeta_1)^{f(1)-1}\zeta_1 = \hat{c}_1^{\dagger}\hat{c}_1^{\dagger}\zeta_1(\hat{c}_1^{\dagger}\zeta_1)^{f(1)-2}\zeta_1 \\ &= (\hat{c}_1^{\dagger})^2(\hat{c}_1^{\dagger}\zeta_1)^{f(1)-2}(\zeta_1)^2 = \cdots = (\hat{c}_1^{\dagger})^{f(1)}(\zeta_1)^{f(1)}\end{aligned}$$

と計算できる．これを(3.121)に代入して，分離した$(\zeta_1)^{f(1)}$を後ろの$(\hat{c}_2^{\dagger}\zeta_2)^{f(2)}$などと交換すれば，

$$(\hat{c}^{\dagger}\zeta)^{f} = (\hat{c}_1^{\dagger})^{f(1)}\{(\hat{c}_2^{\dagger}\zeta_2)^{f(2)}\cdots(\hat{c}_i^{\dagger}\zeta_i)^{f(i)}\cdots\}(\zeta_1)^{f(1)}$$

となり，同様の分離を$(\hat{c}_2^{\dagger}\zeta_2)^{f(2)}$以下に順番に繰り返せば，

$$(\hat{c}^{\dagger}\zeta)^{f} = \{(\hat{c}_1^{\dagger})^{f(1)}(\hat{c}_2^{\dagger})^{f(2)}\cdots\}\{\cdots(\zeta_2)^{f(2)}(\zeta_1)^{f(1)}\} \tag{3.122}$$

となる．後ろのζ_i部分の積は降順になっている．これを次のように表す．

$$(\zeta)^{f^{\dagger}} = \cdots(\zeta_2)^{f(2)}(\zeta_1)^{f(1)} \tag{3.123}$$

これを昇順に直そう．ボース粒子の場合にはζ_iは互いに可換であるから，そのまま順序を交換して昇順$(\zeta_1)^{f(1)}(\zeta_2)^{f(2)}\cdots = (\zeta)^{f}$となる．フェルミ粒子の場合は，$\zeta_i$がグラスマン数であるので反可換である．(3.123)の$(\zeta)^{f^{\dagger}}$はN個のグラスマン数の積$\zeta_{\alpha_N}\cdots\zeta_{\alpha_1}$であるから，最後尾の$\zeta_{\alpha_1}$を残りの$N_1$個の$\zeta_{\alpha_i}$と反交換して，

$$\zeta_{\alpha_N}\cdots\zeta_{\alpha_1} = (-1)^{N-1}\zeta_{\alpha_1}\zeta_{\alpha_N}\cdots\zeta_{\alpha_2}$$

が得られる．右辺最後尾のζ_{α_2}を$N-2$個のζ_{α_i}と反交換してζ_{α_1}の右に移行するという操作を繰り返せば，

$$\zeta_{\alpha_N}\cdots\zeta_{\alpha_1} = (-1)^{1+2+\cdots+N-1}\zeta_{\alpha_1}\cdots\zeta_{\alpha_N} = (-1)^{\{N(N-1)\}/2}\zeta_{\alpha_1}\cdots\zeta_{\alpha_N}$$

から昇順となり，符号因子$(-1)^{\{N(N-1)\}/2}$がつく．ボース粒子の場合とフェルミ粒子の場合をまとめて書くためには，因子

$$\eta_{\mathrm{P}} = \pm 1 \quad (\mathrm{P} = \mathrm{S},\ \mathrm{A}) \tag{3.124}$$

を導入する．これを用いて，降順$(\zeta)^{f^{\dagger}}$と昇順ζ^{f}の関係は

$$(\zeta)^{f^{\dagger}} = \eta_{\mathrm{P}}^{\{N(N-1)\}/2}\zeta^{f} \tag{3.125}$$

であり，最終的に(3.122)の$(\hat{c}^{\dagger}\zeta)^{f}$は次のようになる．

$$(\hat{c}^\dagger\zeta)^f = (\hat{c}^\dagger)^f(\zeta)^{f^\dagger} = \eta_{\mathrm{P}}^{\{N(N-1)\}/2}(\hat{c}^\dagger)^f(\zeta)^f \tag{3.126}$$

フォック空間の N 体状態をまず考える．演算子 $(\hat{c}^\dagger\zeta)^N$ は，(3.112) より $\hat{c}_i^\dagger\zeta_i$ が互いに可換であるため，2.4 節の (2.35) と同様な計算 (N 項定理)

$$(\hat{c}^\dagger\zeta)^N = \left(\sum_i \hat{c}_i^\dagger\zeta_i\right)^N = \sum_{f\in\mathrm{ON}_N^{\mathrm{P}}}\frac{N!}{f!}(\hat{c}^\dagger\zeta)^f = \sum_{f\in\mathrm{ON}_N^{\mathrm{P}}}\frac{N!}{f!}(\hat{c}^\dagger)^f(\zeta)^{f^\dagger} \tag{3.127}$$

が成立する．これを基底状態 $|f_0\rangle$ に作用させれば，

$$(\hat{c}^\dagger\zeta)^N|f_0\rangle = \sum_{f\in\mathrm{ON}_N^{\mathrm{P}}}\frac{N!}{f!}(\hat{c}^\dagger)^f(\zeta)^{f^\dagger}|f_0\rangle = \sum_{f\in\mathrm{ON}_N^{\mathrm{P}}}\frac{N!}{f!}(\hat{c}^\dagger)^f|f_0\rangle(\zeta)^{f^\dagger}$$
$$= \eta_{\mathrm{P}}^{\{N(N-1)\}/2}\sum_{f\in\mathrm{ON}_N^{\mathrm{P}}}P_f[\hat{c}^\dagger]\,|f_0\rangle P_f[\zeta]$$

となる．ここで，(3.120) を用いれば，$(\hat{c}^\dagger\zeta)^N|f_0\rangle$ の展開式

$$(\hat{c}^\dagger\zeta)^N|f_0\rangle = \eta_{\mathrm{P}}^{\{N(N-1)\}/2}\sqrt{N!}\sum_{f\in\mathrm{ON}_N^{\mathrm{P}}}|f\rangle P_f[\zeta] \tag{3.128}$$

を得る．左辺を展開した $P_f[\zeta]$ の係数が占拠数状態 $|f\rangle$ に比例するから，$(\hat{c}^\dagger\zeta)^N|f_0\rangle$ はフォック空間の N 体占拠数状態の母関数である．

3.8 節で定義した多状態コヒーレント状態 (3.8) の $(\hat{c}^\dagger\zeta)$ のべき展開

$$|\zeta\rangle = e^{\hat{c}^\dagger\zeta}|f_0\rangle = \sum_{N=0}^{\infty}\frac{1}{N!}(\hat{c}^\dagger\zeta)^N|f_0\rangle \tag{3.129}$$

を (3.128) と組み合わせれば，コヒーレント状態を占拠数状態で展開する公式

$$|\zeta\rangle = \sum_{N=0}^{\infty}\frac{\eta_{\mathrm{P}}^{\{N(N-1)\}/2}}{\sqrt{N!}}\sum_{f_N\in\mathrm{ON}_N^{\mathrm{P}}}|f_N\rangle P_f[\zeta] \tag{3.130}$$

を得る．ここで，N 体占拠数関数は粒子数 N を明示して f_N と記した．

(3.130) は，多状態コヒーレント状態を変数 ζ で展開することにより，その係数としてすべての占拠数状態が得られることを示している．すなわち，多状態コヒーレント状態 $|\zeta\rangle$ は (粒子数 N を問わず) すべての占拠数状態に対する母関数になるのである．このような母関数は多体波動関数に対して構成できないわけではないが†20，簡単なものにはならず実際的ではない．粒

†20　例えば，シュウェーバー[23]，ボゴリューボフ[24] のように直積を用いる．

子数の異なる状態の重ね合わせを簡単に書くことができる第2量子化法の特徴といえる．

3.9.2 占拠数状態の規格直交性

母関数の応用として，占拠数状態の規格直交性関係

$$\langle f_M | g_N \rangle = \delta_{M,N}\delta_{f_M,g_N} \tag{3.131}$$

を導いてみよう[†21]．関数 f_M と g_N はそれぞれ粒子数が M と N の占拠数関数である．多状態コヒーレント状態の内積は前節の (3.117) で与えられ，$(\eta^\dagger\zeta)^N$ の展開公式，2.4 節の (2.35) および 2.5 節の (2.57) を用いて多項式 $P_{f_N}[\zeta]$ に展開され，

$$\langle \eta | \zeta \rangle = e^{\eta^\dagger\zeta} = \sum_{N=0}^{\infty}\frac{1}{N!}(\eta^\dagger\zeta)^N = \sum_{N=0}^{\infty}\frac{1}{N!}\sum_{f_N\in \mathrm{ON}_N^{\mathrm{P}}} P_{f_N}^\dagger[\eta]P_{f_N}[\zeta]$$

となる．コヒーレント状態の内積は展開公式 (3.130) を用いれば，次のように展開される．

$$\langle \eta | \zeta \rangle = \sum_{M,N=0}^{\infty}\frac{\eta_{\mathrm{P}}^{\{M(M-1)\}/2}\,\eta_{\mathrm{P}}^{\{N(N-1)\}/2}}{\sqrt{M!N!}}\sum_{f_M\in \mathrm{ON}_M^{\mathrm{P}}}\sum_{g_N\in \mathrm{ON}_N^{\mathrm{P}}}\langle f_M | g_N \rangle P_{f_M}^\dagger[\eta]P_{g_N}[\zeta]$$

両方の結果を比較し，$P_{f_M}^\dagger[\eta]P_{g_N}[\zeta]$ の係数を等しいとおけば，占拠数状態の内積 (3.131) が得られる．

3.10 多体波動関数と第2量子化の同等性

3.10.1 1体演算子の行列要素

フォック空間での演算子を考え，占拠数状態 (3.120) での行列要素を計算しよう．2.6 節における多体波動関数の場合と同様に，1体演算子の場合から始める．フォック空間での1体演算子として，

$$\widehat{O}^{(1)} = \sum_{i,j} A_{i,j}\hat{c}_i^\dagger \hat{c}_j \tag{3.132}$$

の型の演算子を用意して，多状態コヒーレント状態 $|\zeta\rangle$ と $|\eta\rangle$ での行列要素

---

†21　これは，そうなるように定義したので当然ではある．

$\langle\eta|\widehat{O}^{(1)}|\zeta\rangle$ を考える．占拠数状態 $|f\rangle$ の母関数としての展開 (3.130) を用いれば，

$$\langle\eta|\widehat{O}^{(1)}|\zeta\rangle=\sum_{M,N=0}^{\infty}\frac{\eta_{\mathrm{P}}^{\{M(M-1)\}/2}\,\eta_{\mathrm{P}}^{\{N(N-1)\}/2}}{\sqrt{M!N!}}\sum_{\substack{f_M\in\mathrm{ON}_M^{\mathrm{P}}\\ g_N\in\mathrm{ON}_N^{\mathrm{P}}}}\langle f_M|\widehat{O}^{(1)}|g_N\rangle P_{f_N}^{\dagger}[\eta]P_{g_N}[\zeta]$$

となる．演算子 $\widehat{O}^{(1)}$ は粒子数を変えないので，異なる粒子数の占拠数状態による行列要素は0であるから，

$$\langle f_M|\widehat{O}^{(1)}|g_N\rangle=\delta_{M,N}\langle f_N|\widehat{O}^{(1)}|g_N\rangle$$

が成り立つ．これを用いて次の展開式を得る．

$$\langle\eta|\widehat{O}^{(1)}|\zeta\rangle=\sum_{N=0}^{\infty}\frac{1}{N!}\sum_{\substack{f_N\in\mathrm{ON}_N^{\mathrm{P}}\\ g_N\in\mathrm{ON}_N^{\mathrm{P}}}}\langle f_N|\widehat{O}^{(1)}|g_N\rangle P_{f_N}^{\dagger}[\eta]P_{g_N}[\zeta] \tag{3.133}$$

よって，行列要素 $\langle\eta|\widehat{O}^{(1)}|\zeta\rangle$ を η と ζ の関数として求め，それを展開すれば $\langle f_N|\widehat{O}^{(1)}|g_N\rangle$ が求められる．

行列要素 $\langle\eta|\widehat{O}^{(1)}|\zeta\rangle$ を計算しよう．1体演算子 $\widehat{O}^{(1)}$ の定義 (3.132) を用いて，

$$\langle\eta|\widehat{O}^{(1)}|\zeta\rangle=\sum_{i,j}A_{i,j}\langle\eta|\hat{c}_i^{\dagger}\hat{c}_j|\zeta\rangle$$

を得る．多状態コヒーレント状態の性質 (3.114) および (3.115) から，

$$\hat{c}_j|\zeta\rangle=\zeta_j|\zeta\rangle,\qquad\langle\eta|\hat{c}_i^{\dagger}=\langle\eta|\eta_i^{\dagger} \tag{3.134}$$

であるので，期待値 $\langle\eta|\widehat{O}^{(1)}|\zeta\rangle$ は次のようになる．

$$\begin{aligned}\langle\eta|\widehat{O}^{(1)}|\zeta\rangle&=\sum_{i,j}A_{i,j}\langle\eta|\eta_i^{\dagger}\zeta_j|\zeta\rangle=\sum_{i,j}A_{i,j}\,\eta_i^{\dagger}\zeta_j\langle\eta|\zeta\rangle\\&=\sum_{i,j}A_{i,j}\eta_i^{\dagger}\zeta_j e^{\eta^{\dagger}\zeta}\end{aligned} \tag{3.135}$$

なお，$\eta_i^{\dagger}\zeta_j$ と $\langle\eta|$ の可換性を用いて $\eta_i^{\dagger}\zeta_j$ を期待値の左に移動させ，$\langle\eta|\zeta\rangle$ に (3.117) を用いた．

続けて，指数関数 $e^{\eta^{\dagger}\zeta}$ のべき展開†22

$$e^{\eta^{\dagger}\zeta}=\sum_{N=1}^{\infty}\frac{1}{(N-1)!}(\eta^{\dagger}\zeta)^{N-1}$$

を代入すれば次の結果を得る．

---

†22 べきを $N-1$ にしていることに注意．

$$\langle \eta | \widehat{O}^{(1)} | \zeta \rangle = \sum_{N=1}^{\infty} \frac{1}{(N-1)!} \sum_{i,j} A_{i,j} \eta_i{}^{\dagger} \zeta_j (\eta^{\dagger} \zeta)^{N-1}$$

上式の $\eta_i{}^{\dagger}\zeta_j(\eta^{\dagger}\zeta)^{N-1}$ の項は，$\eta_k^{\dagger}$ および ζ_l がそれぞれ N 次の項であるから，(3.133) の粒子数 N の項に対応する．$N=0$ の項がないのは，0 体状態 $|f_0\rangle$ に対して 1 体演算子が作用すると，$\langle f_0 | \widehat{O}^{(1)} | f_0 \rangle = 0$ だからである．両者を等しいとおけば，N 粒子占拠数状態の行列要素に対する公式

$$\sum_{f_N, g_N \in \mathrm{ON}_N^{\mathrm{P}}} \langle f_N | \widehat{O}^{(1)} | g_N \rangle P_{f_N}^{\dagger}[\eta] P_{g_N}[\zeta] = N \sum_{i,j} A_{i,j} \eta_i{}^{\dagger} \zeta_j (\eta^{\dagger} \zeta)^{N-1}$$

を得る．2.6 節で求めた N 粒子波動関数に対応する (2.71) および (2.73) を合わせて用いると，

$$\sum_{f_N, g_N \in \mathrm{ON}_N^{\mathrm{P}}} \langle \Psi_f^{\mathrm{P}} | \widehat{H} | \Psi_g^{\mathrm{P}} \rangle P_{f_N}^{\dagger}[\eta] P_{g_N}[\zeta] = N \sum_{i,j} \langle \phi_i | \widehat{h} | \phi_j \rangle \eta_i{}^{\dagger} \zeta_j (\eta^{\dagger} \zeta)^{N-1} \tag{3.136}$$

のようになる†23．

ここで，フォック空間上の占拠数状態に対する結果 (3.10) と，N 粒子多体波動関数に対する結果 (3.136) は同型である．したがって，係数 $A_{i,j}$ を，

$$A_{i,j} = \langle \phi_i | \widehat{h} | \phi_j \rangle \equiv \langle \phi_i | \widehat{h} | \phi_j \rangle = h_{i,j}$$

とするならば，フォック空間上の占拠数状態による行列要素と N 粒子多体波動関数による行列要素は，

$$\langle f_N | \widehat{O}^{(1)} | g_N \rangle = \langle \Psi_{f_N}^{\mathrm{P}} | \widehat{H} | \Psi_{g_N}^{\mathrm{P}} \rangle$$

のように 1 体演算子に対して完全に一致することになる．

1 体演算子に対する結果をまとめておこう．N 粒子多体波動関数に対する 1 体演算子 (2.69)

$$\widehat{H}_{\mathrm{W}} = \sum_{i=1}^{N} \widehat{h}(\xi_i)$$

に対して，フォック空間上の 1 体演算子

$$\widehat{H}_{\mathrm{F}} = \sum_{i,j} \langle \phi_i | \widehat{h} | \phi_j \rangle \widehat{c}_i{}^{\dagger} \widehat{c}_j = \sum_{i,j} \langle \phi_i | \widehat{h} | \phi_j \rangle \widehat{c}_i{}^{\dagger} \widehat{c}_j = \sum_{i,j} h_{i,j} \widehat{c}_i{}^{\dagger} \widehat{c}_j \tag{3.137}$$

---

†23　総和の指数を $a \to i$, $b \to j$ に変更した．

を対応させる．そうすれば，N 粒子多体波動関数 $\Psi_f(\zeta_I)$ にフォック空間上の占拠数状態 $|f\rangle$ が対応して，行列要素はすべて同じ値をとるので，

$$\langle f_N|\widehat{H}_{\mathrm{F}}|g_N\rangle = \langle \Psi_f^{\mathrm{P}}|\widehat{H}_{\mathrm{W}}|\Psi_g^{\mathrm{P}}\rangle \tag{3.138}$$

が得られる．

3.10.2　2体演算子の行列要素

2体演算子

$$\widehat{O}^{(2)} = \frac{1}{2}\sum_{i_1,i_2;j_1,j_2} A_{i_2,i_1;j_1,j_2}\hat{c}_{i_2}^\dagger\hat{c}_{i_1}^\dagger\hat{c}_{j_1}\hat{c}_{j_2} \tag{3.139}$$

の行列要素を1体演算子と同様の方法で計算する．(3.133) に対応するところまでは同じであるので，

$$\langle\eta|\widehat{O}^{(2)}|\zeta\rangle = \sum_{N=0}^{\infty}\frac{1}{N!}\sum_{\substack{f_M\in\mathrm{ON}_M^{\mathrm{P}}\\ g_N\in\mathrm{ON}_N^{\mathrm{P}}}}\langle f_N|\widehat{O}^{(2)}|g_N\rangle P_{f_N}^\dagger[\eta]P_{g_N}[\zeta] \tag{3.140}$$

となる．行列要素 $\langle\eta|\widehat{O}^{(2)}|\zeta\rangle$ を $\widehat{O}^{(2)}$ の具体的な表示 (3.139) を用いて計算すれば，

$$\langle\eta|\widehat{O}^{(2)}|\zeta\rangle = \frac{1}{2}\sum_{i_1,i_2;j_1,j_2} A_{i_2,i_1;j_1,j_2}\langle\eta|\hat{c}_{i_2}^\dagger\hat{c}_{i_1}^\dagger\hat{c}_{j_1}\hat{c}_{j_2}|\zeta\rangle$$

が得られる．1体演算子と同様に，コヒーレント状態の性質 (3.134) を用いて生成消滅演算子を

$$\hat{c}_{j_1}\hat{c}_{j_2}|\zeta\rangle = \hat{c}_{j_1}\zeta_{j_2}|\zeta\rangle = \hat{c}_{j_1}|\zeta\rangle\zeta_{j_2} = \zeta_{j_1}|\zeta\rangle\zeta_{j_2} = \zeta_{j_1}\zeta_{j_2}|\zeta\rangle$$

のように変数 η と ζ に変える．ζ_j と $|\zeta\rangle$ の可換性を用いたことに注意しよう．結局 $\hat{c}_j$ がそのまま ζ_j に変わる．同様にして，$\langle\eta|\hat{c}_{i_2}^\dagger\hat{c}_{i_1}^\dagger = \langle\eta|\eta_{i_2}^\dagger\eta_{i_1}^\dagger$ である．したがって，$\widehat{O}^{(2)}$ の行列要素は次のようになる．

$$\begin{aligned}\langle\eta|\widehat{O}^{(2)}|\zeta\rangle &= \frac{1}{2}\sum_{i_1,i_2;j_1,j_2} A_{i_2,i_1;j_1,j_2}\langle\eta|\eta_{i_2}^\dagger\eta_{i_1}^\dagger\zeta_{j_1}\zeta_{j_2}|\zeta\rangle\\ &= \frac{1}{2}\sum_{i_1,i_2;j_1,j_2} A_{i_2,i_1;j_1,j_2}\eta_{i_2}^\dagger\eta_{i_1}^\dagger\zeta_{j_1}\zeta_{j_2}\langle\eta|\zeta\rangle\\ &= \frac{1}{2}\sum_{i_1,i_2;j_1,j_2} A_{i_2,i_1;j_1,j_2}\eta_{i_2}^\dagger\eta_{i_1}^\dagger\zeta_{j_1}\zeta_{j_2}e^{\eta^\dagger\zeta}\end{aligned}$$

1体演算子の場合と同様に，$e^{\eta^\dagger\zeta}$ のべき展開

$$e^{\eta^\dagger\zeta}=\sum_{N=2}^{\infty}\frac{1}{(N-2)!}(\eta^\dagger\zeta)^{N-2}$$

を上式に代入すれば，$\eta_{i_2}^\dagger\eta_{i_1}^\dagger\zeta_{j_1}\zeta_{j_2}(\eta^\dagger\zeta)^{N-2}$ の項が展開式 (3.140) の N 粒子占拠数状態の項に対応し，

$$\sum_{\substack{f_M\in \mathrm{ON}_M^{\mathrm{P}}\\ g_N\in \mathrm{ON}_N^{\mathrm{P}}}}\langle f_N|\widehat{O}^{(2)}|g_N\rangle P_{f_N}^\dagger[\eta]P_{g_N}[\zeta] =\frac{N(N-1)}{2}\sum_{i_1,i_2\,;\,j_1,j_2}A_{i_2,i_1\,;\,j_1,j_2}\eta_{i_2}^\dagger\eta_{i_1}^\dagger\zeta_{j_1}\zeta_{j_2}(\eta^\dagger\zeta)^{N-2} \tag{3.141}$$

となる．

では，2.7節で議論した N 体波動関数における2体演算子の行列要素の計算と比較してみよう．まず，(2.85) と (2.89) から，N 体波動関数に対する展開式は，

$$\sum_{f_N,g_N\in \mathrm{ON}_N^{\mathrm{P}}}\langle \Psi_{f_N}^{\mathrm{P}}|\widehat{V}|\Psi_{g_N}^{\mathrm{P}}\rangle P_{f_N}^\dagger[\eta]P_{g_N}[\zeta] =\frac{N(N-1)}{2}\sum_{i_1,i_2\,;\,j_1,j_2}\langle\phi_{i_2}\phi_{i_1}|\hat{v}|\phi_{j_1}\phi_{j_2}\rangle\eta_{i_2}^\dagger\eta_{i_1}^\dagger\zeta_{j_1}\zeta_{j_2}(\eta^\dagger\zeta)^{N-2} \tag{3.142}$$

であるから，(3.141) と比較して，次の対応の下にこの場合も N 体波動関数と第2量子化は同じ結果

$$A_{i_2,i_1\,;\,j_1,j_2}=\langle\phi_{i_2}\phi_{i_1}|\hat{v}|\phi_{j_1}\phi_{j_2}\rangle=\langle\phi_{i_1}\phi_{i_2}|\hat{v}|\phi_{j_1}\phi_{j_2}\rangle=v_{i_1,i_2\,;\,j_1,j_2}$$

を与える．

よって，1体演算子と同様に2体演算子に対しても次の対応が成立する．N 粒子多体波動関数に対する2体演算子 (2.70)

$$\widehat{V}_{\mathrm{W}}=\sum_{i<j}\hat{v}(\xi_i,\xi_j)=\frac{1}{2}\sum_{i\neq j}\hat{v}(\xi_i,\xi_j)$$

に対して，フォック空間上の2体演算子を

$$\widehat{V}_{\mathrm{F}}=\frac{1}{2}\sum_{i_1,i_2\,;\,j_1,j_2}v_{i_1,i_2\,;\,j_1,j_2}\hat{c}_{i_2}^\dagger\hat{c}_{i_1}^\dagger\hat{c}_{j_1}\hat{c}_{j_2} \tag{3.143}$$

のように対応させる．そうすれば N 粒子多体波動関数 $\Psi_f(\xi_I)$ にフォック空間上の占拠数状態 $|f\rangle$ が対応して，行列要素はすべて同じ値をとるので，

$$\langle f_N | \hat{V}_{\mathrm{F}} | g_N \rangle = \langle \Psi_{f_N}^{\mathrm{P}} | \hat{V}_{\mathrm{W}} | \Psi_{g_N}^{\mathrm{P}} \rangle \tag{3.144}$$

を得る．

3.10.3 n 体対称演算子の行列要素

2.7 節の最後で触れておいたように，n 体対称演算子に対しても同様の対応関係が成立する．計算の方法はこれまでの計算の単純な拡張で，結果もほぼ自明である．ここでは,計算の詳細は省略して結果のみを述べる．(2.100) で示した n 体演算子

$$\hat{O}_{\mathrm{W}} = \sum_{i_1 < \cdots < i_n} \hat{o}(\xi_1, \cdots, \xi_n) = \frac{1}{n!} \sum_{\substack{i_1, \cdots, i_n \\ i_k \neq i_l}} \hat{o}(\xi_1, \cdots, \xi_n)$$

に対してフォック空間上の n 体演算子

$$\hat{O}_{\mathrm{F}} = \frac{1}{n!} \sum_{\substack{i_1, \cdots, i_n \\ j_1, \cdots, j_n}} o_{i_1, \cdots, i_n ; j_1, \cdots, j_n} \hat{c}_{i_n}^{\dagger} \cdots \hat{c}_{i_1}^{\dagger} \hat{c}_{j_1} \cdots \hat{c}_{j_n} \tag{3.145}$$

を対応させる．ここで，$o_{i_1, \cdots, i_n ; j_1, \cdots, j_n}$ は (2.103) で定義された，演算子 $\hat{o}$ の期待値である．そうすれば，N 粒子多体波動関数 $\Psi_f(\xi_I)$ にフォック空間上の占拠数状態 $|f\rangle$ が対応して，行列要素はすべて同じ値をとるので，

$$\langle f_N | \hat{O}_{\mathrm{F}} | g_N \rangle = \langle \Psi_{f_N}^{\mathrm{P}} | \hat{O}_{\mathrm{W}} | \Psi_{g_N}^{\mathrm{P}} \rangle \tag{3.146}$$

となる．

証明は，コヒーレント状態に生成消滅演算子が作用して，

$$\langle \eta | \hat{c}_{i_n}^{\dagger} \cdots \hat{c}_{i_1}^{\dagger} \hat{c}_{j_1} \cdots \hat{c}_{j_n} | \zeta \rangle = \eta_n^{\dagger} \cdots \eta_1^{\dagger} \zeta_1 \cdots \zeta_n e^{\eta^{\dagger} \zeta}$$

となり，$e^{\eta^{\dagger}\zeta}$ をべき展開した後で N 次の項を，N 体波動関数を用いて得られた (2.101) と (2.102) と比較すればよい．

3.11 場の演算子

前節での議論により，多体波動関数に対する演算子にフォック空間上で

(3.137)，(3.143) および (3.145) で対応させ，N 粒子多体波動関数 $\Psi_f(\zeta_I)$ にフォック空間上の占拠数状態 $|f\rangle$ を対応させれば，行列要素が同じになり，N 粒子多体波動関数の計算がフォック空間でできることがわかった．この対応をわかりやすくするために場の演算子を導入する．

3.11.1　場の演算子

場の演算子 (field operator) は，フォック空間上の演算子であって次のように定義される．

$$\hat{\varphi}(\xi) = \sum_i \phi_i(\xi)\hat{c}_i, \qquad \hat{\varphi}^\dagger(\xi) = \sum_i \phi_i^*(\xi)\hat{c}_i^\dagger \tag{3.147}$$

ここで，$\{\phi_i(\xi)\}$ は完全性条件を満たす1粒子状態波動関数の基底である．この演算子の交換関係（あるいは反交換関係）を求めよう．計算は，生成消滅演算子の交換関係に帰着する．ボース粒子の場合から始める．場の演算子 $\hat{\varphi}(\xi)$ と $\hat{\varphi}(\xi')$ および $\hat{\varphi}^\dagger(\xi)$ と $\hat{\varphi}^\dagger(\xi')$ の交換関係は次のようになる．

$$[\hat{\varphi}(\xi),\, \hat{\varphi}(\xi')] = \sum_{i,j} \phi_i(\xi)\phi_j(\xi')[\hat{a}_i,\, \hat{a}_j] = 0$$

$$[\hat{\varphi}^\dagger(\xi),\, \hat{\varphi}^\dagger(\xi')] = \sum_{i,j} \phi_i^*(\xi)\phi_j^*(\xi')[\hat{a}_i^\dagger,\, \hat{a}_j^\dagger] = 0$$

そして，場の演算子 $\hat{\varphi}(\xi)$ と $\hat{\varphi}^\dagger(\xi)$ の交換関係を計算すると，

$$\begin{aligned}[\hat{\varphi}(\xi),\, \hat{\varphi}^\dagger(\xi')] &= \sum_{i,j} \phi_i(\xi)\phi_j(\xi')[\hat{a}_i,\, \hat{a}_j^\dagger] = \sum_{i,j} \phi_i(\xi)\phi_j^*(\xi')\delta_{i,j} \\ &= \sum_i \phi_i(\xi)\phi_i^*(\xi')\end{aligned}$$

である．ここで完全性条件

$$\sum_i \phi_i(\xi)\phi_i^*(\xi') = \delta\,(\xi - \xi') \tag{3.148}$$

を用いれば交換関係

$$[\hat{\varphi}(\xi),\, \hat{\varphi}^\dagger(\xi')] = \delta(\xi - \xi')$$

が求められる．

完全性条件 (3.148) について，もう少し説明をしておこう．この条件は，規格直交条件

$$\langle\phi_i|\phi_j\rangle = \int \phi_i^*(\xi)\phi_j(\xi)\, d\xi = \delta_{i,j} \tag{3.149}$$

と連動している．なぜなら，完全性条件 (3.148) に左から $\phi_j(\xi')$ を掛けて ξ' で積分すれば，

$$\sum_i \phi_i(\xi)\left\{\int \phi_i^*(\xi')\phi_j(\xi')d\xi'\right\} = \int \delta(\xi-\xi')\phi_j(\xi')d\xi' = \phi_j(\xi)$$

となり，規格直交条件 (3.149) が上式に従うからである．よって，$\phi_i(\xi)$ が例えば位置 $\boldsymbol{x}$ とスピン変数 $s = \pm 1/2$ を自由度としてもつ電子の波動関数 $\phi_i(\xi) = \phi_i(\boldsymbol{x}, s)$ とすれば，規格直交条件 (3.149) は，

$$\langle\phi_i|\phi_j\rangle = \sum_{s=\pm 1/2}\int \phi_i^*(\boldsymbol{x}, s)\phi_j(\boldsymbol{x}, s)\, d^3\boldsymbol{x} = \delta_{i,j} \tag{3.150}$$

であり，これと連動して完全性条件は

$$\sum_i \phi_i(\boldsymbol{x}, s)\phi_i^*(\boldsymbol{x}', s') = \delta^3(\boldsymbol{x}-\boldsymbol{x}')\delta_{s,s'} \tag{3.151}$$

となる．

フェルミ粒子に対しては反交換関係

$$\{\hat{\varPhi}(\xi), \hat{\varPhi}(\xi')\} = \sum_{i,j}\phi_i(\xi)\phi_j(\xi')\{\hat{b}_i, \hat{b}_j\} = 0$$

$$\{\hat{\varPhi}^\dagger(\xi), \hat{\varPhi}^\dagger(\xi')\} = \sum_{i,j}\phi_i^*(\xi)\phi_j^*(\xi')\{\hat{b}_i^\dagger, \hat{b}_j^\dagger\} = 0$$

$$\begin{aligned}\{\hat{\varPhi}(\xi), \hat{\varPhi}^\dagger(\xi')\} &= \sum_{i,j}\phi_i(\xi)\phi_j(\xi')\{\hat{b}_i, \hat{b}_j^\dagger\} = \sum_{i,j}\phi_i(\xi)\phi_j^*(\xi')\delta_{i,j} \\ &= \sum_i \phi_i(\xi)\phi_i^*(\xi') = \delta(\xi-\xi')\end{aligned}$$

が成立する．

そこで，括弧式 $[\ \ ,\ \ ]_\mathrm{P}$ を，$\mathrm{P}=\mathrm{S}$ (ボース粒子)，$\mathrm{P}=\mathrm{A}$ (フェルミ粒子) に対して

$$[\hat{A}, \hat{B}]_\mathrm{S} = [\hat{A}, \hat{B}], \qquad [\hat{A}, \hat{B}]_\mathrm{A} = \{\hat{A}, \hat{B}\} \tag{3.152}$$

と定義すれば，ボース粒子とフェルミ粒子の両方の場合をまとめて表示でき，

$$\left.\begin{aligned}[\hat{\varPhi}(\xi), \hat{\varPhi}(\xi')]_\mathrm{P} = [\hat{\varPhi}^\dagger(\xi), \hat{\varPhi}^\dagger(\xi')]_\mathrm{P} = 0 \\ [\hat{\varPhi}(\xi), \hat{\varPhi}^\dagger(\xi')]_\mathrm{P} = \delta\,(\xi-\xi')\end{aligned}\right\} \tag{3.153}$$

となる．

3.11.2　場の演算子によるフォック空間上の演算子

場の演算子を用いると，3.8節で求めたN粒子多体波動関数に対する演算子とフォック空間上の演算子の関係を，より簡単な形で表すことができる．

まず，1体演算子$\widehat{H}_{\mathrm{W}}=\sum_{i=1}^{N}\widehat{h}(\xi_i)$に対するフォック空間上の演算子(3.137)を考える．場の演算子の定義(3.147)を用いれば，

$$\begin{aligned}\widehat{H}_{\mathrm{F}} &= \sum_{i,j}\langle\phi_i|\widehat{h}|\phi_j\rangle\widehat{c}_i^{\dagger}\widehat{c}_j = \sum_{i,j}\int d\xi\,\phi_i^*(\xi)\,\widehat{h}(\xi)\,\phi_j(\xi)\,\widehat{c}_i^{\dagger}\widehat{c}_j \\ &= \int d\xi\left\{\sum_i\phi_i^*(\xi)\,\widehat{c}_i^{\dagger}\right\}\widehat{h}(\xi)\left\{\sum_j\phi_j^*(\xi)\,\widehat{c}_j\right\} = \int d\xi\,\widehat{\varPsi}^{\dagger}(\xi)\,\widehat{h}(\xi)\,\widehat{\varPsi}(\xi)\end{aligned}$$

であるから，次のようになる．

$$\widehat{H}_{\mathrm{F}} = \sum_{i,j}\langle\phi_i|\widehat{h}|\phi_j\rangle\widehat{c}_i^{\dagger}\widehat{c}_j = \int d\xi\,\widehat{\varPsi}^{\dagger}(\xi)\,\widehat{h}(\xi)\,\widehat{\varPsi}(\xi) \tag{3.154}$$

特に，全粒子数演算子$\widehat{N}=\sum_i\widehat{c}_i^{\dagger}\widehat{c}_i$に対しては，$\widehat{h}(\xi)=1$とすればよいので，

$$\widehat{N} = \int d\xi\,\widehat{\varPsi}^{\dagger}(\xi)\,\widehat{\varPsi}(\xi) \tag{3.155}$$

となる．これは1粒子波動関数の粒子数の表式(1.22)において，波動関数$\phi(\boldsymbol{x})$を場の演算子$\widehat{\varPsi}(\xi)$でおきかえたものになっていることに注意しよう．

フォック空間上の2体演算子(3.143)に対しても同様に，

$$\begin{aligned}\widehat{V}_{\mathrm{F}} &= \frac{1}{2}\sum_{i_1,i_2;j_1,j_2}\langle\phi_{i_2}\phi_{i_1}|\widehat{v}|\phi_{j_1}\phi_{j_2}\rangle\widehat{c}_{i_2}^{\dagger}\widehat{c}_{i_1}^{\dagger}\widehat{c}_{j_1}\widehat{c}_{j_2} \\ &= \frac{1}{2}\sum_{i_1,i_2;j_1,j_2}\int d\xi\int d\xi'\,\phi_{i_2}^*(\xi')\phi_{i_1}^*(\xi)\,\widehat{v}(\xi,\xi')\,\phi_{j_1}(\xi)\,\phi_{j_2}(\xi')\,\widehat{c}_{i_2}^{\dagger}\widehat{c}_{i_1}^{\dagger}\widehat{c}_{j_1}\widehat{c}_{j_2} \\ &= \frac{1}{2}\int d\xi\int d\xi'\left\{\sum_{i_2}\phi_{i_2}^*(\xi')\,\widehat{c}_{i_2}^{\dagger}\right\}\left\{\sum_{i_1}\phi_{i_1}^*(\xi)\,\widehat{c}_{i_1}^{\dagger}\right\} \\ &\qquad\qquad\times\,\widehat{v}(\xi,\xi')\left\{\sum_{j_1}\phi_{j_1}(\xi)\,\widehat{c}_{j_1}\right\}\left\{\sum_{j_2}\phi_{j_2}(\xi')\,\widehat{c}_{j_2}\right\} \\ &= \frac{1}{2}\int d\xi\int d\xi'\,\widehat{\varPsi}^{\dagger}(\xi')\,\widehat{\varPsi}^{\dagger}(\xi)\,\widehat{v}(\xi,\xi')\,\widehat{\varPsi}(\xi)\,\widehat{\varPsi}(\xi')\end{aligned}$$

となるから，次の表式を得る．

$$\hat{V}_{\mathrm{F}} = \frac{1}{2}\sum_{i_1, i_2 ; j_1, j_2} \langle \phi_{i_2}\phi_{i_1} | \hat{v} | \phi_{j_1}\phi_{j_2} \rangle \hat{c}_{i_2}^{\dagger} \hat{c}_{i_1}^{\dagger} \hat{c}_{j_1} \hat{c}_{j_2}$$
$$= \frac{1}{2}\int d\xi \int d\xi' \, \hat{\varPhi}^{\dagger}(\xi') \hat{\varPhi}^{\dagger}(\xi) \hat{v}(\xi, \xi') \hat{\varPhi}(\xi) \hat{\varPhi}(\xi) \tag{3.156}$$

同様にすれば，n 体演算子 (3.145) は次のように表されることは明らかである．

$$\hat{O}_{\mathrm{F}} = \frac{1}{n!}\sum_{\substack{i_1, \cdots, i_n \\ j_1, \cdots, j_n}} \langle \phi_{i_n} \cdots \phi_{i_1} | \hat{o} | \phi_{j_1} \cdots \phi_{j_n} \rangle \hat{c}_{i_n}^{\dagger} \cdots \hat{c}_{i_1}^{\dagger} \hat{c}_{j_1} \cdots \hat{c}_{j_n}$$
$$= \frac{1}{n!}\int d\xi_1 \cdots d\xi_n \, \hat{\varPhi}^{\dagger}(\xi_n) \cdots \hat{\varPhi}^{\dagger}(\xi_1) \hat{o}(\xi_1, \cdots, \xi_n) \hat{\varPhi}(\xi_1) \cdots \hat{\varPhi}(\xi_n)$$

3.12 多体状態の位置座標表示

前節で述べた場の演算子を用いて，多体状態の**位置座標表示** (**position-coordinate representation**) を構成することができる．これは 1 粒子状態におけるディラックの**ブラケット表示** (**bracket representation**) を，多体系波動関数に拡張したものになっている．1.1 節に述べたように，1 粒子状態におけるブラケット表示は物理過程『状態 ϕ にある ⇒ 位置 $\boldsymbol{x}$ にある』に対応する確率振幅 (波動関数) $\phi(\boldsymbol{x}) = \langle \boldsymbol{x} | \phi \rangle$ を，抽象的な状態 $|\boldsymbol{x}\rangle$ と $|\phi\rangle$ の複素数ベクトルの内積†24

$$\langle \boldsymbol{x} | \phi \rangle = \langle \boldsymbol{x} | \cdot | \phi \rangle = (|\boldsymbol{x}\rangle, |\phi\rangle)$$

に分解して考えるもので，これにより運動量表示への変換などの変換理論が組織的に展開でき[1]，非常に便利なものである．これと同種のものを，(2.42) で定義された占拠数関数 f に対する自由粒子多体系波動関数 $\varPsi_f^{\mathrm{P}}(\xi_I)$ ($\mathrm{P} = \mathrm{S}, \mathrm{A}$) に対して考える．すなわち，$\varPsi_f^{\mathrm{P}}$ と $|\xi_I ; \mathrm{P}\rangle$ について

$$|\xi_I ; \mathrm{S}\rangle = |\xi_1, \cdots, \xi_N ; \mathrm{S}\rangle$$

を構成して，$\varPsi_f^{\mathrm{P}}(\xi_I) = \langle \xi_I ; \mathrm{P} | f \rangle$ になるようにしたいわけである．ここで，占拠数関数 f に対する状態 $|f\rangle$ は，(3.79) で定義されたフォック空間におけ

†24 一般的には双対ベクトルの作用であるが，ここでは数学的に厳密に考える必要がないので内積とする．

る占拠数状態

$$|f\rangle = \frac{1}{\sqrt{N!}} P_f[\hat{c}^\dagger]\,|f_0\rangle \tag{3.157}$$

である．生成演算子 $\hat{c}^\dagger$ はボース粒子かフェルミ粒子に応じて，交換関係に従う $\hat{a}^\dagger$ か，反交換関係に従う $\hat{b}^\dagger$ のどちらかである．よって，$|f\rangle$ と内積をとるのであるから $|\xi_I\,;\mathrm{P}\rangle$ もフォック空間の状態であることになる．この状態はボース粒子であるかフェルミ粒子であるかによって，

$$\sigma|\xi_I\,;\mathrm{S}\rangle = |\xi_{I\sigma^{-1}}\,;\mathrm{S}\rangle = |\xi_I\,;\mathrm{S}\rangle,\ \sigma|\xi_I\,;\mathrm{A}\rangle = |\xi_{I\sigma^{-1}}\,;\mathrm{A}\rangle = \varepsilon_\sigma|\xi_I\,;\mathrm{A}\rangle \tag{3.158}$$

となり，対称または反対称でなければならない．これは，状態 $|\xi_I\,;\mathrm{P}\rangle$ が $|\xi_i\rangle$ $(i=1,\cdots,N)$ の直積ではないことを意味する．よって，対称性を明示するために $\mathrm{P}=\mathrm{S},\mathrm{A}$ をつけておくのである．

状態 $|\xi_I\,;\mathrm{P}\rangle$ を定義するために，前節で定義した場の演算子の積

$$[\hat{\varphi}^\dagger]^N(\xi_I) = \hat{\varphi}^\dagger(\xi_1)\cdots\hat{\varphi}^\dagger(\xi_N), \qquad [\hat{\varphi}]^N(\xi_I^\dagger) = \hat{\varphi}^\dagger(\xi_N)\cdots\hat{\varphi}^\dagger(\xi_1) \tag{3.159}$$

を用いる．フェルミ粒子の場合には，場の演算子を掛ける順番にも意味があることに注意しよう[†25]．演算子 $[\hat{\varphi}^\dagger]^N(\xi_I)$ と $[\hat{\varphi}]^N(\xi_I^\dagger)$ は互いにエルミート共役の関係にあるので

$$\{[\hat{\varphi}^\dagger]^N(\xi_I)\}^\dagger = [\hat{\varphi}]^N(\xi_I^\dagger) \tag{3.160}$$

となる．

場の演算子の定義 (3.147) を用いて，これらを計算しよう．計算は 2.4 節と 2.5 節における多体波動関数の母関数の展開と同じで，変数 ζ_i が生成演算子 $\hat{c}_i^\dagger$ になり，$\hat{\varphi}^\dagger(\xi) = \sum_i \phi^*(\xi)\,\hat{c}_i^\dagger$ であるから多体波動関数が複素共役になるだけである．よって，

$$[\hat{\varphi}^\dagger]^N(\xi_I) = \sum_{f\in \mathrm{ON}_N^{\mathrm{P}}} \{\Psi_f^{\mathrm{P}}(\xi_I)\}^* P_f[\hat{c}^\dagger] \tag{3.161}$$

のように，結果も (2.66) で変数 ξ_i を生成演算子 $\hat{c}_i^\dagger$ に変えたものになる．

---

†25　$I^\dagger$ は降べき順に掛けることを表す．

また，エルミート共役をとれば次の式を得る．

$$[\widehat{\varphi}]^{N}(\xi_I^{\dagger}) = \sum_{f\in \mathrm{ON}_N^{\mathrm{P}}} \Psi_f^{\mathrm{P}}(\xi_I)\{P_f[\hat{c}^{\dagger}]\}^{\dagger} \tag{3.162}$$

フォック空間上の状態 $|\,\xi_I\,;\mathrm{P}\rangle$ を次のように定義する．

$$|\,\xi_I\,;\mathrm{P}\rangle = \frac{1}{\sqrt{N!}}[\widehat{\varphi}^{\,\dagger}]^{N}(\xi_I)\,|f_0\rangle = \frac{1}{\sqrt{N!}}\widehat{\varphi}^{\,\dagger}(\xi_1)\cdots\widehat{\varphi}^{\,\dagger}(\xi_N)\,|f_0\rangle \tag{3.163}$$

これに，場の演算子積の展開式 (3.162) を用いれば次のようになる．

$$\begin{aligned}|\,\xi_I\,;\mathrm{P}\rangle &= \frac{1}{\sqrt{N!}}\sum_{f\in \mathrm{ON}_N^{\mathrm{P}}}\{\Psi_f^{\mathrm{P}}(\xi_I)\}^{*}\{P_f[\hat{c}^{\dagger}]\}^{\dagger}|f_0\rangle \\ &= \sum_{f\in \mathrm{ON}_N^{\mathrm{P}}}\{\Psi_f^{\mathrm{P}}(\xi_I)\}^{*}|f\rangle \end{aligned} \tag{3.164}$$

なお，占拠数状態 $|f\rangle$ の定義 (3.52) あるいは (3.79) を用いた．これを用いて $|\xi_I\,;\mathrm{P}\rangle$ と占拠数状態 $|f\rangle$ との内積を計算すれば，

$$\langle\xi_I\,;\mathrm{P}\,|\,f\rangle = \sum_{f'\in \mathrm{ON}_N^{\mathrm{P}}}\Psi_{f'}^{\mathrm{P}}(\xi_I)\langle f'\,|\,f\rangle = \sum_{f'\in \mathrm{ON}_N^{\mathrm{P}}}\Psi_{f'}^{\mathrm{P}}(\xi_I)\delta_{f,f'} = \Psi_f^{\mathrm{P}}(\xi_I)$$

となり，

$$\Psi_f^{\mathrm{P}}(\xi_I) = \langle\xi_I\,;\mathrm{P}\,|\,f\rangle \tag{3.165}$$

を得る．よって，(3.163) が求めていた位置座標表示の状態であることがわかる．

状態 $|\,\xi_I\,;\mathrm{P}\rangle$ の規格直交性を求めよう．(3.164) を用いて計算すれば

$$\begin{aligned}\langle\xi_I'\,;\mathrm{P}\,|\,\xi_I\,;\mathrm{P}\rangle &= \sum_{f,f'\in \mathrm{ON}_N^{\mathrm{P}}}\Psi_{f'}^{\mathrm{P}}(\xi_I')\{\Psi_f^{\mathrm{P}}(\xi_I)\}^{*}\langle f'\,|\,f\rangle \\ &= \sum_{f\in \mathrm{ON}_N^{\mathrm{P}}}\Psi_f^{\mathrm{P}}(\xi_I')\{\Psi_f^{\mathrm{P}}(\xi_I)\}^{*} \\ &= \frac{1}{N!}\sum_{\sigma\in S_N}\delta(\xi_{I\sigma^{-1}}' - \xi_I)\end{aligned}$$

となる．ここで，占拠数状態 $|f\rangle$ の規格直交条件式 $\langle f'\,|\,f\rangle = \delta_{f',f}$ を用いた．これより，$|\xi_I\,;\mathrm{P}\rangle$ の規格直交条件式は，次のようになる．

$$\langle\xi_I'\,;\mathrm{P}\,|\,\xi_I\,;\mathrm{P}\rangle = \frac{1}{N!}\sum_{\sigma\in S_N}\delta(\xi_{I\sigma^{-1}}' - \xi_I) \tag{3.166}$$

完全性条件式はこの結果から，

$$\int d\xi_I |\xi_I\,;\mathrm{P}\rangle\langle\xi_I\,;\mathrm{P}| = 1_N^{\mathrm{P}}$$

となる．ここで，1_N^{P} は N 体対称（または反対称）状態の空間における恒等演算子であって，次のように定義される．

$$1_N^{\mathrm{P}} = \sum_{f_N \in \mathrm{ON}_N^{\mathrm{P}}} |f_N\rangle\langle f_N|$$

上式において，粒子数が N の占拠数関数を添字 N をつけて f_N とした．状態 $|\xi_I\,;\mathrm{P}\rangle$ はフォック空間中における粒子数 N の部分空間の基底状態を構成するので，フォック空間全体の恒等演算子にはならないことに注意しよう．1_N^{P} をすべての N について加えると，対称（$\mathrm{P}=\mathrm{S}$）または反対称（$\mathrm{P}=\mathrm{A}$）フォック空間での恒等演算子となるので，

$$1^{\mathrm{P}} = \sum_{N=0}^{\infty} 1_N^{\mathrm{P}} = \sum_{N=0}^{\infty} \sum_{f_N \in \mathrm{ON}_N^{\mathrm{P}}} |f_N\rangle\langle f_N| \tag{3.167}$$

と計算される．これはフォック空間での占拠数状態の完全性を示している．

3.13　場の演算子によるフォック空間上の演算子

3.9 節で多体波動関数および演算子がフォック空間上の状態と演算子で表されることを示し，3.10 節の (3.154)，(3.156) および (3.11) で 1 体と 2 体（および n 体）演算子の具体的な表示を与えた．これらは，直接に場の演算子を用いることによっても導くことができる．これは，第 2 章での多体波動関数の理論との類似性という点でも興味深いものである．

3.13.1　場の演算子によるフォック空間上の演算子

フォック空間上の粒子数を変化させない演算子 $\widehat{F}$ を考える．対称または反対称フォック空間のいずれでもよい．この演算子の座標表示状態 $|\xi_{I_N}\rangle$ での期待値は次のように表される．

$$\langle\xi'_{I_{N'}}\,;\mathrm{P}|\widehat{F}|\xi_{I_N}\,;\mathrm{P}\rangle = \delta_{N,N'} F_N(\xi_{I_N}) \frac{1}{N!} \sum_{\sigma \in S_N} \delta(\xi'_{I_N\sigma^{-1}} - \xi_{I_N}) \tag{3.168}$$

これは，多体波動関数に対する座標表示の演算子 (1.66) に対応するもので

あるが，フォック空間では任意の粒子数の状態を同時に扱えるため，異なる粒子数 N と N' の状態での期待値まで扱えることに注意しよう（結果は 0 であるが）．

前節の完全性条件式を用いて，この演算子の N 粒子占拠数状態 $|f_N\rangle$ と $|f'_N\rangle$ に対する期待値を計算すれば

$$\langle f'_N|\widehat{F}|f_N\rangle = \int d\xi'_{I_N}\int d\xi_{I_N}\,\langle f'_N|\xi'_{I_N};\mathrm{P}\rangle\langle\xi'_{I_N};\mathrm{P}|\widehat{F}|\xi_{I_N};\mathrm{P}\rangle\langle\xi_{I_N};\mathrm{P}|f_N\rangle$$

$$= \frac{1}{N!}\sum_{\sigma\in S_N}\int d\xi'_{I_N}\int d\xi_{I_N}\,\langle f'_N|\xi'_{I_N};\mathrm{P}\rangle F_N(\xi_{I_N})\delta(\xi'_{I_N\sigma^{-1}}-\xi_{I_N})\langle\xi_{I_N};\mathrm{P}|f_N\rangle$$

$$= \int d\xi_{I_N}\,\langle f'_N|\xi_{I_N};\mathrm{P}\rangle F_N(\xi_{I_N})\langle\xi_{I_N};\mathrm{P}|f_N\rangle$$

となる．次に，状態 $|\xi_{I_N};\mathrm{P}\rangle$ の定義 (3.163) と，そのエルミート共役を用いれば，上式から

$$\langle f'_N|\widehat{F}|f_N\rangle = \frac{1}{N!}\int d\xi_{I_N}\,\langle f'_N|[\widehat{\varphi}^{\dagger}]^N(\xi_{I_N})|f_0\rangle F_N(\xi_{I_N})\langle f_0|[\widehat{\varphi}]^N(\xi^{\dagger}_{I_N})|f_N\rangle$$

が得られる．

被積分関数は，フォック空間での占拠数状態の完全性 (3.167) を用いて

$$\langle f'_N|[\widehat{\varphi}^{\dagger}]^N(\xi_{I_N})|f_0\rangle F_N(\xi_{I_N})\langle f_0|[\widehat{\varphi}]^N(\xi^{\dagger}_{I_N})|f_N\rangle$$

$$= F_N(\xi_{I_N})\sum_{N'=0}^{\infty}\sum_{g_N\in\mathrm{ON}^{\mathrm{P}}_N}\langle f'_N|[\widehat{\varphi}^{\dagger}]^N(\xi_{I_N})|g_{N'}\rangle\langle g_{N'}|[\widehat{\varphi}]^N(\xi_{I^{\dagger}_N})|f_N\rangle$$

$$= \langle f'_N|[\widehat{\varphi}^{\dagger}]^N(\xi_{I_N})F_N(\xi_{I_N})[\widehat{\varphi}]^N(\xi_{I^{\dagger}_N})|f_N\rangle$$

と変形される．ここで，粒子数 $N'\neq 0$ の期待値は粒子数が変化してしまうので 0 となり，$N'=0$ の項しか残らないことを用いた．$N'=0$ の項は真空状態の 1 種類しかないので $|g_0\rangle=|f_0\rangle$ である．このことを用いて，最終的に演算子 $\widehat{F}$ の期待値の表式

$$\langle f'_N|\widehat{F}|f_N\rangle = \frac{1}{N!}\int d\xi_{I_N}\langle f'_N|[\widehat{\varphi}^{\dagger}]^N(\xi_{I_N})F_N(\xi_{I_N})[\widehat{\varphi}]^N(\xi_{I^{\dagger}_N})|f_N\rangle \tag{3.169}$$

を得る[†26]．

---

†26 関数 $F_N(\xi_{I_N})$ は c 数であるから，期待値の外に出しても構わない．

3.13.2　フォック空間上の1体演算子

演算子 $\widehat{F}$ が1体対称演算子

$$F_N(\xi_{I_N}) = \sum_{i=1}^{N} h(\xi_i)$$

の場合を考える．(3.169) の期待値は次のようになる．

$$\langle f'_N|\,[\widehat{\varphi}^{\dagger}]^N(\xi_{I_N})F_N(\xi_{I_N})\,[\widehat{\varphi}]^N(\xi_{I_N^{\dagger}})\,|f_N\rangle = \sum_{i=1}^{N}\langle f'_N|\,[\widehat{\varphi}^{\dagger}]^N(\xi_{I_N})\,h(\xi_i)\,[\widehat{\varphi}]^N(\xi_{I_N^{\dagger}})\,|f_N\rangle \quad (3.170)$$

ここで，これを (3.169) に代入した $i=N$ の項

$$I_N = \frac{1}{N!}\int d\xi_{I_N}\,\langle f'_N|\,[\widehat{\varphi}^{\dagger}]^N(\xi_{I_N})\,h(\xi_i)\,[\widehat{\varphi}]^N(\xi_{I_N^{\dagger}})\,|f_N\rangle$$

$$= \frac{1}{N!}\int d\xi_1\cdots d\xi_N\,\langle f'_N|\,\widehat{\varphi}^{\dagger}(\xi_N)\cdots\widehat{\varphi}^{\dagger}(\xi_1)\,h(\xi_N)\,\widehat{\varphi}(\xi_1)\cdots\widehat{\varphi}(\xi_N)\,|f_N\rangle$$

を評価してみる．最初に ξ_1 の積分を行うと，(3.155) より個数演算子 $\widehat{N}$ となるので，

$$I_N = \frac{1}{N!}\int d\xi_2\cdots d\xi_N\langle f'_N|\,\widehat{\varphi}^{\dagger}(\xi_N)\cdots\widehat{\varphi}^{\dagger}(\xi_2)\,h(\xi_N)\,\widehat{N}\widehat{\varphi}(\xi_2)\cdots\widehat{\varphi}(\xi_N)\,|f_N\rangle$$

$$= \frac{1}{N!}\int d\xi_2\cdots d\xi_N\langle f'_N|\,\widehat{\varphi}^{\dagger}(\xi_N)\cdots\widehat{\varphi}^{\dagger}(\xi_2)\,h(\xi_N)\,\widehat{\varphi}(\xi_2)\cdots\widehat{\varphi}(\xi_N)\,|f_N\rangle$$

と計算できる．この式で $\widehat{N}$ はその右にある状態 $\widehat{\varphi}(\xi_2)\cdots\widehat{\varphi}(\xi_N)\,|f_N\rangle$ に作用するが，この状態は $N-(N-1)=1$ 粒子状態であるため固有値1となった．同様にして ξ_2 の積分を行えば，また $\widehat{N}$ が生じ，状態 $\widehat{\varphi}(\xi_3)\cdots\widehat{\varphi}(\xi_N)\,|f_N\rangle$ に作用して固有値2となるので，

$$I_N = \frac{1}{N!}\int d\xi_3\cdots d\xi_N\,\langle f'_N|\,\widehat{\varphi}^{\dagger}(\xi_N)\cdots\widehat{\varphi}^{\dagger}(\xi_3)\,h(\xi_N)\,\widehat{N}\widehat{\varphi}(\xi_3)\cdots\widehat{\varphi}(\xi_N)\,|f_N\rangle$$

$$= \frac{1}{N!}\int d\xi_2\cdots d\xi_N\,\langle f'_N|\,\widehat{\varphi}^{\dagger}(\xi_N)\cdots\widehat{\varphi}^{\dagger}(\xi_3)\,h(\xi_N)\,2\widehat{\varphi}(\xi_3)\cdots\widehat{\varphi}(\xi_N)\,|f_N\rangle$$

と計算できる．続けて $\xi_3\cdots\xi_{N-1}$ の積分を行えば，固有値3，…，$N-1$ が生じるので

$$I_N = \frac{1}{N}\int d\xi_N \langle f'_N | \hat{\varphi}^\dagger(\xi_N) h(\xi_N) \hat{\varphi}(\xi_N) | f_N \rangle$$

となる．(3.170) における他の項 ($i \neq N$) の積分も，$\hat{\varphi}(\xi_i)$ を他の $\hat{\varphi}(\xi_j)$ と交換（反交換）して $|f_N\rangle$ の直前に移行，$\hat{\varphi}^\dagger(\xi_i)$ を他の $\hat{\varphi}^\dagger(\xi_j)$ と交換（反交換）して $\langle f_N|$ の直前に移行すれば，I_N と同形になる†27．

よって，1体演算子の場合には (3.169) は，

$$\langle f'_N | \hat{F} | f_N \rangle = \langle f'_N | \int d\xi\, \hat{\varphi}^\dagger(\xi) h(\xi) \hat{\varphi}(\xi) | f_N \rangle$$

となり，これが任意の $|f_N\rangle$ と $|f'_N\rangle$ に対して成立することから，次の結果を得る．

$$\hat{F} = \int d\xi\, \hat{\varphi}^\dagger(\xi) h(\xi) \hat{\varphi}(\xi) \tag{3.171}$$

これは，(3.154) と同じである．

同様にして，2体演算子および n 体演算子の場合に (3.156) および (3.11) を導くことも容易である．

3.14　2体相互作用する量子多体系

相互作用をする同種粒子の量子多体系を考える．まず，多体波動関数で表される系を考える．これまでと同様に，座標 $\boldsymbol{x}$ やスピン自由度 σ をまとめて粒子自由度 ξ として表す．N 体波動関数 $\Phi(\xi_1, \cdots, \xi_N)$ に対する多体ハミルトニアン演算子として，次のものを考える．

$$\hat{H}_{\mathrm{W}} = \hat{H}_{0,\mathrm{W}} + \hat{V}_{\mathrm{W}} = \sum_{i=1}^{N} h(\xi_i) + \frac{1}{2}\sum_{i,j=1,i\neq j}^{N} v(\xi_i, \xi_j) \tag{3.172}$$

この1体演算子 $\hat{H}_{0,\mathrm{W}}$ は，外場 $V(\xi)$ 中の質量 m の粒子であれば

$$h(\boldsymbol{x}) = -\frac{\hbar^2}{2m}\boldsymbol{\nabla}^2 + V(\boldsymbol{x}) \tag{3.173}$$

のように (1.65) である．相互作用 $\hat{V}_{\mathrm{W}}$ としては，$v(\xi_i, \xi_j)$ による2体相互

†27　$\hat{\varphi}(\xi_i)$ と $\hat{\varphi}^\dagger(\xi_i)$ を同じだけ交換（反交換）するので負号が出ない．

作用のみを考えることにする．

3.14.1 第2量子化されたハミルトニアン演算子

この系は前節で述べた第2量子化を行うことにより，フォック空間の状態と演算子を用いて表すことができる．そのためには1体波動関数の完全系 $\phi_\alpha(\xi)\,(\alpha=1,\cdots,\infty)$ を用意して，(3.147) に従って場の演算子

$$\hat{\varphi}(\xi)=\sum_\alpha \phi_\alpha(\xi)\hat{c}_\alpha, \qquad \hat{\varphi}^\dagger(\xi)=\sum_\alpha \phi_\alpha^*(\xi)\hat{c}_\alpha^\dagger \tag{3.174}$$

を定義する．フォック空間上の演算子 $\hat{c}_\alpha^\dagger$ および $\hat{c}_\alpha$ は生成消滅演算子であり，考えている粒子がボース粒子であるかフェルミ粒子であるかによって，交換関係 (3.35) または反交換関係 (3.67) に従う．

3.11節の方法を用いれば，多体波動関数 $\hat{H}_{\mathrm{W}}$ (3.172) に対応するフォック空間上の演算子 $\hat{H}$

$$\hat{H}=\hat{H}_0+\hat{V}=\int d\xi\,\hat{\varphi}^\dagger(\xi)h(\xi)\hat{\varphi}(\xi)+\frac{1}{2}\iint d\xi\,d\xi'\,\hat{\varphi}^\dagger(\xi')\hat{\varphi}^\dagger(\xi)v(\xi,\xi')\hat{\varphi}(\xi)\hat{\varphi}(\xi') \tag{3.175}$$

が求められる．1体演算子 $\hat{H}_{0,\mathrm{W}}$ と2体演算子 $\hat{V}_{\mathrm{W}}$ に対して，それぞれ (3.154) と (3.156) を用いた．さらに，これを生成消滅演算子を用いて

$$\begin{aligned}\hat{H}&=\hat{H}_0+\hat{V}\\&=\sum_{\alpha,\beta}h_{\alpha,\beta}\hat{c}_\alpha^\dagger\hat{c}_\beta+\frac{1}{2}\sum_{\alpha_1,\alpha_2;\beta_1,\beta_2}v_{\alpha_1,\alpha_2;\beta_1,\beta_2}\hat{c}_{\alpha_2}^\dagger\hat{c}_{\alpha_1}^\dagger\hat{c}_{\beta_1}\hat{c}_{\beta_2}\\&=\sum_{\alpha,\beta}h_{\alpha,\beta}\hat{c}_\alpha^\dagger\hat{c}_\beta+\frac{1}{2}\sum_{\alpha_1,\alpha_2;\beta_1,\beta_2}v_{\alpha_1,\alpha_2;\beta_2,\beta_1}\hat{c}_{\alpha_1}^\dagger\hat{c}_{\alpha_2}^\dagger\hat{c}_{\beta_1}\hat{c}_{\beta_2}\end{aligned} \tag{3.176}$$

と表すことができる．3行目の第2項の表示は，$\hat{c}_{\alpha_2}^\dagger\hat{c}_{\alpha_1}^\dagger=\pm\,\hat{c}_{\alpha_1}^\dagger\hat{c}_{\alpha_2}^\dagger$, $\hat{c}_{\beta_1}\hat{c}_{\beta_2}=\pm\,\hat{c}_{\beta_2}\hat{c}_{\beta_1}$ を用いて順序交換し，添字をつけかえた $(\beta_1\leftrightarrow\beta_2)$ ものである．行列要素 $h_{\alpha,\beta}$ と $v_{\alpha_2,\alpha_1;\beta_1,\beta_2}$ は，

$$h_{\alpha,\beta}=(\phi_\alpha|h|\phi_\beta)=\langle\phi_\alpha|h|\phi_\beta\rangle=\int d\xi\,\phi_\alpha^*(\xi)\hat{h}(\xi)\phi_\beta(\xi) \tag{3.177}$$

および，

$$v_{\alpha_1,\alpha_2\,;\,\beta_1,\beta_2} = \langle \phi_{\alpha_2}\phi_{\alpha_1} | v | \phi_{\beta_1}\phi_{\beta_2} \rangle = (\phi_{\alpha_2}\phi_{\alpha_1} | v | \phi_{\beta_1}\phi_{\beta_2})$$
$$= \int d\xi \int d\xi'\ \phi^*_{\alpha_2}(\xi')\phi^*_{\alpha_1}(\xi) v(\xi, \xi') \phi_{\beta_1}(\xi)\phi_{\beta_2}(\xi') \tag{3.178}$$

であることを思い出そう．

3.10節で示したように，(3.120) で定義されたフォック空間上の占拠数関数 f に対する占拠数状態

$$|f\rangle = \frac{1}{\sqrt{N!}} P_f[\hat{c}^\dagger]|f_0\rangle \tag{3.179}$$

には，(2.67) で定義された多体波動関数 (P = S, A)

$$\Psi^{\mathrm{P}}_f(\xi_I) = \sqrt{\frac{N!}{f!}}\mathcal{P}\Phi_{F_f}(\xi_I) = \frac{1}{\sqrt{N!f!}} \sum_{\sigma\in S_N} \mathrm{sgn_P}[\sigma]\Phi_{F_f}(\xi_{I_{\sigma^{-1}}}) \tag{3.180}$$

が対応する†28．

(3.175) または (3.176) で与えられるフォック空間上のハミルトニアン演算子 $\hat{H}$ は，(3.155) で定義される全粒子数演算子

$$\hat{N} = \int d\xi\ \hat{\psi}^\dagger(\xi)\hat{\psi}(\xi) = \sum_i \hat{c}_i^\dagger \hat{c}_i \tag{3.181}$$

と可換 ($[\hat{N}, \hat{H}] = 0$) であり，これは全粒子数 N が保存することを意味する．

3.14.2　フォック空間上の多体シュレディンガー方程式

多体シュレディンガー方程式は，ハミルトニアン演算子 (3.176) を用いると，

$$i\hbar\frac{\partial}{\partial t}|\Psi(t)\rangle = \hat{H}|\Psi(t)\rangle \tag{3.182}$$

となる．状態 $|\Psi(t)\rangle$ は，フォック空間上での時間に依存する状態である．

---

†28　フォック空間上の生成消滅演算子 $\hat{c}_\alpha^\dagger$ および $\hat{c}_\alpha$ は，完全系 $\phi_\alpha(\xi)$ の選び方に依存することに注意しよう．

エネルギー固有値 E をもつ定常状態 $|\Phi\rangle$ は，時間に依存しないシュレディンガー方程式

$$\widehat{H}|\Phi\rangle = E|\Phi\rangle \tag{3.183}$$

を満たす．状態 $|\Phi\rangle$ に対応する $|\Psi(t)\rangle$ は次のようになる．

$$|\Psi(t)\rangle = e^{i(E/h)t}|\Phi\rangle \tag{3.184}$$

また，占拠数状態 $|f_N\rangle$ がフォック空間の N 粒子基底である場合には，N 粒子状態 $|\Phi\rangle$ は占拠数状態で展開される[†29]ので

$$|\Phi\rangle = \sum_{f_N} C_{f_N}|f_N\rangle \tag{3.185}$$

となる．

3.15　相互作用のダイアグラム表示

前節の (3.175) あるいは (3.176) で表される相互作用

$$\widehat{V} = \frac{1}{2}\int d\xi \int d\xi'\ \widehat{\varphi}^{\dagger}(\xi')\widehat{\varphi}^{\dagger}(\xi)v(\xi,\xi')\widehat{\varphi}(\xi)\widehat{\varphi}(\xi')$$
$$= \frac{1}{2}\sum_{\alpha_1,\alpha_2;\beta_1,\beta_2} v_{\alpha_1,\alpha_2;\beta_1,\beta_2}\widehat{c}^{\dagger}_{\alpha_2}\widehat{c}^{\dagger}_{\alpha_1}\widehat{c}_{\beta_1}\widehat{c}_{\beta_2} \tag{3.186}$$

を，図 3.1 のようなダイアグラム[†30]で表すと便利なことがある．

図 3.1 左図は (3.186) の 1 行目を表したもので，水平な破線は相互作用 $v(\xi,\xi')$ を表し，この線分の左端の点と右端の点は座標 ξ と ξ' に対応する．

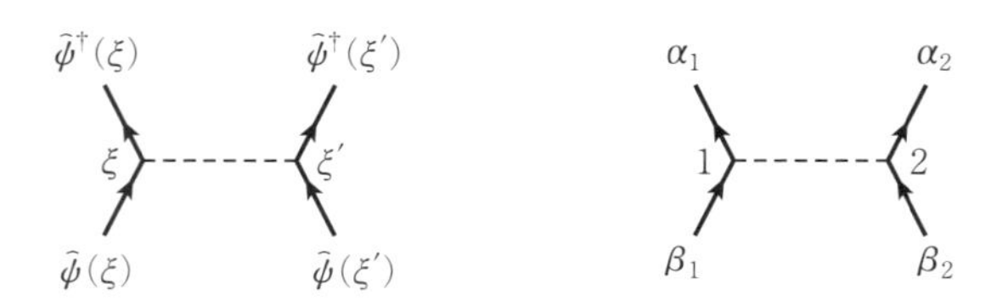

図 3.1　2体相互作用のダイアグラム表示

---

†29　C_{f_N} は展開係数である．

†30　diagram あるいは graph.

これらの点を**頂点**（vertex）という．矢印のついた実線は場の演算子 $\widehat{\varphi}$, $\varphi^\dagger$ に対応する．終点が頂点 ξ, ξ' である実線はそれぞれ $\widehat{\varphi}(\xi)$, $\widehat{\varphi}(\xi')$ を表し，始点が頂点 ξ, ξ' である実線はそれぞれ $\widehat{\varphi}^\dagger(\xi)$, $\widehat{\varphi}^\dagger(\xi')$ を表すとする．これらの実線は**外線**（external line）とよばれる[†31]．

図 3.1 の右図は同じ図形で (3.186) の 2 行目を表したもので，水平な破線は相互作用 $v_{\alpha_1,\alpha_2;\beta_1,\beta_2}$ を表し，頂点は添字の 1, 2 に対応する．矢印のついた実線は生成消滅演算子 $\widehat{c}$, $\widehat{c}^\dagger$ に対応し，終点が頂点 1, 2 である外線はそれぞれ $\widehat{c}_{\beta_1}$, $\widehat{c}_{\beta_2}$ を表し，始点が頂点 1, 2 である外線はそれぞれ $\widehat{c}^\dagger_{\alpha_1}, \widehat{c}^\dagger_{\alpha_2}$ を表す[†32]．

このようなダイアグラムによる表示はファインマンが量子電気力学に対して始めたものなので[†33]，**ファインマンダイアグラム**（Feynman diagram）とよばれる．また多体問題での応用はゴールドストーンによって始められたので[†34]，**ゴールドストーンダイアグラム**（Goldstone diagram）ともいう．

3.16 生成消滅演算子の正規順序積

交換関係 (3.35) あるいは反交換関係 (3.67)

$$\widehat{A}_i\widehat{A}_j \pm \widehat{A}_j\widehat{A}_i = 0, \quad \widehat{A}_i^\dagger\widehat{A}_j^\dagger \pm \widehat{A}_j^\dagger\widehat{A}_i^\dagger = 0, \quad \widehat{A}_i\widehat{A}_j^\dagger \pm \widehat{A}_j^\dagger\widehat{A}_i = \delta_{i,j} \tag{3.187}$$

を満たす生成消滅演算子 $\widehat{A}_i^\dagger$ と $\widehat{A}_j$ を考える．真空状態 $|f_0\rangle$ による演算子 $\widehat{X}$ の期待値を $\langle\widehat{X}\rangle$ とする．$\widehat{A}_i|f_0\rangle = 0$, $\langle f_0|\widehat{A}^\dagger = 0$ であるから，次のようになる．

$$\langle\widehat{A}_i\widehat{A}_j\rangle = \langle\widehat{A}_i^\dagger\widehat{A}_j^\dagger\rangle = \langle\widehat{A}_i^\dagger\widehat{A}_j\rangle = 0, \qquad \langle\widehat{A}_i\widehat{A}_j^\dagger\rangle = \delta_{i,j} \tag{3.188}$$

ここで，演算子 $\widehat{X}_a(a = 1, \cdots, N)$ は，$\widehat{A}_i$ または $\widehat{A}_j^\dagger$ のいずれかを表すとする．演算子積 $\widehat{X}_1\cdots\widehat{X}_N$ は一般に生成演算子 $\widehat{A}_j^\dagger$ や消滅演算子 $\widehat{A}_i$ の順番が入

---

†31 外線の矢印の意味は後で説明するように，粒子と空孔を区別するためのものである．

†32 このように，ダイアグラム表示は同じ図形で異なる意味のものを表すことがあるので，注意が必要である．

†33 R. P. Feynman：Phys. Rev. **76** (1956) 749.

†34 J. Goldstone：Proc. Roy. Soc. (London) **A239** (1957) 267.

り乱れたものであるが，形式的に $\widehat{X}_a$ 同士で交換あるいは反交換を行い[†35]，生成演算子 $\widehat{A}_j^\dagger$ は左に移動し消滅演算子 $\widehat{A}_i$ は右に移動してできる新たな演算子積を，演算子積 $\widehat{X}_1\cdots\widehat{X}_N$ の**正規順序積**（**normal - ordered product**）とよび，

$$N(\widehat{X}_1\cdots\widehat{X}_N) \text{ または } :\widehat{X}_1\cdots\widehat{X}_N:$$

と書く．この定義だけでは生成演算子同士，消滅演算子同士の積の順番は決まらないが，(3.187) より生成演算子間および消滅演算子間はもともと交換あるいは反交換するので，それらの順序の違いはすべて同じ演算子を与えることに注意しよう．

簡単な例を挙げると，

$$N(\widehat{A}_i\widehat{A}_j) = \widehat{A}_i\widehat{A}_j = \pm\,\widehat{A}_j\widehat{A}_i, \qquad N(\widehat{A}_i^\dagger\widehat{A}_j^\dagger) = \widehat{A}_i^\dagger\widehat{A}_j^\dagger = \pm\,\widehat{A}_j^\dagger\widehat{A}_i^\dagger$$

$$N(\widehat{A}_i^\dagger\widehat{A}_j) = \widehat{A}_i^\dagger\widehat{A}_j, \qquad N(\widehat{A}_i\widehat{A}_j^\dagger) = \pm\,\widehat{A}_i^\dagger\widehat{A}_j$$

$$N(\widehat{A}_i\widehat{A}_j^\dagger\widehat{A}_k) = \pm\,\widehat{A}_j^\dagger\widehat{A}_i\widehat{A}_k = \widehat{A}_j^\dagger\widehat{A}_k\widehat{A}_i$$

などがある．また，異なる種類の生成演算子と消滅演算子，$\widehat{A}_i^\dagger$ と $\widehat{A}_j$ $(i \neq j)$ も交換または反交換するので，正規順序積では

$$N(\widehat{A}_1\widehat{A}_2\widehat{A}_1^\dagger\widehat{A}_2^\dagger) = \widehat{A}_1^\dagger\widehat{A}_2^\dagger\widehat{A}_1\widehat{A}_2 = -\,\widehat{A}_1^\dagger\widehat{A}_1\widehat{A}_2^\dagger\widehat{A}_2$$

のように $\widehat{A}_j$ が $\widehat{A}^\dagger$ の左に来てもよい[†36]．よって，粒子空孔状態のように2種類の生成消滅演算子がある場合には，それぞれでまとめて書くことができ，

$$N(\hat{b}_{i_1}\hat{d}_{\mu_1}^\dagger\hat{b}_{j_1}^\dagger\hat{d}_{\nu_2}) = \hat{b}_{j_1}^\dagger\hat{b}_{i_1}\hat{d}_{\mu_1}^\dagger\hat{d}_{\nu_2}$$

となる．これらのことから，N 記号の中では演算子順序の交換公式

$$N(\widehat{X}_{I\sigma}) = \mathrm{sgn_P}[\sigma]^N(\widehat{X}_I)\,(\mathrm{P} = \mathrm{S},\ \mathrm{A}) \tag{3.189}$$

が得られる．上式において，2.1節の記法を用いた．置換 σ は S_N の元で，$\widehat{X}_I = \widehat{X}_1\cdots\widehat{X}_N$，$\widehat{X}_{I\sigma} = \widehat{X}_{\sigma(1)}\cdots\widehat{X}_{\sigma(N)}$，$\mathrm{sgn_P}[\sigma]$ は (2.7) で定義される交換による符号関数である．

---

†35　(3.187) の右辺が形式的に0であると考えて，順序交換をする．

†36　交換による符号には注意しなければならない．

3.17　演算子の縮約

2個の生成消滅演算子 $\widehat{X}_1$ と $\widehat{X}_2$ の**縮約** (contraction) $\langle\widehat{X}_1\widehat{X}_2\rangle$ は，演算子積と正規順序積の差として

$$\langle\widehat{X}_1\widehat{X}_2\rangle = \widehat{X}_1\widehat{X}_2 - N\,(\widehat{X}_1\widehat{X}_2) \tag{3.190}$$

と定義される．正準交換 (反交換) 関係 (3.187) を用いれば，

$$\langle\widehat{A}_i\widehat{A}_j\rangle = \langle\widehat{A}_i^\dagger\widehat{A}_j^\dagger\rangle = \langle\widehat{A}_i^\dagger\widehat{A}_j\rangle = 0, \qquad \langle\widehat{A}_i\widehat{A}_j^\dagger\rangle = \delta_{i,j} \tag{3.191}$$

となり，縮約はすべてc数であることがわかる．よって，(3.190) の真空状態 $|f_0\rangle$ に対する期待値をとれば，

$$\langle\widehat{X}_1\widehat{X}_2\rangle = \langle f_0|\widehat{X}_1\widehat{X}_2|f_0\rangle - \langle f_0|N(\widehat{X}_1\widehat{X}_2)|f_0\rangle = \langle f_0|\widehat{X}_1\widehat{X}_2|f_0\rangle \tag{3.192}$$

となり，縮約 $\langle\widehat{X}_1\widehat{X}_2\rangle$ は真空期待値であることがわかる．縮約の記法には，

$$\begin{aligned}\langle\widehat{X}_1\widehat{X}_2\rangle &\equiv \widehat{X}_1^{\bullet}\widehat{X}_2^{\bullet} \\ &\equiv \underbracket{\widehat{X}_1\widehat{X}_2}\end{aligned} \tag{3.193}$$

がある．最後の記法は次に述べるウィックの定理で，特殊な用いられ方をする．

3.18　ウィックの定理

ウィックの定理 (**Wick's theorem**) とは，生成消滅演算子の積を正規順序積で表す一般公式である．2個の生成消滅演算子 $\widehat{X}_1, \widehat{X}_2$ の積の場合は，縮約の定義式 (3.190) より，

$$\widehat{X}_1\widehat{X}_2 = N(\widehat{X}_1\widehat{X}_2) + \langle\widehat{X}_1\widehat{X}_2\rangle \tag{3.194}$$

である．よって，3個以上の演算子積に対する場合が問題である．

ウィックの定理には正規順序積内での縮約という考えが用いられる．これは，正規順序積内部の演算子対 (隣り合っていなくてもよい) に縮約記号をつけたものとして表され，以下に述べる計算規則に従って演算子と演算子対の縮約に還元される．縮約記号は，演算子対の間に他の演算子が挟まってい

る場合もあるので (3.193) の最後の記法を用いる[†37].

ここで，例を挙げよう．3個の演算子積 $N(\hat{X}_1\hat{X}_2\hat{X}_3)$ の場合には，

$$N(\underbracket{\hat{X}_1\hat{X}_2}\hat{X}_3)\,,\qquad N(\underbracket{\hat{X}_1\hat{X}_2\hat{X}_3})\,,\qquad N(\hat{X}_1\underbracket{\hat{X}_2\hat{X}_3})$$

があり，これですべての場合である．4個以上の演算子積の場合には，複数の演算子対に縮約がついていてもよいので，

$$N(\underbracket{\hat{X}_1\hat{X}_2}\underbracket{\hat{X}_3\hat{X}_4})\,,\qquad N(\hat{X}_1^{\bullet}\hat{X}_2^{\circ}\hat{X}_3^{\bullet}\hat{X}_4^{\circ})\,,\qquad N(\underbracket{\hat{X}_1\underbracket{\hat{X}_2\hat{X}_3}\hat{X}_4})$$

縮約がついた正規順序積の計算方法は次の通りである．

（1） N 積の内部で演算子順序を交換あるいは反交換し，縮約記号のついた演算子対を隣り合うようにする．この時，縮約のついた演算子対の順序は交換しないように注意する．

（2） 隣り合っている縮約記号のついた演算子対 (例えば，$\hat{X}_i$ と $\hat{X}_j$) を N 積の外部に出して，縮約 $\langle\hat{X}_i\hat{X}_j\rangle$ として残りの N 積に掛ける．

例を挙げれば

$$N(\underbracket{\hat{X}_1\hat{X}_2}\hat{X}_3) = \underbracket{\hat{X}_1\hat{X}_2}N(\hat{X}_3) = \langle\hat{X}_1\hat{X}_2\rangle\hat{X}_3$$

$$N(\underbracket{\hat{X}_1\hat{X}_2\hat{X}_3}) = \pm\,N(\underbracket{\hat{X}_1\hat{X}_3}\hat{X}_2) = \pm\,\underbracket{\hat{X}_1\hat{X}_3}N(\hat{X}_2) = \pm\langle\hat{X}_1\hat{X}_3\rangle\hat{X}_2$$

$$N(\hat{X}_1^{\bullet}\hat{X}_2^{\circ}\hat{X}_3^{\bullet}\hat{X}_4^{\circ}) = \pm\,N(\underbracket{\hat{X}_1\hat{X}_3}\underbracket{\hat{X}_2\hat{X}_4}) = \pm\,\underbracket{\hat{X}_1\hat{X}_3}\underbracket{\hat{X}_2\hat{X}_4} = \pm\,\langle\hat{X}_1\hat{X}_3\rangle\langle\hat{X}_2\hat{X}_4\rangle$$

$$\begin{aligned}N(\underbracket{\hat{X}_1\underbracket{\hat{X}_2\hat{X}_3}\hat{X}_4}) &= \pm\,N(\hat{X}_1^{\bullet}\hat{X}_2^{\circ}\hat{X}_4^{\bullet}\hat{X}_3^{\circ}) = (\pm\,1)^2N(\underbracket{\hat{X}_1\hat{X}_4}\underbracket{\hat{X}_2\hat{X}_3})\\ &= \underbracket{\hat{X}_1\hat{X}_4}\underbracket{\hat{X}_2\hat{X}_3} = \langle\hat{X}_1\hat{X}_4\rangle\langle\hat{X}_2\hat{X}_3\rangle\end{aligned}$$

となる．縮約のついていない正規順序積に対する (3.189) のような順序交換は，一般には許されないことに注意しよう．なぜなら，縮約のついた演算子対の交換ができないからである．このことは (3.188) から，

$$\langle\hat{A}_i^{\dagger}\hat{A}_i\rangle = 0 \neq 1 = \langle\hat{A}_i\hat{A}_i^{\dagger}\rangle$$

となり，明らかであろう．

---

†37　伝統的には2番目の記法がよく用いられる．

ウィックの定理は次のように要約される．生成消滅演算子の積は，あらゆる種類の縮約のついた正規順序積[†38]の総和に等しい．つまり，

$$
\begin{aligned}
\hat{X}_1\cdots\hat{X}_N &= N(\hat{X}_1\cdots\hat{X}_N) + N(\wick{\c{\hat{X}}_1\c{\hat{X}}_2}\cdots\hat{X}_N) + \cdots \\
&\quad + N(\wick{\c1{\hat{X}}_1\c1{\hat{X}}_2\c2{\hat{X}}_3\c2{\hat{X}}_4}\cdots\hat{X}_N) + N(\wick{\c1{\hat{X}}_1\c2{\hat{X}}_2\c1{\hat{X}}_3\c2{\hat{X}}_4}\cdots\hat{X}_N) + \cdots
\end{aligned}
\tag{3.195}
$$

である．

具体的に示すと演算子個数 $N=2$ の時は (3.194) となる．$N=3$ の時のウィックの定理は，

$$
\hat{X}_1\hat{X}_2\hat{X}_3 = N(\hat{X}_1\hat{X}_2\hat{X}_3) + N(\wick{\c{\hat{X}}_1\c{\hat{X}}_2}\hat{X}_3) + N(\wick{\c{\hat{X}}_1\hat{X}_2\c{\hat{X}}_3}) + N(\hat{X}_1\wick{\c{\hat{X}}_2\c{\hat{X}}_3})
\tag{3.196}
$$

となる．$N=4$ の時は次のようになる．

$$
\begin{aligned}
\hat{X}_1\hat{X}_2\hat{X}_3\hat{X}_4 &= N(\hat{X}_1\hat{X}_2\hat{X}_3\hat{X}_4) \\
&\quad + N(\wick{\c{\hat{X}}_1\c{\hat{X}}_2}\hat{X}_3\hat{X}_4) + N(\wick{\c{\hat{X}}_1\hat{X}_2\c{\hat{X}}_3}\hat{X}_4) + N(\wick{\c{\hat{X}}_1\hat{X}_2\hat{X}_3\c{\hat{X}}_3}) \\
&\quad + N(\hat{X}_1\wick{\c{\hat{X}}_2\c{\hat{X}}_3}\hat{X}_4) + N(\hat{X}_1\wick{\c{\hat{X}}_2\hat{X}_3\c{\hat{X}}_4}) + N(\hat{X}_1\hat{X}_2\wick{\c{\hat{X}}_3\c{\hat{X}}_4}) \\
&\quad + N(\wick{\c1{\hat{X}}_1\c1{\hat{X}}_2\c2{\hat{X}}_3\c2{\hat{X}}_4}) + N(\wick{\c1{\hat{X}}_1\c2{\hat{X}}_2\c1{\hat{X}}_3\c2{\hat{X}}_4}) + N(\wick{\c1{\hat{X}}_1\c2{\hat{X}}_2\c2{\hat{X}}_3\c1{\hat{X}}_4})
\end{aligned}
\tag{3.197}
$$

N が大きくなると項の数は急激に多くなるが，(3.191) からわかるように縮約が 0 になる場合もあるので，要領よく計算することが重要である．

†38 縮約がついていない場合も含める．

第2量子化

生成消滅演算子によって多体問題を記述する第2量子化の方法は，電磁場の量子化と光子の記述を定式化したディラックの論文（1927年）[†39]と，ボース粒子系に用いたジョーダンとクラインの論文（1927年）[†40]が最初のようである．（前者は，量子力学の中間描像，すなわちディラック－朝永描像を提示した論文としても有名である．）フェルミ粒子系に対する反交換関係を用いる記述は，ジョーダンとウィグナー[†41]によって行われた．

また，場の演算子（量子場）を用いた記述は，電磁場の量子化における有名な論文であるハイゼンベルグとパウリの論文（1930年）[†42]や，量子化された電磁場と物質との相互作用を粒子数によらず配位空間で扱ったランダウとパイエルスの論文（1930年）[†43]があり，粒子系に対する定式化がフォック[†44]によって行われ，現在見るような形でまとめられた．フォック空間の名称はV．フォックにちなむ．本書における第2量子化の取り扱いは，フォックによる展開とほぼ同じものになっている．

† 39　P. A. M. Dirac：Proc. Roy. Soc. (London) **A114** (1927) 243.

† 40　P. Jordan and O. Klein：Zeits. für Phys. **45** (1927) 751.

† 41　P. Jordan and E. P. Wigner：Zeits. für Phys. **47** (1928) 631.

† 42　W. Heisenberg and W. Pauli：Zeits. für Phys. **56** (1929) 1, **59** (1930) 168.

† 43　L. D. Landau and R. Peierls：Zeits. für Phys. **62** (1930) 188.

† 44　V. Fock：Zeits. für Phys. **75** (1932) 622.

第4章 フェルミ粒子多体系と粒子空孔理論

この章では，後の章に対する準備として，フェルミ粒子多体系を第2量子化に基づき整備し，自由フェルミ粒子多体系の基底状態であるフェルミ縮退状態（多体波動関数ではスレーター行列式状態）の基本的性質を述べる．さらに，励起状態をフェルミ縮退状態に対して表すための粒子空孔表示を導入し，相互作用するフェルミ粒子多体系の粒子空孔表示による表現を具体的に求める．また，原子分子や物性の電子系などで用いられる原子単位系について紹介する．

4.1 フェルミ粒子多体系における粒子と空孔

4.1.1 自由フェルミ粒子系

この節では，フェルミ粒子系における**空孔理論**（hole theory）について述べる．空孔理論は，元来ディラックによって，電子の相対論的波動方程式であるディラック方程式に生じる負のエネルギー状態の困難を解決するために提唱されたものであるが，この考え方の本質にはフェルミ統計性があり，フェルミ粒子系に対して一般的に適用されるのである．

2.2 節で表される自由フェルミ粒子系を考え，1粒子エネルギー ε_i の1粒子状態を ϕ_i とする $(i=1, 2, 3, \cdots)$．これらの状態は，エネルギーの昇順 $\varepsilon_1 \leq \varepsilon_2 \leq \cdots$ となっているとしよう．この章で示すように，この系は 3.4 節と 3.5 節で導入したフォック空間で取り扱うことができる．1粒子状態 ϕ_i

に対する生成消滅演算子を $\hat{c}_i^\dagger$, $\hat{c}_i$ とする[†1]．この演算子は

$$\left.\begin{array}{c}\{\hat{c}_i,\,\hat{c}_j^\dagger\}=\hat{c}_i^\dagger\hat{c}_j+\hat{c}_j\hat{c}_i^\dagger=\delta_{i,j}\\ \{\hat{c}_i,\,\hat{c}_j\}=\hat{c}_i\hat{c}_j+\hat{c}_j\hat{c}_i=0,\qquad \{\hat{c}_i^\dagger,\,\hat{c}_j^\dagger\}=\hat{c}_i^\dagger\hat{c}_j^\dagger+\hat{c}_j^\dagger\hat{c}_i^\dagger=0\end{array}\right\} \tag{4.1}$$

のように (3.62) の反交換関係に従う．自由粒子系ではハミルトニアン演算子は 1 体演算子である．1 体演算子の公式 (3.137) で $\langle\phi_i|\hat{h}|\phi_j\rangle=\varepsilon_i\delta_{i,j}$ とすれば，フォック空間上での自由粒子系のハミルトニアン演算子

$$\hat{H}=\sum_i \varepsilon_i\hat{c}_i^\dagger\hat{c}_i \tag{4.2}$$

を得る．よって，$|\Phi\rangle$ をエネルギー $\tilde{E}$ を固有値にもつ状態とすれば，

$$\hat{H}|\Phi\rangle=\tilde{E}|\Phi\rangle \tag{4.3}$$

となる．ここで，エネルギー $\tilde{E}$ は粒子が存在しない真空状態 $|f_0\rangle$ のエネルギーを原点（すなわち $\tilde{E}=0$）としていることに注意しよう[†2]．

4.1.2　フェルミ縮退状態

この系で粒子数が N である場合を考えよう．フェルミ粒子の場合にはパウリ原理により 1 つの 1 粒子状態に 1 つの粒子しか入れないのであるから，エネルギーが最も小さい N 粒子状態において，エネルギー ε_i の最も小さい 1 粒子状態から N 個の粒子が順番に占拠[†3]していることは明らかである．この状態を**フェルミ縮退状態** (**Fermi degenerate state**) とよび，$|F\rangle$ と書くことにする．この状態の占拠数関数 $f=F$ は，

$$F(i)=\begin{cases}1 & (1\le i\le N)\\ 0 & (N<i<\infty)\end{cases}$$

であって，占拠数状態の定義 (3.72) を用いれば，状態 $|F\rangle$ は次のようになる[†4]．

---

†1　これまでフェルミ粒子の生成消滅演算子は記号 $\hat{b}$ を用いてきたが，これは 4.1 節で定義される粒子状態にとっておくこととする．

†2　このことは，$\hat{H}|f_0\rangle=0$ であることから明らかである．

†3　$\phi_1,\cdots,\phi_N$ を占拠している．

†4　1_i は $n_i=1$, 0_j は $n_j=0$ という意味である．

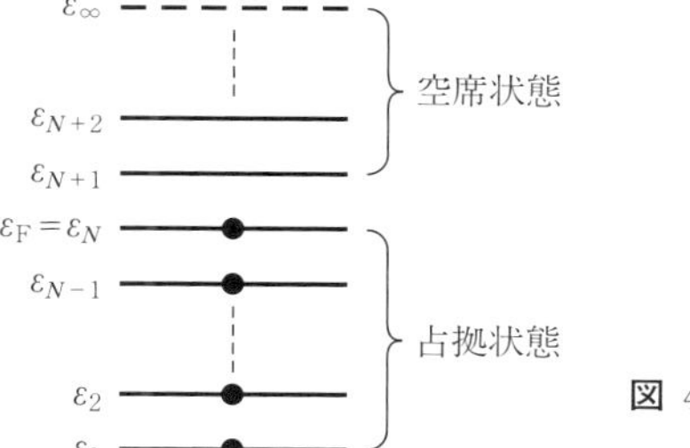

図 4.1　フェルミ縮退状態

$$|F\rangle = |1_1,\ \cdots,\ 1_N,\ 0_{N+1},\ \cdots,\ 0_\infty\rangle = \hat{c}_1^\dagger \cdots \hat{c}_N^\dagger |f_0\rangle \qquad (4.4)$$

フェルミ縮退状態で占拠されている状態 ϕ_i $(i = 1,\ \cdots,\ N)$ を**占拠状態**（**occupied state**）とよび，占拠されていない状態 ϕ_j $(j = N+1,\ \cdots,\ \infty)$ を**空席状態**（**vacant state**）とよぶ（図 4.2 中央）．

フェルミ縮退状態のエネルギーは，

$$\tilde{E}_{\rm F} = \sum_{i=1}^{N} \varepsilon_i \qquad (4.5)$$

であることは明らかであるが，ハミルトニアン演算子 (4.2) を状態 (4.4) に作用させて確かめることもできる．フェルミ縮退状態において粒子が占拠する最大の 1 粒子エネルギー $\varepsilon_{\rm F}$ を**フェルミエネルギー**（**Fermi energy**）という．N 粒子状態では $\varepsilon_{\rm F} = \varepsilon_N$ である．

4.1.3　粒子状態と空孔状態

自由な N 粒子系では，フェルミ縮退状態よりも低いエネルギーの状態は存在しない．よって，N 粒子系のエネルギーを測るのに $\tilde{E}_{\rm F}$ を原点に選ぶことは自然である．(4.3) のエネルギー固有値 $\tilde{E}$ は，このように定義したエネルギーで測れば，

$$E = \tilde{E} - \tilde{E}_{\rm F} \qquad (4.6)$$

となり，これに合わせてハミルトニアン演算子 (4.2) を定義し直すことにすると，

$$\hat{H} = \sum_i \varepsilon_i \hat{c}_i^\dagger \hat{c}_i - \tilde{E}_{\mathrm{F}} \tag{4.7}$$

のようになる．ハミルトニアン演算子は定数を引いただけであるから，N' ($\neq N$) 粒子状態に対しても作用するが，その場合にも (4.5) の N はそのままで N' に変えたりしてはならない．これに $\tilde{E}_{\mathrm{F}}$ の定義を代入すれば，

$$\begin{aligned}\hat{H} &= \sum_i \varepsilon_i \hat{c}_i^\dagger \hat{c}_i - \sum_{i=1}^{N} \varepsilon_i = \sum_{i=1}^{N} \varepsilon_i \hat{c}_i^\dagger \hat{c}_i + \sum_{i=N+1}^{\infty} \varepsilon_i \hat{c}_i^\dagger \hat{c}_i - \sum_{i=1}^{N} \varepsilon_i \\ &= \sum_{i=1}^{N} \varepsilon_i (\hat{c}_i^\dagger \hat{c}_i - 1) + \sum_{i=N+1}^{\infty} \varepsilon_i \hat{c}_i^\dagger \hat{c}_i = -\sum_{i=1}^{N} \varepsilon_i \hat{c}_i \hat{c}_i^\dagger + \sum_{i=N+1}^{\infty} \varepsilon_i \hat{c}_i^\dagger \hat{c}_i\end{aligned}$$

となる．

ここで 3.4 節の最後に述べたことを思い出そう．すなわち，フェルミ粒子の生成消滅演算子は反交換関係 (4.1) に従っているため，$\hat{c}$ と $\hat{c}^\dagger$ は対称な関係にある．したがって，$\hat{c}$ を生成演算子と考え $\hat{c}^\dagger$ を消滅演算子と考えても，フェルミ粒子の反交換関係は成立するのである．そこで，占拠状態については生成演算子と消滅演算子を逆にして考え，空席状態についてはそのままにする．

理解しやすくするために，生成消滅演算子の記号を次のように定義し直すことにする．

$$\left.\begin{aligned}&\text{占拠状態}：\hat{d}_i = \hat{c}_i^\dagger, \quad \hat{d}_i^\dagger = \hat{c}_i \quad (i = 1, \cdots, N) \\ &\text{空席状態}：\hat{b}_i = \hat{c}_i, \quad \hat{b}_i^\dagger = \hat{c}_i^\dagger \quad (i = N+1, \cdots, \infty)\end{aligned}\right\} \tag{4.8}$$

生成消滅演算子 $\hat{d}_i^\dagger$, $\hat{d}_i$ および $\hat{b}_j^\dagger$, $\hat{b}_j$ は次の反交換関係に従う．

$$\left.\begin{aligned}\{\hat{d}_i, \hat{d}_j^\dagger\} &= \hat{d}_i^\dagger \hat{d}_j + \hat{d}_j \hat{d}_i^\dagger = \delta_{i,j} \\ \{\hat{d}_i, \hat{d}_j\} = \hat{d}_i \hat{d}_j + \hat{d}_j \hat{d}_i = 0, &\quad \{\hat{d}_i^\dagger, \hat{d}_j^\dagger\} = \hat{d}_i^\dagger \hat{d}_j^\dagger + \hat{d}_j^\dagger \hat{d}_i^\dagger = 0 \\ \{\hat{b}_i, \hat{b}_j^\dagger\} &= \hat{b}_i^\dagger \hat{b}_j + \hat{b}_j \hat{b}_i^\dagger = \delta_{i,j} \\ \{\hat{b}_i, \hat{b}_j\} = \hat{b}_i \hat{b}_j + \hat{b}_j \hat{b}_i = 0, &\quad \{\hat{b}_i^\dagger, \hat{b}_j^\dagger\} = \hat{b}_i^\dagger \hat{b}_j^\dagger + \hat{b}_j^\dagger \hat{b}_i^\dagger = 0\end{aligned}\right\} \tag{4.9}$$

これは $\hat{d}_i^\dagger$, $\hat{d}_i$ および $\hat{b}_j^\dagger$, $\hat{b}_j$ がそれぞれフェルミ粒子の生成消滅演算子であることを意味する．

定義し直された生成消滅演算子を用いて，ハミルトニアン演算子 $\widehat{H}$ は

$$\widehat{H} = \sum_{i=1}^{N}(-\varepsilon_i)\widehat{d}_i^{\dagger}\widehat{d}_i + \sum_{j=N+1}^{\infty}\varepsilon_j\widehat{b}_j^{\dagger}\widehat{b}_j \tag{4.10}$$

と表される．また，全粒子数演算子は，ハミルトニアン演算子と同様に計算すれば，

$$\begin{aligned}\widehat{N} &= \sum_i \widehat{c}_i^{\dagger}\widehat{c}_i = \sum_{i=1}^{N}\widehat{c}_i^{\dagger}\widehat{c}_i + \sum_{i=N+1}^{\infty}\widehat{c}_i^{\dagger}\widehat{c}_i = \sum_{i=1}^{N}(1-\widehat{c}_i\widehat{c}_i^{\dagger}) + \sum_{i=N+1}^{\infty}\widehat{c}_i^{\dagger}\widehat{c}_i \\ &= N - \sum_{i=1}^{N}\widehat{c}_i\widehat{c}_i^{\dagger} + \sum_{i=N+1}^{\infty}\varepsilon_i\widehat{c}_i^{\dagger}\widehat{c}_i = N - \sum_{i=1}^{N}\widehat{d}_i^{\dagger}\widehat{d}_i + \sum_{i=N+1}^{\infty}\widehat{b}_i^{\dagger}\widehat{b}_i\end{aligned}$$

であるから，次のように表される．

$$\widehat{N} = \sum_{i=1}^{\infty}\widehat{c}_i^{\dagger}\widehat{c}_i = N - \sum_{i=1}^{N}\widehat{d}_i^{\dagger}\widehat{d}_i + \sum_{j=N+1}^{\infty}\widehat{b}_j^{\dagger}\widehat{b}_j \tag{4.11}$$

生成消滅演算子 $\widehat{d}$ と $\widehat{b}$ が，どのような粒子に対応するものかを明らかにしよう．まず，フェルミ縮退状態 $|F\rangle$ に対して，

$$\left.\begin{aligned}\widehat{d}_i|F\rangle &= \widehat{c}_i^{\dagger}|F\rangle = 0 \quad (i = 1, \cdots, N) \\ \widehat{b}_j|F\rangle &= \widehat{c}_j|F\rangle = 0 \quad (j = N+1, \cdots, \infty)\end{aligned}\right\} \tag{4.12}$$

であるから，フェルミ縮退状態 $|F\rangle$ が生成消滅演算子 $\widehat{d}$ と $\widehat{b}$ に対するフォック空間の真空状態である．この状態のエネルギーはエネルギーの原点の定義から0であって，粒子数は N である[†5]．

まず，$|F\rangle$ に生成演算子 $\widehat{b}_j^{\dagger}$ $(j = N+1, \cdots, \infty)$ を作用させてできる状態 $\widehat{b}_j^{\dagger}|F\rangle$ を考える．これは，(4.8) より，

$$\widehat{b}_j^{\dagger}|F\rangle = \widehat{c}_j^{\dagger}|F\rangle = \widehat{c}_j^{\dagger}\widehat{c}_1^{\dagger}\cdots\widehat{c}_N^{\dagger}|f_0\rangle \quad (j = N+1, \cdots, \infty) \tag{4.13}$$

であるから，フェルミ縮退状態における1粒子エネルギー ε_j の空席状態に1個の粒子を加えた $N+1$ 粒子状態となる．この状態を**粒子励起状態**（**particle - excitation state**）（あるいは少々紛らわしいが粒子状態）という（図4.2左）．この $N+1$ 粒子状態の全エネルギーは，ε_j であることが明らかである．

次に，$|F\rangle$ に生成演算子 $\widehat{d}_j^{\dagger}$ $(j = N+1, \cdots, \infty)$ を作用させてできる状態

†5　これは，(4.10) と (4.12) を $|F\rangle$ に作用させることによっても確かめることができる．

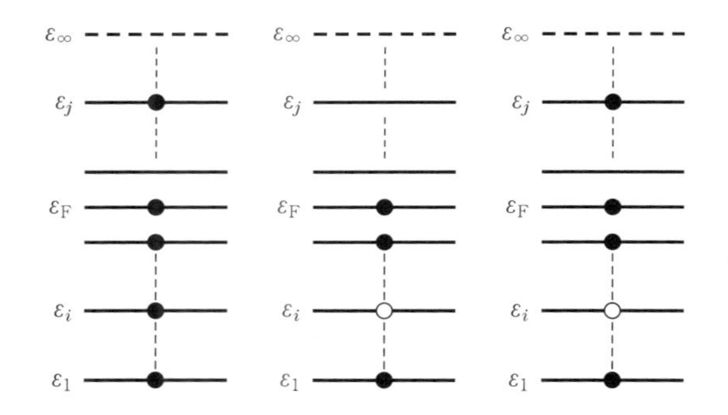

図 4.2 （左）粒子状態，（中）空孔状態，（右）1 粒子 1 空孔状態．

$\hat{d}_j^\dagger|F\rangle$ を考えれば，

$$\hat{d}_i^\dagger|F\rangle = \hat{c}_i|F\rangle = \hat{c}_i\hat{c}_1^\dagger\cdots\hat{c}_i^\dagger\cdots\hat{c}_N^\dagger|f_0\rangle \quad (i = N+1, \cdots, \infty)$$

となる．反交換関係 (4.1) を用いて $|f_0\rangle$ の直前に移動させれば，

$$\begin{aligned}
\hat{c}_i\hat{c}_1^\dagger\cdots\hat{c}_i^\dagger\cdots\hat{c}_N^\dagger|f_0\rangle &= (-1)^{i-1}\hat{c}_1^\dagger\cdots\hat{c}_i\hat{c}_i^\dagger\cdots\hat{c}_N^\dagger|f_0\rangle \\
&= (-1)^{i-1}\hat{c}_1^\dagger\cdots\hat{c}_{i-1}^\dagger(1-\hat{c}_i^\dagger\hat{c}_i)\hat{c}_{i+1}^\dagger\cdots\hat{c}_N^\dagger|f_0\rangle \\
&= (-1)^{i-1}\hat{c}_1^\dagger\cdots\hat{c}_{i-1}^\dagger\hat{c}_{i+1}^\dagger\cdots\hat{c}_N^\dagger|f_0\rangle + (-1)^N\hat{c}_1^\dagger\cdots\hat{c}_i^\dagger \\
&\qquad\cdots\hat{c}_N^\dagger\hat{c}_i|f_0\rangle \\
&= (-1)^{i-1}\hat{c}_1^\dagger\cdots\hat{c}_{i-1}^\dagger\hat{c}_{i+1}^\dagger\cdots\hat{c}_N^\dagger|f_0\rangle \qquad (4.14)
\end{aligned}$$

となり，フェルミ縮退状態から 1 粒子エネルギー ε_i のとある占拠状態にある粒子を取り除いた $N-1$ 粒子状態である．この状態を**空孔励起状態** (**hole-excitation state**)（あるいは空孔状態）という（図 4.2 中央）．これは $N-1$ 粒子状態であることに注意しよう．粒子に対して，古典的な球体のようなものを考えてしまうと，図 4.2 中央に描いたような粒子の存在しない状態が，図 4.2 右のような粒子の存在する状態と同じように振舞うことを理解するのは難しい．これは，量子力学的な粒子描像†6 とフェルミ統計性があって成立する見方である．

また，空孔励起状態の生成演算子 $\hat{b}_i^\dagger$ と粒子励起状態の生成演算子 $\hat{d}_j^\dagger$ をフェルミ縮退状態 $|F\rangle$ に作用させた状態 $\hat{b}_j^\dagger\hat{d}_i^\dagger|F\rangle$ は，1 粒子 1 空孔状態（図 4.2 右）となることは明らかである．(4.13) と (4.14) から，

†6　というよりは，場の量子論的な描像といったほうがいいかもしれない．

$$\hat{b}_j^\dagger \hat{d}_i^\dagger |F\rangle = (-1)^{i-1} \hat{c}_j^\dagger \hat{c}_1^\dagger \cdots \hat{c}_{i-1}^\dagger \hat{c}_{i+1}^\dagger \cdots \hat{c}_N^\dagger |f_0\rangle$$

となり，占拠状態 ε_i の粒子を空席状態 ε_j に励起させたものである．同様にして n 粒子 n 空孔状態も定義され，これらはフェルミ縮退状態と同じ N 粒子状態である．

これまで，1粒子状態のエネルギー ε_i の原点については特に定めてこなかったが，フェルミエネルギー ε_F を原点にとると便利な場合があり，これは励起描像とよばれる．フェルミエネルギー ε_F を原点にとった場合の状態 i の1粒子エネルギーを $\tilde{\varepsilon}_i$ とすれば，

$$\varepsilon_i = \varepsilon_\mathrm{F} + \tilde{\varepsilon}_i \tag{4.15}$$

である[†7]．これを，(4.10) に代入すると

$$\begin{aligned}
\hat{H} &= \sum_{i=1}^{N} (-\varepsilon_\mathrm{F} - \tilde{\varepsilon}_i) \hat{d}_i^\dagger \hat{d}_i + \sum_{j=N+1}^{\infty} (\varepsilon_\mathrm{F} + \tilde{\varepsilon}_j) \hat{b}_j^\dagger \hat{b}_j \\
&= \sum_{i=1}^{N} (-\tilde{\varepsilon}_i) \hat{d}_i^\dagger \hat{d}_i + \sum_{j=N+1}^{\infty} \tilde{\varepsilon}_j \hat{b}_j^\dagger \hat{b}_j + \varepsilon_\mathrm{F} \{ -\sum_{i=1}^{N} \hat{d}_i^\dagger \hat{d}_i + \sum_{j=N+1}^{\infty} \hat{b}_j^\dagger \hat{b}_j \} \\
&= \sum_{i=1}^{N} (-\tilde{\varepsilon}_i) \hat{d}_i^\dagger \hat{d}_i + \sum_{j=N+1}^{\infty} \tilde{\varepsilon}_j \hat{b}_j^\dagger \hat{b}_j + \varepsilon_\mathrm{F} (\hat{N} - N)
\end{aligned}$$

のように計算できる．最後の変形で全粒子数演算子の表式 (4.11) を用いた．

ここで，励起描像における空孔励起状態および粒子励起状態の1粒子エネルギーを

$$\left.\begin{aligned}
\varepsilon_i^\mathrm{h} &= -\tilde{\varepsilon}_i = \varepsilon_\mathrm{F} - \varepsilon_i \quad (i = 1, \cdots, N) \\
\varepsilon_i^\mathrm{p} &= \tilde{\varepsilon}_i = \varepsilon_i - \varepsilon_\mathrm{F} \quad (i = N+1, \cdots, \infty)
\end{aligned}\right\} \tag{4.16}$$

とする[†8]．これを用いて，ハミルトニアン演算子は次のように表される．

$$\hat{H} = \sum_{i=1}^{N} \varepsilon_i^\mathrm{h} \hat{d}_i^\dagger \hat{d}_i + \sum_{j=N+1}^{\infty} \varepsilon_j^\mathrm{p} \hat{b}_j^\dagger \hat{b}_j + \varepsilon_\mathrm{F} (\hat{N} - N) \tag{4.17}$$

作用する状態の全粒子数が N（固有値であるにせよ，平均であるにせよ）に限るならば，最後の項は0になる[†9]．したがって，粒子数が保存される系で

---

†7 励起描像での1粒子エネルギー $\tilde{\varepsilon}_i$ は，$\tilde{\varepsilon}_i \leq 0 (i = 1, \cdots, N)$，$\tilde{\varepsilon}_i > 0 (i = N+1, \cdots, \infty)$ であることに注意しよう．

†8 ε_i^h, ε_j^p は共に正数であることに注意しよう．

†9 このことは，相互作用があっても全粒子数が保存されるならば成立する．

あって全粒子数 N の場合を考えるのであれば，最後の項は落としてもよい．

よって，励起描像におけるハミルトニアン演算子として，

$$\hat{H}_N = \sum_{i=1}^{N} \varepsilon_i^{\mathrm{h}} \hat{d}_i^\dagger \hat{d}_i + \sum_{j=N+1}^{\infty} \varepsilon_j^{\mathrm{p}} \hat{b}_j^\dagger \hat{b}_j \tag{4.18}$$

を用いてもよいことになる．これは，フェルミ縮退状態である真空状態に対して，正エネルギー $\varepsilon_i^{\mathrm{h}}$ と $\varepsilon_j^{\mathrm{p}}$ をもつ空孔励起状態，粒子励起状態を表し，ディラック方程式におけるディラックの海である真空と正エネルギーの陽電子，電子の自由度に対応しているのである†10．

4.2　自由フェルミ粒子の一様系への応用

前節の内容を，十分大きな体積 V の箱に閉じ込められた自由フェルミ粒子系で考えてみよう．これを自由フェルミ粒子の一様系とよぶ．この粒子はスピン 1/2 をもつものとする．1 粒子状態は (1.38) で与えられ，1 粒子波動関数は $\phi_{\boldsymbol{k},m}$ で，状態を特徴づける量子数は $(\boldsymbol{k}, m)$ で与えられる†11．スピン角運動量の z 成分は $m = \pm 1/2$ である．この状態の 1 粒子エネルギーは (1.23) で与えられ，

$$\varepsilon_{\boldsymbol{k}} = \frac{(\hbar \boldsymbol{k})^2}{2m} \tag{4.19}$$

となる．よって，$\boldsymbol{k}^2$ が同じであれば，$m = \pm 1/2$ はどちらであっても 1 粒子状態のエネルギーは同じであり，スピン状態は縮退している．

4.2.1　フォック空間上での自由フェルミ粒子一様系

この系をフォック空間で表そう．1 粒子状態 $(\boldsymbol{k}, m)$ に対する生成消滅演算子を $\hat{c}_{\boldsymbol{k},m}^\dagger$，$\hat{c}_{\boldsymbol{k},m}$ とすれば，(4.1) の反交換関係

$$\{\hat{c}_{\boldsymbol{k},m}, \hat{c}_{\boldsymbol{k}',m'}^\dagger\} = \delta_{\boldsymbol{k},\boldsymbol{k}'}\delta_{m,m'}, \qquad \{\hat{c}_{\boldsymbol{k},m}, \hat{c}_{\boldsymbol{k}',m'}\} = \{\hat{c}_{\boldsymbol{k},m}^\dagger, \hat{c}_{\boldsymbol{k}',m'}^\dagger\} = 0 \tag{4.20}$$

†10　ディラック方程式における空孔理論については，文献[1]，[25]，[26]を参照．

†11　波数 $\boldsymbol{k}$ は (1.11) であり，離散的であることに注意しよう．

に従う．ハミルトニアン演算子 (4.2) と全粒子数演算子 (4.11) は，次のようになる．

$$\widehat{H} = \sum_{\boldsymbol{k},m} \varepsilon_{\boldsymbol{k}} \hat{c}^{\dagger}_{\boldsymbol{k},m} \hat{c}_{\boldsymbol{k},m} = \sum_{\boldsymbol{k},m} \frac{\hbar \boldsymbol{k}^2}{2m} \hat{c}^{\dagger}_{\boldsymbol{k},m} \hat{c}_{\boldsymbol{k},m} \tag{4.21}$$

$$\widehat{N} = \sum_{\boldsymbol{k},m} \hat{c}^{\dagger}_{\boldsymbol{k},m} \hat{c}_{\boldsymbol{k},m} \tag{4.22}$$

波動関数に対する演算子とフォック空間での演算子の関係 (3.137) を用いて，基本的な 1 体演算子の表式を求めよう．

波動関数に対する運動量演算子 $\widehat{\boldsymbol{p}}_{\mathrm{W}}$ は (1.6) で与えられる[†12]．運動量演算子の固有状態 (1.9) を用いれば，運動量演算子の期待値は，

$$\begin{aligned} \langle \phi_{\boldsymbol{k},m} | \widehat{\boldsymbol{p}}_{\mathrm{W}} | \phi_{\boldsymbol{k}',m'} \rangle &= \langle \phi_{\boldsymbol{k}} | \widehat{\boldsymbol{p}}_{\mathrm{W}} | \phi_{\boldsymbol{k}'} \rangle \langle \chi_m | \chi_{m'} \rangle \\ &= \langle \phi_{\boldsymbol{k}} | \hbar \boldsymbol{k}' | \phi_{\boldsymbol{k}'} \rangle \langle \chi_m | \chi'_m \rangle = \hbar \boldsymbol{k} \delta_{\boldsymbol{k},\boldsymbol{k}'} \delta_{m,m'} \end{aligned}$$

となり，フォック空間における運動量演算子は次のように表される．

$$\widehat{\boldsymbol{P}} = \sum_{\substack{\boldsymbol{k},m \\ \boldsymbol{k}',m'}} \langle \phi_{\boldsymbol{k},m} | \widehat{\boldsymbol{p}}_{\mathrm{W}} | \phi_{\boldsymbol{k}',m'} \rangle \hat{c}^{\dagger}_{\boldsymbol{k},m} \hat{c}_{\boldsymbol{k}',m'} = \sum_{\boldsymbol{k},m} \hbar \boldsymbol{k} \hat{c}^{\dagger}_{\boldsymbol{k},m} \hat{c}_{\boldsymbol{k},m} \tag{4.23}$$

スピン角運動量演算子 $\widehat{\boldsymbol{S}}_{\mathrm{W}}$ は (1.36) で定義され，期待値は

$$\begin{aligned} \langle \phi_{\boldsymbol{k},m} | \widehat{\boldsymbol{S}}_{\mathrm{W}} | \phi_{\boldsymbol{k}',m'} \rangle &= \langle \phi_{\boldsymbol{k}} | \phi'_{\boldsymbol{k}} \rangle \langle \chi_m | \widehat{\boldsymbol{S}}_{\mathrm{W}} | \chi_{m'} \rangle \\ &= \delta_{\boldsymbol{k},\boldsymbol{k}'} \sum_{\sigma,\sigma'} \chi^{\dagger}_m(\sigma) \frac{\boldsymbol{\sigma}_{\sigma,\sigma'}}{2} \chi_{m'}(\sigma') = \delta_{\boldsymbol{k},\boldsymbol{k}'} \frac{1}{2} \chi^{\dagger}_m \boldsymbol{\sigma} \chi_{m'} \end{aligned}$$

のようになる[†13]．これより，フォック空間におけるスピン角運動量演算子 $\widehat{\boldsymbol{S}}$ は次のようになる．

$$\widehat{\boldsymbol{S}} = \sum_{\substack{\boldsymbol{k},m \\ \boldsymbol{k}',m'}} \langle \phi_{\boldsymbol{k},m} | \widehat{\boldsymbol{S}} | \phi_{\boldsymbol{k}',m'} \rangle \hat{c}^{\dagger}_{\boldsymbol{k},m} \hat{c}_{\boldsymbol{k}',m'} = \sum_{\boldsymbol{k},m,m'} \frac{1}{2} \chi^{\dagger}_m \boldsymbol{\sigma} \chi_{m'} \hat{c}^{\dagger}_{\boldsymbol{k},m} \hat{c}_{\boldsymbol{k},m'} \tag{4.24}$$

フォック空間上のスピン角運動量演算子 $\widehat{\boldsymbol{S}}$ も，角運動量演算子の交換関係 (1.25) を満たす．実際に計算してみよう．交換関係 $[\widehat{S}_i, \widehat{S}_j]$ に (4.24) を

---

†12 波動関数に対する演算子とフォック空間における演算子が同じ記号である場合には，これ以降，波動関数に対する演算子に W をつけて区別することにする．

†13 最後の変形でパウリの 2 成分スピノル基底 (1.40) を用いた．

代入すれば，

$$[\hat{S}_i,\ \hat{S}_j] = \left[\sum_{k,m,m'} \frac{1}{2}\chi_m^\dagger \sigma_i \chi_{m'} \hat{c}_{k,m}^\dagger \hat{c}_{k,m'},\ \sum_{l,l,l'} \frac{1}{2}\chi_l^\dagger \sigma_j \chi_{l'} \hat{c}_{l,l}^\dagger \hat{c}_{l,l'}\right]$$

$$= \frac{1}{4}\sum_{k,m,m',l,l,l'} \chi_m^\dagger \sigma_i \chi_{m'} \chi_l^\dagger \sigma_j \chi_{l'} [\hat{c}_{k,m}^\dagger \hat{c}_{k,m'},\ \hat{c}_{l,l}^\dagger \hat{c}_{l,l'}] \quad (4.25)$$

が得られる．生成消滅演算子の積の交換関係は，反交換関係 (4.20) から次のようになる[†14]．

$$\begin{aligned}[\hat{c}_{k,m}^\dagger \hat{c}_{k,m'},\ \hat{c}_{l,l}^\dagger \hat{c}_{l,l'}] &= \hat{c}_{k,m}^\dagger [\hat{c}_{k,m'},\ \hat{c}_{l,l}^\dagger \hat{c}_{l,l'}] + [\hat{c}_{k,m}^\dagger,\ \hat{c}_{l,l}^\dagger \hat{c}_{l,l'}]\hat{c}_{k,m'} \\ &= -\hat{c}_{k,m}^\dagger \hat{c}_{l,l}^\dagger \{\hat{c}_{k,m'},\ \hat{c}_{l,l'}\} + \hat{c}_{k,m}^\dagger \{\hat{c}_{k,m'},\ \hat{c}_{l,l}^\dagger\}\hat{c}_{l,l'} \\ &\qquad - \hat{c}_{l,l}^\dagger \{\hat{c}_{k,m}^\dagger,\ \hat{c}_{l,l'}\}\hat{c}_{k,m'} + \{\hat{c}_{k,m}^\dagger,\ \hat{c}_{l,l}^\dagger\}\hat{c}_{l,l'}\hat{c}_{k,m'} \\ &= \delta_{k,l}\{\hat{c}_{k,m}^\dagger \hat{c}_{k,l'}\delta_{m',l} - \hat{c}_{k,l}^\dagger \hat{c}_{k,m'}\delta_{m,l'}\}\end{aligned}$$

これを交換関係 (4.25) に用いれば，

$$[\hat{S}_i,\ \hat{S}_j] = \frac{1}{4}\sum_{\substack{k,m,m' \\ l,l,l'}} \chi_m^\dagger \sigma_i \chi_{m'} \chi_l^\dagger \sigma_j \chi_{l'} \delta_{k,l}\{\hat{c}_{k,m}^\dagger \hat{c}_{k,l'}\delta_{m',l} - \hat{c}_{k,l}^\dagger \hat{c}_{k,m'}\delta_{m,l'}\}$$

$$= \frac{1}{4}\sum_{k,m,l,l'} \chi_m^\dagger \sigma_i \chi_l \chi_l^\dagger \sigma_j \chi_{l'} \hat{c}_{k,m}^\dagger \hat{c}_{k,l'} - \frac{1}{4}\sum_{k,m,m',l} \chi_l^\dagger \sigma_j \chi_m \chi_m^\dagger \sigma_i \chi_{m'} \hat{c}_{k,l}^\dagger \hat{c}_{k,m'}$$

と計算できる．

これに，2成分スピノル基底の表式 (1.31) を用いて得られる，χ_m の完全性条件式

$$\sum_{m=\pm 1/2} \chi_m \chi_m^\dagger = \begin{pmatrix} 1 \\ 0 \end{pmatrix}(1\ 0) + \begin{pmatrix} 0 \\ 1 \end{pmatrix}(0\ 1) = \begin{pmatrix} 1 & 0 \\ 0 & 1 \end{pmatrix} = I$$

を代入して，次の結果を得る．

$$[\hat{S}_i,\ \hat{S}_j] = \frac{1}{4}\sum_{k,m,m'} \chi_m^\dagger \sigma_i \sigma_j \chi_{m'} \hat{c}_{k,m}^\dagger \hat{c}_{k,m'} - \frac{1}{4}\sum_{k,m,m',l} \chi_m^\dagger \sigma_j \sigma_i \chi_{m'} \hat{c}_{k,m}^\dagger \hat{c}_{k,m'}$$

$$= \frac{1}{4}\sum_{k,m,m'} \chi_m^\dagger [\sigma_i,\ \sigma_j] \chi_{m'} \hat{c}_{k,m}^\dagger \hat{c}_{k,m'}$$

$$= i\sum_k \varepsilon_{ijk} \sum_{k,m,m'} \chi_m^\dagger \frac{\sigma_k}{2} \chi_{m'} \hat{c}_{k,m}^\dagger \hat{c}_{k,m'} = i\sum_k \varepsilon_{ijk} \hat{S}_k$$

これは角運動量演算子の交換関係 (1.25) と同型である．ここで，パウリの

†14　付録の (A.4) を用いる．

スピン行列の交換関係 (1.35) を用いたことに注意しよう．すなわち，

$$[\sigma_i, \sigma_j] = 2i \sum_k \varepsilon_{ijk}\sigma_k$$

という関係を用いた．

4.2.2 フェルミ波数とフェルミエネルギー

全粒子数 N のフェルミ縮退状態は，1 粒子エネルギー $\varepsilon_{\boldsymbol{k}}$ が最小の状態 ($\boldsymbol{k}=0$) から N 番目の状態まで粒子が占拠した状態である．占拠状態での最大エネルギー状態の波数を**フェルミ波数** (**Fermi wave number**) とよび，$\boldsymbol{k}_{\mathrm{F}}$ と書く[†15]．フェルミ波数をもつ 1 粒子状態のエネルギーがフェルミエネルギー

$$\varepsilon_{\mathrm{F}} = \frac{\hbar^2 \boldsymbol{k}_{\mathrm{F}}^2}{2m} \tag{4.26}$$

であることは明らかである．フェルミ波数と粒子数 N の関係は，

$$N = \sum_{|\boldsymbol{k}| \le k_{\mathrm{F}}} \sum_{m=\pm 1/2} 1 = 2 \sum_{|\boldsymbol{k}| \le k_{\mathrm{F}}} 1 \tag{4.27}$$

で与えられる．運動量の総和は，$|\boldsymbol{k}| \le k_{\mathrm{F}} = |\boldsymbol{k}_{\mathrm{F}}|$ を満たす $\boldsymbol{k}$ についてすべて加えるという意味である．

個数密度 $n = N/V$ を一定にして $N, V \to \infty$ となる極限を考える．これを**熱力学極限** (**thermodynamic limit**) とよぶことがある．この極限において (4.27) を評価することは，通常 $\boldsymbol{k}$ 空間で (1.11) で定まる格子点を考え，半径 $k_{\mathrm{F}} = |\boldsymbol{k}_{\mathrm{F}}|$ の球内にある個数を数えることにより行われる[†16]．ここでは，より直観的な方法により同じ結果を導くことにする[†17]．(4.27) を一般的にして，波数 $\boldsymbol{k}$ の関数 $f(\boldsymbol{k})$ の総和

$$\sum_{|\boldsymbol{k}| \le k_{\mathrm{F}}} f(\boldsymbol{k}) \tag{4.28}$$

を考える．いくぶん唐突であるが，波数一定の平面波状態 $\phi_{\boldsymbol{k}}$ の規格直交性

---

†15 対応する運動量 $\boldsymbol{p}_{\mathrm{F}} = \hbar \boldsymbol{k}_{\mathrm{F}}$ を**フェルミ運動量** (**Fermi momentum**) という．

†16 この方法は，量子統計力学の標準的な教科書であれば載っている．

†17 以下の議論は数学的には正しい証明とはいえないが，結果は正しく，また厳密な証明にすることも不可能ではない．

(1.14)

$$\int_V d^3\boldsymbol{x}\, e^{i(-\boldsymbol{k}+\boldsymbol{k}')\boldsymbol{x}} = V\delta_{\boldsymbol{k},\boldsymbol{k}'} \tag{4.29}$$

を用いる†18．体積 $V\to\infty$ の極限ではフーリエ積分になるので次のようになる．

$$\int_V d^3\boldsymbol{x}\, e^{i(-\boldsymbol{k}+\boldsymbol{k}')\boldsymbol{x}} = (2\pi)^3\delta^3(-\boldsymbol{k}+\boldsymbol{k}') \tag{4.30}$$

なお，(4.29) の右辺はクロネッカーの δ 記号であるのに対し，(4.30) の右辺はディラックの δ 関数であることに注意しよう．

(4.29) と (4.30) を形式的に等値すれば，

$$V\delta_{\boldsymbol{k},\boldsymbol{k}'} = (2\pi)^3\delta^3(-\boldsymbol{k}+\boldsymbol{k}') = (2\pi)^3\delta^3(\boldsymbol{k}=0)\,\delta_{\boldsymbol{k},\boldsymbol{k}'}$$

となり，$\delta_{\boldsymbol{k},\boldsymbol{k}'}$ の係数を比較して（あるいは $\boldsymbol{k}=\boldsymbol{k}'$ として），

$$V = (2\pi)^3\delta^3(\boldsymbol{k}=0) \tag{4.31}$$

といういくぶん強引な関係式を得る†19．ディラックの δ 関数 $\delta(\boldsymbol{k})$ は，感覚的には $\boldsymbol{k}\neq 0$ で 0，$\boldsymbol{k}=0$ で無限大となり†20，

$$\int_V \delta^3(\boldsymbol{k})\, d^3\boldsymbol{k} = 1$$

を満たしている†21．関数 $\delta^3(\boldsymbol{k})$ は $\boldsymbol{k}\neq 0$ では 0 であるから，この積分は $\boldsymbol{k}=0$ の点でのみ意味があると考えて，$\delta^3(\boldsymbol{k}=0)\, d^3\boldsymbol{k}=1$ と考えてよい．これより，(4.31) の両辺に $d^3\boldsymbol{k}$ を掛ければ

$$\frac{V}{(2\pi)^3}\, d^3\boldsymbol{k} = \delta^3(\boldsymbol{k}=0)\, d^3\boldsymbol{k} = 1 \tag{4.32}$$

を得る．

よって，(4.28) に上式（すなわち 1）を掛けて，総和を積分にすれば，熱力学極限における積分式

---

†18　この式は $\boldsymbol{k}\neq\boldsymbol{k}'$ であれば $e^{i(-\boldsymbol{k}+\boldsymbol{k}')\boldsymbol{x}}$ の周期性から 0 になり，$\boldsymbol{k}=\boldsymbol{k}'$ であれば $e^{i(-\boldsymbol{k}+\boldsymbol{k}')\boldsymbol{x}}=1$ となり，体積 V の領域での積分であることは明らかである．

†19　$\delta^3(\boldsymbol{k}=0)$ は，波数 $\boldsymbol{k}$ における δ 関数の原点での値であることを明示するために，このように表した．

†20　(4.31) は，体積の発散と $\delta^3(\boldsymbol{k}=0)$ の発散との関係を象徴的に表している．

†21　この式は，δ 関数の発散の程度を表している．

$$\sum_{|\boldsymbol{k}|\leq k_{\mathrm{F}}} f(\boldsymbol{k}) = \sum_{|\boldsymbol{k}|\leq k_{\mathrm{F}}} f(\boldsymbol{k}) \frac{V}{(2\pi)^3}\, d^3\boldsymbol{k} = \frac{V}{(2\pi)^3} \int_{|\boldsymbol{k}|\leq k_{\mathrm{F}}} f(\boldsymbol{k})\, d^3\boldsymbol{k} \quad (4.33)$$

を得る.

以上の結果を個数の (4.27) に用いれば，粒子数密度 $\boldsymbol{n}$ は半径 k_{F} の球の体積密度

$$n = \frac{N}{V} = 2\frac{1}{(2\pi)^3} \int_{|\boldsymbol{k}|\leq k_{\mathrm{F}}} d^3\boldsymbol{k} = 2\frac{1}{(2\pi)^3} \frac{4\pi}{3} k_{\mathrm{F}}^3 = \frac{k_{\mathrm{F}}^3}{3\pi^2} \quad (4.34)$$

に帰着される．これを k_{F} について解けば，全粒子数 N からフェルミ波数を求める公式

$$k_{\mathrm{F}} = (3\pi^2 n)^{1/3} \quad (4.35)$$

を得る．これを (4.26) に代入すれば，フェルミエネルギー

$$\varepsilon_{\mathrm{F}} = \frac{\hbar^2}{2m} (3\pi^2 n)^{2/3} \quad (4.36)$$

が求められる.

熱力学極限におけるフェルミ縮退状態の全エネルギーを求めよう．フェルミ縮退状態は $k = |\boldsymbol{k}| = 0$ から $k = k_{\mathrm{F}}$ までの 1 粒子状態を粒子が占拠した状態であるから，そのエネルギーは次のようになる.

$$E_{\mathrm{F}} = \sum_{|\boldsymbol{k}|<k_{\mathrm{F}}} \sum_{\substack{\text{スピン自由}\\ \text{度；}\pm 1/2}} \frac{(\hbar\boldsymbol{k})^2}{2m} = 2\sum_{|\boldsymbol{k}|<k_{\mathrm{F}}} \frac{(\hbar\boldsymbol{k})^2}{2m}$$

熱力学極限 (4.33) を用いて，粒子 1 個当りの平均エネルギー E_{F}/N を計算すると,

$$\begin{aligned}\frac{E_{\mathrm{F}}}{N} &= \frac{V}{N}\frac{2}{(2\pi)^3}\int_{|\boldsymbol{k}|<k_{\mathrm{F}}} d^3\boldsymbol{k}\, \frac{(\hbar\boldsymbol{k})^2}{2m} \\ &= \frac{2/n}{(2\pi)^3}\int_0^{k_{\mathrm{F}}} k^2\, dk \int_0^{\pi} \sin\theta\, d\theta \int_0^{2\pi} d\phi\, \frac{\hbar^2 k^2}{2m} \\ &= \frac{2/n}{(2\pi)^3}\frac{\hbar^2}{2m}(4\pi)\int_0^{k_{\mathrm{F}}} k^4\, dk = \frac{1}{n}\frac{1}{5\pi^2}\frac{\hbar^2 k_{\mathrm{F}}^5}{2m} = \frac{1}{5\pi^2}\frac{\hbar^2}{2m}(3\pi^2)^{5/3} n^{2/3}\end{aligned} \quad (4.37)$$

が得られる．積分は波数空間での極座標†22 を用いた．フェルミエネルギー (4.36) との比をとれば，簡単な表式

$$\frac{E_{\mathrm{F}}/N}{\varepsilon_{\mathrm{F}}} = \frac{3}{5} \tag{4.38}$$

を得る．

自由フェルミ粒子系の 1 粒子エネルギー $\varepsilon_{\boldsymbol{k}}$ は (4.19) で与えられる．よって，前節の図 4.1 は図 4.3 のように表される．図は 1 次元で表した．3 次元の場合には，$|\boldsymbol{k}| = k_{\mathrm{F}}$ である状態は 2 点 $k = \pm k_{\mathrm{F}}$ ではなく，波数空間での球面になる．これはフェルミ面とよばれる．

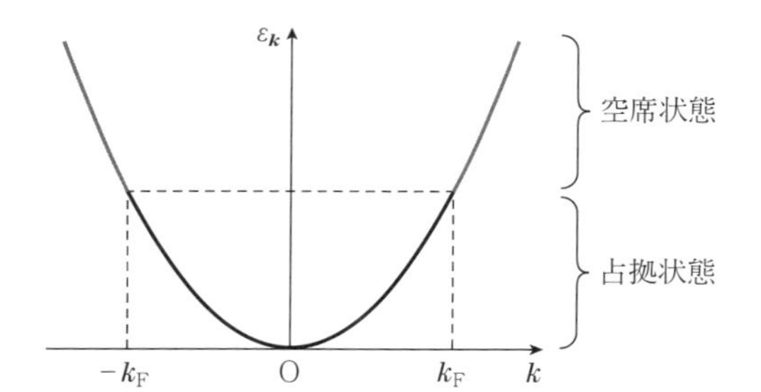

図 4.3　箱型ポテンシャルでのフェルミ縮退状態

4.2.3　自由フェルミ粒子一様系の粒子空孔表示

粒子励起状態と空孔励起状態について述べる．生成消滅演算子 $\hat{c}^{\dagger}_{\boldsymbol{k},m}$，$\hat{c}_{\boldsymbol{k},m}$ を占拠状態 ($|\boldsymbol{k}| \le k_{\mathrm{F}}$) と空孔状態 ($|\boldsymbol{k}| > k_{\mathrm{F}}$) に分けて，占拠状態については生成演算子と消滅演算子の役割を入れかえればいいのであるが，その操作で運動量演算子とスピン角運動量演算子がどう表されるかを調べてみよう．

運動量演算子 (4.23) を，反交換関係 (4.20) を用いて

$$\begin{aligned}\widehat{\boldsymbol{P}} &= \sum_{|\boldsymbol{k}| \le k_{\mathrm{F}}, m} \hbar \boldsymbol{k} \hat{c}^{\dagger}_{\boldsymbol{k},m} \hat{c}_{\boldsymbol{k},m} + \sum_{|\boldsymbol{k}| > k_{\mathrm{F}}, m} \hbar \boldsymbol{k} \hat{c}^{\dagger}_{\boldsymbol{k},m} \hat{c}_{\boldsymbol{k},m} \\ &= \sum_{|\boldsymbol{k}| \le k_{\mathrm{F}}, m} \hbar \boldsymbol{k} (1 - \hat{c}_{\boldsymbol{k},m} \hat{c}^{\dagger}_{\boldsymbol{k},m}) + \sum_{|\boldsymbol{k}| > k_{\mathrm{F}}, m} \hbar \boldsymbol{k} \hat{c}^{\dagger}_{\boldsymbol{k},m} \hat{c}_{\boldsymbol{k},m}\end{aligned}$$

†22　$d^3\boldsymbol{k} = k^2 \sin\theta \, dk \, d\theta \, d\phi$.

$$= \sum_{|\boldsymbol{k}| \le k_{\mathrm{F}}, m} \hbar \boldsymbol{k} - \sum_{|\boldsymbol{k}| \le k_{\mathrm{F}}, m} \hbar \boldsymbol{k} \hat{c}_{\boldsymbol{k},m} \hat{c}_{\boldsymbol{k},m}^{\dagger} + \sum_{|\boldsymbol{k}| > k_{\mathrm{F}}, m} \hbar \boldsymbol{k} \hat{c}_{\boldsymbol{k},m}^{\dagger} \hat{c}_{\boldsymbol{k},m}$$

のように計算できる．

よって，運動量演算子は次のようになる．

$$\hat{\boldsymbol{P}} = - \sum_{|\boldsymbol{k}| \le k_{\mathrm{F}}, m} \hbar \boldsymbol{k} \hat{c}_{\boldsymbol{k},m} \hat{c}_{\boldsymbol{k},m}^{\dagger} + \sum_{|\boldsymbol{k}| > k_{\mathrm{F}}, m} \hbar \boldsymbol{k} \hat{c}_{\boldsymbol{k},m}^{\dagger} \hat{c}_{\boldsymbol{k},m} \tag{4.39}$$

ここで，$\sum_{|\boldsymbol{k}| \le k_{\mathrm{F}}, m} \hbar \boldsymbol{k} = 0$ とした．これは $k = |\boldsymbol{k}|$ の縮退した状態がすべて占拠されていれば，$+\hbar \boldsymbol{k}$ と $-\hbar \boldsymbol{k}$ が総和の中にあって打ち消し合うからである．

スピン角運動量演算子 (4.24) も同様

$$\begin{aligned}
\hat{\boldsymbol{S}} &= \sum_{\substack{|\boldsymbol{k}| \le k_{\mathrm{F}} \\ m, m'}} \frac{1}{2} \chi_m^{\dagger} \boldsymbol{\sigma} \chi_{m'} \hat{c}_{\boldsymbol{k},m}^{\dagger} \hat{c}_{\boldsymbol{k},m'} + \sum_{\substack{|\boldsymbol{k}| > k_{\mathrm{F}} \\ m, m'}} \frac{1}{2} \chi_m^{\dagger} \boldsymbol{\sigma} \chi_{m'} \hat{c}_{\boldsymbol{k},m}^{\dagger} \hat{c}_{\boldsymbol{k},m'} \\
&= \sum_{\substack{|\boldsymbol{k}| \le k_{\mathrm{F}} \\ m, m'}} \frac{1}{2} \chi_m^{\dagger} \boldsymbol{\sigma} \chi_{m'} (\delta_{m,m'} - \hat{c}_{\boldsymbol{k},m} \hat{c}_{\boldsymbol{k},m'}^{\dagger}) + \sum_{\substack{|\boldsymbol{k}| > k_{\mathrm{F}} \\ m, m'}} \frac{1}{2} \chi_m^{\dagger} \boldsymbol{\sigma} \chi_{m'} \hat{c}_{\boldsymbol{k},m}^{\dagger} \hat{c}_{\boldsymbol{k},m'} \\
&= \sum_{\substack{|\boldsymbol{k}| \le k_{\mathrm{F}} \\ m}} \frac{1}{2} \chi_m^{\dagger} \boldsymbol{\sigma} \chi_m - \frac{1}{2} \sum_{\substack{|\boldsymbol{k}| > k_{\mathrm{F}} \\ m, m'}} \chi_m^{\dagger} \boldsymbol{\sigma} \chi_{m'} \hat{c}_{\boldsymbol{k},m'} \hat{c}_{\boldsymbol{k},m}^{\dagger} + \frac{1}{2} \sum_{\substack{|\boldsymbol{k}| > k_{\mathrm{F}} \\ m, m'}} \chi_m^{\dagger} \boldsymbol{\sigma} \chi_{m'} \hat{c}_{\boldsymbol{k},m}^{\dagger} \hat{c}_{\boldsymbol{k},m'}
\end{aligned}$$

と計算できる．これより，スピン角運動量演算子は次のようになる．

$$\hat{\boldsymbol{S}} = - \sum_{\substack{|\boldsymbol{k}| > k_{\mathrm{F}} \\ m, m'}} \frac{1}{2} \chi_m^{\dagger} \boldsymbol{\sigma} \chi_{m'} \hat{c}_{\boldsymbol{k},m'} \hat{c}_{\boldsymbol{k},m}^{\dagger} + \sum_{\substack{|\boldsymbol{k}| > k_{\mathrm{F}} \\ m, m'}} \frac{1}{2} \chi_m^{\dagger} \boldsymbol{\sigma} \chi_{m'} \hat{c}_{\boldsymbol{k},m}^{\dagger} \hat{c}_{\boldsymbol{k},m'} \tag{4.40}$$

この場合も，2 成分スピノルの基底 (1.31) と (1.35) から，

$$\sum_{m = \pm 1/2} \chi_m^{\dagger} \boldsymbol{\sigma} \chi_m = \mathrm{Tr} \boldsymbol{\sigma} = 0$$

となり，定数項は消えることを用いた．

4.2.4　粒子空孔表示におけるスピン自由度

単純に，占拠状態の生成消滅演算子 $\hat{c}_{\boldsymbol{k},m}^{\dagger}$，$\hat{c}_{\boldsymbol{k},m}$ を空孔励起状態の生成消滅演算子 $\hat{d}_{\boldsymbol{k},m}^{\dagger}$，$\hat{d}_{\boldsymbol{k},m}$ とおきかえてしまうと，(4.39) と (4.40) から，$\hat{d}_{\boldsymbol{k},m}^{\dagger}$ は波数 $-\boldsymbol{k}$ でスピン $-m$ の粒子状態を生成する演算子となる．このことは $\hat{c}_{\boldsymbol{k},m}^{\dagger}$ の作用によりフェルミ縮退状態から生成される空孔励起状態が，フェル

ミ状態から運動量 $\hbar\boldsymbol{k}$ でスピン m の状態を取り除いた状態であることから容易に理解される．すなわち，全運動量 0 で全スピン角運動量 0 の状態のフェルミ縮退状態から，運動量 $\hbar\boldsymbol{k}$ でスピン m の粒子を取り除いたため，運動量が $-\hbar\boldsymbol{k}$ でスピン角運動量が $-m$ の状態が生じるのである．これは記号上のことで何か誤りがあるのではないが，わかりやすい状況とはいえない．また，スピン角運動量演算子 (4.40) の空孔励起状態の係数 $-\chi_m^\dagger\boldsymbol{\sigma}\chi_{m'}$ も，負号と生成消滅演算子に対応する添字 m と m' の位置が逆転しているという点で，粒子励起状態とは異なっており，統一的とはいえない．

より適切な記号のとり方としては，粒子空孔状態の生成消滅演算子を，次のように定義すればよいことがわかる[†23]．

$$\left.\begin{array}{l} |\boldsymbol{k}| \leq k_{\mathrm{F}} : \hat{d}^\dagger_{\boldsymbol{k},m} = \sum_{m'}(i\sigma_2)_{m,m'}\hat{c}_{-\boldsymbol{k},m'}, \qquad \hat{d}_{\boldsymbol{k},m} = \sum_{m'}(i\sigma_2)_{m,m'}\hat{c}^\dagger_{-\boldsymbol{k},m'} \\ |\boldsymbol{k}| > k_{\mathrm{F}} : \hat{b}^\dagger_{\boldsymbol{k},m} = \hat{c}^\dagger_{\boldsymbol{k},m}, \qquad \hat{b}_{\boldsymbol{k},m} = \hat{c}_{\boldsymbol{k},m} \quad (|\boldsymbol{k}| > k_{\mathrm{F}}) \end{array}\right\} \tag{4.41}$$

ここで，係数 $(i\sigma_2)_{m,m'}$ は行列

$$i\sigma_2 = \begin{pmatrix} 0 & 1 \\ -1 & 0 \end{pmatrix}, \quad {}^t(i\sigma_2) = (i\sigma_2)^\dagger = (i\sigma_2)^{-1} = -(i\sigma_2) \tag{4.42}$$

である．

(4.41) を直接書き下せば，空孔状態ではスピン角運動量の正負が

$$\hat{d}^\dagger_{\boldsymbol{k},1/2} = \hat{c}_{-\boldsymbol{k},-1/2}, \qquad \hat{d}^\dagger_{\boldsymbol{k},-1/2} = -\hat{c}_{-\boldsymbol{k},1/2}$$

のように逆転していることに注意しよう．上式に対応する粒子空孔状態における 2 成分スピノルの基底を

$$\chi_m^{\mathrm{h}} = \sum_{m'}(i\sigma_2)_{m,m'}\chi_{m'}^* \quad (|\boldsymbol{k}| \leq k_{\mathrm{F}}), \qquad \chi_m^{\mathrm{p}} = \chi_m \quad (|\boldsymbol{k}| > k_{\mathrm{F}}) \tag{4.43}$$

というように定義する[†24]．これを用いると，次に示す不変性が成立する．

$$\sum_{\boldsymbol{k}}\sum_m \chi_m \hat{c}_{\boldsymbol{k},m'} = \sum_{\boldsymbol{k}}\sum_l (\chi_l^{\mathrm{h}})^* \hat{d}^\dagger_{\boldsymbol{k},l} \tag{4.44}$$

---

†23　スピン角運動量や計算の詳細は付録 D を参照．

†24　ここでの定義では χ_m は実数で定義されているので，複素共役で不変である．

このことは，次の計算により明らかである．

$$\sum_{\boldsymbol{k}'}\sum_{m'}\chi_{m'}\hat{c}_{\boldsymbol{k},m'}=\sum_{\boldsymbol{k}'}\sum_{m',l,l'}(i\sigma_2)_{m',l}(i\sigma_2)_{m',l'}(\chi_l^{\mathrm{h}})^*\hat{d}^{\dagger}_{-\boldsymbol{k}',l'}$$
$$=\sum_{\boldsymbol{k}'}\sum_{l,l'}[{}^t(i\sigma_2)(i\sigma_2)]_{l,l'}(\chi_l^{\mathrm{h}})^*\hat{d}^{\dagger}_{-\boldsymbol{k}',l'}=\sum_{\boldsymbol{k}'}\sum_{l,l'}\delta_{l,l'}(\chi_l^{\mathrm{h}})^*\hat{d}^{\dagger}_{-\boldsymbol{k}',l'}$$
$$=\sum_{\boldsymbol{k}'}\sum_{l}(\chi_l^{\mathrm{h}})^*\hat{d}^{\dagger}_{-\boldsymbol{k}',l}=\sum_{\boldsymbol{k}}\sum_{l}(\chi_l^{\mathrm{h}})^*\hat{d}^{\dagger}_{\boldsymbol{k},l}$$

また，2 成分スピノルの基底 χ_m^{h}, χ_m^{p} を用いて，空孔励起状態と粒子励起状態の波動関数を次のように取り直すことにする[†25]．

$$\left.\begin{aligned}\phi^{\mathrm{h}}_{\boldsymbol{k},m}(\boldsymbol{x},s)&=\frac{1}{\sqrt{V}}e^{-i\boldsymbol{kx}}\chi_m^{\mathrm{h}}(s)\quad(|\boldsymbol{k}|\leqq k_{\mathrm{F}})\\ \phi^{\mathrm{p}}_{\boldsymbol{k},m}(\boldsymbol{x},s)&=\frac{1}{\sqrt{V}}e^{i\boldsymbol{kx}}\chi_m^{\mathrm{p}}(s)\quad(|\boldsymbol{k}|\leqq k_{\mathrm{F}})\end{aligned}\right\}\tag{4.45}$$

運動量演算子 (4.39) を生成消滅演算子 (4.41) を用いて書きかえれば

$$\hat{\boldsymbol{P}}=-\sum_{|\boldsymbol{k}'|\leq k_{\mathrm{F}},m}\hbar\boldsymbol{k}'\hat{c}_{\boldsymbol{k}',m'}\hat{c}^{\dagger}_{\boldsymbol{k}',m'}+\sum_{|\boldsymbol{k}|>k_{\mathrm{F}},m}\hbar\boldsymbol{k}\hat{c}^{\dagger}_{\boldsymbol{k},m}\hat{c}_{\boldsymbol{k},m}$$
$$=-\sum_{|\boldsymbol{k}'|\leq k_{\mathrm{F}},m'}\hbar\boldsymbol{k}'\sum_{m,m''}(i\sigma_2)_{m',m}\hat{d}^{\dagger}_{-\boldsymbol{k}',m'}(i\sigma_2)_{m',m''}\hat{d}_{-\boldsymbol{k}',m'}$$
$$+\sum_{|\boldsymbol{k}|>k_{\mathrm{F}},m}\hbar\boldsymbol{k}\hat{b}^{\dagger}_{\boldsymbol{k},m}\hat{b}_{\boldsymbol{k},m}$$
$$=-\sum_{|\boldsymbol{k}'|\leq k_{\mathrm{F}},m,m''}\hbar\boldsymbol{k}'\delta_{m,m''}\hat{d}^{\dagger}_{-\boldsymbol{k}',m'}\hat{d}_{-\boldsymbol{k}',m'}+\sum_{|\boldsymbol{k}|>k_{\mathrm{F}},m}\hbar\boldsymbol{k}\hat{b}^{\dagger}_{\boldsymbol{k},m}\hat{b}_{\boldsymbol{k},m}$$
$$=\sum_{|\boldsymbol{k}|\leq k_{\mathrm{F}},m}\hbar\boldsymbol{k}d^{\dagger}_{\boldsymbol{k},m}\hat{d}_{\boldsymbol{k},m}+\sum_{|\boldsymbol{k}|>k_{\mathrm{F}},m}\hbar\boldsymbol{k}\hat{b}^{\dagger}_{\boldsymbol{k},m}\hat{b}_{\boldsymbol{k},m}\tag{4.46}$$

と計算される．なお，総和の波数とスピンの記号を $\boldsymbol{k}=-\boldsymbol{k}'$, $m=-m'$ と変数変換した．

スピン角運動量 (4.40) は，不変性 (4.44) を用いて

$$\hat{\boldsymbol{S}}=-\sum_{\substack{|\boldsymbol{k}|>k_{\mathrm{F}}\\ m,m'}}\frac{1}{2}(\chi_m^{\mathrm{h}})^{\dagger}\boldsymbol{\sigma}\chi_{m'}^{\mathrm{h}}\hat{d}^{\dagger}_{\boldsymbol{k},m'}\hat{d}_{\boldsymbol{k},m}+\sum_{\substack{|\boldsymbol{k}|>k_{\mathrm{F}}\\ m,m'}}\frac{1}{2}\chi_m^{\dagger}\boldsymbol{\sigma}\chi_{m'}\hat{b}^{\dagger}_{\boldsymbol{k},m}\hat{b}_{\boldsymbol{k},m'}\tag{4.47}$$

のように書きかえる．粒子状態の項は χ_m^{p} にかえないでおく．空孔部分の係

†25 定義の取り直しは，エネルギーの縮退した状態間で行われていることに注意しよう．

数を計算すれば，

$$(\chi_m^{\mathrm{h}})^\dagger \boldsymbol{\sigma}\chi_{m'}^{\mathrm{h}} = \sum_{l,l'}(i\sigma)_{m,l}(\chi_l^*)^\dagger \boldsymbol{\sigma}\chi_{l'}^*(i\sigma)_{m',l'} = \sum_{l,l'}{}^t\chi_l(i\sigma_2)\boldsymbol{\sigma}^t(i\sigma_2)\chi_{l'}^*$$

$$= -\sum_{l,l'}{}^t\chi_l{}^t\boldsymbol{\sigma}\chi_{l'}^* = -\sum_{l,l'}\chi_{l'}^\dagger\boldsymbol{\sigma}\chi_l$$

となる．ここで，$\boldsymbol{k} = -\boldsymbol{k}'$, $m = -l$, $m' = -l'$ と変数変換した．また，パウリのスピン行列の性質 (D.10) および 2 成分スピノル基底の性質

$$(i\sigma_2)^t\sigma_j(i\sigma_2)^\dagger = -\sigma_j, \qquad \sum_l(i\sigma_2)_{l,m}\chi_l = {}^t(i\sigma_2)\chi_m$$

を用いた．後者は次のように導かれる．

$$\sum_l(i\sigma_2)_{l,m}\chi_l(s) = \sum_l(i\sigma_2)_{l,m}\delta_{l,s} = (i\sigma_2)_{s,m} = \sum_{s'}\chi_m(s')(i\sigma_2)_{s',s}$$

この結果を用いれば，スピン角運動量演算子 (4.40) は，

$$\hat{\boldsymbol{S}} = \sum_{\substack{|\boldsymbol{k}|>k_{\mathrm{F}} \\ m,m'}}\frac{1}{2}\chi_m^\dagger\boldsymbol{\sigma}\chi_{m'}\hat{d}_{\boldsymbol{k},m'}^\dagger\hat{d}_{\boldsymbol{k},m} + \sum_{\substack{|\boldsymbol{k}|>k_{\mathrm{F}} \\ m,m'}}\frac{1}{2}\chi_m^\dagger\boldsymbol{\sigma}\chi_{m'}\hat{b}_{\boldsymbol{k},m}^\dagger\hat{b}_{\boldsymbol{k},m'} \qquad (4.48)$$

となり，生成消滅演算子 $\hat{c}^\dagger$, $\hat{c}$ による表示と同型であることがわかる．

これらの結果から，(4.41) で導入された演算子 $\hat{d}_{\boldsymbol{k},m}^\dagger$，$\hat{b}_{\boldsymbol{k},m}^\dagger$ は，波数 $\boldsymbol{k}$，スピン m の粒子を生成する演算子であることがわかる．

4.2.5　自由フェルミ粒子一様系の励起状態

ハミルトニアン演算子と個数演算子は，(4.10) と (4.11) を用いて，

$$\hat{H} = -\sum_{|\boldsymbol{k}|\le k_{\mathrm{F}},m}\varepsilon_{\boldsymbol{k}}\hat{d}_{\boldsymbol{k},m}^\dagger\hat{d}_{\boldsymbol{k},m} + \sum_{|\boldsymbol{k}|>k_{\mathrm{F}},m}\varepsilon_{\boldsymbol{k}}\hat{b}_{\boldsymbol{k},m}^\dagger\hat{b}_{\boldsymbol{k},m}$$

$$\hat{N} = N - \sum_{|\boldsymbol{k}|\le k_{\mathrm{F}},m}\hat{d}_{\boldsymbol{k},m}^\dagger\hat{d}_{\boldsymbol{k},m} + \sum_{|\boldsymbol{k}|>k_{\mathrm{F}},m}\hat{b}_{\boldsymbol{k},m}^\dagger\hat{b}_{\boldsymbol{k},m}$$

となることは明らかであろう．ハミルトニアン演算子 (4.2) から，空孔励起状態と粒子励起状態のエネルギー (励起スペクトル) は，図 4.4 左のように表される．

前節で述べた励起描像では，励起スペクトルがどうなるか見てみよう．励起描像では，空孔励起状態と粒子励起状態の 1 粒子エネルギーは (4.16) で与えられる．よって，一様系の場合には，

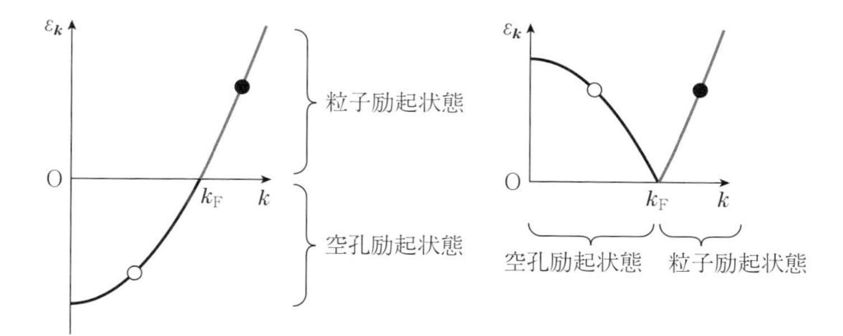

図 4.4 自由フェルミ粒子の励起状態（右図は励起描像）

$$\left.\begin{aligned} \varepsilon_{\boldsymbol{k}}^{\mathrm{h}} &= \varepsilon_{\mathrm{F}} - \varepsilon_{\boldsymbol{k}} = \frac{\hbar^2}{2m}(k_{\mathrm{F}}^2 - \boldsymbol{k}^2) \quad (|\boldsymbol{k}| \leqq k_{\mathrm{F}}) \\ \varepsilon_{\boldsymbol{k}}^{\mathrm{p}} &= \varepsilon_{\boldsymbol{k}} - \varepsilon_{\mathrm{F}} = \frac{\hbar^2}{2m}(\boldsymbol{k}^2 - k_{\mathrm{F}}^2) \quad (|\boldsymbol{k}| > k_{\mathrm{F}}) \end{aligned}\right\} \tag{4.49}$$

で与えられ，ハミルトニアン演算子は，

$$\widehat{H} = \sum_{|\boldsymbol{k}| \leq k_{\mathrm{F}}, m} \varepsilon_{\boldsymbol{k}}^{\mathrm{h}} \widehat{d}_{\boldsymbol{k},m}^{\dagger} \widehat{d}_{\boldsymbol{k},m} + \sum_{|\boldsymbol{k}| > k_{\mathrm{F}}, m} \varepsilon_{\boldsymbol{k}}^{\mathrm{p}} \widehat{b}_{\boldsymbol{k},m}^{\dagger} \widehat{b}_{\boldsymbol{k},m} \tag{4.50}$$

のようになる．励起描像における励起スペクトルは図 4.4 右で示したものとなる．

本節の議論は，相対論的波動方程式である（質量が 0 の場合の）ディラック方程式の量子化と同種のものである．ディラック方程式の場合には，正のエネルギー状態（占拠状態）と負のエネルギー状態（空席状態）の間に荷電共役対称性とよばれる対称性が存在しているが，本節で議論した非相対論的な自由フェルミ系には，占拠状態と空席状態の間の対称性は存在しない．このことは，占拠状態は $|\boldsymbol{k}| = 0$ から $|\boldsymbol{k}| = k_{\mathrm{F}}$ を満たす状態であるのに対して，空席状態は 1 粒子エネルギーのいくらでも大きい状態が存在することからも明らかである．また，$|\boldsymbol{k}| = k_{\mathrm{F}}$ の状態は波数空間で球形のフェルミ面をなしている．

しかしながら，1 次元系で相互作用が小さくフェルミ面（$k = \pm k_{\mathrm{F}}$ の点となる）近傍の励起のみが問題となる場合には，近似的な対称性を考えることがある．フェルミ点 $k = k_{\mathrm{F}}$ を考え，波数 k の代わりに k_{F} からのずれ K を状態として特徴づける変数とすると，

$$K = k - k_{\mathrm{F}}$$

が成り立つ．K が小さい場合に，(4.49) を線形近似すれば，

$$\varepsilon_k^{\mathrm{h}} = \varepsilon_{\mathrm{F}} - \varepsilon_k \sim -\frac{\hbar^2 k_{\mathrm{F}}}{m} K \quad (K \leqq 0), \qquad \varepsilon_k^{\mathrm{p}} = \varepsilon_k - \varepsilon_{\mathrm{F}} \sim \frac{\hbar^2 k_{\mathrm{F}}}{m} K \quad (K > 0)$$

となり，生成消滅演算子を $\hat{d}_{-K,m} = \hat{d}_{k,m}$，$\hat{b}_{K,m} = \hat{b}_{k,m}$ などと書くことにすれば，ハミルトニアン演算子 (4.50) は，

$$\hat{H} = \sum_{K,m} v\hbar K \{\hat{d}^{\dagger}_{K,m}\hat{d}_{K,m} + \hat{b}^{\dagger}_{K,m}\hat{b}_{K,m}\} \tag{4.51}$$

となる．ここで $v = \hbar k_{\mathrm{F}}/m$ とした．v は速度の次元をもつことに注意しよう．ハミルトニアン演算子 (4.51) は，$\hat{d}_{K,m}$ と $\hat{b}_{K,m}$ の入れかえに対して対称であることは明らかである．これは，質量 0 の自由ディラック方程式と同じ構造である．

また 2 次元系や 3 次元系においても，グラフェンなどにおける結晶構造の影響や超流動 ^{3}He など異方的超伝導体などでこのような構造が現れる[†26]．

4.3　原子単位系と自由電子の一様系

一様な電子系の物理量を表すのによく用いられる原子単位系について簡単に説明し，前節で求めた自由フェルミ粒子一様系のフェルミエネルギーや 1 粒子当りの平均エネルギーが，一様な電子系ではどのような値をとるかを計算してみる．

一様系では，粒子 1 個当りの体積を球で表した時の半径を r_0 とすれば，

$$\frac{V}{N} = \frac{1}{n} = \frac{4\pi}{3} r_0^3 \tag{4.52}$$

として個数密度 n の代わりに用いることがよく行われる．電子系の場合に

†26　グラフェンや超流動 ^{3}He について興味のある読者は，文献 [28] や文献 [29] を参照．

は，(4.35) を用いれば，フェルミ波数 k_{F} は次のように表される．

$$k_{\mathrm{F}} = \left(\frac{9\pi}{4}\right)^{1/3} \frac{1}{r_0} \tag{4.53}$$

r_0 とボーア半径 a_{B} との比を，

$$r_{\mathrm{s}} \equiv \frac{r_0}{a_{\mathrm{B}}} = \frac{1}{a_{\mathrm{B}}}\left(\frac{3}{4\pi n}\right)^{1/3} \tag{4.54}$$

と定義する．

フェルミエネルギー (4.36) を (4.53) と (4.54) を用いて r_s で表し，(2.105) で定義されたボーア半径 a_{B} およびリュードベリエネルギー Ry を用いて

$$\varepsilon_{\mathrm{F}} = \frac{\hbar^2}{2m}k_{\mathrm{F}}^2 = \frac{\hbar^2}{2m}\left(\frac{9\pi}{4}\right)^{2/3}\frac{1}{(a_{\mathrm{B}}r_{\mathrm{s}})^2} = \left(\frac{9\pi}{4}\right)^{2/3}\frac{1}{r_{\mathrm{s}}^2} \sim \frac{3.683}{r_{\mathrm{s}}^2}Ry \tag{4.55}$$

と表す．1粒子当りの平均エネルギー E_{F}/N は，(4.38) を用いて次のようになる．

$$\frac{E_{\mathrm{F}}}{N} = \frac{3}{5}\varepsilon_{\mathrm{F}} = \frac{3}{5}\left(\frac{9\pi}{4}\right)^{2/3}\frac{1}{r_{\mathrm{s}}^2} \sim \frac{2.210}{r_{\mathrm{s}}^2}Ry \tag{4.56}$$

原子分子系や電子系の理論では，**原子単位系** (**atomic unit system**) が用いられることがある．原子単位系では長さとエネルギーを，ボーア半径 a_{B} およびリュードベリエネルギー Ry を単位として表す．この単位系での単位の記号として，物理量に関係なく a.u.[†27] が用いられる．

長さの a.u. は，

$$1\,\mathrm{a.u.} \sim 0.0529\,\mathrm{nm}$$

である．エネルギーの単位は，特に**リュードベリ** (**rydberg**) とよぶことがあり，

$$1\,\mathrm{rydberg} \sim 13.6\,\mathrm{eV}$$

という関係が成り立つ．この単位で表せば，フェルミエネルギー (4.55) と

---

†27 atomic unitの略．

1粒子当りの平均エネルギー (4.56) は，次のようになる．

$$\varepsilon_{\mathrm{F}} \sim \frac{3.683}{r_s^2}, \qquad \frac{E_{\mathrm{F}}}{N} \sim \frac{2.210}{r_s^2}$$

4.4　1体演算子の粒子空孔表示

フェルミ粒子系における1体演算子 (3.137)

$$\widehat{H}_{\mathrm{F}} = \sum_{i,j} (\phi_i | \widehat{h} | \phi_j) \widehat{c}_i^\dagger \widehat{c}_j = \sum_{i,j} h_{i\,;\,j} \widehat{c}_i^\dagger \widehat{c}_j \tag{4.57}$$

の粒子空孔表示を求めておく．総和の指数 i, j は，1から ∞ までの和である．これを $i, j = 1, \cdots, N$ までの和と $\mu, \nu = N+1, \cdots, \infty$ までの総和に分け，生成消滅演算子 $\widehat{c}, \widehat{c}^\dagger$ を，(4.8) を用いて $\widehat{b}, \widehat{b}^\dagger, \widehat{d}, \widehat{d}^\dagger$ に書きかえればよいので，

$$\widehat{H}_{\mathrm{F}} = \sum_{i,j} h_{i,j} \widehat{d}_i \widehat{d}_j^\dagger + \sum_{\mu,\nu} h_{\mu,\nu} \widehat{b}_\mu^\dagger \widehat{b}_\nu + \sum_{i,\nu} h_{i,\nu} \widehat{d}_i \widehat{b}_\nu + \sum_{\mu,j} h_{\mu,j} \widehat{b}_\mu^\dagger \widehat{d}_j^\dagger$$

となる．正規順序化 (かつ $\widehat{d}$ を $\widehat{b}$ の左に書く) すれば，次のようになる．

$$\widehat{H}_{\mathrm{F}} = \sum_i h_{ii} - \sum_{i,j} h_{i,j} \widehat{d}_j^\dagger \widehat{d}_i + \sum_{\mu,\nu} h_{\mu,\nu} \widehat{b}_\mu^\dagger \widehat{b}_\nu + \sum_{i,\nu} h_{i,\nu} \widehat{d}_i \widehat{b}_\nu - \sum_{\mu,j} h_{\mu,j} \widehat{d}_j^\dagger \widehat{b}_\mu^\dagger \tag{4.58}$$

4.5　相互作用ポテンシャルの粒子空孔表示

4.5.1　フェルミ粒子の粒子空孔表示

同種フェルミ粒子に対しては，4.1節で示した粒子空孔表示が便利なことが多い．前章の相互作用 (3.186) を粒子空孔表示で表そう．そのためには，(4.8) に従い，フェルミ縮退の占拠状態に対する生成消滅演算子 $\widehat{c}_i^\dagger, \widehat{c}_i$ $(i = 1, \cdots, N)$ を $\widehat{d}_i, \widehat{d}_i^\dagger$ と書きかえ，空席状態の生成消滅演算子 $\widehat{c}_j^\dagger, \widehat{c}_j$ $(j = N+1, \cdots, \infty)$ を $\widehat{b}_j^\dagger, \widehat{b}_j$ で書きかえればよい．ここでは，占拠状態と空席状態をはっきり区別するために，占拠状態と空席状態の $\widehat{c}_i$ 演算子を $\widehat{c}_{\mathrm{f},i}$,

$\hat{c}_{\mathrm{p},\mu}$ $(i=1, \cdots, N, \mu=N+1, \cdots, \infty)$ と書いておき，粒子空孔状態の生成消滅演算子を (4.8) にならって，

$$\left.\begin{array}{ll}\text{占拠状態：} \hat{d}_i = \hat{c}_{\mathrm{f},i}^{\dagger}, \quad \hat{d}_i^{\dagger} = \hat{c}_{\mathrm{f},i} & (i=1, \cdots, N) \\ \text{空席状態：} \hat{b}_\mu = \hat{c}_{\mathrm{p},\mu}, \quad \hat{b}_i^{\dagger} = \hat{c}_{\mathrm{p},\mu}^{\dagger} & (\mu=N+1, \cdots, \infty)\end{array}\right\} \tag{4.59}$$

と書いておく．

相互作用 (3.186) を粒子空孔表示で書き下すのには，$v_{\alpha_1,\alpha_2;\beta_1,\beta_2}$ の添字 $\alpha_1, \alpha_2, \beta_1, \beta_2$ の総和をそれぞれ粒子 $(\alpha=1, \cdots, N)$ と空孔 $(\alpha=N+1, \cdots, \infty)$ に分け，生成消滅演算子を (4.59) を用いて $\hat{d}$ や $\hat{b}$ で書きかえればよいわけであるが，$2^4=16$ 通りあることになりいささか面倒である．

4.5.2 相互作用ポテンシャルの行列要素の対称性

上で挙げた面倒くささは，$v_{\alpha_1,\alpha_2;\beta_1,\beta_2}$ の対称性を考慮することによりいくらか緩和される．(3.178) のように，$v_{\alpha_1,\alpha_2;\beta_1,\beta_2}$ はポテンシャル $v(\xi, \xi')$ の期待値である．同種粒子相互作用の対称性 $v(\xi, \xi')=v(\xi', \xi)$ より，

$$\begin{aligned} v_{\alpha_1,\alpha_2;\beta_1,\beta_2} &= \int d\xi \int d\xi' \, \phi_{\alpha_2}^*(\xi') \phi_{\alpha_1}^*(\xi) v(\xi, \xi') \phi_{\beta_1}(\xi) \phi_{\beta_2}(\xi') \\ &= \int d\xi' \int d\xi \, \phi_{\alpha_1}^*(\xi) \phi_{\alpha_2}^*(\xi') v(\xi', \xi) \phi_{\beta_2}(\xi') \phi_{\beta_1}(\xi) \\ &= v_{\alpha_2,\alpha_1;\beta_2,\beta_1} \end{aligned}$$

となる．よって，指標 α_1, α_2 および β_1, β_2 の同時交換に対して対称性

$$v_{\alpha_1,\alpha_2;\beta_1,\beta_2} = v_{\alpha_2,\alpha_1;\beta_2,\beta_1} \tag{4.60}$$

が成立する．また，ポテンシャルが実，すなわち $v(\xi, \xi')^* = v(\xi, \xi')$ であるならば，

$$\begin{aligned} v_{\alpha_1,\alpha_2;\beta_1,\beta_2}^* &= \int d\xi \int d\xi' \, \phi_{\alpha_2}(\xi') \phi_{\alpha_1}(\xi) v^*(\xi, \xi') \phi_{\beta_1}^*(\xi) \phi_{\beta_2}^*(\xi') \\ &= \int d\xi' \int d\xi \, \phi_{\beta_2}^*(\xi') \phi_{\beta_1}^*(\xi) v(\xi, \xi') \, \phi_{\alpha_1}(\xi) \phi_{\alpha_2}(\xi') \\ &= v_{\beta_1,\beta_2;\alpha_1,\alpha_2} \end{aligned}$$

であるから，次の関係式が成立する．

$$v^*_{\alpha_1,\alpha_2;\beta_1,\beta_2} = v_{\beta_2,\beta_1;\alpha_1,\alpha_2} \tag{4.61}$$

4.5.3　反対称化ポテンシャル

ここで，$v_{\alpha_1,\alpha_2;\beta_1,\beta_2}$ を指標 β_1, β_2 に対して反対称化した行列要素

$$V_{\alpha_1,\alpha_2;\beta_1,\beta_2} = \frac{1}{2}(v_{\alpha_1,\alpha_2;\beta_1,\beta_2} - v_{\alpha_2,\alpha_1;\beta_1,\beta_2}) \tag{4.62}$$

を導入しよう．これを**反対称化ポテンシャル**（**antisymmetrized potential**）とよぶ．消滅演算子 $\hat{c}_{\beta_1}$ と $\hat{c}_{\beta_2}$ の反対称性より，

$$\sum_{\alpha_1,\alpha_2;\beta_1,\beta_2} V_{\alpha_1,\alpha_2;\beta_1,\beta_2}\hat{c}^\dagger_{\alpha_2}\hat{c}^\dagger_{\alpha_1}\hat{c}_{\beta_1}\hat{c}_{\beta_2} = \sum_{\alpha_1,\alpha_2;\beta_1,\beta_2} v_{\alpha_1,\alpha_2;\beta_1,\beta_2}\hat{c}^\dagger_{\alpha_2}\hat{c}^\dagger_{\alpha_1}\hat{c}_{\beta_1}\hat{c}_{\beta_2}$$

となるので，相互作用ポテンシャルの表式（3.186）において，$v_{\alpha_1,\alpha_2;\beta_1,\beta_2}$ の代わりに $V_{\alpha_1,\alpha_2;\beta_1,\beta_2}$ を用いても同じである．つまり，

$$\hat{V} = \frac{1}{2}\sum_{\alpha_1,\alpha_2;\beta_1,\beta_2} V_{\alpha_1,\alpha_2;\beta_1,\beta_2}\hat{c}^\dagger_{\alpha_2}\hat{c}^\dagger_{\alpha_1}\hat{c}_{\beta_1}\hat{c}_{\beta_2} \tag{4.63}$$

が得られる．以降ではこの表式を主に用いる．対称性（4.60）は $V_{\alpha_1,\alpha_2;\beta_1,\beta_2}$ に対しても成立し，$V_{\alpha_1,\alpha_2;\beta_1,\beta_2}$ は，

$$\left.\begin{aligned} V_{\alpha_1,\alpha_2;\beta_1,\beta_2} &= V_{\alpha_2,\alpha_1;\beta_1,\beta_2} \\ V_{\alpha_1,\alpha_2;\beta_1,\beta_2} &= -V_{\alpha_1,\alpha_2;\beta_2,\beta_1} \\ &= -V_{\alpha_2,\alpha_1;\beta_1,\beta_2} \end{aligned}\right\} \tag{4.64}$$

の対称性を満たす†28．反対称化ポテンシャル V をダイアグラムで表す場合には，図 4.5 のように頂点を結ぶ破線を太線で表すことにする．反対称化ポ

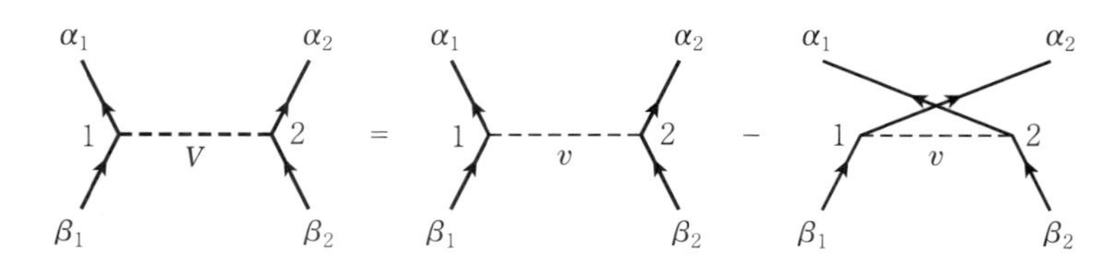

図 4.5　反対称化ポテンシャル V

†28　添字 α_1, α_2 の反対称性は，他の 2 種類の対称性の組み合わせから証明される．

テンシャル V は，ダイアグラムでは交差図形を取り込んだものと考えてよい (図 4.5)．

相互作用ポテンシャル (4.63) に対する粒子空孔表示は，同じ項を対称性 (4.64) を用いると

$$\widehat{V} = \widehat{V}_{b^4} + \widehat{V}_{b^3d} + \widehat{V}_{b^2d^2} + \widehat{V}_{bd^3} + \widehat{V}_{d^4} \tag{4.65}$$

$$\widehat{V}_{d^4} + \widehat{V}_{b^4} = \frac{1}{2}\sum_{\substack{i_1,i_2\\j_1,j_2}} V_{i_1,i_2\,;\,j_2,j_1}\widehat{d}_{i_1}\widehat{d}_{i_2}\widehat{d}^{\dagger}_{j_1}\widehat{d}^{\dagger}_{j_2} + \frac{1}{2}\sum_{\substack{\mu_1,\mu_2\\\nu_1,\nu_2}} V_{\mu_1,\mu_2\,;\,\nu_2,\nu_1}\widehat{b}^{\dagger}_{\mu_1}\widehat{b}^{\dagger}_{\mu_2}\widehat{b}_{\nu_1}\widehat{b}_{\nu_2} \tag{4.66}$$

$$\widehat{V}_{bd^3} = \sum_{\substack{i_1,i_2\\j_1,\nu_2}} V_{i_1,i_2\,;\,\nu_2,j_1}\widehat{d}_{i_1}\widehat{d}_{i_2}\widehat{d}^{\dagger}_{j_1}\widehat{b}_{\nu_2} + \sum_{\substack{i_1,\mu_2\\j_1,j_2}} V_{i_1,\mu_2\,;\,j_2,j_1}\widehat{d}_{i_1}\widehat{b}^{\dagger}_{\mu_2}\widehat{d}^{\dagger}_{j_1}\widehat{d}^{\dagger}_{j_2} \tag{4.67}$$

$$\widehat{V}_{b^3d} = \sum_{\substack{\mu_1,i_2\\\nu_1,\nu_2}} V_{\mu_1,i_2\,;\,\nu_2,\nu_1}\widehat{d}^{\dagger}_{\mu_1}\widehat{d}_{i_2}\widehat{b}_{\nu_1}\widehat{b}_{\nu_2} + \sum_{\substack{\mu_1,\mu_2\\\nu_1,j_2}} V_{\mu_1,\mu_2\,;\,j_2,\nu_1}\widehat{b}^{\dagger}_{\mu_1}\widehat{b}^{\dagger}_{\mu_2}\widehat{b}_{\nu_1}d^{\dagger}_{j_2} \tag{4.68}$$

$$\begin{aligned}\widehat{V}_{b^2d^2} = &\sum_{\substack{i_1,\mu_2\\j_1,\nu_2}} V_{i_1,\mu_2\,;\,\nu_2,j_1}\widehat{d}_{i_1}\widehat{b}^{\dagger}_{\mu_2}\widehat{d}^{\dagger}_{j_1}\widehat{b}_{\nu_2} + \frac{1}{2}\sum_{\substack{i_1,i_2\\\nu_1,\nu_2}} V_{i_1,i_2\,;\,\nu_2,\nu_1}\widehat{d}_{i_1}\widehat{d}_{i_2}\widehat{b}_{\nu_1}\widehat{b}_{\nu_2}\\ &+ \frac{1}{2}\sum_{\substack{\mu_1,\mu_2\\j_1,j_2}} V_{\mu_1,\mu_2\,;\,j_2,j_1}\widehat{b}^{\dagger}_{\mu_1}\widehat{b}^{\dagger}_{\mu_2}\widehat{d}^{\dagger}_{j_1}\widehat{d}^{\dagger}_{j_2} + \sum_{\substack{i_1,\mu_2\\\nu_1,j_2}} V_{i_1,\mu_2\,;\,j_2,\nu_1}\widehat{d}_{i_1}\widehat{b}^{\dagger}_{\mu_2}\widehat{b}_{\nu_1}\widehat{d}^{\dagger}_{j_2}\end{aligned} \tag{4.69}$$

のようになる．

4.5.4 正規順序化された反対称化ポテンシャル

この相互作用の意味を考える前に，より標準的な形式に書きかえを行う．そのために 3.18 節で述べたウィックの定理を用いて，$\widehat{V}$ の生成消滅演算子積を正規順序積で書き直す．それにより，ポテンシャル $\widehat{V}$ は，定数項 V_0, 生成消滅演算子を 2 個含む項 $\widehat{V}_2$, 4 個含む項 $\widehat{V}_4$ の和になるので，

$$\widehat{V}_0 = \sum_{i,j} V_{i,j\,;\,i,j} \tag{4.70}$$

$$\widehat{V}_2 = -2\sum_{i,j,k} V_{k,i\,;\,k,j}\widehat{d}_j^{\dagger}\widehat{d}_i + 2\sum_{\mu,\nu,k} V_{k,\mu\,;\,k,\nu}\widehat{b}_\mu^{\dagger}\widehat{b}_\nu + 2\sum_{i,\nu,k} V_{k,i\,;\,k,\nu}\widehat{d}_i\widehat{b}_\nu - 2\sum_{j,\mu,k} V_{k,\mu\,;\,k,j}\widehat{d}_j^{\dagger}\widehat{b}_\mu^{\dagger} \tag{4.71}$$

が得られる．相互作用 $\widehat{V}_4$ は (4.65) に対応させて，分解して

$$\widehat{V} = \widehat{V}_{4:b^4} + \widehat{V}_{4:b^3d} + \widehat{V}_{4:b^2d^2} + \widehat{V}_{4:bd^3} + \widehat{V}_{4:d^4} \tag{4.72}$$

$$\widehat{V}_{4:d^4} + \widehat{V}_{4:b^4} = \frac{1}{2}\sum_{\substack{i,i'\\ j,j'}} V_{i,i'\,;\,j',j}\widehat{d}_j^{\dagger}\widehat{d}_{j'}^{\dagger}\widehat{d}_i\widehat{d}_{i'} + \frac{1}{2}\sum_{\substack{\mu,\mu'\\ \nu,\nu'}} V_{\mu,\mu'\,;\,\nu',\nu}\widehat{b}_\mu^{\dagger}\widehat{b}_{\mu'}^{\dagger}\widehat{b}_\nu\widehat{b}_{\nu'} \tag{4.73}$$

$$\widehat{V}_{4:bd^3} = \sum_{\substack{i_1,i_2\\ \nu,j}} V_{i_1,i_2\,;\,\nu,j}\widehat{d}_j^{\dagger}\widehat{d}_{i_1}\widehat{d}_{i_2}\widehat{b}_\nu + \sum_{\substack{i,\mu\\ j_1,j_2}} V_{i,\mu\,;\,j_2,j_1}\widehat{d}_{j_1}^{\dagger}\widehat{d}_{j_2}^{\dagger}\widehat{d}_i\widehat{b}_\mu^{\dagger} \tag{4.74}$$

$$\widehat{V}_{4:b^3d} = -\sum_{\substack{\mu,i\\ \nu_1,\nu_2}} V_{\mu,i\,;\,\nu_2,\nu_1}\widehat{d}_i\widehat{b}_\mu^{\dagger}\widehat{b}_{\mu_1}\widehat{b}_{\nu_2} + \sum_{\substack{\mu_1,\mu_2\\ j,\nu}} V_{\mu_1,\mu_2\,;\,j,\nu}\widehat{d}_j^{\dagger}\widehat{b}_{\mu_1}^{\dagger}\widehat{b}_{\mu_2}^{\dagger}\widehat{b}_\nu \tag{4.75}$$

$$\widehat{V}_{4:b^2d^2} = 2\sum_{\substack{i,\mu\\ \nu,j}} \widehat{V}_{i,\mu\,;\,\nu,j}\widehat{d}_j^{\dagger}\widehat{d}_i b_\mu^{\dagger}\widehat{b}_\nu + \frac{1}{2}\sum_{\substack{i_1,i_2\\ \nu_1,\nu_2}} V_{i_1,i_2\,;\,\nu_2,\nu_1}\widehat{d}_{i_1}\widehat{d}_{i_2}\widehat{b}_{\nu_1}\widehat{b}_{\nu_2} + \frac{1}{2}\sum_{\substack{\mu_1,\mu_2\\ j_1,j_2}} V_{\mu_1,\mu_2\,;\,j_2,j_1}\widehat{b}_{\mu_1}^{\dagger}\widehat{b}_{\mu_2}^{\dagger}\widehat{d}_{j_1}^{\dagger}\widehat{d}_{j_2}^{\dagger} \tag{4.76}$$

のように表す．

粒子空孔で表した相互作用 V_4 の各項をダイアグラムで表す時は，空孔を表す線に下向き矢印を付けて表す†29(図 4.6)．

頂点から上に粒子線と空孔線が出る V 字型図形は相互作用による粒子空孔対生成を表し，下から粒子線と空孔線が頂点に入る Λ 字型図形は相互作用による粒子空孔対消滅をそれぞれ表すことは明らかであろう．

---

†29　これは相対論的量子力学において，負のエネルギー状態の粒子の確率振幅は，形式的に時間に逆行する正エネルギーの粒子と解釈できることから来ている．これについては，文献 [26] を参照．

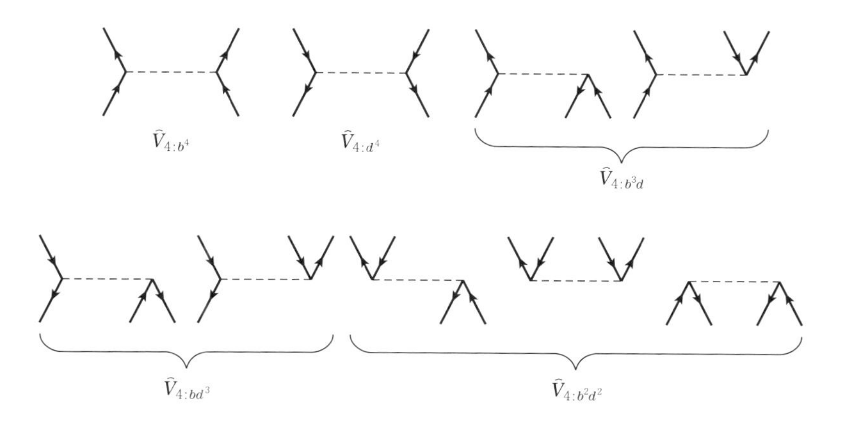

図 4.6 粒子空孔の相互作用 $\widehat{V}$

4.6 粒子空孔表示によるハミルトニアン演算子

4.6.1 相互作用するフェルミ粒子のハミルトニアン演算子

これまでの結果をまとめておこう．2 体相互作用 (3.175) で相互作用するフェルミ粒子のハミルトニアン演算子

$$\begin{aligned}\widehat{H} &= \widehat{H}_0 + \widehat{V}\\ &= \int d\xi\, \widehat{\varphi}^\dagger(\xi)h(\xi)\widehat{\varphi}(\xi) + \frac{1}{2}\int d\xi\int d\xi'\, \widehat{\varphi}^\dagger(\xi')\widehat{\varphi}^\dagger(\xi)v(\xi,\xi')\widehat{\varphi}(\xi)\widehat{\varphi}(\xi')\end{aligned} \tag{4.77}$$

を粒子空孔表示で表すと，$\widehat{H}_0$ は (4.58) で表され，$\widehat{V}$ は (4.72) ～ (4.76) で表される．

ハミルトニアン演算子 $\widehat{H}$ は，定数項 E_{F}，生成消滅演算子を 2 個含む項 $\widehat{H}_2$，および 4 個含む項 $\widehat{V}_4$ からなる．それらは，

$$\widehat{H} = E_{\mathrm{F}} + \widehat{H}_2 + \widehat{V}_4 \tag{4.78}$$

$$E_{\mathrm{F}} = \sum_i h_{i,i} + \sum_{i,j} V_{i,j\,;\,i,j} \tag{4.79}$$

$$
\begin{aligned}
\widehat{H}_2 &= \widehat{H}_0 + \widehat{V}_2 \\
&= -\sum_{i,j}(-h_{i,j} + 2\sum_k V_{k,i\,;\,k,j})\widehat{d}_i^\dagger \widehat{d}_j + \sum_{\mu,\nu}(h_{\mu,\nu} + \sum_k V_{k,\mu\,;\,k,\nu})\widehat{b}_\nu^\dagger \widehat{b}_\mu \\
&\quad + \sum_{i,\nu}(h_{i,\nu} + 2\sum_k V_{k,i\,;\,k,\nu})\widehat{d}_i \widehat{b}_\nu - \sum_{i,j,\mu}(h_{\mu,j} + 2\sum_k V_{k,\mu\,;\,k,j})\widehat{d}_j^\dagger \widehat{b}_\mu^\dagger
\end{aligned}
\tag{4.80}
$$

という関係がある．なお，$\widehat{V}_4$ は (4.72) で示したものと同じである．

4.6.2　縮約された相互作用ポテンシャル

演算子 $\widehat{H}_2$ のダイアグラム表示を定義する．$\sum_k V_{k,i\,;\,k,j}$ のように頂点間[†30]で縮約がとられている場合には，図 4.6 の該当する外線を円 (同じ頂点間の場合) あるいは円弧 (異なる頂点の場合)[†31] で結び縮約を表すことにする．(4.80) の各項は図4.7のようになる．元のポテンシャル v の場合も合わせて示してある．

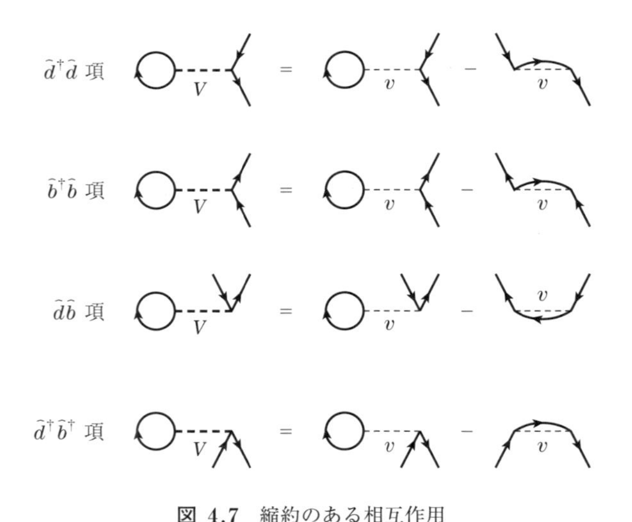

図 4.7　縮約のある相互作用

†30　この例の場合は頂点 1 と 1．

†31　異なる頂点間の場合には，本来は正弦曲線のような 1 回振動する曲線で結ぶのが正確であるが，相互作用の破線との交点が頂点と紛らわしいので円弧で結ぶ．

フェルミ縮退状態に対しては，$\hat{b}|F\rangle=\hat{d}|F\rangle=0$ または $\langle F|\hat{b}^{\dagger}=\langle F|\hat{d}^{\dagger}=0$ であるから，正規順序化された生成消滅演算子積 $|F\rangle$ による期待値は，定数項を除いて0である．よって，ハミルトニアン演算子 $\widehat{H}$ の期待値は次のようになる．

$$E_{\mathrm{F}}=\langle F|\widehat{H}|F\rangle \tag{4.81}$$

定数項 E_{F} は，フェルミ縮退状態に対するエネルギー期待値であることに注意しよう．

(4.78) ～ (4.80) および (4.72) ～ (4.76) で与えられるハミルトニアン演算子 $\widehat{H}$ は，フェルミ粒子多体系を取り扱う出発点となるものである．

第5章
ハートリー - フォック近似

ハートリー - フォック近似とは，相互作用する多体系の基底状態に対して，1粒子波動関数から構成される多体系波動関数を変分法の極小値として求める近似法である．この章では，量子力学における変分法について述べた後で，ハートリー - フォック方程式の導出を行う．応用例として，長距離相互作用であるクーロンポテンシャルにより相互作用する電子ガス模型と，短距離相互作用である湯川ポテンシャルで相互作用する一様フェルミ粒子系について述べ，ハートリー - フォック近似の計算を行う．そのために電子ガス模型の構成を行う．また，短距離相互作用をする一様フェルミ粒子系の例として核物質について簡単に触れる．最後に，有効質量の概念とハートリー - フォック近似の問題点について述べる．

5.1 ハートリー - フォック近似

量子多体系の基底状態や固有状態を求めるには (3.183) を求めればいいわけであるが，特別な場合を除いては，これを厳密に解くことは困難である．その特別な場合には，相互作用のない自由粒子系 $\hat{V}=0$ の場合があることに注意しよう．この場合は，多体波動関数を用いては第2章で，また第2量子化の方法を用いては (自由フェルミ粒子系の場合ではあるが) 4.2 節で取り扱った．

前章で取り扱った相互作用するフェルミ粒子系を考えよう．この系のハミルトニアン演算子は (4.78) で与えられる．自由フェルミ粒子から相互作用を取り込んだ最初の近似として，(4.78) のハミルトニアン演算子を定数項

$E_{\rm F}$ で近似することが考えられる．この近似では演算子を含む項 $\widehat{H}_2$ および $\widehat{V}_4$ を落としており，$E_{\rm F}$ が基底状態のエネルギーを近似的に表すことになる．(4.81) から，これを基底状態をフェルミ縮退状態すなわち多体波動関数で表すならば，スレーター行列式 (2.65) で近似することになる．つまり，

$$\Psi_f^{\rm A}(\xi_I) = \frac{1}{\sqrt{N!}}\sum_{\sigma\in S_N}\varepsilon_\sigma \phi_{\Phi_{a_1}}(\xi_{\sigma^{-1}(1)})\cdots\phi_{\Phi_{a_N}}(\xi_{\sigma^{-1}(N)})$$
$$= \frac{1}{\sqrt{N!}}\begin{vmatrix} \phi_{a_1}(\xi_1) & \cdots & \phi_{a_1}(\xi_N) \\ \vdots & \ddots & \vdots \\ \phi_{a_N}(\xi_1) & \cdots & \phi_{a_N}(\xi_N) \end{vmatrix} \tag{5.1}$$

となる．このことは，多体波動関数による計算からも明らかである．実際，多体ハミルトニアン演算子

$$\widehat{H} = \sum_\alpha h(\xi_\alpha) + \sum_{\alpha<\beta} v(\xi_\alpha - \xi_\beta)$$

のスレーター行列式 (5.1) の期待値は，(2.82) と (2.97) から，

$$E = \sum_{\alpha=1}^{N} h_{\alpha\,;\,\alpha} + \frac{1}{2}\sum_{\alpha,\beta=1}^{N}(v_{\alpha,\beta\,;\,\alpha,\beta} - v_{\alpha,\beta\,;\,\beta,\alpha})$$

となり，(4.79) と同型となることからも明らかである．

しかしながら，これで近似が決定したわけではない．なぜならば，行列要素は場の演算子の展開 (3.174) に用いた 1 体波動関数の完全系 $\phi_a(\xi)$，実質的には同じことであるがスレーター行列式 (5.1) を構成している 1 体波動関数によって $E_{\rm F}$ の値は変化するからである．状況をはっきりさせるために 1 体波動関数の完全系 $\phi_a(\xi)$ に対するフェルミ縮退状態を $|F\,;\phi\rangle$ と書くことにする．ハミルトニアン演算子 $\widehat{H}$ は ϕ_a に依存しないとして，(4.81) より，

$$E_{\rm F}(\phi) = \langle F\,;\phi|\widehat{H}|F\,;\phi\rangle \tag{5.2}$$

となり，$E_{\rm F}$ は ϕ_a の汎関数となる．$E_{\rm F}$ の最良値を変分原理により決定しようというのが**ハートリー - フォック近似** (**Hartree-Fock approximation**) である．本章では，相互作用の取り扱いの第 1 近似としてハートリー - フォック近似について議論する．そのために量子力学における変分原理について簡単に述べる．

5.2 量子力学の変分原理

量子力学におけるハミルトニアン演算子 $\widehat{H}$ が与えられたとする．エネルギー固有値が実数であるためには，$\widehat{H}$ はエルミート演算子 $\widehat{H}^{\dagger}=\widehat{H}$ でなければならない．

この量子系の任意の状態 $|\Phi\rangle$（規格化されていなくてもよい）に対して，エネルギー汎関数

$$E[\Phi]=\frac{\langle\Phi|\widehat{H}|\Phi\rangle}{\langle\Phi|\Phi\rangle} \tag{5.3}$$

を定義する．ここで，状態 Φ の変分

$$|\Phi+\delta\Phi\rangle=|\Phi\rangle+|\delta\Phi\rangle$$

を考える．この変分に対するエネルギー汎関数 $E[\Phi]$ の変分を

$$\delta E[\Phi]=E[\Phi+\delta\Phi]-E[\Phi]$$

とする．

エネルギー汎関数 $E[\Phi]$ の停留点[†1]を求めよう．定義 (5.3) を用いて計算すれば，

$$\begin{aligned}\delta E[\Phi]&=\frac{\delta\langle\Phi|\widehat{H}|\Phi\rangle}{\langle\Phi|\Phi\rangle}-\frac{\langle\Phi|\widehat{H}|\Phi\rangle}{\langle\Phi|\Phi\rangle}\frac{\delta\langle\Phi|\Phi\rangle}{\langle\Phi|\Phi\rangle}\\&=\frac{\delta\langle\Phi|\widehat{H}|\Phi\rangle-E[\Phi]\delta\langle\Phi|\Phi\rangle}{\langle\Phi|\Phi\rangle}\end{aligned} \tag{5.4}$$

であるから，停留点 Φ は次の式を満たす．

$$\begin{aligned}0&=\delta\langle\Phi|\widehat{H}|\Phi\rangle-E[\Phi]\delta\langle\Phi|\Phi\rangle\\&=\langle\delta\Phi|\widehat{H}-E[\Phi]|\Phi\rangle+\langle\Phi|\widehat{H}-E[\Phi]|\delta\Phi\rangle\end{aligned} \tag{5.5}$$

(5.5) は，任意の変分 $\delta\Phi$ に対して成立しなければならない．任意の状態 $|f\rangle$ および実数の無限小量 ε に対して，$\delta|\Phi\rangle=\varepsilon|f\rangle$ とすれば，(5.5) は，

$$\varepsilon\langle f|\widehat{H}-E[\Phi]|\Phi\rangle+\varepsilon\langle\Phi|\widehat{H}-E[\Phi]|f\rangle=0$$

となり，$\delta|\Phi\rangle=\varepsilon i|f\rangle$ とすれば，

$$-i\varepsilon\langle f|\widehat{H}-E[\Phi]|\Phi\rangle+i\varepsilon\langle\Phi|\widehat{H}-E[\Phi]|f\rangle=0$$

†1　$\delta E[\Phi]=0$ となる状態 Φ のことを指す．

となる．両式が満たされるためには次の式が成り立たなければならない．

$$\langle f|\hat{H}-E[\Phi]|\Phi\rangle = \langle \Phi|\hat{H}-E[\Phi]|f\rangle = 0$$

また，任意の状態 $|f\rangle$ に対して上式が満たされなければならないことから，

$$(\hat{H}-E[\Phi])|\Phi\rangle = 0, \qquad \langle\Phi|(\hat{H}-E[\Phi]) = 0 \tag{5.6}$$

を得る．ハミルトニアン演算子 $\hat{H}$ のエルミート性より，(5.6) の 2 式は同じものである．よって，(5.3) で定義されたエネルギー汎関数 $E[\Phi]$ の停留点は演算子 $\hat{H}$ の固有状態であり，対応する $E[\Phi]$ はエネルギー固有値であることがわかる．

ハミルトニアン演算子 $\hat{H}$ の固有状態の直交完全系

$$\hat{H}|\phi_i\rangle = E_i|\phi_i\rangle, \qquad E_0 \le E_1 \le \cdots \le E_\infty, \qquad \langle\phi_i|\phi_j\rangle = \delta_{i,j}$$

が求まったとする（$|\phi_i\rangle$ $(i=0, \cdots, \infty)$）．最低エネルギー固有値 E_0 は系の基底状態のエネルギーであることに注意しよう．任意の状態 $|\Phi\rangle$ を $|\phi_i\rangle$ で展開すると，

$$|\Phi\rangle = \sum_{i=0}^{\infty} c_i|\phi_i\rangle$$

のようになる．これをエネルギー汎関数 $E[\Phi]$ の定義 (5.3) に代入すると，次の不等式が導かれる．

$$E[\Phi] = \frac{\sum_{i=0}^{\infty} E_i|c_i|^2}{\sum_{i=0}^{\infty}|c_i|^2} \geqq \frac{\sum_{i=0}^{\infty} E_0|c_i|^2}{\sum_{i=0}^{\infty}|c_i|^2} = E_0 \tag{5.7}$$

よって，基底状態のエネルギー E_0 はエネルギー汎関数 $E[\Phi]$ の下限であることがわかる．

上記の変分原理において，状態 $|\Phi\rangle$ は規格化されていない状態とした．規格化された状態 $|\Psi\rangle$ を，

$$|\Psi\rangle = \frac{|\Phi\rangle}{\sqrt{\langle\Phi|\Phi\rangle}}$$

と定義すれば，エネルギー汎関数 $E[\Psi]$ は次のようになる．

$$E[\Psi] = \langle\Psi|\hat{H}|\Psi\rangle \tag{5.8}$$

ここで$\langle \Psi | \Psi \rangle = 1$である．よって，$E[\Psi]$の極値を求めることは，拘束条件$\langle \Psi | \Psi \rangle - 1 = 0$がある場合の条件つき極値問題と考えることができる．

条件つき極値問題は，**ラグランジュの未定係数法**（**Lagrange multiplier method**）により扱うことができる[†2]．未定係数Eを導入し，エネルギー汎関数$E'[\Phi]$を，

$$E'[\Phi] = \langle \Psi | \widehat{H} | \Psi \rangle - E\left(\langle \Psi | \Psi \rangle - 1\right) = \langle \Psi | \widehat{H} - E | \Psi \rangle + E \tag{5.9}$$

で定義すれば，$\delta E'[\Psi] = 0$が停留点を与える．変分計算において，(5.9)の定数項Eは無視できることに注意しよう．

5.3　フェルミ粒子系のハートリー－フォック近似

5.3.1　ハートリー－フォック方程式

フェルミ粒子系のハートリー－フォック近似を議論するため，5.1節の(5.2)に戻る．ハミルトニアン演算子の期待値(5.3)は次のようになる．

$$\begin{aligned} E_{\mathrm{F}} &= \sum_{\alpha=1}^{N} h_{\alpha\,;\,\alpha} + \frac{1}{2}\sum_{\alpha,\beta=1}^{N} V_{\alpha,\beta\,;\,\alpha,\beta} \\ &= \sum_{\alpha=1}^{N}\int d\xi\, \phi_\alpha^*(\xi)\, h_0(\xi)\, \phi_\alpha(\xi) \\ &\qquad + \frac{1}{2}\int d\xi\, d\xi' \left\{\rho(\xi)\, v(\xi, \xi')\, \rho(\xi') - \rho(\xi, \xi')\, v(\xi, \xi')\, \rho(\xi', \xi)\right\} \end{aligned} \tag{5.10}$$

$V_{\alpha,\beta\,;\,\alpha,\beta}$は，(4.62)で導入した反対称化ポテンシャル

$$V_{\alpha,\beta\,;\,\alpha,\beta} = \frac{1}{2}\left(v_{\alpha,\beta\,;\,\alpha,\beta} - v_{\alpha,\beta\,;\,\beta,\alpha}\right)$$

である．**密度行列**（**density matrix**）$\rho(\xi, \xi')$と密度$\rho(\xi)$は次式で定義されている．

---

†2　ラグランジュ未定係数法については付録Eを参照．

$$\rho(\xi,\,\xi') = \sum_{\alpha=1}^{N} \phi_\alpha^*(\xi)\phi_\alpha(\xi'), \qquad \rho(\xi) = \rho(\xi,\,\xi) = \sum_{\alpha=1}^{N} |\phi_\alpha(\xi)|^2 \tag{5.11}$$

5.2 節で述べた変分原理によれば，(5.10) の規格化条件 $\langle f_N | f_N \rangle = 1$ は 1 体波動関数 $\phi_\alpha(\xi)$ が規格化されていればよい．よって，

$$1 = \int d\xi\, |\phi_\alpha(\xi)|^2 \quad (\alpha = 1,\, \cdots,\, N) \tag{5.12}$$

が拘束条件である．したがって，ε_α をラグランジュ未定係数として，

$$\begin{aligned}
E' &= E - \sum_{\alpha=1}^{N} \varepsilon_\alpha \left\{ \int d\xi\, |\phi_\alpha(\xi)|^2 \right\} = \sum_{\alpha=1}^{N} h_{\alpha\,;\,\alpha} + \sum_{\alpha,\,\beta=1}^{N} V_{\alpha,\beta\,;\,\alpha,\beta} \\
&= \sum_{\alpha=1}^{N} \int d\xi\, \phi_\alpha^*(\xi) \{h_0(\xi) - \varepsilon_\alpha\} \phi_\alpha(\xi) \\
&\qquad + \frac{1}{2} \int d\xi\, d\xi' \, \{\rho(\xi) v(\xi,\,\xi') \rho(\xi') - \rho(\xi,\,\xi') v(\xi,\,\xi') \rho(\xi',\,\xi)\}
\end{aligned} \tag{5.13}$$

を極小にする $\phi_\alpha(\xi)$ が最良解となる．

では，(5.13) の停留解を求めよう．E' は $\phi_\alpha(\xi)$ の汎関数であるから，停留解は，1 粒子波動関数 $\phi_\alpha(\xi)$ の変分により

$$\frac{\delta E'}{\delta \phi_\alpha} = \frac{\delta E'}{\delta \phi_\alpha^*} = 0 \tag{5.14}$$

と求められる．(5.14) の左辺は中辺の複素共役であるから，$\phi_\alpha^*(\xi)$ の変分の方を計算する．基本となる式は，

$$\frac{\delta \phi_\beta(\xi')}{\delta \phi_\alpha^*(\xi)} = 0, \qquad \frac{\delta \phi_\beta^*(\xi')}{\delta \phi_\alpha^*(\xi)} = \delta_{\alpha,\beta}\delta(\xi - \xi') \tag{5.15}$$

であって，これを用いれば，密度行列の変分

$$\begin{aligned}
\frac{\delta \rho(\xi',\,\xi'')}{\delta \phi^*(\xi)} &= \sum_{\beta=1}^{N} \frac{\delta\{\phi_\beta^*(\xi')\phi_\beta(\xi'')\}}{\delta \phi_\alpha^*(\xi)} = \sum_{\beta=1}^{N} \frac{\delta \phi_\beta^*(\xi')}{\delta \phi_\alpha^*(\xi)}\, \phi_\beta(\xi'') \\
&= \phi_\alpha(\xi'')\delta(\xi - \xi')
\end{aligned}$$

が求められる．これらを用いれば，(5.14) の中辺が計算できる．つまり，

$$\{h_0(\xi) - \varepsilon_\alpha\}\phi_\alpha(\xi) + \int d\xi' v(\xi, \xi')\rho(\xi')\phi_\alpha(\xi) - \int d\xi' v(\xi, \xi')\rho(\xi', \xi)\phi_\alpha(\xi') = 0 \tag{5.16}$$

が得られる．この方程式を**ハートリー - フォック方程式**（**Hartree-Fock equation**）という．

また，ハートリー - フォック方程式の解に $\phi_\alpha^*(\xi)$ を掛けて ξ で積分し，規格化条件 (5.12) を用いれば，ε_α の表式

$$\varepsilon_\alpha = \int d\xi\, \phi_\alpha^*(\xi)h_0(\xi)\phi_\alpha(\xi) + \int d\xi\, d\xi' \, |\phi_\alpha(\xi)|^2 v(\xi, \xi')\rho(\xi') - \int d\xi' \phi_\alpha^*(\xi)\phi_\alpha(\xi')v(\xi, \xi')\rho(\xi', \xi) \tag{5.17}$$

を得る．ラグランジュ未定係数 ε_α は，相互作用の効果を取り込んだ状態 $\phi_\alpha(\xi)$ に対する 1 粒子エネルギーであることは明らかであろう．

5.3.2　ハートリー - フォック状態に対するエネルギー

(5.17) の添字 α について $\alpha = 1, \cdots, N$ の和をとれば，次の関係式を得る．

$$\sum_{\alpha=1}^{N} \varepsilon_\alpha = \sum_{\alpha=1}^{N} \int d\xi\, \phi_\alpha^*(\xi)h_0(\xi)\phi_\alpha(\xi) + \int d\xi\, d\xi' \rho(\xi)v(\xi, \xi')\rho(\xi') - \int d\xi' \rho(\xi, \xi')v(\xi, \xi')\rho(\xi', \xi)$$

これを用いて (5.10) から $h_0(\xi)$ を含む項を消去すれば，ハートリー - フォック状態に対するエネルギー期待値

$$E_{\mathrm{F}} = \sum_{\alpha=1}^{N} \varepsilon_\alpha - \frac{1}{2}\int d\xi\, d\xi' \, \{\rho(\xi)v(\xi, \xi')\rho(\xi') - \rho(\xi, \xi')v(\xi, \xi')\rho(\xi', \xi)\}$$
$$= \sum_{\alpha=1}^{N} \varepsilon_\alpha - \sum_{\alpha, \beta=1}^{N} V_{\alpha, \beta\,;\,\alpha, \beta} \tag{5.18}$$

を得る．

1 項目は N 粒子の 1 粒子エネルギーの和である．1 粒子エネルギーには相互作用からの寄与を含んでいるが，粒子 1 と粒子 2 を考えると，ε_1 の中には

粒子 2 からの寄与として粒子 12 間の相互作用エネルギーが含まれ，ε_2 の中には粒子 1 からの寄与として粒子 12 間の相互作用エネルギーが含まれているため，1 粒子エネルギーの和の中には相互作用エネルギーが 2 重に含まれていることになる．2 項目はその補正である．

5.3.3　ハートリー項とフォック項

ハートリー - フォック方程式は (5.11) で定義された密度行列 $\rho(\xi', \xi)$ を通じて，すべての $\phi_\alpha(\xi)$ に依存しており，非線形な方程式である．(5.16) において相互作用 $v(\xi, \xi')$ に依存する項は，

$$\int d\xi' v(\xi, \xi')\rho(\xi')\phi_\alpha(\xi) - \int d\xi' v(\xi, \xi')\rho(\xi', \xi)\phi_\alpha(\xi')$$

$$= \sum_{\beta=1}^{N}\int d\xi'\, v(\xi, \xi')\phi_\beta^*(\xi')\{\phi_\beta(\xi')\phi_\alpha(\xi) - \phi_\alpha(\xi')\phi_\beta(\xi)\}$$

$$= \sum_{\substack{\beta=1 \\ \beta\neq\alpha}}^{N}\int d\xi'\, v(\xi, \xi')\phi_\beta^*(\xi')\{\phi_\beta(\xi')\phi_\alpha(\xi) - \phi_\alpha(\xi')\phi_\beta(\xi)\}$$

となり，β の和のうち $\beta = \alpha$ の項が打ち消していることに注意しよう[†3]．右辺 1 項目をハートリー項とよび 2 項目をフォック項とよぶ．

ハートリー項は，

$$V_{\mathrm{H}}(\xi)\phi_\alpha(\xi) = \left\{\int d\xi'\, v(\xi, \xi')\sum_{\substack{\beta=1 \\ \beta\neq\alpha}}^{N}|\phi_\beta(\xi')|^2\right\}\phi_\alpha(\xi) \qquad (5.19)$$

と書くことができ，α 番目の粒子に対する残り $N-1$ 個の粒子が平均的に及ぼすポテンシャルの効果と考えることができる．フォック項は量子力学における同種粒子ではおのおのが区別されないため，相互作用 $v(\xi, \xi')$ の効果によって $\beta(\neq\alpha)$ 状態にある粒子が α 状態となり，α 状態にある粒子が β 状態になっても占拠数状態としては同じであることにより生じる項である．この項には負号が現れるが，それはフェルミ粒子の反対称性による．フォック項は**非局所的ポテンシャル** (non - local potential) を用いて，

---

†3　打ち消してしまう項を残しておいても問題があるわけではない．

$$\int d\xi'\, V_{\mathrm{F}}(\xi, \xi')\phi_\alpha(\xi') = \left\{-\int d\xi'\, v(\xi, \xi') \sum_{\substack{\beta=1 \\ \beta\neq\alpha}}^{N} \phi_\beta^*(\xi')\phi_\beta(\xi)\right\}\phi_\alpha(\xi') \tag{5.20}$$

と表される．

これを用いればハートリー－フォック方程式 (5.16) は，

$$\{h_0(\xi) + V_{\mathrm{H}}(\xi)\}\phi_\alpha(\xi) + \int d\xi'\, V_{\mathrm{F}}(\xi, \xi')\phi_\alpha(\xi) = \varepsilon_\alpha\phi_\alpha(\xi) \tag{5.21}$$

となり，ポテンシャル $V_{\mathrm{H}}(\xi)$ と非局所ポテンシャル $V_{\mathrm{F}}(\xi, \xi')$ が存在する場合の1体シュレディンガー方程式と同型になる．

しかしながら，(5.19) および (5.20) により $V_{\mathrm{H}}(\xi)$ と $V_{\mathrm{F}}(\xi, \xi')$ は，$\phi_\alpha(\xi)\,(\alpha = 1, \cdots, N)$ に依存するので，

$$\left.\begin{aligned} V_{\mathrm{H}}(\xi) &= \int d\xi'\, v(\xi, \xi') \sum_{\substack{\beta=1 \\ \beta\neq\alpha}}^{N} |\phi_\beta(\xi')|^2 \\ V_{\mathrm{F}}(\xi, \xi') &= -\int d\xi'\, v(\xi, \xi') \sum_{\substack{\beta=1 \\ \beta\neq\alpha}}^{N} \phi_\beta^*(\xi')\phi_\beta(\xi) \end{aligned}\right\} \tag{5.22}$$

という関係が成り立つ．

ここで見方を変えてみると，(5.21) はポテンシャル $V_{\mathrm{H}}(\xi)$ および $V_{\mathrm{F}}(\xi, \xi')$ に依存する1体シュレディンガー方程式であって，ポテンシャルはその解と (5.22) の関係を満たすようになっていればよいと考えることができる．このような考え方を**自己無撞着場の方法** (**self－consistent－field method**) とよび，(5.22) を**自己無撞着条件** (**self－consistency condition**) とよぶ．この方法はハートリー－フォック方程式の数値計算法として重要である．最初に適当な $V_{\mathrm{H}}(\xi)$ と $V_{\mathrm{F}}(\xi, \xi')$ を与えて (5.20) を解いて解 $\phi_\alpha(\xi)$ を求め，それを用いて (5.22) よりポテンシャル $V_{\mathrm{H}}(\xi)$ と $V_{\mathrm{F}}(\xi, \xi')$ を計算し直し，十分に収束するまで繰り返せばよいからである．もし，他の近似法（古典近似など）で V_{H} や V_{F} の近似解が求められるならば，この方法の最初の出発点として有効であるし，粗い近似でよいのならばそれによる (5.21) の解で十分かもしれない．

5.3.4　ハートリー - フォックエネルギーの最小値

ハートリー - フォック方程式 (5.16) は，一般に無限個の解 $\phi_\alpha(\xi)$ $(\alpha = 1, \cdots, \infty)$ をもち，それらは規格直交化条件

$$\langle \phi_\alpha | \phi_\beta \rangle = \int d\xi \, \phi_\alpha^*(\xi) \phi_\beta(\xi) = \delta_{\alpha,\beta} \tag{5.23}$$

を満たす．自己無撞着条件 (5.22) は，このうち $\phi_1, \cdots, \phi_N$ だけが寄与する．しかしながら，ϕ_α の添字 α はハートリー - フォック方程式の解を区別するのに適当につけただけであるので，自己無撞着条件の意味するところは，ハートリー - フォック方程式の解を N 個選んできてそれに対して自己無撞着条件が満たされるならば，その状態から構成される占拠数状態 $|f_N\rangle$ はエネルギー期待値 (5.17) の停留点であるということだけである．系の最小エネルギー状態である基底状態を求めるためには，ハートリー - フォック方程式のさまざまな解から最小値を見つけ出さなければならない．

今仮に，基底状態に対する ϕ_α と 1 粒子エネルギー ε_α が求まったと仮定する．簡単のために状態を区別する添字 α はエネルギーの昇順 $\varepsilon_1 < \varepsilon_2 < \cdots < \varepsilon_\infty$ であるとする．この時，基底状態を表す占拠数状態は $\phi_1, \cdots, \phi_N$，すなわち 1 粒子エネルギーの小さい方からとった N 個の状態，であることを示すことができる．今，占拠数が一般に f の状態を考える．フェルミ粒子であるから，$f(\alpha)$ の値は 0 または 1 である．N 粒子状態であるから，粒子数に対する条件

$$\sum_\alpha f(\alpha) = N \tag{5.24}$$

を満たす．

さらに，ハミルトニアン演算子 (3.176) の $|f\rangle$ による期待値は，(2.81) と (2.97) の負号の方を用いて次のようになる．

$$E = \sum_\alpha h_{\alpha\,;\,\alpha} f(\alpha) + \sum_{\alpha,\beta} V_{\alpha,\beta\,;\,\alpha,\beta} f(\alpha) f(\beta) \tag{5.25}$$

よって，次のように示す E' を最小にする f が基底状態を構成する占拠数状

態である．

$$E' = E - \mu\Big(\sum_{\alpha} f(\alpha) - N\Big) \tag{5.26}$$

なお，ラグランジュ未定係数 μ は化学ポテンシャルである．(5.26) の E' は $f(\alpha)$ の関数である．

この関数の様相を見るために，$f(\alpha)$ を連続変数と考えて微分

$$\frac{\partial E'}{\partial f(\alpha)} = h_{\alpha\,;\,\alpha} + 2\sum_{\beta} V_{\alpha,\beta\,;\,\alpha,\beta} f(\beta) - \mu \tag{5.27}$$

を求める．よって E' の最小値を求めるには，$\partial E'/\partial f(\alpha) > 0$ であれば $f(\alpha) = 0$，$\partial E'/\partial f(\alpha) < 0$ であれば $f(\alpha) = 1$ とすればよい．すると，個数条件 (5.26) は，

$$\sum_{\partial E'/\partial f(\alpha) < 0} f(\alpha) = N$$

となる．$f(\alpha) = 0, 1$ なので左辺の和はちょうど N 項の和である．この時，微分 (5.27) は次のようになる．

$$\frac{\partial E'}{\partial f(\alpha)} = h_{\alpha\,;\,\alpha} + 2\sum_{\partial E'/\partial f(\alpha) < 0} V_{\alpha,\beta\,;\,\alpha,\beta} f(\beta) - \mu = \varepsilon_{\alpha} - \mu$$

$\sum_{\partial E'/\partial f(\beta) < 0}$ は占拠状態の和であるから 1 項目はハートリー - フォック方程式の 1 粒子エネルギーであることを用いた．よって，$\varepsilon_{g}a < \mu$ ならば $f(\alpha) = 0$，$\varepsilon_{g}a > \mu$ ならば $f(\alpha) = 1$ となる．今，ε_{α} の昇順に α の番号をつけているので，

$$f(\alpha) = \begin{cases} 1 & (\alpha = 1, \cdots, N) \\ 0 & (\alpha = N+1, \cdots, \infty) \end{cases} \tag{5.28}$$

が導かれる．化学ポテンシャルは $\mu = \varepsilon_{N}$ で占拠状態の最大 1 粒子エネルギー，すなわち，4.1 節で自由フェルミ気体の場合に導入したフェルミエネルギーと同じものであることがわかる．

5.4　ハートリー - フォック波動関数と粒子空孔表示

ハートリー - フォック方程式 (5.16) の解 $\phi_{\alpha}(\xi)$ $(\alpha = 1, \cdots, \infty)$ の中で，

1粒子エネルギーの小さいN個の解 ($\alpha = 1, \cdots, N$) は基底状態を構成している占拠状態を表すことがわかった．それでは，それ以外の解 $\alpha = N+1, \cdots, \infty$ の意味は何であろうか．これは，基底状態に対してさらに粒子を1個つけ加えた状態 ($N+1$ 粒子状態) における，新たにつけ加えた1粒子状態の波動関数という役割をもたせることができる．すなわち，$\alpha = N+1, \cdots, \infty$ の状態は前章の終わりで述べた粒子空孔表示の粒子状態を表すと考えるのである．したがって，占拠状態 ($\alpha = 1, \cdots, N$) は空孔状態の波動関数である．このことを明らかにするために，4.6節で述べた粒子空孔表示にハートリー - フォック近似の結果を用いてみよう．

まず，ハートリー - フォック方程式における1粒子波動関数の規格直交状態 (5.23) から導かれる結果を導いておこう．ハートリー - フォック方程式 (5.16) の両辺に $\phi_\beta(\xi)$ を掛けて，ξ で積分すると

$$\varepsilon_\alpha \delta_{\alpha,\beta} = h_{\beta,\alpha} + \sum_{k=1}^{N} (v_{\beta,k\,;\,\alpha,k} - v_{\beta,k\,;\,k,\alpha}) = h_{\beta,\alpha} + 2\sum_{k=1}^{N} V_{\beta,k\,;\,\alpha,k} \tag{5.29}$$

のようになる．ハートリー - フォック方程式の1粒子波動関数を粒子空孔表示で表すために，空孔状態の添字を $i, j, \cdots$ などで表し，粒子状態の添字を $\alpha, \beta, \cdots$ などで表すと，

空孔状態：$\phi_i(\xi)$　($i = 1, \cdots, N$)

粒子状態：$\phi_\alpha(\xi)$　($\alpha = N+1, \cdots, \infty$)

が成り立つ．(5.29) は次のようになる．

$$\varepsilon_i \delta_{i,j} = h_{i,j} + 2\sum_{k=1}^{N} V_{i,k\,;\,j,k}, \qquad \varepsilon_\alpha \delta_{\alpha,\beta} = h_{\alpha,\beta} + 2\sum_{k=1}^{N} V_{\alpha,k\,;\,\beta,k} \tag{5.30}$$

$$0 = h_{i,\alpha} + 2\sum_{k=1}^{N} V_{i,k\,;\,\alpha,k} = h_{\alpha,i} + 2\sum_{k=1} V_{\alpha,k\,;\,i,k} \tag{5.31}$$

この結果を粒子空孔表示のハミルトニアン演算子 (4.78) に用いる．(4.80) から，2体部分のうち $\hat{d}_i \hat{b}_\nu$ および $\hat{d}_j^\dagger \hat{b}_\mu^\dagger$ に比例する部分は消えて，$\hat{H}_2 = \hat{H}_0$ となる．また，$\hat{d}_i^\dagger \hat{d}_i$ および $\hat{b}_\nu^\dagger \hat{b}_\mu$ の係数はハートリー - フォック1体エネル

ギーである．これより，$\widehat{H}_2$ は自由粒子の場合と同型

$$\widehat{H}_2 = \widehat{H}_0 = -\sum_i \varepsilon_i \widehat{d}_i^\dagger \widehat{d}_i + \sum_\mu \varepsilon_\mu \widehat{b}_\nu^\dagger \widehat{b}_\mu \tag{5.32}$$

になる．したがって，相互作用するフェルミ粒子系のハミルトニアン演算子は，

$$\widehat{H} = E_{\mathrm{F}} + \widehat{H}_0 + \widehat{V}_4 \tag{5.33}$$

となる．相互作用項 $\widehat{V}_4$ は (4.65) と同型である．

フェルミ縮退状態 $|F\rangle$ はハートリー－フォック基底状態であるから，$\widehat{b}_\alpha|F\rangle = \widehat{d}_j|F\rangle = 0$ を満たす．(4.81) および (4.79) からも明らかなように，

$$E_{\mathrm{F}} = \langle F|\widehat{H}|F\rangle \tag{5.34}$$

はハートリー－フォック状態のエネルギー (5.18) である．このハミルトニアン演算子を用いた，ハートリー－フォック近似以上の計算は後の章で議論する．

5.5　ハートリー近似

前節で議論したハートリー－フォック方程式のフォック項 (5.20) は，積分

$$\sum_{\substack{\beta=1 \\ \beta\neq\alpha}}^{N} \int d\xi'\ v(\xi,\ \xi')\phi_\beta^*(\xi')\phi_\alpha(\xi')$$

を含んでいる．この積分は，異なる指標 $(\alpha \neq \beta)$ の波動関数の積のみを含んでいる．したがって，異なる指標の波動関数の重なりが小さければ，この積分は小さな値をとることが予想される．どのような場合にそういうことが起こりうるかというと，粒子が固定された位置 $\boldsymbol{x}_\alpha (\alpha = 1,\ \cdots)$ に結晶を作っており，$\phi_\alpha(\xi)$ が $\boldsymbol{r}_\alpha$ の周りに局所化されているような場合である．その場合にはフォック項を無視する近似が有効であって，ハートリー－フォック方程式 (5.21) は，

$$\left.\begin{aligned}\{h_0(\xi) + V_{\rm H}(\xi)\}\phi_\alpha(\xi) &= \varepsilon_\alpha \phi_\alpha(\xi) \\ V_{\rm H}(\xi) &= \int d\xi'\, v(\xi, \xi') \sum_{\substack{\beta=1 \\ \beta\neq\alpha}}^{N} |\phi_\beta(\xi')|^2\end{aligned}\right\} \tag{5.35}$$

となる．この近似を**ハートリー近似**（**Hartree approximation**）とよび，(5.35) を**ハートリー方程式**（**Hartree equation**）という．

ハートリーは N 体波動関数として 1 体波動関数の積

$$\Psi_{\rm H}(\xi_1, \cdots, \xi_N) = \phi_1(\xi_1)\cdots\phi_N(\xi_N) \tag{5.36}$$

をとり，前節と同様の計算を行って (5.35) を求めたため[†4]，ハートリー方程式とよぶのである．フェルミ統計を考えて N 体波動関数として (5.1) を用いて，フォック項を含むハートリー - フォック方程式を導出したのはフォック[†5]である．

ハートリー近似は局所的ポテンシャル $V_{\rm H}(\xi)$ に対する方程式であるので，ハートリー - フォック方程式より扱いやすい．注意しないといけないことは，ハートリー近似がよい場合であっても，N 体波動関数は 1 体波動関数の積 (5.36) ではなく，反対称化された (5.1) が正しい N 体波動関数であり，それを構成する 1 体波動関数としてハートリー方程式 (5.35) を用いることがよい近似となるということである．

5.6 電子ガス模型のハートリー - フォック計算 I

5.6.1 電子ガス模型のハートリー - フォック方程式

ハートリー - フォック近似の応用として電子ガス模型を考える．これは体積 V の領域内に N 個の電子が入っている系である．体積 V および個数 N は非常に大きいとする．電子は位置 $\boldsymbol{x}$ とスピン角運動量 $s = \pm 1/2$ を自由度としてもち，$\xi = (\boldsymbol{x}, s)$ であり，1 体波動関数は $\phi(\xi) = \phi(\boldsymbol{x}, s)$ である[†6]．

---

†4 D. R. Hartree : Proc. Cambridge Phil. Soc. **24** (1928) 89.

†5 V. Fock : Z. Phis. **61** (1930) 126.

†6 さらにいくつかの注意が必要であるが，その都度考えることにする．

電子は負の電荷 e をもちクーロン相互作用をするため，2 体相互作用は (1.50) で表されるので[†7]，

$$v(\boldsymbol{x}_1 - \boldsymbol{x}_2) = \frac{\alpha\hbar c}{|\boldsymbol{x}_1 - \boldsymbol{x}_2|}, \qquad \alpha = \frac{e^2}{4\pi\varepsilon_0\hbar c} \sim \frac{1}{137} \tag{5.37}$$

となる．無次元定数 α は微細構造定数である．

ハートリー－フォック方程式 (5.16) は次のようになる．

$$\left\{-\frac{\hbar^2}{2m}\boldsymbol{\nabla}^2 + V(\boldsymbol{x}) - \varepsilon_\alpha\right\}\phi_\alpha(\boldsymbol{x}, s) + V_{\mathrm{H}}(\boldsymbol{x})\phi_\alpha(\boldsymbol{x}, s) + F(\boldsymbol{x}, s) = 0 \tag{5.38}$$

さらに，1 体演算子 $h_0(\xi)$ は次のように与えられる．

$$h_0(\xi) = -\frac{\hbar^2}{2m}\boldsymbol{\nabla}^2 + V(\boldsymbol{x})$$

ここで，m は電子の質量，$V(\boldsymbol{x})$ は領域内で電子に作用する外部ポテンシャルである[†8]．電子の自由度は位置 $\boldsymbol{x}$ とスピン s であるため，自由度の積分は，次のように積分とスピン自由度の和にすればよく，

$$\int d\xi \;\; \rightarrow \;\; \sum_{s=\pm 1/2}\int d^3\boldsymbol{x}$$

のようになる．ハートリー項とフォック項はそれぞれ次のようになり，

$$\left.\begin{aligned} V_{\mathrm{H}}(\boldsymbol{x})\phi_\alpha(\boldsymbol{x}, s) &= \sum_{s'=\pm 1/2}\int d^3\boldsymbol{x}'\, v(\boldsymbol{x} - \boldsymbol{x}')\rho(\boldsymbol{x}', s')\phi_\alpha(\boldsymbol{x}, s) \\ F(\boldsymbol{x}, s) &= -\sum_{s'=\pm 1/2}\int d^3\boldsymbol{x}'\, v(\boldsymbol{x} - \boldsymbol{x}')\rho(\boldsymbol{x}', s'; \boldsymbol{x}, s)\phi_\alpha(\boldsymbol{x}', s') \end{aligned}\right\} \tag{5.39}$$

密度行列と密度 (5.11) は，次式で定義される．

$$\left.\begin{aligned} \rho(\boldsymbol{x}, s; \boldsymbol{x}', s') &= \sum_{\alpha=1}^{N}\phi_\alpha^*(\boldsymbol{x}, s)\,\phi_\alpha(\boldsymbol{x}', s') \\ \rho(\boldsymbol{x}, s) &= \rho\,(\boldsymbol{x}, s; \boldsymbol{x}, s) = \sum_{\alpha=1}^{N}|\phi_\alpha(\boldsymbol{x}, s)|^2 \end{aligned}\right\} \tag{5.40}$$

---

†7　クーロン相互作用はスピンには依存しないことに注意しよう．

†8　これは 5.7 節で重要になる．

5.6.2 一様系のハートリー - フォック方程式の解

外部ポテンシャル $V(\boldsymbol{x})$ が $\boldsymbol{x}$ に依存しない定数 V_0 である場合を考える．この場合には一様系であるので，平面波波動関数 (1.38)

$$\phi_{\boldsymbol{k},m}(\boldsymbol{x},\sigma)=\phi\boldsymbol{k}(\boldsymbol{x})\chi_m(s)=\frac{1}{\sqrt{V}}e^{i\boldsymbol{k}\boldsymbol{x}}\chi_m(s) \tag{5.41}$$

がハートリー - フォック方程式の解になる．ここで波数 $\boldsymbol{k}$ とスピン $m=\pm 1/2$ が状態を指定する指標であり，$\alpha=(\boldsymbol{k},m)$ のように表される．N 体波動関数は 4.2 節で議論した自由フェルミ粒子系の場合と同様に，$|\boldsymbol{k}|=0$ の状態からフェルミ波数 $|\boldsymbol{k}|=k_{\mathrm{F}}$ の状態までをすべて占拠しているとしよう．したがって，$m=\pm 1/2$ の状態はそれぞれ $N/2$ 個の粒子が占拠していることになり，フェルミ波数 k_{F} は，(4.35) で与えられるので，

$$k_{\mathrm{F}}=(3\pi^2\boldsymbol{n})^{1/3}$$

となる．

平面波波動関数 (5.41) をハートリー - フォック方程式 (5.38) に代入して計算してみよう．まず，(5.40) で与えられた密度行列を計算すると

$$\begin{aligned}\rho(\boldsymbol{x},s\,;\boldsymbol{x}',s')&=\sum_m\sum_{\boldsymbol{k}}\phi^*_{\boldsymbol{k},m}(\boldsymbol{x},s)\phi_{\boldsymbol{k},m}(\boldsymbol{x}',s')\\&=\frac{1}{V}\sum_m\sum_{\substack{\boldsymbol{k}\\|\boldsymbol{k}|\le k_{\mathrm{F}}}}\phi^*_{\boldsymbol{k},m}(\boldsymbol{x},s)\phi_{\boldsymbol{k},m}(\boldsymbol{x}',s')\\&=\frac{1}{V}\sum_{\substack{\boldsymbol{k}\\|\boldsymbol{k}|\le k_{\mathrm{F}}}}e^{-i\boldsymbol{k}(\boldsymbol{x}-\boldsymbol{x}')}\sum_m\chi^*_m(s)\chi_m(s')=\frac{1}{V}\sum_{\substack{\boldsymbol{k}\\|\boldsymbol{k}|\le k_{\mathrm{F}}}}e^{-i\boldsymbol{k}(\boldsymbol{x}-\boldsymbol{x}')}\delta_{s,s'}\end{aligned} \tag{5.42}$$

のようになる．スピン m の和は，スピン状態関数の完全性条件 (1.34) を用いて計算した．密度は，この結果を用いて

$$\rho(\boldsymbol{x},s)=\rho(\boldsymbol{x},s\,;\boldsymbol{x},s)=\frac{1}{V}\sum_{\substack{\boldsymbol{k}\\|\boldsymbol{k}|\le k_{\mathrm{F}}}}1=\frac{1}{(2\pi)^3}\int_{|\boldsymbol{k}|<k_{\mathrm{F}}}d^3\boldsymbol{k}=\frac{k_{\mathrm{F}}^3}{6\pi^2}=\frac{n}{2} \tag{5.43}$$

が得られる．ここで，熱力学極限 (4.33)，すなわち

$$\sum_{\alpha=1}^{N} = \sum_{m=\pm 1/2} \sum_{\substack{\boldsymbol{k} \\ |\boldsymbol{k}| \le k_F}} \to \sum_{m=\pm 1/2} \frac{V}{(2\pi)^3} \int_{|\boldsymbol{k}|<k_F}$$

を用いた．この結果は，スピン変数が s の電子密度（全体の 1/2）に一致している．

これらの結果を用いてハートリー‐フォック方程式 (5.38) の各項を計算しよう．1体演算子が $\phi_{\boldsymbol{k},m}$ に作用する項は，次のようになることは明らかである．

$$\left\{-\frac{\hbar^2}{2m}\boldsymbol{\nabla}^2 + V_0 - \varepsilon_{\boldsymbol{k}}\right\}\phi_{\boldsymbol{k},m}(\boldsymbol{x}, s) = \left\{\frac{(\hbar \boldsymbol{k})^2}{2m} + V_0 - \varepsilon_{\boldsymbol{k}}\right\}\phi_{\boldsymbol{k},m}(\boldsymbol{x}, s) \tag{5.44}$$

ハートリーポテンシャル V_H は，(5.43) を用いれば，

$$V_H = \sum_{t=\pm 1/2} \int d^3\boldsymbol{x}'\, v(\boldsymbol{x}-\boldsymbol{x}')\rho(\boldsymbol{x}', t) = \frac{n}{2} 2 \int d^3\boldsymbol{x}'\, v(\boldsymbol{x}-\boldsymbol{x}')$$
$$= n\int d^3\boldsymbol{y}\, v(\boldsymbol{y})$$

となり，定数となる[†9]．ポテンシャル $v(\boldsymbol{x})$ のフーリエ変換

$$\boldsymbol{v}_{\boldsymbol{k}} = \int d^3\boldsymbol{x}\, v(\boldsymbol{k}) e^{ikx} \tag{5.45}$$

を用いれば，ハートリーポテンシャル V_H は

$$V_H = nv_0 \tag{5.46}$$

と示す通り簡単になる．

続いて，フォック項を計算しよう．密度行列 (5.42) を用いてスピン変数 s' の和をとれば，次のようになる．

$$F(\boldsymbol{x}, s) = -\sum_{s'=\pm 1/2} \int d^3\boldsymbol{x}'\, v(\boldsymbol{x}-\boldsymbol{x}')\rho(\boldsymbol{x}', s'; \boldsymbol{x}, s)\phi_{\boldsymbol{k},m}(\boldsymbol{x}', s')$$
$$= -\frac{1}{V}\int d^3\boldsymbol{x}' \sum_{\substack{\boldsymbol{k}' \\ |\boldsymbol{k}'| \le k_F}} v(\boldsymbol{x}-\boldsymbol{x}') e^{-ik'(x'-x)} \phi_{\boldsymbol{k},m}(\boldsymbol{x}', s)$$

この式に，

---

†9　$\boldsymbol{y} = \boldsymbol{x}' - \boldsymbol{x}$ と変数変換した．

$$e^{-i\boldsymbol{k}'(\boldsymbol{x}'-\boldsymbol{x})}\phi_{\boldsymbol{k},m}(\boldsymbol{x}', s) = e^{-i\boldsymbol{k}'(\boldsymbol{x}'-\boldsymbol{x})}\frac{1}{\sqrt{V}}e^{i\boldsymbol{k}\boldsymbol{x}'}\chi_m(s)$$
$$= e^{i(\boldsymbol{k}-\boldsymbol{k}')(\boldsymbol{x}'-\boldsymbol{x})}\frac{1}{\sqrt{V}}e^{i\boldsymbol{k}\boldsymbol{x}}\chi_m(s)$$
$$= e^{i(\boldsymbol{k}-\boldsymbol{k}')(\boldsymbol{x}'-\boldsymbol{x})}\phi_{\boldsymbol{k},m}(\boldsymbol{x}, s)$$

を代入して，フォック項は

$$F(\boldsymbol{x}, s) = -\frac{1}{V}\sum_{\substack{\boldsymbol{k} \\ |\boldsymbol{k}|\le k_{\mathrm{F}}}}\int d^3\boldsymbol{x}'\ v(\boldsymbol{x}-\boldsymbol{x}')e^{i(\boldsymbol{k}-\boldsymbol{k}')(\boldsymbol{x}'-\boldsymbol{x})}\phi_{\boldsymbol{k},m}(\boldsymbol{x}, s)$$
$$= -\frac{1}{V}\sum_{\substack{\boldsymbol{k}' \\ |\boldsymbol{k}'|\le k_{\mathrm{F}}}} v_{\boldsymbol{k}-\boldsymbol{k}'}\phi_{\boldsymbol{k},m}(\boldsymbol{x}, s) \tag{5.47}$$

のようになる．ここで，(5.37) より $v(\boldsymbol{x}-\boldsymbol{x}') = v(\boldsymbol{x}'-\boldsymbol{x})$ とし，$\boldsymbol{y} = \boldsymbol{x}-\boldsymbol{x}'$ に変数変換してフーリエ変換 (5.45) に帰着させた．

よって，ハートリー - フォック方程式のすべての項は $\phi_{\boldsymbol{k},m}(\boldsymbol{x}, s)$ に数が掛かった形になり，これらの数の和を 0 とすれば解になる．これにより 1 粒子エネルギー $\varepsilon_{\boldsymbol{k}}$ が求められ，

$$\varepsilon_{\boldsymbol{k}} = \frac{\hbar^2\boldsymbol{k}^2}{2m} + V_0 + \frac{N}{V}v_0 - \frac{1}{V}\sum_{\substack{\boldsymbol{k}' \\ |\boldsymbol{k}'|\le k_{\mathrm{F}}}} v_{\boldsymbol{k}-\boldsymbol{k}'} \tag{5.48}$$

となる．また，ハートリー - フォック状態のエネルギー (5.17) は次のようになる．

$$E = \sum_{\substack{\boldsymbol{k} \\ |\boldsymbol{k}|\le k_{\mathrm{F}}}}\left(\frac{\hbar^2\boldsymbol{k}^2}{2m} + V_0\right) + \frac{N^2}{2V}v_0 - \frac{1}{2V}\sum_{\substack{\boldsymbol{k},\boldsymbol{k}' \\ |\boldsymbol{k}'|,|\boldsymbol{k}'|\le k_{\mathrm{F}}}} v_{\boldsymbol{k}-\boldsymbol{k}'} \tag{5.49}$$

5.7　電子ガス模型のハートリー - フォック計算Ⅱ

前節の計算は，相互作用ポテンシャルを $v(\boldsymbol{x}-\boldsymbol{x}')$ のままで行っており，クーロンポテンシャルの具体的な表式 (5.37) を用いていないため，一般的なものになっている．この節ではクーロンポテンシャルに対するハートリー - フォック状態のエネルギー (5.49) を具体的に示すことにする．

クーロンポテンシャル

$$v(\boldsymbol{x}) = \frac{\alpha\hbar c}{r} \tag{5.50}$$

のフーリエ変換[†10]を用いて次のようになる.

$$\begin{aligned} v_{\boldsymbol{k}} &= \int d^3\boldsymbol{x}\,\frac{\alpha\hbar c}{r}e^{i\boldsymbol{k}\boldsymbol{x}} = \frac{\alpha\hbar c}{V}\sum_{\boldsymbol{k}'}\frac{4\pi}{(\boldsymbol{k}')^2}\int d^3\boldsymbol{x}\,e^{i(\boldsymbol{k}'+\boldsymbol{k})\boldsymbol{x}} \\ &= \frac{\alpha\hbar c}{V}\sum_{\boldsymbol{k}'}\frac{4\pi}{(\boldsymbol{k}')^2}V\delta_{\boldsymbol{k}',-\boldsymbol{k}} = \frac{4\pi\alpha\hbar c}{\boldsymbol{k}^2} \end{aligned} \tag{5.51}$$

5.7.1　電子ガス模型（ジェリウム模型）

クーロンポテンシャルに対する (5.51) の $v_{\boldsymbol{k}}$ を用いると，$\boldsymbol{k} = 0$ で $v_0 = \infty$ となる．よって，エネルギー (5.48) や (5.49) の項があちこちで発散してしまう．なぜかというと，電子が N 個集まった系は全体で $-eN$ の負の電荷をもっているため，安定ではなく飛び散ろうとするためである．例えば，金属中の電子のような系を考えてみると，正電荷をもつイオンが結晶格子を作っており，その空間を電子が運動しているので全体では中性になり，安定になっている．実際のイオンは電子に対して周期的なポテンシャルとして相互作用し，また格子振動などの自由度[†11]をもっていて電子と相互作用するなど，さまざまな役割をしている．ここでは簡単のために，背景に一様な正電荷が存在する[†12]と考え，それで全体が中性に保たれているとしよう．このような模型を**電子ガス模型** (electron‐gas model)（または**ジェリウム模型** (jellium model)）という．

一様な正電荷はハミルトニアンに，電子と正電荷の相互作用エネルギー H_{e+} および正電荷間の相互作用エネルギー H_{++} の2種類の寄与を与える．

一様な正の電荷は eN で体積 V に一様に分布するのであるから，電荷密度 eV/N，e で割ったものが個数密度 $\rho_+(\boldsymbol{X}) = N/V$ である．電子と正電荷の相互作用エネルギー H_{e+} は，電子の密度を $\rho_e(\boldsymbol{x})$ を用いて，

---

†10　付録F.4節を参照.

†11　量子化されるとフォノンとよばれる.

†12　イオンの電荷を平均化したようなもの.

$$H_{\mathrm{e}+} = -\int d^3\boldsymbol{x}\, d^3\boldsymbol{X}\, \rho_+(\boldsymbol{X}) v(\boldsymbol{x}-\boldsymbol{X}) \rho_{\mathrm{e}}(\boldsymbol{x})$$
$$= -\frac{N}{V}\int d^3\boldsymbol{x}\, d^3\boldsymbol{X}\, v(\boldsymbol{x}-\boldsymbol{X}) \rho_{\mathrm{e}}(\boldsymbol{x}) = -\frac{N}{V}\int d^3\boldsymbol{x}\, d^3\boldsymbol{Y}\, v(-\boldsymbol{Y}) \rho_{\mathrm{e}}(\boldsymbol{x})$$
$$= -\frac{N}{V}\left\{\int d^3\boldsymbol{Y}\, v(-\boldsymbol{Y})\right\}\int d^3\boldsymbol{x}\, \rho_{\mathrm{e}}(\boldsymbol{x}) = -\frac{N}{V} v_0 \int d^3\boldsymbol{x}\, \rho_{\mathrm{e}}(\boldsymbol{x}) \quad (5.52)$$

のようになる．これは，電子に対する外部ポテンシャル

$$V_0 = -\frac{N}{V} v_0 \quad (5.53)$$

として作用することを意味する．

正電荷間の相互作用エネルギー H_{++} は

$$H_{++} = \frac{1}{2}\int d^3\boldsymbol{X}\, d^3\boldsymbol{X}'\, v(\boldsymbol{X}-\boldsymbol{X}') \rho_+(\boldsymbol{X}) \rho_+(\boldsymbol{X}')$$
$$= \frac{1}{2}\frac{N^2}{V^2}\int d^3\boldsymbol{X}\, d^3\boldsymbol{X}'\, v(\boldsymbol{X}-\boldsymbol{X}') = \frac{1}{2}\frac{N^2}{V^2}\int d^3\boldsymbol{X}\, d^3\boldsymbol{Y}\, v(-\boldsymbol{Y})$$
$$= \frac{1}{2}\frac{N^2}{V^2}\left\{\int d^3\boldsymbol{Y}\, v(-\boldsymbol{Y})\right\}\int d^3\boldsymbol{x} = \frac{1}{2}\frac{N^2}{V} v_0 \quad (5.54)$$

と計算される．これはハミルトニアンに足される定数項である．

よって，正電荷の寄与を考えれば 1 粒子エネルギー (5.48) は

$$\varepsilon_{\boldsymbol{k}} = \frac{\hbar^2 \boldsymbol{k}^2}{2m} - \frac{1}{V}\sum_{\substack{\boldsymbol{k}' \\ |\boldsymbol{k}'| \le k_{\mathrm{F}}}} v_{\boldsymbol{k}-\boldsymbol{k}'} \quad (5.55)$$

となる．ハートリー‐フォック状態のエネルギー (5.49) は，H_{++} を加えて

$$E = \sum_{\substack{\boldsymbol{k} \\ |\boldsymbol{k}| \le k_{\mathrm{F}}}} \left(\frac{\hbar^2 \boldsymbol{k}^2}{2m} - \frac{N}{V} v_0\right) + \frac{N^2}{2V} v_0 - \frac{1}{2V}\sum_{\substack{\boldsymbol{k},\boldsymbol{k}' \\ |\boldsymbol{k}| \le k_{\mathrm{F}} \\ |\boldsymbol{k}'| \le k_{\mathrm{F}}}} v_{\boldsymbol{k}-\boldsymbol{k}'} + \frac{1}{2}\frac{N^2}{V} v_0$$
$$= \sum_{\substack{\boldsymbol{k} \\ |\boldsymbol{k}| \le k_{\mathrm{F}}}} \frac{\hbar^2 \boldsymbol{k}^2}{2m} - \frac{1}{2V}\sum_{\substack{\boldsymbol{k},\boldsymbol{k}' \\ |\boldsymbol{k}|, |\boldsymbol{k}'| \le k_{\mathrm{F}}}} v_{\boldsymbol{k}-\boldsymbol{k}'} \quad (5.56)$$

のように求められる．(5.55) および (5.56) は v_0 を含まない．これらの式を具体的に計算しよう．

5.7.2　1 粒子エネルギー $\varepsilon_{\boldsymbol{k}}$

最初に 1 粒子エネルギー $\varepsilon_{\boldsymbol{k}}$ を計算しよう．(5.55) の右辺 2 項目で波数ベクトルを $\boldsymbol{l} = \boldsymbol{k}'$ として連続極限をとる．積分は初等的に求められ[†13]，

$$I_{\mathrm{F}}(0) \equiv \frac{1}{V}\sum_{\substack{\boldsymbol{l} \\ |\boldsymbol{l}|<k_{\mathrm{F}}}} \frac{1}{|\boldsymbol{l}-\boldsymbol{k}|^2} = \frac{1}{V} V\int_{|\boldsymbol{l}|<k_{\mathrm{F}}} \frac{d^3\boldsymbol{l}}{(2\pi)^3}\frac{1}{|\boldsymbol{l}-\boldsymbol{k}|^2}$$

$$= \frac{1}{(2\pi)^2}\left\{\frac{k_{\mathrm{F}}^2-k^2}{2k}\log\left|\frac{k_{\mathrm{F}}+k}{k_{\mathrm{F}}-k}\right| + k_{\mathrm{F}}\right\}$$

となる．この積分を (5.55) に用いて，1 粒子エネルギー

$$\varepsilon_{\boldsymbol{k}} = \frac{\hbar^2k^2}{2m} - \frac{\alpha\hbar c}{\pi}\left\{\frac{k_{\mathrm{F}}^2-k^2}{2k}\log\left|\frac{k_{\mathrm{F}}+k}{k_{\mathrm{F}}-k}\right| + k_{\mathrm{F}}\right\} \qquad (5.57)$$

が求められる．図 5.1 に，1 粒子エネルギーの波数 k 依存性を示す．フェルミ波数 $k = k_{\mathrm{F}}$ において特異な振舞をすることがわかる．これについては 5.9 節で議論する．

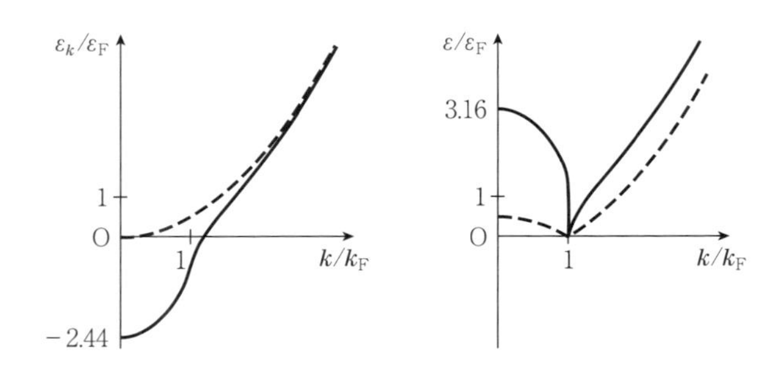

図 5.1　電子ガス模型における，ハートリー - フォック近似の 1 粒子エネルギー（左図は粒子空孔表示）．破線は自由電子の 1 粒子エネルギー．

5.7.3　ハートリー - フォック状態のエネルギー

ハートリー - フォック状態のエネルギーを計算しよう．(5.56) の第 1 項は自由フェルミ粒子系のエネルギーの計算と同じであるから，(4.37) で与え

---

†13　積分の導出は付録 G を参照．

られるので，

$$E_{\mathrm{F}} = V\frac{1}{5\pi^2}\frac{\hbar^2}{2m}k_{\mathrm{F}}^5$$

となる．1粒子当りの平均エネルギーとして表せば，(4.56) で与えられる．よって，

$$\frac{E_{\mathrm{F}}}{N} = \frac{3}{5}\left(\frac{9\pi}{4}\right)^{2/3}\frac{1}{r_s^2} \sim \frac{2.210}{r_s^2}Ry \tag{5.58}$$

となる．

(5.56) 2項目の交換エネルギーは，熱力学極限をとれば次のようになる．

$$-\frac{1}{2V}\sum_{\substack{\boldsymbol{k},\boldsymbol{l}\\|\boldsymbol{k}|\leq k_{\mathrm{F}}\\|\boldsymbol{l}|\leq k_{\mathrm{F}}}} v_{\boldsymbol{l}-\boldsymbol{k}} = -\frac{1}{2V}V^2\int_{|\boldsymbol{k}|,|\boldsymbol{l}|\leq k_{\mathrm{F}}}\frac{d^3\boldsymbol{k}\,d^3\boldsymbol{l}}{(2\pi)^6}\frac{4\pi\alpha\hbar c}{(\boldsymbol{k}-\boldsymbol{l})^2}$$

$$= -V\frac{4\pi\alpha\hbar c}{2(2\pi)^6}\int_{|\boldsymbol{k}|,|\boldsymbol{l}|\leq k_{\mathrm{F}}}\frac{d^3\boldsymbol{k}\,d^3\boldsymbol{l}}{(\boldsymbol{k}-\boldsymbol{l})^2} \tag{5.59}$$

この積分はいささか複雑であるが，初等的に求められ[†14]

$$E_{\mathrm{HF,ex}} \equiv -\frac{1}{2V}\sum_{|\boldsymbol{k}||\boldsymbol{l}|\leq k_{\mathrm{F}}} v_{\boldsymbol{l}-\boldsymbol{k}} = -V\frac{2\alpha\hbar c}{(2\pi)^3}k_{\mathrm{F}}^4 \tag{5.60}$$

となる．4.3節で述べた原子単位系で書きかえると，次の結果を得る．

$$\frac{E_{\mathrm{HF,ex}}}{N} = -\frac{3}{2\pi}\left(\frac{9\pi}{4}\right)^{1/3}\frac{1}{r_s}Ry \sim -\frac{0.916}{r_s}Ry \tag{5.61}$$

(5.58) と合わせて，ハートリー－フォック近似での一様電子系における1粒子当りの平均エネルギー

$$\frac{E_{\mathrm{HF}}}{N} = \frac{E_{\mathrm{F}}}{N} + \frac{E_{\mathrm{HF,ex}}}{N} \sim \left\{\frac{2.210}{r_s^2} - \frac{0.916}{r_s}\right\}Ry \tag{5.62}$$

が求められる．

---

†14　導出は付録Gを参照．

5.8 短距離相互作用と核物質

5.8.1 核 物 質

原子核を構成している，フェルミ粒子である核子の多体系を考える．核子多体系は有限系である原子核として実在している．ここでは，前節の電子模型にならってたくさんの核子が集まってできている物質を考え，それを**核物質**（**nuclear matter**）とよぶこととする[†15]．核子間の相互作用を**核力**（**nuclear force**）という．核力は強い相互作用の一種で，非常に強い力であるが力のおよぶ範囲が非常に小さい（～数 fm）という特色がある．この性質は，例えば湯川ポテンシャル

$$V(\boldsymbol{x}) = -\frac{g^2}{4\pi}\hbar c\frac{e^{-\mu r}}{r} \tag{5.63}$$

によって表現することができる．定数 $g^2/(4\pi)$ が力の大きさを表し，$1/\mu$ が到達距離を表す．重陽子や核子－核子散乱からは，$g^2/(4\pi) \sim 0.3$，$1/\mu \sim$ 2 fm 程度であり，電磁気相互作用の強さを表す微細構造定数 $\alpha \sim 1/137$ と比較すれば，核力がいかに強い力であるかがわかる．また，短距離では非常に大きい斥力が存在する．実際の核力は，交換力であってスピン－軌道相互作用などの速度に依存するポテンシャルも大きく，また多体系では 2 体力だけではなく 3 体相互作用や 4 体相互作用の寄与も小さくない．

5.8.2 原子核の密度と結合エネルギー

実際の核物質の様子を知るために，原子核の密度と原子核の結合エネルギーについて見てみよう．

原子核には密度の飽和性という性質があり，原子核の半径を R とし核子

---

†15　実際の原子核や中性子星では，核子以外の中間子やハイペロン，あるいは核子を構成しているクォークなどの自由度が問題になる場合もあり，クォーク物質のようなものも広い意味で核物質として考えられているが，ここでは簡単のため，そのような場合は考えない．これらの核物質相との対比で，ここで取り扱う核物質を通常相の核物質ということがある．

数を A とすれば，次の現象論的な公式が成立する．

$$R \sim r_0 A^{1/3}, \qquad r_0 \sim 1\,\mathrm{fm} \tag{5.64}$$

これは，原子核の密度が核子数によらず一定であるという**密度の飽和性**（**saturation of the density**）を表す．

原子核の結合エネルギーは，陽子数 Z，中性子数 N からなる原子核の質量を $m(Z, N)$ とした時，

$$E(Z, N) = m(Z, N)c^2 - Zm_{\mathrm{p}}c^2 - Nm_{\mathrm{n}}c^2$$

で表され，原子核において核子が束縛されているエネルギーを表す．結合エネルギーに対する古典的な半現象論的公式にヴァイツゼッカー－ベーテ公式がある．これは

$$E(Z, N) = -a_{\mathrm{V}}A + a_{\mathrm{S}}A^{2/3} + a_{\mathrm{C}}\frac{Z^2}{A^{1/3}} + a_{\mathrm{F}}\frac{(Z-N)^2}{A} + \delta \tag{5.65}$$

のように，原子核の液滴模型を元にして現象論的にパラメータを決定したものである．A は核子数で $A = Z + N$ であり，係数 $a_{\mathrm{V}}, a_{\mathrm{S}}, a_{\mathrm{C}}, a_{\mathrm{F}}$ は現象論的に決められるパラメータである．第 1 項は**体積項**（**volume term**）とよばれる．これは密度の飽和性と合わせると，原子核の体積に比例する項だからである．第 2 項は体積の 3/2 乗で表面積に比例するので**表面項**（**surface term**）とよぶ．実際，液滴模型では表面張力のような効果として解釈する．第 3 項は陽子間のクーロン斥力がもたらすエネルギーで**クーロン項**（**Coulomb term**）とよぶ．第 4 項は**対称エネルギー項**（**symmetry-energy term**）とよばれ，陽子と中性子がフェルミ縮退をすることに起因する．最後の δ は**対エネルギー項**（**pairing term**）とよばれ，粒子間相互作用が平均的に他の項に取り込まれた後に残る残留部分（相関エネルギー）で，次頁で示すようになる[†16]．

---

†16　2 重奇数核は Z と N が共に奇数の原子核，2 重偶数核は Z と N が共に偶数の原子核のことである．$A = Z + N$ はどちらも偶数となる．

$$\delta = \begin{cases} a_{\mathrm{P}} A^{-1/2} & (\text{二重奇数核}) \\ 0 & (\text{A が奇数の場合}) \\ -a_{\mathrm{P}} A^{-1/2} & (\text{二重偶数核}) \end{cases}$$

粒子対の存在を反映して，核子数の偶奇性に依存することに注意しよう．

核子数 A の非常に大きい一様系を考えるならば，表面項と対エネルギー項は無視できる．また，クーロン力を無視して核力だけの系を考えるならば，クーロン項も存在せず，核力は陽子・中性子にあまり依存しない（荷電対称性）ことから，安定な核物質は $Z = N$ である（対称核物質）から対称エネルギー項も効かなくなるだろう．したがって，純粋に核力が核物質に対してもつ効果は1項目の体積項であると考えられる．この項は核子1個当りのエネルギーが核子数 A によらず一定であることを意味し，**結合エネルギーの飽和性**（**saturation of the binding energy**）という．パラメータ a_{V} の値は現象論的に決められるので，決め方にもよるが，$a_{\mathrm{V}} \sim -15$ MeV 程度と考えられる．電磁気相互作用による原子分子や物質中の電子などの結合エネルギーは ～ 数 eV であるから，これも強い相互作用である核力がいかに強い力であるかを表している．

ここでは核力および核物質の詳細に立ち入らず，まずは短距離相互作用である湯川ポテンシャル (5.63) で，相互作用するフェルミ粒子系のハートリー－フォック近似を計算してみよう．

5.8.3　原子核のフェルミ気体模型

相互作用の効果を考える前に，**原子核のフェルミ気体模型**（**Fermi - gas model of atomic nucleus**）を考えよう．これは，原子核を体積 V の箱に閉じ込められた Z 個の陽子と N 個の中性子の自由粒子系と見なす模型である．陽子および中性子のフェルミ波数を $k_{\mathrm{F}}^{\mathrm{p}}$, $k_{\mathrm{F}}^{\mathrm{n}}$ とすれば，(4.34) が成り立つ[†17]ので，

$$\frac{Z}{V} = \frac{(k_{\mathrm{F}}^{\mathrm{p}})^3}{3\pi^2}, \qquad \frac{N}{V} = \frac{(k_{\mathrm{F}}^{\mathrm{n}})^3}{3\pi^2} \tag{5.66}$$

†17　核子は電子と同じくスピン 1/2 をもつ．

が得られる．クーロン相互作用は無視しているので体積は等しくおいた．この時，陽子と中性子のフェルミエネルギーは等しくなければならない．そうでなければ，β 崩壊あるいは β^+ 崩壊により陽子と中性子が移り変わることにより，よりエネルギーの低い状態になるからである．陽子質量と中性子質量が等しい $m_{\mathrm{p}} \sim m_{\mathrm{n}} \sim m$ とすれば，陽子と中性子のフェルミ波数は等しくなり ($k_{\mathrm{F}}^{\mathrm{p}} \sim k_{\mathrm{F}}^{\mathrm{n}} \sim k_{\mathrm{F}}$)，(5.66) より，$Z = N = A/2$ (対称核物質) となる．

よって，フェルミ波数は次のように表される．

$$\frac{A}{V} = \frac{2(k_{\mathrm{F}})^3}{3\pi^2} \tag{5.67}$$

ここで，密度の飽和性 (5.64) を用いれば，

$$p_{\mathrm{F}} = \hbar k_{\mathrm{F}} = \hbar\left(\frac{3\pi^2}{2}\frac{A}{V}\right)^{1/3} = \frac{(9\pi)^{1/3}\hbar}{2r_0} \sim 273\,\mathrm{MeV}/c \tag{5.68}$$

となり，フェルミエネルギーおよび核子 1 個当りの平均エネルギー (4.38) は，

$$\varepsilon_{\mathrm{F}} = \frac{p_{\mathrm{F}}^2}{2m} \cong 38\,\mathrm{MeV}, \qquad \frac{E}{N} = \frac{3}{5}\varepsilon_{\mathrm{F}} \sim 23\,\mathrm{MeV} \tag{5.69}$$

程度と見積もられる．核子質量は $m \sim 1\,\mathrm{GeV}$ である．

5.8.4 短距離相互作用する系に対するハートリー－フォック近似

相互作用が (5.63) の短距離相互作用の場合に，ハートリー－フォック近似を計算してみよう．一様系であるので，電子ガス模型の場合の計算がこの場合にも成立し，1 粒子エネルギーとハートリー－フォック状態のエネルギーは，それぞれ (5.48) と (5.49) で与えられる．

湯川ポテンシャルのフーリエ変換†18

$$v_{\boldsymbol{k}} = -\frac{4\pi g}{\boldsymbol{k}^2 + \mu^2} \tag{5.70}$$

を用いて，粒子エネルギーの直接項は次頁に示すようになる．

†18　付録 F.3 節を参照．

$$\frac{N}{V}v_0 = -\frac{N}{V}\frac{4\pi g}{\mu^2}$$

また，交換項は

$$-\frac{1}{V}\sum_{\substack{\boldsymbol{l} \\ |\boldsymbol{l}|\leq k_F}} v_{\boldsymbol{k}-\boldsymbol{l}} = \frac{1}{(2\pi)^3}\int\frac{4\pi g}{(\boldsymbol{k}-\boldsymbol{l})^2+\mu^2}\,d^3\boldsymbol{l}$$

$$= \frac{g}{2\pi}\left\{\frac{k_F^2+\mu^2-k^2}{2k}\log\frac{(k_F+k)^2+\mu^2}{(k_F-k)^2+\mu^2}\right.$$

$$\left.+2k_F-2\mu\left(\arctan\frac{k_F+k}{\mu}+\arctan\frac{k_F-k}{\mu}\right)\right\}$$

と計算される[†19]．これは，$\mu\to 0$ でクーロンポテンシャルの場合の (5.57) の第 2 項と同型になることに注意しよう．

よって，粒子の 1 粒子エネルギー

$$\varepsilon_{\boldsymbol{k}} = \frac{\hbar^2\boldsymbol{k}^2}{2m} - \frac{N}{V}\frac{4\pi g}{\mu^2} + \frac{g}{2\pi}\left\{\frac{k_F^2+\mu^2-k^2}{2k}\log\frac{(k_F+k)^2+\mu^2}{(k_F-k)^2+\mu^2}\right.$$

$$\left.+2k_F-2\mu\left(\arctan\frac{k_F+k}{\mu}+\arctan\frac{k_F-k}{\mu}\right)\right\} \tag{5.71}$$

が得られる．図 5.2 に 1 粒子エネルギーの波数 k 依存性を示す．クーロンポテンシャルで相互作用する系の 1 粒子エネルギー (図 5.1) と異なり，フェ

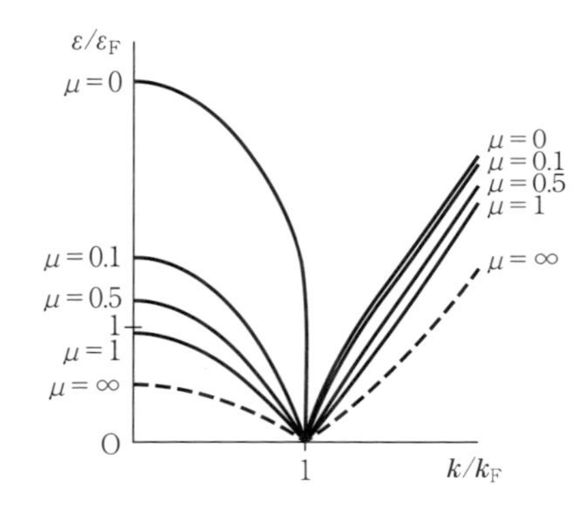

図 5.2 湯川ポテンシャルで相互作用するハートリー－フォック近似の 1 粒子エネルギー (粒子空孔表示)．

†19　付録 G.3 節を参照．

ルミ波数での特異性は存在しない．湯川ポテンシャルの到達距離 μ^{-1} が大きくなるにつれて，$k = k_{\mathrm{F}}$ で特異性が発達してくることがわかる．

ポテンシャル (5.63) は引力しかなく，また電子ガス模型のように背景の正電荷も存在しないため，ここで計算した核物質は不安定である．核物質が安定であるためには，短距離核力における斥力が不可欠である．実際，核力には短距離において非常に強い斥力の存在が知られている．短距離で強い斥力が存在することにより，2 個の核子は近づくことができなくなり核物質が安定化するわけである．ハートリー - フォック近似では平均的なポテンシャルの中を粒子が独立して運動しており，2 個の粒子の相互作用による短距離相関は取り込むことができない．また，現象論的な核力では，ある大きさより短い距離では無限大の大きさの斥力があるとする硬い斥力芯が用いられることがよくあるが，この場合には，ハートリー - フォック近似における 1 粒子エネルギー (5.48) における相互作用ポテンシャルの寄与

$$v_0 = \int v(\boldsymbol{x})\, d^3\boldsymbol{x}$$

が発散してしまい，そのままでは意味をなさなくなるのである．

5.8.5　量子力学の散乱問題

この問題を回避して短距離相関の効果を取り入れるためには，ハートリー - フォック近似を超えた近似が必要である．ここでは簡単に説明するに留める．ポテンシャル $\widehat{V}$ で相互作用する 2 個の粒子の散乱状態を考える[†20]．1.2 節で述べたように，ポテンシャル $\widehat{V}$ が 2 個の粒子の相対座標 $\boldsymbol{r} = \boldsymbol{r}_1 - \boldsymbol{r}_2$ の関数である場合には，2 体波動関数は重心座標と相対座標の部分に分離された解をもち，相対座標の波動関数は換算質量 (1.55) を質量とするシュレディンガー方程式，(1.58) の第 2 式，に従う．換算質量 μ は同じ質量 $m_1 = m_2 = m$ ならば次のようになる．

$$\mu = \frac{m_1 m_2}{m_1 + m_2} = \frac{m}{2}$$

†20　散乱の量子力学については文献 [2] などを参照．

エネルギー $E_k=(\hbar \boldsymbol{k})^2/(2\mu)$ の散乱状態の相対波動関数 $\psi(\boldsymbol{x})$ は，シュレディンガー方程式に対する積分型であるリップマン－シュウィンガー方程式

$$\psi_k=\phi_k+\frac{1}{E_k-\hat{t}+i\varepsilon}\widehat{V}\psi_k, \qquad \hat{t}=\frac{\widehat{\boldsymbol{p}}^2}{2\mu} \tag{5.72}$$

に従う．分母の $i\varepsilon$ は外向き球面波解を表す．ポテンシャル $\widehat{V}$ が短距離 $|\boldsymbol{x}|\leqq R$ で斥力芯をもつならば，波動関数 ϕ は自由粒子平面波解

$$\phi_k(\boldsymbol{x})=\frac{1}{\sqrt{V}}e^{ikx} \tag{5.73}$$

である．リップマン－シュウィンガー方程式の解として求められる散乱状態波動関数 $\psi_k(\boldsymbol{x})$ は，$\phi_k(\boldsymbol{x})$ と異なり斥力心の領域 $|\boldsymbol{x}|\leqq R$ で $\psi_k(\boldsymbol{x})\sim 0$ となる．これが斥力芯による相関効果である．

リップマン－シュウィンガー方程式は，右辺の ψ_k に (5.72) を逐次的に代入すれば摂動展開

$$\psi_k=\phi_k+\sum_{n=1}^{\infty}\left(\frac{1}{E_k-\hat{t}+i\varepsilon}\widehat{V}\right)^n\phi_b k$$

が得られる．これを**散乱状態波動関数のボルン展開** (**Born expansion of the scattering－state wave function**) という．この両辺に $\widehat{V}$ を作用させると，

$$\widehat{V}\psi_k=\widehat{V}\phi_k+\sum_{n=1}^{\infty}\left(\widehat{V}\frac{1}{E_k-\hat{t}+i\varepsilon}\right)^n\widehat{V}\phi_k \tag{5.74}$$

となることに注意しよう．

散乱の $\widehat{T}$ 行列 (**scattering T－matrix**) を

$$\widehat{T}=\widehat{V}+\widehat{V}\frac{1}{E_k-\hat{t}+i\varepsilon}\widehat{T} \tag{5.75}$$

の演算子方程式の解として定義する．ボルン展開と同様に逐次的に解けば次のようになる．

$$\widehat{T}=\widehat{V}+\sum_{n=1}^{\infty}\left(\widehat{V}\frac{1}{E_k-\hat{t}+i\varepsilon}\right)^n \tag{5.76}$$

これを $\widehat{T}$ 行列のボルン展開とよぶ．右辺は $\widehat{V}$ の繰り返しであるからダイア

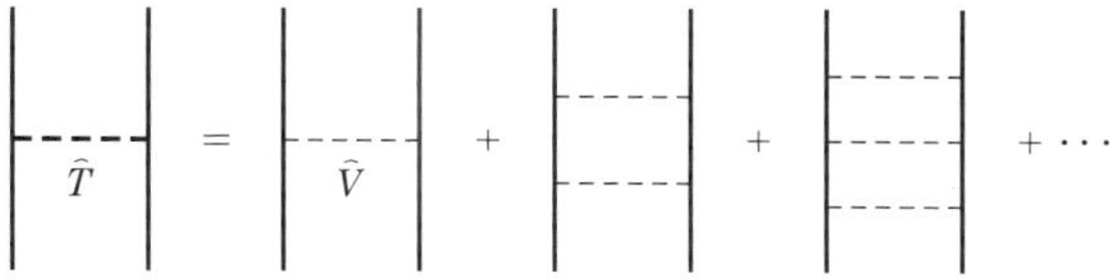

図 5.3 $\widehat{T}$ 行列のボルン展開のダイアグラム表示

グラムで表せば図 5.3 となり，はしご状のダイアグラムを足し合わせたものが $\widehat{T}$ 行列になる．

リップマン-シュウィンガー方程式から求まった (5.75) と $\widehat{T}$ 行列の形式解 (5.76) を比較して，次の関係式が求められる．

$$\widehat{V}\psi_{\boldsymbol{k}} = \widehat{T}\phi_{\boldsymbol{k}} \tag{5.77}$$

これは，もともとの相互作用ポテンシャル $\widehat{V}$ の代わりに $\widehat{T}$ 行列を相互作用として用いれば，波動関数は短距離相関を含まない $\phi_{\boldsymbol{k}}$ となることを示している．すなわち，$\psi_{\boldsymbol{k}}$ に含まれる短距離相関を $\widehat{T}$ 行列にもっていったことになる．このように，相互作用ポテンシャルとして考えた $\widehat{T}$ 行列を**有効相互作用** (effective interaction) という．したがって，(5.74) によって求められる $\widehat{T}$ 行列に短距離相関の効果を取り入れておけば，波動関数は相関効果の小さいものとなる．

5.8.6 はしご近似の方法

散乱の $\widehat{T}$ 行列と有効相互作用の考えを多体系に応用するためには，他粒子中での 2 体問題として (5.74) を拡張しておく必要がある．フェルミ粒子系の場合には，パウリ原理により他の粒子が占拠している状態には散乱されない効果を取り込む必要がある．多体系での $\widehat{T}$ 行列は通常 $\widehat{G}$ 行列とよばれ，次のような方程式となる．

$$\widehat{G} = \widehat{G} + \widehat{V}\frac{\widehat{Q}}{E_k - \hat{t} + i\varepsilon}\widehat{G}, \qquad \hat{t} = \frac{\hat{\boldsymbol{p}}_1^2}{2m} + \frac{\hat{\boldsymbol{p}}_2^2}{2m} \tag{5.78}$$

$\widehat{T}$ 行列の場合と異なり，他粒子との相対運動も考える必要があるため 2 粒子の重心運動も含めて扱う必要がある．($\hat{t}$ の部分に 1 体ポテンシャルを加える近似もある．) パウリ原理の効果を表す演算子 $\widehat{Q}$ は，一様系では

$$\langle \boldsymbol{k}_1, \boldsymbol{k}_2|\widehat{Q}|\boldsymbol{k}'_1, \boldsymbol{k}'_2\rangle = \delta^3(\boldsymbol{k}_1 - \boldsymbol{k}'_1)\delta^3(\boldsymbol{k}_2 - \boldsymbol{k}'_2)\theta(|\boldsymbol{k}_1| - k_{\mathrm{F}})\theta(|\boldsymbol{k}_2| - k_{\mathrm{F}})$$

となり，散乱の中間状態においてフェルミ波数以下の占拠状態を排除する演算子である．このようにして短距離相関を計算する方法をG行列理論，あるいは図5.3のように，はしご状のダイアグラムを取り込むことから**はしご近似**（ladder approximation）の方法という．

G行列理論を用いて核力ポテンシャルから核物質を計算する理論を**ブリュックナー理論**（Brueckner theory）といい，飽和性の解明をはじめ，さまざまな興味深い発展がある[†21]．

5.9 有効質量

5.9.1 多体系における有効質量

多体系の物理でよく用いられる概念に**有効質量**（effective mass）がある．質量 m をもつ粒子の多体系に対するある物理量 X を考え，粒子間の相互作用を無視して自由粒子の多体系に対しては $X_0 = f(m)$ となる時，相互作用がある場合に $X = f(m^*)$ として質量の次元をもつ量 m^* を定義する．これを一般に有効質量というのである．有効質量は，相互作用の効果を質量 m にくりこんだようなものと考えることができる．有効質量 m^* は物理量 X の選び方に依存するが，できるだけ多くの物理量に対して同じ値となる m^* が有意義である．

多体系の中で運動する1個の粒子を考える．この粒子は他の粒子と相互作用しながら運動するわけであるが，その運動は平均的に見れば質量が m^* の自由粒子の運動で近似される場合がある．このような場合に有効質量の考え方は有効になる．他の物理量に対しても同様の考え方は成立し，有効電荷 e^* などを考えることもできる．一般に，相互作用する多体系において，多体系が，相互作用の効果をくりこんだ有効質量 m^* や有効電荷 e^* などをもつ粒子の自由粒子（あるいは弱く相互作用する粒子）多体系と見なせる時に，この粒子を準粒子とよび，準粒子による近似を準粒子近似とよぶ．

---

†21　章末コラムを参照．

上に述べた有効質量の考え方を量子力学的に見てみよう．簡単のために1次元の一様系で考える．ハートリー－フォック近似などで，波数 k に対する1粒子エネルギー ε_k が求まったとする．この状態には次の1粒子波動関数が対応する．

$$\phi_k(x, t) = \frac{1}{\sqrt{L}} e^{i\{kx-(\varepsilon_k/\hbar)t\}}$$

これを重ね合わせて波束を作ることができ，

$$\chi(x, t) = \int A(k)\phi_k(x, t)\,dk = \frac{1}{\sqrt{L}}\int A(k) e^{i\{kx-(\varepsilon_k/\hbar)t\}}\,dk \qquad (5.79)$$

のようになる．ここで重ね合わせの重み $A(k)$ は $k = k_0$ 付近で最大となり，$k_0 - \varDelta k$ から $k_0 + \varDelta k$ で急激なピークをもつ関数とする．(5.79) の被積分関数は $A(k)$ のピーク以外では0であるから，

$$\varepsilon_k \sim \varepsilon_{k_0} + \left[\frac{d\varepsilon_k}{dk}\right]_{k=k_0}(k - k_0)$$

と近似することができる．

これを (5.79) に代入して次の結果を得る．

$$\chi(x, t) \sim \frac{1}{\sqrt{L}} e^{i\{k_0 x-(\varepsilon_{k_0}/\hbar)t\}} F(x, t) \qquad (5.80)$$

この波束の振幅部分

$$F(x, t) = \int A(k)\exp\left\{i(k - k_0)\left(x - \frac{1}{\hbar}\left[\frac{d\varepsilon_k}{dk}\right]_{k=k_0} t\right)\right\}dk$$

は，$x - (1/\hbar)[d\varepsilon_k/dk]_{k=k_0}t$ の関数であるから，この波束 $\chi(x, t)$ は全体で，

$$v_g = \frac{1}{\hbar}\left[\frac{d\varepsilon_k}{dk}\right]_{k=k_0} \qquad (5.81)$$

の速度で運動することを意味する．この v_g を群速度とよぶ．

有効質量のよく用いられる定義は，外力に対する応答を利用するものである．外力 F が時間 δt の間に粒子に作用した時のエネルギーの増加は，次のようになる．

$$\delta E = Fv\,\delta t = \frac{F}{\hbar}\left[\frac{d\varepsilon_k}{dk}\right]_{k=k_0}\delta t$$

ここで，粒子の速度 v に群速度 (5.81) を用いた．$\delta\varepsilon_k = (d\varepsilon_k/dk)\delta k$ であるから，

$$F = \hbar\frac{dk}{dt}$$

という関係式を得る．群速度 v_g の変化 a_g (群加速度) は，(5.81) より，

$$a_g = \frac{dv_g}{dt} = \frac{1}{\hbar}\frac{d}{dt}\frac{d\varepsilon_k}{dk} = \frac{1}{\hbar^2}\frac{d^2\varepsilon_k}{dk^2}F$$

となるので，ニュートン方程式[†22] $m^* a_g = F$ と比較して，有効質量 (この定義による有効質量を m_c^* と書くことにする) は，

$$\frac{1}{m_c^*} = \frac{1}{\hbar^2}\frac{d^2\varepsilon_k}{dk^2} \tag{5.82}$$

となる．これは有効質量を ε_k の曲率半径から決めたことになる．3 次元結晶中など非一様な物質の場合には，有効質量テンソル

$$\frac{1}{(m_c^*)_{i,j}} = \frac{1}{\hbar^2}\frac{\partial^2\varepsilon_k}{\partial k_i \partial k_j}$$

が用いられる．

また，等方一様系の場合に (5.81) を用いて，有効質量を定義することがある．これを m_g^* とすれば，ド・ブロイの関係式 $\hbar k = p = m_g^* v_g$ を用いて，次のように表される．

$$\frac{1}{m_g^*} = \frac{1}{\hbar^2 k}\left[\frac{d\varepsilon_k}{dk}\right]_{k=k_0} \tag{5.83}$$

これは，ε_k の傾きから m^* を定義していることになる．

2 つの有効質量は，自由粒子の場合には $\varepsilon_k = \hbar^2\boldsymbol{k}^2/2m$ であるから，$m_c^* = m_g^* = m$ となり粒子の質量と一致する．しかしながら，m_c^* と m_g^* は一般には一致しないのはもちろんである．

---

†22　期待値としては量子力学でも成立する (エーレンフェストの定理)．

5.9.2 短距離相互作用する多体系のハートリー - フォック近似における有効質量

前節で計算した湯川ポテンシャルの場合における有効質量を計算してみよう．1粒子エネルギーは (5.71) で与えられるので，これを (5.82) および (5.83) に用いればよい．フェルミ波数 $k_0 = k_{\mathrm{F}}$ での有効質量のみを示すと，

$$\frac{1}{m_g^*} = \frac{1}{m} + \frac{c^2}{2\pi\hbar c k_{\mathrm{F}}} \frac{g^2}{4\pi} \left\{ \left(1 + \frac{\mu^2}{2k_{\mathrm{F}}^2}\right) \log\left(1 + \frac{4k_{\mathrm{F}}^2}{\mu^2}\right) - 2 \right\} \tag{5.84}$$

$$\frac{1}{m_g^*} = \frac{1}{m} + \frac{c^2}{2\pi\hbar c k_{\mathrm{F}}} \frac{g^2}{4\pi} \left\{ \left(1 + \frac{\mu^2}{k_{\mathrm{F}}^2}\right) \log\left(1 + \frac{4k_{\mathrm{F}}^2}{\mu^2}\right) - 4\frac{3k_{\mathrm{F}}^2 + \mu^2}{4k_{\mathrm{F}}^2 + \mu^2} \right\} \tag{5.85}$$

のようになる．有効質量の値を評価してみよう．核子質量は $mc^2 \sim 1\,\mathrm{GeV}$，フェルミ運動量は (5.68) より $\hbar c k_{\mathrm{F}} = p_{\mathrm{F}} c \sim 273\,\mathrm{MeV}$ となる．湯川ポテンシャルの結合定数を $g^2/4\pi \sim 0.3$，核力の到達距離を $\mu^{-1} \sim 1\,\mathrm{fm}$ とすれば，(5.84) および (5.85) を用いて，次の値を得る．

$$m_g^* \sim 0.8m, \qquad m_c^* \sim 0.9m$$

現実的な核力による結果は $m_g^* \sim 0.7m$ 程度[†23]といわれており，結果は悪くはないが，ここでの計算は相当に荒っぽいものなので定量的な比較はあまり意味がないと考えるべきである．

5.9.3 電子ガス模型のハートリー - フォック近似における有効質量

次に電子模型に対する有効質量を考えよう．1粒子エネルギー ε_k は (5.62) で与えられるが，湯川ポテンシャルにおいて $\mu \to 0$, $g^2/4\pi \to \alpha$ (微細構造定数) とすれば，クーロンポテンシャルが得られるので，湯川ポテンシャルに対する有効質量に対してこの極限をとればよい．(5.84) および (5.85) は $\mu \to 0$ で対数項の引数が無限大となり右辺は発散する (図 5.1)．よって，フェルミ面近傍で有効質量は

$$m_g^* = m_c^* = 0 \tag{5.86}$$

のように消失する．有効質量の定義 (5.83) から，$m_g^* = 0$ は $[d\varepsilon_k/dk]_{k=k_0}$

---

†23 玉垣良三氏の東京都立大学での講義ノート「核物質の諸相」(1995 年) による．

$=\infty$ を意味する．この意味を理解するために状態密度を計算しよう．(4.27) より求められる粒子数 N の式を積分に直して

$$N=\frac{2V}{(2\pi)^3}\int_{|\boldsymbol{k}|\le k_\mathrm{F}} d^3\boldsymbol{k}=\frac{V}{\pi^2}\int_0^{k_\mathrm{F}} k^2\,dk=\frac{V}{\pi^2}\int_0^{\varepsilon_\mathrm{F}} k^2\frac{dk}{d\varepsilon}d\varepsilon=\int_0^{\varepsilon_\mathrm{F}} N(\varepsilon)\,d\varepsilon$$

と変形する．ここで，$N(\varepsilon)$ は，

$$N(\varepsilon)=\frac{V}{\pi^2}k^2\frac{dk}{d\varepsilon} \tag{5.87}$$

で定義され，これを**状態密度** (**density of states**) という．状態密度は，1粒子エネルギーが ε と $\varepsilon+d\varepsilon$ の間にある状態の数を表している．相互作用を無視した自由電子系では $\varepsilon=\hbar^2k^2/2m$ であるから，状態密度 (5.87) は，次のようになる．

$$N_{\mathrm{e,free}}(\varepsilon)=\frac{V}{\pi^2}\frac{m}{\hbar^2}k=\frac{V}{\pi^2}\frac{m^{3/2}}{\hbar^3}\sqrt{2\varepsilon} \tag{5.88}$$

したがって，$[d\varepsilon_k/dk]_{k=k_0}=\infty$ は (5.87) で定義される状態密度がフェルミ面近傍で急激に減少することを意味している．低温における比熱はフェルミ面近傍の電子の励起によるので，フェルミ面近傍での状態密度の減少が起こると励起が起こりにくくなり，低温における電子気体の比熱は非常に小さくなるはずであるが，観測される金属の比熱にはそのようなことは通常見られず，自由電子の比熱（温度に比例）が比較的よく成り立っている．このことは，フェルミ面近傍で有効質量 m^* が 0 になることも意味する．このような電子気体でのハートリー－フォック近似の特異性はクーロンポテンシャルの特異性 (5.51) に由来するものであり，相互作用の効果を正しく扱うためにはハートリー－フォック近似では不十分であって，高次の近似を取り入れなければならないことを示している．

原子核と核物質

本書では，短距離相互作用するフェルミ粒子多体系の例として核物質に触れただけで，原子核および核物質に関する実際的な側面や多種多様な様相についてはほとんど議論しなかった．

核子の一様無限系を取り扱う核物質の理論は，原子核質量に対するヴァイツゼッカー - ベーテ公式 (5.65) †24 が発表された直後，オイラーによる引力相互作用するガウス型相互作用を用いての摂動の 2 次計算が最初 (1937 年) とされている†25．その後，核力の短距離斥力芯の発見に伴い，現実的な核力から出発し 5.8 節で述べたはしご近似 (G 行列理論) を用いて，組織的に核物質を計算するブリュックナー理論がブリュックナーらによって始められた (1954 年)†26．

核物質の研究は，原子核の密度と結合エネルギーの飽和性 (5.8 節を参照) の説明，および殻模型などに用いる有効相互作用の基礎づけを目的として発展した†27．現在では，それに加えて，核力の強い状態依存性や核子以外の自由度を含めた新しい物質相の研究，高密度での中性子物質と中性子星の研究やクォーク物質の研究が行われている†28．

---

†24　C. F. von Weizsäcker : Z. Physik **96** (1935) 431；H. A. Bethe and R. F. Bacher : Rev. Mod. Rhys. **8** (1936) 82．1990 年ドイツ再統一時の大統領であった R.K. フォン・ヴァイツゼッカーは C. F. フォン・ヴァイツゼッカーの弟である．

†25　H. Euler : Zeits. für Phys. **105** (1937) 553.

†26　K. A. Brueckner, C. A. Levinson and H. M. Mahmoud : Phys. Rev. **95** (1954) 217.

†27　核力および核物質の理論の詳細は文献 [30]，[31] を参照．

†28　R. Tamagaki : Prog. Theor. Phys. Suppl. **112** (1993) 1 を参照．

第6章
乱雑位相近似と多体系の励起状態

相互作用する多体系は，励起状態として集団励起状態や準粒子といった特徴的な励起状態をもつ．まず初めに，多体系の励起状態を計算するための乱雑位相近似について述べる．乱雑位相近似とよばれる近似法は，実際にはさまざまなものを含んでいる．

次に，古典的集団座標の方法，粒子空孔対の RPA 方程式，演算子解法という面から乱雑位相近似について議論する．例として，電子ガス模型におけるプラズマ振動を取り上げ，いろいろな方法での計算を行う．

さらに，短距離相互作用する一様フェルミ系の集団励起状態として，0 音波について触れる．短距離相互作用するフェルミ粒子系として，核物質についても簡単に触れる．

また，前章で議論した，ハートリー－フォック基底状態の安定性と乱雑位相近似の関係について議論する．乱雑位相近似と関係した近似法である，タム－ダンコフ近似やボソン近似についても触れる．電子ガス模型において，集団励起状態のプラズマ振動と並んで特徴的な現象であるクーロンポテンシャルの遮蔽に関係して，トーマス－フェルミ近似についても述べる．

6.1　ハートリー－フォック状態の安定性

6.1.1　ハートリー－フォック状態の安定性

前章で議論したように，ハートリー－フォック状態 $|F\rangle$ は相互作用するフェルミ粒子系のエネルギー停留点になっている．スレーター行列式で表される状態の範囲内で，これが極小，すなわち安定な停留点であるかどうかを

確かめてみよう．そのためには状態を停留点 $|F\rangle$ から少しずらしてみて，

$$|F\rangle \to |\Phi\rangle = |F\rangle + \delta|\Phi\rangle \tag{6.1}$$

から，エネルギー期待値 $E = E[\Phi]$ がどのように変化するかを調べればよい．

このことを理解するために，簡単な場合を考えてみよう．状態が $|\Phi(a_1, a_2)\rangle$ のように，2 個のパラメータ a_1 と a_2 にのみ依存して変化するとする．エネルギー期待値は，(a_1, a_2) の関数

$$E(a_1, a_2) = \langle\Phi(a_1, a_2)|\widehat{H}|\Phi(a_2, a_2)\rangle \tag{6.2}$$

となる．パラメータの $a_1 = a_2 = 0$ に対する状態 $|\Phi(0,0)\rangle \equiv |F\rangle$ がエネルギー停留点であるとして，

$$\frac{\partial E}{\partial a_1} = \frac{\partial E}{\partial a_2} = 0 \tag{6.3}$$

が成り立つ．エネルギー期待値 $E\,(a_1, a_2)$ を停留点 $a_1 = a_2 = 0$ の周りで展開し 2 次の項までとると[†1]，

$$E(a_1, a_2) \sim E_{\mathrm{F}} + \frac{1}{2}{}^t\boldsymbol{a}K\boldsymbol{a}, \qquad E_{\mathrm{F}} = E(0,0) \tag{6.4}$$

のようになる．ここで，ベクトル記法 ${}^t\boldsymbol{a} = (a_1, a_2)$ を用いた．

行列 K は対称な定数行列で，次のように定義される．

$$K = (K_{i,j}) = \left(\left.\frac{\partial^2 E}{\partial a_i \partial a_j}\right|_{\boldsymbol{a}=0}\right)$$

行列 K が正定値であれば停留点は極小である．行列 K の正定値であることを見るには，その固有値を調べればよく，

$$K\boldsymbol{x}_\alpha = \lambda_\alpha \boldsymbol{x}_\alpha \quad (\alpha = 1,2)$$

となる．この場合には，行列 K は実対称行列であるから 2 個の固有ベクト

---

†1　停留点の条件 (6.3) より，$\boldsymbol{a}$ の 1 次の項は存在しない．

ル $\boldsymbol{x}_\alpha$ として，規格直交するもの（$\boldsymbol{x}_\alpha \cdot \boldsymbol{x}_\beta = \delta_{\alpha,\beta}$）を選ぶことができ，これを列に並べてできる 2×2 の行列は直交行列

$$R = (\boldsymbol{x}_1, \boldsymbol{x}_2), \qquad R^{-1} = {}^t R$$

である．

行列 R に左から K を作用させると，

$$KR = (K\boldsymbol{x}_1, K\boldsymbol{x}_2) = (\lambda_1 \boldsymbol{x}_1, \lambda_2 \boldsymbol{x}_2) = (\boldsymbol{x}_1, \boldsymbol{x}_2)\begin{pmatrix}\lambda_1 & 0 \\ 0 & \lambda_2\end{pmatrix} = R\begin{pmatrix}\lambda_1 & 0 \\ 0 & \lambda_2\end{pmatrix}$$

となるので，R による相似変換で行列 K は，

$$K = R\begin{pmatrix}\lambda_1 & 0 \\ 0 & \lambda_2\end{pmatrix}{}^t R$$

として対角化される．

ここで，パラメータ $\boldsymbol{a}$ の代わりに $\boldsymbol{z} = {}^t R\boldsymbol{a}$ を用いることにする．停留点 $\boldsymbol{a} = 0$ は $\boldsymbol{z} = 0$ であることに注意しよう．展開式(6.4)は，

$$\begin{aligned} E &\sim E_{\mathrm{F}} + \frac{1}{2}{}^t\boldsymbol{a}R\begin{pmatrix}\lambda_1 & 0 \\ 0 & \lambda_2\end{pmatrix}{}^t R\boldsymbol{a} = E_{\mathrm{F}} + \frac{1}{2}{}^t\boldsymbol{z}\begin{pmatrix}\lambda_1 & 0 \\ 0 & \lambda_2\end{pmatrix}\boldsymbol{z} \\ &= E_{\mathrm{F}} + \frac{1}{2}(\lambda_1 z_1^2 + \lambda_2 z_2^2) \end{aligned} \tag{6.5}$$

と表される．2 行目第 2 項で ${}^t\boldsymbol{z} = (z_1, z_2)$ を用いた．これから，固有値 λ_1 と λ_2 が共に正であれば $\boldsymbol{a} = 0$ は安定な停留点であり，1 つでも負の固有値があれば停留点は極大または鞍点となる[†2]．

ハートリー－フォック基底状態は，一般には系の厳密な解ではない．したがって，(6.1) で占拠数状態（スレーター行列式で表される状態）で表せないような，最も一般的なずれを考えれば，ハートリー－フォック状態が厳密解になる特別な場合を除いては，極小にはなっていない．ここでは，(6.1) で表される状態もスレーター行列式で表される状態に限定し，その範囲内での

---

†2　0 固有値がある場合には，2 次までの展開では安定性の判定はできない．このような場合には，多変数の極大極小問題は 1 変数の場合と異なり非常に複雑になる場合がある[33]．

極小性について考える．このことをハートリー - フォック状態の安定性というのである．

6.1.2 ブロッホの強磁性理論におけるハートリー - フォック安定性

ハートリー - フォック安定性の簡単な例として，**ブロッホによる強磁性理論**（**Bloch's theory of ferromagnetism**）を考える[†3]．この理論は金属の強磁性を，クーロン相互作用する自由電子に対するハートリー - フォック近似の範囲内で説明しようとする．実際の金属には合わない点がいろいろあり，現実的な金属強磁性の説明とはならないのであるが，歴史的には興味深く，またハートリー - フォック状態の安定性に関係しているので紹介する．

個数 N の一様な電子系を考え，スピン $+1/2$ の電子の個数が N_+，スピン $-1/2$ の電子の個数が N_- とする．スピン $\pm 1/2$ の電子はそれぞれクーロン相互作用で相互作用しているとし，それぞれがフェルミ縮退しているとする．これらは，5.7 節で述べたハートリー - フォック近似に従うとしよう．スピンの偏極度を，

$$m = \frac{N_+ - N_-}{N}, \qquad N = N_+ + N_- \tag{6.6}$$

で定義すれば，

$$N_\pm = \frac{N}{2}(1 \pm m) \tag{6.7}$$

である．電子ガス模型のハートリー - フォック計算による平均エネルギー (5.62) は，$N_\pm = N/2$ の場合の結果である．スピン $\pm 1/2$ それぞれの平均エネルギー $E_{\mathrm{HF};\pm}$ を求めるためには，まず (5.62) を 2 で割り，さらに，半径の比 $r_s = r_0/a_{\mathrm{B}}$ における r_0 に含まれる個数はフェルミ波数から求めたもので $N_\pm = N/2$ であったが，これが (6.7) の $N_\pm$ に変わることから，(4.52) より $r_s \to r_s(1 \pm m)^{1/3}$ とすればよい．したがって，スピン偏極がある場合のハートリー - フォック近似による平均エネルギーは，

---

†3 F. Bloch：Phys. Rev. **70** (1946) 460．極低温フェルミ原子気体において類似した理論がある．例えば，T. Sogo and H. Yabu：Phys. Rev. **A66** (2002) 043611 などである．

$$\frac{E_{\mathrm{HF}}}{NRy} = \frac{E_{\mathrm{HF}\,;\,+} + E_{\mathrm{HF}\,;\,-}}{NRy}$$
$$= \frac{2.210}{2r_s^2}\left\{(1+m)^{5/3} + (1-m)^{5/3}\right\} - \frac{0.916}{2r_s}\left\{(1+m)^{4/3} + (1-m)^{4/3}\right\} \tag{6.8}$$

となる．また，スピン偏極度 m を微小と考えて展開し，2 次の項までとると，

$$\frac{E_{\mathrm{HF}}}{NRy} \sim \left\{\frac{2.210}{r_s^2} - \frac{0.916}{r_s}\right\} + \frac{1}{9}\left(\frac{2.210\times 5}{r_s^2} - \frac{0.916\times 2}{r_s}\right)m^2 \tag{6.9}$$

となり，なおかつ $r_s \sim 6$ で m^2 の係数が 0 となるので，r_s がそれより小さければ $N_+ = N_-$ のハートリー - フォック状態（常磁性状態）は安定，大きければ不安定となる．不安定な場合には，(6.8) より $|m| = 1$（強磁性状態）が安定である．

6.1.3　サウレスの定理

ブロッホの強磁性理論はスピン状態の変化だけで，スレーター行列式を構成する 1 粒子波動関数の変形に対する安定性は含まれていない．より一般的なハートリー - フォック状態の安定性を調べるには**サウレスの定理**（**Thouless theorem**）が重要である．このサウレスの定理[†4]を以下で説明する．

まず，フェルミ粒子に対する生成消滅演算子 $\hat{a}_{\mathrm{f}\,:\,i}$, $\hat{a}^{\dagger}_{\mathrm{f}\,:\,i}$ $(i = 1, \cdots, N)$，および $\hat{a}_{\mathrm{p}\,:\,\mu}$, $\hat{a}^{\dagger}_{\mathrm{p}\,:\,\mu}$ $(\mu = N+1, \cdots, \infty)$ に対して，フェルミ縮退状態

$$|\Phi_0\rangle = \hat{a}^{\dagger}_{\mathrm{f}\,:\,1} \cdots \hat{a}^{\dagger}_{\mathrm{f}\,:\,N} |f_0\rangle$$

と直交しない，スレーター行列式で表される任意の状態 $|\Phi_1\rangle$ $(\langle\Phi_1|\Phi_0\rangle \neq 0)$ の一般形は次式で与えられる．

$$|\Phi_1\rangle = \frac{1}{\sqrt{\det(I + Z^{\dagger}Z)}}\, e^{\hat{Z}} |\Phi_0\rangle, \qquad \hat{Z} = \sum_{\mu=N+1}^{\infty} \sum_{i=1}^{N} Z_{\mu,i}\, \hat{a}^{\dagger}_{\mathrm{p}\,:\,\mu} \hat{a}_{\mathrm{f}\,:\,i} \tag{6.10}$$

ここで行列 Z は $Z = (Z_{\mu,\,i})$ である．

次に，状態 $|\Phi_0\rangle$ としてフェルミ縮退状態 $|F\rangle$ をとり，生成消滅演算子に粒

†4　D. J. Thouless：Nucl. Phys. **21** (1960) 225．サウレスの定理の証明は付録 I を参照．

子空孔表示を用いれば,サウレスの定理は次のようになるのは明らかである.

$$|\Phi_1\rangle = \frac{1}{\sqrt{\det(I + Z^\dagger Z)}} e^{\hat{Z}}|F\rangle, \qquad \hat{Z} = \sum_{\mu=N+1}^{\infty} \sum_{i=1}^{N} Z_{\mu,i} \hat{b}_\mu^\dagger \hat{d}_i^\dagger \tag{6.11}$$

6.1.4 サウレスの定理によるハートリー - フォック安定性

サウレスの定理を用いて,ハートリー - フォック状態の安定性を調べよう.それにはサウレスの定理のフェルミ縮退状態 $|F\rangle$ をハートリー - フォック基底状態とし,(6.11) の $|\Phi\rangle$ を (6.1) の $|\Phi\rangle$ とすればよいのである.なお,期待値 (6.2) のパラメータ $\boldsymbol{\alpha}$ に対応するものは $Z = (Z_{\mu,\,i})$ である.

まず,ハミルトニアン演算子 (5.33)

$$\hat{H} = E_{\mathrm{HF}} + \hat{H}_0 + \hat{V}_4 \tag{6.12}$$

の $|\Phi_1\rangle$ による期待値

$$E[Z] = \langle \Phi_1|\hat{H}|\Phi_1\rangle = \frac{\langle F|e^{\hat{Z}^\dagger}\hat{H}e^{\hat{Z}}|F\rangle}{\det(I+Z^\dagger Z)} \tag{6.13}$$

をパラメータ Z の 2 乗まで評価する.ここで,分母の行列式は,$I+Z^\dagger Z$ の対角成分の積とその他 ($2N$ 次の項である) に分けて計算すれば,

$$\det(I+Z^\dagger Z) = \prod_{i=1}^{N}(1 + \sum_{\mu}|Z_{\mu,i}|^2) + \mathcal{O}(Z^{2N}) = 1 + \sum_{i,\mu}|Z_{\mu,i}|^2 + \mathcal{O}(Z^4) \tag{6.14}$$

となる.分母の演算子について,Z^2 までで効いてくるのは次に挙げる項までである.

$$e^{\hat{Z}^\dagger}\hat{H}e^{\hat{Z}} \sim \hat{H} + (\hat{Z}^\dagger\hat{H} + \hat{H}\hat{Z}) + \frac{1}{2}\{(\hat{Z}^\dagger)^2\hat{H} + 2\hat{Z}^\dagger\hat{H}\hat{Z} + \hat{H}\hat{Z}^2\} \tag{6.15}$$

ハミルトニアン演算子 (6.12) の定数項 E_{HF} の期待値は,

$$\langle\Phi_1|E_{\mathrm{HF}}|\Phi_1\rangle = E_{\mathrm{HF}}\langle\Phi_1|\Phi_1\rangle = E_{\mathrm{HF}} \tag{6.16}$$

と示すように Z に依存しない.

次に,(5.32) で与えられる生成消滅演算子の 2 次の項

$$\widehat{H}_0 = -\sum_i \varepsilon_i \widehat{d}_i^\dagger \widehat{d}_i + \sum_\mu \varepsilon_\mu \widehat{b}_\nu^\dagger \widehat{b}_\mu \tag{6.17}$$

の寄与を評価しよう．正規化されているので $\langle F|\widehat{H}_0|F\rangle = 0$ となる．同じ理由で，$\widehat{H}_0$ が $\widehat{H}_0|F\rangle = \langle F|\widehat{H}_0 = 0$ であるから，展開 (6.15) の中で期待値が 0 とならないのは $\widehat{Z}^\dagger \widehat{H}_0 \widehat{Z}$ のみである．空孔演算子の項 $\sum_i \varepsilon_i \widehat{d}_i^\dagger \widehat{d}_i$ を計算すると[†5]，

$$\begin{aligned}\langle F|\widehat{Z}^\dagger \left\{\sum_k \varepsilon_k \widehat{d}_k^\dagger\right\} \widehat{d}_k \widehat{Z}|F\rangle &= \sum_k \sum_{\substack{i,j\\ \mu,\nu}} \varepsilon_k Z_{\mu,i}^* Z_{\nu,j} \langle F|\widehat{d}_i \widehat{b}_\mu \widehat{d}_k^\dagger \widehat{d}_k \widehat{b}_\nu^\dagger d_j^\dagger|F\rangle \\ &= \sum_{\substack{i,j\\ \mu,\nu}} Z_{\mu,i}^* Z_{\nu,j} \delta_{\mu,\nu} \delta_{i,k} \delta_{k,j} = \sum_{k,\mu} \varepsilon_k |Z_{\mu,k}|^2\end{aligned}$$

が得られる．粒子演算子の項も同様である．これらはすでに Z^2 の項であるから，分母の行列式 (6.14) からの Z^2 の寄与はない．よって，$\widehat{H}_0$ からの寄与は次のようになる．

$$\langle \Phi_1|\widehat{H}_0|\Phi_1\rangle = \sum_{k,\mu} (-\varepsilon_k + \varepsilon_\mu) |Z_{\mu,k}|^2 + \mathcal{O}(Z^2) \tag{6.18}$$

ハミルトニアン演算子 (6.12) の相互作用項 $\widehat{V}_4$ は生成消滅演算子を 4 個含むため計算が面倒である．まず，$\widehat{V}_4$ は正規順序化されているので (6.15) の 1 項目と 2 項目 (Z の 1 次) の期待値は 0 である．演算子 $\widehat{Z}$ は $\widehat{b}^\dagger \widehat{d}^\dagger$ を含むため粒子空孔を 1 個ずつ生成し，$\widehat{Z}^\dagger$ は $\widehat{b}\widehat{d}$ を含むため粒子空孔を 1 個ずつ消滅させる．したがって，$(\widehat{Z}^\dagger)^2 \widehat{V}_4$ に対しては $\widehat{V}_{4:b^2d^2}$ 第 2 項 (図 4.6 の下段左から 4 番目)，$\widehat{V}_4 \widehat{Z}^2$ に対しては $\widehat{V}_{4:b^2d^2}$ 第 3 項 (図 4.6 の下段左から 5 番目)，$\widehat{Z}^\dagger \widehat{V}_4 \widehat{Z}$ に対しては $\widehat{V}_{4:b^2d^2}$ 第 1 項 (図 4.6 の下段左から 3 番目)，がそれぞれ寄与する．演算子 $\widehat{H}_0$ と同様にしてウィックの定理を用いて計算すれば，$\widehat{V}_4$ の期待値

$$\begin{aligned}\langle \Phi_1|\widehat{V}_4|\Phi_1\rangle \sim \sum_{\substack{i_1,i_2\\ \nu_1,\nu_2}} V_{i_1,i_2;\nu_1,\nu_2} Z_{\nu_1,i_1} Z_{\nu_2,i_2} + \sum_{\substack{i_1,i_2\\ \nu_1,\nu_2}} V_{\nu_1,\nu_2;i_1,i_2} Z_{\nu_1,i_1}^* Z_{\nu_2,i_2}^* \\ + 2\sum_{\substack{i,j\\ \mu,\nu}} V_{i,\mu;\nu,j} Z_{\mu,j}^* Z_{\nu,i}\end{aligned} \tag{6.19}$$

---

†5　計算は，付録 H.3 節の (H.7) に示したようにウィックの定理を用いる．

を得る．これも分母の行列式からの寄与はない．

結果 (6.16) ～ (6.19) をまとめると，次のようになる．

$$E[Z] \sim E_{\mathrm{HF}} + \frac{1}{2}({}^tZ^*, {}^tZ)\begin{pmatrix} A & B \\ B^* & A^* \end{pmatrix}\begin{pmatrix} Z \\ Z^* \end{pmatrix} \tag{6.20}$$

ここで，$Z = (Z_{\mu,i})$，$Z^* = (Z^*_{\mu,i})$ を添字 (μ, i) のベクトルと考えて，ベクトル表記した．行列 $A = (A_{\mu,i\,;\,\nu,j})$，$B = (B_{\mu,i\,;\,\nu,j})$ は，次式で定義される．

$$\left.\begin{aligned} A_{\mu,i\,;\,\nu,j} &= (\varepsilon - \varepsilon_i)\delta_{p,q}\delta_{i,j} + 2V_{i,\mu\,;\,\nu,j} \\ B_{\mu,i\,;\,\nu,j} &= 2V_{\mu,\nu\,;\,i,j} \end{aligned}\right\} \tag{6.21}$$

行列 A はエルミート行列，行列 B は対称行列であることに注意しよう．

(6.20) に対する固有値方程式は，固有値を λ として，次のようになる．

$$\begin{pmatrix} A & B \\ B^* & A \end{pmatrix}\begin{pmatrix} Z \\ Z^* \end{pmatrix} = \lambda\begin{pmatrix} Z \\ Z^* \end{pmatrix} \tag{6.22}$$

ハートリー－フォック状態の安定性を調べるのには，この固有値方程式の固有値 λ を調べればよい[†6]．

6.2　粒子空孔励起状態

6.2.1　独立粒子描像

自由フェルミ気体あるいはハートリー－フォック近似のような場合には，フェルミ縮退状態 $|f_0\rangle$ が基底状態であり（エネルギー $E_0 = 0$ とする），フェルミ縮退している状態から，フェルミエネルギーより高い 1 粒子エネルギー状態に励起した状態が励起状態である．この励起状態は粒子空孔表示では粒子空孔対が対生成した状態である．粒子空孔対における一対の状態およびそのエネルギーは，次のようになる．

†6　ハートリー－フォック近似の安定性の詳細に興味のある読者は文献[32]を参照．

$$|\mathrm{ph}\rangle = \hat{d}_i^\dagger \hat{b}_\mu |f_0\rangle, \qquad E_{\mathrm{ph}} = -\varepsilon_i + \varepsilon_\mu \tag{6.23}$$

これを1粒子1空孔状態（4.2）という．同様にして，2粒子2空孔状態 $|\mathrm{p}^2\mathrm{h}^2\rangle$，…，$n$ 粒子 n 空孔状態 $|\mathrm{p}^n\mathrm{h}^n\rangle$ が定義され，エネルギー固有状態になる[†7]．このように，相互作用の結果は1粒子エネルギー準位に取り込まれて，各粒子は独立に振舞うという描像を，**独立粒子描像**（**independent - particle picture**）という．

6.2.2　1粒子1空孔対の生成消滅演算子

1粒子1空孔対の生成消滅演算子を

$$\hat{B}_{\mu,i}^\dagger = \hat{d}_i^\dagger \hat{b}_\mu^\dagger, \qquad \hat{B}_{\mu,i} = \hat{b}_\mu \hat{d}_i \tag{6.24}$$

と定義する．演算子 $\hat{B}_{\mu,i}^\dagger$ と $\hat{B}_{\nu,j}$ の交換関係は，

$$\begin{aligned}
[\hat{B}_{\mu,i}, \hat{B}_{\nu,j}^\dagger] &= [\hat{b}_\mu \hat{d}_i, \hat{d}_j^\dagger \hat{b}_\nu^\dagger] = \hat{b}_\mu [\hat{d}_i, \hat{d}_j^\dagger \hat{b}_\nu^\dagger] + [\hat{b}_\mu, \hat{d}_j^\dagger \hat{b}_\nu^\dagger] \hat{d}_i \\
&= \hat{b}_\mu \{\hat{d}_i, \hat{d}_j^\dagger\} \hat{b}_\nu^\dagger - \hat{d}_j^\dagger \{\hat{b}_\mu, \hat{b}_\nu^\dagger\} \hat{d}_i = \delta_{i,j} \hat{b}_\mu \hat{b}_\nu^\dagger - \delta_{\mu,\nu} \hat{d}_j^\dagger \hat{d}_i \\
&= \delta_{i,j}\delta_{\mu,\nu} - \delta_{i,j} \hat{b}_\nu^\dagger \hat{b}_\mu - \delta_{\mu,\nu} \hat{d}_j^\dagger \hat{d}_i
\end{aligned} \tag{6.25}$$

と計算される．演算子 $\hat{B}_{\mu,i}^\dagger$ 同士，$\hat{B}_{\nu,j}$ 同士は

$$[\hat{B}_{\mu,i},\ \hat{B}_{\nu,j}] = [\hat{B}_{\mu,i}^\dagger,\ \hat{B}_{\nu,j}^\dagger] = 0 \tag{6.26}$$

のように交換する．

一様な自由フェルミ粒子系の場合に，1粒子1空孔状態のとりうるエネルギーを求めておこう．フェルミ波数を k_{F} とし，1粒子1空孔状態を構成している粒子と空孔の波数とエネルギーを，

$$粒子：\boldsymbol{k}_{\mathrm{p}} = \boldsymbol{k} + \boldsymbol{K} \quad (|\boldsymbol{k}_{\mathrm{p}}| \ge k_{\mathrm{F}}), \qquad \varepsilon_{\boldsymbol{k}_{\mathrm{p}}} = \frac{\hbar^2 |\boldsymbol{k}_{\mathrm{p}}|^2}{2m}$$

$$空孔：\boldsymbol{k}_{\mathrm{h}} = \boldsymbol{k} \quad (|\boldsymbol{k}_{\mathrm{h}}| \le k_{\mathrm{F}}), \qquad -\varepsilon_{\boldsymbol{k}_{\mathrm{h}}} = -\frac{\hbar^2 |\boldsymbol{k}_{\mathrm{h}}|^2}{2m}$$

†7　複数個の p および h は異なる1粒子状態であることに注意しよう．

とすれば，粒子空孔状態の波数（全運動量）とエネルギーは次のようになる．

$$\left.\begin{aligned} \boldsymbol{k}_{\mathrm{ph}} &= \boldsymbol{k}_{\mathrm{p}} - \boldsymbol{k}_{\mathrm{h}} = \boldsymbol{K} \\ E_{\mathrm{ph}} = \varepsilon_{\boldsymbol{k}_{\mathrm{p}}} - \varepsilon_{\boldsymbol{k}_{\mathrm{h}}} &= \frac{\hbar^2}{2m}(\boldsymbol{k}+\boldsymbol{K})^2 - \frac{\hbar^2}{2m}\boldsymbol{k}^2 \\ &= \frac{\hbar^2}{2m}(\boldsymbol{K}^2 + 2\boldsymbol{K}\cdot\boldsymbol{k}) \end{aligned}\right\} \tag{6.27}$$

ここで，波数 $\boldsymbol{k}_{\mathrm{ph}} = \boldsymbol{K}$ を一定にした場合のエネルギー E_{ph} がとれる範囲を考える．(6.27) において，$\boldsymbol{k}$ は $|\boldsymbol{k}| \leq k_{\mathrm{F}}$ を満たす任意のベクトルであるから，内積 $\boldsymbol{k}\cdot\boldsymbol{K}$ の最大最小と $\boldsymbol{K}$ がそれぞれ平行と反平行の場合であり，よって $\boldsymbol{k}$ の大きさが k_{F} なので $-k_{\mathrm{F}}K \leq \boldsymbol{k}\cdot\boldsymbol{K} \leq k_{\mathrm{F}}K$ となる．ただし，E_{ph} は必ず正でなければならない．よって，波数の大きさ K に対するエネルギー E_{ph} の範囲は次のようになる．

$$\min\left(\frac{\hbar^2}{2m}K(K-2k_{\mathrm{F}}),\, 0\right) \leq E_{\mathrm{ph}} \leq \frac{\hbar^2}{2m}K(K+2k_{\mathrm{F}}) \tag{6.28}$$

これを図に示したものが図 6.1 である．ハートリー－フォック近似の 1 粒子エネルギーを用いると，少しゆがんだような形状になる．

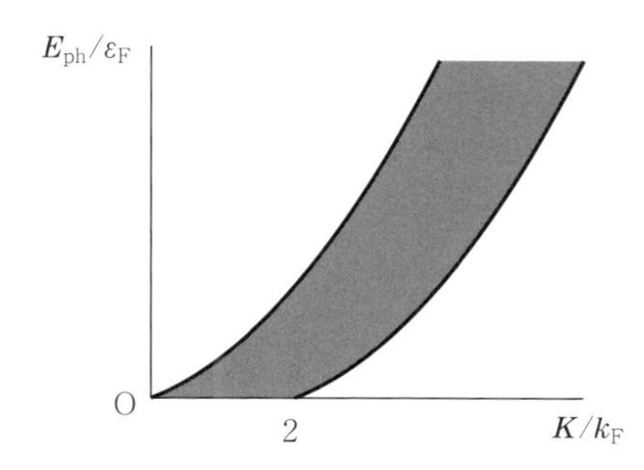

図 6.1　1 粒子 1 空孔状態のエネルギー

6.2.3　粒子空孔状態のスピン角運動量

粒子空孔状態のスピン角運動量について考えよう．電子のようなスピン 1/2 の粒子の場合には，粒子・空孔ともスピン 1/2 の状態にあるので，

$$|\boldsymbol{k}_{\rm p}, m_{\rm p}; \boldsymbol{k}_{\rm h}, m_{\rm h}\rangle = \hat{d}^{\dagger}_{\boldsymbol{k}_{\rm h}, m_{\rm h}} \hat{b}^{\dagger}_{\boldsymbol{k}_{\rm p}, m_{\rm p}} |f_0\rangle \quad \left(m_{\rm p}, m_{\rm h} = \pm\frac{1}{2}\right) \tag{6.29}$$

が成り立つ．これを個別スピン状態とよぶことにする．スピン自由度に関しては，4 通りの状態が存在する．

さらに，粒子・空孔のスピン角運動量を角運動量合成した合成スピン（全スピン）角運動量 J を考える．角運動量の合成規則より，$J = 0$（1 重項状態）と $J = 1$（3 重項状態）が存在する．合成スピン角運動量を量子数にもつ粒子空孔状態は，個別角運動量状態からクレブシュ－ゴルダン係数を用いて合成される[†8]．角運動量 $1/2 \times 1/2$ の場合はパウリのスピン行列を用いて簡単に表すことができ，

$$\left.\begin{aligned} 1\text{ 重項}：|\boldsymbol{k}_{\rm p}, \boldsymbol{k}_{\rm h}; 0\rangle &= \sum_{m_{\rm p}, m_{\rm h}} (i\sigma_2)_{m_{\rm h}, m_{\rm p}} |\boldsymbol{k}_{\rm p}, m_{\rm p}; \boldsymbol{k}_{\rm h}, m_{\rm h}\rangle \\ 3\text{ 重項}：|\boldsymbol{k}_{\rm p}, \boldsymbol{k}_{\rm h}; k\rangle &= \sum_{m_{\rm p}, m_{\rm h}} (i\sigma_2\sigma_k)_{m_{\rm h}, m_{\rm p}} |\boldsymbol{k}_{\rm p}, m_{\rm p}; \boldsymbol{k}_{\rm h}, m_{\rm h}\rangle \end{aligned}\right\} \tag{6.30}$$

となる．付録 D の (D.19) で議論するように，σ_0 を導入してパウリスピン行列を

$$\sigma_0 = I = \begin{pmatrix} 1 & 0 \\ 0 & 1 \end{pmatrix} \tag{6.31}$$

のように拡張しておくと便利である．これを用いれば，1 重項と 3 重項 (6.30) はまとめて以下の式で表される．

$$|\boldsymbol{k}_{\rm p}, \boldsymbol{k}_{\rm h}; \alpha\rangle = \sum_{m_{\rm p}, m_{\rm h}} (i\sigma_2\sigma_\alpha)_{m_{\rm h}, m_{\rm p}} |\boldsymbol{k}_{\rm p}, m_{\rm p}; \boldsymbol{k}_{\rm h}, m_{\rm h}\rangle \quad (\alpha = 1, 2, 3, 4) \tag{6.32}$$

一様系における 1 粒子 1 空孔対の生成消滅演算子は，個別スピン状態に対して次のようになる．

$$\hat{B}^{\dagger}_{\boldsymbol{k}_{\rm p}, m_{\rm p}, \boldsymbol{k}_{\rm h}, m_{\rm h}} = \hat{d}^{\dagger}_{\boldsymbol{k}_{\rm h}, m_{\rm h}} \hat{b}^{\dagger}_{\boldsymbol{k}_{\rm p}, m_{\rm p}}, \qquad \hat{B}_{\boldsymbol{k}_{\rm p}, m_{\rm p}, \boldsymbol{k}_{\rm h}, m_{\rm h}} = \hat{b}_{\boldsymbol{k}_{\rm p}, m_{\rm p}} \hat{d}_{\boldsymbol{k}_{\rm h}, m_{\rm h}} \tag{6.33}$$

状態 (6.32) から，合成スピン状態に対する 1 粒子 1 空孔対の生成演算子は，

---

†8　スピン角運動量の合成は付録 D を参照．

$$\widehat{B}^{\dagger}_{\boldsymbol{k}_{\mathrm{p}},\boldsymbol{k}_{\mathrm{h}}:\alpha} = \sum_{m_{\mathrm{p}},m_{\mathrm{h}}} (i\sigma_2\sigma_\alpha)_{m_{\mathrm{h}},m_{\mathrm{p}}} \widehat{B}^{\dagger}_{\boldsymbol{k}_{\mathrm{p}},m_{\mathrm{p}},\boldsymbol{k}_{\mathrm{h}},m_{\mathrm{h}}} \tag{6.34}$$

となることがわかる．消滅演算子は両辺のエルミート共役をとればよく[†9]，

$$\begin{aligned}\widehat{B}_{\boldsymbol{k}_{\mathrm{p}},\boldsymbol{k}_{\mathrm{h}}:\alpha} &= (\widehat{B}^{\dagger}_{\boldsymbol{k}_{\mathrm{p}},\boldsymbol{k}_{\mathrm{h}}:\alpha})^{\dagger} = \sum_{m_{\mathrm{p}},m_{\mathrm{h}}} (i\sigma_2\sigma_\alpha)^{*}_{m_{\mathrm{h}},m_{\mathrm{p}}} \widehat{B}_{\boldsymbol{k}_{\mathrm{p}},m_{\mathrm{p}},\boldsymbol{k}_{\mathrm{h}},m_{\mathrm{h}}} \\ &= \sum_{m_{\mathrm{p}},m_{\mathrm{h}},m'_{\mathrm{p}},m'_{\mathrm{h}}} (i\sigma_2\sigma_\alpha)_{m_{\mathrm{h}},m_{\mathrm{p}}} (i\sigma_2)_{m_{\mathrm{h}},m'_{\mathrm{h}}} (i\sigma_2)_{m_{\mathrm{p}},m'_{\mathrm{p}}} \widehat{B}_{\boldsymbol{k}_{\mathrm{p}},m_{\mathrm{p}},\boldsymbol{k}_{\mathrm{h}},m_{\mathrm{h}}}\end{aligned}$$

と計算できる．因子 $(i\sigma_2)$ が現れるのは，エルミート共役（複素共役）をとることにより，スピン座標の回転に対する変換性が変わるからである．また，次のようにも表せる[†10]．

$$\widehat{B}_{\boldsymbol{k}_{\mathrm{p}},\boldsymbol{k}_{\mathrm{h}}:\alpha} = \sum_{m_{\mathrm{p}},m_{\mathrm{h}},m'_{\mathrm{p}},m'_{\mathrm{h}}} (\sigma_\alpha i\sigma_2)_{m_{\mathrm{h}},m_{\mathrm{p}}} \widehat{B}_{\boldsymbol{k}_{\mathrm{p}},m_{\mathrm{p}},\boldsymbol{k}_{\mathrm{h}},m_{\mathrm{h}}}$$

個別スピン状態における生成消滅演算子の合成スピン状態での展開式

$$\left.\begin{aligned}\widehat{B}^{\dagger}_{\boldsymbol{k}_{\mathrm{p}},m_{\mathrm{p}},\boldsymbol{k}_{\mathrm{h}},m_{\mathrm{h}}} &= \sum_{\alpha=0}^{3} (i\sigma_2\sigma_\alpha)_{m_{\mathrm{h}},m_{\mathrm{p}}} \widehat{B}^{\dagger}_{\boldsymbol{k}_{\mathrm{p}},\boldsymbol{k}_{\mathrm{h}}:\alpha} \\ \sum_{m'_{\mathrm{p}},m'_{\mathrm{h}}} (i\sigma_2)_{m_{\mathrm{h}},m'_{\mathrm{h}}} (i\sigma_2)_{m_{\mathrm{p}},m'_{\mathrm{p}}} \widehat{B}_{\boldsymbol{k}_{\mathrm{p}},m_{\mathrm{p}},\boldsymbol{k}_{\mathrm{h}},m_{\mathrm{h}}} &= \sum_{\alpha=0}^{3} (i\sigma_2\sigma_\alpha)_{m_{\mathrm{h}},m_{\mathrm{p}}} \widehat{B}_{\boldsymbol{k}_{\mathrm{p}},\boldsymbol{k}_{\mathrm{h}}:\alpha}\end{aligned}\right\} \tag{6.35}$$

が成立することは明らかである．

6.3 集団運動とプラズマ振動

6.3.1 集団運動状態

前節で述べたように，独立粒子描像が成立する系では粒子空孔状態が励起状態となる．相互作用が非常に強い強相関系では励起スペクトルの様相が大きく変化してしまい，元の独立粒子描像とは全く異なったものになることもある．しかしながら，弱相関の系では，相互作用の効果は有効質量などにくりこまれた形で1粒子状態が意味をもつことがある．このような相互作用を

†9 ここで，$(i\sigma_2)^*\sigma_\alpha^* = -(i\sigma_2)(i\sigma_2)\sigma_\alpha(i\sigma_2) = {}^t(i\sigma_2)(i\sigma_2\sigma_\alpha)(i\sigma_2)$ を用いた．

†10 $(i\sigma_2\sigma_\alpha)_{m_{\mathrm{h}},m_{\mathrm{p}}}(i\sigma_2)_{m_{\mathrm{h}},m'_{\mathrm{h}}}(i\sigma_2)_{m_{\mathrm{p}},m'_{\mathrm{p}}} = [{}^t(i\sigma_2)(i\sigma_2\sigma_\alpha)(i\sigma_2)]_{m'_{\mathrm{h}},m'_{\mathrm{p}}} = (\sigma_\alpha i\sigma_2)_{m'_{\mathrm{h}},m'_{\mathrm{p}}}$ を用いた．

くりこんだ粒子を**準粒子**（quasi‐particle）という．準粒子間の相互作用が小さければ，準粒子の独立粒子描像が成立することはありうる．

このような場合に，独立粒子描像にくりこまれなかった相互作用（残留相互作用）の効果として，**集団運動状態**（state of collective motion）とよばれる新しい状態が出現することがある．この相互作用は，基底状態 $|\Phi_0\rangle$ に対して粒子正孔を生成するはたらきをするため，エネルギー固有状態は粒子正孔状態の重ね合わせ

$$|\Phi\rangle = |\Phi_0\rangle + C_{\mathrm{ph}}|\mathrm{ph}\rangle + C_{\mathrm{p^2h^2}}|\mathrm{p^2h^2}\rangle + \cdots \tag{6.36}$$

となる．このように構成される状態で，多数の粒子が同じように運動し，古典的な波動のような状態が生じる場合に，これを集団運動状態とよぶ．集団運動には対応する古典的な運動が存在する場合も多い．

準粒子と集団運動は合わせて**素励起**（elementary excitation）とよばれ，それぞれの多体系に応じてさまざまなものがあり，多体系の運動を特徴づけるものになっている．また，準粒子と集団運動という区別も必ずしもはっきりしているわけではない．ここでは，実際の系で予言され観測される素励起を包括的に述べることはせず，そのうちのいくつかを取り上げて調べてみることにする．

6.3.2　プラズマ振動の古典的取り扱い

まず，**プラズマ振動**（plasma oscillation）を取り上げる．これは，気体プラズマや金属中の自由電子系など電荷をもったフェルミ粒子系に見られる集団運動で，歴史的にも集団運動や多体系理論の発展に重要な役割を果たしたものである．ここでは，クーロン相互作用する電子系を議論する．量子多体系としての取り扱いは6.9節で行うこととし，ここではプラズマ振動の古典論を紹介する．

N 個の電子からなる電子ガス模型を考え，電子の座標を $\boldsymbol{x}_i$ とする．プラズマ振動で重要な量は，電子密度

$$\rho(\boldsymbol{x}) = \sum_{i=1}^{N} \delta^3(\boldsymbol{x} - \boldsymbol{x}_i) \tag{6.37}$$

である．これをフーリエ変換した量を

$$\xi_{\boldsymbol{k}} = \int \rho(\boldsymbol{x}) e^{i\boldsymbol{k}\boldsymbol{x}} d^3\boldsymbol{x} = \sum_{i=1}^{N} e^{i\boldsymbol{k}\boldsymbol{x}_i}, \qquad \xi_{\boldsymbol{k}}^{\dagger} = \sum_{i=1}^{N} e^{i\boldsymbol{k}\boldsymbol{x}_i} = \xi_{-\boldsymbol{k}} \tag{6.38}$$

と定義する．

電子は互いにクーロン相互作用するので，ポテンシャルは，

$$V = \frac{1}{2} \sum_{\substack{a,b=1 \\ a \neq b}}^{N} \frac{\alpha\hbar c}{|\boldsymbol{r}_a - \boldsymbol{r}_b|} \tag{6.39}$$

となる．(F.4) を用いてフーリエ級数[†11]で表せば，次のようになる[†12]．

$$V = \sum_{\boldsymbol{l} \neq 0} \frac{4\pi\alpha\hbar c}{\boldsymbol{l}^2} \frac{1}{2V} \sum_{\substack{a,b=1 \\ a \neq b}}^{N} e^{-i\boldsymbol{l}(\boldsymbol{x}_a - \boldsymbol{x}_b)} \tag{6.40}$$

波数 $\boldsymbol{l} \neq 0$ は，5.7 節で示したように背景の一様正電荷からの寄与と打ち消すので，和から取り除いてある．指数関数の総和部分は，

$$\begin{aligned}
\sum_{\substack{a,b=1 \\ a \neq b}}^{N} e^{-i\boldsymbol{l}(\boldsymbol{x}_a - \boldsymbol{x}_b)} &= \sum_{a,b=1}^{N} e^{-i\boldsymbol{l}(\boldsymbol{x}_a - \boldsymbol{x}_b)} - N \\
&= \sum_{a=1}^{N} e^{-i\boldsymbol{l}\boldsymbol{x}_a} \sum_{b=1}^{N} e^{i\boldsymbol{l}\boldsymbol{x}_b} - N = \xi_{\boldsymbol{l}}^{\dagger} \xi_{\boldsymbol{l}} - N
\end{aligned}$$

であるから，相互作用ポテンシャル V は，$\xi_{\boldsymbol{l}}$ を用いて次のように表せる．

$$V = \sum_{\boldsymbol{l} \neq 0} \frac{2\pi\alpha\hbar c}{V\boldsymbol{l}^2} (\xi_{\boldsymbol{l}}^{\dagger} \xi_{\boldsymbol{l}} - N) \tag{6.41}$$

これを用いれば，電子 $\boldsymbol{x}_i$ の運動方程式は，次のようになる．

$$\ddot{\boldsymbol{x}}_i = -\frac{1}{m} \boldsymbol{\nabla}_i V = \frac{4\pi\alpha\hbar c}{mV} \sum_{\boldsymbol{l} \neq 0} i \frac{\boldsymbol{l}}{\boldsymbol{l}^2} e^{-i\boldsymbol{l}\boldsymbol{x}_i} \xi_{\boldsymbol{l}} \tag{6.42}$$

ここで，

$$\sum_{\boldsymbol{l} \neq 0} \boldsymbol{\nabla}_i (\xi_{\boldsymbol{l}}^{\dagger} \xi_{\boldsymbol{l}}) = \sum_{\boldsymbol{l} \neq 0} \{ (\boldsymbol{\nabla}_i \xi_{\boldsymbol{l}}^{\dagger}) \xi_{\boldsymbol{l}} + \xi_{\boldsymbol{l}}^{\dagger} (\boldsymbol{\nabla}_i \xi_{\boldsymbol{l}}) \}$$

---

†11 導出は付録 F を参照．

†12 後の便宜のため $\boldsymbol{k} = -\boldsymbol{l}$ と変数変換しておいた．

$$= -\sum_{\boldsymbol{l}\neq 0} i\boldsymbol{l}e^{-i\boldsymbol{l}\boldsymbol{x}_i}\xi_{\boldsymbol{l}} + \sum_{\boldsymbol{l}\neq 0} \xi_{-\boldsymbol{l}}(i\boldsymbol{l})e^{i\boldsymbol{l}\boldsymbol{x}_i} = -2i\sum_{\boldsymbol{l}\neq 0} \boldsymbol{l}e^{-i\boldsymbol{l}\boldsymbol{x}_i}\xi_{\boldsymbol{l}}$$

という関係式を用いた[†13]．

電子が運動方程式 (6.42) で運動する時の $\xi_{\boldsymbol{k}}$ の時間変化を求めよう．量 $\xi_{\boldsymbol{k}}$ を時間 t で 2 階微分すれば次のようになる．

$$\ddot{\xi}_{\boldsymbol{k}} = \sum_i (i\boldsymbol{k}\cdot\ddot{\boldsymbol{x}}_i)e^{i\boldsymbol{k}\boldsymbol{x}_i} + \sum_i (i\boldsymbol{k}\cdot\dot{\boldsymbol{x}}_i)^2 e^{i\boldsymbol{k}\boldsymbol{x}_i} \equiv A + B \tag{6.43}$$

1 項目 A は，$\ddot{\boldsymbol{x}}_i$ に運動方程式 (6.42) を代入すれば

$$A = -\frac{4\pi\alpha\hbar c}{mV}\sum_{\boldsymbol{l}\neq 0}\frac{\boldsymbol{k}\cdot\boldsymbol{l}}{\boldsymbol{l}^2}\sum_i e^{i(\boldsymbol{k}-\boldsymbol{l})\boldsymbol{x}_i}\xi_{\boldsymbol{l}} = -\frac{4\pi\alpha\hbar c}{mV}\sum_{\boldsymbol{l}\neq 0}\frac{\boldsymbol{k}\cdot\boldsymbol{l}}{\boldsymbol{l}^2}\xi_{\boldsymbol{k}-\boldsymbol{l}}\xi_{\boldsymbol{l}}$$

となる．波数 $\boldsymbol{l}$ の和を $\boldsymbol{l} = \boldsymbol{k}$ と $\boldsymbol{l} \neq \boldsymbol{k}$ に分けて計算すれば，

$$A = -\frac{4\pi\alpha\hbar c}{mV}\left\{\xi_0\xi_{\boldsymbol{k}} + \sum_{\boldsymbol{l}\neq\boldsymbol{k}}\frac{\boldsymbol{k}\cdot\boldsymbol{l}}{\boldsymbol{l}^2}\xi_{\boldsymbol{k}-\boldsymbol{l}}\xi_{\boldsymbol{l}}\right\} = -\omega_{\mathrm{pl}}^2\xi_{\boldsymbol{k}} - \frac{4\pi\alpha\hbar c}{mV}\sum_{\boldsymbol{l}\neq\boldsymbol{k}}\frac{\boldsymbol{k}\cdot\boldsymbol{l}}{\boldsymbol{l}^2}\xi_{\boldsymbol{k}-\boldsymbol{l}}\xi_{\boldsymbol{l}}$$

が得られる．なお，$\xi_0 = N$ であることを用いた．1 項目の係数 ω_{pl} は**プラズマ振動数** (**plasma frequency**) とよばれ，

$$\omega_{\mathrm{pl}} = \sqrt{\frac{4\pi\alpha\hbar cn}{m}} = \frac{2\sqrt{3}}{r_s^{3/2}}Ry \tag{6.44}$$

が成り立つ．原子単位系への変換は (2.105) および (4.54) を用いた．

次に，(6.43) の第 2 項 B を評価する．この B に対しては，$(i\boldsymbol{k}\cdot\boldsymbol{x}_i)$ を平均値でおきかえる近似を行うと，

$$\langle(i\boldsymbol{k}\cdot\dot{\boldsymbol{x}}_i)^2\rangle = -\sum_{\alpha,\beta=1}^{3} k_\alpha k_\beta\langle\dot{x}_{i,\alpha}\dot{x}_{i,\beta}\rangle = -\frac{\boldsymbol{k}^2}{3}\langle v^2\rangle$$

となる．ここで，$\boldsymbol{x}_i = (x_i, \alpha)$ であり，速度分布は等方的で，2 乗平均速度 $\langle v^2\rangle = \langle\dot{\boldsymbol{x}}_i^2\rangle$ は電子に依存しないとしたので，

$$\langle\dot{x}_{i,\alpha}\dot{x}_{i,\beta}\rangle = \delta_{\alpha,\beta}\frac{1}{3}\langle v^2\rangle$$

が成り立つ．これを用いて B は次のように評価される．

---

†13　第 2 項目で $\boldsymbol{l} \to -\boldsymbol{l}$ と総和の変数を変更したことに注意しよう．

$$B = \sum_i (i\boldsymbol{k}\cdot\boldsymbol{x}_i)^2 e^{i\boldsymbol{k}\boldsymbol{x}_i} = -\frac{1}{3}\boldsymbol{k}^2\langle v^2\rangle \sum_i e^{i\boldsymbol{k}\boldsymbol{x}_i} = -\frac{1}{3}\boldsymbol{k}^2\langle v^2\rangle \xi_{\boldsymbol{k}} \quad (6.45)$$

これらの結果を (6.43) に用いれば，$\xi_{\boldsymbol{k}}$ の時間発展方程式

$$\ddot{\xi}_{\boldsymbol{k}} + \left\{\omega_{\mathrm{pl}}^2 + \frac{\boldsymbol{k}^2\langle v^2\rangle}{3}\right\}\xi_{\boldsymbol{k}} = -\frac{4\pi\alpha\hbar c}{mV}\sum_{\boldsymbol{l}\neq\boldsymbol{k}}\frac{\boldsymbol{k}\cdot\boldsymbol{l}}{\boldsymbol{l}^2}\xi_{\boldsymbol{k}-\boldsymbol{l}}\xi_{\boldsymbol{l}} \quad (6.46)$$

を得る．右辺は $\boldsymbol{l}\neq\boldsymbol{k}$ であるから，位相因子 $e^{i(\boldsymbol{k}-\boldsymbol{l})\boldsymbol{x}_i}$ の和を含む．この位相は $\boldsymbol{x}_i$ ごとにランダムに分布するとし，和をとれば互いに打ち消し合うと考えて，右辺を 0 とする近似を用いる．この近似を**乱雑位相近似**（**RPA：random phase approximation**）[†14] という．乱雑位相近似を用いれば[†15]，$\xi_{\boldsymbol{k}}$ の時間発展方程式は波動方程式となり，分散関係

$$\omega_{\boldsymbol{k}}^2 = \omega_{\mathrm{pl}}^2 + \frac{\boldsymbol{k}^2\langle v^2\rangle}{3} \quad (6.47)$$

をもつ波動の存在を表しており，これをプラズマ波動という．特に長波長極限 $\boldsymbol{k}=0$ での波動は，振動数 ω_{pl} の振動となり，これをプラズマ振動とよぶ．プラズマ振動は，クーロン相互作用で相互作用する電子系における集団運動である．分散関係 (6.47) で波数の大きさ $\boldsymbol{k}^2$ に依存する項は，(6.43) の B 項から来たものであり，これは相互作用がなくても存在することに注意しよう．したがって，クーロン相互作用の効果によって現れた振動は長波長側 ($\boldsymbol{k}\sim 0$) である．このことから，この波動が集団運動性をもつためには，(6.47) の第 2 項が第 1 項よりも小さくなければならないので，

$$\frac{\boldsymbol{k}^2\langle v^2\rangle}{3} \ll \omega_{\mathrm{pl}}^2 = \frac{4\pi\alpha\hbar cN}{m}$$

となる．

(6.3) より求められる限界の波数を**カットオフ波数**（**cut‐off wave number**）k_{c} という．系が低温と高温の場合において，k_{c} を評価してみよう．系が低温の場合（金属中の電子ガスなど）では，電子はフェルミ縮退している

---

†14　これが，乱雑位相近似という用語の由来である．後述するように，乱雑位相近似という用語は実際にはいろいろな場合に用いられる．

†15　この場合に対する乱雑位相近似の妥当性については文献[35]を参照．

と考えられるので，$\langle v \rangle^2$ にフェルミ速度 v_F を用いて[†16]

$$k_\mathrm{c} \sim \frac{\omega_\mathrm{pl}}{v_\mathrm{F}} = \frac{\hbar\omega_\mathrm{pl} mc^2}{(\hbar c)^2 k_\mathrm{F}} \tag{6.48}$$

となる．これに，プラズマ振動数 (6.44) および $k_\mathrm{F}^3 = 3\pi^2 n$ を用いれば，次の結果を得る．

$$k_\mathrm{c}^2 = \frac{4}{4\pi}\frac{\alpha mc^2}{\hbar c} k_\mathrm{F} \tag{6.49}$$

系が温度 T の高温の場合には，$\langle v^2 \rangle = (3k_\mathrm{B}T)/m$ を用いて次のようになる．

$$k \ll k_\mathrm{c} = \sqrt{\frac{4\pi\alpha\hbar c N}{k_\mathrm{B}T}} \equiv \frac{1}{\lambda_\mathrm{D}} \tag{6.50}$$

λ_D はデバイ波長とよばれる量である．

プラズマ振動について，簡単に見積もってみよう．Na（ナトリウム）に対して電子密度 $n \sim 24\,\mathrm{nm}^{-3}$，$k_\mathrm{F} \sim 8.9\,\mathrm{nm}^{-1}$ であるから，(6.44) および (6.3) より，プラズマ振動のエネルギーは $\hbar\omega_\mathrm{pl} \sim 6\,\mathrm{eV}$，カットオフ波数は $k_\mathrm{c} \sim 10\,\mathrm{nm}^{-1}$ である．

6.3.3　集団座標法

時間発展式 (6.46) から，電子密度のフーリエ係数 $\xi_{\boldsymbol{k}}$ がプラズマ振動を記述する力学座標であることがわかる．このことから，プラズマ振動は電子密度のゆらぎの波動であることがわかる．このような集団運動に対応する力学座標を**集団座標**（**collective coordinates**）とよび，集団座標により集団運動を記述する方法を**集団座標法**（**collective coordinate method**）という．集団座標は，集団運動の性質から対応する物理量を力学変数に選んで構築することが多い．ここでは議論しないが，集団座標の力学系を構築する一般的な方法に朝永の方法がある[†17]．この節で紹介した $\xi_{\boldsymbol{k}}$ の力学も，朝永の方法の一例として導き出すことができるのである．

---

†16　これは 6.10 節で議論する電子ガス模型のボーム - パインズ理論に現れる，カットオフ波数 k_c と同じものと考えてよい．

†17　S. Tomonaga：Prog. Theor. Phys. **5** (1950) 544；同 **13** (1955) 467, 482.

6.4 フェルミ粒子系の乱雑位相近似

量子フェルミ多体系の励起状態を記述するための乱雑位相近似を，運動方程式の方法と**準ボース演算子の方法** (method of the quasi - boson operator) を用いて議論する．これは前節で導入した古典系の乱雑位相近似と実質的に同等であるため，同じ名前でよばれているのである．

5.4 節で導入した，ハートリー - フォック波動関数に基づくフェルミ系を考える．前節の議論より，ハートリー - フォック近似を超えて集団運動状態を記述するためには，粒子空孔対の励起が重要である．

6.4.1 粒子空孔対励起の演算子

系のハミルトニアン演算子 $\widehat{H}$ に対して，基底状態 $|\Phi_0\rangle$ が決まったとすると，

$$\widehat{H}|\Phi_0\rangle = E_0|\Phi_0\rangle \tag{6.51}$$

が成り立つ．なお，E_0 は基底状態のエネルギーである．基底状態 $|\Phi_0\rangle$ は (6.36) のように，ハートリー - フォック基底状態 $|f_0\rangle$ に粒子空孔状態を重ね合わせて表される．

ここで，

$$[\widehat{H}, \widehat{A}^\dagger] = E_A\widehat{A}^\dagger \tag{6.52}$$

を満たす演算子 $\widehat{A}^\dagger$ があったとする．また，基底状態に対する条件として，

$$\widehat{A}|\Phi_0\rangle = \langle\Phi_0|\widehat{A}^\dagger = 0 \tag{6.53}$$

をおく．(6.52) に右から基底状態 $|\Phi_0\rangle$ を作用させる．(6.51) を用いて，

$$[\widehat{H}, \widehat{A}^\dagger]|\Phi_0\rangle = (\widehat{H}\widehat{A}^\dagger - \widehat{A}^\dagger\widehat{H})|\Phi_0\rangle = \widehat{H}\widehat{A}^\dagger|\Phi_0\rangle - \widehat{A}^\dagger E_0|\Phi_0\rangle$$

であるから，次のようになる．

$$\widehat{H}\widehat{A}^{\dagger}|\Phi_0\rangle = (E_A - E_0)\widehat{A}^{\dagger}|\Phi_0\rangle \tag{6.54}$$

これは，$\widehat{A}^{\dagger}|\Phi_0\rangle$ がエネルギー固有状態であって，固有エネルギーは $E_A - E_0$ であることを意味する．よって，(6.52) を満たす演算子 $\widehat{A}^{\dagger}$ をうまく構成することができれば，励起状態が得られることになる．(6.52) は演算子 $\widehat{A}^{\dagger}$ に対するハイゼンベルグの運動方程式であるので，これを運動方程式の方法という．ただし，演算子 $\widehat{A}^{\dagger}$ が見つかったとしても，基底状態 $|\Phi_0\rangle$ がわからなければ励起状態 $\widehat{A}^{\dagger}|\Phi_0\rangle$ は求められないことに注意しよう．

基底状態は，ハートリー－フォック基底状態に粒子空孔対を励起させたものの重ね合わせであるから，演算子 $\widehat{A}^{\dagger}$ として，(6.24) で与えられる 1 粒子 1 空孔対の生成消滅演算子の重ね合わせを仮定すると†18,

$$\widehat{A}^{\dagger} = \widehat{X}^{\dagger} - \widehat{Y} \equiv \sum_{\mu,i} X_{\mu,i}\widehat{B}^{\dagger}_{\mu,i} - \sum_{\mu,i} Y_{\mu,i}\widehat{B}_{\mu,i} \tag{6.55}$$

が得られる．ここで，重ね合わせの係数 $X_{\mu,i}$, $Y_{\mu,i}$ は一般に複素数である．

(6.55) を用いて (6.52) の交換関係を計算すると $\widehat{V}_4$ の項がたくさんあり，かなり面倒である．また，$\widehat{V}_4$ との交換関係の結果，生成消滅演算子を 4 個含む項が現れ，係数 $X_{\mu,i}$, $Y_{\mu,i}$ をどう選んでも (6.52) を満たすことはできない．よって，近似が必要となる．基底状態 $|\phi_0\rangle$†19 を (6.52) に作用させると，次のようになる．

$$[\widehat{H}, \widehat{A}^{\dagger}]|\Phi_0\rangle = E_A\widehat{A}^{\dagger}|\Phi_0\rangle$$

これが満たされるためには，$|\Phi_0\rangle$ からのずれ $|\delta\Phi_0\rangle$ と両辺の内積が等しければよいので，

$$\langle\delta\Phi_0|[\widehat{H}, \widehat{A}^{\dagger}]|\Phi_0\rangle = E_A\langle\delta\Phi_0|\widehat{A}^{\dagger}|\Phi_0\rangle \tag{6.56}$$

となる．

今，演算子 $\widehat{A}^{\dagger}$ として 1 粒子 1 空孔対の重ね合わせを選んでいるので，

---

†18　項 $\widehat{Y}$ に負号をつけて定義しているのは計算の便宜上だけのことである．

†19　乱雑位相近似の基底状態という．

$|\delta\Phi_0\rangle$ も $|\Phi_0\rangle$ から 1 粒子 1 空孔を生成あるいは消滅した状態を考えればよい．よって，

$$|\delta\Phi_0\rangle = \delta\widehat{A}^\dagger|\Phi_0\rangle = (\widehat{B}_\alpha^\dagger + \widehat{B}_\beta)|\Phi_0\rangle = \sum_{\mu,i}\{\alpha_{\mu,i}\widehat{B}_{\mu,i}^\dagger + \beta_{\mu,i}\widehat{B}_{\mu,i}\}|\Phi_0\rangle$$

となる．ここで，係数 $\alpha_{\mu,i}$ と $\beta_{\mu,i}$ は変分パラメータである．この $|\delta\Phi_0\rangle$ を (6.56) に用いると，係数 $\alpha_{\mu,i}$ と $\beta_{\mu,i}$ は独立であるから (6.56) は 2 式に分離され，

$$\left.\begin{aligned}\langle\Phi_0|\widehat{B}_\alpha[\widehat{H},\widehat{A}^\dagger]|\Phi_0\rangle &= E_A\langle\Phi_0|\widehat{B}_\alpha\widehat{A}^\dagger|\Phi_0\rangle \\ \langle\Phi_0|\widehat{B}_\beta^\dagger[\widehat{H},\widehat{A}^\dagger]|\Phi_0\rangle &= E_A\langle\Phi_0|\widehat{B}_\beta^\dagger\widehat{A}^\dagger|\Phi_0\rangle\end{aligned}\right\} \tag{6.57}$$

が得られる．

さらに，条件式 (6.54) より導かれる関係式

$$\langle\Phi_0|\widehat{A}^\dagger\widehat{X}|\Phi_0\rangle = 0, \qquad \langle\Phi_0|[\widehat{H},\widehat{A}^\dagger]\widehat{X}|\Phi_0\rangle = E_A\langle\Phi_0|\widehat{A}^\dagger\widehat{X}|\Phi_0\rangle = 0$$

を用いれば ($\widehat{X} = \widehat{B}_\alpha, \widehat{B}_\beta^\dagger$)，(6.57) は

$$\left.\begin{aligned}\langle\Phi_0|[\widehat{B}_\alpha,[\widehat{H},\widehat{A}^\dagger]]|\Phi_0\rangle &= E_A\langle\Phi_0|[\widehat{B}_\alpha,\widehat{A}^\dagger]|\Phi_0\rangle \\ \langle\Phi_0|[\widehat{B}_\beta^\dagger,[\widehat{H},\widehat{A}^\dagger]]|\Phi_0\rangle &= E_A\langle\Phi_0|[\widehat{B}_\beta^\dagger,\widehat{A}^\dagger]|\Phi_0\rangle\end{aligned}\right\} \tag{6.58}$$

のように交換関係で書きかえられる．この段階までは特に近似を使っていないことに注意しよう．

6.4.2 RPA 方程式の導出

(6.58) は基底状態 $|\Phi_0\rangle$ がわからなければ，これ以上は計算ができない．ここで，行列要素の計算において，$|\Phi_0\rangle$ を

$$\langle\Phi_0|\widehat{O}|\Phi_0\rangle \to \langle f_0|\widehat{O}|f_0\rangle \tag{6.59}$$

のようにハートリー - フォック基底状態 $|f_0\rangle$ で近似する．この近似の下で，粒子空孔対の生成消滅演算子の交換関係 (6.25) の期待値を計算する．交換関係 (6.25) の右辺は正規順序化されているので，演算子部分の期待値は 0

となるため，

$$\langle f_0|[\widehat{B}_{\mu,i},\ \widehat{B}^{\dagger}_{\nu,j}]|f_0\rangle = \delta_{i,j}\delta_{\mu,\nu}\langle f_0|f_0\rangle = \delta_{i,j}\delta_{\mu,\nu} \tag{6.60}$$

が得られる．よって，この近似は，生成消滅演算子 $\widehat{B}^{\dagger}_{\mu,i}$, $\widehat{B}_{\mu,i}$ を期待値におけるボース粒子の生成消滅演算子と見なしていると考えられ，準ボソン近似とよばれる．準ボソン近似の下での (6.58) は，

$$\left.\begin{aligned}\langle f_0|[\widehat{B}_{\alpha},[\widehat{H},\ \widehat{A}^{\dagger}]]|f_0\rangle &= E_A\langle f_0|[\widehat{B}_{\alpha},\ \widehat{A}^{\dagger}]|f_0\rangle\\ \langle f_0|[\widehat{B}^{\dagger}_{\beta},[\widehat{H},\ \widehat{A}^{\dagger}]]|f_0\rangle &= E_A\langle f_0|[\widehat{B}^{\dagger}_{\beta},\ \widehat{A}^{\dagger}]|f_0\rangle\end{aligned}\right\} \tag{6.61}$$

となる．これが，演算子 $\widehat{A}^{\dagger}$ を決定する方程式であり，前節と同じく乱雑位相近似とよばれる．

(6.61) を計算しよう．右辺の期待値は (6.26) と (6.60) を用いて簡単に計算でき，

$$\left.\begin{aligned}\langle f_0|[\widehat{B}_{\alpha},\ \widehat{A}^{\dagger}]|f_0\rangle &= \sum_{\mu,i,\nu,j}\alpha^{*}_{\nu,j}\langle f_0|[\widehat{B}_{\nu,j},\ \widehat{B}^{\dagger}]|f_0\rangle X_{\mu,i}\\ &= \sum_{\mu,i,\nu,j}\alpha^{*}_{\nu,j}\delta_{i,j}\delta_{\mu,\nu}X_{\mu,i} = \sum_{\mu,i}\alpha^{*}_{\mu,i}X_{\mu,i}\\ \langle f_0|[\widehat{B}^{\dagger}_{\beta},\ \widehat{A}^{\dagger}]|f_0\rangle &= -\sum_{\mu,i,\nu,j}\beta^{*}_{\nu,j}\langle f_0|[\widehat{B}^{\dagger}_{\nu,j},\ \widehat{B}^{\dagger}]|f_0\rangle Y_{\mu,i}\\ &= \sum_{\mu,i,\nu,j}\beta^{*}_{\nu,j}\delta_{i,j}\delta_{\mu,\nu}Y_{\mu,i} = \sum_{\mu,i}\beta^{*}_{\mu,i}Y_{\mu,i}\end{aligned}\right\} \tag{6.62}$$

となる．(6.61) の左辺をまともに計算するとかなり分量が多く，大変である．よって，2 重交換関係を展開して，

$$\widehat{B}_{\gamma}|f_0\rangle = \widehat{Y}|f_0\rangle = \langle f_0|\widehat{B}^{\dagger}_{\gamma} = \langle f_0|\widehat{X}^{\dagger} = 0$$

を用いて消せる項は消去する．結果，生き残る項は，

$$\langle f_0|[\widehat{B}_{\alpha},[\widehat{H},\ \widehat{A}^{\dagger}]]|f_0\rangle = \langle f_0|\widehat{B}_{\alpha}\widehat{H}\widehat{X}^{\dagger}|f_0\rangle + \langle f_0|\widehat{B}_{\alpha}\widehat{Y}\widehat{H}|f_0\rangle$$

$$\langle f_0|[\widehat{B}^{\dagger}_{\beta},[\widehat{H},\ \widehat{A}^{\dagger}]]|f_0\rangle = -\langle f_0|\widehat{H}\widehat{X}^{\dagger}\widehat{B}^{\dagger}_{\beta}|f_0\rangle - \langle f_0|\widehat{Y}\widehat{H}\widehat{B}^{\dagger}_{\beta}|f_0\rangle$$

である．それぞれの項から係数 $\alpha^{*}_{\nu,j}$, $\beta_{\nu,j}$, $X_{\mu,i}$, $Y_{\mu,i}$ を抜き出して，係数 $A_{\nu,j;\mu,i}$, $B_{\nu,j;\mu,i}$ を定義すると，

$$\left.\begin{aligned} \langle f_0|\widehat{B}_\alpha\widehat{H}\widehat{X}^\dagger|f_0\rangle &\equiv \sum_{\mu,i,\nu,j}\alpha^*_{\nu,j}A_{\nu,j\,;\,\mu,i}X_{\mu,i} \\ \langle f_0|\widehat{B}_\alpha\widehat{Y}\widehat{H}|f_0\rangle &\equiv \sum_{\mu,i,\nu,j}\alpha^*_{\nu,j}B_{\nu,j\,;\,\mu,i}Y_{\mu,i} \end{aligned}\right\} \tag{6.63}$$

のようになる．係数 $A_{\nu,j\,;\,\mu,i}$, $B_{\nu,j\,;\,\mu,i}$ は

$$A_{\nu,j\,;\,\mu,i} = \langle f_0|\widehat{B}_{\nu,j}\widehat{H}\widehat{B}^\dagger_{\mu,i}|f_0\rangle, \qquad B_{\nu,j\,;\,\mu,i}Y_{\mu,i} = \langle f_0|\widehat{B}_{\nu,j}\widehat{B}_{\mu,i}\widehat{H}|f_0\rangle \tag{6.64}$$

という行列要素で表される．また，

$$\langle f_0|\widehat{H}\widehat{B}^\dagger_{\mu,i}\widehat{B}^\dagger_{\nu,j}|f_0\rangle = \{\langle f_0|\widehat{B}_{\nu,j}\widehat{B}_{\mu,i}\widehat{H}|f_0\rangle\}^* = B^*_{\nu,j\,;\,\mu,i}$$
$$\langle f_0|\widehat{B}^\dagger_{\mu,i}\widehat{H}\widehat{B}^\dagger_{\nu,j}|f_0\rangle = \{\langle f_0|\widehat{B}_{\nu,j}\widehat{H}\widehat{B}^\dagger_{\mu,i}|f_0\rangle\}^* = A^*_{\nu,j\,;\,\mu,i}$$

を用いれば，残りの項は係数 $A_{\nu,j\,;\,\mu,i}$, $B_{\nu,j\,;\,\mu,i}$ の複素共役

$$\left.\begin{aligned} \langle f_0|\widehat{H}\widehat{X}^\dagger\widehat{B}^\dagger_\beta|f_0\rangle &= \sum_{\mu,i,\nu,j}\beta^*_{\nu,j}B^*_{\nu,j\,;\,\mu,i}Y_{\mu,i} \\ \langle f_0|\widehat{Y}\widehat{H}\widehat{B}^\dagger_\beta|f_0\rangle &= \sum_{\mu,i,\nu,j}\beta^*_{\nu,j}A^*_{\nu,j\,;\,\mu,i}Y_{\mu,i} \end{aligned}\right\} \tag{6.65}$$

となる．係数 $\alpha^*_{\nu,j}$, $\beta^*_{\nu,j}$ は任意に選べるので，(6.61) は $X_{\mu,i}$, $Y_{\mu,i}$ を固有ベクトルとする固有値 E_A の行列方程式

$$\left.\begin{aligned} &H_{\mathrm{RPA}}Z_A = E_A\sigma Z_A \\ &Z_A = \begin{pmatrix} X \\ Y \end{pmatrix}, \quad H_{\mathrm{RPA}} \equiv \begin{pmatrix} A & B \\ B^* & A^* \end{pmatrix}, \quad \sigma = \begin{pmatrix} I & 0 \\ 0 & -I \end{pmatrix} \end{aligned}\right\} \tag{6.66}$$

となる．ここで，行列 $A=(A_{\nu,j\,;\,\mu,i})$, $B=(B_{\nu,j\,;\,\mu,i})$, ベクトル $X=(X_{\mu,i})$, $Y=(Y_{\mu,i})$ である．この固有値方程式 (6.66) を **RPA 方程式** (**RPA equation**) という．

行列 A はエルミート行列 ($A^\dagger = A$)，B は対称行列 (${}^tB = B$) であることに注意すると，

$$A^*_{\mu,i\,;\,\nu,j} = \{\langle f_0|\widehat{B}_{\mu,i}\widehat{H}\widehat{B}^\dagger_{\nu,j}|f_0\rangle\}^* = \langle f_0|\widehat{B}_{\nu,j}\widehat{H}\widehat{B}^\dagger_{\mu,i}|f_0\rangle = A_{\nu,j\,;\,\mu,i}$$
$$B_{\mu,i\,;\,\nu,j} = \langle f_0|\widehat{B}_{\mu,i}\widehat{B}_{\nu,j}\widehat{H}|f_0\rangle = \langle f_0|\widehat{B}_{\nu,j}\widehat{B}_{\mu,i}\widehat{H}|f_0\rangle = B_{\nu,j\,;\,\mu,i}$$

となる．これより，RPA 方程式 (6.66) に現れる行列 H_{RPA} はエルミート行列

$$
\begin{aligned}
H_{\mathrm{RPA}}^{\dagger} &= \begin{pmatrix} A & {}^{t}B \\ B^{\dagger} & (A^{\dagger})^{*} \end{pmatrix} = \begin{pmatrix} A & B \\ B^{*} & A^{*} \end{pmatrix}^{\dagger} \\
&= \begin{pmatrix} A^{\dagger} & (B^{*})^{\dagger} \\ B^{\dagger} & (A^{*})^{\dagger} \end{pmatrix} = H_{\mathrm{RPA}}
\end{aligned}
\tag{6.67}
$$

である．行列 H_{RPA} は，6.1 節で議論したハートリー－フォック基底状態の安定性に現れる 2 次形式 (6.20) の行列と同じであることに注意しよう．この意味は次節で述べる．

相互作用するフェルミ粒子系のハミルトニアン演算子 (5.33) は，

$$
\widehat{H} = E_{\mathrm{F}} + \widehat{H}_0 + \widehat{V}_4 \tag{6.68}
$$

である．$\widehat{H}_0$ は (5.32)，および $\widehat{V}_4$ は (4.72) ～ (4.76) で与えられる．これに対する行列要素 $A_{\nu,j\,;\,\mu,i}$ および $B_{\nu,j\,;\,\mu,i}$ は，(6.65) からウィックの定理を用いて次のようになる[†20]．

$$
\left.
\begin{aligned}
A_{\nu,j\,;\,\mu,i} &= (-\varepsilon_i + \varepsilon_\mu)\delta_{i,j}\delta_{\mu,\nu} + 2V_{i,\nu\,;\,\mu,j} \\
B_{\nu,j\,;\,\mu,i} &= 2V_{\nu,\mu\,;\,j,i}
\end{aligned}
\right\}
\tag{6.69}
$$

乱雑位相近似における基底状態は，(6.53) より，RPA 方程式の解として求められるすべての演算子 $\widehat{A}$ に対して，次の

$$
\widehat{A}|\Phi_0\rangle = 0 \tag{6.70}
$$

を満たす状態として定義される．演算子 $\widehat{A}^{\dagger}$ によって励起される励起状態は，(6.54) より，次の状態として与えられる．

$$
\widehat{A}^{\dagger}|\Phi_0\rangle \tag{6.71}
$$

---

†20　計算の詳細は付録 J を参照．まともに計算すると分量が多く面倒である．

6.5 RPA 方程式の解の性質

6.5.1 RPA 方程式の固有値

RPA 方程式 (6.66) の両辺に行列 σ を作用させれば，

$$\sigma H_{\mathrm{RPA}} Z_A = E_A Z_A, \quad \sigma H_{\mathrm{RPA}} = \begin{pmatrix} A & B \\ -B^* & -A^* \end{pmatrix} \tag{6.72}$$

となり，行列 σH_{RPA} の通常の固有値問題となる．ベクトル Z_A の上下成分 X と Y を置換する行列

$$\sigma_1 = \begin{pmatrix} 0 & I \\ I & 0 \end{pmatrix}, \qquad \sigma_1^2 = 1$$

を導入する．これを用いて，σH_{RPA} は対称性

$$\sigma_1(\sigma H_{\mathrm{RPA}})\sigma_1 = \sigma_1 \begin{pmatrix} A & B \\ -B^* & -A^* \end{pmatrix} \sigma_1 = \begin{pmatrix} -A^* & -B^* \\ B & A \end{pmatrix} = -\sigma H_{\mathrm{RPA}}^*$$

をもつ．この対称性から固有値 E_A の固有状態 Z_A が存在すれば，$\sigma_1 Z_A^*$ も σH_{RPA} の固有ベクトルであり，その固有値は

$$\begin{aligned} \sigma H_{\mathrm{RPA}} \sigma_1 Z_A^* &= \sigma_1(\sigma_1 \sigma H_{\mathrm{RPA}} \sigma_1) Z_A^* = -\sigma_1(\sigma H_{\mathrm{RPA}})^* Z_A^* \\ &= -\sigma_1(\sigma H_{\mathrm{RPA}} Z_A)^* = -\sigma_1(E_A Z_A)^* = -E_A^* \sigma_1 Z_A \end{aligned}$$

から $-E_A^*$ であることがわかる．固有ベクトル $\alpha_1 Z_A^*$ に対応する演算子 $\widehat{A}^\dagger$ は，(6.55) から，

$$\sum_{\mu,i} X_{\mu,i}^* \widehat{B}_{\mu,i}^\dagger - \sum_{\mu,i} Y_{\mu,i}^* \widehat{B}_{\mu,i} = \widehat{A}$$

である．実際に $\widehat{A}$ が運動方程式 (6.52) の解であることは，

$$[\widehat{H}, \widehat{A}] = \{-[\widehat{H}, \widehat{A}^\dagger]\}^\dagger = (-E_A \widehat{A}^\dagger)^\dagger = -E_A \widehat{A}$$

であることから明らかである．これより，固有値が純虚数 ($E_A^* = -E_A$) あるいは 0 固有値 ($E_A = 0$) でなければ，RPA 方程式の固有値は対 (E_A と $-E_A^*$) になる解 $\boldsymbol{Z}_A$ と $\boldsymbol{Z}_A^*$ をもつことがわかる．

6.5.2　純虚数固有値とスプーリアス状態

純虚数固有値の意味を明らかにするために，6.1 節で議論したハートリー‐フォック基底状態と RPA 方程式の関係に関するサウレスの定理について述べる．ハートリー‐フォック基底状態は (6.20) で与えられた 2 次形式が正定値，すなわち対応する行列の固有値が正の実数である時に安定であって，2 次形式の行列は (6.66) で定義された H_{RPA} と同じものである．

RPA 方程式 (6.66) に左から $Z_A^\dagger$ を作用させると，

$$Z_A^\dagger H_{\mathrm{RPA}} Z_A = E_A N_A, \qquad N_A \equiv Z_A^\dagger \sigma Z_A = X^\dagger X - Y^\dagger Y \quad (6.73)$$

のようになる．定義より N_{A} は正負 0 の可能性がある実数である．行列 H_{RPA} は (6.67) よりエルミート行列である．よって，その 2 次形式である (6.73) 第 1 式左辺 $Z_A^\dagger H_{\mathrm{RPA}} Z_A$ は実数値をとる．ハートリー‐フォック基底状態が安定であれば，2 次形式は非負 †21 である．ベクトル Z_A は固有ベクトルであるから，$Z_A \neq 0$ である．よって，(6.73) 第 1 式左辺 $Z_A^\dagger H_{\mathrm{RPA}} Z_A$ は正の実数であるから，右辺 $E_A N_A \neq 0$ である．N_A は実数であることはわかっているので，このことから，さらに N_A は 0 でない実数であることがわかる．よって，E_A もまた 0 でない実数でなければならない．これより，$E_A N_A > 0$ であるから，固有値 E_A の正負と N_A の正負は一致し，

$$\mathrm{sgn}\,[E_{\mathrm{A}}] = \mathrm{sgn}\,[N_{\mathrm{A}}] \quad (6.74)$$

となる．これを，ハートリー‐フォック基底状態と RPA 固有値に関するサウレスの定理という †22．

ハートリー‐フォック基底状態が不安定な場合には，$Z_A \neq 0$ で $Z_A^\dagger H_{\mathrm{RPA}} Z_A$ が 0 である可能性がある．この場合には $E_A = 0$ または $N_A = 0$（あるいは両方）となる．$N_A = 0$ の場合には E_A の値については何もいえず，複素数固有値が現れる可能性がある．$E_A = 0$ の場合，運動方程式 (6.52) は，

---

†21　2 次形式を構成するベクトルが 0 である場合を除いて 0 とならない．

†22　D. J. Thouless：Nucl. Phys. **22** (1961) 78.

$$[\widehat{H}, \widehat{A}^{\dagger}] = 0 \tag{6.75}$$

となり，$\widehat{A}^{\dagger}$ は系の対称性演算子[†23]となる．この場合に，$\widehat{A}^{\dagger}$ で励起される状態を**スプーリアス状態**（spurious state）とよぶ[†24]．いずれにせよ，ハートリー‐フォック基底状態が不安定な場合には，RPA 方程式の詳細な構造を調べなければ確実なことはいえない．

6.5.3 ハートリー‐フォック基底状態が安定な場合の RPA 方程式の固有値・固有状態

ハートリー‐フォック基底状態が安定な場合を考える．RPA 方程式の固有値と対応する固有状態を，$E_n, Z_n = {}^t(X_n, Y_n)$ とする[†25]．これらは，RPA 方程式とそのエルミート共役方程式

$$H_{\mathrm{RPA}} Z_n = E_n \sigma Z_n, \qquad Z_n^{\dagger} H_{\mathrm{RPA}} = E_n Z_n^{\dagger} \quad (n = 1, 2, \cdots) \tag{6.76}$$

を満たす．これを用いて，$Z_m^{\dagger} H_{\mathrm{RPA}} Z_n$ を 2 通りに計算すると，

$$\begin{aligned} E_n Z_m^{\dagger} \sigma Z_n &= Z_m^{\dagger} H_{\mathrm{RPA}} Z_n \\ &= E_m Z_m^{\dagger} \sigma Z_n \end{aligned}$$

となり，移項して次式を得る．

$$(E_m - E_n) Z_m^{\dagger} \sigma Z_n = (E_m - E_n)\{X_m^{\dagger} X_n - Y_m^{\dagger} Y_n\} = 0$$

これより，$E_m \neq E_n$ であれば $Z_m^{\dagger} \sigma Z_n = 0$ であることがわかる．このことは，量 $Z_m^{\dagger} \sigma Z_n$ を Z_m と Z_n の内積

$$(Z_m, Z_n) \equiv Z_m^{\dagger} \sigma Z_n \tag{6.77}$$

と考えて，異なるエネルギー固有値に対応する固有ベクトルは直交すると表現される．(6.77) の内積は，負の値もとりうる不定形量であることに注意し

†23 一様系における系全体の並進や回転などが含まれた演算子である．

†24 スプーリアス状態は対称性の自発的破れの現象とも関係し，興味深いものである．

†25 この中には正負の対も入っている．

よう．この内積 (6.77) による固有ベクトル Z_n のノルムは，(6.74) のように固有値 E_n の符号と等しい．よって，固有ベクトルの規格化を次のように定義する．

$$(Z_n, Z_n) = X_n^\dagger X_n - Y_n^\dagger Y_n = \mathrm{sgn}\,[E_n] \tag{6.78}$$

最後に，固有ベクトルの完全性条件について述べる．そのために，エネルギー固有値が正である場合を，固有値 $E_\alpha (E_\alpha > 0)$，対応する固有ベクトルを $Z_{\alpha+}$ とする．これに対応して，負の固有値 $-E_\alpha$ をもつ固有状態 $Z_{\alpha-} = \sigma_1 Z_{\alpha+}^*$ が存在する．添字 α の状態数はこれまでの半分である．これらによる内積は，

$$(Z_{\alpha\pm}, Z_{\beta\pm}) = \pm\delta_{\alpha,\beta}, \qquad (Z_{\alpha\pm}, Z_{\beta\mp}) = 0$$

であるから，これと整合する完全性関係は，

$$I = \sum_\alpha \{Z_{\alpha+}Z_{\alpha+}^\dagger\sigma - Z_{\alpha-}Z_{\alpha-}^\dagger\sigma\} = \sum_\alpha \{Z_{\alpha+}Z_{\alpha+}^\dagger\sigma - \sigma Z_{\alpha+}^{*}\,{}^t Z_{\alpha+}\} \tag{6.79}$$

であることは明らかである．ここで，負固有値に対する $Z_{\alpha-} = \sigma Z_{\alpha+}^*$ を用いた．

6.6　分離型相互作用模型における RPA 方程式と励起状態

6.6.1　分離型相互作用模型

多体系の集団運動がいかに現れるかを見るために，乱雑位相近以で簡単に取り扱える例として，**分離型相互作用** (separable interaction)

$$V(\boldsymbol{x}, \boldsymbol{x}') = \frac{g}{2}F(\boldsymbol{x})F(\boldsymbol{x}') \tag{6.80}$$

を考える．$F(\boldsymbol{x})$ として，特に多重極モーメント $F(\boldsymbol{x}) \sim r^l Y_{l,m}(\theta, \phi)$ を使うことが，原子核や極低温原子気体などの集団励起状態を研究する際には多い．

相互作用ポテンシャルのRPA方程式への寄与(6.69)は，行列要素$V_{i,\nu;\mu,j}$および$V_{\nu,\mu;j,i}$を通じており，これら行列要素は(4.62)より直接項と交替項の差からなっている．ここでは，計算を簡単にするため交替項を無視する処方を採用する．交替項は集団励起状態を壊す方にはたらくことが多いので，集団運動の性格をはっきりとさせるためにこの処方はよく行われる．これにより，行列要素は，

$$V_{i,\nu;\mu,j} = \frac{g}{2}F_{\nu,j}F_{i,\mu}, \qquad V_{\nu,\mu;j,i} = \frac{g}{2}F_{\nu,j}F_{\mu,i} \tag{6.81}$$

とおかれる．係数(6.69)は

$$A_{\nu,j;\mu,i} = (-\varepsilon_i + \varepsilon_\mu)\delta_{i,j}\delta_{\mu,\nu} + gF_{\nu,j}F_{i,\mu}, \quad B_{\nu,j;\mu,i} = gF_{\nu,j}F_{i,\mu} \tag{6.82}$$

のようになり，RPA方程式は，

$$\left.\begin{aligned}(E_A - \varepsilon_{\nu,j})X_{\nu,j} &= g\sum_{\mu,i}F_{\nu,j}(F_{i,\mu}X_{\mu,i} + F_{\mu,i}Y_{\mu,i})\\ (E_A + \varepsilon_{\nu,j})Y_{\nu,j} &= -g\sum_{\mu,i}F_{j,\nu}(F_{i,\mu}X_{\mu,i} + F_{\mu,i}Y_{\mu,i})\end{aligned}\right\} \tag{6.83}$$

となる．ここで，1粒子1空孔状態のエネルギー

$$\varepsilon_{\nu,j} \equiv \varepsilon_\nu - \varepsilon_j \tag{6.84}$$

を用いた．RPA方程式の右辺の括弧内は，同じであることに注意しよう．よって，

$$\Lambda \equiv g\sum_{\mu,i}(F_{i,\mu}X_{\mu,i} + F_{\mu,i}Y_{\mu,i}) \tag{6.85}$$

として，RPA方程式を$X_{\nu,i}$および$Y_{\nu,i}$について解くと

$$X_{\nu,j} = \frac{F_{\nu,j}\Lambda}{E_A - \varepsilon_{\nu,j}}, \quad Y_{\nu,j} = -\frac{F_{j,\nu}\Lambda}{E_A + \varepsilon_{\nu,j}} \tag{6.86}$$

が得られる．これをΛの定義式(6.85)に代入して，両辺をΛで割り，E_Aに対する固有値方程式

$$1 = g\sum_{\mu,i}\frac{2\varepsilon_{\mu,i}|F_{\mu,i}|^2}{E_A^2 - \varepsilon_{\mu,i}^2} = g\Xi_{\rm RPA}(E_A) \tag{6.87}$$

を得る．関数 $\Xi_{\mathrm{RPA}}(E_A)$ を，RPA の分散関係ということがある．この関数の概略のグラフは図 6.2 のようになる．

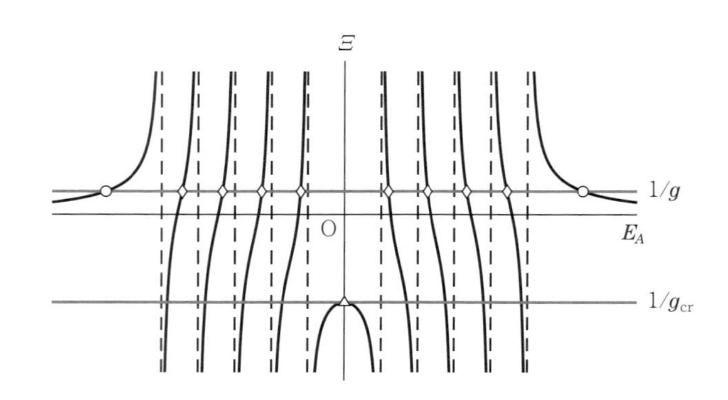

図 6.2　RPA 分散関数と RPA 方程式の解．◇は 1 粒子 1 空孔励起に対応する個別励起状態解，○は集団励起解をそれぞれ表す．（破線は，相互作用がない場合の 1 粒子 1 空孔励起エネルギー $\varepsilon_{\mu,i}$．）△ は臨界結合定数の逆数 (6.89) の位置を表す．

定義 (6.87) から，関数 $\Xi_{\mathrm{RPA}}(E_A)$ は，相互作用がない場合の 1 粒子 1 空孔状態のエネルギー（およびその負量）$E_A = \pm\varepsilon_{\mu,i}$ で発散することは明らかである．また，E_A^2 の関数であるから E_A の偶関数であり，$|E_A| \to \infty$ で $\Xi_{\mathrm{RPA}} \to 0$ となる．それでは，(6.87) の g の値によってどのようなことがいえるのかを，以下で考えてみることにする．

6.6.2　$g > 0$ の場合

最初に $g > 0$ の場合を考える．固有値方程式 (6.87) の解は，図 6.2 において関数 Ξ と直線 $1/g$ の交点で与えられる．解は正負現れるが，励起状態のエネルギーとして直接に意味のあるのは $E_A > 0$ の解である．破線は相互作用がない場合の 1 粒子 1 空孔励起エネルギー $\varepsilon_{\mu,i}$ であるので，◇印で与えられる解は，1 粒子 1 空孔状態が相互作用の効果で励起エネルギーから少しずれたものと考えられ，個別励起状態を表す．個別励起状態の解の外側に孤

立した解 (○印) が現れている．これは，相互作用がない場合の 1 粒子 1 空孔状態が位相を揃えて重ね合わさった状態として，相互作用の効果によって分離したものであり，集団励起状態を表している．

どうしてこのような分離が起こるのかを簡単な例で見ることができる．すべての成分が同じ大きさ g である行列で与えられた，N 状態のハミルトニアン演算子

$$H = gV = g\begin{pmatrix} 1 & \cdots & 1 \\ \vdots & \ddots & \vdots \\ 1 & \cdots & 1 \end{pmatrix} \tag{6.88}$$

を考える．相互作用がなければ ($g = 0$)，すべての状態のエネルギーは 0 ($E = 0$) で縮退している．第 i 番目の成分が 1 で，残りの成分は 0 である縦ベクトルを $\boldsymbol{e}_i$ とする．N 個の縦ベクトル $\boldsymbol{e}_i (i = 1, \cdots, N)$ で相互作用がない ($g = 0$) とすると，これは，ハミルトニアン演算子 (6.88) における $E = 0$ での固有状態の完全系であることは明らかである．では，相互作用がある場合 ($g \neq 0$) にエネルギーの固有状態がどうなるか考えよう．まず，$N-1$ 個のベクトル $\boldsymbol{v}_i = \boldsymbol{e}_i - \boldsymbol{e}_N$ ($i = 1, \cdots, N-1$) が，(6.88) の $E = 0$ の固有状態であることは

$$H\boldsymbol{v}_i = 0 \quad (i = 1, \cdots, N-1)$$

のように実際に作用させてみればわかる．残り 1 つの固有状態は $\boldsymbol{e}_i$ を同位相で重ね合わせた $\boldsymbol{v}_{\mathrm{c}} = \sum_{i=1}^{N} \boldsymbol{e}_i$ であり，

$$H\boldsymbol{v}_{\mathrm{c}} = g\begin{pmatrix} 1 & \cdots & 1 \\ \vdots & \ddots & \vdots \\ 1 & \cdots & 1 \end{pmatrix}\begin{pmatrix} 1 \\ \vdots \\ 1 \end{pmatrix} = gN\begin{pmatrix} 1 \\ \vdots \\ 1 \end{pmatrix} = gN\boldsymbol{v}_{\mathrm{c}}$$

が成り立つ．その固有エネルギーは $E = gN$ となる．よって，$g = 0$ では N 個の固有エネルギーがすべて $E = 0$ の状態に縮退していたものが，相互作用の効果によって 1 個だけ縮退が解け，他から大きく分離するのである．

6.6.3　$g < 0$ の場合

図6.2において，$g < 0$ であれば，エネルギーの小さい方に分離した解が現れるようになる．この解は，臨界結合定数

$$\frac{1}{g_{\mathrm{cr}}} = \Xi(0) = -\sum_{\mu,i} \frac{2\varepsilon_{\mu,i}|F_{\mu,i}|^2}{\varepsilon_{\mu,i}^2} \tag{6.89}$$

よりも絶対値で大きい結合定数 ($|g| > |g_{\mathrm{cr}}|$) であれば存在するが，$g = g_{\mathrm{cr}}$ では正負の解が $E_A = 0$ で結合して0エネルギー解となり，$|g| < |g_{\mathrm{cr}}|$ であれば消失してしまう．このことは $|g| < |g_{\mathrm{cr}}|$ では虚数解が現れることを意味しており，6.5節で述べたように，ハートリー - フォック基底状態が不安定であることを意味している．

6.7　タム - ダンコフ近似

乱雑位相近似を簡単にしたものに，**タム - ダンコフ近似** (**Tamm - Dankoff approximation**) がある．この近似では乱雑位相近似における励起状態を生成する演算子 $\widehat{A}^\dagger$ として，1粒子1空孔対の生成演算子 $\widehat{B}_{\mu,i}^\dagger$ の重ね合わせのみを仮定する．乱雑位相近似における $\widehat{A}^\dagger$ の定義式 (6.55) で $Y_{\mu,i} = 0$ としたものを励起状態を生成する演算子とすれば，

$$\widehat{A}^\dagger = \widehat{X}^\dagger \equiv \sum_{\mu,i} X_{\mu,i} \widehat{B}_{\mu,i}^\dagger \tag{6.90}$$

が成り立つ．係数 $X_{\mu,i}$ を決定する方程式としては，RPA方程式 (6.66) の第1式で $Y = 0$ としたものを用いて，

$$AX = E_A X \tag{6.91}$$

となる．行列 $A = (A_{\nu,j\,;\,\mu,i})$ は，(6.69) より，次のように与えられる．

$$A_{\nu,j\,;\,\mu,i} = (-\varepsilon_i + \varepsilon_\mu)\delta_{i,j}\delta_{\mu,\nu} + 2V_{i,\nu\,;\,\mu,j} \tag{6.92}$$

タム - ダンコフ近似の演算子 $\widehat{A}^\dagger$ は，生成演算子しか含まない．よって，ハートリー - フォック基底状態に対して，

$$\hat{A}|f_0\rangle = \sum_{\mu,i} X^*_{\mu,i}\hat{B}_{\mu,i}|f_0\rangle = 0$$

となり，(6.53) からハートリー‐フォック基底状態がタム‐ダンコフ近似の基底状態となることに注意しよう．また，6.5 節で述べたような励起エネルギーが 0 となることは通常は起こらない．したがって，ハートリー‐フォック基底状態の不安定化をこの近似で調べることはできない．

タム‐ダンコフ近似は，乱雑位相近似よりも簡単に集団励起状態の性質を定性的に調べることができるので，よく用いられることがある．

6.8　ボソン近似の方法

RPA 方程式の導出において，粒子空孔対の生成消滅演算子 $\hat{B}^\dagger_{\mu,i}$, $\hat{B}_{\nu,j}$ における交換関係((6.25) および (6.26))

$$\left.\begin{aligned}[\hat{B}_{\mu,i},\ \hat{B}^\dagger_{\nu,j}] &= \delta_{i,j}\delta_{\mu,\nu} - \delta_{i,j}\hat{b}^\dagger_\nu\hat{b}_\mu - \delta_{\mu,\nu}\hat{d}^\dagger_j\hat{d}_i \\ [\hat{B}_{\mu,i},\ \hat{B}_{\nu,j}] &= [\hat{B}^\dagger_{\mu,i},\ \hat{B}^\dagger_{\nu,j}] = 0\end{aligned}\right\} \tag{6.93}$$

の基底状態 $|\Phi_0\rangle$ での期待値を，ハートリー‐フォック基底状態 $|f_0\rangle$ でおきかえる近似 (6.60) を用いて計算した．この近似は，期待値において交換関係 (6.93) の右辺の演算子を含む項を無視することと同じであるので，準ボソン近似とよんだことを思い出そう．

さらに進んで，交換関係 (6.93) の右辺で演算子を含む項を無視し，$\hat{B}^\dagger_{\mu,i}$, $\hat{B}_{\nu,j}$ をボース粒子の生成消滅演算子とする近似

$$[\hat{B}_{\mu,i},\ \hat{B}^\dagger_{\nu,j}] = \delta_{i,j}\delta_{\mu,\nu},\quad [\hat{B}_{\mu,i},\ \hat{B}_{\nu,j}] = [\hat{B}^\dagger_{\mu,i},\ \hat{B}^\dagger_{\nu,j}] = 0 \tag{6.94}$$

を考える．これを**ボソン近似** (**Boson approximation**) という．ボース近似のハミルトニアンとして，

$$\hat{H}^{\mathrm{B}} = E_{\mathrm{HF}} + \sum_{\substack{\mu,i\\ \nu,j}} A_{\nu,j;\mu,i}\hat{B}^\dagger_{\nu,j}\hat{B}_{\mu,i} + \frac{1}{2}\sum_{\substack{\mu,i\\ \nu,j}} B_{\nu,j;\mu,i}(\hat{B}^\dagger_{\nu,j}\hat{B}^\dagger_{\mu,i} + \hat{B}_{\mu,i}\hat{B}_{\nu,j}) \tag{6.95}$$

を用いる[†26]．ここで，E_{HF} はハートリー－フォックエネルギーであり，$A_{\nu,j\,;\,\mu,i}$ と $B_{\nu,j\,;\,\mu,i}$ は (6.69) で定義された係数である．

フェルミ粒子系のハートリー－フォック基底状態 $|f_0\rangle$ を，ボース粒子系の真空 $|0_{\mathrm{B}}\rangle$ として

$$\hat{B}_{\mu,i}|0_{\mathrm{B}}\rangle = 0$$

が成り立ち，ハミルトニアン演算子 $\hat{H}$ を (6.95) の $\hat{H}^{\mathrm{B}}$ におきかえて，(6.61) を計算すれば，フェルミ粒子系の RPA 方程式 (6.66) を得る．ボソン近似は次章で述べる電子ガス模型に対して導入されたもので，(6.95) に対応するハミルトニアン演算子を沢田ハミルトニアンとよび，ボソン近似の方法を**沢田の方法** (**Sawada's method**) という[†27]．

また，$d_i^\dagger b_\mu^\dagger$ のようなフェルミ粒子の演算子対をボース粒子の生成消滅演算子で逐次展開する理論があり，ボソン展開の方法とよばれる[†28]．

6.9　電子ガス模型における RPA 方程式とプラズマ振動

6.9.1　電子ガス模型に対する RPA 方程式

電子ガス模型に対して RPA 方程式を適用し，励起状態について調べてみよう．粒子状態の波動関数を $\phi^{\mathrm{p}}_{\boldsymbol{k}_\mu,m_\mu}$, $\phi^{\mathrm{p}}_{\boldsymbol{k}_\nu,m_\nu}$ 空孔状態の波動関数を $\phi^{\mathrm{h}}_{\boldsymbol{k}_i,m_i}$, $\phi^{\mathrm{h}}_{\boldsymbol{k}_j,m_j}$ などと表す．記号が長くなるのでこれまでのように，$\phi^{\mathrm{p}}_\mu \equiv \phi^{\mathrm{p}}_{\boldsymbol{k}_\mu,m_\mu}$, $\phi^{\mathrm{h}}_i \equiv \phi^{\mathrm{h}}_{\boldsymbol{k}_i,m_i}$ とする．同様に，具体的に計算する部分を除いては，

$$X_{\mu,i} \equiv X_{\boldsymbol{k}_\mu,m_\mu,\boldsymbol{k}_i,m_i}$$

$$A_{\nu,j\,;\,\mu,i} \equiv A_{\boldsymbol{k}_\nu,m_\nu,\boldsymbol{k}_j,m_j\,;\,\boldsymbol{k}_\mu,m_\mu,\boldsymbol{k}_i,m_i}$$

---

†26　ハミルトニアン演算子 (6.95) は，ボゴリューボフ変換 (7.7 節) を用いて対角化することができる．

†27　フェルミ粒子系に対するボソン近似や沢田の方法については，文献[30]，[32]，[37]を参照．

†28　ボソン展開の方法については文献[36]，[38]を参照．

などと表し，総和も次のように短く表すことにする．

$$\sum_{\mu,i} \equiv \sum_{\boldsymbol{k}_\mu, m_\mu, \boldsymbol{k}_i, m_i}$$

励起状態をさらに励起する演算子 $\widehat{A}^\dagger$ は (6.55) で定義される．ただし，係数 $Y_{\mu,i}$ を次で定義される Y' でおきかえる．

$$Y_{\mu,i} \equiv \sum_{\mu,i} (i\sigma_2)_{m_\mu, m'_\mu} (i\sigma_2)_{m_i, m'_i} Y'_{-\boldsymbol{k}_\mu, m'_\mu, -\boldsymbol{k}_i, m'_i} \tag{6.96}$$

これは，量子数に対する対称性を係数 X と Y で揃えるためである．消滅演算子は運動量を消滅させるので，係数 Y では運動量に負号をつけて定義し，スピン自由度には (6.24) にならって $(i\sigma_2)$ の因子をつけたのである．

合成スピン表示での係数を (6.2) にならって次のように定義する．

$$\left.\begin{aligned} X_{\boldsymbol{k}_\mu, m_\mu, \boldsymbol{k}_i, m_i} &\equiv \sum_\alpha (i\sigma_2\sigma_\alpha)_{m_\mu, m_i} X_{\boldsymbol{k}_\mu, \boldsymbol{k}_i, \alpha} \\ Y'_{\boldsymbol{k}_\mu, m_\mu, \boldsymbol{k}_i, m_i} &\equiv \sum_\alpha (\sigma_\alpha i\sigma_2)_{m_\mu, m_i} Y'_{\boldsymbol{k}_\mu, \boldsymbol{k}_i, \alpha} \end{aligned}\right\} \tag{6.97}$$

また，RPA 方程式 (6.66) の行列要素 A と B は，(6.69) より

$$\left.\begin{aligned} A_{\nu,j\,;\,\mu,i} &\equiv T_{\nu,j\,;\,\mu,i} + 2V_{i,\nu\,;\,\mu,j} \\ &= T_{\boldsymbol{k}_\nu, m_\nu, \boldsymbol{k}_j, m_j\,;\,\boldsymbol{k}_\mu, m_\mu, \boldsymbol{k}_i, m_i} + 2V_{\boldsymbol{k}_i, m_i, \boldsymbol{k}_\nu, m_\nu\,;\,\boldsymbol{k}_\mu, m_\mu, \boldsymbol{k}_j, m_j} \\ B_{\nu,j\,;\,\mu,i} &= 2V'_{\mu,\nu\,;\,j,i} = 2V_{\boldsymbol{k}_\mu, m_\mu, \boldsymbol{k}_\nu, m_\nu\,;\,-\boldsymbol{k}_j, m_j, -\boldsymbol{k}_i, m_i} \end{aligned}\right\} \tag{6.98}$$

となる．ここで，(6.96) の定義に合わせて行列要素 B の空孔状態の運動量に符号をつけたことに注意しよう．行列要素 A の 1 粒子 1 空孔エネルギー部分 T は，

$$T_{\nu,j\,;\,\mu,i} = (\varepsilon_\nu - \varepsilon_j)\,\delta_{\boldsymbol{k}_\nu, \boldsymbol{k}_\mu} \delta_{m_\nu, m_\mu} \delta_{\boldsymbol{k}_j, \boldsymbol{k}_i} \delta_{m_j, m_i} \tag{6.99}$$

で与えられ，相互作用部分は，

$$\begin{aligned} V_{i,\nu\,;\,\mu,j} = \frac{1}{2V} \{ &(i\sigma_2)_{m_i, m_\mu} (i\sigma_2)_{m_j, m_\nu} v_{-(k_\nu + k_j)} \\ &- \delta_{m_i, m_j} \delta_{m_\mu, m_\nu} v_{k_j - k_i} \} \delta_{k_\mu, k_\nu + k_j - k_i} \end{aligned} \tag{6.100}$$

$$V'_{\nu,\mu\,;\,j,i}=\frac{1}{2V}\{(i\sigma_2)_{m_i,m_\mu}(i\sigma_2)_{m_j,m_\nu}v_{\boldsymbol{k}_\nu+\boldsymbol{k}_j}-(i\sigma_2)_{m_j,m_\mu}(i\sigma_2)_{m_i,m_\nu}v_{\boldsymbol{k}_\nu-\boldsymbol{k}_i}\}\delta_{\boldsymbol{k}_\mu,\boldsymbol{k}_\nu+\boldsymbol{k}_j-\boldsymbol{k}_i} \tag{6.101}$$

で与えられる[†29]．なお，運動量保存則

$$\boldsymbol{K}=\boldsymbol{k}_\nu+\boldsymbol{k}_i=\boldsymbol{k}_\mu+\boldsymbol{k}_j \tag{6.102}$$

が成立することに注意しよう．

6.9.2　RPA 方程式の計算

RPA 方程式 (6.66) の第 1 式を計算すれば，

$$\sum_{\mu,i}A_{\nu,j\,;\,\mu,i}X_{\mu,i}=\sum_{\mu,i}B_{\nu,j\,;\,\mu,i}Y_{\mu,i}=E_A X_{\nu,j} \tag{6.103}$$

となる．(6.103) 最左辺の 1 粒子 1 空孔エネルギー部分 (6.99) の寄与は次のようになる．

$$\begin{aligned}\sum_{\mu,i}A_{\nu,j\,;\,\mu,i}X_{\mu,i}&=(\varepsilon_\nu-\varepsilon_j)X_{\boldsymbol{k}_\nu,m_\nu,\boldsymbol{k}_j,m_j}\\&=\sum_{\alpha}(i\sigma_2\sigma_\alpha)_{m_\mu,m_i}(\varepsilon_\nu-\varepsilon_j)X_{\boldsymbol{k}_\nu,\boldsymbol{k}_j,\alpha}\end{aligned} \tag{6.104}$$

相互作用部分は，(6.100) を用いて

$$\sum_{\mu,i}2V_{i,\nu\,;\,\mu,j}X_{\mu,i}=\sum_{\alpha}(i\sigma_2\sigma_\alpha)_{m_\mu,m_i}\times\sum_{\boldsymbol{k}_i}\frac{1}{V}\{2\delta_{\alpha,0}v_{-\boldsymbol{k}_\nu-\boldsymbol{k}_j}-v_{\boldsymbol{k}_j-\boldsymbol{k}_i}\}X_{\boldsymbol{k}_\nu+\boldsymbol{k}_j-\boldsymbol{k}_i,\boldsymbol{k}_i,\alpha} \tag{6.105}$$

が得られる．スピン角運動量部分の計算は

$$\begin{aligned}\sum_{m_\mu,m_i}(i\sigma_2)_{m_i,m_\mu}(i\sigma_2)_{m_j,m_\nu}(i\sigma_2\sigma_\alpha)_{m_\mu,m_i}&=(i\sigma_2)_{m_j,m_\nu}\mathrm{Tr}\{(i\sigma_2)(i\sigma_2\sigma_\alpha)\}\\&=(i\sigma_2)_{m_\nu,m_j}\mathrm{Tr}\,\sigma_\alpha=(i\sigma_2)_{m_\nu,m_j}\delta_{\alpha,0}\\&=(i\sigma_2\sigma_\alpha)_{m_\nu,m_j}\delta_{\alpha,0}\end{aligned}$$

---

†29　行列要素の導出は，付録 F.3 節を参照．

のようになる．(6.103) の左辺第 2 項は

$$\sum_{\mu,i} B_{\nu,j;\mu,i} Y_{\mu,i} = \sum_{k_\mu, m_\mu, k_i, m_i, m'_\mu, m'_i} 2V_{k_\mu, m_\mu, k_\nu, m_\nu; -k_j, m_j, -k_i, m_i} \times (i\sigma_2)_{m_\mu, m'_\mu}(i\sigma_2)_{m_i, m'_i} Y'_{k_\mu, m_\mu, k_i, m_i}$$

$$= \sum_{\alpha} (i\sigma_2\sigma_\alpha)_{m_\nu, m_j} \sum_{k_i} \frac{1}{V}\{2\delta_{\alpha,0} v_{k_\nu+k_j} - v_{k_\nu-k_i}\} Y'_{k_\nu+k_j-k_i, k_i, \alpha}$$

と求められる．なお，スピン部分は次のように計算した．

$$\begin{aligned}
\sum_{m_\mu, m_i} (i\sigma_2)_{m_j, m_\nu}(i\sigma_2)_{m_i, m_\mu}(\sigma_\alpha i\sigma_2)_{m_\mu, m_i} &= (i\sigma_2)_{m_j, m_\nu} \mathrm{Tr}\{(i\sigma_2)(\sigma_\alpha)(i\sigma_2)\} \\
&= (i\sigma_2)_{m_\nu, m_j} \mathrm{Tr}\{\sigma_\alpha\} = (i\sigma_2)_{m_\nu, m_j}\delta_{\alpha,0} \\
&= (i\sigma_2\sigma_\alpha)_{m_\nu, m_j}\delta_{\alpha,0}
\end{aligned}$$

$$\begin{aligned}
\sum_{m_j, m_\mu} (i\sigma_2)_{m_i, m_\nu}(i\sigma_2)_{m_i, m_\mu}(\sigma_\alpha i\sigma_2)_{m_\mu, m_i} &= [(i\sigma_2)\sigma_\alpha(i\sigma_2)(i\sigma_2)]_{m_j, m_\nu} \\
&= [{}^t(i\sigma_2){}^t(i\sigma_2){}^t\sigma_\alpha{}^t(i\sigma_2)]_{m_\nu, m_j} \\
&= -[(i\sigma_2)(i\sigma_2){}^t\sigma_\alpha(i\sigma_2)]_{m_\nu, m_j} \\
&= (i\sigma_2\sigma_\alpha)_{m_\nu, m_j}
\end{aligned}$$

RPA 方程式の各項, (6.104), (6.105), (6.9) はすべて, 因子 $(i\sigma_2\sigma_\alpha)_{m_\nu, m_j}$ を含んでいる．よって，この因子および α の和を除いたものが RPA 方程式として成立し[†30],

$$(E_A - \varepsilon_{k_\nu} + \varepsilon_{k_j}) X_{k_\nu, k_j, \alpha} = \frac{1}{V}\sum_{k_i} (2\delta_{\alpha,0} v_{-k_\nu-k_j} - v_{k_j-k_i}) X_{k_\mu, k_i, \alpha} + \frac{1}{V}\sum_{k_i} (2\delta_{\alpha,0} v_{k_\nu+k_j} - v_{k_\nu-k_i}) Y'_{k_\mu, k_i, \alpha} \tag{6.106}$$

同様にして計算すれば，RPA 方程式の第 2 式 (6.66) は

$$(E_A + \varepsilon_{k_\nu} - \varepsilon_{k_j}) Y'_{k_\nu, k_j, \alpha} = -\frac{1}{V}\sum_{k_i} (2\delta_{\alpha,0} v_{k_\nu+k_j} - v_{k_i-k_j}) Y'_{k_\mu, k_i, \alpha} - \frac{1}{V}\sum_{k_i} (2\delta_{\alpha,0} v_{-k_\nu-k_j} - v_{-k_\nu+k_i}) X_{k_\mu, k_i, \alpha} \tag{6.107}$$

となる．RPA 方程式の両辺の係数を見比べるとわかるが，運動量保存則

†30　$\boldsymbol{k}_\mu = \boldsymbol{k}_\nu + \boldsymbol{k}_j - \boldsymbol{k}_i$.

(6.102) が成立する．よって，係数 X と Y に対して次の記法を用いると便利である．

$$\left.\begin{aligned} X_{K=k_\mu+k_i,k'=-k_i,\alpha} &\equiv X_{k_\mu,k_i,\alpha}, \quad Y'_{K=k_\mu+k_i,k'=-k_i,\alpha} \equiv Y'_{k_\mu,k_i,\alpha} \\ X_{K=k_\nu+k_j,k=-k_j,\alpha} &\equiv X_{k_\nu,k_j,\alpha}, \quad Y'_{K=k_\nu+k_j,k=-k_j,\alpha} \equiv Y'_{k_\nu,k_j,\alpha} \end{aligned}\right\} \tag{6.108}$$

この記法で，RPA 方程式は

$$\left.\begin{aligned} (E_A - \varepsilon_{K+k} + \varepsilon_k) X_{K,k,\alpha} &= \frac{1}{V}\sum_{k'} (2\delta_{\alpha,0} v_{-K} - v_{k-k'}) X_{K,k',\alpha} \\ &\quad + \frac{1}{V}\sum_{k'} (2\delta_{\alpha,0} v_K - v_{K-k-k'}) Y'_{K,k',\alpha} \\ (E_A + \varepsilon_{K+k} - \varepsilon_k) Y'_{K,k,\alpha} &= -\frac{1}{V}\sum_{k'} (2\delta_{\alpha,0} v_K - v_{k'-k}) Y'_{K,k',\alpha} \\ &\quad - \frac{1}{V}\sum_{k'} (2\delta_{\alpha,0} v_{-K} - v_{-K+k+k'}) X_{K,k',\alpha} \end{aligned}\right\} \tag{6.109}$$

ここで，分離型相互作用を扱った時と同様に，交換項を無視する近似を行い，ポテンシャルは中心力 $v_k = v_{|k|}$ であるとすれば，RPA 方程式の右辺は簡単にまとめられ，

$$\left.\begin{aligned} (E_A - \varepsilon_{K+k} + \varepsilon_k) X_{K,k,\alpha} &= \frac{1}{V}\sum_{k'} 2\delta_{\alpha,0} v_{|K|} (X_{K,k',\alpha} + Y'_{K,k',\alpha}) \\ (E_A + \varepsilon_{K+k} - \varepsilon_k) Y'_{K,k,\alpha} &= -\frac{1}{V}\sum_{k'} 2\delta_{\alpha,0} v_{|K|} (X_{K,k',\alpha} + Y'_{K,k',\alpha}) \end{aligned}\right\} \tag{6.110}$$

が得られる．この方程式は分離型の場合 (6.83) と同種の形をしており，同じ方法で解くことができる．

6.9.3　スピン 3 重項の励起状態

3 重項 $(\alpha \neq 0)$ の場合は，この近似では右辺の相互作用が 0 となり，励起エネルギーは，

$$E_A = \varepsilon_{K+k} - \varepsilon_k$$

となる．これは (6.23) と同じで，1 粒子 1 空孔状態の個別励起状態である．少なくとも，この近似では 3 重項状態に集団励起状態は現れない．

6.9.4 スピン 1 重項の励起状態

1 重項 ($\alpha = 0$) の場合は，(6.85) と同じように，RPA 方程式の右辺で Λ を定義すれば

$$\Lambda \equiv \frac{1}{V} 2\delta_{\alpha,0} v_{|\boldsymbol{K}|} \sum_{\boldsymbol{k}'} (X_{\boldsymbol{K},\boldsymbol{k}',\alpha} + Y'_{\boldsymbol{K},\boldsymbol{k}',\alpha}) \tag{6.111}$$

となる．RPA 方程式の形式的な解

$$X_{\boldsymbol{K},\boldsymbol{k},\alpha} = \frac{\Lambda}{E_A - \varepsilon_{\boldsymbol{K}+\boldsymbol{k}} + \varepsilon_{\boldsymbol{k}}}, \qquad Y'_{\boldsymbol{K},\boldsymbol{k},\alpha} = -\frac{\Lambda}{E_A + \varepsilon_{\boldsymbol{K}+\boldsymbol{k}} - \varepsilon_{\boldsymbol{k}}} \tag{6.112}$$

を (6.111) に代入して Λ で割れば，E_A に対する固有値方程式

$$1 = \frac{2v_{|\boldsymbol{K}|}}{V} \sum_{\boldsymbol{k}} \frac{2(\varepsilon_{\boldsymbol{K}+\boldsymbol{k}} - \varepsilon_{\boldsymbol{k}})}{E_A^2 - (\varepsilon_{\boldsymbol{K}+\boldsymbol{k}} - \varepsilon_{\boldsymbol{k}})^2} = 2v_{|\boldsymbol{K}|} \Xi_{\mathrm{RPA}}(E_A) \tag{6.113}$$

を得る．RPA 分散関係は分離型相互作用の場合の図 6.2 と同じような様相をしており，集団励起状態の存在が予想される．

波数 $\boldsymbol{k}'$ の連続極限をとれば，RPA 分散関係 Ξ_{RPA} は

$$\Xi_{\mathrm{RPA}}(E_A) = \frac{1}{(2\pi)^3} \int_{|\boldsymbol{k}| \le k_{\mathrm{F}}} d^3\boldsymbol{k} \frac{2(\varepsilon_{\boldsymbol{K}+\boldsymbol{k}} - \varepsilon_{\boldsymbol{k}})}{E_A^2 - (\varepsilon_{\boldsymbol{K}+\boldsymbol{k}} - \varepsilon_{\boldsymbol{k}})^2}$$

となり，フェルミ波数 k_{F} までの積分となる．この積分は $\boldsymbol{k}$ の極座標を用いて

$$\begin{aligned} \frac{4\pi^2}{mk_{\mathrm{F}}} \Xi_{\mathrm{RPA}}(E_A) = & -1 + \frac{k_{\mathrm{F}}}{K} \left\{ \frac{(E_A - \varepsilon_K)^2}{4\varepsilon_K \varepsilon_{\mathrm{F}}} - 1 \right\} \log \left| \frac{E_A - \varepsilon_{K+k_{\mathrm{F}}} + \varepsilon_{\mathrm{F}}}{E_A - \varepsilon_{K-k_{\mathrm{F}}} + \varepsilon_{\mathrm{F}}} \right| \\ & + \frac{k_{\mathrm{F}}}{K} \left\{ \frac{(E_A + \varepsilon_K)^2}{4\varepsilon_K \varepsilon_{\mathrm{F}}} - 1 \right\} \log \left| \frac{E_A + \varepsilon_{K+k_{\mathrm{F}}} - \varepsilon_{\mathrm{F}}}{E_A + \varepsilon_{K-k_{\mathrm{F}}} - \varepsilon_{\mathrm{F}}} \right| \end{aligned} \tag{6.114}$$

のように初等的に実行される．ここで $\varepsilon_{\mathrm{F}} = \hbar^2 k_{\mathrm{B}}^2/(2m)$ はフェルミエネルギーである．連続極限では 1 粒子 1 空孔状態に対応する (6.113) は存在しない．

6.9.5　電子ガス模型のプラズモン励起状態

電子ガス模型の場合には，相互作用ポテンシャルは (5.51) のクーロンポテンシャル

$$v_{\boldsymbol{k}} = \frac{4\pi\alpha\hbar c}{\boldsymbol{k}^2} \tag{6.115}$$

となる．この場合に，(6.113) の解を求めよう．長波長極限 $\boldsymbol{K} = 0$ を考えることにして，そこで $E_A \neq 0$ と仮定して解を求めよう．RPA 分散関数を $E_A \neq 0$ の条件の下，$|\boldsymbol{K}| = K$ で展開すると

$$\frac{4\pi^2}{mk_{\mathrm{F}}}\,\varXi_{\mathrm{RPA}}(E_A) = \frac{8\varepsilon_{\mathrm{F}}^2}{3E_A^2}\left(\frac{K}{k_{\mathrm{F}}}\right)^2 + \mathcal{O}\left(\frac{K}{k_{\mathrm{F}}}\right)^3 \tag{6.116}$$

が成り立つ．これを固有値方程式 (6.113) に代入して，クーロンポテンシャル (6.115) を用いれば K^2 が打ち消すので，$K = 0$ の極限で (6.116) の右辺1項目だけが寄与する．励起エネルギー E_A について解いて，フェルミエネルギー $\varepsilon_{\mathrm{F}} = \hbar^2 k_{\mathrm{F}}^2/(2m)$ および $k_{\mathrm{F}}^3 = 3\pi^2 n$ (n は電子密度) を用いれば，

$$E_A = \hbar\sqrt{\frac{4\pi\alpha\hbar cn}{m}} \equiv \hbar\omega_{\mathrm{pl}} \tag{6.117}$$

となり，(6.44) のプラズマ振動であることがわかる．有限の K について，固有値方程式 (6.113) を K^2 の項まで解けば次のようになる．

$$E_A = \hbar\omega_{\mathrm{pl}} + \frac{3\hbar^2 k_{\mathrm{F}}^2}{10\hbar\omega_{\mathrm{pl}}\,m}(\hbar K)^2 + \cdots \tag{6.118}$$

プラズマ振動に対応する $\widehat{A}^\dagger$ によって励起される素励起を，**プラズモン** (**plasmon**) という．(6.118) はプラズモンの分散関係である．

RPA 方程式の解から，電子ガス模型の励起状態は図 6.1 に表される個別励起状態と，集団励起状態であるプラズモンからなることがわかる (図 6.3)．図 6.3 のようにプラズモンの励起エネルギーは，K が大きくなると個別励起状態と重なる．この領域では個別励起状態との結合により非常に大きな散逸が存在し，プラズモンのスペクトルははっきりとは現れなくなる．

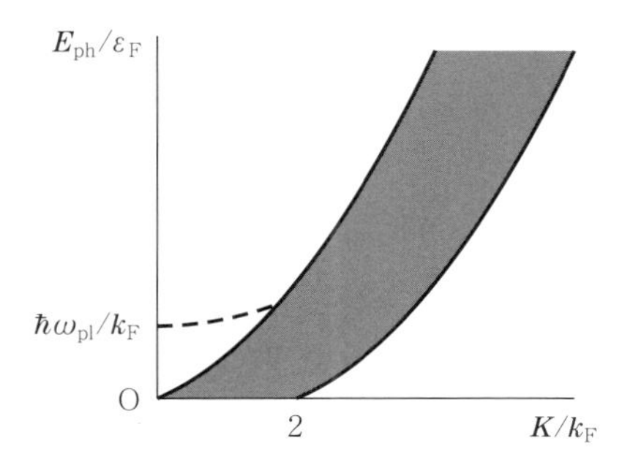

図 6.3 電子ガス模型の励起状態.（灰色の領域が 1 粒子 1 空孔個別励起状態，破線はプラズモンのスペクトルを表す．図は模式的なものである.）

6.9.6 短距離相互作用をする多体系の 0 音波励起状態

次に，湯川型相互作用のような短距離力の場合を議論する．短距離力の場合には，クーロンポテンシャルのように v_K が $\boldsymbol{K}=0$ で発散することがなく，v_K はゆっくりと変化する．よって，RPA 方程式 (6.109) ですべての v_k を v_0 でおきかえる近似を考えると

$$\left.\begin{aligned}(E_A-\varepsilon_{\boldsymbol{K}+\boldsymbol{k}}+\varepsilon_{\boldsymbol{k}})\,X_{\boldsymbol{K},\boldsymbol{k},\alpha}&=\frac{1}{V}\sum_{\boldsymbol{k}'}(2\delta_{\alpha,0}-1)\,v_0(X_{\boldsymbol{K},\boldsymbol{k}',\alpha}+Y'_{\boldsymbol{K},\boldsymbol{k}',\alpha})\\(E_A+\varepsilon_{\boldsymbol{K}+\boldsymbol{k}}-\varepsilon_{\boldsymbol{k}})\,Y'_{\boldsymbol{K},\boldsymbol{k},\alpha}&=-\frac{1}{V}\sum_{\boldsymbol{k}'}(2\delta_{\alpha,0}-1)\,v_0(X_{\boldsymbol{K},\boldsymbol{k}',\alpha}+Y'_{\boldsymbol{K},\boldsymbol{k}',\alpha})\end{aligned}\right\} \tag{6.119}$$

が得られる．よって，クーロンポテンシャルの場合の $2v_K$ を $(2\delta_{\alpha,0}-1)v_0$ におきかえればよいことになる．これは，1 重項 $(\alpha=0)$ の場合は斥力 (v_0)，3 重項 $(\alpha\neq 0)$ の場合は引力 $(-v_0)$ となり，また，クーロンポテンシャルと異なり定数である．

1 重項（斥力）の長波長極限 $(K=0$ 近傍) の場合を考えよう．RPA 分散関係の展開式 (6.116) より，$K=0$ で $E_A\neq 0$ ならば固有値方程式 (6.113) の右辺は 0 となり解をもたない．よって，$K\to 0$ で $E_A\to 0$ であることがわかる．そこで，$K=0$ 近傍で

$$E_A=C\varepsilon_{\rm F}\frac{K}{k_{\rm F}}\quad (C\text{ は定数})$$

と仮定して解を求めよう．固有値方程式 (6.113) にこの式を代入して，

$K \to 0$ の極限をとり，C の方程式

$$\frac{mk_{\mathrm{F}}}{4\pi^2 v_0} = -2 - \frac{C+1}{4}\log\left|\frac{C-2}{C+2}\right| \tag{6.120}$$

を求める．v_0 が大きい場合など，左辺が非常に小さい場合には $C \sim 2$ である．よって (6.120) で，$\log(C-2)$ 以外の項では C を 2 として求めることができる．これを用いると，(6.9) は次のようになる．

$$E_A \sim \frac{\hbar k_{\mathrm{F}}}{m}\left\{1 + \frac{2}{e^{8/3}} e^{-mk_{\mathrm{F}}/3\pi^2 v_0}\right\}\hbar K \tag{6.121}$$

これは波数 K に対して線形であり，音波の分散関係と同型である．これに対応する素励起は通常の音波と異なり，温度 0 でも存在するので **0 音波** (**zero - sound**) という．0 音波はランダウが自身のフェルミ流体理論に基づいて理論的に予言したもので，実験的には液体 ^{3}He でその存在が確認されている†31．

6.10　ボーム - パインズ理論による演算子解法と乱雑位相近似

6.10.1　ボーム - パインズ理論

プラズマ振動に関して，6.3 節で古典運動方程式の立場から議論し，また 6.9 節で RPA 方程式の立場から議論した．この他にファインマン図形によるダイアグラム解法などさまざまな取り扱いがあり，非常に興味深い．ここでは，演算子による集団座標の方法を紹介する．これは，**ボーム - パインズ理論** (**Bohm–Pines theory**) とよばれる†32．

相互作用ポテンシャル V は (6.41) から，次のように表せる．

$$V = \sum_{k\neq 0} \frac{2\pi\alpha\hbar c}{V\boldsymbol{k}^2}(\xi_{\boldsymbol{k}}^\dagger \xi_{\boldsymbol{k}} - N) \tag{6.122}$$

変数 ξ_k は密度 $\rho(\boldsymbol{x})$ のフーリエ変換であり，(6.38) で定義される．これを

†31　液体 ^{3}He でのランダウ理論および 0 音波に関しては文献[29]を参照．

†32　章末コラム参照．ここでの取り扱いは文献[39]による．

用いて，電子ガス模型のハミルトニアン演算子は，次のように表される．

$$\widehat{H}_{\mathrm{eg}} = \sum_{i=1}^{N} \frac{\boldsymbol{p}_i^2}{2m} + \sum_{k \neq 0} \frac{2\pi\alpha\hbar c}{V\boldsymbol{k}^2} (\xi_{\boldsymbol{k}}^{\dagger} \xi_{\boldsymbol{k}} - N) \tag{6.123}$$

6.10.2 集団座標の演算子

我々が扱うのはハミルトニアン演算子 (6.123) であって，その自由度は $(\boldsymbol{x}_i, \boldsymbol{p}_i)$ $(i = 1, \cdots, N)$ である．ここで自由度を拡張して，$(\boldsymbol{x}_i, \boldsymbol{p}_i)$ $(i = 1, \cdots, N)$ および $(Q_{\boldsymbol{k}}, P_{\boldsymbol{k}})$ $(|\boldsymbol{k}| < k_{\mathrm{c}})$ を考える．パラメータ k_{c} はカットオフ波数で，プラズモンが集団的に存在する限界の波数として選ぶことが後でわかる．ここで，

$$P_{\boldsymbol{k}}^{\dagger} = P_{-\boldsymbol{k}}, \qquad Q_{\boldsymbol{k}}^{\dagger} = Q_{-\boldsymbol{k}} \tag{6.124}$$

とする．密度のフーリエ変換 $\xi_{\boldsymbol{k}}$ も，同じ条件を満たすことに注意しよう．余分な変数 $(Q_{\boldsymbol{k}}, P_{\boldsymbol{k}})$ は

$$[Q_{\boldsymbol{k}}, P_{\boldsymbol{k}'}] = i\hbar\delta_{\boldsymbol{k},\boldsymbol{k}'} \tag{6.125}$$

のように正準交換関係を満たすものとする．余分な自由度を含む系のハミルトニアン演算子は，

$$\widehat{H}_{\mathrm{tot}} = \widehat{H}_{\mathrm{eg}} + \widehat{H}_{\mathrm{ex}} = \widehat{H}_{\mathrm{eg}} + \sum_{|\boldsymbol{k}| \leq k_{\mathrm{c}}} \left\{ \frac{1}{2} P_{\boldsymbol{k}}^{\dagger} P_{\boldsymbol{k}} - M_{\boldsymbol{k}} P_{\boldsymbol{k}}^{\dagger} \xi_{\boldsymbol{k}} \right\} \tag{6.126}$$

とする．ここで，

$$M_{\boldsymbol{k}} = \sqrt{\frac{4\pi\alpha\hbar c}{V\boldsymbol{k}^2}} \tag{6.127}$$

であり，$\widehat{H}_{\mathrm{eg}}$ は (6.123) で与えられる電子ガス模型のハミルトニアン演算子である．この系の多体シュレディンガー方程式は，

$$\widehat{H}_{\mathrm{tot}} \Psi = E\Psi \tag{6.128}$$

で与えられる．多体波動関数 Ψ は，座標表示において $\boldsymbol{x}_i$ および $Q_{\boldsymbol{k}}$ の関数である．

6.10.3　ボーム－パインズ理論の補助条件

このままでは，$\widehat{H}_{\rm tot}$ は $\widehat{H}_{\rm eg}$ より余計な自由度をもつ異なる物理系である．よって，$\widehat{H}_{\rm tot}$ において補助条件を課し，$\widehat{H}_{\rm eg}$ と等価にする．補助条件としては，

$$P_{\boldsymbol{k}}\Psi = 0 \quad (|\boldsymbol{k}| \leq k_{\rm c}) \tag{6.129}$$

を設定する．$P_{\boldsymbol{k}}^\dagger \Psi = P_{-\boldsymbol{k}}\Psi = 0$ でもあることに注意しよう．補助条件を用いれば，

$$\widehat{H}_{\rm tot}\Psi = \widehat{H}_{\rm eg}\Psi = E\Psi \tag{6.130}$$

となり，拡張された系 $\widehat{H}_{\rm tot}$ は電子ガス模型と等価である．実際，座標表示を用いれば，補助条件 (6.129) は

$$P_{\boldsymbol{k}}\Psi = \frac{\hbar}{i}\frac{\partial}{\partial Q_{\boldsymbol{k}}}\Psi = 0$$

である．これは，Ψ が $Q_{\boldsymbol{k}}$ には依存せず，$\boldsymbol{x}_i$ のみの関数であることを意味する．

6.10.4　ユニタリ変換

ここで，ユニタリ演算子

$$\widehat{U} = e^{(i/\hbar)\widehat{S}}, \qquad \widehat{S} = \sum_{|\boldsymbol{k}|\leq k_{\rm c}} M_{\boldsymbol{k}} Q_{\boldsymbol{k}} \xi_{\boldsymbol{k}} \tag{6.131}$$

を導入する．演算子 $\widehat{S}$ はエルミート演算子であることが次のように示される．

$$\widehat{S}^\dagger = \sum_{|\boldsymbol{k}|\leq k_{\rm c}} M_{\boldsymbol{k}} \xi_{\boldsymbol{k}}^\dagger Q_{\boldsymbol{k}}^\dagger = \sum_{|\boldsymbol{k}|\leq k_{\rm c}} M_{\boldsymbol{k}} Q_{-\boldsymbol{k}} \xi_{-\boldsymbol{k}}^\dagger = \widehat{S}$$

ここで，$\xi_{\boldsymbol{k}}$ は $\boldsymbol{x}_i$ のみに依存する演算子であるので，$Q_{\boldsymbol{k}}$ と交換することを用い最後で総和の $\boldsymbol{k}$ を $-\boldsymbol{k}$ に変数変換した．これより，$\widehat{U}$ が実際にユニタリ演算子であることが示されたことになる．一般的に，演算子 $\widehat{A}$ の $\widehat{U}$ によるユニタリ変換を

$$\hat{A}_U = \hat{U}^\dagger \hat{A} \hat{U}$$

のように $\hat{A}_U$ と書くことにする．次に，シュレディンガー方程式 (6.128) に左から $\hat{U}^\dagger$ を作用させると，

$$\hat{U}^\dagger \hat{H}_{\rm tot} \Psi = \hat{U}^\dagger \hat{H}_{\rm tot} \hat{U} \hat{U}^\dagger \Psi = \hat{H}_U \Psi_U$$

と計算できる．上式で，$\Psi_U = \hat{U}^\dagger \Psi$ とした．よって，シュレディンガー方程式 (6.128)

$$\hat{H}_U \Psi_U = E \Psi_U \tag{6.132}$$

と等価である ($\hat{H}_U = (\hat{H}_{\rm tot})_U$ とした)．

変換されたハミルトニアン演算子 $\hat{H}_{\rm new}$ を求めよう．演算子の積 $\hat{A}\hat{B}$ は，$\hat{U}$ によって

$$(\hat{A}\hat{B})_U = \hat{U}^\dagger \hat{A} \hat{B} \hat{U} = \hat{U}^\dagger \hat{A} \hat{U} \hat{U}^\dagger \hat{B} \hat{U} = \hat{A}_U \hat{B}_U$$

であるから，$\hat{H}_U$ は，それを構成している演算子をすべて $\hat{U}$ で変換したものにおきかえた ($\hat{A} \to \hat{A}_U$) ことになる．

それぞれの演算子が，$\hat{U}$ でどう変換するかを計算しよう．まず，$\hat{S}$ は $Q_{\boldsymbol{k}}$ と $\xi_{\boldsymbol{k}}$ にしか依存しない．よって，$Q_{\boldsymbol{k}}$ と $\boldsymbol{x}_i$ に可換な演算子は $\hat{U}$ の変換で不変であるので，

$$(\boldsymbol{x}_i)_U = \boldsymbol{x}_i, \qquad (Q_{\boldsymbol{k}})_U = Q_{\boldsymbol{k}}, \qquad (\xi_{\boldsymbol{k}})_U = \xi_{\boldsymbol{k}} \tag{6.133}$$

となる．正準共役運動量 $P_{\boldsymbol{k}}$ は，

$$(P_{\boldsymbol{k}})_U = \hat{U}^{-1} P_{\boldsymbol{k}} \hat{U} = P_{\boldsymbol{k}} + U^\dagger [P_{\boldsymbol{k}}, \hat{U}] = P_{\boldsymbol{k}} + M_{\boldsymbol{k}} \xi_{\boldsymbol{k}} \tag{6.134}$$

と変換する．ここで，

$$[P_{\boldsymbol{k}}, \hat{U}] = -i\hbar \frac{\partial U}{\partial Q_{\boldsymbol{k}}} = -i\hbar U \frac{i}{\hbar} M_{\boldsymbol{k}} \xi_{\boldsymbol{k}} = U M_{\boldsymbol{k}} \xi_{\boldsymbol{k}}$$

を用いた．同様にして，$\xi_{\boldsymbol{k}} = e^{i\boldsymbol{k}\boldsymbol{x}_i}$ を用いれば，

$$[\boldsymbol{p}_i,\ U] = -i\hbar\boldsymbol{\nabla}_i U = -i\hbar\sum_{k\le k_c} iM_k Q_k U \boldsymbol{\nabla}_i \xi_k = \hbar\sum_{k\le k_c} M_k Q_k \widehat{U} i\boldsymbol{k} e^{i\boldsymbol{k}\boldsymbol{x}_i}$$

となるので，$\boldsymbol{p}_i$ の変換が

$$(\boldsymbol{p}_i)_U = \boldsymbol{p}_i + \widehat{U}^\dagger[\boldsymbol{p},\ \widehat{U}] = \boldsymbol{p}_i - i\hbar\sum_{k\le k_c} M_k Q_k \boldsymbol{k} e^{i\boldsymbol{k}\boldsymbol{x}_i} \qquad (6.135)$$

のように求められる．

(6.133)，(6.134)，(6.135) で $\widehat{H}_{\mathrm{tot}}$ に現れる演算子の変換が求まったので，補助条件とハミルトニアン演算子 $\widehat{H}_U$ を計算する．補助条件 (6.129) は，(6.134) より次のようになる．

$$0 = (P_{\boldsymbol{k}})_U \Psi_U = (P_{\boldsymbol{k}} + M_k \xi_{\boldsymbol{k}})\Psi_U \quad (|\boldsymbol{k}| \le k_c) \qquad (6.136)$$

運動量の大きさ $(\boldsymbol{p}_i)^2$ は，

$$\begin{aligned}\{(\boldsymbol{p}_i)_U\}^2 &= (\boldsymbol{p}_i - i\hbar\sum_{k\le k_c} M_k Q_k \boldsymbol{k} e^{i\boldsymbol{k}\boldsymbol{x}_i})^2 \\ &= (\boldsymbol{p}_i)^2 - i\sum_{|\boldsymbol{k}|\le k_c} M_k Q_k \{(\boldsymbol{k}\cdot\boldsymbol{p}) e^{-i\boldsymbol{k}\boldsymbol{x}_i}\} \\ &\qquad - \sum_{|\boldsymbol{k}|,|\boldsymbol{l}|\le k_c} M_k M_l Q_k Q_l (\boldsymbol{k}\cdot\boldsymbol{l}) e^{-i(\boldsymbol{k}+\boldsymbol{l})\boldsymbol{x}_i} \\ &= (\boldsymbol{p}_i)^2 - i\sum_{|\boldsymbol{k}|\le k_c} M_k Q_k (2\boldsymbol{k}\cdot\boldsymbol{p}_i + \hbar\boldsymbol{k}^2) e^{-i\boldsymbol{k}\boldsymbol{x}_i} \\ &\qquad - \sum_{|\boldsymbol{k}|,|\boldsymbol{l}|\le k_c} M_k M_l Q_k Q_l (\boldsymbol{k}\cdot\boldsymbol{l}) e^{-(\boldsymbol{k}+\boldsymbol{l})\boldsymbol{x}_i}\end{aligned}$$

と計算される．ここで，正準交換関係 $[\boldsymbol{x}_i,\ \boldsymbol{p}_i] = i\hbar$ から導かれる，

$$e^{-i\boldsymbol{k}\boldsymbol{x}_i}(\boldsymbol{k}\cdot\boldsymbol{p}) = (\boldsymbol{k}\cdot\boldsymbol{p})e^{-i\boldsymbol{k}\boldsymbol{x}_i} + \hbar\boldsymbol{k}^2 e^{-i\boldsymbol{k}\boldsymbol{x}_i}$$

を用いた．よって，$\widehat{H}_{\mathrm{tot}}$ の運動エネルギー項は次のようになる．

$$\begin{aligned}\sum_i \frac{(\boldsymbol{p}_i)_U^2}{2m} &= \sum_i \frac{\boldsymbol{p}_i^2}{2m} - \frac{i}{2m}\sum_i\sum_{|\boldsymbol{k}|\le k_c} M_k Q_k (2\boldsymbol{k}\cdot\boldsymbol{p}_i + \hbar\boldsymbol{k}^2) e^{-i\boldsymbol{k}\boldsymbol{x}_i} \\ &\qquad + \frac{1}{2m}\sum_{|\boldsymbol{k}|,|\boldsymbol{l}|\le k_c} M_k M_l Q_k Q_{-l} (\boldsymbol{k}\cdot\boldsymbol{l}) \xi_{-\boldsymbol{k}+\boldsymbol{l}}\end{aligned} \qquad (6.137)$$

最後の項で，$\boldsymbol{l} \to -\boldsymbol{l}$ の変数変換を行った．ハミルトニアン演算子 $\widehat{H}_{\mathrm{eg}}$ の

クーロンポテンシャルの部分は，$\xi_{\boldsymbol{k}}$ の不変性 (6.133) から不変である．

最後に，(6.126) の追加項 $\widehat{H}_{\mathrm{ex}}$ がどう変換するか調べよう．まず，$P_{\boldsymbol{k}}^{\dagger}P_{\boldsymbol{k}}$ の変換

$$
\begin{aligned}
(P_{\boldsymbol{k}}^{\dagger}P_{\boldsymbol{k}})_U &= (P_{\boldsymbol{k}}^{\dagger} + M_k\xi_{\boldsymbol{k}}^{\dagger})(P_{\boldsymbol{k}} + M_k\xi_{\boldsymbol{k}}) \\
&= P_{\boldsymbol{k}}^{\dagger}P_{\boldsymbol{k}} + M_k(P_{\boldsymbol{k}}^{\dagger}\xi_{\boldsymbol{k}} + P_{\boldsymbol{k}}\xi_{\boldsymbol{k}}^{\dagger}) + M_k^2\xi_{\boldsymbol{k}}^{\dagger}\xi_{\boldsymbol{k}}
\end{aligned}
$$

を用いて，$\widehat{H}_{\mathrm{ex}}$ の1項目は次のように変換する．

$$
\sum_{|\boldsymbol{k}|\le k_{\mathrm{c}}}\frac{1}{2}(P_{\boldsymbol{k}}^{\dagger}P_{\boldsymbol{k}})_U = \sum_{|\boldsymbol{k}|\le k_{\mathrm{c}}}\frac{1}{2}P_{\boldsymbol{k}}^{\dagger}P_{\boldsymbol{k}} + \sum_{|\boldsymbol{k}|\le k_{\mathrm{c}}}M_kP_{\boldsymbol{k}}^{\dagger}\xi_{\boldsymbol{k}} + \frac{1}{2}\sum_{|\boldsymbol{k}|\le k_{\mathrm{c}}}M_k^2\xi_{\boldsymbol{k}}^{\dagger}\xi_{\boldsymbol{k}}
$$

ここで，

$$
\sum_{|\boldsymbol{k}|\le k_{\mathrm{c}}}M_k(P_{\boldsymbol{k}}^{\dagger}\xi_{\boldsymbol{k}} + P_{\boldsymbol{k}}\xi_{\boldsymbol{k}}^{\dagger}) = \sum_{|\boldsymbol{k}|\le k_{\mathrm{c}}}M_k(P_{\boldsymbol{k}}^{\dagger}\xi_{\boldsymbol{k}} + P_{-\boldsymbol{k}}\xi_{-\boldsymbol{k}}^{\dagger}) = 2\sum_{|\boldsymbol{k}|\le k_{\mathrm{c}}}M_kP_{\boldsymbol{k}}^{\dagger}\xi_{\boldsymbol{k}}
$$

を用いた．$\widehat{H}_{\mathrm{ex}}$ の第2項は，

$$
\begin{aligned}
-\sum_{|\boldsymbol{k}|\le k_{\mathrm{c}}}M_k(P_{\boldsymbol{k}}^{\dagger}\xi_{\boldsymbol{k}})_U &= -\sum_{|\boldsymbol{k}|\le k_{\mathrm{c}}}M_k(P_{\boldsymbol{k}}^{\dagger} + M_k\xi_{\boldsymbol{k}}^{\dagger})\xi_{\boldsymbol{k}} \\
&= -\sum_{|\boldsymbol{k}|\le k_{\mathrm{c}}}M_kP_{\boldsymbol{k}}^{\dagger}\xi_{\boldsymbol{k}} - \sum_{|\boldsymbol{k}|\le k_{\mathrm{c}}}M_k^2\xi_{\boldsymbol{k}}^{\dagger}\xi_{\boldsymbol{k}}
\end{aligned}
$$

であるから，$(\widehat{H}_{\mathrm{ex}})_U$ は

$$
(\widehat{H}_{\mathrm{ex}})_U = \frac{1}{2}\sum_{|\boldsymbol{k}|\le k_{\mathrm{c}}}P_{\boldsymbol{k}}^{\dagger}P_{\boldsymbol{k}} - \frac{1}{2}\sum_{|\boldsymbol{k}|\le k_{\mathrm{c}}}M_k^2\xi_{\boldsymbol{k}}^{\dagger}\xi_{\boldsymbol{k}} \tag{6.138}
$$

となる．(6.137) と (6.138) およびクーロンポテンシャルを加えると，

$$
\widehat{H}_U = \widehat{H}_{\mathrm{e'g}} + \widehat{H}_{\mathrm{pl}} + \widehat{V}_{\mathrm{e'p}} \tag{6.139}
$$

$$
\widehat{H}_{\mathrm{e'g}} = \sum_i\frac{\boldsymbol{p}_i^2}{2m} + \sum_{|\boldsymbol{k}|>k_{\mathrm{c}}}\frac{2\pi\alpha\hbar c}{V\boldsymbol{k}^2}(\xi_{\boldsymbol{k}}^{\dagger}\xi_{\boldsymbol{k}} - N) - \sum_{|\boldsymbol{k}|\le k_{\mathrm{c}}}\frac{2\pi\alpha\hbar cN}{V\boldsymbol{k}^2} \tag{6.140}
$$

$$
\widehat{H}_{\mathrm{pl}} = \frac{1}{2}\sum_{|\boldsymbol{k}|\le k_{\mathrm{c}}}P_{\boldsymbol{k}}^{\dagger}P_{\boldsymbol{k}} + \frac{1}{2m}\sum_{|\boldsymbol{k}|,|\boldsymbol{l}|\le k_{\mathrm{c}}}M_kM_lQ_{\boldsymbol{k}}Q_{-\boldsymbol{l}}(\boldsymbol{k}\cdot\boldsymbol{l})\xi_{-\boldsymbol{k}+\boldsymbol{l}} \tag{6.141}
$$

$$
\widehat{V}_{\mathrm{e'p}} = -\frac{i}{2m}\sum_i\sum_{|\boldsymbol{k}|\le k_{\mathrm{c}}}M_kQ_{\boldsymbol{k}}(2\boldsymbol{k}\cdot\boldsymbol{p}_i + \hbar\boldsymbol{k}^2)e^{-i\boldsymbol{k}\boldsymbol{x}_i} \tag{6.142}
$$

のように $\widehat{H}_U$ が求められる．クーロンポテンシャルの波数 $\boldsymbol{k}$ の和 $\sum_{\boldsymbol{k}\neq 0}$ のう

ち，フェルミ縮退部分 $\sum_{|\boldsymbol{k}|\le k_c}$ は，(6.138) の第 2 項と打ち消し，粒子部分のみが残っていることに注意しよう．

6.10.5　乱雑位相近以

ここまでは何の近似も行っていない．ハミルトニアン演算子 (6.139) は，拘束条件と合わせて電子ガス模型のハミルトニアン演算子 $\widehat{H}_{\mathrm{eg}}$ と等価である．最初に，$\widehat{V}_K$ に対して 6.3 節と同じく乱雑位相近似を用いる．すなわち，$\boldsymbol{k}=\boldsymbol{l}$ の項のみを残して，$\boldsymbol{k}\neq\boldsymbol{l}$ の項を無視すると，

$$\begin{aligned}\frac{1}{2m}\sum_{|\boldsymbol{k}|,|\boldsymbol{l}|\le \boldsymbol{k}_c} M_{\boldsymbol{k}}M_{\boldsymbol{l}}Q_{\boldsymbol{k}}Q_{-\boldsymbol{l}}(\boldsymbol{k}\cdot\boldsymbol{l})\xi_{-\boldsymbol{k}+\boldsymbol{l}} &\sim \frac{1}{2m}\sum_{|\boldsymbol{k}|\le \boldsymbol{k}_c} M_{\boldsymbol{k}}^2 Q_{\boldsymbol{k}}Q_{-\boldsymbol{k}}\boldsymbol{k}^2\xi_0 \\ &= \frac{2\pi\alpha\hbar c}{m}\frac{N}{V}\sum_{|\boldsymbol{k}|\le \boldsymbol{k}_c} Q_{\boldsymbol{k}}^\dagger Q_{\boldsymbol{k}} \\ &= \frac{\omega_{\mathrm{pl}}^2}{2}\sum_{|\boldsymbol{k}|\le \boldsymbol{k}_c} Q_{\boldsymbol{k}}^\dagger Q_{\boldsymbol{k}}\end{aligned}$$

が与えられる．ここで，$M_{\boldsymbol{k}}$ として (6.127) を用いた．角振動数 ω_{pl} は (6.44) で定義されたプラズマ振動数である．これを用いて，$\widehat{H}_{\mathrm{pl}}$ は

$$\widehat{H}_{\mathrm{pl}} = \frac{1}{2}\sum_{|\boldsymbol{k}|\le \boldsymbol{k}_c} P_{\boldsymbol{k}}^\dagger P_{\boldsymbol{k}} + \frac{\omega_{\mathrm{pl}}^2}{2}\sum_{|\boldsymbol{k}|\le \boldsymbol{k}_c} Q_{\boldsymbol{k}}^\dagger Q_{\boldsymbol{k}} \tag{6.143}$$

となる．これは演算子 $Q_{\boldsymbol{k}}$, $P_{\boldsymbol{k}}$ が角振動数 ω_{pl} をもつ調和振動子であることを意味し，プラズモンの集団座標演算子であることがわかる．

これに対して，$\widehat{H}_{\mathrm{e'g}}$ 項は相互作用の効果が取り込まれて修正された電子の自由度，すなわち準粒子としての電子を表す．これについては，後ほど詳しく議論する．

最後の項 $\widehat{V}_{\mathrm{e'p}}$ は $\boldsymbol{p}_i$, $\boldsymbol{x}_i$ と $Q_{\boldsymbol{k}}$ を含むので，準粒子としての電子とプラズモンの相互作用を表す．この項も $\widehat{H}_{\mathrm{pl}}$ の相互作用と同様に $e^{-i\boldsymbol{k}\boldsymbol{x}_i}$ という因子を含み，乱雑位相近似と同様に小さい寄与を与えることが予想されるが，これは自明ではない．ボームとパインズは摂動によりこの項を評価し，この寄与の効果は小さいことを示した†33．ここでは，簡単のためこの項を無視する近似をとる．

6.11 遮蔽されたクーロンポテンシャルとトーマス - フェルミ近似

6.11.1 遮蔽されたクーロンポテンシャル

ボーム - パインス理論で求められた $\widehat{H}_{\mathrm{e'g}}$ の第2項 (6.140) で与えられる，修正されたクーロンポテンシャル

$$V_{C'} = \sum_{|\boldsymbol{k}|>k_{\mathrm{c}}} \frac{2\pi\alpha\hbar c}{V\boldsymbol{k}^2}(\xi_{\boldsymbol{k}}^{\dagger}\xi_{\boldsymbol{k}} - N) = \sum_{i\neq j}\sum_{|\boldsymbol{k}|>k_{\mathrm{c}}} \frac{2\pi\alpha\hbar c}{V\boldsymbol{k}^2} e^{-i\boldsymbol{k}(\boldsymbol{x}_i-\boldsymbol{x}_j)} \tag{6.144}$$

について調べよう．このポテンシャルは，連続極限で

$$V_{C'}(r) = \sum_{|\boldsymbol{k}|>k_{\mathrm{c}}} \frac{4\pi\alpha\hbar c}{V\boldsymbol{k}^2} e^{i\boldsymbol{k}\boldsymbol{x}} = \frac{2\pi\alpha\hbar c}{(2\pi)^3}\int_{|\boldsymbol{k}|>k_{\mathrm{c}}} \frac{e^{i\boldsymbol{k}\boldsymbol{x}}}{\boldsymbol{k}^2} d^3\boldsymbol{k}$$

となる．波数 $\boldsymbol{k}$ の極座標表示を用いれば，この積分は初等的に実行でき，

$$\begin{aligned}\int_{|\boldsymbol{k}|>k_{\mathrm{c}}} \frac{e^{i\boldsymbol{k}\boldsymbol{x}}}{\boldsymbol{k}^2} d^3\boldsymbol{k} &= \int_{k_{\mathrm{c}}}^{\infty}\int_0^{\pi}\int_0^{2\pi} \frac{e^{ikr\cos\theta}}{k^2} k^2\, dk \sin\theta\, d\theta\, d\phi \\ &= 2\pi\int_{k_{\mathrm{c}}}^{\infty}\left[\frac{e^{ikrz}}{ikr}\right]_{-1}^{1} dk = \frac{4\pi}{r}\int_{k_{\mathrm{c}}}^{\infty}\frac{\sin kr}{k}dk \\ &= \frac{4\pi}{r}\left\{1 - \frac{2}{\pi}\mathrm{Si}(k_{\mathrm{c}} r)\right\}\end{aligned}$$

となる．上記の計算で，角度 θ の積分において $z = \cos\theta$ と変数変換を行った．$\mathrm{Si}(x)$ は**積分正弦関数** (**integral sine function**)[†34] で，

$$\mathrm{Si}(z) = \int_0^z \frac{\sin x}{x} dx$$

と定義される．ここで，**正弦積分** (**sine integral**)

---

†33 ボームとパインズによれば，この項の効果を取り入れることにより，電子の運動エネルギーとプラズモン項が修正され，

$$\sum_i \frac{\boldsymbol{p}_i^2}{2m}\left(1 - \frac{\beta^3}{6}\right) + \frac{1}{2}\sum_{|\boldsymbol{k}|\le k_{\mathrm{c}}}(P_{\boldsymbol{k}}^{\dagger}P_{\boldsymbol{k}} + \omega_{\boldsymbol{k}}^2 Q_{\boldsymbol{k}}^{\dagger}Q_{\boldsymbol{k}})$$

となる．ここで，$\beta = \boldsymbol{k}_{\mathrm{c}}/\boldsymbol{k}_{\mathrm{F}}$ である．例として，金属 Na では $\beta \sim 0.7$ であるので運動エネルギーの変化は小さい．また，プラズモンの分散関係も変化するが，これも運動エネルギーの変化と打ち消し合い大きい寄与は与えない．

†34 $\mathrm{Si}(\infty)$ だけでなく，この関数を正弦積分とよぶこともある．

$$\mathrm{Si}(\infty)=\int_0^\infty \frac{\sin x}{x}dx=\frac{\pi}{2}$$

も用いた．よって，修正されたポテンシャル (6.11) は，

$$V_{C'}(r)=\frac{\alpha\hbar c}{r}\left\{1-\frac{2}{\pi}\mathrm{Si}(k_{\mathrm{c}}r)\right\}$$

となる．

図 6.4 に $V_{C'}$ を示す．図からわかるように，$V_{C'}$ は r が大きくなると急速に 0 に近づく短距離力であり，長距離力であるクーロンポテンシャルとは異なっている．このポテンシャルの力の到達範囲は，図からわかるように，$\sim 2k_{\mathrm{c}}^{-1}$ 程度である．このことは，波数の総和におけるカットオフ波数 k_{c} の存在から来る不確定性関係 $k_{\mathrm{c}}\Delta r\sim 1$ から明らかである．電子は相互作用の効果を取り込んだ準粒子となり，準粒子間の相互作用は遮蔽された短距離力となるのである．

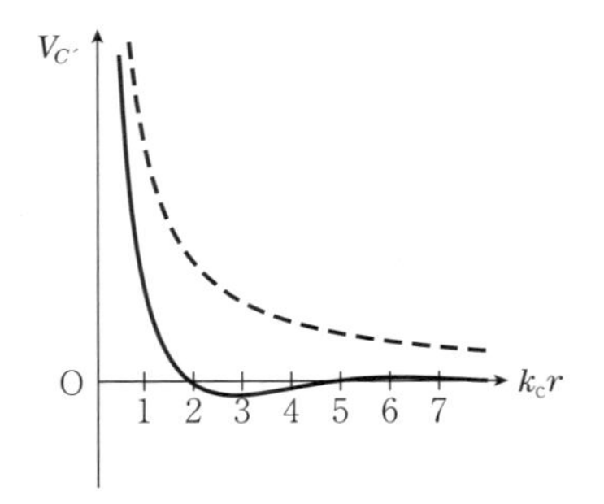

図 6.4　遮蔽されたポテンシャル $V_{C'}$（破線はクーロンポテンシャル）

遮蔽効果 (**shielding effect**) は，物理的には分極効果として解釈される．ここで，電子ガス中の 1 個の電子に着目する．クーロン相互作用による電子間の斥力のため着目している電子の周囲に他の電子は近づきにくくなり，電子から離れた部分の電子密度に対して平均的に電子密度が小さくなる†35．これは相対的に電子の周りに正の電荷が分極するのと同じ効果をもたらし，

†35　クーロンホールとよばれることがある．

電子間の相互作用を弱めてしまうのである.

6.11.2 トーマス - フェルミ近似

この効果は, **トーマス - フェルミ近似** (**Thomas - Fermi approximation**) を用いて示すことができるので以下で紹介する†36. 自由フェルミ粒子系における粒子密度 n とフェルミエネルギーの関係は (4.36) で与えられる. この系に位置 $\boldsymbol{x}$ に依存しない一様なポテンシャル v が作用していたとすれば, それはエネルギーの原点を移動させるだけであるから, (4.36) で ε_{F} を $\varepsilon_{\mathrm{F}} - v$ とすればよい. これを n について解けば次のようになる.

$$
n = \frac{1}{3\pi^2}\left[\frac{2m}{\hbar^2}(\varepsilon_{\mathrm{F}} - v)\right]^{3/2} \tag{6.145}
$$

ここで, 位置 $\boldsymbol{x}$ に非常に弱く依存するポテンシャル $v(\boldsymbol{x})$ が作用している場合を考えよう. 電子密度はポテンシャルの作用で $\boldsymbol{x}$ 依存性をもち, $n_v(\boldsymbol{x})$ となる. ポテンシャル $v(\boldsymbol{x})$ の $\boldsymbol{x}$ 依存性が非常に小さければ, (6.145) で n, v をそれぞれ $n_v(\boldsymbol{x})$, $v(\boldsymbol{x})$ とすることがよい近似となり†37,

$$
n_v(\boldsymbol{x}) = \frac{1}{3\pi^2}\left[\frac{2m}{\hbar^2}\{\varepsilon_{\mathrm{F}} - v(\boldsymbol{x})\}\right]^{3/2} \tag{6.146}
$$

が与えられる. ポテンシャル v による電子密度の変化 δn は, $n_v(\boldsymbol{x})$ から $v=0$ に対する n_0 を引いたものになる. フェルミエネルギー ε_{F} に比べて $v(\boldsymbol{x})$ が小さいとすれば, $v(\boldsymbol{x})$ で展開して次のようになる.

$$
\begin{aligned}
\delta n(\boldsymbol{x}) \equiv n_v(\boldsymbol{x}) - n_0 &\sim \frac{1}{3\pi^2}\left(\frac{2m\varepsilon_{\mathrm{F}}}{\hbar^2}\right)^{3/2}\left\{\left(1 - \frac{v(\boldsymbol{x})}{\varepsilon_{\mathrm{F}}}\right) - 1\right\}^{3/2} \\
&\sim -\frac{1}{3\pi^2}k_{\mathrm{F}}^3\frac{3}{2}\frac{v(x)}{\varepsilon_{\mathrm{F}}} = -\frac{1}{2\pi^2}\frac{2mk_{\mathrm{F}}}{\hbar^2}v(\boldsymbol{x})
\end{aligned}
$$

ここで, $\varepsilon_{\mathrm{F}} = (\hbar k_{\mathrm{F}})^2/(2m)$ を用いたことに注意しよう.

---

†36　トーマス - フェルミ近似は, もともと原子構造に対する近似として導入されたものである. L. H. Thomas : Proc. Camb. Phil. Soc. **23** (1927) 542 ; E. Fermi : Z. f. Phys. **48** (1928) 73. 多体系に対するトーマス - フェルミ近似は, 量子力学の半古典近似という見地から扱うことができる[36].

†37　このような近似を局所密度近似という.

今，原点 $\boldsymbol{x}=0$ に電荷 e の点電荷があったとする．この点電荷は静電ポテンシャル $\phi(\boldsymbol{x})$ と共にあり，それにより電子密度 (6.11) の分極が生じる．電荷密度 $\rho(\boldsymbol{x})$ と静電ポテンシャル $\phi(\boldsymbol{x})$ の関係は，ポアソンの方程式

$$\boldsymbol{\nabla}^2\phi(\boldsymbol{x}) = -\frac{1}{\varepsilon_0}\rho(\boldsymbol{x}) \tag{6.147}$$

で与えられる．なお，一時的に SI 単位を用いた．静電ポテンシャルと電荷密度は，

$$V(\boldsymbol{x}) = e\phi(\boldsymbol{x}), \qquad \rho(\boldsymbol{x}) = e\delta^3(\boldsymbol{x}) + e\delta n(\boldsymbol{x}) \tag{6.148}$$

で与えられる．これを用いて

$$\boldsymbol{\nabla}^2 V(\boldsymbol{x}) = -\frac{e^2}{\varepsilon_0}\{\delta^3(\boldsymbol{x}) + \delta n(\boldsymbol{x})\} = -4\pi\alpha\hbar c\{\delta^3(\boldsymbol{x}) + \delta n(\boldsymbol{x})\} \tag{6.149}$$

のようにポアソン方程式を $V(\boldsymbol{x})$ の方程式に書きかえる．ここで，SI 単位における微細構造定数 α の定義 (5.37) を用いた．ポアソン方程式 (6.149) は電磁気の単位系に依存していないことに注意しよう．この方程式に (6.11) を代入して変形すれば，

$$(\boldsymbol{\nabla}^2-\mu^2)\,V(\boldsymbol{x}) = -4\pi\alpha\hbar\delta^3(\boldsymbol{x}), \qquad \mu^2 = 4\pi\alpha\hbar c\,\frac{4}{\pi}\,\frac{\alpha mc^2}{\hbar c}\,k_{\mathrm{F}} \tag{6.150}$$

となる．これは点電荷に対するヘルムホルツ方程式である．境界条件 $r\to\infty$ で $V(\infty)=0$ となる解は，湯川ポテンシャル

$$V(\boldsymbol{x}) = \alpha\hbar c\,\frac{e^{-\mu|\boldsymbol{x}|}}{|\boldsymbol{x}|} \tag{6.151}$$

である†38．これは遮蔽された短距離力であって，ポテンシャルの到達距離は $\sim\mu^{-1}$ である．(6.150) で与えられる到達距離の逆数 μ は，運動方程式の方法で求められた (6.49) のカットオフ波数 k_{c} とほぼ一致することに注意しよう．

ボーム - パインズ理論における短距離相互作用 (6.11) とここで求められ

---

†38　導出は付録 F.1 節を参照．

た湯川ポテンシャルの違いは，トーマス - フェルミ近似によるものである.

これまで得られた結果をまとめると，電子が長距離力であるクーロンポテンシャルによって相互作用をする電子ガス模型においては，相互作用を取り込んだ準粒子としての電子とプラズモンが自由度として物理的に意味をもち，プラズモンはプラズマ振動を励起エネルギーとし，準粒子間の相互作用は遮蔽された短距離力となる.

6.12 相関エネルギー

6.12.1 基底状態のエネルギー

電子ガス模型の乱雑位相近似によるハミルトニアン演算子は，次のようになる.

$$\widehat{H}_U = \widehat{H}_{\mathrm{e'g}} + \widehat{H}_{\mathrm{pl}} \tag{6.152}$$

$$\begin{aligned}\widehat{H}_{\mathrm{e'g}} &= T_{\mathrm{e'g}} + V_{C'} \\ &= \sum_i \frac{\boldsymbol{p}_i^2}{2m} + \frac{1}{2}\sum_{i \neq j} \frac{4\pi\alpha\hbar c}{|\boldsymbol{x}_i - \boldsymbol{x}_j|}\left\{1 - \frac{2}{\pi}\mathrm{Si}(k_{\mathrm{c}}|\boldsymbol{x}_i - \boldsymbol{x}_j|)\right\} - \sum_{|\boldsymbol{k}| \le k_{\mathrm{c}}} \frac{2\pi\alpha\hbar cN}{V\boldsymbol{k}^2}\end{aligned} \tag{6.153}$$

$$\widehat{H}_{\mathrm{pl}} = hf \sum_{|\boldsymbol{k}| \le k_{\mathrm{c}}} P_{\boldsymbol{k}}^\dagger P_{\boldsymbol{k}} + \frac{\omega_{\mathrm{pl}}^2}{2} \sum_{|\boldsymbol{k}| \le k_{\mathrm{c}}} Q_{\boldsymbol{k}}^\dagger Q_{\boldsymbol{k}} \tag{6.154}$$

これを用いて，電子ガス模型の基底状態 Ψ_0 のエネルギーを評価しよう.

ハミルトニアン演算子 $\widehat{H}_U$ は準粒子部分 $\widehat{H}_{\mathrm{e'g}}$ とプラズモンの部分 $\widehat{H}_{\mathrm{pl}}$ が分離しているため，基底状態の波動関数は分離型と考えてよい[†39]. 基底状態のエネルギーは，プラズモン部分の基底状態エネルギー E_{pl} と準粒子部分エ

†39 このことは厳密には正しくない. なぜならば，この系の波動関数は補助条件(6.136)を満たさないといけないからである. しかしながら，ボームらによれば，基底状態は補助条件にあまり影響されない. ここではそれに従い，分離型の基底状態波動関数を用いる. 詳細は，原論文を参照されたい. D. Bohm, K. Huang and D. Pines：Phys. Rev. **107** (1957) 71.

ネルギー $E_{\mathrm{e'g}}$ の和になるので，

$$\Psi_0 = F(Q_{\boldsymbol{k}})\Phi_0(\boldsymbol{x}_1, \cdots, \boldsymbol{x}_N), \qquad E_0 = E_{\mathrm{pl}} + E_{\mathrm{e'g}} \tag{6.155}$$

が成り立つ．F はプラズモンの基底状態で，Φ_0 は準粒子の基底状態である．

プラズモン部分は独立な調和振動子系であるから，基底状態の寄与は零点振動エネルギーである．よって

$$\hat{H}_{\mathrm{pl}}F(Q_{\boldsymbol{k}}) = E_{\mathrm{pl}}F(Q_{\boldsymbol{k}}) = \sum_{|\boldsymbol{k}|\le k_{\mathrm{c}}} \frac{\hbar\omega_{\mathrm{pl}}}{2} F(Q_{\boldsymbol{k}}) \tag{6.156}$$

が得られる．準粒子基底状態 Φ_0 は，遮蔽された相互作用を摂動で扱うこととする．摂動の1次では，状態関数が準粒子のフェルミ縮退状態 Φ_{F} である．よって，準粒子状態の基底エネルギー $E_{\mathrm{e'g}}$ は次のようになる．

$$E_{\mathrm{e'g}:1} = E_{\mathrm{F}} - \sum_{|\boldsymbol{k}|\le k_{\mathrm{c}}} \frac{2\pi\alpha\hbar cN}{V\boldsymbol{k}^2} + \langle \Phi_{\mathrm{F}} | V_{C'} | \Phi_{\mathrm{F}} \rangle \tag{6.157}$$

非摂動エネルギー E_{F} はフェルミ縮退のエネルギー (4.37) であり，

$$\frac{E_{\mathrm{F}}}{N} = \frac{1}{n}\frac{1}{5\pi^2}\frac{\hbar^2}{2m}k_{\mathrm{F}}^5 = \frac{2.210}{r_s^2} \tag{6.158}$$

が成り立つ．(6.156) と合わせて，基底状態エネルギーが次のように求められる．

$$E_0 = E_{\mathrm{pl}} + E_{\mathrm{e'g}:1} = E_{\mathrm{F}} + \sum_{|\boldsymbol{k}|\le k_{\mathrm{F}}} \left(\frac{\hbar\omega_{\mathrm{pl}}}{2} - \frac{2\pi\alpha\hbar cN}{V\boldsymbol{k}^2} \right) + \langle \Phi_{\mathrm{F}} | V_{C'} | \Phi_{\mathrm{F}} \rangle \tag{6.159}$$

波数 $\boldsymbol{k}$ の連続極限をとれば，第2項は

$$\begin{aligned} \frac{V}{(2\pi)^3}\int_{|\boldsymbol{k}|\le k_{\mathrm{c}}} \left(\frac{\hbar\omega_{\mathrm{pl}}}{2} - \frac{2\pi\alpha\hbar cN}{V\boldsymbol{k}^2} \right) d^3\boldsymbol{k} &= \frac{\hbar\omega_{\mathrm{pl}}}{12\pi^2 V}k_{\mathrm{c}}^3 - \frac{N\alpha\hbar c}{\pi}k_{\mathrm{c}} \\ &= N\left(\frac{\hbar\omega_{\mathrm{pl}}}{4}\beta^3 - \frac{\alpha\hbar c k_{\mathrm{F}}}{\pi}\beta \right) \end{aligned} \tag{6.160}$$

となる[†40]．フェルミ波数で規格化したカットオフ波数 k_{c} を

†40　フェルミ波数の定義 (4.35) を用いた．

$$\beta = \frac{k_c}{k_F}$$

とした．

準粒子ポテンシャルの１次摂動エネルギー $\langle \Phi_F | V_{C'} | \Phi_F \rangle$ は，ポテンシャル $V_{C'}$ の波数表示 (6.11) を用いれば，連続極限をとって

$$\langle \Phi_F | V_{C'} | \Phi_F \rangle = -\frac{4\pi\alpha\hbar c}{V} \sum_{\substack{|\boldsymbol{k}|, |\boldsymbol{l}| \le k_F \\ |\boldsymbol{k}-\boldsymbol{l}| > k_c}} \frac{1}{|\boldsymbol{k}-\boldsymbol{l}|^2}$$

$$= -\frac{4\pi\alpha\hbar c}{V} \left\{ \frac{V}{(2\pi)^3} \right\} \int \frac{d^3\boldsymbol{k}\, d^3\boldsymbol{l}}{|\boldsymbol{p}-\boldsymbol{q}|^2}$$

のようになる†41．最後の積分は初等的に求められ†42，次の結果を得る．

$$\langle \Phi_F | V_{C'} | \Phi_F \rangle = -N \frac{3\alpha\hbar c k_F^2}{4\pi} \left(1 - \frac{4\beta}{3} + \frac{\beta^2}{2} - \frac{\beta^4}{48} \right) \qquad (6.161)$$

(6.160) と (6.161) を (6.159) に代入して，１粒子当りの基底状態エネルギー

$$\frac{E_0}{N} = \frac{E_F}{N} + \frac{\hbar\omega_{\mathrm{pl}}}{4}\beta^3 - \frac{\alpha\hbar c k_F}{\pi}\beta - \frac{3\alpha\hbar c k_F^2}{4\pi}\left(1 - \frac{4\beta}{3} + \frac{\beta^2}{2} - \frac{\beta^4}{48} \right)$$

$$= Ry\left[\frac{2.210}{r_s^2} + \frac{\sqrt{3}}{2r_s^{3/2}}\beta^3 - \frac{0.916}{r_s}\left(1 - \frac{4\beta}{3} + \frac{\beta^2}{2} - \frac{\beta^4}{48} \right) \right]$$

$$= Ry\left[\frac{2.210}{r_s^2} - \frac{0.916}{r_s} - \frac{0.458}{r_s}\beta^2 + \frac{0.866}{r_s^{3/2}}\beta^3 + \frac{0.019}{r_s}\beta^4 \right] \qquad (6.162)$$

を得る．最後に原子単位系の表示を用いた．Ry はリュードベリエネルギーである．最初の２項は 5.7 節の (5.62) で求められた，ハートリー－フォックエネルギー E_{HF}/N と一致することに注意しよう．

6.12.2 相関エネルギー

基底状態のエネルギー E_0 とハートリー－フォックエネルギー E_{HF} の差を**相関エネルギー（correlation energy）** E_{cor} といい，

---

†41 5.7 節の積分 (5.59) を参照．負号は交換項であることから来る．

†42 導出は付録 G を参照．

$$E_{\text{cor}} = E_0 - E_{\text{HF}} \tag{6.163}$$

が成り立つ．(6.162) から，乱雑位相近似による摂動の 1 次までの相関エネルギー W_1 は，

$$\frac{W_1}{N} = Ry\left\{-\frac{0.458}{r_s}\beta^2 + \frac{0.866}{r_s^{3/2}}\beta^3 + \frac{0.019}{r_s}\beta^4\right\}$$

となる．カットオフ波数に対するパラメータ β を W_1 (すなわち，E_0) が最小になるように選ぶことにしよう．相関エネルギー W_1 の β^4 項は残り 2 項に比較して小さいので，これを無視する近似を用いると，極小値は次のように求められる．

$$\left.\begin{aligned} 0 = \frac{1}{RyN}\frac{\partial W_1}{\partial \beta} &= \frac{2.598}{r_s^{3/2}}\beta^2 - \frac{0.916}{r_s}\beta \\ \Rightarrow \quad \beta &= 0.353 r_s^{1/2} \\ \Rightarrow \quad k_{\text{c}} &= 0.353 r_s^{1/2} k_{\text{F}} = 0.677 r_s^{-1/2} \end{aligned}\right\} \tag{6.164}$$

例として Na をとれば，$r_s \sim 4$ であるから $\beta \sim 0.71$ および $k_{\text{c}}^{-1} \sim 2.95 a_{\text{B}}$ となる．6.3 節の (6.49) による波数は，$k_{\text{c}} \sim 2a_{\text{B}}$ であるから，だいたいなら合っている．(6.164) で求められた β の値を (6.12) に代入して，

$$\frac{W_1}{N} = (-0.019 + 0.0003 r_s)Ry \tag{6.165}$$

となる．$r_s = 4$ 程度では W_1 は負の値をとる．これは，基底状態エネルギー E_0 がハートリー－フォックエネルギー E_{HF} より小さいことを意味する．相関エネルギーは，スレーター行列式で表されるハートリー－フォック状態には含まれない状態からの効果を含んでいるので，これはそうあるべきである．6.1 節で議論したハートリー－フォック状態の不安定性とは異なるので注意しよう．

乱雑位相近似は，ここで紹介したものの他に，6.8 節で触れたボソン近似の方法，グリーン関数を用いてダイアグラム技法によるリングダイアグラムの足し上げを行い誘電率を計算する方法†43，経路積分の方法†44 などさまざ

まな導出があり興味深い．ボース粒子系の乱雑位相近似については7.6節で議論する．

プラズマ振動

プラズマ振動のような荷電粒子気体の振動は，トンクスとラングミュア（1929年）[†45]が，放電気体のプラズマにおける集団振動の研究を行ったのが始まりのようである．金属中の電子のプラズマ振動は，スティーンベック（1932年）[†46]など初期の研究があったようであるが，ボームとパインズ[†47]によって，1951年に詳細に研究された．

本書では，集団励起の例として，運動方程式による古典的取り扱い（6.3節），RPA方程式による取り扱い（6.9節），ボームとパインズによる演算子解法による取り扱い（6.10節），の異なる方法でプラズマ振動を取り扱った[†48]．

---

†43　文献[40]，[41]，[42]，[43]を参照．

†44　文献[44]を参照．

†45　L. Tonks and I. Langmuir：Phys. Rev. **33** (1929) 195.

†46　M. Steenbeck：Zeits. für Phys. **76** (1932) 260.

†47　D. Bohm and D. Pines：Phys. Rev. **82** (1951) 625；D. Pines and D. Bohm：Phys. Rev. **85** (1952) 338；D. Bohm and D. Pines：Phys. Rev. **92** (1953) 609．また，文献[34]を参照．

†48　プラズマ振動の詳細な理論や実験的観測については，文献[34]，[57]などを見られたい．

第7章 ボース粒子多体系とボース‐アインシュタイン凝縮

本章では，まずボース粒子多体系の性質について述べる．ボース粒子系の特徴として，基底状態におけるボース‐アインシュタイン凝縮がある．ボース‐アインシュタイン凝縮についての基本的な考え方を述べ，ハートリー‐フォック方程式に相当するグロス‐キタエフスキー方程式の導出を行う．また，相互作用として極低温原子気体の計算でよく用いられる擬ポテンシャルの方法を述べる．相互作用がある場合の一様ボース粒子多体系の集団励起状態を，乱雑位相近似を用いて議論する．これはボゴリューボフ理論とよばれるものである．ここでは，ボゴリューボフ理論を粒子空孔対演算子のボース近似の方法と，コヒーレント状態の方法の2通りの方法で議論し，集団励起状態であるフォノン状態を計算する．

最後に，ボゴリューボフ理論において重要な役割を果たすボゴリューボフ変換の方法について述べる．

7.1 ボース粒子系のハートリー‐フォック近似

ボース粒子系のハートリー‐フォック方程式も，フェルミ粒子系と同様にして求めることができる．ボース粒子の場合には，それぞれの1粒子状態を任意の個数の粒子が占拠することができるため，占拠数状態 $|f_N\rangle$ を表す占拠数関数 $f = f_N$ には一般的なものを選んでおくことにする．1粒子波動関数 $\phi_a(\xi)$ で表される1粒子状態の占拠数は，$f(a) \equiv n_a$ で表される．もちろん，$\sum_{a=1}^{\infty} f(a) = N$ である．N 体波動関数は (2.42) で表される．

フェルミ粒子系の場合 (5.11) と同様に，密度行列と密度が次のように定義されることは自然である．

$$\rho(\xi, \xi') = \sum_{\alpha=1}^{N} f(\alpha) \phi_\alpha^*(\xi) \phi_\alpha(\xi'), \qquad \rho(\xi) = \rho(\xi, \xi) = \sum_{\alpha=1}^{N} f(\alpha) |\phi_\alpha(\xi)|^2 \tag{7.1}$$

ハミルトニアン演算子として，フェルミ粒子系の場合と同じ (3.176) を考える．ハミルトニアン演算子の期待値は，(2.81) と (2.99) から，次のようになる．

$$\begin{aligned} E &= \sum_{\alpha=1}^{N} f(\alpha) h_{\alpha\,;\,\alpha} + \frac{1}{2} \sum_{\alpha,\beta=1}^{N} f(\alpha) f(\beta) \left(v_{\alpha,\beta\,;\,\alpha,\beta} + v_{\alpha,\beta\,;\,\beta,\alpha} \right) \\ &\qquad - \frac{1}{2} \sum_{\alpha} f(\alpha) \{ f(\alpha) + 1 \} v_{\alpha,\alpha\,;\,\alpha,\alpha} \\ &= \sum_{\alpha=1}^{N} \int d\xi\, \phi_\alpha^*(\xi) h_0(\xi) \phi_\alpha(\xi) \\ &\quad + \frac{1}{2} \int d\xi\, d\xi' \{ \rho(\xi) v(\xi, \xi') \rho(\xi') + \rho(\xi, \xi') v(\xi, \xi') \rho(\xi', \xi) \} \\ &\quad - \frac{1}{2} \sum_{\alpha} f(\alpha) \{ f(\alpha) + 1 \} \int d\xi\, d\xi' |\phi_\alpha(\xi)|^2 v(\xi, \xi') |\phi_\alpha(\xi')|^2 \end{aligned} \tag{7.2}$$

フェルミ粒子系の場合と同様に1粒子波動関数の規格条件 (5.12) を拘束条件として扱えば，最良解は次の量を極小にする ϕ_α である．

$$\begin{aligned} E' &= E - \sum_{\alpha=1}^{N} \varepsilon_\alpha f(\alpha) \left\{ \int d\xi\, |\phi_\alpha(\xi)|^2 \right\} \\ &= \sum_{\alpha=1}^{N} \int d\xi\, f(\alpha) \phi_\alpha^*(\xi) \{ h_0(\xi) - \varepsilon_\alpha \} \phi_\alpha(\xi) \\ &\quad + \frac{1}{2} \int d\xi\, d\xi' \{ \rho(\xi) v(\xi, \xi') \rho(\xi') + \rho(\xi, \xi') v(\xi, \xi') \rho(\xi', \xi) \} \\ &\quad - \frac{1}{2} \sum_{\alpha} f(\alpha) \{ f(\alpha) + 1 \} \int d\xi\, d\xi' |\phi_\alpha(\xi)|^2 v(\xi, \xi') |\phi_\alpha(\xi')|^2 \end{aligned} \tag{7.3}$$

ラグランジュ未定係数 ε_α は，フェルミ粒子系の場合と同様一粒子エネルギーである．(7.3) の停留解は，1粒子波動関数 $\phi_\alpha(\xi)$ の変分により

$$\frac{\delta E'}{\delta \phi_\alpha} = \frac{\delta E'}{\delta \phi_\alpha^*} = 0 \tag{7.4}$$

と求められる．波動関数 $\phi_\alpha^*(\xi)$ の変分を求めれば，フェルミ粒子系の場合と同じようにして，$\phi_\alpha(\xi)$ に対するハートリー－フォック方程式が

$$\begin{aligned}\{h_0(\xi) - \varepsilon_\alpha\}\,\phi_\alpha(\xi) &+ \int d\xi'\, v(\xi,\xi')\rho(\xi')\phi_\alpha(\xi) \\ &+ \int d\xi'\, v(\xi,\xi')\rho(\xi',\xi)\phi_\alpha(\xi') \\ &- \{f(\alpha)+1\}\int d\xi'\, v(\xi',\xi)|\phi_\alpha(\xi')|^2\phi_\alpha(\xi) = 0\end{aligned} \tag{7.5}$$

のように求められる．一般的には，ボース粒子系の場合にはさまざまな占拠数 $f(\alpha)$ に対してハートリー－フォック解を求めて，その上でエネルギー E を最小にするものを見つけなければならないので，フェルミ粒子系よりさらに面倒である．

ボース粒子系のハートリー－フォック方程式 (7.5) の解についても 5.3 節でフェルミ粒子系に対して述べた解釈が成立して，占拠状態 f に属する解は基底状態を構成する 1 粒子状態波動関数であり，それ以外の解は基底状態に 1 粒子つけ加えた時の 1 粒子状態波動関数という解釈が可能である．

7.2　ボース－アインシュタイン凝縮

ボース粒子系として，特徴的な現象に**ボース－アインシュタイン凝縮** (**Bose－Einstein condensation**) がある．ここでは，自由ボース粒子系の統計力学について簡単に述べ，ボース－アインシュタイン凝縮とは何かを議論する．

7.2.1　自由ボース粒子系の統計力学

1 粒子エネルギーが ε_i $(i = 1, \cdots, \infty)$ である自由ボース粒子系を考えよう．ここで，$\varepsilon_1 \leq \varepsilon_2 \leq \cdots$ とする．エネルギーの原点は自由に選べるので，

$\varepsilon_1 = 0$ として一般性を失わない．エネルギー ε_i に対応する1粒子状態（1粒子状態 ε_i の）生成消滅演算子を $\hat{a}_i^\dagger$, $\hat{a}_i$ とすれば，この系の個数演算子およびハミルトニアン演算子は

$$\hat{N} = \sum_{i=1}^{\infty} \hat{N}_i = \sum_{i=1}^{\infty} \hat{a}_i^\dagger \hat{a}_i, \qquad \hat{H} = \sum_{i=1}^{\infty} \varepsilon_i \hat{N}_i = \sum_{i=1}^{\infty} \varepsilon_i \hat{a}_i^\dagger \hat{a}_i \tag{7.6}$$

となる．演算子 $\hat{N}_i = \hat{a}_i^\dagger \hat{a}_i$ は，1粒子状態 ε_i に対する個数演算子である．

統計力学のアンサンブル理論[†1]によれば，統計力学的状態には密度演算子 $\hat{\rho}$ が対応し，この状態に対する演算子 $\hat{O}$ の期待値は次のように定義される．

$$\langle \hat{O} \rangle = \mathrm{Tr}[\hat{O}\hat{\rho}] \tag{7.7}$$

ここでは**大きなカノニカル集合**（**grand canonical ensemble**）を考えるので，トレースは粒子数の異なる状態も含めて完全系をなすすべての状態に対してとる．自由ボース系の場合には，(3.52) で定義される占拠数状態 $|f\rangle$（f は占拠数：$f \in \mathrm{ON}^{\mathrm{S}}$）が完全系になるので，

$$\mathrm{Tr}\hat{A} = \sum_{N=0}^{\infty} \sum_{f_N \in \mathrm{ON}_N^{\mathrm{S}}} \langle f_N | \hat{A} | f_N \rangle \tag{7.8}$$

と考えてよい．大きなカノニカル集合の立場では，温度 T の多体系に対する密度演算子 $\hat{\rho}$ は

$$\hat{\rho} = \frac{1}{Z} e^{-\beta(\hat{H} - \mu\hat{N})}, \qquad \beta = \frac{1}{k_{\mathrm{B}} T} \tag{7.9}$$

と表される．ここで，μ は**化学ポテンシャル**（**chemical potential**），そして k_{B} はボルツマン定数である．Z は**大分配関数**（**grand partition function**）とよばれる非常に重要な量で，

$$Z = \mathrm{Tr} e^{-\beta(\hat{H} - \mu\hat{N})} \tag{7.10}$$

と定義される．自由ボース粒子系に対しては，(3.46) および (3.48) より，

---

†1　統計力学の基礎についてはここでは述べない．文献[11]，[45]，[48]を参照．

$$\widehat{H}|f\rangle = \sum_{i=1}^{\infty} \varepsilon_i n_i |f\rangle, \qquad \widehat{N}|f\rangle = \sum_{a=1}^{\infty} n_i |f\rangle$$

であるから（$f(i) = n_i$ である），大分配関数 (7.10) は次のように求められる．

$$\begin{aligned} Z &= \sum_{N=1}^{\infty} \sum_{f_N \in \mathrm{ON}_N^{\mathrm{S}}} \langle f_N | e^{-\beta(\widehat{H}-\mu\widehat{N})} | f_N \rangle = \sum_{N=1}^{\infty} \sum_{f_N \in \mathrm{ON}_N^{\mathrm{S}}} e^{-\beta \sum_{i=1}^{\infty} (\varepsilon_i - \mu) n_i} \\ &= \sum_{n_1=0}^{\infty} \cdots \sum_{n_\infty=0}^{\infty} \prod_{i=1}^{\infty} \left\{ \sum_{i=1}^{\infty} e^{-\beta(\varepsilon_i-\mu)n_i} \right\} \\ &= \prod_{i=1}^{\infty} \left\{ \sum_{n_i=0}^{\infty} e^{-\beta(\varepsilon_i-\mu)n_i} \right\} = \prod_{i=1}^{\infty} \frac{1}{1 - e^{-\beta(\varepsilon_i-\mu)}} \end{aligned} \tag{7.11}$$

大分配関数から個数演算子 $\widehat{N}_i$ の期待値を計算する公式を導くために，$\log Z$ を $-\beta\varepsilon_i$（$\widehat{H}$ を通じて依存する）で微分すれば，

$$N_i = \langle \widehat{N}_i \rangle = \frac{\partial}{\partial(-\beta\varepsilon_i)} \log Z = \frac{e^{-\beta(\varepsilon_i-\mu)}}{1 - e^{-\beta(\varepsilon_i-\mu)}} = \frac{1}{e^{\beta(\varepsilon_i-\mu)} - 1} \tag{7.12}$$

となる．ここで $N_i = \langle \widehat{N}_i \rangle$ とした．全粒子数の期待値を $N = \langle \widehat{N} \rangle$ と書くことにすれば，

$$N = \sum_{i=1}^{\infty} N_i = \sum_{i=1}^{\infty} \frac{1}{e^{\beta(\varepsilon_i-\mu)} - 1} \tag{7.13}$$

となる．(7.12) と (7.13) で表される粒子分布をボース - アインシュタイン分布という．

7.2.2　ボース粒子の一様系

体積 V の領域に閉じ込められたボース粒子の一様系を考えよう．4.2 節で議論した自由フェルミ粒子系と同様に，1 粒子エネルギーは (1.23) で示したように

$$\varepsilon_{\boldsymbol{k}} = \frac{\hbar \boldsymbol{k}^2}{2m} \tag{7.14}$$

で与えられる．(7.14) で与えられる全粒子数は次のようになる．

$$N = \sum_{\boldsymbol{k}} N_{\boldsymbol{k}} = \sum_{\boldsymbol{k}} \frac{1}{e^{\beta(\varepsilon_k - \mu)} - 1} = N_0 + \sum_{\boldsymbol{k} \neq 0} \frac{1}{e^{\beta(\varepsilon_k - \mu)} - 1} \tag{7.15}$$

最低エネルギー状態 $\boldsymbol{k} = 0$ の占拠数の期待値 N_0 を

$$N_0 = \frac{1}{e^{\beta(\varepsilon_{k=0} - \mu)} - 1} = \frac{1}{e^{\beta(-\mu)} - 1} \tag{7.16}$$

のように分けておいたことに注意しよう．(7.15) を解けば，化学ポテンシャル μ は，(T, N, V) あるいは $(T, N/V, V)$ の関数として

$$\mu = f(T, N, V) = F(T, N/V, V) \tag{7.17}$$

と求められる．

(7.15) の熱力学極限 (N/V を一定にして $N, V \to \infty$) を考える．フェルミ粒子の場合と同様に (4.33) を用いればよく，粒子数密度 $\boldsymbol{n} = N/V$ に対して次の式を得る．

$$\boldsymbol{n} = \frac{N}{V} = \frac{N_0}{V} + \int \frac{d^3\boldsymbol{k}}{(2\pi)^3} \frac{1}{e^{\beta(\varepsilon_k - \mu)} - 1} \tag{7.18}$$

化学ポテンシャルは $\mu < 0$ と仮定する．(7.16) より，N_0 は有限 ($\mu \neq 0$ としている) であるから，$N_0/V \to 0$ となり，次の非凝縮分布

$$\boldsymbol{n} = \int \frac{d^3\boldsymbol{k}}{(2\pi)^3} \frac{1}{e^{\beta(\varepsilon_k - \mu)} - 1} \tag{7.19}$$

を得る．(7.17) の $F(T, \boldsymbol{n} = N/V, V)$ における $1/V$ での展開を，

$$F(T, \boldsymbol{n}, V) = F_0(T, N) + \frac{F_1(T, N)}{V} + O\left(\frac{1}{V^2}\right) \tag{7.20}$$

とすれば，化学ポテンシャル μ は次のようになる．

$$\mu = F(T, \boldsymbol{n}, \infty) = F_0(T, N) \tag{7.21}$$

さらに，(7.19) の右辺を (4.37) と同様に極座標を用いて

$$\boldsymbol{n} = \int \frac{d^3\boldsymbol{k}}{(2\pi)^3} \frac{1}{e^{\beta(\varepsilon_k - \mu)} - 1}$$

$$= \frac{1}{2\pi^2}\int_0^\infty \frac{k^2\,dk}{e^{\beta(\varepsilon_k-\mu)}-1} = \frac{1}{\lambda_{\mathrm{T}}^{3/2}}\frac{2}{\sqrt{\pi}}\int_0^\infty \frac{x^{1/2}\,dx}{e^{x-\beta\nu}-1}$$

と計算する．最後で $x = \beta\varepsilon$ に変数変換した．ここで，λ_{T} は**温度ド・ブロイ波長** (**temperature de Broglie wave－length**) とよばれ，

$$\lambda_{\mathrm{T}} = \sqrt{\frac{2\pi\hbar^2}{mk_{\mathrm{B}}T}} \tag{7.22}$$

で定義される．

関数 $B_\alpha(\nu)$ を

$$B_\alpha(\nu) = \frac{1}{\Gamma(\alpha)}\int_0^\infty \frac{x^{\alpha-1}}{e^{x+\nu}-1}dx \tag{7.23}$$

のように導入[†2]する．関数 $B_\alpha(\nu)$ は $\nu \geq 0$ で定義され，ν の単調減少関数であることは定義から明らかである．特に，$\alpha = 3/2$ の時は，

$$B_{3/2}(\nu) = \frac{2}{\sqrt{\pi}}\int_0^\infty \frac{x^{1/2}}{e^{x+\nu}-1}dx$$

であるから，(7.19) は，次のように表される．

$$n = \frac{1}{\lambda_{\mathrm{T}}^{3/2}}B_{3/2}(-\beta\mu) \tag{7.24}$$

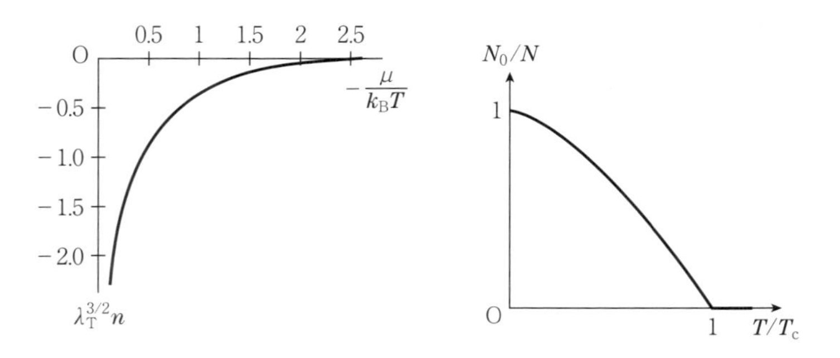

図 7.1　自由ボース粒子気体における化学ポテンシャルの密度依存性（左図）と，ボース－アインシュタイン凝縮における凝縮粒子数の温度変化（右図）．

---

†2　関数 $B_\alpha(z)$ はアッペル関数 $\phi(z, s)$ を用いて，$B_\alpha(\nu) = \phi(\alpha, e^\nu)$ と表される[49]．

7.2.3 ボース - アインシュタイン凝縮の転移温度

温度 T が十分大きい場合には (7.24) は $\mu < 0$ の解をもつが，温度が小さくなると μ は減少しある温度で $\mu = 0$ となる．この温度 $T = T_c$ を**ボース - アインシュタイン凝縮の転移温度** (**transition temperature of Bose - Einstein condensation**) という．転移温度 T_c は (7.24) において $\mu = 0$ とすれば求められる．定義式 (7.23) より，$B_\alpha(0)$ は次のようになる[†3]．

$$B_\alpha(0) = \frac{1}{\Gamma(\alpha)}\int_0^\infty \frac{x^{\alpha-1}}{e^x - 1}\,dx = \frac{1}{\Gamma(\alpha)}\int_0^\infty \frac{x^{\alpha-1}e^{-x}}{1 - e^{-x} - 1}\,dx$$

$$= \frac{1}{\Gamma(\alpha)}\int_0^\infty x^{\alpha-1}\sum_{k=1}^{\infty} e^{-kx}\,dx = \sum_{k=1}^{\infty}\frac{1}{\Gamma(\alpha)}\int_0^\infty x^{\alpha-1}\sum_{k=1}^{\infty} e^{-kx}\,dx$$

$$= \sum_{k=1}^{\infty}\frac{1}{\Gamma(\alpha)}\frac{1}{k^\alpha}\int_0^\infty z^{\alpha-1}e^{-z}\,dz = \sum_{k=1}^{\infty}\frac{1}{\Gamma(\alpha)}\frac{1}{k^\alpha}\Gamma(\alpha) = \sum_{k=1}^{\infty}\frac{1}{k^\alpha} = \zeta(\alpha)$$

最後で，$z = kx$ と変数変換した．関数 $\zeta(\alpha)$ はリーマンの ζ 関数である．よって，転移温度 T_c に対して (7.24) から

$$n\lambda_{T_c}^{3/2} = \zeta\left(\frac{3}{2}\right) \sim 2.613 \tag{7.25}$$

が導かれる．温度ド・ブロイ波長の定義式 (7.22) を代入して，T_c の表式は次のようになる．

$$k_B T_c = \frac{2\pi\hbar^2}{m}\left\{\frac{n}{\zeta(3/2)}\right\}^{2/3} \tag{7.26}$$

粒子の質量 m が小さいほど，T_c が大きくなる (転移が起きやすい) ことに

---

†3 一般に，**オペコフスキーの漸近展開** (**asymptotic expansions by Opechowski**)

$$B_\alpha(\nu) = \frac{\pi}{\sin \pi\alpha}\frac{\nu^{\alpha-1}}{\Gamma(\alpha)} + \sum_{n=0}^{\infty}(-1)^n\,\zeta(\alpha - n)\,\frac{\nu^n}{n!}$$

が成立する．これより，$\alpha = 3/2$ の場合には，

$$B_{3/2}(\nu) \sim \zeta\left(\frac{3}{2}\right) + \frac{\pi}{\sin(3\pi/2)}\nu^{1/2} - \zeta\left(\frac{1}{2}\right)\nu + \cdots$$

$$\sim 2.623 - 3.5\nu^{1/2} - 1.46\nu + \cdots$$

この展開および関数 $B_\alpha(\nu)$ の解析的性質については，次の論文を参照してほしい．

T. Nishimura, A. Matsumoto and H. Yabu : Phys. Rev. **A77** (2008) 063612.

注意しよう．これは，m が小さいほど1粒子エネルギーが全体的に高くなるからである．

ボース－アインシュタイン凝縮の転移温度 T_{c} の意味を (7.25) に基づいて考えてみよう．そのために，まず温度ド・ブロイ波長の意味を明らかにする．気体の温度の意味から，温度 T の気体粒子は平均的に $\sim k_{\mathrm{B}}T$ 程度までの運動エネルギーをもっている．運動エネルギーは，ド・ブロイの定理を用いて，ド・ブロイ波長 λ で表されるので，

$$\varepsilon_{\boldsymbol{k}} = \frac{\hbar^2 \boldsymbol{k}^2}{2m} = \frac{\hbar^2}{2m}\left(\frac{2\pi}{\lambda}\right)^2$$

が成り立つ．運動エネルギー $\varepsilon_{\boldsymbol{k}}$ を $\sim k_{\mathrm{B}}T$ とおいてド・ブロイ波長 λ について解くと，(7.22) で定義される温度ド・ブロイ波長 λ_T と（定数倍を除いて）一致する．したがって，温度 T の気体粒子は量子力学的に $\sim \lambda_T$ 程度までのド・ブロイ波長に対応する状態にある．これらの状態を重ね合わせて波束を作ると，λ_{T} 程度の波束ができる．温度 T の気体は，量子力学的なゆらぎにより，大きさ λ_{T} 程度の波束が集まってできていると考えてよい．気体の密度が n であるとすると，平均の粒子間隔は $\sim n^{-1/3}$ 程度である．

もし気体が十分希薄で粒子間隔が大きい，あるいは高温で波束の大きさが小さければ，波束は重なり合うことなく運動することになり，古典的な気体の性質を示す．逆に気体の密度が十分大きいか，あるいは低温で波束が大きければ，波束は重なり合い，量子力学的な気体の性質が現れる．古典気体と量子気体の境界は，$\lambda_{\mathrm{T}} \sim n^{-1/3}$ で決まる．これが (7.25) の物理的意味と考えることができる[†4]．

7.2.4　ボース－アインシュタイン凝縮

転移温度 T_{c} より低温では量子力学的な効果が現れるとして，自由ボース粒子系の場合には何が起こるのであろうか．温度 $T < T_{\mathrm{c}}$ で化学ポテンシャルが $\mu > 0$ になれば，(7.24) の右辺は発散し意味をなさなくなる．したがっ

---

†4　この議論は，気体が相転移を起こして液体や固体になる可能性は考えていないことに注意する必要がある．

て，$T < T_c$ では $\mu = 0$ であるとすれば，(7.24) の右辺は粒子密度 n より小さくなってしまい，やはり意味をなさない．よって，熱力学極限をとる以前の (7.16) に立ち戻る必要がある．

まず，化学ポテンシャルで (7.20) の第1項 $F_0(T, n)$ は，

$$F_0(T, n) = \begin{cases} (7.24) \text{ の解} & (T > T_c) \\ 0 & (T \leq T_c) \end{cases} \tag{7.27}$$

となるとする．温度 $T > T_c$ ではこれまでと同じである．

温度が転移温度以下 $T \leq T_c$ で，(7.18) 右辺の N_0/V_0 を計算する．展開式 (7.20) は $T \leq T_c$ で $F_0(T, n) = 0$ であるから，

$$\mu = F(T, n, V) = \frac{F_1(T, n)}{V} + O\left(\frac{1}{V^2}\right) \tag{7.28}$$

となり，(7.16) を用いれば次のようになる．

$$\begin{aligned} \frac{N_0}{V} &= \frac{1}{V}\frac{1}{e^{\beta(-\mu)} - 1} = \frac{1}{V}\frac{1}{1 - \beta F_1/V + O(1/V^2) - 1} \\ &= -\frac{1}{\beta F_1(T, n)} + O\left(\frac{1}{V}\right) \end{aligned}$$

よって，$V \to \infty$ の極限で $\mu \to 0$ であるが，N_0/V は消えずに残る．以上から，$T \leq T_c$ では次のようになる．

$$\begin{aligned} n &= n_0 + \int \frac{d^3\boldsymbol{k}}{(2\pi)^3}\frac{1}{e^{\beta\varepsilon_k} - 1} \\ &= n_0 + \frac{1}{\lambda_T^{3/2}} B_{3/2}(0) = n_0 + \frac{1}{\lambda_T^{3/2}}\zeta\left(\frac{3}{2}\right) \end{aligned} \tag{7.29}$$

ここで $n_0 = -k_B T/F_1(T, n)$ である．この結果は，転移温度 T_c 以下では $\mu = 0$ のボース - アインシュタイン分布をする粒子の他に，最低エネルギー状態 $\varepsilon_1 = 0$ を占拠する粒子が出現することを意味する．この現象をボース - アインシュタイン凝縮とよび，凝縮している n_0 個の粒子を**ボース - アインシュタイン凝縮体** (**Bose - Einstein condensate**) とよぶ．

凝縮体の密度 n_0 は (7.29) の $\zeta(3/2)$ に (7.25) を代入すれば求められ，

$$\frac{N_0}{N} = \frac{n_0}{n} = 1 - \frac{\lambda_{T_c}^{3/2}}{\lambda_T^{3/2}} = 1 - \left(\frac{T}{T_c}\right)^{3/2} \tag{7.30}$$

となる．よって，凝縮体の粒子が全粒子に占める割合は $T = T_c$ で 0%（凝縮が起き始める）であるから，$T = 0$ で 100%（全粒子が凝縮）となる．

ボース－アインシュタイン凝縮は水の凝縮とは異なり，空間的な体積の収縮ではないことに注意しよう．凝縮体の 1 粒子波動関数は $\boldsymbol{k} = 0$ であるから，$\phi\boldsymbol{k}(\boldsymbol{x}) = 1/\sqrt{V}$ となり，空間全体に広がっているのである．ボース－アインシュタイン凝縮は，さまざまな運動量 $\hbar\boldsymbol{k}$ にボース分布（(7.12)）していた粒子が転移温度以下で $\boldsymbol{p} = 0$ の状態に集中していく現象であり，運動量空間における凝縮という意味である．

ここでは，一様系のボース－アインシュタイン凝縮について述べた．原子気体におけるボース－アインシュタイン凝縮は調和振動子ポテンシャルなどで閉じ込められた系で行われており，一様系と調和振動子系では熱力学極限のとり方が異なるため，いろいろな結果が少し異なっている．また，有限の閉じ込めによる位置と運動量の不確定性から空間的な凝縮も同時に起こる．これらについては，文献[46]，[47]を参照されたい．

7.3　グロス－ピタエフスキー方程式

相互作用するボース粒子系を考え，$T = 0$ でボース－アインシュタイン凝縮を起こしていたとする．前節で自由ボース粒子系のボース－アインシュタイン凝縮について述べたが，相互作用のある場合のボース－アインシュタイン凝縮をどう定義するのかについては，ここではわかっていない．実際にはいろいろな定義が存在するが，それは後ほど議論することとし，ここでは 7.1 節で議論したハートリー－フォック近似に話を限定し，その範囲内ですべての粒子が 1 粒子エネルギーの最低状態に占拠している状態を，$T = 0$ のボース－アインシュタイン凝縮状態とする．

N 個のボース粒子すべてが占拠している状態を $\phi_1(\xi)$ とすれば，N 体の波動関数はその積で表されることは明らかであるので，

$$\Psi_f(\xi_I) = \phi_1(\xi_1) \cdots \phi_1(\xi_N)$$

となる．この状態に対する占拠数fは次のようになる．

$$f(\alpha) = N\delta_{\alpha,1} \tag{7.31}$$

これを7.1節の結果に用いればよい．以下，1体波動関数は1種類しか現れないので，添字を省略して $\phi(\zeta) = \phi_1(\zeta)$ と書くことにする．

密度行列と密度 (7.1) は，

$$\rho(\xi,\xi') = N\phi^*(\xi)\phi(\xi'), \qquad \rho(\xi) = N|\phi(\xi)|^2$$

であるから，(7.2) よりハミルトニアン演算子の期待値

$$\begin{aligned} E &= Nh_{1;1} + \frac{N(N+1)}{2} v_{1,1;1,1} \\ &= N\int d\xi \phi^*(\xi) h_0(\xi)\phi(\xi) + \frac{N(N+1)}{2}\int d\xi d\xi' |\phi(\xi)|^2 v(\xi,\xi')|\phi(\xi')|^2 \end{aligned} \tag{7.32}$$

が求められる．凝縮波動関数 $\phi(\zeta)$ を決定するハートリー－フォック方程式 (7.3) は次のようになる．

$$\{h_0(\xi) - \varepsilon\}\phi(\xi) + (N+1)\int d\xi'\, v(\xi,\xi')|\phi(\xi')|^2\phi(\xi) = 0 \tag{7.33}$$

ここで $\varepsilon = \varepsilon_1$ とした．

一様系の場合，ϕ は座標に依存する波動関数 $\phi(\boldsymbol{x})$ となり，h_0 は $\hat{\boldsymbol{p}}^2/2m$ となる．原子気体系のように粒子を閉じ込めたりする外場がある場合には，これに閉じ込めポテンシャル $V_{\rm ext}(\boldsymbol{x})$ が加わるので，

$$\begin{aligned} &-\frac{\hbar^2}{2m}\boldsymbol{\nabla}^2\phi(\boldsymbol{x}) + V_{\rm ext}(\boldsymbol{x})\phi(\boldsymbol{x}) \\ &\qquad + N\int d^3\boldsymbol{x}\, v(\boldsymbol{x}-\boldsymbol{x}')|\phi(\boldsymbol{x}')|^2\phi(\boldsymbol{x}) = \varepsilon\phi(\boldsymbol{x}) \end{aligned} \tag{7.34}$$

となる．ボース－アインシュタイン凝縮は粒子数Nが大きい場合に意味が

あるので，$N+1 \sim N$ と近似した．この時，$\sqrt{N}$ で規格化し直した場

$$\Phi(\boldsymbol{x}) = \sqrt{N}\phi(\boldsymbol{x}) \tag{7.35}$$

を定義し，これを秩序変数という．秩序変数 $\Phi(\boldsymbol{x})$ を用いて (7.34) を書きかえると次のようになる．

$$-\frac{\hbar^2}{2m}\boldsymbol{\nabla}^2\Phi(\boldsymbol{x}) + V_{\mathrm{ext}}(\boldsymbol{x})\Phi(\boldsymbol{x}) + \int d^3\boldsymbol{x}\, v(\boldsymbol{x}-\boldsymbol{x}')|\Phi(\boldsymbol{x}')|^2\Phi(\boldsymbol{x}) = \varepsilon\Phi(\boldsymbol{x}) \tag{7.36}$$

(7.34) や (7.36) はシュレディンガー方程式に非線形項を加えた方程式になっているので，**非線形シュレディンガー方程式** (**non - linear Schrödinger equation**) である．これらの凝縮波動関数を決定する非線形シュレディンガー方程式を**グロス - ピタエフスキー方程式** (**Gross - Pitaevskii equation**)[†5] という．

7.4 擬ポテンシャルの方法

7.4.1 原子気体の相互作用

原子気体のボース - アインシュタイン凝縮体は数 μK ～ 数 nK 程度の極低温であり，また気体の密度も非常に希薄で平均原子間距離は $\sim 10^3$ nm に及ぶ弱相関系である[†6]．原子気体における原子間衝突の s 波散乱長は，フェッシュバッハ共鳴などを利用して非常に大きく調節している場合を除けば，～数 nm 程度である．このような状況では，低エネルギー散乱の有効距離の理論から相互作用はポテンシャルの詳細によらず，散乱パラメータ，特に s 波散乱長の値で決まってしまう[50]．よって，グロス - ピタエフスキー方程式

†5　E. P. Gross：Nuov. Cimento **20** (1961) 454；L. P. Pitaevskii：Zh. Eksp. Teor. Fys. **40** (1961) 646 [Sov. Phys. JETP **13** (1961) 451].

†6　最近では，強相関の原子気体も実現している．

(7.36) における相互作用ポテンシャル $v(\boldsymbol{x}-\boldsymbol{x}')$ に簡単な関数のものを用い，ポテンシャルのパラメータを s 波散乱長の実験値に合うように決めておくという方法が有効である．そのようなものの中でよく使われる**擬ポテンシャルの方法** (**method of the pseudo - potential**)[†7] について述べる[48,50]．

7.4.2　剛体球ポテンシャルによる散乱問題

粒子間相互作用として半径 a の**剛体球ポテンシャル** (**hard - sphere potential**)

$$v(r)=\begin{cases} 0 & (r>a) \\ \infty & (r\le a) \end{cases} \tag{7.37}$$

を考え，このポテンシャルをもつシュレディンガー方程式

$$-\frac{\hbar^2}{2m}\nabla^2\psi(\boldsymbol{x})+v(r)\psi(\boldsymbol{x})=E\psi(\boldsymbol{x}),\qquad E=\frac{\hbar^2\boldsymbol{k}^2}{2m} \tag{7.38}$$

の散乱問題を考える．低エネルギーの s 波散乱のみを考えるので，$\psi=\psi(r)$，$k=|\boldsymbol{k}|=0$ とする．シュレディンガー方程式 (7.38) は，

$$\frac{1}{r}\frac{d^2(r\psi)}{dr^2}=0\quad(r>a),\qquad \psi(r)=0\quad(r\le a) \tag{7.39}$$

となり，その解 ($k=0$ での s 波散乱解) は次のようになる．

$$\psi(r)=\begin{cases} 1-\dfrac{a}{r} & (r>a) \\ 0 & (r\le a) \end{cases} \tag{7.40}$$

半径 a は s 波散乱の散乱長でもあることに注意しよう．

7.4.3　擬ポテンシャル

剛体球の結果を再現するような，力の到達範囲が 0 である有効ポテンシャルを考える．すなわち $r\neq 0$ では，$(\nabla^2+k^2)\psi(\boldsymbol{x})=0$ であり，極限 $k\to 0$ では，

---

†7　擬ポテンシャルの方法は，ブライトによって始められた．G. Breit：Phys. Rev. **71** (1947) 135；G. Breit and P. R. Zilsel：Phys. Rev. **71** (1947) 232.

$$\psi(r) \to A\left(1 - \frac{a}{r}\right) \tag{7.41}$$

となるs波の解をもつようなポテンシャルを考えるのである．定数Aは，

$$A = \left[\frac{d}{dr}(r\psi)\right]_{r=0} \tag{7.42}$$

と書けることに注意しよう．(7.41) の両辺の $\boldsymbol{\nabla}^2$ をとれば，

$$\boldsymbol{\nabla}^2\psi \to A(-a)\,\boldsymbol{\nabla}^2\frac{1}{r} = 4\pi a\delta^3(\boldsymbol{x})A = 4\pi a\delta^3(\boldsymbol{x})\,\frac{d}{dr}(r\psi)$$

となる．ここで，$\boldsymbol{\nabla}^2(1/r) = -4\pi\delta^3(\boldsymbol{x})$ を用いた．これは，$k \to 0$ に対してψが満たすべき方程式である．よって，有限のkに対して，シュレディンガー方程式

$$(\boldsymbol{\nabla}^2 + k^2)\psi(\boldsymbol{x}) - 4\pi a\delta^3(\boldsymbol{x})\,\frac{d}{dr}(r\psi) \tag{7.43}$$

を考えればよいことがわかる．これはポテンシャルとして，

$$v(\boldsymbol{x})\psi(\boldsymbol{x}) = g\delta^3(\boldsymbol{x})\,\frac{d}{dr}r\psi(\boldsymbol{x}) \tag{7.44}$$

をとることを意味し，これを**擬ポテンシャル** (**pseudo－potential**) という．定数gと散乱長aの関係は，(7.43) から次のように決まる．

$$g = \frac{2\pi m}{\hbar^2}a \tag{7.45}$$

実際に，擬ポテンシャルをもつシュレディンガー方程式 (7.43) のs波散乱解を求めてみよう．擬ポテンシャルは$\delta^3(\boldsymbol{x})$を含むため，$r \neq 0$ではs波散乱に対する自由粒子解をもつので，

$$u(r) \sim \sin kr + kfe^{ikr} \tag{7.46}$$

が成り立つ．fはs波散乱の散乱振幅である．シュレディンガー方程式 (7.43) に $\psi(r) = u(r)/r$ を代入すれば，

$$\frac{u''(r) + k^2u(r)}{r} - 4\pi\delta^3(\boldsymbol{x})u(0) - 4\pi a\delta^3(\boldsymbol{x})u'(0) = 0$$

となり，

$$u''(r) + k^2u(r) = 0, \qquad u(0) + au'(0) = 0 \tag{7.47}$$

のように，$\delta^3(\boldsymbol{x})$ に比例する部分とそれ以外に分かれる．なお，(7.46) は (7.47) の第 1 式を満たしていることに注意しよう．第 2 式（これは $r = 0$ での境界条件である）に (7.46) を代入し，$f = -a/(1 + ik)$ が決まる．よって，s 波散乱解が以下のように求められる．

$$\psi(\boldsymbol{x}) = \frac{u(r)}{r} = \frac{\sin kr}{r} - \frac{ka}{1 + ika}\frac{e^{ikr}}{r} \tag{7.48}$$

この解が (7.41) を満たすことは明らかである．

7.4.4　剛体球ポテンシャルを用いたグロス - ピタエフスキー方程式

擬ポテンシャル (7.44) を，前節で求めたグロス - ピタエフスキー方程式に用いよう．ポテンシャル (7.44) の $\psi(\boldsymbol{x})$ に作用させれば，

$$v(\boldsymbol{x})\psi(\boldsymbol{x}) = g\delta^3(\boldsymbol{x})\frac{d}{dr}r\psi(\boldsymbol{x}) = g\delta^3(\boldsymbol{x})\psi(\boldsymbol{x}) + g\delta^3(\boldsymbol{x})r\psi'(\boldsymbol{x})$$

が得られる．s 波散乱状態波動関数 (7.48) のような $r = 0$ で特異な関数の場合には第 2 項が 0 とならないが，ハートリー - フォック波動関数の場合には $\psi'(\boldsymbol{x})$ が $r = 0$ で有限であり，第 2 項は消え，擬ポテンシャルを $v(\boldsymbol{x}) = g\delta^3(\boldsymbol{x})$ としてよい†8．よって，グロス - ピタエフスキー方程式 (7.36) は次のようになる．

$$-\frac{\hbar^2}{2m}\boldsymbol{\nabla}^2\Phi(\boldsymbol{x}) + V_{\mathrm{ext}}(\boldsymbol{x})\Phi(\boldsymbol{x}) + g|\Phi(\boldsymbol{x})|^2\Phi(\boldsymbol{x}) = \varepsilon\Phi(\boldsymbol{x}) \tag{7.49}$$

散乱長と結合定数 g の関係は，同種ボース粒子散乱（散乱角 θ の散乱と $\pi - \theta$ の散乱が重ね合わさる）の場合は散乱長が 2 倍となり，次頁の式を用いなければならない．

---

†8　初めから δ^3 型ポテンシャルを使うと，シュレディンガー方程式が s 波散乱解をもたないため，うまくいかない．

$$g = \frac{4\pi m}{\hbar^2} a \tag{7.50}$$

7.5　相互作用がある場合のボース‐アインシュタイン凝縮

7.5.1　ボース‐アインシュタイン凝縮の秩序変数

7.2節から7.4節で述べた，自由ボース粒子系およびハートリー‐フォック近似が成立する場合のボース‐アインシュタイン凝縮は，近似的にせよ1粒子状態が定義できることに依存している．一般的な相互作用するボース粒子系，特に1粒子状態が定義できないような強く相互作用するボース粒子系においては，そのボース‐アインシュタイン凝縮をどのように定義するかは重要だが困難な問題となっている．

多くの定義は，一般的な**秩序変数**（**order parameter**）の考え方を用いる．温度に依存するある量 $X(T)$ があり，自由ボース粒子系では，T_c の前後で不連続[†9]な変化をする量とする．この量 $X(T)$ は，相互作用系でも求められるものであるとする．量 $X(T)$ がある温度 T_c を境にして自由ボース粒子系と同じような不連続性を示す時，ボース‐アインシュタイン凝縮が生じたと考え，T_c を転移温度とするのである[†10]．

7.5.2　非対角長距離秩序（ODLRO）と秩序変数

このような定義としてよく用いられるものに，**非対角長距離秩序**（**ODLRO：off diagonal long range order**）がある．これは，場の演算子による密度行列(7.1)を用いて秩序変数を定義する．場の演算子を $\hat{\phi}(\boldsymbol{x})$，$\hat{\phi}^\dagger(\boldsymbol{x})$ とすれば，密度行列は次式で定義される．

$$\rho(\boldsymbol{x}, \boldsymbol{y}) = \langle \hat{\phi}(\boldsymbol{x}) \hat{\phi}^\dagger(\boldsymbol{y}) \rangle \tag{7.51}$$

期待値は考えている状態に対する期待値，または有限温度の場合には統計的な期待値である．これを(3.147)を用いて計算すれば，

†9　微分 $X'(T)$ が不連続でもよい．

†10　不連続ではなく，クロスオーバー的な大きな変化になるかもしれない．

$$\rho(\boldsymbol{x},\ \boldsymbol{y}) = \langle \widehat{\varphi}(\boldsymbol{x})\widehat{\varphi}^{\dagger}(\boldsymbol{y})\rangle = \sum_{i,j}\phi_i(\boldsymbol{x})\phi_j^*(\boldsymbol{y})\langle \hat{a}_i\hat{a}_j^{\dagger}\rangle$$
$$= \sum_i N_i\phi_i(\boldsymbol{x})\phi_i^*(\boldsymbol{y}) \tag{7.52}$$

となる．ここで，$N_i\delta_{i,j} = \langle \hat{a}_i\hat{a}_j^{\dagger}\rangle$ を用いた．N_i は 1 粒子状態 $\phi_i(\boldsymbol{x})$ の占拠数である．

一様系の自由ボース粒子系の場合には，ϕ_i は平面波状態 (1.13) で表され，密度行列は次のように表される．

$$\rho(\boldsymbol{x},\ \boldsymbol{y}) = \sum_{\boldsymbol{k}} N_{\boldsymbol{k}}\phi_{\boldsymbol{k}}(\boldsymbol{x})\phi_{\boldsymbol{k}}^*(\boldsymbol{y}) = \sum_{\boldsymbol{k}}\frac{N_{\boldsymbol{k}}}{V}e^{i\boldsymbol{k}(\boldsymbol{x}-\boldsymbol{y})} \tag{7.53}$$

もし，温度が転移温度より大きければ ($T > T_{\rm c}$)，占拠数 $N_{\boldsymbol{k}}$ は (7.18) より

$$N_{\boldsymbol{k}} = \frac{1}{e^{\beta(\varepsilon_k-\mu)} - 1}$$

で表され，$\boldsymbol{k}$ の滑らかな関数となる．よって，(7.53) より密度行列 $\rho(\boldsymbol{x},\ \boldsymbol{y})$ は滑らかな関数 $N_{\boldsymbol{k}}$ のフーリエ変換と考えることができ，フーリエ変換論における**リーマン - ルベーグの定理** (theorem of Riemann - Lebesgue)[51] より次の結果が導かれる．

$$\rho(\boldsymbol{x},\ \boldsymbol{y}) \to 0 \quad (|\boldsymbol{x}-\boldsymbol{y}| \to \infty) \tag{7.54}$$

密度行列は $\boldsymbol{x}$ と $\boldsymbol{y}$ を引数とする連続無限次元行列であるので，このことは $\boldsymbol{x}$ と $\boldsymbol{y}$ の異なる成分 (非対角成分) で，$|\boldsymbol{x}-\boldsymbol{y}| \to \infty$ であるもの (長距離成分) が 0 となることを意味し，これを非対角長距離成分の $\widehat{\varphi}(\boldsymbol{x})$ と $\widehat{\varphi}^{\dagger}(\boldsymbol{y})$ が相関をもたない，すなわち非対角長距離相関がないという．

温度が転移温度以下 ($T < T_{\rm c}$) になるとボース - アインシュタイン凝縮が起き，最低エネルギー状態 ($\boldsymbol{k} = 0$) に (7.30) で決まる N_0 個の粒子が凝縮する．これに対応して占拠数分布は (7.29) から次のようになる．

$$N_{\boldsymbol{k}} = N_0\delta_{\boldsymbol{k},0} + N_{\boldsymbol{k}}' = N_0\delta_{\boldsymbol{k},0} + \frac{1}{e^{\beta\varepsilon_k} - 1} \tag{7.55}$$

非凝縮成分 $N_{\boldsymbol{k}}'$ は (7.5) と同様に $\boldsymbol{k}$ の滑らかな関数であるが，凝縮成分は $\delta_{\boldsymbol{k},0}$ を含むため，$N_{\boldsymbol{k}}$ は超関数となり滑らかな関数ではない．よって，(7.55)

に対してはリーマン - ルベーグの定理が成立せず，(7.54) は成り立たない．実際，(7.55) を (7.53) に代入して計算すると

$$\rho(\boldsymbol{x},\boldsymbol{y}) = N_0 + \sum_{\boldsymbol{k}} \frac{N'_{\boldsymbol{k}}}{\mathrm{V}} e^{i\boldsymbol{k}(\boldsymbol{x}-\boldsymbol{y})}\, d^3\boldsymbol{k}$$

が得られる．右辺第 2 項に対してはリーマン - ルベーグの定理が成立するので，

$$\rho(\boldsymbol{x},\boldsymbol{y}) \to N_0 \quad (|\boldsymbol{x}-\boldsymbol{y}| \to \infty) \tag{7.56}$$

となり，非対角長距離相関が現れる．(7.52) に戻れば，$\rho(\boldsymbol{x},\boldsymbol{y})$ の最低エネルギー状態 ($i = 1$) が非対角長距離相関で現れることになるので[†11]，

$$\rho(\boldsymbol{x},\boldsymbol{y}) \to N_1 \phi_1(\boldsymbol{x}) \phi_1^*(\boldsymbol{y}) \quad (|\boldsymbol{x}-\boldsymbol{y}| \to \infty)$$

が成り立つ．グロス - ピタエフスキー方程式を考えた時に，(7.35) で秩序変数 $\Phi(\boldsymbol{x})$ を定義したことを思い出せば，

$$\rho(\boldsymbol{x},\boldsymbol{y}) \to \Phi(\boldsymbol{x}) \Phi^*(\boldsymbol{y}) \quad (|\boldsymbol{x}-\boldsymbol{y}| \to \infty) \tag{7.57}$$

となり，非対角長距離相関でボース - アインシュタイン凝縮の秩序変数が現れる．一様系の場合には，位相因子を除いて $\Phi(\boldsymbol{x}) = \sqrt{N_0}$ である．

相互作用するボース粒子系でも密度行列 (7.51) は定義される．その場合にも (7.57) で秩序変数 $\Phi(\boldsymbol{x})$ を定義し，$\Phi(\boldsymbol{x}) = 0$ であれば非凝縮相，$\Phi(\boldsymbol{x}) \neq 0$ であればボース - アインシュタイン凝縮相とすることで，ボース - アインシュタイン凝縮を定義することができるようになる．これが，非対角長距離相関によるボース - アインシュタイン凝縮の定義である．

7.5.3　密度行列の固有状態による秩序変数

非対角長距離相関によるボース - アインシュタイン凝縮は，2 点間の距離の無限大極限をとる操作 ($|\boldsymbol{x}-\boldsymbol{y}| \to \infty$) が含まれているため，有限の大き

---

†11　$\phi_1(\boldsymbol{x})$ と N_1 とは，(7.53) における波数 $\boldsymbol{k} = 0$ の波動関数 $\phi_{\boldsymbol{k}=0}$ と粒子数 $N_{\boldsymbol{k}=0}$ である．

さの系では使いにくい．そのような場合には，密度行列 $\rho(\boldsymbol{x}, \boldsymbol{y})$ の固有値問題

$$\int \rho(\boldsymbol{x}, \boldsymbol{y})\psi(\boldsymbol{y})\ d^3\boldsymbol{y} = \lambda\psi(\boldsymbol{x}) \tag{7.58}$$

による方法が用いられることがある．ここで，λ は固有値，$\psi(\boldsymbol{x})$ は対応する固有関数である．密度行列が 1 粒子状態で (7.52) のように表されている場合には，

$$\begin{aligned}\int \rho(\boldsymbol{x}, \boldsymbol{y})\phi_k(\boldsymbol{y}) &= \int \left\{\sum_i N_i\phi_i(\boldsymbol{x})\phi_i^*(\boldsymbol{y})\right\}\phi_k(\boldsymbol{y})\ d^3\boldsymbol{y} \\ &= \sum_i N_i\phi_i(\boldsymbol{x})\delta_{i,k} = N_k\phi_k(\boldsymbol{x})\end{aligned}$$

となり，固有値は占拠数 N_k となる．よって，ボース - アインシュタイン凝縮が起きている場合には，(7.58) の固有値に他と比して非常に大きなものが存在することになり，それを凝縮粒子数とするのである[†12]．

7.6　ボース粒子系に対する RPA 方程式

ボース粒子系，特にボース - アインシュタイン凝縮が存在する場合の励起状態について，フェルミ粒子系と同じく乱雑位相近似を用いて議論する．これは，ボゴリューボフにより作られたので**ボゴリューボフ理論** (**Bogoliubov theorem**) ともいう[†13]．

7.6.1　一様なボース粒子系のハミルトニアン

ボース粒子の一様系を考えよう．ボース粒子の自由度は波数 $\boldsymbol{k}$ で与えられ，スピン自由度はないものとすれば，波動関数 $\phi_{\boldsymbol{k}}$ は (1.13) で与えられる．これに対するボース粒子の生成消滅演算子を $\hat{a}_{\boldsymbol{k}}^\dagger$, $\hat{a}_{\boldsymbol{k}}$ とすれば，第 2 量子化されたハミルトニアン演算子は，(3.176) より，

†12　この定義による凝縮状態の諸相については，文献[52] を参照．

†13　N. Bogoliubov : J. Phys. USSR **11** (1947) 23. この節では，文献[55] による取り扱いを少し変更した．

$$\widehat{H} = \widehat{H}_0 + \widehat{V} = \sum_{k} \varepsilon_k \hat{a}_k^\dagger \hat{a}_k + \frac{1}{2} \sum_{k_1, k_2; l_1, l_2} \bar{v}_{k_1, k_2; l_1, l_2} \hat{a}_{k_2}^\dagger \hat{a}_{k_1}^\dagger \hat{a}_{l_1} \hat{a}_{l_2}$$
$$= \sum_{k} \varepsilon_k \hat{a}_k^\dagger \hat{a}_k + \frac{1}{2} \sum_{k_1, k_2; l_1, l_2} V_{k_1, k_2; l_1, l_2} \hat{a}_{k_2}^\dagger \hat{a}_{k_1}^\dagger \hat{a}_{l_1} \hat{a}_{l_2} \qquad (7.59)$$

で与えられる[†14]．ε_k は $\boldsymbol{l}$ 粒子運動エネルギー

$$\varepsilon_k = \frac{\hbar^2 \boldsymbol{k}^2}{2m}$$

である．行列要素 $V_{k_1, k_2; l_1, l_2}$ は，対称化された行列要素

$$V_{k_1, k_2; l_1, l_2} = \frac{1}{2}(\bar{v}_{k_1, k_2; l_1, l_2} + \bar{v}_{k_2, k_1; l_1, l_2}) \qquad (7.60)$$

である．対称化行列要素は，フェルミ粒子の場合に導入した反対称化した行列要素 (4.62) と同様に，次の性質を満たす．

$$V_{k_1, k_2; l_1, l_2} = V_{k_2, k_1; l_1, l_2}, \qquad V_{k_1, k_2; l_1, l_2} = V_{k_1, k_2; l_2, l_1} = V_{k_2, k_1; l_1, l_2} \qquad (7.61)$$

相互作用が中心力ポテンシャル $\bar{v}(|\boldsymbol{x} - \boldsymbol{y}|)$ である場合には，行列要素 $V_{k_1, k_2; l_1, l_2}$ は次のように表される[†15]．

$$V_{k_1, k_2; l_1, l_2} = \frac{1}{2V} \sum_{K} \bar{v}_K \{\delta_{k_1, l_1+K} \delta_{k_2, l_2-K} - \delta_{k_1, l_2+K} \delta_{k_2, l_1-K}\} \qquad (7.62)$$

ここで，$\bar{v}_K$ は $\bar{v}(\boldsymbol{x})$ のフーリエ変換である．これを (7.59) に用いて次のハミルトニアン演算子

$$\widehat{H} = \widehat{H}_0 + \widehat{V} = \sum_{k} \varepsilon_k \hat{a}_k^\dagger \hat{a}_k + \frac{1}{2} \sum_{K, l_1, l_2} V_K \hat{a}_{l_1+K}^\dagger \hat{a}_{l_2-K}^\dagger \hat{a}_{l_1} \hat{a}_{l_2} \qquad (7.63)$$

を得る．なお，

†14　後で現れるボゴリューボフ変換の係数と区別するため，相互作用ポテンシャルを $\bar{v}$ と書くことにする．

†15　付録 F. 3 節の (F. 19) で，スピン部分を除いて反対称化の負号を対称化の正号に変えたもの．

$$V_K = \frac{1}{2}(\bar{v}_K + \bar{v}_{-K}), \qquad V_K = V_{-K} \tag{7.64}$$

と定義した.

7.6.2 波数 $k = 0$ 部分の分離

ボース - アインシュタイン凝縮が起こるのは $\boldsymbol{k} = 0$ の状態である．よって, 生成消滅演算子 $\hat{a}_{\boldsymbol{k}}^{\dagger}$, $\hat{a}_{\boldsymbol{k}}$ から, $\hat{a}_0^{\dagger}$, $\hat{a}_0$ とそれ以外を分離して表す．最初に, 個数演算子は次のようになる.

$$\begin{aligned} \widehat{N} &= \sum_{\boldsymbol{k}} \hat{a}_{\boldsymbol{k}}^{\dagger} \hat{a}_{\boldsymbol{k}} = \hat{a}_0^{\dagger} \hat{a}_0 + \sum_{\boldsymbol{k} \neq 0} \hat{a}_{\boldsymbol{k}}^{\dagger} \hat{a}_{\boldsymbol{k}} \\ &= \widehat{N}_0 + \sum_{\boldsymbol{k} \neq 0} \widehat{N}_{\boldsymbol{k}} \end{aligned} \tag{7.65}$$

一体項 $\widehat{H}_0$ は, $\varepsilon_0 = 0$ であるから次のようになり, $\hat{a}_0^{\dagger}$, $\hat{a}_0$ は含まない.

$$\widehat{H}_0 = \sum_{\boldsymbol{k} \neq 0} \varepsilon_{\boldsymbol{k}} \hat{a}_{\boldsymbol{k}}^{\dagger} \hat{a}_{\boldsymbol{k}} = \sum_{\boldsymbol{k} \neq 0} \varepsilon_{\boldsymbol{k}} \widehat{N}_{\boldsymbol{k}} \tag{7.66}$$

相互作用項 $\widehat{V}$ は, $\hat{a}_0^{\dagger}$, $\hat{a}_0$ を 4 個, 2 個, 1 個, 0 個含む項からなるので,

$$\widehat{V} = \widehat{V}_4 + \widehat{V}_2 + \widehat{V}_{\mathrm{R}} \tag{7.67}$$

が成り立つ．1 個と 0 個の項をまとめて $\widehat{V}_{\mathrm{R}}$ とした．3 個含む項は存在しない．なぜならば, 相互作用のファインマン図形 (図 3.1) の 2 個の頂点のうち, どちらかに接続する外線運動量が両方とも 0 となることから, 運動量移行 $\boldsymbol{K} = 0$ となり, 他方の頂点の外線の一方が 0 であるため, もう一方も運動量 0 とならざるを得ないからである[†16].

相互作用項 $\widehat{V}_4$ はすべての生成消滅演算子の波数を 0 として得られるので,

$$\widehat{V}_4 = \frac{1}{2} \bar{v}_0 (\hat{a}_0^{\dagger})^2 \hat{a}_0^2 \tag{7.68}$$

となる．ここで, $\widehat{N}_0 = \hat{a}_0^{\dagger} \hat{a}_0$ は $\boldsymbol{k} = 0$ 状態の個数演算子である．$\widehat{V}_2$ は生成消滅演算子のうち 2 個の波数を 0 とおいて得られ, 6 通りの可能性がある．そ

---

†16 このことは $\widehat{V}$ からも直接に確かめられる.

のうち 2 項は 2 個の生成演算子が 2 個くっついて $\hat{a}_0^\dagger\hat{a}_0^\dagger$ および消滅演算子が 2 個くっついて $\hat{a}_0\hat{a}_0$ となる項で，残り 4 項は生成演算子と消滅演算子が 1 個ずつくっついて $\hat{a}_0^\dagger\hat{a}_0$ となる項であるから，

$$\widehat{V}_2=\sum_{k\neq 0}(\bar{v}_0+V_k)\,\widehat{N}_k\,\widehat{N}_0+\frac{1}{2}\sum_{K\neq 0}V_k\{\hat{a}_0^\dagger\hat{a}_0^\dagger\hat{a}_{-k}\hat{a}_k+\hat{a}_{-k}^\dagger\hat{a}_k^\dagger\hat{a}_0\hat{a}_0\} \tag{7.69}$$

が成り立つ．

(7.65) を用いて，粒子数演算子の 2 乗を計算すると，

$$\begin{aligned}\widehat{N}^2&=\widehat{N}_0^2+2\widehat{N}_0\sum_{k\neq 0}\widehat{N}_k+\sum_{k,l\neq 0}\widehat{N}_k\widehat{N}_l\\&=(\hat{a}_0^\dagger)^2\hat{a}_0^2+\hat{a}_0^\dagger\hat{a}_0+2\widehat{N}_0\sum_{k\neq 0}\widehat{N}_k+\sum_{k,l\neq 0}\widehat{N}_k\widehat{N}_l\end{aligned}$$

が得られる．上式において，$\widehat{N}_0^2$ に対して正規順序化を行った．これを (7.68) に代入して，$(\hat{a}_0^\dagger)^2\hat{a}_0^2$ を消去する．(7.69) と合わせて，ハミルトニアン演算子は次のようになる[†17]．

$$\widehat{H}=\frac{1}{2}\bar{v}_0(\widehat{N}^2-\widehat{N}_0)+\sum_{k\neq 0}\varepsilon_k\hat{a}_k^\dagger\hat{a}_k+\sum_{k\neq 0}V_k\widehat{N}_k\widehat{N}_0+\frac{1}{2}\sum_{k\neq 0}V_k\{(\hat{a}_0^\dagger)^2\hat{a}_{-k}\hat{a}_k+\hat{a}_k^\dagger\hat{a}_{-k}^\dagger\hat{a}_0\hat{a}_0\}+\widehat{V}_R' \tag{7.70}$$

$\widehat{N}_2$ の最後の $\sum_{k,l\neq 0}\widehat{N}_k\widehat{N}_l$ からの寄与は $\hat{a}_0^\dagger$，$\hat{a}_0$ を含まないので，(7.64) の $\widehat{V}_{\mathrm{R}}$ と合わせて $\widehat{V}_{\mathrm{R}}'$ とした．ここまでは，全く近似を行っていないし，ボース－アインシュタイン凝縮が起こっていることも用いていない．

7.6.3　ボース－アインシュタイン凝縮状態

この系は相互作用の小さい弱相関系であり，7.5 節で述べたようなボース－アインシュタイン凝縮が起こっていると仮定しよう．そして，取り扱う状態としては基底状態および励起エネルギーが小さい励起状態のみを考えることにする．弱相関のボース－アインシュタイン凝縮であるから，気体状態にお

†17　$\bar{v}_0\widehat{N}_k\widehat{N}_0$ の項が打ち消されていることに注意しよう．

いては全粒子数 N のほとんどは $\boldsymbol{k}=0$ の状態に凝縮しているとし，励起状態は凝縮基底状態から少数の粒子が励起（粒子空孔状態）していると考えてよい．よって，$N\sim N_0$ である．粒子数 N は非常に大きい場合を考えているので，(7.70) の第 1 項で $\widehat{N}_0$ と $\widehat{N}^2$ は行列要素において N および N^2 の寄与を与えるため，$\widehat{N}_0$ を $\widehat{N}^2$ に対して無視する．また，(7.70) の最後の項 $\widehat{V}'_{\mathrm{R}}$ は生成消滅演算子 $\hat{a}_0^\dagger$, $\hat{a}_0$ を含まないため，他の項は行列要素において $\sim N$ 以上の大きさになるのに対し，$\sim N_0$ 程度と考えられる．よって，$\widehat{V}'_{\mathrm{R}}$ も無視しよう．これにより，近似されたハミルトニアン演算子として，次の式を得る．

$$
\begin{aligned}
\widehat{H}=\frac{1}{2}\bar{v}_0N^2+\sum_{\boldsymbol{k}\neq 0}\varepsilon_{\boldsymbol{k}}\hat{a}_{\boldsymbol{k}}^\dagger\hat{a}_{\boldsymbol{k}}+\sum_{\boldsymbol{k}\neq 0}V_{\boldsymbol{k}}\widehat{N}_{\boldsymbol{k}}\widehat{N}_0 \\
+\frac{1}{2}\sum_{\boldsymbol{k}\neq 0}V_{\boldsymbol{k}}\{(\hat{a}_0^\dagger)^2\hat{a}_{-\boldsymbol{k}}\hat{a}_{\boldsymbol{k}}+\hat{a}_{\boldsymbol{k}}^\dagger\hat{a}_{-\boldsymbol{k}}^\dagger(\hat{a}_0)^2\}
\end{aligned}
\tag{7.71}
$$

ここで，演算子 $\widehat{N}^2$ を N^2 におきかえたことにも注意しよう．

フェルミ粒子系の粒子空孔対演算子 (6.33) にならって，ボース粒子の凝縮状態 $(\boldsymbol{k}\neq 0)$ からの粒子空孔対演算子を

$$
\widehat{A}_{\boldsymbol{k}}=\frac{1}{\sqrt{N}}\hat{a}_{\boldsymbol{k}}\hat{a}_0^\dagger,\qquad \widehat{A}_{\boldsymbol{k}}^\dagger=\frac{1}{\sqrt{N}}\hat{a}_0\hat{a}_{\boldsymbol{k}}^\dagger\quad(\boldsymbol{k}\neq 0) \tag{7.72}
$$

のように定義する．

ハミルトニアン演算子 (7.71) を $\widehat{A}_{\boldsymbol{k}}$, $\widehat{A}_{\boldsymbol{k}}^\dagger$ で表そう．個数演算子 $\widehat{N}$ の行列要素が $\sim N$ となることを用いて，$\hat{a}_{\boldsymbol{k}}^\dagger\hat{a}_{\boldsymbol{k}}$ は次のようになる[†18]．

$$
\begin{aligned}
\hat{a}_{\boldsymbol{k}}^\dagger\hat{a}_{\boldsymbol{k}}&\sim\frac{\hat{a}_{\boldsymbol{k}}^\dagger\hat{a}_{\boldsymbol{k}}}{N}\widehat{N}=\frac{\hat{a}_{\boldsymbol{k}}^\dagger\hat{a}_{\boldsymbol{k}}}{N}\left\{\hat{a}_0^\dagger\hat{a}_0+\sum_{\boldsymbol{l}\neq 0}\hat{a}_{\boldsymbol{l}}^\dagger\hat{a}_{\boldsymbol{l}}\right\} \\
&=\frac{\hat{a}_{\boldsymbol{k}}^\dagger\hat{a}_{\boldsymbol{k}}}{N}\left\{-1+\hat{a}_0\hat{a}_0^\dagger+\sum_{\boldsymbol{l}\neq 0}\hat{a}_{\boldsymbol{l}}^\dagger\hat{a}_{\boldsymbol{l}}\right\} \\
&=\widehat{A}_{\boldsymbol{k}}^\dagger\widehat{A}_{\boldsymbol{k}}-\frac{\widehat{N}_{\boldsymbol{k}}}{N}+\frac{1}{N}\widehat{N}_{\boldsymbol{k}}\sum_{\boldsymbol{l}\neq 0}\widehat{N}_{\boldsymbol{l}}\sim\widehat{A}_{\boldsymbol{k}}^\dagger\widehat{A}_{\boldsymbol{k}}
\end{aligned}
\tag{7.73}
$$

相互作用項は，

---

†18　最後の部分で，$\sim N^{-1}$ 程度の大きさを無視した．

$$\widehat{N}_k \widehat{N}_0 = \hat{a}_k^\dagger \hat{a}_k \hat{a}_0^\dagger \hat{a}_0 = \hat{a}_k^\dagger \hat{a}_k(-1 + \hat{a}_0 \hat{a}_0^\dagger)$$
$$= -\hat{a}_k^\dagger \hat{a}_k + \hat{a}_k^\dagger \hat{a}_0 \hat{a}_k \hat{a}_0^\dagger = -\widehat{N}_k + N\widehat{A}_k^\dagger \widehat{A}_k \sim N\widehat{A}_k^\dagger \widehat{A}_k$$
$$(\hat{a}_0^\dagger)^2 \hat{a}_{-k} \hat{a}_k = \hat{a}_{-k} \hat{a}_0^\dagger \hat{a}_k \hat{a}_0^\dagger = N\widehat{A}_{-k}^\dagger \widehat{A}_k^\dagger$$
$$\hat{a}_k^\dagger \hat{a}_{-k}^\dagger (\hat{a}_0)^2 = \hat{a}_k^\dagger \hat{a}_0 \hat{a}_{-k}^\dagger \hat{a}_0 = N\widehat{A}_k \widehat{A}_{-k}$$

を用いれば$\widehat{A}_k$, $\widehat{A}_k^\dagger$ で書きかえられる†19．これらを用いて，(7.71) を$\widehat{A}_k$, $\widehat{A}_k^\dagger$ で表したハミルトニアン演算子

$$\widehat{H} = \frac{\bar{v}_0 N^2}{2} + \sum_{k\neq 0} \varepsilon_k \widehat{A}_k^\dagger \widehat{A}_k + \sum_{k\neq 0} \frac{NV_k}{2} \{2\widehat{A}_k^\dagger \widehat{A}_k + \widehat{A}_{-k}^\dagger \widehat{A}_k^\dagger + \widehat{A}_k \widehat{A}_{-k}\} \tag{7.74}$$

が得られる．

7.6.4　ボース粒子系の乱雑位相近似

ハミルトニアン演算子 (7.74) に対し，乱雑位相近似を用いて励起状態を求めよう．粒子空孔対演算子$\widehat{A}_k$, $\widehat{A}_k^\dagger$ は生成消滅演算子の交換関係を満たさない．定義 (7.72) を用いて直接計算すれば，

$$[\widehat{A}_k, \widehat{A}_l] = [\widehat{A}_k^\dagger, \widehat{A}_l^\dagger] = 0 \tag{7.75}$$

は満たされるが，交換関係 $[\widehat{A}_k, \widehat{A}_l^\dagger]$ は，

$$[\widehat{A}_k, \widehat{A}_l^\dagger] = \frac{1}{N}[\hat{a}_k \hat{a}_0^\dagger, \hat{a}_l^\dagger \hat{a}_0] = \frac{1}{N}\{\hat{a}_l^\dagger [\hat{a}_k \hat{a}_0^\dagger, \hat{a}_0] + [\hat{a}_k \hat{a}_0^\dagger, \hat{a}_l^\dagger]\hat{a}_0\}$$
$$= \frac{1}{N}\{\hat{a}_l^\dagger \hat{a}_k [\hat{a}_0^\dagger, \hat{a}_0] + [\hat{a}_k, \hat{a}_l^\dagger]\hat{a}_0^\dagger \hat{a}_0\}$$
$$= \frac{1}{N}\{-\hat{a}_l^\dagger \hat{a}_k + \delta_{k,l}\widehat{N}_0\} = \frac{\widehat{N}_0}{N}\delta_{k,l} - \frac{\hat{a}_l^\dagger \hat{a}_k}{N}$$

となるからである．しかしながら，ここでもボース－アインシュタイン凝縮による近似$\widehat{N}_0/N \to N_0/N \sim 1$を用い，最後の項は$\sim N^{-1}$であるから無視すれば，

$$[\widehat{A}_k, \widehat{A}_l^\dagger] = \delta_{k,l} \tag{7.76}$$

†19　$\widehat{N}_k \widehat{N}_0$ の計算の最後で，$\sim N_0$ の項を無視する近似を行った．

となり，交換関係 (7.75) と合わせて，$\widehat{A}_k^\dagger$, $\widehat{A}_k$ はボース粒子の生成消滅演算子となる．これは，フェルミ粒子の乱雑位相近似と同じく，粒子空孔対演算子のボソン近似である．

よって，一様なボース粒子系 (7.59) は，乱雑位相近似によって，ボース粒子生成消滅演算子 $\widehat{A}_k^\dagger$, $\widehat{A}_k$ のハミルトニアン演算子 (7.74) に近似されたことになる．

7.7　ボゴリューボフ変換

7.7.1　ボース粒子のボゴリューボフ変換

ハミルトニアン演算子 (7.74) は，**ボゴリューボフ変換** (**Bogoliubov transformation**) とよばれる方法により対角化されエネルギー固有値を求めることができる．そのために (7.74) を次のように書きかえておく．

$$\widehat{H} = \frac{\bar{v}_0 N^2}{2} - \frac{1}{2}\sum_{k\neq 0}\tilde{\varepsilon}_k + \frac{1}{2}\sum_{k\neq 0}\{\tilde{\varepsilon}_k(\widehat{A}_k^\dagger\widehat{A}_k + \widehat{A}_{-k}\widehat{A}_{-k}^\dagger) + NV_k(\widehat{A}_{-k}^\dagger\widehat{A}_k^\dagger + \widehat{A}_k\widehat{A}_{-k})\} \tag{7.77}$$

ここで，$\widehat{A}_k\widehat{A}_k^\dagger - \widehat{A}_k^\dagger\widehat{A}_k = 1$ を用い，

$$\tilde{\varepsilon}_k \equiv \varepsilon_k + NV_k \tag{7.78}$$

を用いた．ハミルトニアン演算子 (7.77) の生成消滅演算子 $\widehat{A}_k^\dagger$, $\widehat{A}_k$ に依存する部分は

$$I = \frac{1}{2}\sum_{k\neq 0}(\widehat{A}_k^\dagger, \widehat{A}_{-k})\begin{pmatrix}\tilde{\varepsilon}_k & NV_k\\ NV_k & \tilde{\varepsilon}_k\end{pmatrix}\begin{pmatrix}\widehat{A}_k\\ \widehat{A}_{-k}^\dagger\end{pmatrix} \tag{7.79}$$

として行列形式で表せる．

ここで，$\widehat{A}_k^\dagger$, $\widehat{A}_k$ の1次変換により新しい演算子 $\widehat{\alpha}_k^\dagger$, $\widehat{\alpha}_k$ を

$$\begin{pmatrix}\widehat{\alpha}_k\\ \widehat{\alpha}_{-k}^\dagger\end{pmatrix} = \begin{pmatrix}u_k & -v_k\\ -v_k & u_k\end{pmatrix}\begin{pmatrix}\widehat{A}_k\\ \widehat{A}_{-k}^\dagger\end{pmatrix} \tag{7.80}$$

のように定義する．係数 u_k, v_k は実数であり，次の条件式を満たすとする．

$$u_{-k} = u_k, \qquad v_{-k} = v_k \tag{7.81}$$

ここで，演算子 $\hat{\alpha}_k^\dagger, \hat{\alpha}_k$ はボース粒子の交換関係を満たす演算子とする．よって，$\hat{A}_k^\dagger, \hat{A}_k$ の交換関係 (7.75) と (7.76) を用いて計算すれば，

$$\begin{aligned}[\hat{\alpha}_k, \hat{\alpha}_l] &= -u_k v_l [\hat{A}_k, \hat{A}^\dagger_{-k}] - v_k u_l [\hat{A}^\dagger_{-k}, \hat{A}_l] \\ &= -u_k v_l \delta_{k,-l} + v_k u_l \delta_{-k,l} = (-u_k v_{-k} + v_k u_{-k})\delta_{k,-l} \\ &= (-u_k v_k + v_k u_k)\delta_{k,-l} = 0\end{aligned} \tag{7.82}$$

となる．なお，(7.81) を用いた．同様にして†20，

$$[\hat{\alpha}_k^\dagger, \hat{\alpha}_l^\dagger] = 0 \tag{7.83}$$

が成立することは明らかである．最後に，$\hat{a}_k^\dagger$ と $\hat{a}_k$ の交換関係を計算すると，

$$\begin{aligned}[\hat{\alpha}_k, \hat{\alpha}_l^\dagger] &= u_k^2 [\hat{A}_k, \hat{A}_l^\dagger] + v_k^2 [\hat{A}^\dagger_{-k}, \hat{A}_{-l}] \\ &= u_k^2 \delta_{k,l} - v_k^2 \delta_{-k,-l} = (u_k^2 - v_k^2)\delta_{k,l}\end{aligned} \tag{7.84}$$

であるから，交換関係

$$[\hat{\alpha}_k, \hat{\alpha}_l^\dagger] = \delta_{k,l} \tag{7.85}$$

が成立するためには次の条件が満たされねばならない．

$$u_k^2 - v_k^2 = 1 \tag{7.86}$$

条件 (7.81) と (7.85) を満たす u_k, v_k による変換 (7.80) を，ボゴリューボフ変換という．ボゴリューボフ変換により定義される演算子 $\hat{\alpha}_k^\dagger$ と $\hat{\alpha}_k$ は，ボース粒子の生成消滅演算子である．ボゴリューボフ変換の係数は (7.81) と (7.85) から，パラメータ θ_k を用いて，次のように表せる†21．

$$u_k = \cosh\theta_k, \qquad v_k = \sinh\theta_k \tag{7.87}$$

また，(7.86) はボゴリューボフ変換の行列の行列式であるから，ボゴリュー

---

†20　あるいは，(7.82) のエルミート共役をとればよい．

†21　これは，ボゴリューボフ変換がローレンツ変換と同型であることを意味する．

ボフ変換の逆変換は，

$$\begin{pmatrix} \hat{A}_k \\ \hat{A}^\dagger_{-k} \end{pmatrix} = \begin{pmatrix} u_k & v_k \\ v_k & u_k \end{pmatrix} \begin{pmatrix} \hat{\alpha}_k \\ \hat{\alpha}^\dagger_{-k} \end{pmatrix} \tag{7.88}$$

のようになる．

ボゴリューボフ変換の逆変換を(7.79)に代入して，$\hat{\alpha}_k^\dagger$ と $\hat{\alpha}_k$ で書きかえると，

$$\begin{aligned} I &= \frac{1}{2}\sum_{k\neq 0} (\hat{\alpha}_k^\dagger, \hat{\alpha}_{-k}) \begin{pmatrix} u_k & v_k \\ v_k & u_k \end{pmatrix} \begin{pmatrix} \tilde{\varepsilon}_k & NV_k \\ NV_k & \tilde{\varepsilon}_k \end{pmatrix} \begin{pmatrix} u_k & v_k \\ v_k & u_k \end{pmatrix} \begin{pmatrix} \hat{\alpha}_k \\ \hat{\alpha}^\dagger_{-k} \end{pmatrix} \\ &\equiv \frac{1}{2}\sum_{k\neq 0} (\hat{\alpha}_k^\dagger, \hat{\alpha}_{-k}) \begin{pmatrix} E_k & F_k \\ F_k & E_k \end{pmatrix} \begin{pmatrix} \hat{\alpha}_k \\ \hat{\alpha}^\dagger_{-k} \end{pmatrix} \\ &= \frac{1}{2}\sum_{k\neq 0} \{E_k(\hat{\alpha}_k^\dagger \hat{\alpha}_k + \hat{\alpha}_k \hat{\alpha}_k^\dagger) + F_k(\alpha_k^\dagger \alpha^\dagger_{-k} + \alpha_{-k}\alpha_k)\} \end{aligned} \tag{7.89}$$

が得られる．行列要素 X_k，Y_k の計算はいささか面倒であるが，次のように求められる．

$$E_k = \tilde{\varepsilon}_k(u_k^2 + v_k^2) + 2NV_k u_k v_k, \qquad F_k = 2\tilde{\varepsilon}_k u_k v_k + NV_k(u_k^2 + v_k^2) \tag{7.90}$$

ハミルトニアン演算子 (7.77) は (7.89) を用いて $\hat{\alpha}_k^\dagger$ と $\hat{\alpha}_k$ で表されるので，

$$\begin{aligned} \hat{H} &= \frac{\bar{v}_0 N^2}{2} - \frac{1}{2}\sum_{k\neq 0} \tilde{\varepsilon}_k + I \\ &= \frac{\bar{v}_0 N^2}{2} + \frac{1}{2}\sum_{k\neq 0} (E_k - \tilde{\varepsilon}_k) \\ &\qquad + \frac{1}{2}\sum_{k\neq 0} \{2E_k \hat{\alpha}_k^\dagger \hat{\alpha}_k + F_k(\alpha_k^\dagger \alpha^\dagger_{-k} + \alpha_{-k}\alpha_k)\} \end{aligned} \tag{7.91}$$

となる．

7.7.2　ボゴリューボフ変換によるハミルトニアン演算子の対角化

ハミルトニアン演算子 (7.91) を対角化するためには，$F_k = 0$ となるように u_k, v_k を決めればよい．(7.87) の**双曲線関数表示** (**representation by hyperbolic function**) を用いれば，双曲線関数の倍角公式を用いて次の式を得る．

$$0 = F_k = 2\tilde{\varepsilon}_k u_k v_k + NV_k(u_k^2 + v_k^2) = \tilde{\varepsilon} \sinh(2\theta_k) + NV \cosh(2\theta_k)$$

これから，$\tanh(2\theta_k)$ が以下のように決まる．

$$\tanh(2\theta_k) = -\frac{NV_k}{\tilde{\varepsilon}_k} \tag{7.92}$$

また，双曲線関数の性質より，$\cosh(2\theta_k)$ と $\sinh(2\theta_k)$ が求められ，

$$\left.\begin{aligned} \cosh(2\theta_k) &= \frac{1}{\sqrt{1 - \tanh^2(2\theta_k)}} = \frac{\tilde{\varepsilon}_k}{\sqrt{\tilde{\varepsilon}_k^2 - (NV_k)^2}} \\ \sinh(2\theta_k) &= \tanh(2\theta_k)\cosh(2\theta_k) = -\frac{NV_k}{\sqrt{\tilde{\varepsilon}_k^2 - (NV_k)^2}} \end{aligned}\right\} \tag{7.93}$$

となる．

これを (7.90) に代入すれば，

$$\begin{aligned} E_k &= \tilde{\varepsilon}_k(u_k^2 + v_k^2) + 2NV_k u_k v_k \\ &= \tilde{\varepsilon}_k \cosh(2\theta_k) + NV_k \sinh(2\theta_k) = \sqrt{(\tilde{\varepsilon}_k)^2 - (NV_k)^2} \end{aligned}$$

となり，$\tilde{\varepsilon}_k$ の定義 (7.78) を代入して，E_k は次のように表される．

$$E_k = \sqrt{\varepsilon_k(\varepsilon_k + 2NV_k)} = \hbar|\boldsymbol{k}|\sqrt{\frac{NV_k}{m}\left(1 + \frac{\hbar^2\boldsymbol{k}^2}{NV_k}\right)} \tag{7.94}$$

よって，ハミルトニアン演算子 (7.91) は次のようになる．

$$\widehat{H} = \frac{\bar{v}_0 N^2}{2} + \frac{1}{2}\sum_{k\neq 0}(E_k - \varepsilon_k - NV_k) + \sum_{k\neq 0} E_k \widehat{\alpha}_k^\dagger \widehat{\alpha}_k \tag{7.95}$$

フェルミ粒子系の場合と乱雑位相近似と同様に，基底状態は，

$$\widehat{\alpha}_k \Phi_0 = 0 \quad (\boldsymbol{k} \neq 0)$$

で定義され，$\widehat{\alpha}^{\dagger}$で励起される素励起のエネルギーは (7.94) である．

7.7.3 ボース粒子系のフォノン励起状態

素励起のエネルギー (7.94) は図 7.2 となる．素励起のエネルギー (7.94) を長波長域 ($|\boldsymbol{k}| \sim 0$) と短波長域 ($|\boldsymbol{k}| \sim \infty$) について評価すると，

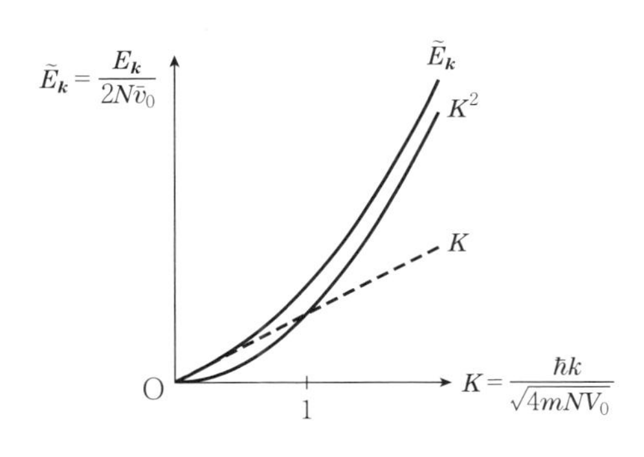

図 7.2 ボゴリューボフ理論におけるボース粒子の一様系の励起エネルギー

$$E_{\boldsymbol{k}} \sim \begin{cases} \hbar|\boldsymbol{k}|\sqrt{\dfrac{NV_{\boldsymbol{k}}}{m}} & (|\boldsymbol{k}| \sim 0) \\ \varepsilon_{\boldsymbol{k}} = \dfrac{(\hbar \boldsymbol{k})^2}{2m} & (|\boldsymbol{k}| \sim \infty) \end{cases} \tag{7.96}$$

が得られる．なお，$V_0 = \bar{v}_0 \neq 0$ とした[†22]．長波長域の励起は，空気中の音波と同様に運動量 $\hbar|\boldsymbol{k}|$ に比例するので対応する粒子を**フォノン** (**phonon**) という．短波長域では，凝縮状態からの粒子・空孔の個別励起状態となる．フォノン励起は，超流動 ^{4}He や極低温原子気体で実際に観測されている[†23]．

生成消滅演算子 $\widehat{A}_{\boldsymbol{k}}^{\dagger}$，$\widehat{A}_{\boldsymbol{k}}$ は $\boldsymbol{k} = 0$ 状態の粒子を消滅 (生成) させ波数 $\boldsymbol{k}$ 状態の粒子を生成する演算子であるので，粒子数変化を伴わないことに注意しよう．したがって，ボゴリューボフ変換 (7.80) はボース粒子の粒子数を破

---

†22 液体 He やユニタリ極限でない通常の極低温原子気体の場合には，短距離なので正しい．

†23 超流動 ^{4}He の場合には，原子間の短距離斥力が無視できず，(7.59) に基づくボゴリューボフ理論がそのままでは適用できないことに注意しよう．超流動 ^{4}He の現実的な取り扱いやフォノンをはじめとする素励起については，文献[29] を参照．

る変換ではない.

7.8 コヒーレント状態を用いたボゴリューボフ理論

ボース粒子系のボゴリューボフ理論はさまざまな方法で導出することができる. 本節では, コヒーレント状態を用いる方法について述べる.

7.8.1 生成消滅演算子のユニタリ変換

ユニタリ変換

$$\hat{U} = e^{\hat{Z}}, \qquad \hat{Z} = z\hat{a}_0^\dagger - z^*\hat{a}_0$$

を用いて, 新たに生成消滅演算子 $\hat{b}_k^\dagger$, $\hat{b}_k$ を定義すると,

$$\hat{b}_k^\dagger \equiv \hat{U}\hat{a}_k^\dagger \hat{U}^\dagger, \qquad \hat{b}_k \equiv \hat{U}\hat{a}_k\hat{U}^\dagger$$

が成り立つ. 右辺を具体的に計算するために, 演算子 $\hat{Z}$ と $\hat{a}_k$ の交換関係を

$$[\hat{Z}, \hat{a}_k] = z[\hat{a}_0^\dagger, \hat{a}_k] = -z\delta_{k,0}$$

のように正準交換関係を用いて計算する. 右辺は c 数であるから, $\hat{Z}$ と繰り返し交換関係をとっても 0 であるので,

$$[\hat{Z}, \cdots, [\hat{Z}, \hat{a}_k], \cdots] = 0$$

となる. よって, 指数関数型演算子による変換公式[†24]を用いて,

$$\hat{U}\hat{a}_k\hat{U}^\dagger = \hat{a}_k + [\hat{Z}, \hat{a}_k] + \frac{1}{2}[\hat{Z}, [\hat{Z}, \hat{a}_k]] + \cdots = \hat{a}_k - z\delta_{k,0}$$

であるから, 次の関係式を得る.

$$\hat{a}_k = \hat{b}_k + z\delta_{k,0}, \quad \hat{a}_k^\dagger = \hat{b}_k^\dagger + z^*\delta_{k,0} \tag{7.97}$$

---

†24　付録 A. 2 節を参照.

すなわち，生成消滅演算子 $\hat{b}_{\boldsymbol{k}}^{\dagger}$, $\hat{b}_{\boldsymbol{k}}$ は，$\hat{a}_{\boldsymbol{k}}^{\dagger}$, $\hat{a}_{\boldsymbol{k}}$ から $\boldsymbol{k}=0$ の場合のみ c 数だけずらしたものである．c 数はすべての演算子と交換するので，$\hat{b}_{\boldsymbol{k}}^{\dagger}$, $\hat{b}_{\boldsymbol{k}}$ が正準交換関係を満たすことは，このことからも自明である．

生成消滅演算子 $\hat{b}_{\boldsymbol{k}}^{\dagger}$, $\hat{b}_{\boldsymbol{k}}$ に対する真空状態

$$\hat{b}_0|0_b\rangle = 0 \tag{7.98}$$

に $\hat{a}_0$ を作用させれば，

$$\hat{a}_0|0_b\rangle = (\hat{b}+z)|0_b\rangle = z|0_b\rangle$$

となり，これは3.7節で定義されたコヒーレント状態であることがわかる．実際，ベーカー‐キャンベル‐ハウスドルフ公式[†25]

$$e^A e^B = e^{A+B+(1/2)[A,\,B]+\cdots} \tag{7.99}$$

を用いて（$\cdots$は A, B の多重の交換関係が続く），次の式が求められる．

$$\hat{U} = e^{\hat{Z}} = e^{z\hat{a}_0^{\dagger}}e^{-z^*\hat{a}_0}e^{-|z|^2/2}$$

これを $\hat{a}_{\boldsymbol{k}}^{\dagger}$, $\hat{a}_{\boldsymbol{k}}$ の真空状態 $|0\rangle$ に作用させたものが $|0_b\rangle$ であるから，

$$|0_b\rangle = \hat{U}|0\rangle = e^{\hat{Z}}|0\rangle = e^{-|z|^2/2}e^{z\hat{a}_0^{\dagger}}|0\rangle = e^{-|z|^2/2}|z\rangle \tag{7.100}$$

となり，実際に $|0_b\rangle$ がコヒーレント状態であると確かめられる．

(7.97) をハミルトニアン演算子 (7.63) に代入して生成消滅演算子 $\hat{b}_{\boldsymbol{k}}^{\dagger}$, $\hat{b}_{\boldsymbol{k}}$ で書きかえ，生成消滅演算子の2個の積までとる近似を行えば，

$$\begin{aligned}\hat{H} = \frac{1}{2}\bar{v}_0|z|^4 + V_0|z|^2(z\hat{b}_0^{\dagger}+z^*\hat{b}_0) \\ + \sum_{\boldsymbol{k}\neq 0}\varepsilon_{\boldsymbol{k}}\hat{b}_{\boldsymbol{k}}^{\dagger}\hat{b}_{\boldsymbol{k}} + \sum_{\boldsymbol{k}}(\bar{v}_0+V_{\boldsymbol{k}})|z|^2\hat{b}_{\boldsymbol{k}}^{\dagger}\hat{b}_{\boldsymbol{k}} \\ + \frac{1}{2}\sum_{\boldsymbol{k}}V_{\boldsymbol{k}}\{(z^*)^2\hat{b}_{-\boldsymbol{k}}\hat{b}_{\boldsymbol{k}} + z^2\hat{b}_{\boldsymbol{k}}^{\dagger}\hat{b}_{-\boldsymbol{k}}^{\dagger}\}\end{aligned} \tag{7.101}$$

†25　付録 A.3 節を参照.

が得られる．この結果は，(7.71) で $\hat{a}_0 \to z$, $\hat{a}_0^\dagger \to 0$, $N \to |z|^2$ としたものとほとんど同じである[†26]．主要な相違として $\bar{v}_0|Z|^2\hat{b}_{\boldsymbol{k}}^\dagger\hat{b}_{\boldsymbol{k}}$ の項が残っていることに注意しよう．

生成消滅演算子 $\hat{b}_{\boldsymbol{k}}^\dagger$, $\hat{b}_{\boldsymbol{k}}$ の2次までとる近似をしているため，この段階では粒子数が保存されていないので，粒子数保存を拘束条件として扱う必要がある．粒子数演算子は，$\hat{b}_{\boldsymbol{k}}^\dagger$, $\hat{b}_{\boldsymbol{k}}$ で表せば

$$\begin{aligned}\hat{N} &= \sum_{\boldsymbol{k}} \hat{a}_{\boldsymbol{k}}^\dagger \hat{a}_{\boldsymbol{k}} \\ &= |z|^2 + (z\hat{b}_0^\dagger + z^*\hat{b}_0) + \sum_{\boldsymbol{k}} \hat{b}_{\boldsymbol{k}}^\dagger \hat{b}_{\boldsymbol{k}} \end{aligned} \tag{7.102}$$

のようになる．

7.8.2　粒子数保存の拘束条件

粒子数の拘束条件つきのハミルトニアン演算子 $\hat{H} - \mu\hat{N}$ を考える．ラグランジュ未定係数 μ は化学ポテンシャルである．(7.101) と (7.102) を用いれば，$\hat{H} - \mu\hat{N}$ は

$$\hat{H} - \mu\hat{N} \equiv E_0 + \hat{H}_1 + \hat{H}_2 \tag{7.103}$$

$$E_0 + \hat{H}_1 = -\mu|z|^2 + \frac{1}{2}\bar{v}_0|z|^4 + (-\mu + \bar{v}_0|z|^2)(z\hat{b}_0^\dagger + z^*\hat{b}_0) \tag{7.104}$$

$$\begin{aligned}\hat{H}_2 = \sum_{\boldsymbol{k}\neq 0} \{\varepsilon_{\boldsymbol{k}} - \mu + |z|^2(\bar{v}_0 + V_{\boldsymbol{k}})\}\hat{b}_{\boldsymbol{k}}^\dagger \hat{b}_{\boldsymbol{k}} \\ + \frac{1}{2}\sum_{\boldsymbol{k}} V_{\boldsymbol{k}}\{(z^*)^2\hat{b}_{-\boldsymbol{k}}\hat{b}_{\boldsymbol{k}} + z^2\hat{b}_{\boldsymbol{k}}^\dagger\hat{b}_{-\boldsymbol{k}}^\dagger\}\end{aligned} \tag{7.105}$$

のようになる．粒子数に対する拘束条件は

$$N = \langle \hat{N} \rangle \tag{7.106}$$

---

†26　後述するように，$\boldsymbol{k} = 0$ の項は乱雑位相近似を考える上で重要ではない．

である.

7.8.3 基底状態

化学ポテンシャル μ と定数 z を，5.4 節においてフェルミ粒子の場合に行ったのと同様の手続きで決定しよう．まず，定数部分 E_0 の極値として

$$0 = \frac{\partial E_0}{\partial z^*} = -\mu z + \bar{v}_0 |z|^2 z \tag{7.107}$$

のように z を決定する．これはグロス - ピタエフスキー方程式 (7.36) の一様系の場合になっている.

粒子数に対する拘束条件 (7.106) を考えよう．最低エネルギー状態である $\boldsymbol{k}=0$ 状態に，ほとんどすべての粒子が凝縮しているならば，$\widehat{N}$ の展開式 (7.102) における 2 項目および 3 項目からの寄与は小さいと考えてよく，

$$N = \langle \widehat{N} \rangle \sim |z|^2 \tag{7.108}$$

となる．これを (7.107) に代入して，化学ポテンシャル

$$\mu = N\bar{v}_0 \tag{7.109}$$

が決まる．これらの結果を (7.104) に用いれば，$\widehat{H}_1$ は消えることに注意しよう．(7.108) より，定数 z は次のようになる[†27].

$$z = \sqrt{N} \tag{7.110}$$

これらはボース粒子系に対するハートリー - フォック近似になっている.

これらの結果を用いて，ハミルトニアン演算子 (7.103) は

$$\widehat{H} - \mu\widehat{N} = -\frac{1}{2}\bar{v}_0 |z|^4 + \sum_{k \neq 0} (\varepsilon_k + NV_k)\,\hat{b}_k^\dagger \hat{b}_k + \frac{1}{2}\sum_k NV_k \{\hat{b}_{-k}\hat{b}_k + \hat{b}_k^\dagger \hat{b}_{-k}^\dagger\} \tag{7.111}$$

†27 定数 z は一般的には複素数で定数位相因子 $e^{i\alpha}$ をもつが，波動関数の位相は不定である ($\hat{b}_k^\dagger$ の位相に吸収できる) ので，簡単のため $e^{i\alpha}=1$ とおく.

となる[†28]．

7.8.4　ボゴリューボフ変換による励起状態

ハミルトニアン演算子 (7.111) は，定数項の符号を除いて (7.74) と同型である[†29]．したがって，このハミルトニアン演算子は，7.7 節のボゴリューボフ変換 (7.80) を用いて解くことができる．変換された新しい生成消滅演算子を $\hat{\beta}_{\boldsymbol{k}}^{\dagger}$，$\hat{\beta}_{\boldsymbol{k}}$ とすれば，元の演算子 $\hat{a}_{\boldsymbol{k}}^{\dagger}$，$\hat{a}_{\boldsymbol{k}}$ との関係は次のように表せる．

$$\begin{pmatrix} \hat{\beta}_{\boldsymbol{k}} \\ \hat{\beta}^{\dagger}_{-\boldsymbol{k}} \end{pmatrix} = \begin{pmatrix} u_{\boldsymbol{k}} & -v_{\boldsymbol{k}} \\ -v_{\boldsymbol{k}} & u_{\boldsymbol{k}} \end{pmatrix} \begin{pmatrix} \hat{a}_{\boldsymbol{k}} \\ \hat{a}^{\dagger}_{-\boldsymbol{k}} \end{pmatrix} \tag{7.112}$$

以降の手続きは 7.7 節と完全に同じである．ハミルトニアン演算子 (7.111) は対角化され，

$$\hat{H} - \mu\hat{N} = -\frac{\bar{v}_0 N^2}{2} + \frac{1}{2}\sum_{\boldsymbol{k}\neq 0}(E_{\boldsymbol{k}} - \varepsilon_{\boldsymbol{k}} - NV_{\boldsymbol{k}}) + \sum_{\boldsymbol{k}\neq 0} E_{\boldsymbol{k}}\hat{\beta}_{\boldsymbol{k}}^{\dagger}\hat{\beta}_{\boldsymbol{k}} \tag{7.113}$$

が得られる．励起エネルギー $E_{\boldsymbol{k}}$ は (7.94) と同じ式

$$E_{\boldsymbol{k}} = \sqrt{\varepsilon_{\boldsymbol{k}}(\varepsilon_{\boldsymbol{k}} + 2NV_{\boldsymbol{k}})} = \hbar|\boldsymbol{k}|\sqrt{\frac{NV_{\boldsymbol{k}}}{m}\left(1 + \frac{\hbar^2\boldsymbol{k}^2}{NV_{\boldsymbol{k}}}\right)} \tag{7.114}$$

で与えられる．系の真空状態は，(7.100) で与えられるコヒーレント状態となる．

7.8.5　対称性の自発的破れ

コヒーレント状態の方法は，ボース－アインシュタイン凝縮を**自発的対称性の破れ** (**spontaneous breaking of symmetry**) として記述しており，興味深い．場の演算子

$$\hat{\psi}(\boldsymbol{x}) = \sum_{\boldsymbol{k}} \hat{a}_{\boldsymbol{k}}^{\dagger}\phi_{\boldsymbol{k}}(\boldsymbol{x}) \qquad \phi_{\boldsymbol{k}}(\boldsymbol{x}) = \frac{1}{\sqrt{V}}e^{i\boldsymbol{k}\boldsymbol{r}}$$

---

†28　$|z|^2\bar{v}_0\hat{b}_{\boldsymbol{k}}^{\dagger}\hat{b}_{\boldsymbol{k}}$ が，(7.108) により化学ポテンシャルの寄与と一緒に打ち消されたことに注意しよう．

†29　定数項の符号が異なるのは，(7.111) には化学ポテンシャル項の寄与があるからである．

に対して，真空状態 $|0_b\rangle$ の期待値は，

$$\langle 0_b|\widehat{\varphi}(\boldsymbol{x})|0_b\rangle = \phi_0\langle 0_b|\hat{a}_0|0_b\rangle = \sqrt{N}\phi_0(\boldsymbol{x}) \neq 0$$

であり，これは (7.35) で定義された秩序変数

$$\psi(\boldsymbol{x}) = \langle 0_b|\widehat{\varphi}(\boldsymbol{x})|0_b\rangle \neq 0 \tag{7.115}$$

である．場の演算子で表したハミルトニアン演算子 (3.175) は，位相の $U(1)$ ゲージ変換

$$\widehat{\varphi}(x) \to e^{i\theta}\widehat{\varphi}(H) \tag{7.116}$$

に対して不変であるが，(7.115) が 0 でないということは，$U(1)$ ゲージ変換に対して，$\widehat{\varphi}(\boldsymbol{x})$の真空期待値が変化することを意味する．つまり，

$$\psi(\boldsymbol{x}) = \langle 0_b|\widehat{\varphi}(\boldsymbol{x})|0_b\rangle \to \langle 0_b|e^{i\theta}\widehat{\varphi}(\boldsymbol{x})|0_b\rangle = e^{i\theta}\psi(\boldsymbol{x})$$

が成り立つ. これは真空状態 $|0_b\rangle$ が $U(1)$ ゲージ変換を破っており, 不変でないことを意味する. この現象が, 対称性の自発的破れとよばれるものである[†30].

コヒーレント状態の方法は粒子数を一旦は破る近似を用いているが，このことが本質的でないことは，6.2 節において述べた粒子数を破らない方法を用いても，同じ結果が導かれることから理解できる．

この章で述べたボゴリューボフ変換はフェルミ粒子に対しても同種のものを考えることができ，超伝導の理論で重要な役割を果たしている[†31]．

---

†30 対称性の自発的破れに興味のある読者は，文献[19]，[36] を参照されたい．

†31 超伝導理論とボゴリューボフ理論については，文献[36]，[53]，[54] を参照されたい．

ボース - アインシュタイン凝縮

1924 年，ボースは光子の統計性を議論した論文をアインシュタインに送り，その重要性を認めたアインシュタインは論文を独訳して掲載した[†32]．これがボース - アインシュタイン統計である．この論文に触発されたアインシュタインは理想原子気体に応用し，転移温度以下では相転移が起こり，7.2 節で述べたボース - アインシュタイン凝縮が起こることを示した[†33]．しかし，実在の気体はボース - アインシュタイン凝縮の転移温度より高い温度で固体となってしまうため，実際にはボース - アインシュタイン凝縮は起きないと考えられていた．

1937 年に ^{4}He の超流動性が発見されると，ロンドンは比熱の振舞（λ 転移）から，超流動 He において He 原子はボース - アインシュタイン凝縮の状態にあると考えた（1938 年）[†34]．実際には，超流動 He は気体ではなく液体であるなど相違点も多く，ボース - アインシュタイン凝縮の実在性を含めさまざまな議論がなされた[†35]．現在では，超流動 He は相関の大きい場合のボース - アインシュタイン凝縮として理解されている．

アインシュタインが予言したような弱相関の気体のボース - アインシュタイン凝縮は，1995 年になって極低温原子気体のボース - アインシュタイン凝縮として実験的に達成された[†36]．極低温原子気体は，非常にクリーンかつ制御が可能な系として実験的にも理論的にも多くの研究がなされ，ボース粒子系の研究に大きな発展があり[†37]．また，フェルミ粒子系やボース - フェルミ混合粒子系など新たな極低温原子気体が作られ研究されている．

---

†32 S. M. Bose：Zeits. für Phys. **26** (1924) 178.

†33 A. Einstein：S. B. Preuss. Akad. Wiss. phys.-math. Klasse (1924) 261；(1925) 3, 18.

†34 F. London：Nature **141** (1938) 643.

†35 ボース - アインシュタイン凝縮に関する昔の議論は文献 [45] を参照.

†36 M. H. Anderson, *et al.*：Science **269** (1995) 198；K. B. Davis, *et. al.*：Phys. Rev. Lett. **75** (1995) 3969.

†37 極低温原子気体のボース - アインシュタイン凝縮については文献[46]，[47]を参照.

第8章 摂動法の多体系量子論への応用

この章では，多体系の摂動法の基礎について述べる．量子力学における摂動法について紹介した後，代表的な摂動展開としてブリユアン - ウィグナー摂動展開とラリタ - シュウィンガー摂動展開について述べ，一様多体系への応用に対してラリタ - シュウィンガー摂動展開が用いられる理由を明らかにする．

次に，基底エネルギーの摂動項のダイアグラム記法について述べる．フェルミ粒子系の基底エネルギーに対する 2 次摂動を具体的に求め，相関エネルギーの第 1 近似であることを示す．例として電子ガス模型に対する 2 次摂動の計算を行い，長距離相互作用から来るリングダイアグラムの発散について明らかにすると共に，発散を処理する方法であるゲルマン - ブリュックナー理論について触れる．

最後に，2 次摂動の応用として乱雑位相近似における相関エネルギーの計算を紹介する．

8.1 量子力学における摂動法

摂動法（perturbation method）とは簡単にいえば，問題としている物理系で解くことができる系（非摂動系）とそれに比べて小さい寄与を与える系（摂動）とから構成されている時，系の物理量や状態を非摂動系の解を用いて摂動部分の級数展開の形で解く方法である．摂動法は解を組織的に展開して近似の割合を上げるといった用いられ方の他に，形式的に展開級数を書き表し，それを基にして，重要な寄与を与えると考えられる部分を抜き出して加え合わせるという近似にも用いられる．後者の近似は摂動が大きい場合にも用いられ，ファインマンダイアグラムを基にして計算が行われることが多く，ダイアグラマーの方法とよばれる．いずれの場合においても，摂動展開級数の収束性が保証されてない場合には，ある量を一度は級数展開しておいてからその級数または部分の足し上げを行うことになり，それが正しい結果を与えるかという問題が存在すること[†1]になるので注意が必要である．

摂動法には，時間に依存しない摂動法と時間に依存する摂動法がある．ここでは時間に依存しない摂動法を扱うことにする．

さて，ハミルトニアン演算子 $\hat{H}$ が

$$\hat{H} = \hat{H}_0 + \hat{V} \tag{8.1}$$

のように与えられたとする．$\hat{H}_0$ が非摂動ハミルトニアン演算子，$\hat{V}$ が摂動項である．これらは共に時間に依存しないとする．

非摂動部分 $\hat{H}_0$ の固有状態の規格化された完全系 $|\Phi_n\rangle$ が次のように求まったとする．

$$\hat{H}_0|\Phi_n\rangle = E_n|\Phi_n\rangle, \qquad \langle\Phi_m|\Phi_n\rangle = \delta_{m,n} \quad (n = 0, 1, 2, \cdots) \tag{8.2}$$

この中でエネルギー縮退のない状態[†2] $|\Phi_0\rangle$ を考える．摂動項 $\hat{V}$ が加わると，この状態は $\hat{H}$ のエネルギー固有値 E をもつ固有状態 $|\Psi\rangle$ に変化するので，

$$\hat{H}|\Psi\rangle = E|\Psi\rangle \tag{8.3}$$

となる．これは，(8.1) の摂動項にパラメータを導入して $\hat{H}_g = \hat{H}_0 + g\hat{V}$ としておき，そのエネルギー固有値 $E_n(g)$ をもつ固有状態を $\Psi(g)$ とした時に，$g = 0$ で $\Psi(0) = \Phi_0$, $E(0) = E_0$（縮退がなければ一意的に決まる）である状態に対して，$\Psi = \Psi(g = 1)$，$E = E_0(g = 1)$ と考えればよい．

固有値方程式 (8.3) の両辺と非摂動状態 $|\Phi_0\rangle$ との内積をとれば，

---

†1　この問題の詳細については本書では詳しく議論しないが，電子ガス模型の相関エネルギーでは素朴な摂動が破綻して，摂動展開の再足し上げや非摂動論的方法の適用が必要であることを 8.8 節で簡単に述べる．

†2　他に同じエネルギー固有値ではあるが異なる状態がない状態．

$$E\langle\Phi_0|\Psi\rangle = \langle\Phi_0|\widehat{H}|\Psi\rangle = \langle\Phi_0|\widehat{H}_0 + \widehat{V}|\Psi_0\rangle = E_0\langle\Phi_0|\Psi\rangle + \langle\Phi_0|\widehat{V}|\Psi\rangle$$

と計算できる．これより，エネルギー固有値 E を表す式

$$E - E_0 = \frac{\langle\Phi_0|\widehat{V}|\Psi\rangle}{\langle\Phi_0|\Psi\rangle} \tag{8.4}$$

を得る．摂動計算を組織的に行うために，射影演算子

$$\widehat{Q} = |\Phi_0\rangle\langle\Phi_0|, \qquad \widehat{P} = 1 - \widehat{Q} = 1 - |\Phi_0\rangle\langle\Phi_0| \tag{8.5}$$

を導入する．任意の状態 $|\Psi\rangle$ に演算子 $\widehat{P}$ が作用すると，

$$\widehat{Q}|\Psi\rangle = |\Phi_0\rangle\langle\Phi_0|\Psi\rangle, \qquad \widehat{P}|\Psi\rangle = |\Psi\rangle - |\Phi_0\rangle\langle\Phi_0|\Psi\rangle \tag{8.6}$$

となる．特に，状態 $|\Phi_0\rangle$ に対して，

$$\widehat{Q}|\Phi_0\rangle = |\Phi_0\rangle\langle\Phi_0|\Phi_0\rangle = |\Phi_0\rangle, \qquad \widehat{P}|\Phi_0\rangle = (1 - \widehat{Q})|\Phi_0\rangle = |\Phi_0\rangle - |\Phi_0\rangle = 0$$

となることに注意しよう．これより，$\widehat{Q}$ は状態の中から $|\Phi_0\rangle$ を抜き出す演算子，$\widehat{P}$ は $|\Phi_0\rangle$ を取り去る演算子であることがわかる．また，$|\Phi_0\rangle$ が $\widehat{H}_0$ の固有状態であることから，演算子 $\widehat{Q}, \widehat{P}$ は非摂動ハミルトニアン演算子 $\widehat{H}_0$ と交換することにも注意しよう．つまり，

$$\left.\begin{aligned} \widehat{Q}\widehat{H}_0 &= |\Phi_0\rangle\langle\Phi_0|\widehat{H}_0 = |\Phi_0\rangle\langle\Phi_0|E_0 = E_0|\Phi_0\rangle\langle\Phi_0| = \widehat{H}_0\widehat{Q} \\ \widehat{P}\widehat{H}_0 &= (1 - \widehat{Q})\widehat{H}_0 = \widehat{H}_0(1 - \widehat{Q}) = \widehat{H}_0\widehat{P} \end{aligned}\right\} \tag{8.7}$$

が得られる．

射影演算子 $\widehat{P}$ と $\widehat{Q}$ は次の性質を満たす．

$$\begin{aligned} \widehat{P}\widehat{Q} &= (1 - |\Phi_0\rangle\langle\Phi_0|)|\Phi_0\rangle\langle\Phi_0| = |\Phi_0\rangle\langle\Phi_0| - |\Phi_0\rangle\langle\Phi_0|\Phi_0\rangle\langle\Phi_0| \\ &= |\Phi_0\rangle\langle\Phi_0| - |\Phi_0\rangle\langle\Phi_0| = 0 \end{aligned}$$

同様にして，$\widehat{Q}\widehat{P} = 0$ であることも明らかであろう．また，$\widehat{Q}^2, \widehat{P}^2$ を計算すると，自分自身と一致するので，

$$\widehat{Q}^2 = |\Phi_0\rangle\langle\Phi_0|\Phi_0\rangle\langle\Phi_0| = |\Phi_0\rangle\langle\Phi_0| = \widehat{Q}, \qquad \widehat{P}^2 = \widehat{P}(1-\widehat{Q}) = \widehat{P} - \widehat{P}\widehat{Q} = \widehat{P}$$

となる．このような演算子を**べき等演算子** (idempotent operator) という．

演算子 $\widehat{P}$ と $\widehat{Q}$ の性質をまとめておくと，

$$\widehat{P} + \widehat{Q} = 1, \qquad \widehat{P}^2 = \widehat{P}, \qquad \widehat{Q}^2 = \widehat{Q} \tag{8.8}$$

のようになる．これは一般の**射影演算子** (projection operator) の定義である．

ここでパラメータ ε を導入し，固有値方程式 (8.3) を次のように書く．

$$(\varepsilon - \widehat{H}_0)|\Psi\rangle = (\varepsilon - E + \widehat{V})|\Psi\rangle \tag{8.9}$$

パラメータ ε の値は何でも構わないが，いろいろな摂動展開を区別するのに用いる．

(8.8) の両辺に射影演算子 $\widehat{P}$ を作用させると，

$$\widehat{P}(\varepsilon - \widehat{H}_0)|\Psi\rangle = \widehat{P}(\varepsilon - E + \widehat{V})|\Psi\rangle$$

が得られる．演算子 $\widehat{P}$ と $\widehat{H}_0$ の可換性 (8.7) を用いれば，左辺を $(\varepsilon - \widehat{H}_0) \times \widehat{P}|\Psi\rangle$ としてよい．その上で両辺を $\varepsilon - \widehat{H}_0$ で割って†3

$$\widehat{P}|\Psi\rangle = \frac{\widehat{P}}{\varepsilon - \widehat{H}_0}(\varepsilon - E + \widehat{V})|\Psi\rangle \tag{8.10}$$

となる．同じく $\widehat{P}$ は $\widehat{H}_0$ と交換することから，$\widehat{H}_0(\varepsilon - \widehat{H}_0)^{-1}$ と交換する左辺は，射影演算子 $\widehat{P}$ の定義 (8.5) を用いて次のようになる†4．

$$\widehat{P}|\Psi\rangle = (1 - |\Phi_0\rangle\langle\Phi_0|)|\Psi\rangle = |\Psi\rangle - |\Phi_0\rangle\langle\Phi_0|\Psi\rangle$$

これを (8.10) に用いて，$|\Psi\rangle$ の積分方程式

---

†3　正確には逆演算子 $(\varepsilon - \widehat{H}_0)^{-1}$ を作用させる．後で $\varepsilon = E_0$ とするが，射影演算子 $\widehat{P}$ が掛かっているので，状態 $|\phi_0\rangle$ の成分が $(\varepsilon - \widehat{H}_0)^{-1}$ に作用することはない．よって，この計算は正当化される．

†4　表式を簡単にするために，状態 $|\phi\rangle$ の規格化を $\langle\phi_0|\phi\rangle = 1$ とする流儀もある．

$$|\Psi\rangle = |\Phi_0\rangle\langle\Phi_0|\Psi\rangle + \frac{\widehat{P}}{\varepsilon - \widehat{H}_0}(\varepsilon - E + \widehat{V})|\Psi\rangle \tag{8.11}$$

を得る．この方程式は，右辺の $|\Psi\rangle$ に自分自身を代入して逐次近似により解くことができる．まず，(8.11) に一回自分自身を代入して，

$$|\Psi\rangle = |\Phi_0\rangle\langle\Phi_0|\Psi\rangle + \frac{\widehat{P}}{\varepsilon - \widehat{H}_0}(\varepsilon - E + \widehat{V})|\Phi_0\rangle\langle\Phi_0|\Psi\rangle + \left\{\frac{\widehat{P}}{\varepsilon - \widehat{H}_0}(\varepsilon - E + \widehat{V})\right\}^2|\Psi\rangle$$

となり，$(\varepsilon - E + \widehat{V})$ の 1 次項が分離される．さらに，(8.11) を代入していけば 2 次項，3 次項と逐次的に分離され，最終的に次の級数展開を得る．

$$|\Psi\rangle = \sum_{n=0}^{\infty}\left\{\frac{\widehat{P}}{\varepsilon - \widehat{H}_0}(\varepsilon - E + \widehat{V})\right\}^n|\Phi_0\rangle\langle\Phi_0|\Psi\rangle \tag{8.12}$$

これを (8.4) に代入すれば，エネルギー固有値 E に対する展開

$$E - E_0 = \sum_{n=0}^{\infty}\langle\Phi_0|\left\{\widehat{V}\frac{\widehat{P}}{\varepsilon - \widehat{H}_0}(\varepsilon - E + \widehat{V})\right\}^n|\Phi_0\rangle \tag{8.13}$$

が得られる．エネルギー固有値 E に対する摂動展開では，因子 $\langle\Phi_0|\Psi\rangle$ が打ち消されて現れないことに注意しよう．

8.2 ブリユアン - ウィグナー型摂動展開

前節の (8.12) および (8.13) で求められた摂動展開公式は任意に選べるパラメータ ε を含んでおり，この選び方によって異なる摂動展開級数が得られる．摂動に対して級数展開をするのに，どうしていろいろな展開が存在しうるかというと，摂動の n 次までの項が高次項を部分的に含んでいても構わないからである．

摂動級数が簡単になるものに，**ブリユアン - ウィグナー型摂動展開** (**Brillouin - Wigner perturbation theory**) がある．これは $\varepsilon = E$ とおくもので，次のようになる．

$$\left.\begin{aligned} |\Psi\rangle &= \sum_{n=0}^{\infty}\left\{\frac{\widehat{P}}{E-\widehat{H}_0}\widehat{V}\right\}^n|\Phi_0\rangle\langle\Phi_0|\Psi\rangle \\ E-E_0 &= \sum_{n=0}^{\infty}\langle\Phi_0|\widehat{V}\left\{\frac{\widehat{P}}{E-\widehat{H}_0}\widehat{V}\right\}^n|\Phi_0\rangle \end{aligned}\right\} \tag{8.14}$$

基底エネルギーの級数展開を2次項まで書けば次のようになる．

$$E = E_0 + \langle\Phi_0|V|\Phi_0\rangle + \langle\Phi_0|\widehat{V}\frac{\widehat{P}}{E-\widehat{H}_0}\widehat{V}|\Phi_0\rangle + \cdots$$

となる．

電子ガス模型や核物質などの一様な多体系では，密度 $n = N/V$ を一定にして，粒子数 N と体積 V を無限大にする熱力学極限における物理量の計算を行う．エネルギーのような示量的な物理量は一様系である限り，粒子数 N が大きければ，体積 V または粒子数 N に比例して大きくなるので，粒子数当りのエネルギー E/N を密度 n の関数として求めることになる．

ブリユアン - ウィグナー型の場合にこれがどうなるか調べてみよう．第0次 E_0 は自由粒子系のエネルギーで，自由フェルミ粒子系ならば (4.37) の $E_{\rm F}$ で与えられ，E/N が密度 n の関数になっている．1次項は，相互作用ポテンシャルの期待値である．クーロンポテンシャルのような2体力 (3.176) では，ハートリー - フォック近似の計算の場合と同じように[†5]，

$$E^{(1)} = \frac{1}{2}\sum_{\boldsymbol{k},\boldsymbol{l}} V_{\boldsymbol{k},\boldsymbol{l}\,;\,\boldsymbol{k},\boldsymbol{l}}$$

となり，$\boldsymbol{k}$, $\boldsymbol{l}$ の和が N^2 の寄与を与え，ポテンシャルの期待値が $1/V$ の寄与を与えるため，$\sim N^2/V = Nn$ となり，1粒子当りのエネルギー $E^{(1)}/N$ が有限の値をもつ．

次に2次項を考えよう．(8.14) より2次項は一様系の場合に，

$$E^{(2)} = \frac{1}{4}\sum_{\boldsymbol{k},\boldsymbol{l},\boldsymbol{k}',\boldsymbol{l}'}\frac{V_{\boldsymbol{k},\boldsymbol{l}\,;\,\boldsymbol{k}',\boldsymbol{l}'}V_{\boldsymbol{k}',\boldsymbol{l}'\,;\,\boldsymbol{k},\boldsymbol{l}}}{E-E_{\rm int}}$$

となる．中間状態のエネルギー $E_{\rm int}$ は非摂動基底状態のエネルギー E_0 と比

†5　後述するように，ハートリー - フォック近似と同じになる．

べて，状態 $\boldsymbol{k}$, $\boldsymbol{l}$ のエネルギーが $\boldsymbol{k}'$, $\boldsymbol{l}'$ に励起しただけ異なっており，$E^{(2)}$ の分母は，

$$E - E_{\text{int}} = E - E_0 - (\varepsilon_{\boldsymbol{k}'} + \varepsilon_{\boldsymbol{l}'} - \varepsilon_{\boldsymbol{k}} - \varepsilon_{\boldsymbol{l}}) \qquad (8.15)$$

となる．

一般に $E \neq E_0$ であるから，$E - E_{\text{int}}$ は主要項となり粒子数に対して $\sim N$ の寄与を与える．波数 $\boldsymbol{k}$, $\boldsymbol{l}$, $\boldsymbol{k}'$, $\boldsymbol{l}'$ の和は相互作用ポテンシャルの運動量保存則 $(\boldsymbol{k} + \boldsymbol{l} = \boldsymbol{k}' + \boldsymbol{l}')$ のため，条件が 1 個あり，3 つの波数の和となる．すると，この和は $\sim N^3$ の寄与がある．ポテンシャルの行列要素はそれぞれ $\sim 1/V$ の寄与がある．このため，$E^{(2)}$ は $N^3/V^2/N = \boldsymbol{n}^2$ となり，単純に考えると $E^{(2)}/N$ は熱力学極限で 0 となり寄与しないことになってしまう．(8.14) のより高次の項も同様である．よって，各項ごとに熱力学極限をとってから (8.14) の和をとれば，粒子 1 個当りのエネルギー E には摂動展開の 1 次までしか寄与しないということになってしまうが，そのようなことはありそうにない．

これは，E/N において $1/N$ またはそれ以下で効いてくる非常に小さい項が足し合わさって，熱力学極限で有限の寄与を与えることを意味している．すなわち，熱力学極限が (8.2) の摂動次数 n の無限和と可換ではなく，先にとれないことを意味している．以上から，ブリユアン - ウィグナー型の摂動級数に対して熱力学極限をとるような一様系に用いるためには，摂動の高次まで計算してそれらを加え合わせた上で熱力学極限をとらなければならないことになり，実用的ではない．つまり，ブリユアン - ウィグナー型の摂動級数は一様な多体系の計算には用いられない[†6]．

8.3 ラリタ - シュウィンガー型摂動展開

一様系の計算によく用いられるのは，**ラリタ - シュウィンガー型摂動展開**

---

†6 散乱理論など有限小数系ではこの問題は生じないので，ブリユアン - ウィグナー型が用いられる．

(**Rarita - Schwinger perturbation theory**) とよばれるもので，これは (8.12) および (8.13) で $\varepsilon = E_0$ とおくものであるから，

$$\left.\begin{aligned} |\Psi\rangle &= \sum_{n=0}^{\infty} \left\{\frac{\widehat{P}}{E_0 - \widehat{H}_0}(E_0 - E + \widehat{V})\right\}^n |\Phi_0\rangle\langle\Phi_0|\Psi\rangle \\ E - E_0 &= \sum_{n=0}^{\infty} \langle\Phi_0|\widehat{V}\left\{\frac{\widehat{P}}{E_0 - \widehat{H}_0}(E_0 - E + \widehat{V})\right\}^n |\Phi_0\rangle \end{aligned}\right\} \tag{8.16}$$

が与えられる．エネルギー固有値に対する級数展開

$$E = E_0 + \sum_{n=1}^{\infty} E^{(n)} \tag{8.17}$$

において，1次摂動エネルギー $E^{(1)}$ と2次摂動エネルギー $E^{(2)}$ は，次のように表される．

$$E^{(1)} = \langle\Phi_0|\widehat{V}|\Phi_0\rangle \tag{8.18}$$

$$E^{(2)} = \langle\Phi_0|\widehat{V}\frac{\widehat{P}}{E_0 - \widehat{H}_0}(E_0 - E + \widehat{V})|\Phi_0\rangle = \langle\Phi_0|\widehat{V}\frac{\widehat{P}}{E_0 - \widehat{H}_0}\widehat{V}|\Phi_0\rangle \tag{8.19}$$

第2次項 $E^{(2)}$ の定数 $(E_0 - E)$ の寄与は，$\widehat{P}|\Phi_0\rangle = 0$ を用いて，

$$\langle\Phi_0|\widehat{V}\frac{\widehat{P}}{E_0 - \widehat{H}_0}(E_0 - E)|\Phi_0\rangle = (E_0 - E)\langle\Phi_0|\widehat{V}\frac{\widehat{P}}{E_0 - \widehat{H}_0}|\Phi_0\rangle = 0 \tag{8.20}$$

となるので消えることを用いた．

第1次項 $E^{(1)}$ は，前節のブリユアン - ウィグナー型と同じである．第2次項 $E^{(2)}$ はブリユアン - ウィグナー型の (8.2) における第2次項と類似しているが，分母が $E_0 - \widehat{H}$ となっていることに注意しよう．これによりブリユアン - ウィグナー型では，(8.15) であった $E^{(2)}$ の分母のエネルギー因子が，

$$E_0 - E_{\text{int}} = -(\varepsilon_{\boldsymbol{k}'} + \varepsilon_{\boldsymbol{l}'} - \varepsilon_{\boldsymbol{k}} - \varepsilon_{\boldsymbol{l}}) \tag{8.21}$$

となり，粒子数 N に比例する項が打ち消し合って ~ 1 となる．よって，$E^{(2)}$ の主要項は $N^3/V^2 = Nn^2$ となり，熱力学極限で $E^{(2)}/N$ は有限の寄与を与える．

第2次項 $E^{(2)}$ の演算子 $\widehat{V}$ と $\widehat{P}/(E_0-\widehat{H}_0)$ の間に，$\widehat{H}_0$ の固有状態 (8.2) の完全性条件

$$1=\sum_{n=0}^{\infty}|\Phi_n\rangle\langle\Phi_n|$$

を代入すれば，

$$\sum_{n=0}^{\infty}\langle\Phi_0|\widehat{V}\frac{\widehat{P}}{E_0-\widehat{H}_0}|\Phi_n\rangle\langle\Phi_n|\widehat{V}|\Phi_0\rangle=\sum_{n=1}^{\infty}\langle\Phi_0|\widehat{V}|\Phi_n\rangle\frac{\widehat{P}}{E_0-E_n}\langle\Phi_n|\widehat{V}|\Phi_0\rangle$$

となる．ここで，$\widehat{H}_0|\Phi_n\rangle=E_n|\Phi_n\rangle$ を用いると共に，$\widehat{P}|\Phi_0\rangle=0$ を用いて，$n=0$ の項がなくなった[†7] ことに注意しよう．すると，次の結果を得る．

$$E^{(2)}=\frac{\langle\Phi_0|\widehat{V}|\Phi_n\rangle\langle\Phi_n|\widehat{V}|\Phi_0\rangle}{E_0-E_n}=\frac{|\langle\Phi_n|\widehat{V}|\Phi_0\rangle|^2}{E_0-E_n}\tag{8.22}$$

中間に入り込んでいる状態 $|\Phi_n\rangle$ を摂動の中間状態という．ラリタ - シュウィンガー摂動展開は，量子力学の教科書で時間に依存しない摂動理論として紹介されているものと同じである．

8.4　一様なフェルミ粒子多体系に対する摂動展開

前節で定義したラリタ - シュウィンガー摂動展開を一様なフェルミ粒子多体系に用いてみよう．一様系の場合には，1粒子波動関数が平面波状態 (1.38) で示された

$$\phi_{\boldsymbol{k},m}(\boldsymbol{x},\sigma)=\frac{1}{V}e^{i\boldsymbol{k}\boldsymbol{x}}\chi_m(\sigma)\tag{8.23}$$

で与えられ，これは自由フェルミ粒子系の1粒子解であると共に，5.6節の (5.41) より，これはハートリー - フォック近似の1粒子波動関数解にもなっていることに注意しよう．これは一様系の特殊性である．

非摂動ハミルトニアン演算子として，自由粒子ハミルトニアン演算子 (4.58) を用いる．1粒子波動関数が平面波状態 (8.23) であるので，自由粒

†7　このことから，エネルギー分母 E_0-E_n が0になることはない．

子ハミルトニアン演算子は対角化されているので[†8]，

$$\begin{aligned}\widehat{H}_0 &= \sum_i \varepsilon_i - \sum_i \varepsilon_i \widehat{d}_i^\dagger \widehat{d}_i + \sum_\mu \varepsilon_\mu \widehat{b}_\mu^\dagger \widehat{b}_\mu \\ &= E_{\mathrm{F}} - \sum_{|\boldsymbol{k}|\le k_{\mathrm{F}},m} \varepsilon_{\boldsymbol{k}} \widehat{d}_{\boldsymbol{k},m}^\dagger \widehat{d}_{\boldsymbol{k},m} + \sum_{|\boldsymbol{k}|\ge k_{\mathrm{F}},m} \varepsilon_{\boldsymbol{k}} \widehat{b}_{\boldsymbol{k},m}^\dagger \widehat{b}_{\boldsymbol{k},m}\end{aligned} \tag{8.24}$$

と計算される．E_{F} は (4.37) の平面波状態 (8.23) に対するフェルミ縮退状態のエネルギーであり，

$$\widehat{H}_0|F\rangle = E_{\mathrm{F}}|F\rangle \tag{8.25}$$

が成り立つ．

非摂動ハミルトニアン演算子 $\widehat{H}_0$ の固有状態の完全系は，フェルミ縮退状態 $|F\rangle$ (基底状態) および 6.2 節で述べた粒子空孔励起状態である．摂動項は，(4.65) 以下で与えられる相互作用ポテンシャル $\widehat{V}$ である[†9]．

フェルミ縮退状態 $|F\rangle$ を非摂動状態として，摂動によるエネルギーの変化を求めよう．(8.25) より，非摂動エネルギー E_0 は E_{F} であることは明らかである．

摂動の 1 次のエネルギー $E^{(1)}$ は (8.18) で与えられ，摂動 $\widehat{V}$ の $|F\rangle$ による期待値である．相互作用演算子 $\widehat{V}$ の正規化された表示を用いれば，定数項 (4.70) のみが生き残る．よって，

$$E^{(1)} = \langle F|\widehat{V}|F\rangle = \widehat{V}_0 = \sum_{i,j} V_{i,j\,;\,i,j} = \frac{1}{2}\sum_{i,j}(v_{i,j\,;\,i,j} - v_{i,j\,;\,j,i}) \tag{8.26}$$

となる．非摂動エネルギー E_0 に $E^{(1)}$ を加えたものは，(8.25) を用いて全系のハミルトニアン演算子 $\widehat{H}$ の期待値に等しいため，

$$\begin{aligned}E_0 + E^{(1)} &= \langle F|\widehat{H}_0|F\rangle + \langle F|\widehat{V}|F\rangle \\ &= \langle F|\widehat{H}|F\rangle\end{aligned} \tag{8.27}$$

---

†8　指標 i, μ は，波数とスピン量子数 $(\boldsymbol{k}, \boldsymbol{m})$ を表す．これまでと同様に，空孔状態を表す指標として i, j, k などを用い，粒子状態を表す指標として μ, ν, λ などを用いることにする．

†9　波数表示の式は，付録 F.2 節の行列要素を用いる．

が得られる．6.12 節の (6.163) で，基底状態のエネルギーとハートリー - フォックエネルギーの差を相関エネルギー E_{cor} と定義したことを思い出そう．エネルギーの摂動展開 (8.17) を用いれば，

$$E_{\mathrm{cor}} \equiv E - E_{\mathrm{HF}} = \sum_{n=2}^{\infty} E^{(n)} \tag{8.28}$$

となり，一様系においては摂動展開の 2 次以降の項は相関エネルギーを表すことがわかる．すなわち，摂動の 1 次まででではハートリー - フォック近似と同じ効果しか取り込めない．

8.5　基底状態エネルギー摂動項のダイアグラム表示

8.5.1　エネルギー項のダイアグラム表示

摂動の 2 次項による相関エネルギーを調べる前に，摂動によるエネルギー項のダイアグラム表示について述べておこう．

3.15 節の図 3.1 や 4.5 節の図 4.5〜4.7 では，相互作用演算子のダイアグラム表示を考えた．ここでは，演算子ではなく行列要素を同じ型のダイアグラムで表すことにする (図 8.1)．

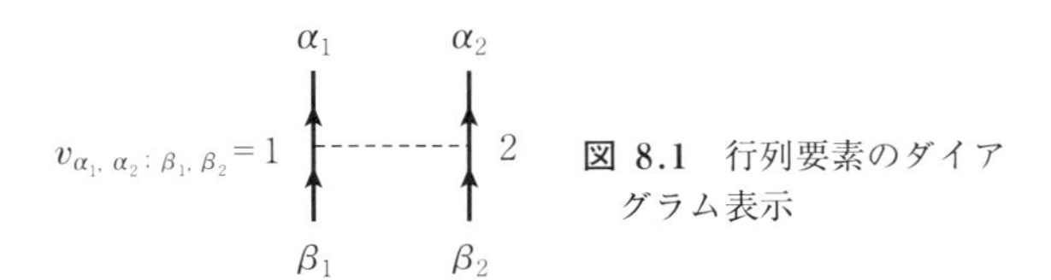

図 8.1　行列要素のダイアグラム表示

8.5.2　ダイアグラムの内線と泡グラフ

摂動展開に現れる項には，相互作用ポテンシャルの行列要素の積が存在し，そのうち 2 つの添字が同じ値をとり，それについて 1 粒子状態の総和がとられているような型が現れる．行列要素の積の部分のみを取り出して書けば，

次のような場合である[†10]．

$$\sum_{\beta_1,\beta_2} v_{\alpha_1,\alpha_2\,;\,\beta_1,\beta_2} v_{\beta_1,\beta_2\,;\,\gamma_1,\gamma_2}$$

この場合には，それぞれの行列要素を破線で表し，総和をとっている指標に対する実線をつなげて描く（図 8.2）．

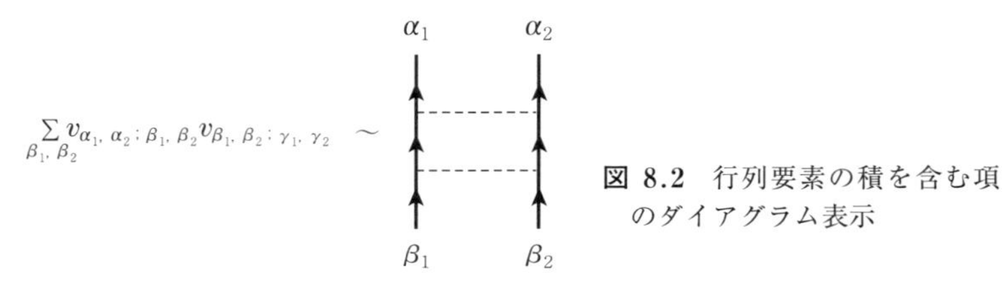

図 8.2　行列要素の積を含む項のダイアグラム表示

このような相互作用の頂点と頂点を結び状態の総和がとられている線を，**内線**（**internal line**）という．内線は直線でも曲線でもよく，つながり具合がわかりやすく描かれればそれでよい．また，4.5 節の図 4.7 で用いたように，同一頂点から出る実線を結ぶ内線もありうる．このような例としては，第 1 次摂動のエネルギー (8.26)

$$E^{(1)} = \frac{1}{2}\sum_{i,j}\left(v_{i,j\,;\,i,j} - v_{i,j\,;\,j,i}\right)$$

がある．直接項には同一頂点を結ぶ内線があり，交代項には頂点 1 と 2 を結ぶ 2 本の内線がある（図 8.3）．

このような外線のないダイアグラムを，**泡グラフ**（**bubble diagram**）とよぶ．ボース粒子の場合には，ウィックの定理における各項の符号が互いに正

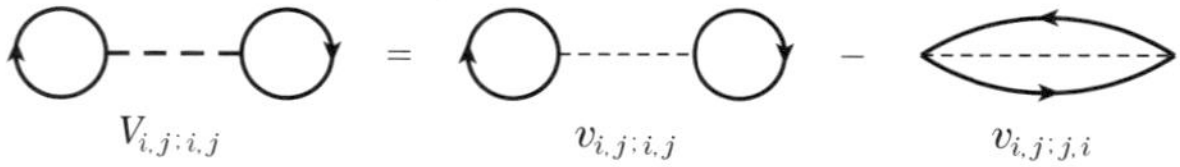

$V_{i,j;i,j}$ = $v_{i,j;i,j}$ − $v_{i,j;j,i}$

図 8.3　1 次摂動項 $E^{(1)}$（ハートリー－フォック近似のポテンシャルの寄与でもある）

†10　指標 β_1, β_2 を含む何か他の因子を含んでいてもよいし，多くの場合は含んでいる．

となるので，図8.3の2項は和となることに注意しよう．

粒子空孔表示では粒子線・空孔線の内線がありうるのはもちろんである．

これらの例からわかるように，摂動項のダイアグラムは内線でもって指標のつながり具合をトポロジカルに表現するのが目的である．ここからさらに進んで，トポロジカルなつながりから摂動項そのものを書き下す規則を作ることができ，それをファインマン規則という．ダイアグラムとファインマン規則は高次の摂動項を（多くの場合部分的に）求めるのに役に立つが，本書では直接用いないので省略する．

8.6　2次の摂動項

摂動公式 (8.22) を用いて，基底エネルギーに対する2次の摂動項を計算しよう．このためには，まず，基底状態 $|F\rangle$ と中間状態の行列要素

$$\langle \Phi_n|\hat{V}|\Phi_0\rangle = \langle \Phi_n|\hat{V}|F\rangle \tag{8.29}$$

を計算する．相互作用演算子 $\hat{V}$ は粒子数を保存するので，中間状態 $|\Phi_n\rangle$ に寄与するのは粒子空孔励起状態である．また，$\hat{V}$ として2体相互作用を考えているため，$\hat{V}$ が励起できるのは2粒子2空孔状態までである．

8.6.1　連結しないダイアグラム

中間状態として，$n=1$ の場合，すなわち $\langle F|\hat{V}|F\rangle$ は排除されていることに注意しよう．もし，この場合が存在すれば，ポテンシャルの行列要素の積

$$\langle F|\hat{V}|F\rangle\langle F|\hat{V}|F\rangle$$

を含むことになり，1次摂動 $E^{(1)}$ の2乗となる．1次摂動は図8.3で表される2項を含むので，その2乗のダイアグラムは分離した2つの図形の積[†11]になる．

このような分離したダイアグラムを，**連結しないダイアグラム** (**discon-**

†11　図形としては並べたものになる．

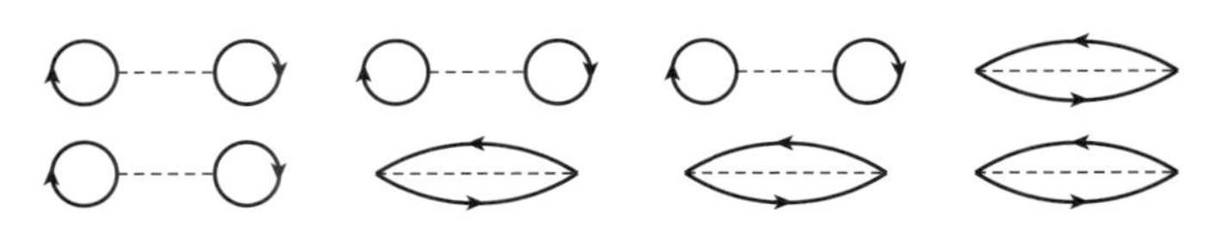

図 8.4　連結しないダイアグラム

nected diagram）という．連結しないダイアグラムは，ここでは初めから寄与しないことに注意しよう．

また，時間依存する摂動理論に基づく摂動展開では，連結しないダイアグラムも第 2 次項に一旦は登場し，それとは別に現れる $\{E^{(1)}\}^2$ 項と打ち消し合うことにより消え去り，結果的に連結するダイアグラムが残る．これを連結クラスター定理という．

8.6.2　1 粒子 1 空孔状態を中間状態として含むダイアグラム

最初に，1 粒子 1 空孔状態の寄与

$$|\mathrm{ph}:\mu, i\rangle = \hat{b}_\mu^\dagger \hat{d}_i^\dagger |F\rangle$$

を考える．第 2 次摂動に現れる行列要素は次のようになる．

$$\langle \mathrm{ph}:\mu, i|\hat{V}|F\rangle = \langle F|\hat{d}_i \hat{b}_\mu \hat{V}|F\rangle$$

演算子 $\hat{V}$ は 4 個の生成消滅演算子の積を含む．中間状態の $\hat{d}_i$, $\hat{b}_\nu$ を生成するため $d_i^\dagger$, $b_\nu^\dagger$ を含む必要があり，残りは $\hat{d}^\dagger \hat{d}$ か $\hat{b}^\dagger \hat{b}$ でなければならない．よって，(4.65) で該当するのは $\hat{V}_{b^3d}$ または $\hat{V}_{bd^3}$ である．この中で消滅演算子が右端にあって $|F\rangle$ に作用して 0 になるものなどを除くと，行列要素 (8.29) が 0 とならないのは，(4.67) の 2 項目のみである．よって，行列要素は次のようになる†12．

$$\langle \mathrm{ph}:\mu, i|\hat{V}|F\rangle = \langle F|\hat{d}_i \hat{b}_\mu \hat{V}|F\rangle = \sum_{\substack{i_1, \mu_2 \\ j_1, j_2}} V_{i_1, \mu_2; j_2, j_1} \langle F|\hat{d}_i \hat{b}_\mu \hat{d}_{i_1} \hat{b}_{\mu_2}^\dagger \hat{d}_{j_1}^\dagger \hat{d}_{j_2}^\dagger|F\rangle$$

---

†12　ウィックの定理による生成消滅演算子積の真空期待値の計算は，付録の (H.8) を参照．

$$= \sum_{\substack{i_1, \mu_2 \\ j_1, j_2}} V_{i_1, \mu_2 ; j_2, j_1} \delta_{\mu, \mu_2} (\delta_{i, j_1} \delta_{i_1, j_2} - \delta_{i, j_2} \delta_{i_1, j_1})$$

$$= \sum_j (V_{j, \mu ; j, i} - V_{j, \mu ; i, j}) = 2 \sum_j V_{\mu, j ; i, j}$$

最後に，行列要素 $V_{\alpha_1, \alpha_2 ; \beta_1, \beta_2}$ の反対称性を用いた．

一様系の場合には，1粒子波動関数がハートリー - フォック近似と同じ平面波状態であることを思い出そう．したがって，ハートリー - フォック近似の直交性関係式 (5.31) が今の場合でも

$$2 \sum_j V_{\mu, j ; i, j} = 0 \tag{8.30}$$

のように成り立つ．一様系では非摂動項が対角化されているため，$h_{\mu ; i} = \varepsilon_\mu \delta_{\mu, i} = 0$ であることを用いた．よって，行列要素 $\langle \mathrm{ph}:\mu, i | \hat{V} | F \rangle$ は 0 となり，1粒子1空孔状態を中間状態とする項は一様系では打ち消して存在しな

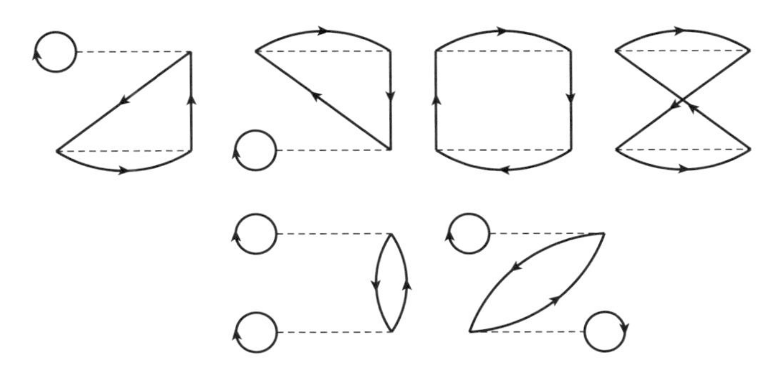

図 8.5　中間状態が1粒子1空孔状態のダイアグラム

い．中間状態が1粒子1空孔状態のダイアグラムの型を，図 8.5 に示しておく．

8.6.3　2粒子2空孔状態を中間状態として含むダイアグラム

中間状態として2粒子2空孔状態

$$| \mathrm{p}^2\mathrm{h}^2 : \mu, \nu, i, j \rangle = \hat{b}_\mu^\dagger \hat{b}_\nu^\dagger \hat{d}_i^\dagger \hat{d}_j^\dagger | F \rangle$$

を考える．この状態のエネルギーは基底状態のエネルギー E_0 に対して，

$$E_n - E_0 = \varepsilon_\mu + \varepsilon_\nu - \varepsilon_i - \varepsilon_j \tag{8.31}$$

である．2次摂動 (8.22) は次のように表される．

$$E^{(2)} = \sum_{\mathrm{p^2h^2}\,\text{状態}} \frac{|\langle \mathrm{p^2h^2}|\hat{V}|F\rangle|^2}{E_0 - E_{\mathrm{p^2h^2}}} = \frac{1}{4}\sum_{\substack{\mu,\nu\\ i,j}} \frac{|\langle \mathrm{p^2h^2}:\mu,\nu,i,j|\hat{V}|F\rangle|^2}{-\varepsilon_\mu - \varepsilon_\nu + \varepsilon_i + \varepsilon_j} \tag{8.32}$$

ここで，1/4 の因子は独立に μ, ν, i, j の和をとると，同じ粒子状態および空孔状態をそれぞれ2重に数えることに対する補正である．第2次摂動に現れる行列要素は次のようになる．

$$\langle \mathrm{p^2h^2}:\mu,\nu,i,j|\hat{V}|F\rangle = \langle F|\hat{d}_j\hat{d}_i\hat{b}_\nu\hat{b}_\mu\hat{V}|F\rangle$$

相互作用演算子 $\hat{V}$ はこれら2粒子2空孔を生成しないといけないので，この行列要素に効く $\hat{V}$ の項は (4.69) の $\hat{V}_{b^2d^2}$ の3項目である．これを代入して，

$$\langle \mathrm{p^2h^2}:\mu,\nu,i,j|\hat{V}|F\rangle = \frac{1}{2}\sum_{\substack{j_1,\mu_1\\ j_2,\mu_2}} V_{\mu_1,\mu_2\,;\,j_2,j_1}\langle F|\hat{d}_j\hat{d}_i\hat{b}_\nu\hat{b}_\mu\hat{b}^\dagger_{\mu_1}\hat{b}^\dagger_{\mu_2}\hat{d}^\dagger_{j_1}\hat{d}^\dagger_{j_2}|F\rangle \tag{8.33}$$

を得る．ポテンシャルの行列要素は実数とした．生成消滅演算子の真空期待値は，粒子部分と空孔部分を分離すれば，これまでの計算に帰着されるので

$$\begin{aligned}\langle F|\hat{d}_j\hat{d}_i\hat{b}_\nu\hat{b}_\mu\hat{b}^\dagger_{\mu_1}\hat{b}^\dagger_{\mu_2}\hat{d}^\dagger_{j_1}\hat{d}^\dagger_{j_2}|F\rangle &= \langle F|\hat{b}_\nu\hat{b}_\mu\hat{b}^\dagger_{\mu_1}\hat{b}^\dagger_{\mu_2}\hat{d}_j\hat{d}_i\hat{d}^\dagger_{j_1}\hat{d}^\dagger_{j_2}|F\rangle\\ &= \langle F|\hat{b}_\nu\hat{b}_\mu\hat{b}^\dagger_{\mu_1}\hat{b}^\dagger_{\mu_2}|F\rangle\langle F|\hat{d}_j\hat{d}_i\hat{d}^\dagger_{j_1}\hat{d}^\dagger_{j_2}|F\rangle\\ &= (\delta_{\nu,\mu_2}\delta_{\mu,\mu_1} - \delta_{\nu,\mu_1}\delta_{\mu,\mu_2})(\delta_{j,j_2}\delta_{i,j_1} - \delta_{j,j_1}\delta_{i,j_2})\end{aligned}$$

と計算される．これを (8.33) に用いて，行列要素の表式

$$\langle \mathrm{p^2h^2}:\mu,\nu,i,j|\hat{V}|F\rangle = V_{\mu,\nu\,;\,j,i} - V_{\mu,\nu\,;\,i,j} = v_{\mu,\nu\,;\,j,i} - v_{\mu,\nu\,;\,i,j} \tag{8.34}$$

を得る．これを (8.32) に代入して，$E^{(2)}$ の表式

$$E^{(2)} = \frac{1}{4}\sum_{\substack{\mu,\nu\\ i,j}} \frac{|\langle \mathrm{p}^2\mathrm{h}^2{:}\mu,\nu,i,j|\,\widehat{V}|F\rangle|^2}{-\varepsilon_\mu-\varepsilon_\nu+\varepsilon_i+\varepsilon_j} = \sum_{\substack{\mu,\nu\\ i,j}} \frac{(v_{\mu,\nu\,;\,j,i}-v_{\mu,\nu\,;\,i,j})^2}{-\varepsilon_\mu-\varepsilon_\nu+\varepsilon_i+\varepsilon_j}$$

$$= \frac{1}{2}\sum_{\substack{\mu,\nu\\ i,j}} \frac{v_{\mu,\nu\,;\,j,i}v_{\mu,\nu\,;\,j,i}}{-\varepsilon_\mu-\varepsilon_\nu+\varepsilon_i+\varepsilon_j} - \frac{1}{2}\sum_{\substack{\mu,\nu\\ i,j}} \frac{v_{\mu,\nu\,;\,j,i}v_{\mu,\nu\,;\,i,j}}{-\varepsilon_\mu-\varepsilon_\nu+\varepsilon_i+\varepsilon_j} \tag{8.35}$$

を得る．最後の行の第1項を直接項 $E_{\mathrm{d}}^{(2)}$ とよび，第2項を交換項 $E_{\mathrm{e}}^{(2)}$ とよぶ．すなわち，

$$\left.\begin{aligned} E_{\mathrm{d}}^{(2)} &= \frac{1}{2}\sum_{\substack{\mu,\nu\\ i,j}} \frac{v_{\mu,\nu\,;\,j,i}v_{\mu,\nu\,;\,j,i}}{-\varepsilon_\mu-\varepsilon_\nu+\varepsilon_i+\varepsilon_j} \\ E_{\mathrm{e}}^{(2)} &= -\frac{1}{2}\sum_{\substack{\mu,\nu\\ i,j}} \frac{v_{\mu,\nu\,;\,j,i}v_{\mu,\nu\,;\,i,j}}{-\varepsilon_\mu-\varepsilon_\nu+\varepsilon_i+\varepsilon_j} \end{aligned}\right\} \tag{8.36}$$

となる．これら2項は，ダイアグラムでは図8.6のように表される．

内線をたどっていって，一周して戻ってくるような図形を**ループ** (**loop**) という．図8.6の左のダイアグラムは2個のループをもち，右のダイアグラムは1個のループをもつ．また，粒子線・空孔線1本ずつからできるループを**リング** (**ring**) とよび，図8.6の左図のようなリングが連なっているダイアグラムを，**リングダイアグラム** (**ring diagram**) という．

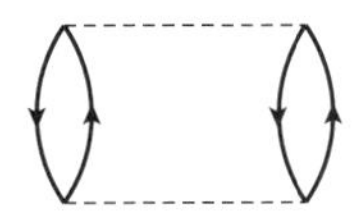

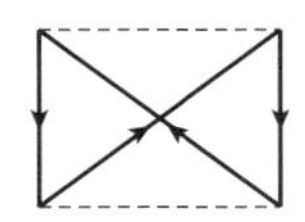

図 8.6　2次摂動 $E^{(2)}$ の直接項 $E_{\mathrm{d}}^{(2)}$ (左) と，交換項 $E_{\mathrm{e}}^{(2)}$ (右) のダイアグラム表示．

8.6.4　一様系における第2次摂動エネルギーの計算

一様系の場合で，(8.35) を具体的に計算しよう．波数表示での粒子空孔表示のポテンシャルは次のように与えられる[†13]．

---

†13　付録の (F.25) を参照．

$$v_{\mu,\nu;j,i} = v_{k_\mu,m_\mu,k_\nu,m_\nu;k_j,m_j,k_i,m_i}$$
$$= \frac{1}{V}(i\sigma_2)_{m_i,m_\nu}(i\sigma_2)_{m_j,m_\mu} v_K \delta_{\boldsymbol{k}_\nu,-\boldsymbol{K}-\boldsymbol{k}_i} \tag{8.37}$$

相互作用ポテンシャルによる運動量移行 $\boldsymbol{K}$ は，

$$\boldsymbol{K} = \boldsymbol{k}_\mu + \boldsymbol{k}_j = -\boldsymbol{k}_\nu - \boldsymbol{k}_i \tag{8.38}$$

であることに注意しよう．(8.37) はクロネッカーの δ 記号を含むため，4 個の運動量のうち独立なものは 3 個である．計算の便宜のために $\boldsymbol{K}$, $\boldsymbol{k}_i$, $\boldsymbol{k}_j$ を独立変数にとる．(8.38) より，粒子状態の運動量は次のようになる．

$$\boldsymbol{k}_\mu = \boldsymbol{K} - \boldsymbol{k}_j, \qquad \boldsymbol{k}_\nu = -\boldsymbol{K} - \boldsymbol{k}_i \tag{8.39}$$

まず，(8.35) の分母の中間状態のエネルギーを計算すると，

$$-\varepsilon_\mu - \varepsilon_\nu + \varepsilon_i + \varepsilon_j = -\varepsilon_{k_\mu} - \varepsilon_{k_\nu} + \varepsilon_{k_i} + \varepsilon_{k_j}$$
$$= \frac{\hbar^2}{2m}(-\boldsymbol{k}_\mu^2 - \boldsymbol{k}_\nu^2 + \boldsymbol{k}_i^2 + \boldsymbol{k}_j^2)$$
$$= \frac{\hbar^2}{2m}\{-(\boldsymbol{K} - \boldsymbol{k}_j)^2 - (\boldsymbol{K} + \boldsymbol{k}_i)^2 + \boldsymbol{k}_i^2 + \boldsymbol{k}_j^2\}$$
$$= \frac{\hbar^2}{m}\boldsymbol{K}\cdot(\boldsymbol{k}_j - \boldsymbol{k}_i - \boldsymbol{K}) \tag{8.40}$$

が得られる．(8.37) と (8.40) を用いて，直接項 $E_{\rm d}^{(2)}$ は次のようになる．

$$E_{\rm d}^{(2)} = \frac{1}{2}\sum_{\substack{\mu,\nu\\ i,j}} \frac{v_{\mu,\nu;j,i} v_{\mu,\nu;j,i}}{-\varepsilon_\mu - \varepsilon_\nu + \varepsilon_i + \varepsilon_j}$$
$$= \frac{m}{2\hbar^2 V^2} \sum_{\substack{m_\mu,m_\nu\\ m_i,m_j}} (i\sigma_2)_{m_i,m_\nu}(i\sigma_2)_{m_j,m_\mu}(i\sigma_2)_{m_i,m_\nu}(i\sigma_2)_{m_j,m_\mu}$$
$$\times \sum_{\substack{\boldsymbol{k}_\mu,\boldsymbol{k}_\nu\\ \boldsymbol{k}_i,\boldsymbol{k}_j}} \frac{v_K^2}{\boldsymbol{K}\cdot(\boldsymbol{k}_j - \boldsymbol{k}_i - \boldsymbol{K})} \delta_{\boldsymbol{k}_\nu,-\boldsymbol{K}-\boldsymbol{k}_i}\delta_{\boldsymbol{k}_\nu,-\boldsymbol{K}-\boldsymbol{k}_i}$$

スピン部分と運動量部分は分離している．それぞれ，計算すると

$$\sum_{\substack{m_\mu,m_\nu\\ m_i,m_j}} (i\sigma_2)_{m_i,m_\nu}(i\sigma_2)_{m_j,m_\mu}(i\sigma_2)_{m_i,m_\nu}(i\sigma_2)_{m_j,m_\mu} = \sum_{m_i,m_j} \delta_{m_i,m_i}\delta_{m_j,m_j} = 4$$

$$\sum_{\substack{\boldsymbol{k}_\mu,\boldsymbol{k}_\nu\\ \boldsymbol{k}_i,\boldsymbol{k}_j}} \frac{v_K^2}{\boldsymbol{K}\cdot(\boldsymbol{k}_j-\boldsymbol{k}_i-\boldsymbol{K})}\delta_{\boldsymbol{k}_\nu,-\boldsymbol{K}-\boldsymbol{k}_i}\delta_{\boldsymbol{k}_\nu,-\boldsymbol{K}-\boldsymbol{k}_i}$$

$$=\sum_{\boldsymbol{k}_\nu,\boldsymbol{k}_i,\boldsymbol{k}_j}\frac{v_K^2}{\boldsymbol{K}\cdot(\boldsymbol{k}_j-\boldsymbol{k}_i-\boldsymbol{K})}=\sum_{\boldsymbol{K},\boldsymbol{k}_i,\boldsymbol{k}_j}\frac{v_K^2}{\boldsymbol{K}\cdot(\boldsymbol{k}_j-\boldsymbol{k}_i-\boldsymbol{K})}$$

が得られる．最後に波数の和を $\boldsymbol{k}_\nu$, $\boldsymbol{k}_i$, $\boldsymbol{k}_j$ から $\boldsymbol{K}$, $\boldsymbol{k}_i$, $\boldsymbol{k}_j$ に変えたことに注意しよう．これを用いて，(8.36) の直接項 $E_{\mathrm{d}}^{(2)}$ の表式

$$E_{\mathrm{d}}^{(2)}=\frac{2m}{\hbar^2V^2}\sum_{\boldsymbol{K},\boldsymbol{k}_i,\boldsymbol{k}_j}\frac{v_K^2}{\boldsymbol{K}\cdot(\boldsymbol{k}_j-\boldsymbol{k}_i-\boldsymbol{K})} \tag{8.41}$$

を得る．運動量変数の和の範囲は，粒子空孔状態の波数であることから，

$$|\boldsymbol{k}_i|,|\boldsymbol{k}_j|\le k_{\mathrm{F}},\quad |\boldsymbol{K}-\boldsymbol{k}_j|\equiv|\boldsymbol{k}_\mu|>k_{\mathrm{F}},\quad |\boldsymbol{K}+\boldsymbol{k}_i|\equiv|\boldsymbol{k}_\nu|>k_{\mathrm{F}} \tag{8.42}$$

であることに注意しよう†14．

同様にして，交換項 $E_{\mathrm{e}}^{(2)}$ は次のようになる．

$$E_{\mathrm{e}}^{(2)}=-\frac{1}{2}\sum_{\substack{\mu,\nu\\ i,j}}\frac{v_{\mu,\nu;j,i}\,v_{\mu,\nu;i,j}}{-\varepsilon_\mu-\varepsilon_\nu+\varepsilon_i+\varepsilon_j}$$

$$=-\frac{m}{2\hbar^2V^2}\sum_{\substack{m_\mu,m_\nu\\ m_i,m_j}}(i\sigma_2)_{m_i,m_\nu}(i\sigma_2)_{m_j,m_\mu}(i\sigma_2)_{m_j,m_\nu}(i\sigma_2)_{m_i,m_\mu}$$

$$\times\sum_{\substack{\boldsymbol{k}_\mu,\boldsymbol{k}_\nu\\ \boldsymbol{k}_i,\boldsymbol{k}_j}}\frac{v_K\,v_{\boldsymbol{K}+\boldsymbol{k}_i-\boldsymbol{k}_j}}{\boldsymbol{K}\cdot(\boldsymbol{k}_j-\boldsymbol{k}_i-\boldsymbol{K})}\delta_{\boldsymbol{k}_\nu,-\boldsymbol{K}-\boldsymbol{k}_i}\delta_{\boldsymbol{k}_\nu,-\boldsymbol{K}-\boldsymbol{k}_i}$$

スピン部分と運動量部分は分離している．それぞれ，計算すると

$$\sum_{\substack{m_\mu,m_\nu\\ m_i,m_j}}(i\sigma_2)_{m_i,m_\nu}(i\sigma_2)_{m_j,m_\mu}(i\sigma_2)_{m_j,m_\nu}(i\sigma_2)_{m_i,m_\mu}=\sum_{m_i,m_j}\delta_{m_i,m_j}\delta_{m_j,m_i}=2$$

$$\sum_{\substack{\boldsymbol{k}_\mu,\boldsymbol{k}_\nu\\ \boldsymbol{k}_i,\boldsymbol{k}_j}}\frac{v_K\,v_{\boldsymbol{K}+\boldsymbol{k}_i-\boldsymbol{k}_j}}{\boldsymbol{K}\cdot(\boldsymbol{k}_j-\boldsymbol{k}_i-\boldsymbol{K})}\delta_{\boldsymbol{k}_\nu,-\boldsymbol{K}-\boldsymbol{k}_i}\delta_{\boldsymbol{k}_\nu,-\boldsymbol{K}-\boldsymbol{k}_i}$$

$$=\sum_{\boldsymbol{k}_\nu,\boldsymbol{k}_i,\boldsymbol{k}_j}\frac{v_K\,v_{\boldsymbol{K}+\boldsymbol{k}_i-\boldsymbol{k}_j}}{\boldsymbol{K}\cdot(\boldsymbol{k}_j-\boldsymbol{k}_i-\boldsymbol{K})}=\sum_{\boldsymbol{K},\boldsymbol{k}_i,\boldsymbol{k}_j}\frac{v_K\,v_{\boldsymbol{K}+\boldsymbol{k}_i-\boldsymbol{k}_j}}{\boldsymbol{K}\cdot(\boldsymbol{k}_j-\boldsymbol{k}_i-\boldsymbol{K})}$$

のようになる．これより，(8.36) の交換項 $E_{\mathrm{e}}^{(2)}$ の表式

†14　k_{F} はフェルミ波数である．

$$E_{\mathrm{e}}^{(2)} = -\frac{m}{\hbar^2 V^2} \sum_{\boldsymbol{K},\boldsymbol{k}_i,\boldsymbol{k}_j} \frac{v_{\boldsymbol{K}} v_{\boldsymbol{K}+\boldsymbol{k}_i-\boldsymbol{k}_j}}{\boldsymbol{K}\cdot(\boldsymbol{k}_j-\boldsymbol{k}_i-\boldsymbol{K})} \tag{8.43}$$

を得る．

8.7　電子ガス模型における 2 次摂動エネルギー

前節の結果を用いて，電子ガス模型における 2 次摂動エネルギーを評価しよう．このために，クーロンポテンシャルのフーリエ変換 (5.51)

$$v_{\boldsymbol{k}} = \frac{4\pi\alpha\hbar c}{\boldsymbol{k}^2} \tag{8.44}$$

を (8.41) と (8.43) に代入して，連続極限をとって波数の積分を求めてみる．以下で詳しく解説する．

8.7.1　電子ガス模型における 2 次摂動エネルギーの計算

まず，直接項 $E_{\mathrm{d}}^{(2)}$ は以下のようになる．

$$\begin{aligned} E_{\mathrm{d}}^{(2)} &= \frac{2m}{\hbar^2 V^2}(4\pi\alpha\hbar c)^2 \sum_{\boldsymbol{K},\boldsymbol{k}_i,\boldsymbol{k}_j} \frac{1}{|\boldsymbol{K}|^2 \boldsymbol{K}\cdot(\boldsymbol{k}_j-\boldsymbol{k}_i-\boldsymbol{K})} \\ &= \frac{2m}{\hbar^2 V^2}(4\pi\alpha\hbar c)^2 \left\{\frac{V}{(2\pi)^3}\right\}^3 \int \frac{d^3\boldsymbol{K}\, d^3\boldsymbol{k}_i\, d^3\boldsymbol{k}_j}{|\boldsymbol{K}|^4 \boldsymbol{K}\cdot(\boldsymbol{k}_j-\boldsymbol{k}_i-\boldsymbol{K})} \end{aligned} \tag{8.45}$$

フェルミ波数 k_{F} でスケールされた波数

$$\boldsymbol{K} = k_{\mathrm{F}}\boldsymbol{X}, \qquad \boldsymbol{k}_i = k_{\mathrm{F}}\boldsymbol{x}_i, \qquad \boldsymbol{k}_j = k_{\mathrm{F}}\boldsymbol{x}_j \tag{8.46}$$

を用いて積分を無次元化すれば，以下のようになる．

$$E_{\mathrm{d}}^{(2)} = \frac{2m}{\hbar^2 V^2}(4\pi\alpha\hbar c)^2 \left\{\frac{V}{(2\pi)^3}\right\}^3 k_{\mathrm{F}}^3 \int \frac{d^3\boldsymbol{X}\, d^3\boldsymbol{x}_i\, d^3\boldsymbol{x}_j}{|\boldsymbol{X}|^4 \boldsymbol{X}\cdot(\boldsymbol{x}_j-\boldsymbol{x}_i-\boldsymbol{X})} \tag{8.47}$$

積分に掛かる係数は次のように評価される[†15]．

---

†15　フェルミ波数と密度の関係 $k_{\mathrm{F}}^3 = 3\pi^2(N/V)$ と，リュードベリエネルギー $Ry = (\alpha^2/2)\, mc^2$ を用いた．

$$\frac{2m}{\hbar^2 V^2}(4\pi\alpha\hbar c)^2\left\{\frac{V}{(2\pi)^3}\right\}^3 k_{\mathrm{F}}^3 = \frac{2m}{\hbar^2 V^2}(4\pi)^2(\alpha\hbar c)^2\frac{V^3}{(2\pi)^9}(3\pi^2)\frac{N}{V} = \frac{3N}{8\pi^5}Ry \tag{8.48}$$

これらを用いて，直接項 (8.47) は

$$E_{\mathrm{d}}^{(2)} = N\frac{3}{8\pi^5}Ry\int\frac{d^3\boldsymbol{X}\,d^3\boldsymbol{x}_i\,d^3\boldsymbol{x}_j}{|\boldsymbol{X}|^4\boldsymbol{X}\cdot(\boldsymbol{x}_j-\boldsymbol{x}_i-\boldsymbol{X})} \tag{8.49}$$

と与えられる．

同様の手続きで，交換項 (8.43) は

$$E_{\mathrm{e}}^{(2)} = -N\frac{3}{16\pi^5}Ry\int\frac{d^3\boldsymbol{X}\,d^3\boldsymbol{x}_i\,d^3\boldsymbol{x}_j}{|\boldsymbol{X}|^2(\boldsymbol{X}+\boldsymbol{x}_i-\boldsymbol{x}_j)^2\boldsymbol{X}\cdot(\boldsymbol{x}_j-\boldsymbol{x}_i-\boldsymbol{X})} \tag{8.50}$$

のようになることは明らかであろう．

これらの積分の範囲は，スケールされた波数の定義 (8.46) および (8.42) から

$$|\boldsymbol{x}_i|,|\boldsymbol{x}_j| \le 1, \qquad |\boldsymbol{X}-\boldsymbol{x}_j| > 1, \qquad |\boldsymbol{X}+\boldsymbol{x}_i| > 1 \tag{8.51}$$

となる．積分 (8.49) と (8.50) の正確な値は数値積分によるしかない．

8.7.2　直接項の発散

ここでは，直接項 (8.49) の定性的な評価を行うことにする．この積分の被積分関数は一見して $|\boldsymbol{X}|^{-5}$ の振舞をしているので，$|\boldsymbol{X}|\sim 0$ で積分に大きい寄与を与えることが予測される．積分範囲 (8.51) より，$|\boldsymbol{X}|\sim 0$ では $|\boldsymbol{x}_i|, |\boldsymbol{x}_j|\sim 1$ であるから，$|\boldsymbol{x}_i|, |\boldsymbol{x}_j|$ に関してはフェルミ面近傍の寄与が重要であることがわかる．そこで，$\boldsymbol{X}$ を固定しておき ($|\boldsymbol{X}|\sim 0$)，最初に $\boldsymbol{x}_i$ と $\boldsymbol{x}_j$ の積分を行う．

まず，極座標の z 軸を $\boldsymbol{X}$ の方向に選び，次のようにおく．

$$\boldsymbol{x}_i\cdot\boldsymbol{X} = x_i X\cos\theta_i \equiv x_i X t_i, \qquad \boldsymbol{x}_j\cdot\boldsymbol{X} = x_j X\cos\theta_j \equiv -x_i X t_j$$

ここで，変数 t_i および t_j は次式で定義される変数である[†16]．

†16　t_j に負号をつけたのは便宜上のことである．

$$t_i = \cos\theta_i, \qquad t_j = -\cos\theta_j$$

また，X, x_i, x_j は，各ベクトルの大きさであるので，

$$X = |\boldsymbol{X}|, \qquad x_i = |\boldsymbol{x}_i|, \qquad x_j = |\boldsymbol{x}_j|$$

が成り立つ．

積分の範囲 (8.51) の最後の 2 式より，

$$X^2 + x_j^2 + 2x_j X t_j = (\boldsymbol{X} - \boldsymbol{x}_j)^2 > 1, \qquad X^2 + x_i^2 + 2x_i X t_j = (\boldsymbol{X} - \boldsymbol{x}_i)^2 > 1$$

となるが，$X \sim 0$ より X^2 の項を無視し，x_1, $x_2 \sim 1$ より，$2x_a X t_a \sim 2Xt_a$ および $1 - x_a^2 = (1 + x_a)(1 - x_a) \sim 2(1 - x_a)$ と近似すれば，

$$2Xt_j > 2(1 - x_i), \qquad 2Xt_i > 2(1 - x_j)$$

となる．積分範囲 (8.51) の第 1 式と合わせて，x_i, x_j の積分範囲

$$1 - Xt_i < x_i \leq 1, \qquad 1 - Xt_j < x_j \leq 1$$

を得る．また，これより t_i, t_j の積分範囲は $0 \leq t_a \leq 1 (a = i, j)$ であることがわかる．

同様にして，直接項 (8.49) の被積分関数は次のように近似される[†17]．

$$\frac{1}{|\boldsymbol{X}|^4 \boldsymbol{X} \cdot (\boldsymbol{x}_j - \boldsymbol{x}_i - \boldsymbol{X})} \sim \frac{1}{X^4(-x_j X t_j - x_i X t_i - X^2)} \sim -\frac{1}{X^5}\frac{1}{t_i + t_j}$$

これらの近似を用いて，直接項 (8.49) に現れる $\boldsymbol{x}_i$ と $\boldsymbol{x}_j$ の積分は極座標表示で次のようになる[†18]．

$$\begin{aligned} I(X) &= \int \frac{d^3\boldsymbol{x}_i d^3\boldsymbol{x}_j}{|\boldsymbol{X}|^4 \boldsymbol{X} \cdot (\boldsymbol{x}_j - \boldsymbol{x}_i - \boldsymbol{X})} \\ &\sim -\frac{(2\pi)^2}{X^5}\int_0^1 dt_i \int_{1-Xt_i}^1 x_i^2\, dx_i \int_0^1 dt_j \int_{1-Xt_j}^1 x_j^2\, dx_j \frac{1}{t_i + t_j} \end{aligned} \tag{8.52}$$

---

†17　X^2 を無視し，x_i, $x_j \sim 1$ と近似する．

†18　$(2\pi)^2$ は $d\phi_i$ と $d\phi_j$ の積分により生じた因子である．

動径成分 dx_i と dx_j の積分は次のようになる．

$$\int_{1-Xt_a}^{1} x_a^2\, dx_a = \frac{1-(1-Xt_a)^3}{3} \sim \frac{1-(1-3Xt_a)}{3} = Xt_a \quad (a = i, j)$$

よって，(8.52) の積分 $I(X)$ は

$$\begin{aligned} I(X) &= -\frac{(2\pi)^2}{X^3}\int_0^1 dt_i \int_0^1 dt_j\, \frac{t_i t_j}{t_i + t_j} \\ &= -\frac{(2\pi)^2}{X^3}\frac{2}{3}(1-\log 2) = -\frac{8\pi^2}{3}(1-\log 2)\frac{1}{X^3} \end{aligned} \quad (8.53)$$

と計算できる．ここで，次の積分公式

$$\int_0^1 dt_i \int_0^1 dt_j\, \frac{t_i t_j}{t_i + t_j} = \frac{2}{3}(1-\log 2)$$

を用いた．

さらに変数 $\boldsymbol{X}$ の角度積分を実行し (8.49) を計算すると，直接項の近似式

$$\begin{aligned} E_{\mathrm{d}}^{(2)} &= -N\frac{3}{8\pi^5} Ry \int d^3\boldsymbol{X}\, I(X) \\ &= -N\frac{3}{8\pi^5} Ry \int d^3\boldsymbol{X}\, \frac{8\pi^2}{3}(1-\log 2)\frac{1}{X^3} \\ &= -N\frac{1}{\pi^3}(1-\log 2) Ry (4\pi) \int \frac{dX}{X} \\ &= -N\frac{4}{\pi^2}(1-\log 2) Ry \int \frac{dX}{X} \end{aligned} \quad (8.54)$$

が求まる[†19]．(8.54) は $X \sim 0$ で対数発散することに注意しよう．

このようなことが起こるのは，積分 (8.49) の被積分関数に $|\boldsymbol{X}|^4$ という大きいべきがあるからである．これは (8.45) でわかるように，相互作用ポテンシャルがクーロンポテンシャル (8.44) のような長距離力であり，$\boldsymbol{K} \sim 0$ でポテンシャルが発散することと，直接項ではポテンシャルによる運動量移行が揃っていて，v_K^2 となっていることによる．実際，交換項 (8.50) は被積分関数の $|\boldsymbol{X}| \sim 0$ での発散が小さく[†20]，積分は収束する．ブリュックナーの

†19　$\boldsymbol{X}$ の極座標表示を用いた．

†20　一見して，$|X|^{-3}$ であることがわかる．

計算によれば，$E_{\mathrm{e}}^{(2)}$ は次の値をとる[30]．

$$E_{\mathrm{e}}^{(2)} = -0.046\,N\,Ry \tag{8.55}$$

直接項における発散は，ダイアグラム（図8.6左）からも見てとれる．運動量保存則が成り立つためには，一方のポテンシャル（下の破線）による運動量移行が $\boldsymbol{K}$ であれば，もう一方のポテンシャル（上の破線）による運動量移行は $-\boldsymbol{K}$ となり，$v_{-K} = v_K$ であるから v_K^2 の寄与が現れるのである．これはリングダイアグラムの特徴であり，摂動の高次項においてもリングダイアグラムは同様の発散を引き起こす．高次のリングダイアグラムを図8.7に示す．これらは相互作用ポテンシャル（ダイアグラムの破線）がすべて v_K であるため，$\boldsymbol{K} \sim 0$ で発散を生じるのである．

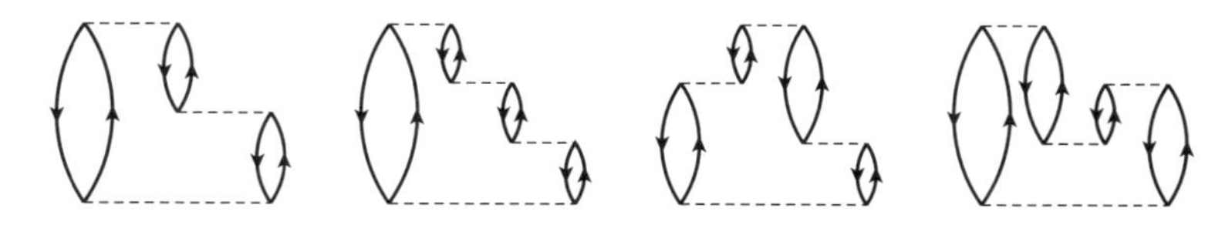

図 8.7　高次のリングダイアグラムの例

8.8　電子ガス模型の相関エネルギーの非摂動的方法

摂動展開の各項が発散するということは，摂動展開級数は破綻していて，相関エネルギーを求めるためには非摂動的な方法を用いなければならないことを意味する．この**非摂動的方法**（**non－perturbative method**）にはさまざまなものが存在するが，その考え方には大きく分けて2種類ある．

1つは，摂動展開級数を基礎として用いるもので，各項の発散を生じる積分にカットオフパラメータ Λ（$\Lambda \to \infty$ で発散）を導入したり，積分する前のものを扱うなどの方法で有限化しておき，摂動展開級数の全体あるいは部分の足し上げを行い，その後でカットオフパラメータ $\Lambda \to \infty$ の極限をとったり，あるいは積分を行って有限の結果を得る方法である†21．もう1つは，発散に対する物理的な描像を考え，それに対して現実に生じ発散をなくすような物理的効果を取り入れる方法である．これらはそれぞれ一長一短があると共に，実際にはその両方を取り込む中間的な方法が存在する．

電子ガス模型の相関エネルギーに関して，前者の方法に対応するものに，ゲルマン - ブリュックナー理論[†22]がある．この方法は，図 8.7 のような発散する無限個のリングダイアグラムを $\boldsymbol{K}$ の積分を行う前に加え合わせておき，その後で $\boldsymbol{K}$ の積分を行えば有限の値が得られるというものである．これは数値計算を含む複雑な計算を必要とし，ここでは議論しない[†23]．ゲルマン - ブリュックナーによれば，粒子 1 個当りの相関エネルギー E_{cor}/N は，

$$\begin{aligned}\frac{E_{\mathrm{cor}}}{N} &= \left\{\frac{2}{\pi^2}(1-\log 2)\log r_s - 0.096\right\}Ry \\ &= (0.0622\log r_s - 0.096)Ry \end{aligned} \tag{8.56}$$

を与える．パラメータ r_s は (4.54) で定義され，粒子 1 個当りの体積に対する球半径 r_0 をボーア半径 a_{B} で割ったものである．

より物理的な描像に基づく相関エネルギーの計算として，6.10 節で述べたボーム - パイン理論による 2 次相関エネルギーについて述べる．この理論から求められる相関エネルギーとしては，6.12 節の (6.165) において 1 次相関エネルギー W_1 を求めた．ボーム - パイン理論からわかる電子ガス模型の大きな特徴として，集団励起状態としてのプラズモンの存在と，遮蔽効果による電子 (準粒子) 間のクーロン相互作用 (長距離力) の短距離力化があったことを思い出そう．

(6.144) により，ボーム - パイン理論による遮蔽されたクーロン力は，波数に対するカットオフパラメータ k_{c} により

$$V_C' = \sum_{|\boldsymbol{k}|>k_{\mathrm{c}}} \frac{2\pi\alpha\hbar c}{V\boldsymbol{k}^2} e^{-i\boldsymbol{k}\boldsymbol{x}} \tag{8.57}$$

と表される．リングダイアグラムによる発散は長距離力であるクーロン相互

---

†21　場の理論におけるくりこみ理論も，このような方法の一種である．

†22　M. Gell-Mann and K. A. Brueckner : Phys. Rev. **106** (1957) 364.

†23　詳細は原論文，あるいは文献 [30]，[39]，[55]，[56] を参照．

作用に起因しているので，遮蔽されたポテンシャル (8.57) から来る 2 次の準粒子相関エネルギーは発散を生じない．

カットオフパラメータ k_c を直接項 (8.54) に導入し，積分 X の下限を $\beta = k_c/k_F$ として評価すると，

$$E_d^{(2)} = -N\frac{4}{\pi^2}(1-\log 2)\,Ry\int_{\beta}^{\beta_{\max}}\frac{dX}{X}$$
$$= -N\frac{4}{\pi^2}(1-\log 2)\,(-\log\beta + C)\,Ry \qquad (8.58)$$

のように計算される．積分 (8.58) は $X \sim 0$ 近傍の寄与を評価するものなので，積分の上限についてはここでは何もいえない．とりあえず $\beta_{\max}$ としておき，積分後は定数項 C を加えておいた．

カットオフパラメータ β は，(6.164) より $\beta \sim r_s^{1/2}$ を用いて†24，

$$E_d^{(2)} = N\left\{\frac{2}{\pi^2}(1-\log 2)\log r_s + \delta\right\}Ry \qquad (8.59)$$

となる．対数項 $\log r_s$ は，ゲルマン－ブリュックナーによるものと一致することに注意しよう．これは，乱雑位相近似が定性的には正しいことを意味していると考えられ，ゲルマン－ブリュックナー理論に見られるようなリングダイアグラムの足し上げも乱雑位相近似とよばれることがある．乱雑位相近似は，電子ガス模型の非常に高密度または低密度領域を除いてよい近似を与えると考えられている．

---

†24　$\log\beta$ であるから，比例定数はあまり重要ではない．

電子ガス模型の相関エネルギー

電子ガス模型は金属の物性との関係があり非常に多くの研究がなされてきたし，現在でもなされている．

本書で述べた，ゲルマン－ブリュックナー理論による相関エネルギー (8.56) およびボーム－パイン理論による結果 (8.59) は，電子密度が大きい高密度領域でよい近似を与える．電子密度を，(4.54) で定義されたパラメータ r_s

$$r_s \equiv \frac{r_0}{a_{\mathrm{B}}} = \frac{1}{a_{\mathrm{B}}}\left(\frac{3}{4\pi n}\right)^{1/3}$$

で表すと，$r_s \gg 1$ が高密度領域とされる．

実際の金属中の電子密度は，$2 < r_s < 5.5$ 程度とされ，中間密度または低密度領域の電子ガスとなっている[55]．

高密度領域と低密度領域での電子ガスの振舞の違いは，第 2 章の章末コラムで述べた，2 原子分子における分子軌道法と原子価結合法の関係から理解できる†25．原子間距離が小さくなると，電子の波動関数が分子全体に広がり分子軌道法がよい近似になるが，原子間距離が大きくなると電子は各原子の原子核の周りに局在し，ハイトラー－ロンドン理論のような原子価結合法がよい近似になった．電子ガスの場合も，高密度領域では電子の波動関数が物質全体に広がり，平面波波動関数を 1 体波動関数とするのがよい近似となるが，低密度領域では物質を構成しているイオンに局在化した描像がよい近似となる．このような描像に基づく低密度側の研究は，ウィグナー (1934 年)†26 によって始められた†27．ウィグナーは，中間密度領域で低密度高密度両側からの内挿式であるウィグナー公式も求めている．

現在では，電子ガス模型の計算は数値計算も含めてさまざまな研究が行われている†28．

---

†25　原子核間距離 R が電子ガス模型の r_s に対応する．

†26　E. P. Wigner：Phys. Rev. **46** (1934) 1002；Trans. Faraday Soc. **34** (1938) 678.

†27　粗い近似では，ウィグナー－ザイツ関数を波動関数に用いるウィグナー－ザイツ理論がある．

†28　電子ガス模型の詳細については，文献 [55], [57], [58] を参照．

第9章 場の量子論と多粒子系の量子論

本書の最後に，場の量子論の見地から多粒子系の量子論を議論する．1体の非相対論的シュレディンガー方程式を波動関数に対する古典系として定式化し，正準量子化の方法で量子化し場の量子論を構築する．非相対論的シュレディンガー方程式は拘束系であるので，ディラックによる拘束系の量子化が必要となる．本章では，ディラックの括弧式を用いた拘束系の量子化法を紹介し，それを用いて非相対論的シュレディンガー方程式の系を量子化する．そして，結果として得られる場の量子論は，これまで議論してきた多粒子系の量子論と等価なものになることを示す．

9.1 正準量子化法

9.1.1 古典系の量子化

古典力学系に量子力学系を対応させる操作を量子化という．N. ボーアは量子力学の解釈において相補性という考え方を用いたが，そこでは古典系が一定の役割をする[59].

しかしながら，量子力学が古典力学によって基礎づけられているわけではなく，また量子力学には，半整数スピン角運動量やフェルミ粒子といった古典力学には対応しない考え方が存在することから，古典力学が量子力学の古典近似であると考える方が自然であるとも考えられる．しかし，物理学の発展は，ある程度まで確立した理論の上に立って新しいより精度の高い理論が生み出されていくのであるから，量子力学もまた古典物理学を足場として確立したのであり，一定の正しさをもつ古典系に対して，量子系を発見する操作として量子化というものが重要だったといえる．

この種類の問題については，ここではこれ以上は議論しない．量子化には正準量子化や経路積分などさまざまな方法があるが，ここでは正準量子化の方法を用いて議論することにする．

9.1.2 古典力学における正準形式

古典力学の1体問題を考える．粒子の座標を $\boldsymbol{x}(t)$ とすれば，それを決定する方程式はニュートンの運動方程式

$$m\ddot{\boldsymbol{x}} = \boldsymbol{F} = -\nabla V(\boldsymbol{x}) \tag{9.1}$$

である．力は，ポテンシャル $V(\boldsymbol{x})$ をもつ保存力であるとする．

この系のラグラジアンを，

$$L(\boldsymbol{x}, \dot{\boldsymbol{x}}) = T - V = \frac{1}{2}m\dot{\boldsymbol{x}}^2 - V(\boldsymbol{x}) \tag{9.2}$$

とすれば，運動方程式 (9.1) は次のオイラー－ラグランジュ方程式から導かれる．

$$\frac{d}{dt}\left(\frac{\partial L}{\partial \dot{\boldsymbol{x}}}\right) - \frac{\partial L}{\partial \boldsymbol{x}} = 0 \tag{9.3}$$

ラグランジアンは一般には $\boldsymbol{x}$ と $\dot{\boldsymbol{x}}$ の関数

$$L = L(\boldsymbol{x}, \dot{\boldsymbol{x}})$$

である．

ここで，座標 $\boldsymbol{x}(t)$ に対する**正準共役運動量**（**canonically－conjugate momentum**）は，

$$\boldsymbol{p} = \frac{\partial L}{\partial \dot{\boldsymbol{x}}} = m\dot{\boldsymbol{x}} \tag{9.4}$$

で定義され[†1]，これを用いてハミルトニアン

†1 この場合は，通常の運動量と同じものになる．

$$H(\boldsymbol{x},\boldsymbol{p}) = \dot{\boldsymbol{p}}\cdot\dot{\boldsymbol{x}} - L = \frac{\boldsymbol{p}^2}{2m} + V(\boldsymbol{x}) \tag{9.5}$$

が定義される．このハミルトニアンは，座標$\boldsymbol{x}$と正準共役運動量$\boldsymbol{p}$の関数として表さなければならないことに注意しよう．そのためには，(9.4)の右辺は一般には$\boldsymbol{x}$と$\dot{\boldsymbol{x}}$の関数であるので，これを逆解きして，$\dot{\boldsymbol{x}}$を$\boldsymbol{x}$と$\boldsymbol{p}$の関数として表し，

$$\boldsymbol{p} = \frac{\partial L}{\partial \dot{\boldsymbol{x}}}(\boldsymbol{x},\dot{\boldsymbol{x}}) \quad\Longrightarrow\quad \dot{\boldsymbol{x}} = \boldsymbol{F}(\boldsymbol{x},\boldsymbol{p}) \tag{9.6}$$

を考えればよい．なお，(9.5)の右辺から$\dot{\boldsymbol{x}}$を消去する必要がある．保存系では，ハミルトニアンHがエネルギーに対応する$(H=E)$ことは，(9.5)からも明らかである．

ハミルトンの正準形式（**canonical formalism of Hamiltonian**）では，(9.4)を一旦忘れて，座標$\boldsymbol{x}$と正準共役運動量$\boldsymbol{p}$を共に基本的自由度と考える．その上で，運動方程式としてハミルトンの正準方程式

$$\dot{\boldsymbol{x}} = \frac{\partial H}{\partial \boldsymbol{p}} = \frac{\boldsymbol{p}}{m}, \qquad \dot{\boldsymbol{p}} = -\frac{\partial H}{\partial \boldsymbol{x}} = -\frac{\partial V}{\partial \boldsymbol{x}} \tag{9.7}$$

を設定する．(9.4)は結果として導かれることになる．

量$A(\boldsymbol{x},\boldsymbol{p})$と$B(\boldsymbol{x},\boldsymbol{p})$に対してポアソンの括弧式

$$\{A,B\}_{\mathrm{PB}} \equiv \frac{\partial A}{\partial \boldsymbol{x}}\cdot\frac{\partial B}{\partial \boldsymbol{p}} - \frac{\partial A}{\partial \boldsymbol{p}}\cdot\frac{\partial B}{\partial \boldsymbol{x}} \tag{9.8}$$

を定義すれば，ハミルトンの正準方程式は，

$$\dot{\boldsymbol{x}} = \{\boldsymbol{x},H\}_{\mathrm{PB}}, \qquad \dot{\boldsymbol{p}} = \{\boldsymbol{p},H\}_{\mathrm{PB}} \tag{9.9}$$

と表せる．また，座標$\boldsymbol{x}$と正準共役運動量$\boldsymbol{p}$は，

$$\{x_i,p_j\}_{\mathrm{PB}} = \delta_{i,j}, \qquad \{x_i,x_j\}_{\mathrm{PB}} = \{p_i,p_j\}_{\mathrm{PB}} = 0 \tag{9.10}$$

という関係式を満たすことに注意しよう．

9.1.3 量子力学における正準量子化

正準形式で与えられた古典力学系に対して，量子力学系を対応させる次のような操作を正準量子化という．まず，座標 $\boldsymbol{x}$ と運動量 $\boldsymbol{p}$ に対して，座標演算子 $\widehat{\boldsymbol{x}}$ と運動量演算子 $\widehat{\boldsymbol{p}}$ を対応させ，

$$\boldsymbol{x} \;\rightarrow\; \widehat{\boldsymbol{x}}, \qquad \boldsymbol{p} \;\rightarrow\; \widehat{\boldsymbol{p}} \tag{9.11}$$

を得る．これに伴い，量 $A(\boldsymbol{x}, \boldsymbol{p})$ にも演算子 $\widehat{A} = A(\widehat{\boldsymbol{x}}, \widehat{\boldsymbol{p}})$ を対応させる[†2]．

演算子へのおきかえに伴い，ポアソン括弧式を交換関係式へ以下のようにおきかえる．

$$\{A, B\} \;\rightarrow\; \frac{1}{i\hbar}[\widehat{A}, \widehat{B}] = \frac{1}{i\hbar}(\widehat{A}\widehat{B} - \widehat{B}\widehat{A}) \tag{9.12}$$

ポアソン括弧式 (9.10) にこの操作を行えば，座標演算子 $\widehat{\boldsymbol{x}}$ と運動量演算子 $\widehat{\boldsymbol{p}}$ は，

$$[\widehat{x}_i, \widehat{p}_j] = i\hbar\delta_{i,j}, \qquad [\widehat{x}_i, \widehat{x}_j] = [\widehat{p}_i, \widehat{p}_j] = 0 \tag{9.13}$$

すなわち，正準交換関係を満たす演算子となる．有限自由度の系では (9.13) を満たす演算子は（ユニタリ変換の自由度を除いて）一意的に決まることが証明されており[†3]，一般性を損なうことなく，座標表示の演算子としてよいので[†4]，

$$\widehat{\boldsymbol{x}} = \boldsymbol{x}, \qquad \widehat{\boldsymbol{p}} = \frac{\hbar}{i}\frac{d}{d\boldsymbol{x}} \tag{9.14}$$

となる．なお，ハミルトニアン $H(\boldsymbol{x}, \boldsymbol{p})$ に対応するハミルトニアン演算子 $\widehat{H}_{\mathrm{W}}$ は次のようになる．

$$\widehat{H}_{\mathrm{W}} = \frac{\widehat{\boldsymbol{p}}^2}{2m} + V(\widehat{\boldsymbol{x}}) = -\frac{\hbar^2}{2m}\boldsymbol{\nabla}^2 + V(\boldsymbol{x}) \tag{9.15}$$

---

†2 この時，一般には演算子 $\boldsymbol{x}$ と $\boldsymbol{p}$ の非可換性から演算子積の順序の問題が起こるが，ここでは気にしないことにする．

†3 ストーン－フォン・ノイマンの定理．

†4 $\widehat{\boldsymbol{x}} = \boldsymbol{x}$ は変数 $\boldsymbol{x}$ を関数に掛ける演算子である．

古典系におけるハミルトニアンとエネルギーの関係式 $H=E$ に対して，左辺をハミルトニアン演算子 $\widehat{H}_{\mathrm{W}}$ とし，右辺の E に対して時間微分 $i\hbar\times(\partial/\partial t)$ を形式的に対応させ，1 体波動関数 $\psi(\boldsymbol{x},t)$ を両辺に作用させれば，シュレディンガー方程式

$$i\hbar\frac{\partial\psi(\boldsymbol{x},t)}{\partial t}=\widehat{H}_{\mathrm{W}}\psi(\boldsymbol{x},t)=-\frac{\hbar^2}{2m}\boldsymbol{\nabla}^2\psi(\boldsymbol{x},t)+V(\boldsymbol{x},t)\,\psi(\boldsymbol{x},t) \quad (9.16)$$

を得る．これが，1 粒子系に対する正準量子化法のあらましである．

N 粒子系の場合には，古典系のハミルトニアン

$$H(\boldsymbol{x}_i,\boldsymbol{p}_i)=\sum_{i=1}^{N}\frac{\boldsymbol{p}_i^2}{2m}+V(\boldsymbol{x}_1,\cdots,\boldsymbol{x}_N) \quad (9.17)$$

に対して，1 粒子系の場合と同じ操作をして演算子 $\widehat{\boldsymbol{x}}_i$, $\widehat{\boldsymbol{p}}_i(i=1,\cdots,N)$ を定義し，N 体波動関数 $\Psi(\boldsymbol{x}_1,\cdots,\boldsymbol{x}_N)$ を導入すればよい[†5]．結果は，1.3 節で本書の出発点となった多体系の量子力学が得られることはもちろんである．

9.2　古典場の方程式としてのシュレディンガー方程式

9.2.1　古典場の方程式

1 粒子の波動関数 $\psi(\boldsymbol{x},t)$ は，演算子ではなく複素数を値にもつ関数である．よって，その解釈を別にすれば，電磁場や流体力学における速度場と同じ古典場である．そしてシュレディンガー方程式 (9.16) は，古典場 $\psi(\boldsymbol{x},t)$ が従う場の方程式である．これは，古典電気力学におけるマックスウェル方程式に対応するものと考えることができる．すなわち，シュレディンガー方程式は形式的に古典場の理論と考えることができるのである．

古典的な電磁場の理論（古典電気力学）を量子化することにより量子電気力学ができ，それは光の粒子である光子を記述する量子力学的理論である．同様に，さまざまな素粒子には対応する場が存在して，それを量子化するこ

---

†5　同種粒子の粒子置換に対する対称性を，仮定する必要がある．

とにより記述される[†6]．それでは，古典場の理論としてのシュレディンガー方程式を量子化すればどういうことになるのであろうか．場と粒子の対応からすれば，それは何かの粒子を記述することになるはずである．これを，正準量子化の方法を用いて行ってみることにする．

最初に，シュレディンガー方程式に対する**ラグランジュ形式**（**Lagrange formalism**）を考えよう．古典場 $\phi(\boldsymbol{x}, t)$ を粒子自由度 $\boldsymbol{x}(t) = (x_i(t))$ に対応するものと考え，シュレディンガー方程式 (9.16) をニュートンの運動方程式 (9.1) に対応するものとするのである．まず，自由度の対応から，ϕ の変数 $\boldsymbol{x}$ は $\boldsymbol{x}(t) = (x_i(t))$ の成分 $i = 1, 2, 3$ に対応するもので，異なる自由度を識別するパラメータであることがわかる．よって，$\phi(\boldsymbol{x}, t)$ は無限自由度系である．また ϕ は複素場であるから，実部と虚部の 2 つの実場に分解し，$\phi = \phi_{\mathrm{R}} + i\phi_{\mathrm{I}}$，$\phi_{\mathrm{R}}$ と ϕ_{I} が独立な自由度となる．しかしながら，ϕ_{R} と ϕ_{I} を自由度とするよりは，ϕ と複素共役 $\phi^* = \phi_{\mathrm{R}} - i\phi_{\mathrm{I}}$ を自由度とする方が便利である．よって，この系の自由度は $\phi(\boldsymbol{x}, t)$ と $\phi^*(\boldsymbol{x}, t)$ ということになる．

また，場 $\phi(\boldsymbol{x}, t)$ と $\phi^*(\boldsymbol{x}, t)$ をフェルミ粒子に対応するものとして量子化する場合には，対応する古典系の場は 2.5 節で導入したグラスマン数と見なしておかなくてはならない．相対論的場の理論においてどちらにするべきかは，スピンと統計の関係から場の種類ごとに決まってしまうが，非相対論的な場合はどちらか適切な方を仮定として選ばなくてはならないのである．以下では，場がグラスマン数であっても構わないように，積の順序，特に (2.5) で定義した右微分と左微分に注意をしながら議論を展開することにする．

9.2.2 シュレディンガー方程式に対する古典場ラグランジュ形式

場 $\phi(\boldsymbol{x}, t)$ と $\phi^*(\boldsymbol{x}, t)$ および場の時間空間微分の関数[†7]

---

†6 これを場と粒子の対応という．

†7 省略して $\mathcal{L} = \mathcal{L}(\phi(\boldsymbol{x}, t), \phi^*(\boldsymbol{x}, t))$ と書く．

$$\mathcal{L} = \mathcal{L}(\psi(\boldsymbol{x}, t), \psi^*(\boldsymbol{x}, t), \dot{\psi}(\boldsymbol{x}, t), \dot{\psi}^*(\boldsymbol{x}, t), \boldsymbol{\nabla}\psi(\boldsymbol{x}, t), \boldsymbol{\nabla}\psi^*(\boldsymbol{x}, t))$$

に対して，場の時間空間依存性を通じて $\mathcal{L}$ を $\boldsymbol{x}$ と t の関数と考え，ラグランジアンがその空間積分

$$L = \int_V \mathcal{L}\, d^3\boldsymbol{x} = \int_{-\infty}^{\infty}\int_{-\infty}^{\infty}\int_{-\infty}^{\infty} \mathcal{L}\, d^3\boldsymbol{x} \tag{9.18}$$

で与えられる時，$\mathcal{L}$ を**ラグランジアン密度**（**Lagrangean density**）という[†8]．場の理論におけるラグランジアンは必ずしもラグランジアン密度の積分で表されるわけではないが，ラグランジアン密度が存在する場合には，オイラー - ラグランジュ方程式は次のようになる[†9]．

$$\left.\begin{aligned} \frac{\partial}{\partial t}(\partial\mathcal{L}/\partial\dot{\psi}) + \boldsymbol{\nabla}(\partial\mathcal{L}/\partial\boldsymbol{\nabla}\psi) - \partial\mathcal{L}/\partial\psi = 0 \\ \frac{\partial}{\partial t}(\partial\mathcal{L}/\partial\dot{\psi}^*) + \boldsymbol{\nabla}(\partial\mathcal{L}/\partial\boldsymbol{\nabla}\psi^*) - \partial\mathcal{L}/\partial\psi^* = 0 \end{aligned}\right\} \tag{9.19}$$

さらに，ラグランジアン密度を次式で定義する．

$$\left.\begin{gathered} \mathcal{L} = \mathcal{L}_{\mathrm{C}} + \mathcal{L}_{\mathrm{H}} \\ \mathcal{L}_{\mathrm{C}} = \frac{i\hbar}{2}(\psi^*\dot{\psi} - \dot{\psi}^*\psi), \qquad \mathcal{L}_{\mathrm{H}} = -\frac{\hbar^2}{2m}\boldsymbol{\nabla}\psi^*\boldsymbol{\nabla}\psi - \mathrm{V}\psi^*\psi \end{gathered}\right\} \tag{9.20}$$

なお，$V = V(\boldsymbol{x})$ はポテンシャルである．

オイラー - ラグランジュ方程式 (9.19) を計算してみよう．場 ψ と ψ^* に対する正準共役運動量 π_ψ と π_{ψ^*} は，

$$\pi_\psi = \partial\mathcal{L}/\partial\dot{\psi} = \frac{i\hbar}{2}\psi^*, \qquad \pi_{\psi^*} = \partial\mathcal{L}/\partial\dot{\psi}^* = -\eta_{\mathrm{P}}\frac{i\hbar}{2}\psi^* \tag{9.21}$$

となる．ここで，グラスマン右微分の公式 (2.5) を用いた[†10]．同様にして，$\boldsymbol{\nabla}\psi$ と $\boldsymbol{\nabla}\psi^*$ の右微分および ψ と ψ^* の右微分は次のようになる．

---

†8　体積積分すればラグランジアンになるからである．

†9　右微分を用いたことに注意しよう．

†10　$\eta_{\mathrm{P}} = (-1)^{|\psi|}$ は，2.5 節で定義されたグラスマン数の符号因子（$|\psi|$ は統計因子）である ψ がグラスマン数でなければ $+1$ (P = S) で，グラスマン数であれば -1 (P = A) となる．

$$\left.\begin{array}{ll} \partial\mathcal{L}/\partial\nabla\psi = -\dfrac{\hbar^2}{2m}\nabla\psi^*, & \partial\mathcal{L}/\partial\nabla\psi^* = \eta_{\mathrm{P}}\dfrac{\hbar^2}{2m}\nabla\psi \\ \partial\mathcal{L}/\partial\psi = -V\psi^*, & \partial\mathcal{L}/\partial\psi^* = -\eta_{\mathrm{P}}V\psi \end{array}\right\} \tag{9.22}$$

(9.21) と (9.22) をオイラー－ラグランジュ方程式 (9.19) に代入すれば，シュレディンガー方程式 (9.16) およびその複素共役方程式を得る．よって，(9.20) がシュレディンガー方程式 (9.16) に対するラグランジアン密度であることが示された．

9.3　拘束条件とディラックによる正準量子化

9.3.1　拘束条件がある系の量子化

シュレディンガー方程式に対するラグランジアン密度が (9.20) で与えられたので，正準量子化を行うためには，これを正準形式にしなければならない．しかしながら，ここで問題が生じる．正準形式にするためには，自由度を場 ψ と ψ^* および (9.21) で定義された正準共役な運動量場 π_ψ と π_{ψ^*} で記述しなければならない．そのためには，9.1 節での正準共役運動量 (9.4) のように，正準共役な運動量場 π_ψ と π_{ψ^*} の定義式 (9.21) を逆解きして，$\dot{\psi}$ と $\dot{\psi}^*$ を ψ と ψ^* および π_ψ と π_{ψ^*} で表し，これをもって $\dot{\psi}$ と $\dot{\psi}^*$ を消去するという手続きを行わねばならない．ところが今の場合には，(9.21) の右辺には $\dot{\psi}$ と $\dot{\psi}^*$ が存在せず，この手続きを行うことができないのである．

(9.21) は，場 ψ と ψ^* と運動量場 π_ψ と π_{ψ^*} が従わなければならない条件式になっており，自由度が勝手な値をとることができなくなっていることを意味している．これは，例えば 2 次元平面内で半径 R の円環上に拘束された粒子の座標 (x, y) が，$x^2 + y^2 = R^2$ という拘束条件に従わなければならないのと同種の問題である．このような条件式を**拘束条件**（**constraint condition**）という．このような拘束条件が存在する系の正準形式および正準量子化はディラックにより示された[60]．ディラックの方法は，以下で述べるように形式的なポアソン括弧式から拘束条件と矛盾しない**ディラック括弧式**

(**Dirac bracket**) を構成し，それを演算子の交換 (反交換) 関係に対応させる，という手順で行われる[†11]．非相対論的なシュレディンガー方程式の量子化は，ディラック方程式の量子化と基本的に同じである．ここでは文献[19]に従い，シュレディンガー方程式のディラックの方法による正準形式および正準量子化について述べる[†12]．

まず，記号を見やすくするために，場の自由度を

$$Q_1(\boldsymbol{x}) = \psi(\boldsymbol{x}), \quad Q_2(\boldsymbol{x}) = \psi^*(\boldsymbol{x}), \quad P_1(\boldsymbol{x}) = \pi_\psi(\boldsymbol{x}), \quad P_2(\boldsymbol{x}) = \pi_{\psi^*}(\boldsymbol{x}) \tag{9.23}$$

のように書くことにする[†13]．座標変数 $Q_i(\boldsymbol{x})$ に正準共役な運動量が $P_i(\boldsymbol{x})$ である．変数 Q_i と P_i は独立な自由度と考える．

9.3.2　古典場のポアソン括弧式

この系のポアソン括弧式は，グラスマン数を考慮して，

$$\{F,\ G\}_{\mathrm{PB}} \equiv \sum_k \int d^3\boldsymbol{z}\ \{\partial F/\partial Q_k(\boldsymbol{z})\,[\partial/\partial P_k(\boldsymbol{z})]\,G - \eta_{\mathrm{P}}\,\partial F/\partial P_k(\boldsymbol{z})\,[\partial/\partial Q_k(\boldsymbol{z})]\,G\} \tag{9.24}$$

で定義される．ここで,微分は関数微分であることに注意しよう．すなわち，通常の微分演算が,

$$\frac{\partial x_i}{\partial x_j} = \delta_{i,j}$$

のようにクロネッカーの δ 記号になるのに対し，連続パラメータ $\boldsymbol{x}$ をもつ関数の微分であるから,

$$\frac{\partial \phi(\boldsymbol{x})}{\partial \phi(\boldsymbol{y})} = \delta^3(\boldsymbol{x} - \boldsymbol{y})$$

のようにディラックの δ 関数になるとするのである[†14]．

---

†11　このような問題は，相対論的波動方程式であるディラック方程式やゲージ場の理論を量子化する時にも現れる．

†12　計算の詳細は付録 K にまとめてあるので，それを参照されたい．

†13　時間 t は省略した．

ポアソン括弧式 (9.24) において，ボース粒子系に対応する場合は $\eta_{\mathrm{S}}=+1$ で通常のポアソン括弧式と一致するが，フェルミ粒子系に対応する場合には $\eta_{\mathrm{A}}=-1$ となり，ポアソン括弧式が反交換的になることに注意しよう．実際には，(2.46) を用いて，

$$\{F,\,G\}_{\mathrm{PB}}=-\,(-\,1)^{|F||G|}\{G,F\}_{\mathrm{PB}} \tag{9.25}$$

となる[†15]．符号因子 $(-1)^{|F||G|}$ は F と G を交換する．また，ポアソン括弧式の線形性の成立は定義からすぐに導かれ，

$$\left.\begin{aligned}\{a_1F_1+a_2F_2,\,G\}_{\mathrm{PB}}&=a_1\{F_1,\,G\}_{\mathrm{PB}}+a_2\{F_2,\,G\}_{\mathrm{PB}}\\\{F,\,a_1G_1+a_2G_2\}_{\mathrm{PB}}&=a_1\{F,\,G_1\}_{\mathrm{PB}}+a_2\{F,\,G_2\}_{\mathrm{PB}}\end{aligned}\right\} \tag{9.26}$$

が得られる．ここで，a_1，a_2 は(グラスマン数でない)普通の数である．

実際に，定義式 (9.24) を用いて正準変数 Q_i と P_j のポアソン括弧式を計算すれば，正準変数が満たすべき関係式

$$\left.\begin{aligned}\{Q_i(\boldsymbol{x})\,,\,Q_j(\boldsymbol{y})\}_{\mathrm{PB}}=\{P_i(\boldsymbol{x})\,,\,P_j(\boldsymbol{y})\}_{\mathrm{PB}}=0\\\{Q_i(\boldsymbol{x})\,,\,P_j(\boldsymbol{y})\}_{\mathrm{PB}}=\delta_{i,j}\delta^3(\boldsymbol{x}-\boldsymbol{y})\\\{P_i(\boldsymbol{x})\,,\,Q_j(\boldsymbol{y})\}_{\mathrm{PB}}=-\,\eta_{\mathrm{P}}\delta_{i,j}\delta^3(\boldsymbol{x}-\boldsymbol{y})\end{aligned}\right\} \tag{9.27}$$

が導かれる[†16]．最後の式に符号因子 η_{P} がつくのは，$P_i(\boldsymbol{x})$ と $Q_j(\boldsymbol{y})$ がグラスマン数の場合に反交換するからである．

9.3.3 拘束条件のポアソン括弧式

(9.21) に対して，

$$\phi_1=\pi_\psi-\frac{i\hbar}{2}\psi^*=P_1-\frac{i\hbar}{2}Q_2$$
$$\phi_2=\pi_{\psi^*}+(-\,1)^{|\psi|}\frac{i\hbar}{2}\psi=P_2+\eta_{\mathrm{P}}\frac{i\hbar}{2}Q_1$$

を導入する．$\phi_i=0$ $(i=1,\,2)$ とすれば (9.21) となるが，ここでは変数 Q_i

---

†14 関数微分はよく $\dfrac{\delta\phi(\boldsymbol{x})}{\delta\phi(\boldsymbol{y})}$ と書かれるが，ここでは普通の偏微分の記法で表すことにする．

†15 証明は付録 K を見よ．

†16 証明は付録 K を見よ．

と P_i は独立な自由度と考えているのでそうしない．いくぶん紛らわしいが，ϕ_i もまた拘束条件（ディラックによる **1 次拘束条件**（**primary constraint**））とよぶ．

組織的な記述のため，

$$R = \begin{pmatrix} 0 & -1 \\ \eta_{\rm P} & 0 \end{pmatrix}, \qquad {}^tR = \begin{pmatrix} 0 & \eta_{\rm P} \\ -1 & 0 \end{pmatrix} = -\,\eta_{\rm P} R \tag{9.28}$$

のように 2×2 行列 R を導入する．この行列 R が

$$R^{-1} = {}^tR = -\,\eta_{\rm P} R, \qquad R^2 = -\,\eta_{\rm P} I, \qquad {}^tRR = I \tag{9.29}$$

という性質を満たすことは直接の計算より明らかである．行列 R を用いれば，拘束条件 ϕ_1 と ϕ_2 は，

$$\phi_i = P_i + \frac{i\hbar}{2} \sum_k R_{ik} Q_k \quad (i = 1,\, 2) \tag{9.30}$$

と表されることに注意しよう．

ここで，拘束条件 ϕ_1 と ϕ_2 のポアソン括弧式を計算しよう[†17]．まず，正準変数 $(Q_i,\, P_i)$ と拘束条件 ϕ_i のポアソン括弧式は以下のようになる[†18]．

$$\left.\begin{aligned} \{Q_i(\boldsymbol{x})\,,\, \phi_j(\boldsymbol{y})\}_{\rm PB} &= \delta_{i,j}\delta^3(\boldsymbol{x} - \boldsymbol{y}) \\ \{\phi_j(\boldsymbol{y})\,,\, Q_i(\boldsymbol{x})\}_{\rm PB} &= -\,\eta_{\rm P}\delta_{i,j}\delta^3(\boldsymbol{x} - \boldsymbol{y}) \\ \{P_i(\boldsymbol{x})\,,\, \phi_j(\boldsymbol{y})\}_{\rm PB} &= -\,\eta_{\rm P}\frac{i\hbar}{2}R_{i,j}\delta^3\,(\boldsymbol{x} - \boldsymbol{y}) \\ \{\phi_j(\boldsymbol{y})\,,\, P_i(\boldsymbol{x})\}_{\rm PB} &= \frac{i\hbar}{2}R_{i,j}\delta^3(\boldsymbol{x} - \boldsymbol{z}) \end{aligned}\right\} \tag{9.31}$$

これらのポアソン括弧式は，後でディラック括弧式を計算する際に用いる．これを用いて拘束条件 ϕ_i の交換関係が計算され，

$$\{\phi_i(\boldsymbol{x})\,,\, \phi_j(\boldsymbol{y})\}_{\rm PB} = i\hbar R_{i,j}\delta^3(\boldsymbol{x} - \boldsymbol{y}) \tag{9.32}$$

が得られる．この右辺は c 数であるから，2 次拘束条件[†19]は存在せず，拘束条件としては ϕ_1 と ϕ_2 のみを考えればよいことになる．同時に ϕ_1 と ϕ_2 は，

---

†17　証明は付録 K を見よ．

†18　証明は付録 K を見よ．

ディラックの分類による第2類拘束条件[†20]であることがわかる.

9.3.4 ディラック括弧式

ここで，ポアソン括弧式に代わるディラック括弧式を導入する．そのために，ディラック行列 $C_{i,j}(\boldsymbol{x}\,;\,\boldsymbol{y})$ を定義すれば,

$$C_{i,j}(\boldsymbol{x}\,;\,\boldsymbol{y}) = \{\phi^i(\boldsymbol{x}),\,\phi^j(\boldsymbol{y})\}_{\mathrm{PB}} = i\hbar R_{i,j}\delta^3(\boldsymbol{x}-\boldsymbol{y}) \qquad (9.33)$$

となる．これは，連続な添字 $(i,\,\boldsymbol{x})$ と $(j,\,\boldsymbol{y})$ をもつ無限次元行列である．行列 C の逆行列は,

$$C^{-1}_{i,j}(\boldsymbol{x}\,;\,\boldsymbol{y}) = \frac{i}{\hbar}\eta_{\mathrm{P}}R_{i,j}\delta^3(\boldsymbol{x}-\boldsymbol{y})$$

となる．このことは，直接計算によって

$$\begin{aligned}\sum_j\int d^3\boldsymbol{y}\,C_{i,j}(\boldsymbol{x}\,;\,\boldsymbol{y})\,C^{-1}_{j,k}(\boldsymbol{y}\,;\,\boldsymbol{z}) &= \sum_j i\hbar R_{i,j}\delta^3(\boldsymbol{x}-\boldsymbol{y})\,\frac{i}{\hbar}\eta_{\mathrm{P}}R_{j,k}\delta^3(\boldsymbol{y}-\boldsymbol{z})\\ &= i^2\eta_{\mathrm{P}}(R^2)_{i,k}\delta^3(\boldsymbol{x}-\boldsymbol{z}) = \delta_{i,k}\delta^3(\boldsymbol{x}-\boldsymbol{z})\end{aligned}$$

のように簡単に示すことができる．ここで (9.29) の第2式を用いた.

さらに，ディラック行列を用いて，ディラック括弧式を次のように定義する.

$$\{F(\boldsymbol{x}),\,G(\boldsymbol{y})\}_{\mathrm{D}} = \{F(\boldsymbol{x}),\,G(\boldsymbol{y})\}_{\mathrm{PB}} - D[F(\boldsymbol{x}),\,G(\boldsymbol{y})] \qquad (9.34)$$

ここで，$D[F(x),\,G(y)]$ は,

---

†19 1次拘束 ϕ_i の時間発展は，$\dot{\phi}_i = \{\phi_i,\,H\}_{\mathrm{PB}} + \sum_j \lambda_j\{\phi_i,\,\phi_j\}_{\mathrm{PB}}$ で決まる（λ_j は拘束 ϕ_j に対するラグランジュ未定係数）．拘束条件は時間によらないので，拘束条件 $\phi_k=0$ の下で $\dot{\phi}_i=0$ とならなければならない．拘束条件 $\phi_j=0$ を用いても右辺が0でない場合には，それを新たな拘束としてつけ加える必要があり，これを2次拘束条件という．同様に3次や4次も起こりうる．一般には，これらをすべて求めておき，拘束条件と時間発展が整合するようにしておく必要がある.

†20 拘束条件 ϕ_i が他のすべての拘束条件と $\{\phi_i,\,\phi_j\}_{\mathrm{PB}}\sim 0$（拘束条件 $\phi_i=0$ を用いて0になる）を満たす時，これを**第1類拘束条件**（**constraint condition of the first class**）とよび，そうでない場合を**第2類拘束条件**（**constraint condition of the second class**）とよぶ．第1類拘束条件がある場合は本節とは異なる方法で量子化する必要がある[19].

$$D[F(\boldsymbol{x}),\, G(\boldsymbol{y})] = \sum_{m,n} \int d^3\boldsymbol{z}\, d^3\boldsymbol{u}\, \{F(\boldsymbol{x}),\, \phi_m(\boldsymbol{z})\}_{\mathrm{PB}} \times C^{-1}_{m,n}(\boldsymbol{z}\,;\,\boldsymbol{u})\, \{\phi_n(\boldsymbol{u}),\, G(\boldsymbol{y})\}_{\mathrm{PB}} \tag{9.35}$$

で定義される．本書では議論しないが，数学的にいうと，ディラック括弧式は正準変数 $(Q_i(\boldsymbol{x}),\, P_j(\boldsymbol{x}))$ が構成する空間（シンプレクテック多様体）の中の，$\phi_i = 0$ $(i = 1,\, 2)$ で定義される部分空間（部分多様体）におけるポアソン括弧式になっている[19]．ディラック括弧式に対しても，ポアソン括弧式と同形の線形性 (9.26) が成立することに注意しよう．

正準変数 $(Q_i,\, P_i)$ のディラック括弧式を，拘束条件 (9.30) に対して求めよう．まず (9.35) で定義された D は，

$$\left.\begin{aligned} D[Q_i(\boldsymbol{x}),\, Q_j(\boldsymbol{y})] &= -\frac{i}{\hbar} R_{i,j}\, \delta^3(\boldsymbol{x}-\boldsymbol{y}) \\ D[P_i(\boldsymbol{x}),\, P_j(\boldsymbol{y})] &= -\frac{1}{4}\hbar R_{i,j}\, \delta^3(\boldsymbol{x}-\boldsymbol{y}) \\ D[Q_i(\boldsymbol{x}),\, P_j(\boldsymbol{y})] &= -\eta_{\mathrm{P}}\, \delta_{i,j}\, \delta^3(\boldsymbol{x}-\boldsymbol{y}) \end{aligned}\right\} \tag{9.36}$$

を得る†21．よって，ディラック括弧式 (9.34) は，

$$\left.\begin{aligned} \{Q_i(\boldsymbol{x}),\, Q_j(\boldsymbol{y})\}_{\mathrm{D}} &= \frac{i}{\hbar} R_{i,j}\, \delta^3(\boldsymbol{x}-\boldsymbol{y}) \\ \{P_i(\boldsymbol{x}),\, P_j(\boldsymbol{y})\}_{\mathrm{D}} &= -\frac{i\hbar}{4} R_{i,j}\, \delta^3(\boldsymbol{x}-\boldsymbol{y}) \\ \{Q_i(\boldsymbol{x}),\, P_j(\boldsymbol{y})\}_{\mathrm{D}} &= \frac{1}{2}\, \delta_{i,j}\, \delta^3(\boldsymbol{x}-\boldsymbol{y}) \end{aligned}\right\} \tag{9.37}$$

となる†22．正準変数のディラック括弧式を用いて，場 ψ と ψ^* のディラック括弧式を求める．$Q_1 = \psi$ および $Q_2 = \psi^*$ なので，(9.37) の第1式から，

$$\left.\begin{aligned} &\{\psi(\boldsymbol{x}),\, \psi(\boldsymbol{y})\}_{\mathrm{D}} = \{\psi^*(\boldsymbol{x}),\, \psi^*(\boldsymbol{y})\}_{\mathrm{D}} = 0 \\ &\{\psi(\boldsymbol{x}),\, \psi^*(\boldsymbol{y})\}_{\mathrm{D}} = -\frac{i}{\hbar}\delta^3(\boldsymbol{x}-\boldsymbol{y}),\quad \{\psi^*(\boldsymbol{x}),\, \psi(\boldsymbol{y})\}_{\mathrm{D}} = \eta_{\mathrm{P}}\frac{i}{\hbar}\delta^3(\boldsymbol{x}-\boldsymbol{y}) \end{aligned}\right\} \tag{9.38}$$

---

†21　証明は付録 K を見よ．

†22　証明は付録 K を見よ．

となる[†23].

拘束条件 ϕ_i のディラック括弧式は線形性と (9.37) から簡単に計算され,

$$\{\phi_i(\boldsymbol{x}),\ \phi_j(\boldsymbol{y})\}_{\mathrm{D}} = 0 \tag{9.39}$$

となることに注意しよう.

9.3.5 ディラックの正準量子化法

ここまでは古典系での結果である. ディラックの特異系の正準量子化法は, 正準変数 $(Q,\ P)$ を演算子 $(\widehat{Q},\ \widehat{P})$ におきかえ, (9.12) のようなポアソン括弧式ではなく, ディラック括弧式を交換関係あるいは反交換関係におきかえた関係式

$$\{A,\ B\}_{\mathrm{D}} \to \frac{1}{i\hbar}[\widehat{A}, \widehat{B}]_{\mathrm{P}} = \frac{1}{i\hbar}(\widehat{A}\widehat{B} \mp \widehat{B}\widehat{A}) \quad (\mathrm{P} = \mathrm{S},\ \mathrm{A}) \tag{9.40}$$

が成立することを要請する.

シュレディンガー方程式の場合には, 場 ψ と ψ^* が自由度であるから, これに対応して場の演算子 $\widehat{\psi}(\boldsymbol{x})$ と $\widehat{\psi}^\dagger(\boldsymbol{x})$ を導入して, ディラック括弧式 (9.38) に対応する交換関係または反交換関係

$$\left.\begin{aligned} &[\widehat{\psi}(\boldsymbol{x}),\ \widehat{\psi}(\boldsymbol{y})]_{\mathrm{P}} = [\widehat{\psi}^{\,\dagger}(\boldsymbol{x}),\ \widehat{\psi}^{\,\dagger}(\boldsymbol{y})]_{\mathrm{P}} = 0 \\ &[\widehat{\psi}(\boldsymbol{x}),\ \widehat{\psi}^{\,\dagger}(\boldsymbol{y})]_{\mathrm{P}} = \delta^3(\boldsymbol{x} - \boldsymbol{y}), \qquad [\widehat{\psi}^{\,\dagger}(\boldsymbol{x}),\ \widehat{\psi}(\boldsymbol{y})]_{\mathrm{P}} = -\,\eta_{\mathrm{P}}\delta^3(\boldsymbol{x} - \boldsymbol{y}) \end{aligned}\right\} \tag{9.41}$$

を満たすようにすることになるわけである. 拘束条件 ϕ_i に対応する演算子は, (9.30) より

$$\widehat{\phi}_i = \widehat{P}_i + \frac{i\hbar}{2}\sum_j R_{i,j}\widehat{Q}_j$$

であり, 場の演算子 $\widehat{\psi}$ と $\widehat{\psi}^{\,\dagger}$ で表せば,

$$\widehat{\phi}_1 = \widehat{\pi}_\psi - \frac{i\hbar}{2}\widehat{\psi}^{\,\dagger}, \qquad \widehat{\phi}_2 = \widehat{\pi}_\psi^\dagger + \eta_{\mathrm{P}}\frac{i\hbar}{2}\widehat{\psi} \tag{9.42}$$

†23 証明は付録 K を見よ.

となる．量子化規則 (9.40) に従えば，ディラック括弧式 (9.39) から，

$$[\hat{\phi}_i(\boldsymbol{x}), \hat{\phi}_j(\boldsymbol{y})]_{\mathrm{P}} = \hat{\phi}_i(\boldsymbol{x})\hat{\phi}_j(\boldsymbol{y}) - \eta_{\mathrm{P}}\hat{\phi}_j(\boldsymbol{y})\hat{\phi}_i(\boldsymbol{x}) = 0 \quad (9.43)$$

となる．

場の正準交換関係を用いての直接計算によっても，この結果を導くことは容易である．よって，(9.43) に矛盾することなく，拘束条件 $\hat{\phi}_i = 0$，すなわち，

$$\hat{\pi}_{\psi} = \frac{i\hbar}{2}\hat{\psi}^{\dagger}, \qquad \hat{\pi}_{\psi^\dagger} = -\eta_{\mathrm{P}}\frac{i\hbar}{2}\hat{\psi} \quad (9.44)$$

とおけるのである．

形式的に，場の演算子と運動量演算子に正準交換関係を仮定し，

$$[\hat{\psi}(\boldsymbol{x}), \hat{\pi}_{\psi}(\boldsymbol{y})]_{\mathrm{P}} = [\hat{\psi}^{\dagger}(\boldsymbol{x}), \hat{\pi}_{\psi^\dagger}(\boldsymbol{y})]_{\mathrm{P}} = i\hbar\delta^3(\boldsymbol{x}-\boldsymbol{y})$$
$$[\hat{\psi}(\boldsymbol{x}), \hat{\psi}(\boldsymbol{y})]_{\mathrm{P}} = [\hat{\psi}^{\dagger}(\boldsymbol{x}), \hat{\psi}^{\dagger}(\boldsymbol{y})]_{\mathrm{P}} = 0$$

が与えられる．これに (9.44) を代入しても交換 (反交換) 関係 (9.41) が得られる．このような処方を**簡便量子化法** (simple quantization method) ということがある．簡便量子化法は正しい量子化の処方を導くのであるが，その結果の正しさはディラックの特異系の正準量子化法にあることを強調しておこう．

この交換 (反交換) 関係は，3.11 節で (3.147) により定義した場の演算子 $\hat{\psi}(\xi)$，$\hat{\psi}^{\dagger}(\xi)$ の満たす交換 (反交換) 関係 (3.153) と同形であることに注意しよう†24．

9.3.6　場の量子論から量子多体理論の導出

これまでの議論より，本節の結果から出発して生成消滅演算子を定義して量子多体系を導くことは，3.11 節までの手続きを逆に行えばよい．これは，場の量子論の標準的な手続きと同じである[12,19,23,24,25]．ここでは，非相対論

†24　3.11 節での場の演算子は，スピン角運動量などの内部自由度を含んでいるので，場の変数が ξ としてあるが，本節の議論を内部自由度を含むように拡張することは容易である．

的な場の理論の例として手短に述べる．

まず，関数の規格完全直交系 $\phi_i(\boldsymbol{x})\,(i=1,\cdots,\infty)$ を用意する†25．すなわち，

$$\langle\phi_i|\phi_j\rangle=\int d^3\boldsymbol{x}\ \phi_i^*(\boldsymbol{x})\phi_j(\boldsymbol{x})=\delta_{i,j},\qquad \sum_{i=1}^{\infty}\phi_i(\boldsymbol{x})\phi_j^*(\boldsymbol{y})=\delta^3(\boldsymbol{x}-\boldsymbol{y}) \tag{9.45}$$

である．生成消滅演算子 $\hat{c}_i^\dagger$ と $\hat{c}_i$ を次のように定義する．

$$\hat{c}_i^\dagger=\langle\phi_i^*|\hat{\varphi}^\dagger\rangle=\int d^3\boldsymbol{x}\ \phi_i(\boldsymbol{x})\ \hat{\varphi}^\dagger(\boldsymbol{x}),\quad \hat{c}_i=\langle\phi_i|\hat{\varphi}\rangle=\int d^3\boldsymbol{x}\ \phi_i^*(\boldsymbol{x})\ \hat{\varphi}(\boldsymbol{x}) \tag{9.46}$$

ここで $\hat{\varphi}$ は関数でなく場の演算子であり，内積記号 $\langle\phi_i|\hat{\varphi}\rangle$ などは右辺の積分の意味で形式的に用いていることに注意しよう．

関数系 $\phi_i(\boldsymbol{x})$ が完全系であることから，場の演算子 $\hat{\varphi}$ と $\hat{\varphi}^\dagger$ は，生成消滅演算子 $\hat{c}_i$ と $\hat{c}_i^\dagger$ で展開され，

$$\hat{\varphi}(\boldsymbol{x})=\sum_{i=1}^{\infty}\phi_i(\boldsymbol{x})\hat{c}_i,\qquad \hat{\varphi}^\dagger(\boldsymbol{x})=\sum_{i=1}^{\infty}\phi_i^*(\boldsymbol{x})\hat{c}_i^\dagger \tag{9.47}$$

となる．このことは，(9.46) を用いて形式的な内積 $\langle\phi_i|\hat{\varphi}\rangle$ と $\langle\phi_i^*|\hat{\varphi}^\dagger\rangle$ を評価すれば

$$\langle\phi_i|\hat{\varphi}\rangle=\langle\phi_i|\sum_{j=1}^{\infty}\phi_j\hat{c}_j\rangle=\sum_{j=1}^{\infty}\langle\phi_i|\phi_j\rangle\hat{c}_j=\sum_{j=1}^{N}\delta_{i,j}\hat{c}_j=\hat{c}_i$$
$$\langle\phi_i^*|\hat{\varphi}^\dagger\rangle=\langle\phi_i^*|\sum_{j=1}^{\infty}\phi_j^*\hat{c}_j^\dagger\rangle=\sum_{j=1}^{\infty}\langle\phi_i^*|\phi_j^*\rangle\hat{c}_j^\dagger=\sum_{j=1}^{\infty}\delta_{i,j}\hat{c}_j^\dagger=\hat{c}_i^\dagger$$

のように明らかである．生成消滅演算子の定義 (9.46) から，場の交換 (反交換) 関係 (9.41) を用いて交換 (反交換) 関係を計算すれば，

$$[\hat{c}_i,\,\hat{c}_j]_{\mathrm{P}}=[\langle\phi_i|\hat{\varphi}\rangle,\langle\phi_j|\hat{\varphi}\rangle]=\int d^3\boldsymbol{x}\,d^3\boldsymbol{y}\,\phi_i^*(\boldsymbol{x})\phi_j^*(\boldsymbol{y})\ [\hat{\varphi}(\boldsymbol{x}),\,\hat{\varphi}(\boldsymbol{y})]_{\mathrm{P}}=0$$

$$[\hat{c}_i^\dagger,\,\hat{c}_j^\dagger]_{\mathrm{P}}=[\langle\phi_i^*|\hat{\varphi}^\dagger\rangle,\langle\phi_j^*|\hat{\varphi}^\dagger\rangle]=\int d^3\boldsymbol{x}\ d^3\boldsymbol{y}\ \phi_i(\boldsymbol{x})\phi_j(\boldsymbol{y})\ [\hat{\varphi}^\dagger(\boldsymbol{x}),\hat{\varphi}^\dagger(\boldsymbol{y})]_{\mathrm{P}}=0$$

---

†25 例えば，場の方程式としてのシュレディンガー方程式 (9.16) における解の完全系を用意すればよい．

$$
\begin{aligned}
[\hat{c}_i,\, \hat{c}_j^\dagger]_{\mathrm{P}} = [\langle \psi_i | \hat{\psi} \rangle,\, \langle \psi_j^* | \hat{\psi}^\dagger \rangle] &= \int d^3\boldsymbol{x}\, d^3\boldsymbol{y}\, \phi_i^*(\boldsymbol{x})\phi_j(\boldsymbol{y})\ [\hat{\psi}(\boldsymbol{x}),\, \hat{\psi}^\dagger(\boldsymbol{y})]_{\mathrm{P}} \\
&= \int d^3\boldsymbol{x}\, d^3\boldsymbol{y}\, \phi_i^*(\boldsymbol{x})\phi_j(\boldsymbol{y})\ \delta^3(\boldsymbol{x}-\boldsymbol{y}) \\
&= \int d\boldsymbol{x}\, \phi_i^*(\boldsymbol{x})\phi_j(\boldsymbol{x}) = \langle \phi_i | \phi_j \rangle = \delta_{i,j}
\end{aligned}
$$

となり，生成消滅演算子の交換（反交換）関係を得る．ここから多体系のフォック空間を構成することは3.3節および3.5節と同様である．

付　録

A．演算子の計算に関する公式
B．ルジャンドル関数と球面調和関数
C．長球回転楕円体座標を用いた積分
D．スピン角運動量
E．ラグランジュの未定係数法
F．湯川ポテンシャルとクーロンポテンシャルのフーリエ変換
G．ハートリー - フォック近似に現れる積分
H．正規順序積とウィックの定理
I．サウレスの定理
J．RPA 方程式の行列要素の計算
K．古典場に対するポアソン括弧式の計算
L．関連図書

付録 A　演算子の計算に関する公式

多体系の問題に限らず，量子力学では演算子の計算をよく行う．本書で用いるものを中心に，演算子の計算に関する便利な公式を述べる．

A.1　演算子の交換関係と反交換関係

演算子 $\widehat{A}$，$\widehat{B}$ の交換関係および反交換関係は次のように定義される．

$$[\widehat{A},\, \widehat{B}] = \widehat{A}\widehat{B} - \widehat{B}\widehat{A}, \qquad \{\widehat{A},\, \widehat{B}\} = \widehat{A}\widehat{B} + \widehat{B}\widehat{A} \tag{A.1}$$

量子力学では交換関係の計算をよく行う．それは，量子力学の基本的な関係式が正準交換関係などの交換関係で表されているからである．交換関係の計算で用いられる基本的な公式をまとめておく．証明は (A.1) を用いて，書き下してみれば簡単に示せる．

（1）　交換性

$$[\widehat{A},\, \widehat{B}] = -[\widehat{B},\, \widehat{A}], \qquad \{\widehat{A},\, \widehat{B}\} = \{\widehat{B},\, \widehat{A}\} \tag{A.2}$$

（2）　線形性 (a, b は c 数)

$$[a\widehat{A} + b\widehat{B},\, \widehat{C}] = a[\widehat{A},\, \widehat{C}] + b[\widehat{B},\, \widehat{C}], \qquad [\widehat{C},\, a\widehat{A} + b\widehat{B}] = a[\widehat{C},\, \widehat{A}] + b[\widehat{C},\, \widehat{A}] \tag{A.3}$$

$$\left.\begin{aligned} \{a\widehat{A} + b\widehat{B},\, \widehat{C}\} &= a\{\widehat{A},\, \widehat{C}\} + b\{\widehat{B},\, \widehat{C}\} \\ \{\widehat{C},\, a\widehat{A} + b\widehat{B}\} &= a\{\widehat{C},\, \widehat{A}\} + b\{\widehat{C},\, \widehat{A}\} \end{aligned}\right\} \tag{A.4}$$

（3）　演算子積の交換関係

$$[\widehat{A}\widehat{B},\, \widehat{C}] = \widehat{A}[\widehat{B},\, \widehat{C}] + [\widehat{A},\, \widehat{C}]\widehat{B}, \qquad [\widehat{C},\, \widehat{A}\widehat{B}] = \widehat{A}[\widehat{C},\, \widehat{B}] + [\widehat{C},\, \widehat{A}]\widehat{B} \tag{A.5}$$

$$[\widehat{A}\widehat{B},\, \widehat{C}] = \widehat{A}\{\widehat{B},\, \widehat{C}\} - \{\widehat{A},\, \widehat{C}\}\widehat{B}, \qquad [\widehat{C},\, \widehat{A}\widehat{B}] = -\widehat{A}\{\widehat{C},\, \widehat{B}\} + \{\widehat{C},\, \widehat{A}\}\widehat{B} \tag{A.6}$$

最後の演算子積の交換関係の公式は，演算子積が交換関係のどちら側にあっても，次のようなパターンになっていることがわかれば，すぐに覚えられる．

（1）　公式 (A.5) および (A.6) ともに，演算子積を構成する演算子 $\hat{A}$, $\hat{B}$ の片方と演算子 $\hat{C}$ との交換関係に，演算子積のもう片方の演算子が掛かった項の和になる．

（2）　左の演算子 ($\hat{A}$) は左から残りの演算子の交換関係に掛かり，右の演算子 ($\hat{B}$) は右から残りの演算子の交換関係に掛かる．

（3）　反交換関係に展開する公式 (A.6) の場合，演算子積 $\hat{A}\hat{B}$ のうち，交換関係の相方 ($\hat{C}$) を飛び越えて交換関係の外に出ていく方に負号がつく．

A.2　指数関数型演算子 $e^{\hat{A}}$ による変換公式

演算子 $\hat{A}$ の指数関数

$$e^{\hat{A}} = \sum_{n=0}^{\infty} \frac{\hat{A}^n}{n!} \tag{A.7}$$

に関係する公式はいろいろ存在する．本書で用いるものを中心に紹介する．

本節では，$e^{\hat{A}}$ による変換公式

$$e^{\hat{A}}\hat{B}e^{-\hat{A}} = \hat{B} + [\hat{A},\, \hat{B}] + \frac{1}{2!}[\hat{A},\, [\hat{A},\, \hat{B}]] + \frac{1}{3!}[\hat{A},\, [\hat{A},\, [\hat{A},\, \hat{B}]]] + \cdots \tag{A.8}$$

を証明しよう．この公式は随伴作用素（演算子に対する線形演算子）

$$\mathrm{ad}_{\hat{A}}\hat{B} \equiv [\hat{A},\, \hat{B}]$$

を用いれば，

$$e^{\hat{A}}\hat{B}e^{-\hat{A}} = \sum_{n=0}^{\infty} \frac{1}{n!}(\mathrm{ad}_{\hat{A}})^n \hat{B} = e^{\mathrm{ad}_{\hat{A}}}\hat{B} \tag{A.9}$$

と短く書くことができる[†1]．

(A.8) の証明には，$\hat{A}$ を左右から掛ける

$$L_{\hat{A}}\hat{B} = \hat{A}\hat{B}, \qquad R_{\hat{A}}\hat{B} = \hat{B}\hat{A} \tag{A.10}$$

のような作用素を導入すると便利である．随伴作用素 $\mathrm{ad}_{\hat{A}}$ は $L_{\hat{A}} + R_{-\hat{A}}$ と書ける

†1　左辺を，$\mathrm{Ad}\hat{B} = e^{\hat{A}}\hat{B}e^{-\hat{A}}$ と書くことがある．

ので，

$$\mathrm{ad}_{\hat{A}}\hat{B} = [\hat{A},\, \hat{B}] = \hat{A}\hat{B} - \hat{B}\hat{A} = (L_{\hat{A}} + R_{-\hat{A}})\hat{B}$$

が得られる．また，任意の演算子 $\hat{B}$, $\hat{C}$ に対して，

$$L_{\hat{B}} R_{\hat{C}} \hat{X} = \hat{B}\hat{X}\hat{C} = R_{\hat{C}} L_{\hat{B}} \hat{X}$$

であるから，$L_{\hat{B}}$ と $R_{\hat{C}}$ は交換可能である．

演算子 $\hat{A}$ の交換関係を N 回とった項は，2 項定理を用いて次のようになる．

$$\begin{aligned}[\hat{A},\, [\hat{A},\, \cdots,\, [\hat{A},\, \hat{B}]\cdots]] &= (\mathrm{ad}_{\hat{A}})^N \hat{B} = (L_{\hat{A}} + R_{-\hat{A}})^N \hat{B} \\ &= \sum_{m=0}^{\infty} \binom{N}{m} L_{\hat{A}}^m R_{-\hat{A}}^{N-m} \hat{B} = N! \sum_{m=0}^{N} \frac{\hat{A}^m \hat{B} (-\hat{A})^{N-m}}{m!\,(N-m)!}\end{aligned}$$

(A.8) の左辺を展開して，この結果を用いれば，

$$\begin{aligned}e^{\hat{A}}\hat{B}e^{-\hat{A}} &= \sum_{m=0}^{\infty} \frac{\hat{A}^m}{m!} \hat{B} \sum_{n=0}^{\infty} \frac{(-\hat{A})^n}{n!} \\ &= \sum_{N=0}^{\infty} \sum_{m=0}^{N} \frac{\hat{A}^m \hat{B} (-\hat{A})^{N-m}}{m!\,(N-m)!} = \sum_{N=0}^{\infty} \frac{1}{N!} (ad_{\hat{A}})^N \hat{B}\end{aligned}$$

となる．よって，$e^{\hat{A}}$ による変換公式が証明された．

A.3　ベーガー - キャンベル - ハウスドルフ公式

指数関数型演算子の積に対するベーガー - キャンベル - ハウスドルフ公式

$$e^{\hat{A}} e^{\hat{B}} = e^{\hat{A}+\hat{B}+\hat{X}}, \qquad \hat{X} = \frac{1}{2}[\hat{A},\, \hat{B}] + \frac{1}{12}[\hat{A},\, [\hat{A},\, \hat{B}]] + \frac{1}{12}[[\hat{A},\, \hat{B}],\, \hat{B}] + \cdots \tag{A.11}$$

を考えよう．

この式の演算子 $\hat{X}$ は $\hat{A}$ と $\hat{B}$ の多重交換関係で構成されており，$[\hat{A},\, \hat{B}]$ が c 数の場合など，

$$[\hat{A},\, [\hat{A},\, \hat{B}]] = [\hat{B},\, [\hat{A},\, \hat{B}]] = 0 \tag{A.12}$$

であれば，$\hat{X}$ は第 1 項を残すだけとなり，公式 (A.11) は次のように簡単になる．

$$e^{\hat{A}}e^{\hat{B}} = e^{\hat{A}+\hat{B}+\frac{1}{2}[\hat{A},\hat{B}]} \tag{A.13}$$

この場合を証明しよう．そのために，パラメータ t を含む次の演算子を導入する．

$$\hat{U}(t) = e^{t\hat{A}}e^{t\hat{B}} \tag{A.14}$$

演算子 $\hat{U}(t)$ をパラメータ t で微分すると，

$$\begin{aligned}\frac{d\hat{U}}{dt} &= \frac{de^{t\hat{A}}}{dt}e^{t\hat{B}} + e^{t\hat{A}}\frac{de^{t\hat{B}}}{dt} = e^{t\hat{A}}\hat{A}e^{t\hat{B}} + e^{t\hat{A}}\hat{B}e^{t\hat{B}} \\ &= e^{t\hat{A}}(\hat{A}+\hat{B})e^{t\hat{B}} = (\hat{A}+e^{t\hat{A}}\hat{B}e^{-t\hat{A}})e^{t\hat{A}}e^{t\hat{B}} \equiv \hat{H}(t)\hat{U}(t)\end{aligned} \tag{A.15}$$

が得られる．最後の変形で，$\hat{H}(t) = \hat{A} + e^{t\hat{A}}\hat{B}e^{-t\hat{A}}$ とした．前節の指数型演算子による変換公式(A.8)を用いて $\hat{H}(t)$ の展開式が求められるが，$[\hat{A}, [\hat{A}, \hat{B}]] = 0$ を仮定しているため3項目より先は0となる．よって，

$$\hat{H}(t) \equiv \hat{A} + e^{t\hat{A}}\hat{B}e^{-t\hat{A}} = \hat{A} + \hat{B} + t[\hat{A}, \hat{B}] \tag{A.16}$$

が求められる．演算子 $[\hat{A}, \hat{B}]$ は仮定 (A.12) により $\hat{A}$ および $\hat{B}$ と可換であるため，異なる t に対する $\hat{H}(t)$ は可換

$$[\hat{H}(t), \hat{H}(t')] = 0 \tag{A.17}$$

であることに注意しよう．

ここで，演算子 $\hat{U}(t)$ の微分式 (A.15) は $\hat{U}(t)$ に対する微分方程式になる．

この両辺を

$$\hat{U}(t) = 1 + \int_0^t dt_1\, \hat{H}(t_1)\hat{U}(t_1) \tag{A.18}$$

のように $t=0$ から t まで積分する．この方程式は，時間に依存する摂動展開と同じく逐次近似により解くことができる．すなわち，積分中の $\hat{U}(t-1)$ に (A.18) 自身を代入していけば，

$$\begin{aligned}\hat{U}(t) &= 1 + \int_0^t dt_1\, \hat{H}(t_1)\hat{U}(t_1) + \int_0^t dt_1 \int_0^{t_1} dt_2\, \hat{H}(t_1)\hat{H}(t_2)\hat{U}(t_1) + \cdots \\ &\quad + \int_0^t dt_1 \int_0^{t_1} dt_2 \cdots \int_0^{t_n} dt_1 \cdots dt_n\, \hat{H}(t_1)\hat{H}(t_2)\cdots\hat{H}(t_n) + \cdots\end{aligned} \tag{A.19}$$

となる．

上式における第 n 項の被積分関数を $f(t_{I_n})$ とし，

$$f(t_{I_n}) \equiv f(t_1, \cdots, t_n) \equiv \widehat{H}(t_1)\widehat{H}(t_2) \cdots \widehat{H}(t_n)$$

と定義する．そして，第 n 項を次のように書く．

$$\begin{aligned} I_n &= \int_0^t dt_1 \cdots \int_0^{t_n} dt_1 \cdots dt_n \, \widehat{H}(t_1) \cdots \widehat{H}(t_n) \\ &= \int_{\Sigma(t_{I_n})} dt_{I_n} \, f(t_{I_n}) \end{aligned} \tag{A.20}$$

積分領域 $\Sigma(t_{I_n})$ は積分の順序 $dt_1, \cdots, dt_n$ に依存している．この順序を交換すると異なる領域の積分になる．順序交換は n 次の置換 $\sigma \in \mathrm{S}_n$ で表されるから，順序を変えた積分の領域は $\Sigma(t_{I_n\sigma})$ で表される．これは $n!$ 通り（置換の数）存在し，すべての領域を加えると n 次元空間における立方体 $C_n (0 \leq t_i \leq t, \, i = 1, \cdots, n)$ となる．すなわち，

$$\sum_{\sigma \in \mathrm{S}_n} \Sigma(t_{I_n\sigma}) = C_n \tag{A.21}$$

となる．

次に，演算子積 $\widehat{H}(t_1) \cdots \widehat{H}(t_n)$ は演算子 $\widehat{H}(t_i)$ の可換性 (A.17) より，$f(t_{I_n})$ は対称な関数となるので，

$$f(t_{I_n\sigma^{-1}}) = f(t_{I_n})$$

を得る．これを用いて，積分 (A.20) を変形すれば，

$$\begin{aligned} I_n &= \int_{\Sigma(t_{I_n})} dt_{I_n} \, f(t_{I_n}) = \frac{1}{n!} \sum_{\sigma \in \mathrm{S}_n} \int_{\Sigma(t_{I_n})} dt_{I_n} \, f(t_{I_n\sigma^{-1}}) \\ &= \frac{1}{n!} \sum_{\sigma \in \mathrm{S}_n} \left\{ \int_{\Sigma(s_{I_n\sigma})} ds_{I_n} \right\} f(s_{I_n}) = \frac{1}{n!} \int_{C_n} ds_{I_n} \, f(s_{I_n}) \end{aligned}$$

と計算される．途中で $s_i = t_{\sigma^{-1}(i)}$ に変数変換を行い，$dt_{I_n} = ds_{I_n\sigma} = ds_{I_n}$ を用いた．

よって，第 n 項目の積分 I_n は次のようになる．

$$I_n = \frac{1}{n!}\int_{C_n} ds_{I_n} f(s_{I_n})$$
$$= \frac{1}{n!}\int_0^t dt_1 \cdots \int_0^1 dt_n \widehat{H}(t_1) \cdots \widehat{H}(t_n) = \frac{1}{n!}\left\{\int_0^t \widehat{H}(s)\, ds\right\}^n$$

これを (A.19) に用いて，演算子 $\widehat{U}(t)$ の表式

$$\widehat{U}(t) = \sum_{n=0}^{\infty} \frac{1}{n!}\left\{\int_0^t \widehat{H}(s)\, ds\right\}^n = \exp\left(\int_0^t \widehat{H}(s)\, ds\right) \tag{A.22}$$

を得る†2．この式で $t = 1$ とし，(A.16) の積分

$$\int_0^1 ds\, \widehat{H}(s) = \widehat{A} + \widehat{B} + \frac{1}{2}[\widehat{A}, \widehat{B}]$$

を代入すれば，条件 (A.12) を満たす場合のベーガー - キャンベル - ハウスドルフ公式 (A.13) を得る．

一般の場合 ((A.11)) の $\widehat{X}$ の一般式，およびその証明は面倒である[61]．ここでは，$\widehat{X}$ の展開を必要な項まで具体的に求める方法を示すに留める．

演算子 $\widehat{W}$ を次のように定義する．

$$\widehat{W} = e^{\widehat{A}}e^{\widehat{B}} - 1 = \widehat{A} + \widehat{B} + \frac{\widehat{A}^2}{2} + \widehat{A}\widehat{B} + \frac{\widehat{B}^2}{2} + \cdots \tag{A.23}$$

演算子 $\widehat{X}$ は $\log(1 + \widehat{W})$ となるので，対数関数の形式的テイラー展開

$$\widehat{X} = \log\,(1 + \widehat{W}) = \sum_{n=1}^{\infty} \frac{(-1)^{n-1}}{n}\widehat{W}^n \tag{A.24}$$

に (A.23) を代入して，必要な次数まで計算し，交換関係にまとめればよい．例えば，$\widehat{A}$，$\widehat{B}$ の 2 次までならば次のようになる．

$$\widehat{X} = \widehat{W} - \frac{1}{2}\widehat{W}^2 + \cdots = \widehat{A} + \widehat{B} + \frac{\widehat{A}^2}{2} + \widehat{A}\widehat{B} + \frac{\widehat{B}^2}{2} + \cdots - \frac{1}{2}(\widehat{A} + \widehat{B} + \cdots)^2$$
$$= \widehat{A} + \widehat{B} + \widehat{A}\widehat{B} - \frac{1}{2}(\widehat{A}\widehat{B} + \widehat{B}\widehat{A}) + \cdots = \widehat{A} + \widehat{B} + \frac{1}{2}[\widehat{A}, \widehat{B}] + \cdots$$

---

†2 この結果は，演算子 $\widehat{H}(t)$ が異なる t に対して可換であること((A.17))を用いている．一般的な(A.22)に対しては，(A.22)ではなく，経路順序積を用いなければならないので[23]，

$$\widehat{U}(t) = P\exp\left(\int_0^t \widehat{H}(s)\, ds\right)$$

となる．

A.4　ザッセンハウス公式

指数型演算子 $e^{\hat{A}+\hat{B}}$ を分解する公式を**ザッセンハウス公式** (**Zassenhaus formula**) といい，

$$e^{\hat{A}+\hat{B}} = e^{\hat{A}}e^{\hat{B}}e^{-(1/2)[\hat{A},\hat{B}]}e^{(1/6)[\hat{A},[\hat{A},\hat{B}]]-(1/3)[[\hat{A},\hat{B}],\hat{B}]}\cdots \tag{A.25}$$

となる．交換関係 $[\hat{A},\hat{B}]$ が $\hat{A}$ および $\hat{B}$ と可換な場合は，ベーガー－キャンベル－ハウスドルフ公式 (A.13) と同型になる．前節と同様の方法で取り扱える．

付録B　ルジャンドル関数と球面調和関数

B.1　調和多項式

以下の付録の計算では，ルジャンドル関数を用いて計算を行うことがある．よって，この付録では，ルジャンドル関数と球面調和関数について簡単にまとめておく[†3]．ここで述べる調和多項式の母関数は高橋[66]による．非常に簡単かつ便利であるが，あまり見かけないので紹介する．これらは調和関数としてのみならず角運動量の量子論においても重要である．

3次元のラプラス方程式

$$\nabla^2 u \equiv \frac{\partial^2 u}{\partial x^2} + \frac{\partial^2 u}{\partial y^2} + \frac{\partial^2 u}{\partial z^2} = 0 \tag{B.1}$$

を考える．この方程式の解を一般に**調和関数**（harmonic function）という．ここでは（B.1）の x, y, z の多項式解，すなわち**調和多項式**（harmonic polynomial）を考える．ラプラス方程式は x, y, z について同次な方程式であるから，同次多項式解を考えればよい．

l 次多項式は一般に次の形をしている（$A_{p,q,r}$ は係数である）．

$$f(x, y, z) = \sum_{\substack{p,q,r \\ p+q+r=l}} A_{p,q,r}\, x^p y^q z^r \tag{B.2}$$

l 次同次多項式の独立な項の数（係数 $A_{p,q,r}$ の数）を求めよう．それが正の整数 l を $p+q+r=l$ を満たす3つの正の整数（p, q, r）に分ける場合の数であることは明らかである．これは，l 個の白玉と2個の赤玉の $l+2$ 個の玉を用意し，よく混ぜて一列に並べることを考え，最初の赤玉より左にある白玉の数を p，赤玉と赤玉の間にある白玉の数を q，2番目の赤玉の右にある白玉の数を r とすれば対応がついている（赤玉は仕切りの役割をしている）．ただし，白玉同士と赤玉同士は区別しないとする．この白玉赤玉の場合の数を求めよう．まず，玉はすべて区別がつくとすれば，それをすべて一列に並べる場合の数は $(l+2)!$．白玉同士は区別しない

†3　詳細な理論については文献[49]，[63]，[64]，[65]などを参照．

のであるから，l 個の白玉の置換の数 $l!$ と赤玉 2 個の置換の数 $2!$ だけ重複している．よって，求める場合の数は次のようになる．

$$\frac{(l+2)!}{l!2!}=\frac{(l+2)(l+1)}{2} \tag{B.3}$$

これを重複組合せという．これが l 次同次多項式 (B.2) の項の数である．

次に，独立な l 次同次調和多項式の数を考える．l 次同次多項式の一般形 (B.2) をラプラス多項式 (B.1) に代入すれば，$\nabla^2 f$ は (2 階微分により) $l-2$ 次多項式になる．各項の係数は $A_{p,q,r}$ の 1 次結合である．$l-2$ 次多項式の独立な項数は (B.3) において $l \to l-2$ として，$l(l-1)/2$ である．これは $\nabla^2 f=0$ の各項の係数を 0 として，$l(l-1)/2$ 個の $A_{p,q,r}$ の条件式が得られることを意味する．変数 $A_{p,q,r}$ の個数が $(l+2)(l+1)/2$，条件式が $l(l-1)/2$ 個であるから，その差

$$\frac{(l+2)(l+1)}{2}-\frac{l(l-1)}{2}=2l+1 \tag{B.4}$$

だけの $A_{p,q,r}$ が不定となり，独立に選べることになる．これは，l 次同次調和多項式は $(2l+1)$ 個あることを意味する．

この $(2l+1)$ 個の l 次同次調和多項式をすべて求めよう．まず，変数 x, y, z の代わりに次の組み合わせ

$$\zeta=x+iy, \qquad \zeta^*=x-iy, \qquad z \tag{B.5}$$

を用いる．変数 ζ, ζ^*, z およびパラメータ t の関数 $U_l(\zeta, \zeta^*, z\,;\,t)$ を，次式で定義する．

$$U_l(\zeta, \zeta^*, z\,;\,t)=\left(-\frac{\zeta}{2}t^2+zt+\frac{\zeta^*}{2}\right)^l \tag{B.6}$$

これを t で展開すると

$$U_l(\zeta, \zeta^*, z\,;\,t)=\sum_{m=-l}^{l} u_{l,m}(\boldsymbol{x})t^{l+m} \tag{B.7}$$

のように，ζ, ζ^*, z の関数 ($\boldsymbol{x}=(x, y, z)$ の関数といっても同じことである) $u_{l,m}(\boldsymbol{x})$ を得る．$u_{l,m}(\boldsymbol{x})$ は $m=-l, \cdots, l$ であるから，$(2l+l)$ 個あることに注意しよう．関数 U_l が $\boldsymbol{x}$ の l 次同次多項式であるから，$u_{l,m}(\boldsymbol{x})$ も同じである．

関数 U_l は調和関数

$$\nabla^2 U_l \equiv 4\frac{\partial^2 U_l}{\partial\zeta\partial\zeta^*}+\frac{\partial^2 U_l}{\partial z^2}=0$$

である．真ん中の式はラプラス演算子を (B.5) を用いて書きかえたものである．関数 U_l がラプラス方程式を満たすことは，(B.5) を代入して微分すればすぐにわかる．展開式 (B.6) を代入すれば，ラプラス方程式は次のようになる．

$$0=\nabla^2 U_l=\sum_{m=-l}^{l}\nabla^2 u_{l,m}(\boldsymbol{x})t^{l+m}$$

パラメータ t は任意の値をとるため t^{l+m} の係数は 0 でなければならないので，

$$\nabla^2 u_{l,m}(\boldsymbol{x})=0 \tag{B.8}$$

となる．よって，$u_{l,m}(\boldsymbol{x})\,(m=-l,\cdots,l)$ は $(2l+1)$ 個の l 次同次調和多項式である．独立な l 次同次調和多項式はちょうど $(2l+1)$ 個であったから，これですべての l 次同次調和多項式が求まったことになる[†4]．

B.2 ルジャンドル陪関数

変数 $\boldsymbol{x}$ に対して極座標 (r,θ,ϕ) を導入する．(B.5) で定義された変数 (ζ,ζ^*,z) は次のようになる．

$$\zeta=r\sin\theta\,e^{i\phi},\qquad \zeta^*=r\sin\theta\,e^{-i\phi},\qquad z=r\cos\theta \tag{B.9}$$

調和多項式 $u_{l,m}(\boldsymbol{x})$ の極座標表示がどうなるか調べてみよう．$u_{l,m}(\boldsymbol{x})$ は l 次同次多項式であるから，U_l を展開して

$$u_{l,m}(\boldsymbol{x})t^{l+m}=\sum_{\alpha,\beta,\gamma}\mathrm{C}_{\alpha,\beta,\gamma}(\zeta t^2)^{\alpha}(zt)^{\beta}(\zeta^*)^{\gamma}=\sum_{\alpha,\beta,\gamma}C_{\alpha,\beta,\gamma}\zeta^{\alpha}z^{\beta}(\zeta^*)^{\gamma}t^{2\alpha+\beta}$$

が得られる（$C_{\alpha,\beta,\gamma}$ は係数）．$u_{l,m}(\boldsymbol{x})$ は l 次同次多項式であるからべき指数は $\alpha+\beta+\gamma=l$ を満たし，またパラメータ t のべきは t^{l+m} であるから $2\alpha+\beta=l+m$ である．よって，$u_{l,m}(\boldsymbol{x})$ は項の和が制限されて次のようになる．

†4 本当は $u_{l,m}(\boldsymbol{x})$ がすべて独立であることを示さないといけないが，これは後回しにしよう．

$$u_{l,m}(x) = \sum_{\substack{\alpha,\beta,\gamma \\ \alpha+\beta+\gamma=l \\ 2\alpha+\beta=l+m}} C_{\alpha,\beta,\gamma}\zeta^{\alpha}z^{\beta}(\zeta^*)^{\gamma} \tag{B.10}$$

これは，実際には1つの指数の和である．条件式$2\alpha+\beta=l+m$から$\alpha+\beta+\gamma=l$を引くと，$m=\alpha-\gamma$であることに注意しよう．

さらに，(B.10) に極座標表示 (B.9) を代入して$u_{l,m}(\boldsymbol{x})$を極座標で書きかえれば，

$$\begin{aligned} u_{l,m}(\boldsymbol{x}) &= \sum_{\substack{\alpha,\beta,\gamma \\ \alpha+\beta+\gamma=l \\ 2\alpha+\beta=l+m}} C_{\alpha,\beta,\gamma}r^{\alpha+\beta+\gamma}\sin^{\alpha+\gamma}\theta\cos^{\beta}\theta\, e^{i(\alpha-\gamma)\phi} \\ &= r^l\left\{\sum_{\substack{\alpha,\beta,\gamma \\ \alpha+\beta+\gamma=l \\ 2\alpha+\beta=l+m}} C_{\alpha,\beta,\gamma}\sin^{\alpha+\gamma}\theta\cos^{\beta}\theta\right\}e^{im\phi} \end{aligned}$$

を得る．2行目の{　}で囲んだ部分はθのみに依存しているため，$u_{l,m}(\boldsymbol{x})$は極座標で変数分離することがわかる．そこで，$u_{l,m}(\boldsymbol{x})$を次のように書くことにする．

$$u_{l,m}(\boldsymbol{x}) = (-1)^m\frac{l!}{(l+m)!}r^lP_{l,m}(\cos\theta)e^{im\phi} \tag{B.11}$$

関数$P_{l,m}$は**ルジャンドル陪関数** (**associated Legendre function**) であることが後でわかるので，今からそうよぶことにする．前の係数は，通常のルジャンドル関数の定義と合わせるためのものである．また，$e^{im\phi}$と組み合わせたものを

$$y_{l,m}(\theta,\phi) = P_{l,m}(\cos\theta)e^{im\phi} \tag{B.12}$$

のように$y_{l,m}(\theta,\phi)$とする．これは，軌道角運動量の量子力学に登場する$\boldsymbol{Y}$**関数** ($\boldsymbol{Y}$ **function**)（球面調和関数）$Y_{l,m}(\theta,\phi)$と定数倍だけ異なる関数である．Y関数は次節の (B.23) で定義する．

関数U_lの極座標表示は，(B.9) を代入すれば

$$U_l(\zeta,\zeta^*,z\,;t) = r^l\left(-\frac{\sin\theta\, e^{i\phi}}{2}t^2+\cos\theta t+\frac{\sin\theta\, e^{-i\phi}}{2}\right)^l \tag{B.13}$$

のように求められる．展開式 (B.7) および$u_{l,m}(\boldsymbol{x})$と，U_lの極座標表示 (B.11) および (B.13) を用いて，

$$\left(-\frac{\sin\theta\, e^{i\phi}}{2}t^2+\cos\theta\, t+\frac{\sin\theta\, e^{-i\phi}}{2}\right)^l=\sum_{m=-l}^{l}(-1)^m\frac{l!}{(l+m)!}P_{l,m}(\cos\theta)e^{im\phi}t^{l+m}$$

となる．

この式で $\phi=0$ したものを $V_l(\theta\,;t)$ とすれば，ルジャンドル陪関数 $P_{l,m}$ の母関数

$$\begin{aligned}V_l(\theta\,;t) &\equiv \left(-\frac{\sin\theta}{2}t^2+\cos\theta\, t+\frac{\sin\theta}{2}\right)^l\\ &=\sum_{m=-l}^{l}(-1)^m\frac{l!}{(l+m)!}P_{l,m}(\cos\theta)t^{l+m}\end{aligned}\tag{B.14}$$

となる．ここで注意が必要である．ここでの関数 $P_{l,m}$ は m が負の場合 ($m=-1,\cdots,-l$) に対しても定義されているが，通常ルジャンドル陪関数は m が正の整数の場合 ($m=0,\cdots,l$) に対してのみ定義される．実際，(B.14) で定義される $P_{l,-m}$ は $P_{l,m}$ と定数倍異なるだけである．

このことを証明しよう．母関数 (B.14) に t^{-l} を掛けると，

$$\begin{aligned}t^{-l}V_l(\theta\,;t) &= t^{-l}\left[-\frac{\sin\theta}{2}t^2+\cos\theta\, t+\frac{\sin\theta}{2}\right]^l=\left[-\frac{\sin\theta}{2}t+\cos\theta+\frac{\sin\theta}{2}t^{-l}\right]^l\\ &=(-t)^l\left[\frac{\sin\theta}{2}-\cos\theta\, t^{-l}-\frac{\sin\theta}{2}t^{-2}\right]^l=(-t)^lV_l(\theta\,;-t^{-l})\end{aligned}$$

であるから，この両辺に (B.14) を用いて展開すれば，

$$t^{-l}V_l(t\,;\theta)=\sum_{m=-l}^{l}(-1)^m\frac{l!}{(l+m)!}P_{l,m}(\cos\theta)t^m$$

$$(-t)^lV_l(-t^{-1}\,;\theta)=\sum_{m'=-l}^{l}\frac{l!}{(l+m')!}$$

$$P_{l,m'}(\cos\theta)t^{-m'}=\sum_{m=-l}^{l}\frac{l!}{(l-m)!}P_{l,-m}(\cos\theta)t^m$$

となり，t^m の係数を比較して，

$$P_{l,-m}(\cos\theta)=(-1)^m\frac{(l-m)!}{(l+m)!}P_{l,m}(\cos\theta)\tag{B.15}$$

となるからである．よって，通常は負の m に対する $P_{l,m}$ を定義しないのである†5．

---

†5　調和関数を実関数とすれば，角度 ϕ に依存する部分は $\cos m\phi$ と $\sin m\phi$ であり，これも m が正の整数だけでよいことのもう1つの理由である．

しかしながら，(B.14) によって $m = -l, \cdots, l$ の全域にわたって $P_{l,m}$ を定義しておいた方が何かと便利であるので，ここでは用いることにする．さらに注意すべきことは，$P_{l,m}(\cos\theta)$ と $P_{l,-m}(\cos\theta)$ が独立な関数ではないが，(B.12) で定義された $y_{l,m}(\theta,\phi)$ と $y_{l,-m}(\theta,\phi)$ は独立であることである．なぜならば，角度 ϕ に依存する部分が $e^{im\phi}$ と $e^{-im\phi}$ で異なるからである．

B.3　軌道角運動量の固有状態

角運動量の一般論[†6]によれば，角運動量演算子 $\hat{J}_a (a = 1, 2, 3)$ は，角運動量の交換関係

$$[\hat{J}_a, \hat{J}_b] = i\sum_{c=1}^{3}\varepsilon_{abc}\hat{J}_c \tag{B.16}$$

を満たすエルミート演算子 $\hat{J}_a^\dagger = \hat{J}_a$ として定義される[†7]．角運動量演算子の例としては，軌道角運動量演算子

$$\hat{\boldsymbol{L}} = \frac{1}{\hbar}\hat{\boldsymbol{x}} \times \hat{\boldsymbol{p}} = \boldsymbol{x} \times (-i\boldsymbol{\nabla}) \tag{B.17}$$

や電子などのスピン角運動量演算子がある．

角運動量演算子の大きさに対応する演算子（カシミール演算子）

$$\hat{\boldsymbol{J}}^2 = \hat{J}_1^2 + \hat{J}_2^2 + \hat{J}_3^2$$

は，すべての $\hat{J}_a$ と交換することが (B.16) を用いて直接に示される．よって，$\hat{\boldsymbol{J}}^2$ と $\hat{J}_3$ は同時に対角化することができる．角運動量の一般論から，同時固有状態 $\phi_{j,m}$ は $\hat{J}^2$ と $\hat{J}_z$ の固有方程式および相互の位相を決める関係式

$$\left.\begin{aligned}\hat{\boldsymbol{J}}^2\phi_{j,m} = j(j+1)\phi_{j,m}, \qquad \hat{J}_3\phi_{j,m} = m\phi_{j,m} \\ \hat{J}_\pm\phi_{j,m} = \sqrt{(j\mp m)(j\pm m+1)}\,\phi_{j,m\pm1}\end{aligned}\right\} \tag{B.18}$$

を満たす．ここで $\hat{J}_\pm = \hat{J}_1 \pm i\hat{J}_2$ である．固有値を表す量子数 j は

---

†6　角運動量の量子力学については文献 [3]，[4] などを参照．

†7　物理的には，交換関係の右辺で $i \to i\hbar$ と定義したものを角運動量演算子ということが多い．ここでは $\hbar$ をつけずに定義する．物理的な角運動量演算子 $\hat{J}_a^{(\mathrm{phys})}$ に対して，プランク定数だけずらして $\hat{J}_a = \hat{J}_a^{(\mathrm{phys})}/\hbar$ と定義し直したのである．

$$j = 0, \frac{1}{2}, 1, \frac{3}{2}, \cdots \tag{B.19}$$

のいずれかで，量子数jが決まれば，mは，次の$(2j+1)$個の値をとる．

$$m = -j, -j+1, \cdots, j-1, j \tag{B.20}$$

これらは角運動量の標準的な表現である．

前節の(B.12)で定義した関数$y_{l,m}$は，軌道角運動量演算子(B.17)の標準型になっていることを示そう．軌道角運動量を極座標で表せば次のようになる．

$$\hat{L}_\pm = \hat{L}_x \pm i\hat{L}_y = \pm e^{\pm im\phi}\left\{\frac{\partial}{\partial\theta} \pm i\cot\theta\frac{\partial}{\partial\phi}\right\}, \qquad \hat{L}_3 = -i\frac{\partial}{\partial\phi}$$

これは，座標演算子$\boldsymbol{x}$とナブラ演算子の極座標表示

$$\boldsymbol{x} = r\boldsymbol{e}_r, \qquad \boldsymbol{\nabla} = \boldsymbol{e}_r\frac{\partial}{\partial r} + \boldsymbol{e}_\theta\frac{1}{r}\frac{\partial}{\partial\theta} + \boldsymbol{e}_\phi\frac{1}{r\sin\theta}\frac{\partial}{\partial\phi}$$

を用いて(B.17)から導かれる．$\boldsymbol{e}_r, \boldsymbol{e}_\theta, \boldsymbol{e}_\phi$は極座標の動基底ベクトル

$$\boldsymbol{e}_r = \begin{pmatrix} \sin\theta\cos\phi \\ \sin\theta\sin\phi \\ \cos\theta \end{pmatrix}, \quad \boldsymbol{e}_\theta = \begin{pmatrix} \cos\theta\cos\phi \\ \cos\theta\sin\phi \\ -\sin\theta \end{pmatrix}, \quad \boldsymbol{e}_\phi = \begin{pmatrix} -\sin\phi \\ \cos\phi \\ 0 \end{pmatrix}$$

である．

(B.12)で定義される関数$y_{l,m}(\theta, \phi)$がL_3の固有関数であることは，関数$y_{l,m}(\theta, \phi)$のϕ依存性が$e^{im\phi}$であることから明らかである．よって，

$$\begin{aligned} \hat{L}_3 y_{l,m}(\theta, \phi) &= P_{l,m}(\cos\theta)(-i)\frac{\partial}{\partial\phi}e^{im\phi} \\ &= mP_{l,m}(\cos\theta)e^{im\phi} = my_{l,m}(\theta, \phi) \end{aligned} \tag{B.21}$$

が得られる．$\hat{\boldsymbol{L}}^2$の固有関数であることを示すために，$u_{l,m}(\boldsymbol{x}) = r^l y_{l,m}(\theta, \phi)$は調和多項式

$$\boldsymbol{\nabla}^2 u_{l,m}(\boldsymbol{x}) = 0$$

であることを用いる．ラプラス演算子の極座標表示

$$\boldsymbol{\nabla}^2 = \frac{1}{r}\frac{\partial^2}{\partial r^2}r - \frac{\hat{\boldsymbol{L}}^2}{r^2}$$

を用いて計算すれば次のようになる．

$$0 = \boldsymbol{\nabla}^2 u_{l,m}(\boldsymbol{x}) = y_{l,m}(\theta, \phi)\frac{1}{r}\frac{\partial^2}{\partial r^2}r^l - \frac{1}{r^2}\hat{\boldsymbol{L}}^2 y_{l,m}(\theta, \phi)$$

$$= r^{l-2}\{l(l+1)y_{l,m}(\theta, \phi) - \hat{\boldsymbol{L}}^2 y_{l,m}(\theta, \phi)\}$$

これを r^{l-2} で割れば，$y_{l,m}(\theta, \phi)$ が $\hat{\boldsymbol{L}}^2$ の固有関数であることがわかる．つまり，

$$\boldsymbol{L}^2 y_{l,m}(\theta, \phi) = l(l+1)y_{l,m}(\theta, \phi) \tag{B.22}$$

が成り立つ．

固有関数 $y_{l,m}$ は規格化されていない．通常は，規格化された $Y_{l,m}(\theta, \phi)$ を用いる．この関数は，

$$Y_{l,m}(\theta, \phi) = (-1)^m\sqrt{\frac{(2l+1)(l-m)!}{4\pi(l+m)!}}\,y_{l,m}(\theta, \phi) \tag{B.23}$$

と表される．$Y_{l,m}(\theta, \phi)$ はルジャンドル陪関数を用いて

$$Y_{l,m}(\theta, \phi) = (-1)^m\sqrt{\frac{(2l+1)(l-m)!}{4\pi(l+m)!}}\,P_l^m(\cos\theta)e^{im\phi}$$

$$= \sqrt{\frac{2l+1}{4\pi}}\sqrt{\frac{(l+m)!}{(l-m)!}}\,P_{l,-m}(\cos\theta)e^{im\phi}$$

$$= (-1)^{\frac{m+|m|}{2}}\sqrt{\frac{2l+1}{4\pi}}\sqrt{\frac{(l-|m|)!}{(l+|m|)!}}\,P_{l,|m|}(\cos\theta)e^{im\phi}$$

のようになる．m が負の場合にもルジャンドル陪関数を拡張しているので，関係式 (B.15) を用いて 3 通りの表し方ができるのである．関数 $Y_{l,m}(\theta, \phi)$ は次の直交性および完全性条件を満たす．

$$\int\{Y_{l,m}(\theta, \phi)\}^* Y_{l',m'}(\theta, \phi)\sin\theta\, d\theta\, d\phi = \delta_{l,l'}\delta_{m,m'}$$

$$\sum_{l,m}\{Y_{l,m}(\theta, \phi)\}Y_{l,m}(\theta, \phi) = \frac{1}{\sin\theta}\delta(\theta-\theta')\delta(\phi-\phi')$$

付録C 長球回転楕円体座標を用いた積分

2.8節で述べた水素分子に対するハイトラー - ロンドン理論に現れる積分は，長球回転楕円体座標を用いれば解析的に計算される．この計算は杉浦[†8]によってなされたものである．最近では，長球回転楕円体座標も含めてあまり邦書でその紹介を見かけないので，ここで計算のあらましを紹介する[†9]．

C.1 長球回転楕円体座標

長球回転楕円体座標は，

$$\left.\begin{aligned} x &= \frac{X}{2}\sinh u \sin\theta \cos\phi \\ y &= \frac{X}{2}\sinh u \sin\theta \sin\phi \\ z &= \frac{X}{2}\cosh u \cos\theta \end{aligned}\right\} \tag{C.1}$$

で定義される曲線座標系 (u, θ, ϕ) によって空間の位置を表す曲線座標系である．定数 X は正の実数である．座標の定義域は，$u = 0 \sim \infty$, $\theta = 0 \sim \pi$, $\phi = 0 \sim 2\pi$ である．変数 u と θ の代わりに，

$$\left.\begin{aligned} \xi &= \cosh u \\ \eta &= \cos\theta \end{aligned}\right\} \tag{C.2}$$

を用いることも多く，その場合の定義域は，$\xi = 1 \sim \infty$ および $\eta = -1 \sim 1$ である．

座標の定義 (C.1) から座標 θ と ϕ を消去すれば，

$$\frac{x^2 + y^2}{((R/2)\sinh u)^2} + \frac{z^2}{((R/2)\cosh u)^2} = 1 \tag{C.3}$$

---

†8 Y. Sugiura：Z. für Physik **45** (1927) 484.

†9 以下の計算法は本質的には杉浦と同じであるが，細かい点では異なっている．

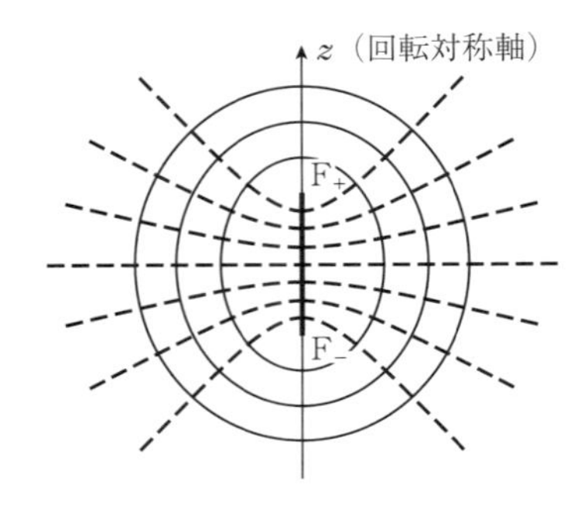

図 C.1　長球回転楕円体座標の座標面

となり，座標 u (座標 ξ) が一定の座標面は，z 軸方向に長い長球回転楕円体であることがわかる．これが，長球回転楕円体座標の名前の由来である[†10]．座標 θ が一定の座標面は z 軸を回転軸とする二葉双曲面，座標 ϕ が一定の座標面は z 軸を含む平面である．(C.3) で表される回転楕円体は共通の焦点，$F_{\pm} = (0, 0, \pm X/2)$ をもち，$u = 0$ は線分 F_+F_- を表す．よって，定数 X は焦点間距離である．これは座標系の特異線分になっており，極座標の原点 $r = 0$ に対応する．図 C.1 に長球回転楕円体座標の座標面を示す．回転楕円面 (実線) は内側から $\xi = 1.5, 2, 2.5$，二様双曲面 (破線) は上から $\eta = 0.75, 0.5, 0.25, 0, -0.25, -0.5, -0.75$ に対応する．

座標 (u, θ, ϕ) で表される点 P と両焦点 $F_{\pm}$ との距離 $F_{\pm}P$ は，(C.1) を用いて計算すれば，

$$(F_{\pm}P)^2 = x^2 + y^2 + \left(z \mp \frac{X}{2}\right)^2 = \frac{X^2}{4}(\cosh u \mp \sin\theta)^2 = \frac{X^2}{4}(\xi \mp \eta)^2$$

であるから，次の関係式が成立する．

$$F_{\pm}P = \frac{X}{2}(\xi - \eta), \qquad F_+P + F_-P = X\xi, \qquad F_+P - F_-P = X\eta \tag{C.4}$$

第 2 式は，$\xi =$ 一定により定義される回転楕円面上の点における焦点距離の和が一定であることを表し，第 3 式は $\eta =$ 一定により定義される二葉回転双曲面上の点における焦点距離の差が一定であることを表す．

線素 $(ds)^2 = (dx)^2 + (dy)^2 + (dz)^2$ を (C.1) を代入して計算すると

---

†10　同様に，座標面が z 軸方向に短い回転楕円体である**扁球回転楕円体座標** (**oblate spheroidal coordinates**) は，以下で定義される．

$$x = \frac{X}{2}\cosh u \sin\theta\cos\phi,\ y = \frac{X}{2}\cosh u \sin\theta\sin\phi,\ z = \frac{X}{2}\sinh u\cos\theta$$

$$(ds)^2 = \frac{X^2}{4}(\cosh^2 u - \cos^2\theta)\{(du)^2 + (d\theta)^2\} + \frac{X^2}{4}\sinh^2 u \sin^2\theta (d\phi)^2$$
$$= \frac{X^2}{4}(\xi^2 - \eta^2)\left\{\frac{(d\xi)^2}{\xi^2 - 1} + \frac{(d\eta)^2}{1 - \eta^2}\right\} + \frac{X^2}{4}(\xi^2 - 1)(1 - \eta^2)(d\phi)^2 \quad \text{(C.5)}$$

が得られる．線素が $(d\xi)^2$, $(d\eta)^2$, $(d\phi)^2$ に比例する項しか含まないことから，長球回転楕円体座標は直交曲線座標であることがわかる．直交曲線座標の線素の一般式

$$(ds)^2 = (h_\xi)^2(d\xi)^2 + (h_\eta)^2(d\eta)^2 + (h_\phi)^2(d\phi)^2$$

と比較して，係数 h_ξ, h_η, h_ϕ が

$$h_\xi = \frac{X}{2}\sqrt{\frac{\xi^2 - \eta^2}{\xi^2 - 1}}, \qquad h_\eta = \frac{X}{2}\sqrt{\frac{\xi^2 - \eta^2}{1 - \eta^2}}, \qquad h_\phi = \frac{X}{2}\sqrt{(\xi^2 - 1)(\eta^2 - 1)} \quad \text{(C.6)}$$

のように求められる．これを用いて，長球回転楕円体座標における体積積分の公式

$$\int_V d^3\boldsymbol{x}\, f(\boldsymbol{x}) = \int_1^\infty \int_{-1}^1 \int_0^{2\pi} h_\xi h_\eta h_\phi \, d\xi\, d\eta\, d\phi f(\xi, \eta, \phi)$$
$$= \left(\frac{X}{2}\right)^2 \int_1^\infty \int_{-1}^1 \int_0^{2\pi} (\xi^2 - \eta^2)\, d\xi\, d\eta\, d\phi f(\xi, \eta, \phi) \quad \text{(C.7)}$$

が得られる．

長球回転楕円体座標を用いることによって，ハイトラー - ロンドン理論に現れる交換反発積分以外の積分，重なり積分，混成核引力積分，クローン反発積分は，簡単な 1 重積分に帰着される．そのために，水素分子の 2 個の陽子（図 2.2 の A と B）の位置を，長球回転楕円体座標の 2 個の焦点とする．2.8 節と同様にしてスケールされた無次元量で計算を行うことにすれば，陽子間距離 $X = R/a_\mathrm{B}$ が焦点間距離となるのである．

C.2　重なり積分 S_X

重なり積分 S_X を計算しよう．定義 (2.118) に，波動関数 (2.115) を代入すれば，

$$S_X = \int d^3\boldsymbol{r}\, \phi_\mathrm{A}(s)\phi_\mathrm{B}(s) = \frac{1}{\pi}\int d^3\boldsymbol{s}\, e^{-(s_\mathrm{A}+s_\mathrm{B})}$$

となる．ここで，$\boldsymbol{s} = \boldsymbol{r}/a_\mathrm{B}$（無次元量）とした．この積分を長球回転楕円体座標で

書きかえる．体積積分は (C.7) となり，$s_{\mathrm{A}} = \mathrm{F}_{+}\mathrm{P}$ および $s_{\mathrm{B}} = \mathrm{F}_{-}\mathrm{P}$ に注意すれば，(C.4) の第 2 式から $s_{\mathrm{A}} + s_{\mathrm{B}} = X\xi$ となる（これが長球回転楕円体座標を用いる主要な理由）ため，S_X は ϕ, η, ξ の積分に分離して積分でき，

$$
\begin{aligned}
S_X &= \frac{1}{\pi}\left(\frac{X}{2}\right)^3 \int_1^{\infty}\int_{-1}^{1}\int_0^{2\pi} d\xi\, d\eta\, d\phi\, (\xi^2 - \eta^2)\, e^{-X\xi} \\
&= \frac{X^3}{4}\left\{2\int_1^{\infty} \xi^2 e^{-X\xi}\, d\xi - \frac{2}{3}\int_1^{\infty} e^{-X\xi}\, d\xi\right\} \\
&= \frac{X^3}{2}\left\{\left(\frac{2}{X^3} + \frac{2}{X^2} + \frac{1}{X}\right) - \frac{1}{3X}\right\} = \left(1 + X + \frac{X^2}{3}\right)e^{-X}
\end{aligned}
$$

のように (2.130) を得る．

また，(2.8) の混成核引力積分は $1/s_{\mathrm{A}}$ があるので複雑そうに見えるが，長球回転楕円体座標では $s_{\mathrm{A}} = \mathrm{F}_{+}\mathrm{P} = (X/2)(\xi - \eta)$ であるから，

$$
\begin{aligned}
\left\langle \mathrm{A}\left|\frac{1}{s_{\mathrm{A}}}\right|\mathrm{B}\right\rangle &= \frac{1}{\pi}\int d^3\boldsymbol{s}\, \frac{e^{-(s_{\mathrm{A}} + s_{\mathrm{B}})}}{s_{\mathrm{A}}} \\
&= \frac{1}{\pi}\left(\frac{X}{2}\right)^2 \int_1^{\infty}\int_{-1}^{1}\int_0^{2\pi} d\xi\, d\eta\, d\phi\, (\xi^2 - \eta^2)\frac{e^{-X\xi}}{\xi - \eta} \\
&= 2\left(\frac{X}{2}\right)^2 \int_1^{\infty}\int_{-1}^{1}\int_0^{2\pi} d\xi\, d\eta\, (\xi + \eta)\, e^{-X\xi} \\
&= \frac{X^2}{2}2\int_1^{\infty} \xi e^{-X\xi}\, d\xi = X^2\left(\frac{1}{X} + \frac{1}{X^2}\right)e^{-X} = (1 + X)\, e^{-X}
\end{aligned}
$$

となって簡単に積分ができ，(2.8) を得る．同様にして (2.8) の核引力積分は，

$$
\begin{aligned}
\left\langle \mathrm{B}\left|\frac{1}{s_{\mathrm{A}}}\right|\mathrm{B}\right\rangle &= \frac{1}{\pi}\int d^3\boldsymbol{s}\, \frac{e^{-2s_{\mathrm{B}}}}{s_{\mathrm{A}}} = \frac{X^2}{2}\int_1^{\infty}\int_{-1}^{1} d\xi\, d\eta\, (\xi^2 - \eta^2)\frac{e^{-X(\xi + \eta)}}{\xi - \eta} \\
&= \frac{X^2}{2}\int_1^{\infty}\int_{-1}^{1} d\xi\, d\eta\, (\xi + \eta)\, e^{-X(\xi + \eta)}
\end{aligned}
$$

となるので，やはり積分はさらに簡単な積分に分離され，(2.8) を得る．

C.3　クーロン反発積分

クーロン反発積分 (2.8) は 2 重積分であるので少し複雑であるが，これを電子 2 が作る電子 1 に対する平均場

$$V(s_{1\mathrm{B}}) = \int_V d^3\boldsymbol{r}_2 \frac{\phi_{\mathrm{B}}^2(s_{2\mathrm{B}})}{s_{12}} = \frac{1}{\pi}\int d^3\boldsymbol{s}_2 \frac{e^{-2s_{2\mathrm{B}}}}{s_{12}} \tag{C.8}$$

と，それに対する電子1の平均ポテンシャルエネルギー

$$\left\langle \mathrm{AB}\left|\frac{1}{s_{12}}\right|\mathrm{AB}\right\rangle = \int_V d^3\boldsymbol{r}\, \phi_{\mathrm{A}}^2(s_1)\, V(s_{1\mathrm{B}}) \tag{C.9}$$

に分けて計算する．

平均場 $V(s_{1\mathrm{B}})$ の計算は，陽子Bを原点とし $\boldsymbol{s}_{1\mathrm{B}}$ を z 軸とする極座標で計算でき，

$$\begin{aligned} V(s_{1\mathrm{B}}) &= \frac{1}{\pi}\int_0^\infty\int_0^\pi\int_0^{2\pi} \frac{s_{2\mathrm{B}}^2\, ds_{2\mathrm{B}} \sin\theta\, d\theta\, d\phi\, e^{-2s_{2\mathrm{B}}}}{\sqrt{s_{2\mathrm{B}}^2 + s_{1\mathrm{B}}^2 - 2s_{1\mathrm{B}}s_{2\mathrm{B}}\cos\theta}} \\ &= 2\int_0^\infty ds_{2\mathrm{B}}\, s_{2\mathrm{B}}^2 e^{-2s_{2\mathrm{B}}} \int_0^\pi \frac{\sin\theta\, d\theta}{\sqrt{s_{2\mathrm{B}}^2 + s_{1\mathrm{B}}^2 - 2s_{1\mathrm{B}}s_{2\mathrm{B}}\cos\theta}} \\ &= 2\int_0^\infty ds_{2\mathrm{B}}\, s_{2\mathrm{B}}^2\, e^{-2s_{2\mathrm{B}}} \int_{-1}^1 \frac{dt}{\sqrt{s_{2\mathrm{B}}^2 + s_{1\mathrm{B}}^2 - 2s_{1\mathrm{B}}\, s_{2\mathrm{B}}t}} \end{aligned} \tag{C.10}$$

となる．最後に $t = \cos\theta$ と変数変換した．変数 t の積分は，さらに変数 $y = s_{2\mathrm{B}}^2 + s_{1\mathrm{B}}^2 - 2s_{1\mathrm{B}}s_{2\mathrm{B}}t$ に変数変換すれば次のようになる[†11]．

$$\begin{aligned} \int_{-1}^1 \frac{dt}{\sqrt{s_{2\mathrm{B}}^2 + s_{1\mathrm{B}}^2 - 2s_{1\mathrm{B}}s_{2\mathrm{B}}t}} &= \frac{1}{2s_{1\mathrm{B}}s_{2\mathrm{B}}}\int_{(s_{1\mathrm{B}} - s_{2\mathrm{B}})^2}^{(s_{1\mathrm{B}} + s_{2\mathrm{B}})^2} y^{-1/2}dy \\ &= \frac{\sqrt{(s_{1\mathrm{B}} + s_{2\mathrm{B}})^2} - \sqrt{(s_{1\mathrm{B}} - s_{2\mathrm{B}})^2}}{s_{1\mathrm{B}}s_{2\mathrm{B}}} = \frac{(s_{1\mathrm{B}} + s_{2\mathrm{B}}) - |s_{1\mathrm{B}} - s_{2\mathrm{B}}|)}{s_{1\mathrm{B}}s_{2\mathrm{B}}} \end{aligned}$$

これを (C.10) に用いて $V(s_{1\mathrm{B}})$ を求めれば，

$$\begin{aligned} V(s_{1\mathrm{B}}) &= \frac{2}{s_{1\mathrm{B}}}\int_0^\infty ds_{2\mathrm{B}}\, s_{2\mathrm{B}}\{(s_{1\mathrm{B}} + s_{2\mathrm{B}}) - |s_{1\mathrm{B}} - s_{2\mathrm{B}}|\}e^{-2s_{2\mathrm{B}}} \\ &= \frac{1}{s_{1\mathrm{B}}}\{1 - (1 + s_{1\mathrm{B}})e^{-2s_{1\mathrm{B}}}\} \end{aligned} \tag{C.11}$$

を得る．ここで，絶対値を外すのに，ヘヴィサイド関数 $\theta(x)$ による表式

$$|s_{1\mathrm{B}} - s_{2\mathrm{B}}| = (s_{1\mathrm{B}} - s_{2\mathrm{B}})\theta(s_{1\mathrm{B}} - s_{2\mathrm{B}}) + (s_{2\mathrm{B}} - s_{1\mathrm{B}})\theta(s_{2\mathrm{B}} - s_{1\mathrm{B}})$$

を用いた．

(C.11) を (C.9) に代入して，長球回転楕円体座標で表せば次のようになる．

---

†11 根号をはずす際の絶対値に注意しよう．

$$\left\langle \mathrm{AB}\left|\frac{1}{s_{12}}\right|\mathrm{AB}\right\rangle = \frac{1}{\pi}\int_V d^3\boldsymbol{s}_1\, e^{-2s_{1\mathrm{A}}}\frac{1-(1+s_{1\mathrm{B}})e^{-2s_{1\mathrm{B}}}}{s_{1\mathrm{B}}}$$

$$= \frac{X^3}{4}\int_1^\infty\int_{-1}^1 d\xi_1\,d\eta_1\,(\xi-\eta)\left[e^{-X(\xi_1-\eta_1)} - \left\{1+\frac{X}{2}(\xi_1+\eta_1)\right\}e^{-X\xi_1}\right]$$

これも1重積分に分離され，積分を実行すれば (2.8) を得る．

C.4　交換反発積分

最後に，交換反発積分 (2.131) の計算について述べる．この積分は最も複雑であるので，計算には技巧が必要である．そのために，長球回転楕円体座標による調和関数（ラプラス方程式の解）について簡単に述べておく[62,63,64]．線素の係数 h_ξ，h_η，h_ϕ を用いた直交曲線座標のラプラス演算子の表式

$$\nabla^2 f = \frac{1}{h_\xi h_\eta h_\phi}\left\{\frac{\partial}{\partial\xi}\frac{h_\eta h_\phi}{h_\xi}\frac{\partial f}{\partial\xi} + \frac{\partial}{\partial\eta}\frac{h_\phi h_\xi}{h_\eta}\frac{\partial f}{\partial\eta} + \frac{\partial}{\partial\phi}\frac{h_\xi h_\eta}{h_\phi}\frac{\partial f}{\partial\phi}\right\}$$

に，(C.6)を用いれば，

$$\frac{1}{\xi^2-\eta^2}\left\{\frac{\partial}{\partial\xi}(\xi^2-1)\frac{\partial f}{\partial\xi} + \frac{\partial}{\partial\eta}(1-\eta^2)\frac{\partial f}{\partial\eta} + \left(\frac{1}{1-\eta^2}+\frac{1}{\xi^2-1}\right)\frac{\partial^2 f}{\partial\phi^2}\right\} = 0$$

のように，長球回転楕円体座標で表したラプラス方程式 $\nabla^2 f = 0$ を得る．

さらに，変数分離型の解 $f = \Xi(\xi)H(\eta)\Phi(\phi)$ を代入すれば，

$$\frac{d}{d\xi}(1-\xi^2)\frac{d\Xi}{d\xi} + \left\{l(l+1) - \frac{m^2}{1-\xi^2}\right\}\Xi = 0$$

$$\frac{d}{d\eta}(1-\eta^2)\frac{dH}{d\eta} + \left\{l(l+1) - \frac{m^2}{1-\eta^2}\right\}H = 0$$

$$\frac{d^2\Phi}{d\phi^2} + m^2\Phi = 0$$

のように，それぞれの常微分方程式が得られる（m と l は定数である）．関数 Ξ と H の微分方程式はルジャンドル陪微分方程式であり，Φ の微分方程式は調和振動子の運動方程式と同型である．よって，この解は次のようになる．

$$\left.\begin{array}{l}\Xi(\xi) = A_{l,m}P_{l,m}(\xi) + B_{l,m}Q_{l,m}(\xi), \qquad H(\eta) = P_{l,m}(\eta)\\ \Phi(\phi) = C_m\cos m\phi + D_m\sin m\phi \quad (l = 0, 1, 2, \cdots m = 0, 1, 2, \cdots, l)\end{array}\right\} \tag{C.12}$$

ここに，$A_{l,m}$，$B_{l,m}$，C_m，D_m は定数である．

(C.12) で現れる関数 $P_{l,m}$ と $Q_{l,m}$ はそれぞれ第1種と**第2種のルジャンドル陪関数**(associated Legendre function of the second kind)である．定数 l と m の値は $\eta = \pm 1 (\theta = 0, \pi)$ で $H(\eta)$ が特異にならないことと，$\phi = 0, \pi$ での $\Phi(\phi)$ の一意性より (C.12) の値に限定される．関数 $H(\eta)$ が第1種ルジャンドル陪関数に限定されるのも同じ理由である．調和関数は一般に，(C.12) により構成される $\Xi(\xi)H(\eta)\Phi(\phi)$ をすべての l と m について加えたものになる．

この結果は，極座標 (r, θ, ϕ) での調和関数 $f = R(r)\Theta(\theta)\Phi(\phi)$ における各々の関数

$$\left.\begin{aligned} R(r) &= A_{l,m} r^l + B_{l,m}\frac{1}{r^{l+1}}, \qquad \Theta(\theta) = P_{l,m}(\eta) \\ \Phi(\phi) &= C_m \cos m\phi + D_m \sin m\phi \quad (l = 0, 1, 2, \cdots, m = 0, 1, 2, \cdots, l) \end{aligned}\right\} \tag{C.13}$$

と比較すると興味深い．ここで，偏角 ϕ は長球回転楕円体座標と極座標で同じものであり，対応する関数 Φ も同じである．方位角 θ は長球回転楕円体座標と極座標で異なる座標であるが[†12]，$\eta = \cos\theta$ とすれば H と Θ は同型の関数になっている．長球回転楕円体座標の ξ は極座標の r に対応するものと考えることができ，関数としては $P_{l,m}(\xi)$ が r^n に対応 ($\xi, r \to \infty$ で発散) し，$Q_{l,m}(\xi)$ が r^{r-l-1} に対応 ($\xi, r \to \infty$ で有限) している．

交換反発積分 (2.131) は，長球回転楕円体座標で次のように表される．

$$\begin{aligned} I &\equiv \left\langle \mathrm{AB} \middle| \frac{1}{s_{12}} \middle| \mathrm{AB} \right\rangle = \frac{1}{\pi^2}\int_V d^3\boldsymbol{s}_1\, d^3\boldsymbol{s}_2\, \frac{e^{-s_{1\mathrm{A}}}e^{-s_{2\mathrm{A}}}e^{-s_{1\mathrm{B}}}e^{-s_{2\mathrm{B}}}}{s_{12}} \\ &= \frac{1}{\pi^2}\left(\frac{X}{2}\right)^6 \int (\xi_1^2 - \eta_1^2)\, d\xi_1\, d\eta_1\, d\phi_1 \int (\xi_2^2 - \eta_2^2)\, d\xi_2\, d\eta_2\, d\phi_2\, \frac{e^{-X\xi_1}e^{-X\xi_2}}{s_{12}} \end{aligned} \tag{C.14}$$

ここで，電子1と2の長球回転楕円体座標を (ξ_1, η_1, ϕ_1) および (ξ_2, η_2, ϕ_2) とした．積分はそれぞれ (C.7) で与えられる．電子1と電子2の距離 s_{12} は，両電子の座標の複雑な関数である．

ニュートンポテンシャル $1/s_{12}$ は調和関数 (C.12) で展開することができる．完

---

†12　同じ点Pに対して異なる値を一般にとる．

全な取り扱いはここでは行わず，(C.14) の積分に必要な部分に留める．まず，$1/s_{12}$ は偏角 ϕ_1 と ϕ_2 の差 $\phi_1-\phi_2$ にのみ依存することは明らかであり，また 2π の周期性および ϕ_1 と ϕ_2 の入れかえに対して不変であることも明らかである．よって，次のようにフーリエ展開される．

$$
\begin{aligned}
\frac{1}{s_{12}} &= \sum_{m=0}^{\infty} D_m(\xi_1, \eta_1\,;\,\xi_2, \eta_2)\cos m(\phi_1-\phi_2) \\
&= \sum_{l=0}^{\infty}\sum_{m=0}^{l} d_{l,m}(\xi_1\,;\,\xi_2)P_{l,m}(\eta_1)P_{l,m}(\eta_2)\cos m(\phi_1-\phi_2)
\end{aligned}
\tag{C.15}
$$

また，2 行目では D_0 の η_1, η_2 依存性を (C.12) の調和関数で展開した．これを (C.14) に代入して，偏角 ϕ_1 と ϕ_2 の積分を行えば，

$$
\int_0^{2\pi} d\phi_1 \int_0^{2\pi} d\phi_2 \cos m(\phi_1-\phi_2) = (2\pi)^2\delta_{m,0}
$$

であるから次のようになる．

$$
I = 4\left(\frac{X}{2}\right)^6 \int (\xi_1^2-\eta_1^2)\,d\xi_1\,d\eta_1 \int (\xi_2^2-\eta_2^2)\,d\xi_2\,d\eta_2 e^{-X(\xi_1+\xi_2)} D_0(\xi_1, \eta_1\,;\,\xi_2, \eta_2)
\tag{C.16}
$$

よって，D_0 が求まればよい．(C.15) で，$\eta_1=\eta_2=1\,(\theta_1=\theta_2=0)$ とすると，

$$
\left.\frac{1}{s_{12}}\right|_{\substack{\eta_1=1\\ \eta_2=1}} = \sum_{l=0}^{\infty} d_{l,0}(\xi_1\,;\,\xi_2)
\tag{C.17}
$$

が与えられる．ここで，$P_{l,m}(1)=\delta_{m,0}$ を用いた．また，(C.1) より，電子 1 と電子 2 の xyz 座標は $(0, 0, (X/2)\xi_1)$ および $(0, 0, (X/2)\xi_2)$ となる．よって，次の結果を得る．

$$
\begin{aligned}
\left.\frac{1}{s_{12}}\right|_{\substack{\eta_1=1\\ \eta_2=1}} = \frac{2}{X}\frac{1}{|\xi_1-\xi_2|} = \frac{2}{X}\sum_{l=0}^{\infty}(2l+1)\{&P_l(\xi_1)Q_l(\xi_2)\theta(\xi_2-\xi_1) \\
&+ P_l(\xi_2)Q_l(\xi_1)\theta(\xi_1-\xi_2)\}
\end{aligned}
\tag{C.18}
$$

ここで，$P_l=P_{l,m=0}$ と $Q_l=Q_{l,m=0}$ は第 1 種および第 2 種のルジャンドル関数である．(C.16) の最後で，ハイネの公式

$$\frac{1}{\xi_1-\xi_2}=\sum_{l=0}^{\infty}(2l+1)P_l(\xi_2)Q_l(\xi_1)\quad(\xi_1>\xi_2)$$

を用いた.

以上から (C.17) と (C.18) を比較して,

$$d_0(\xi_1;\xi_2)=\frac{2}{X}(2l+1)\{P_l(\xi_1)Q_l(\xi_2)\theta(\xi_2-\xi_1)+P_l(\xi_2)Q_l(\xi_1)\theta(\xi_1-\xi_2)\}$$

が求められる. これより, $D_0(\xi_1,\eta_1;\xi_2,\eta_2)=\sum_{l=0}^{\infty}d_{l,0}(\xi_1;\xi_2)$ が求められ,

$$D_0(\xi_1,\eta_1;\xi_2,\eta_2)=\frac{2}{X}\sum_{l=0}^{\infty}(2l+1)\{P_l(\xi_1)Q_l(\xi_2)\theta(\xi_2-\xi_1)+P_l(\xi_2)Q_l(\xi_1)\theta(\xi_1-\xi_2)\}\tag{C.19}$$

となる. この式を (C.16) に代入すれば, 積分 I は次のように求められる.

$$I=\frac{X^5}{8}\sum_{l=0}^{\infty}(2l+1)\int(\xi_1^2-\eta_1^2)\,d\xi_1\,d\eta_1\,P_l(\eta_1)e^{-X\xi_1}\times\int(\xi_2^2-\eta_2^2)\,d\xi_2\,d\eta_2\,P_l(\eta_2)e^{-X\xi_2}\{P_l(\xi_1)Q_l(\xi_2)\theta(\xi_2-\xi_1)+P_l(\xi_2)Q_l(\xi_1)\theta(\xi_1-\xi_2)\}\tag{C.20}$$

第1種および第2種のルジャンドル関数は,

$$P_l(z)=\frac{1}{2^l l!}\left(\frac{d}{dz}\right)^l(z^2-1)^l,\qquad Q_l(z)=P_l(z)\int_z^{\infty}\frac{d\zeta}{(1-\zeta^2)\{P_l(\zeta)^2\}}$$

で定義される[†13]. なお, 後で用いる $l=0,1,2$ の場合は

$$\left.\begin{aligned}&P_0(z)=1,\quad P_1(z)=z,\quad P_2(z)=\frac{3}{2}\left(z^2-\frac{1}{3}\right)\\&Q_0(z)=\frac{1}{2}\log\frac{z+1}{z-1},\qquad Q_1(z)=\frac{1}{2}P_1(z)\log\frac{z+1}{z-1}-1\\&Q_2(z)=\frac{1}{2}P_2(z)\log\frac{z+1}{z-1}-\frac{3}{2}P_1(z)\end{aligned}\right\}\tag{C.21}$$

となる. また, 第1種ルジャンドル関数 P_l は直交規格積分

---

†13 杉浦 (Z. für Physik **45** (1927) 484) の用いている Q_l は, この定義と2倍異なっているので, 注意が必要である.

$$\int_{-1}^{1} dz\, P_l(z) P_{l'}(z) = \frac{2}{2l+1}\delta_{l,l'}$$

を満たすことに注意しよう．

次に，η_1 と η_2 の積分を行う．この計算には積分公式

$$\int_{-1}^{1} d\eta\, (\xi^2 - \eta^2) P_l(\eta) = \frac{2}{3}\int_{-1}^{1} d\eta\, \{P_2(\xi_2) - P_2(\eta^2)\} P_l(\eta)$$
$$= \frac{4}{3} P_2(\xi)\,\delta_{l,0} - \frac{4}{15}\delta_{l,2}$$

を用いればよい．積分 I（(C.20)）は，$l=0$ と $l=2$ の項のみが残るので，

$$\begin{aligned}
I &= \left(\frac{4}{3}\right)^2 \frac{X^5}{8} I_0 + 5\left(\frac{4}{15}\right)^2 \frac{X^5}{8} I_2 \\
&= \left(\frac{4}{3}\right)^2 \frac{X^5}{8} \int_1^\infty d\xi_1\, e^{-X\xi_1} P_2(\xi_1) \int_1^\infty d\xi_2\, e^{-X\xi_2} P_2(\xi_2) \\
&\qquad \times \{Q_0(\xi_2)\theta(\xi_2 - \xi_1) + Q_0(\xi_1)\theta(\xi_1 - \xi_2)\} \\
&\quad + 5\left(\frac{4}{15}\right)^2 \frac{X^5}{8} \int_1^\infty d\xi_1\, e^{-X\xi_1} \int_1^\infty d\xi_2\, e^{-X\xi_2} \\
&\qquad \times \{P_2(\xi_1) Q_2(\xi_2)\theta(\xi_2 - \xi_1) + P_2(\xi_2) Q_2(\xi_1)\theta(\xi_1 - \xi_2)\}
\end{aligned} \tag{C.22}$$

と計算される．2重積分 I_0 と I_2 は，θ 関数の存在のため (ξ_1, ξ_2) 平面上にある三角形領域での積分になっている．

これを第2種ルジャンドル関数を含む積分が最後になるようにすれば，

$$I_0 = 2\int_1^\infty d\xi_1\, e^{-X\xi_1} Q_0(\xi_1) P_2(\xi_1) \int_1^{\xi_1} d\xi_2\, e^{-X\xi_2} P_2(\xi_2) \tag{C.23}$$

および，

$$\begin{aligned}
I_2 = &-6\int_1^\infty d\xi_1\, e^{-X\xi_1} P_2(\xi_1) \int_{\xi_1}^\infty d\xi_2\, e^{-X\xi_2} P_1(\xi_2) \\
&+ 2\int_1^\infty d\xi_1\, e^{-X\xi_1} Q_0(\xi_2) P_2(\xi_1) \int_1^{\xi_1} d\xi_2\, e^{-X\xi_2} P_2(\xi_2)
\end{aligned} \tag{C.24}$$

が得られる．ここで，Q_2 に対して (C.21) の最後の式を用いて Q_0 の積分に還元したことに注意しよう．第1種ルジャンドル関数は (C.21) にあるように多項式であ

るから，変数 ξ_2 に関する積分は $e^{-X\xi_2}\times$（多項式）の積分となり簡単に実行され，結果は $e^{-X}\times$（X の関数）または $e^{-X\xi_1}\times$（ξ_1 の多項式）となり，ξ_1 の積分に組み込まれる．

よって，最終的には，

$$\int_1^{\infty} d\xi\, e^{-X\xi} Q_0(\xi)\xi^n = \int_1^{\infty} d\xi\, e^{-X\xi} \log\frac{\xi+1}{\xi-1}\xi^n$$
$$= \int_1^{\infty} d\xi\, e^{-X\xi}\log(\xi+1)\xi^n - \int_1^{\infty} d\xi\, e^{-X\xi}\log(\xi-1)\xi^n$$

という型の積分に帰着される．この計算の際に用いられる積分公式は以下のとおりである．

$$\int_1^{\infty} d\xi\, e^{-X\xi}\log(\xi+1)\xi^n = \frac{e^X\Gamma(0,2X)}{X}\sum_{\mu=0}^{n}\frac{n!}{(n-\mu)!}\,\frac{(-1)^{n-\mu}}{X^{\mu}}$$
$$+\frac{e^{-X}}{X}(\log 2)\sum_{\mu=0}^{n}\frac{n!}{(n-\mu)!}\,\frac{1}{X^{\mu}}$$
$$+\frac{e^{-X}}{X}\sum_{\mu=1}^{n}\frac{n!}{(n-\mu)!}\sum_{r=0}^{n-\mu}(-2)^{-r}\sum_{q=0}^{\mu-1}\frac{1}{n-r-q} \tag{C.25}$$

および，

$$\int_1^{\infty} d\xi\, e^{-X\xi}\log(\xi-1)\xi^n$$
$$= -(\gamma+\log X)\frac{e^{-X}}{X}\sum_{\mu=0}^{n}\frac{n!}{(n-\mu)!}\,\frac{1}{X^{\mu}} + \frac{e^{-X}}{X}\sum_{\mu=1}^{n}\frac{n!}{(n-\mu)!}\sum_{r=1}^{\mu}\frac{1}{r} \tag{C.26}$$

となる．

ここで $\Gamma(0,2X)$ は不完全ガンマ関数であり，また誤差積分とよばれる特殊関数 $\mathrm{Ei}(-2X)$ でも

$$\Gamma(0,2X) = \int_{2X}^{\infty}\frac{e^{-t}}{t}dt = -\mathrm{Ei}(-2X)$$

のように表される．定数 γ はオイラー - マスケローニ定数

$$\gamma = \lim_{n\to\infty}\left\{\sum_{k=1}^{n}\frac{1}{k} - \log n\right\} \sim 0.5772$$

である．積分公式 (C.25) と (C.26) を用いて，(C.23) と (C.24) の積分 I_0, I_2 を計算し，(C.22) に代入すれば，交換反発積分 (2.131) が求められる[†14]．

C.5　ガンマ関数および不完全ガンマ関数の公式

積分公式 (C.25) と (C.26) は，ガンマ関数 $\Gamma(z)$ および不完全ガンマ関数 $\Gamma(z, p)$ およびその微分

$$\Gamma(z) = \int_0^\infty dt\, e^{-t} t^{z-1}, \qquad \Gamma'(z) = \int_0^\infty dt\, e^{-t} (\log t) t^{z-1}$$

$$\Gamma(z, p) = \int_p^\infty dt\, e^{-t} t^{z-1}, \qquad \Gamma'(z, p) = \int_p^\infty dt\, e^{-t} (\log t) t^{z-1}$$

を用いて証明される．証明は省略するが，証明に用いるガンマ関数および不完全ガンマ関数の公式[†15]を掲げておく．

$$\Gamma(k+1) = k!, \quad \Gamma'(k+1) = k!\left(\sum_{r=1}^{k} \frac{1}{r} - r\right)$$

$$\Gamma(k+1, p) = e^{-p} \sum_{l=0}^{l} \frac{k!}{l!} p^l, \quad \Gamma'(k+1, p) = \log p\, \Gamma(k+1, p) + \sum_{l=0}^{k} \frac{k!}{l!} \Gamma(l, p)$$

また，ξ^n に対する一般積分公式 (C.25) と (C.26) を導出するためには，総和の交換による整理が必要であり，これもいささか面倒である．実際に交換反発積分の計算に用いるのは，$n = 0, 1, 2, 3, 4$ の場合なので，個別に計算してもよい．

---

†14　実際に実行すると大変に面倒な計算であるが，面倒なだけの計算である．数式処理プログラムなどを用いれば簡単である．

†15　証明は文献 [64]，[65] などを参照．

付録 D　スピン角運動量

D.1　スピン角運動量の固有状態

電子や核子は，スピン角運動量 $s=1/2$ をもっている．スピン角運動量の取り扱いを簡単にまとめておく[†16]．

スピン角運動量 1/2 の固有状態は，角運動量の z 成分の量子数 $m=\pm 1/2$ に対して，(1.29) のように定義される．つまり，

$$\chi_m(s)=\langle s|m\rangle=\delta_{s,m} \tag{D.1}$$

である．変数 s はスピン変数で，量子数 m と同じく $s=\pm 1/2$ の値をとる．2 行 1 列の行列表示 (1.30) では，

$$\chi_{+1/2}=\begin{pmatrix}1\\0\end{pmatrix},\qquad \chi_{-1/2}=\begin{pmatrix}0\\1\end{pmatrix} \tag{D.2}$$

と表される．

スピン角運動量の演算子 $\hat{S}_a$ は，(1.36) でも述べたように，パウリのスピン行列

$$\left.\begin{aligned}&\hat{S}_a=\frac{1}{2}\sigma_a\quad(a=1,2,3)\\&\sigma_1=\begin{pmatrix}0&1\\1&0\end{pmatrix},\qquad \sigma_2=\begin{pmatrix}0&-i\\i&0\end{pmatrix},\qquad \sigma_3=\begin{pmatrix}1&0\\0&-1\end{pmatrix}\end{aligned}\right\} \tag{D.3}$$

で表される．(D.2) で与えられる $\chi_{\pm}1/2$ が，(1.37) で述べたように，固有値方程式 (B.18) を満たすことは

$$\hat{S}^2\chi_m=\frac{1}{2}\left(\frac{1}{2}+1\right)\chi_m,\qquad \hat{S}_3\chi_m=m\chi_m \tag{D.4}$$

より明らかである．

スピン状態関数 χ_m は，2 次元特殊ユニタリ群 $SU(2)$

†16　スピン角運動量を含めて，角運動量の量子力学については文献 [3]，[4] などを参照．

$$g = \begin{pmatrix} a_{1,1} & a_{1,2} \\ a_{2,1} & a_{2,2} \end{pmatrix} \in SU(2), \qquad g^{-1} = g^{\dagger}, \qquad \det g = 1 \tag{D.5}$$

に対して，次のように変換する．

$$\chi_m(s) \to \sum_{m'} g_{m,\, m'} \chi_{m'}(s) \tag{D.6}$$

2次元特殊ユニタリ群の元 $g \in SU(2)$ は，空間回転（3次元実直交群）の元 $R = (R_{i,j})$ と，次の関係にある．

$$g^{\dagger} \sigma_a g = \sum_{b=1}^{3} R_{a,b} \sigma_b \tag{D.7}$$

2次元特殊ユニタリ群の元 $g \in SU(2)$ は，パラメータ $\theta_i (i = 1, 2, 3)$ を用いて，

$$g = \exp\left[i \sum_{a=1}^{3} \theta_a \sigma_a \right] = \sum_{n=0}^{\infty} \frac{1}{n!} \left(i \sum_{a=1}^{3} \theta_a \sigma_a \right)^n \tag{D.8}$$

と表されることにも注意しよう．

D.2　行列 $(i\sigma_2)$

パウリのスピン行列から定義される行列 $(i\sigma_2)$

$$i\sigma_2 = \begin{pmatrix} 0 & 1 \\ -1 & 0 \end{pmatrix} \tag{D.9}$$

は，スピン角運動量の理論において重要な役割を果たす[†17]．行列 $(i\sigma_2)$ の性質をまとめておこう．行列表示 (D.7) より，$(i\sigma_2)$ の成分は2次元反対称テンソル

$$(i\sigma_2)_{m,m'} = \varepsilon_{m,m'}, \qquad (i\sigma_2)_{m,m'} = -(i\sigma_2)_{m',m}$$

である．直接の計算により，次の性質も明らかであろう．

$$(i\sigma_2)^{-1} = (i\sigma_2)^{\dagger} = {}^{t}(i\sigma_2) = -(i\sigma_2) \tag{D.10}$$

行列 $(i\sigma_2)$ は実行列であるから，

---

†17　これは，ディラック方程式の理論における荷電共役変換の行列 C に対応する．

$$(i\sigma_2)^* = (i\sigma_2) \tag{D.11}$$

はもちろん成り立つ．

また，$(i\sigma_2)$ の重要な性質として，パウリ行列 σ_a に対する次の性質がある．

$$^t(i\sigma_2)\sigma_a(i\sigma_2) = -(i\sigma_2)\sigma_a(i\sigma_2) = -^t\sigma_a \quad (a = 1, 2, 3) \tag{D.12}$$

これも，直接に計算すれば簡単に示すことができる．

行列 $(i\sigma_2)$ のこの性質から，$SU(2)$ 行列 g に対する次の重要な性質が示される[†18]．

$$\begin{aligned} ^t(i\sigma_2)g(i\sigma_2) &= (i\sigma_2)g^t(i\sigma_2) = -(i\sigma_2)g(i\sigma_2) \\ &= -^tg^\dagger = g^* \end{aligned} \tag{D.13}$$

証明は，任意の $g \in SU(2)$ の表示 (D.8) を用いて計算すればよく，

$$\begin{aligned} ^t(i\sigma_2)g(i\sigma_2) &= \sum_{n=0}^{\infty}\frac{1}{n!}{}^t(i\sigma_2)(i\sum_{a=1}^{3}\theta_a\sigma_a)^n(i\sigma_2) \\ &= \sum_{n=0}^{\infty}\frac{1}{n!}{}^t(i\sigma_2)\left(i\sum_{a=1}^{3}\theta_a{}^t(i\sigma_2)\sigma_a(i\sigma_2)\right)^n(i\sigma_2) = \sum_{n=0}^{\infty}\frac{1}{n!}\left(-i\sum_{a=1}^{3}\theta_a{}^t\sigma_a\right)^n \\ &= {}^t\left\{\sum_{n=0}^{\infty}\frac{1}{n!}(-i\sum_{a=1}^{3}\theta_a\sigma_a)^n\right\} = {}^t\exp\left[-i\sum_{i=1}^{3}\theta_a\sigma_a\right] = {}^tg^\dagger \end{aligned}$$

のようになる．

D.3 スピン角運動量の合成

角運動量演算子 $\hat{\boldsymbol{J}}^{(a)}$ $(a = 1, 2)$ の角運動量固有状態 $\phi^{(a)}_{j_a, m_a}$ が与えられた時，**全角運動量**(**total angular momentum**)[†19]

$$\hat{\boldsymbol{J}} = \hat{\boldsymbol{J}}^{(1)} + \hat{\boldsymbol{J}}^{(2)} \tag{D.14}$$

の固有状態 $\Phi_{J, M}$ が $\phi^{(a)}_{j_a, m_a}$ から構成されることを 2 個の**角運動量の合成**（**angular momentum coupling**）という．量子数 J は，**角運動量の合成規則**（**coupling rule**

---

†18 このことは，g と g^* が $SU(2)$ の同じ表現の異なる行列表示であることを意味する．これは $SU(2)$ の特殊性であって，$SU(n)$ $(n \geq 3)$ をはじめ一般には成立しない．

†19 合成角運動量ともいう．

of the angular momentum)[†20]

$$J = |j_1 - j_2|, |j_1 - j_2| + 1, \cdots, j_1 + j_2 \tag{D.15}$$

ができる．これらは，他の量子数がなければ，1 種類ずつしかできないことに注意しよう．合成角運動量状態 $\Phi_{J,M}$ は積 $\phi^{(1)}_{j_1,m_1}\phi^{(2)}_{j_2,m_2}$ を重ね合わせて，

$$\Phi_{J,M} = \sum_{m_1,m_2} (j_1, m_1, j_2, m_2 | J, M)\phi^{(1)}_{j_1,m_1}\phi^{(2)}_{j_2,m_2} \tag{D.16}$$

となる．重ね合わせの係数 $(j_1, m_1, j_2, m_2 | J, M)$ をクレブシュ - ゴルダン係数という．

2 個のスピン状態関数 χ_m, ψ_m の角運動量合成を考えよう．角運動量合成規則 (D.15) を $j_1 = j_2 = 1/2$ に対して用いれば，$J = 0$ (1 重項) と $J = 1$ (3 重項) の 2 通りの合成角運動量状態ができる．1 重項は空間回転に対して不変な状態 (スカラー) であり，3 重項状態はベクトルとして変換する状態である．合成波動関数 (D.16) は，

$$\left.\begin{aligned} &(1)\quad 1\text{重項}：\Phi_0 \equiv \Phi_{0,0} = \sum_{m,m'} (i\sigma_2)_{m,m'}\chi_m\psi_{m'} \\ &(2)\quad 3\text{重項}：\Phi_a \equiv \Phi_{1,a} = \sum_{m,m'} (i\sigma_2\sigma_a)_{m,m'}\chi_m\psi_{m'} \end{aligned}\right\} \tag{D.17}$$

で与えられることを示そう．すなわち，$(i\sigma_2)_{m,m'}$ と $(i\sigma_2\sigma_a)_{m,m'}$ がクレブシュ - ゴルダン係数である．3 重項状態 $\Phi_{1,a}$ $(a = 1, 2, 3)$ は，(D.16) の $\Phi_{J,m}$ $(m = -1, 0, 1)$ と異なり，通常の xyz 座標表示のベクトルであることに注意しよう．

これを示すため，$\chi'_m \equiv \sum_{m'}(i\sigma_2)_{m,m'}\chi_{m'}$ の $g \in SU(2)$ に対する変換を計算すると

$$\begin{aligned} \chi'_m &= \sum_{m'} (i\sigma_2)_{m,m'}\chi_{m'} \to \sum_{m'} (i\sigma_2)_{m,m'}\sum_{m''} g_{m',m''}\chi_{m''} = \sum_{m''} [(i\sigma_2)g]_{m,m''}\chi_{m''} \\ &= \sum_{m''} [(i\sigma_2)g^t(i\sigma_2)(i\sigma_2)]_{m,m''}\chi_{m''} = \sum_{m''} [{}^tg^\dagger(i\sigma_2)]_{m,m''}\chi_{m''} \\ &= \sum_{m'} (g^\dagger)_{m',m}\sum_{m''} (i\sigma_2)_{m',m''}\chi_{m''} = \sum_{m'} (g^\dagger)_{m',m}\chi_{m'} \end{aligned}$$

のようになる．ここで (D.13) を用いた．よって，χ'_m は，

$$\chi'_m \to \sum_{m'} (g^\dagger)_{m',m}\chi'_{m'} \tag{D.18}$$

---

†20　**クレブシュ - ゴルダン分解 (Clebsch - Gordan decomposition)** ともいう．

という変換をするスピン状態関数である.

これを用いれば, Φ_0 は,

$$\Phi_0 = \sum_{m'} \{\sum_{m} {}^t(i\sigma_2)_{m',m}\chi_m\}\psi_{m'} = -\sum_{m'} \chi'_{m'}\psi_{m'}$$
$$\to -\sum_{m'} \{\sum_{n'} (g^\dagger)_{n',m'}\chi'_{n'}\}\{\sum_{n} g_{m',n}\psi_n\}$$
$$= -\sum_{n,n'} [g^\dagger g]_{n,n'}\chi'_{n'}\psi_n = -\sum_{n,n'} \delta_{n,n'}\chi'_{n'}\psi_n = -\sum_{n} \chi'_n\psi_n = \Phi_{0,0}$$

であるから, スカラーである. また, $\Phi_{1,a}$ は,

$$\Phi_a = \sum_{l,m'} \left\{\sum_{m} {}^t(i\sigma_2)_{l,m}\chi_m\right\}(\sigma_a)_{l,m'}\psi_{m'} = -\sum_{l,m'} \chi'_l(\sigma_a)_{l,m'}\psi_{m'}$$
$$\to -\sum_{l,m'} \left\{\sum_{n'} (g^\dagger)_{n',l}\chi'_{n'}\right\}(\sigma_a)_{l,m'}\left\{\sum_{n} g_{m',n}\psi_n\right\}$$
$$= -\sum_{n,n'} [g^\dagger\sigma_a g]_{n',n}\chi'_{n'}\psi_n = -\sum_{n,n'} \left\{\sum_{b} R_{a,b}(\sigma_b)_{n',n}\right\}\chi'_{n'}\psi_n$$
$$= -\sum_{b} R_{a,b}\sum_{n,n'} \chi'_n(\sigma_b)_{n',n}\psi_n = \sum_{b} R_{a,b}\Phi_a$$

となる. なお, $g \in SU(2)$ と回転行列 $R \in SO(3)$ の関係 (D.7) を用いた. これにより, Φ_a はベクトルであることが証明されたのである.

スピン角運動量の合成 (D.17) は,

$$\sigma_0 = I = \begin{pmatrix} 1 & 0 \\ 0 & 1 \end{pmatrix} \tag{D.19}$$

を加えて拡張されたパウリ行列 $\sigma_\alpha(\alpha = 1, 2, 3, 4)$ を用いれば,

$$\Phi_\alpha = \sum_{m,m'} (i\sigma_2\sigma_\alpha)_{m,m'}\chi_m\psi_{m'} \tag{D.20}$$

のように, まとめて表すことができる.

それでは, 合成スピン状態 (D.20) の角運動量固有状態の標準的な表示 (1.26) を求めよう. ベクトルの xyz 座標表示 (x_1, x_2, x_3) とこの座標表示で与えられる $j = 1$ の場合における角運動量固有状態の標準的な表示 $x_M(M = -1, 0, +1)$ との関係式

$$x_{\pm} = \pm \frac{1}{\sqrt{2}}(x_1 \pm ix_2), \qquad x_0 = x_3$$

を用いればよい．対応するパウリ行列を次のように定義する．

$$\left.\begin{aligned}
\sigma_{1,+1} &= -\frac{1}{\sqrt{2}}(\sigma_1 + i\sigma_2) = -\sqrt{2}\begin{pmatrix} 0 & 1 \\ 0 & 0 \end{pmatrix} \\
\sigma_{1,-1} &= \frac{1}{\sqrt{2}}(\sigma_1 - i\sigma_2) = \sqrt{2}\begin{pmatrix} 0 & 0 \\ 1 & 0 \end{pmatrix} \\
\sigma_{1,0} &= \sigma_3 = \begin{pmatrix} 1 & 0 \\ 0 & -1 \end{pmatrix}
\end{aligned}\right\} \tag{D.21}$$

$\sigma_{1,0}$ は，(D.19) で定義された σ_0 とは異なるものであることに注意しよう．

これを用いて，(D.20) に対応する角運動量固有状態の標準的な表示 $\Phi_{J,M}(J=0,1)$ は，

$$\left.\begin{aligned}
\Phi_{0,0} &= \frac{1}{\sqrt{2}}\sum_{m,m'}(i\sigma_2\sigma_0)_{m,m'}\chi_m\psi_{m'} \\
\Phi_{1,M} &= \frac{1}{\sqrt{2}}\sum_{m,m'}(i\sigma_2\sigma_{1,M})_{m,m'}\chi_m\psi_{m'}
\end{aligned}\right\} \tag{D.22}$$

となり，パウリ行列 (D.19) と (D.21) を用いて具体的に書き表せば，次のようになる．

$$\left.\begin{aligned}
\Phi_{0,0} &= \frac{1}{\sqrt{2}}(\chi_{-1/2}\psi_{-1/2} - \chi_{-1/2}\psi_{1/2}) \\
\Phi_{1,\pm1} &= \chi_{\pm1/2}\psi_{\pm1/2}, \quad \Phi_{1,0} = \frac{1}{\sqrt{2}}(\chi_{1/2}\psi_{-1/2} + \chi_{-1/2}\psi_{1/2})
\end{aligned}\right\} \tag{D.23}$$

さらに，クレブシュ‐ゴルダン係数の定義 (D.16) から次のようになることは明らかである．

$$\left.\begin{aligned}
\left(\frac{1}{2}, m, \frac{1}{2}, m' \middle| 0, 0\right) &= \frac{1}{\sqrt{2}}(i\sigma_2)_{m,m'} \\
\left(\frac{1}{2}, m, \frac{1}{2}, m' \middle| 1, M\right) &= \frac{1}{\sqrt{2}}(i\sigma_2\sigma_{1,M})_{m,m'}
\end{aligned}\right\} \tag{D.24}$$

付録E　ラグランジュの未定係数法

条件つき極値問題に対するラグランジュの未定係数法を直観的に説明する．ここでの説明は文献 [67] に基づくものである．

E.1　2変数関数の条件つき極値問題

2変数関数 $f(x, y)$ と $g(x, y)$ を考え，条件 $g(x, y) = 0$ を満しつつ (x, y) 上で関数 $f(x, y)$ の極値を求めるという問題を考える．これを**条件つき極値問題**（**constrained extremum problem**）という．2次元平面 xy 上（図 E.1）で，関数 $f(x, y)$ は $f(x, y) =$ 一定の等高線（図 E.1 の破線）で表される．この時，$g(x, y) = 0$ を満たす (x, y) はこの平面上の曲線（図 E.1 の実線）で表される．

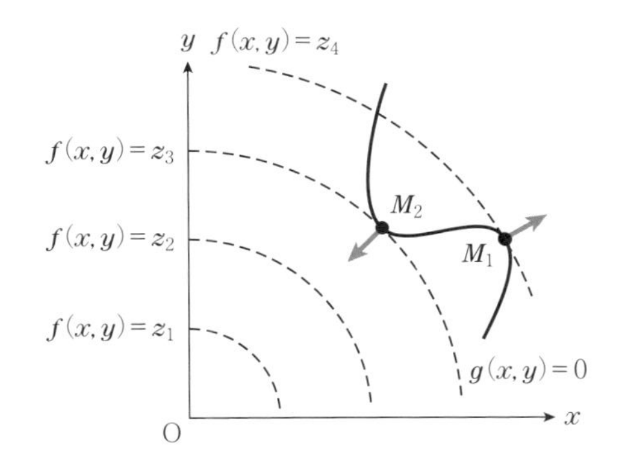

図 E.1　関数 $f(x, y)$ の等高線と曲線 $g(x, y) = 0$

図 E.1 で，曲線 $g(x, y) = 0$ 上にある $f(x, y)$ の極値は点 M_1 と M_2 であって，これは $g(x, y) = 0$ を満たし，曲線 $g(x, y) = 0$ の法線と $f(x, y)$ の等高線の法線が平行である点である．

両法線の方向は ∇g および ∇f であるから，極値の条件は，

$$\frac{\partial f}{\partial x}(x, y) - \mu\frac{\partial g}{\partial x}(x, y) = 0, \quad \frac{\partial f}{\partial y}(x, y) - \mu\frac{\partial g}{\partial y}(x, y) = 0, \qquad g(x, y) = 0 \tag{E.1}$$

で与えられる．(E.1) を解くことにより，極値を与える (x, y) と比例係数 μ が決定される．比例係数 μ がラグランジュの未定係数である．(E.1) は，関数 $F(x, y, \mu) \equiv f(x, y) - \mu g(x, y)$ に対する条件なしの極値問題

$$\frac{\partial F}{\partial x} = \frac{\partial F}{\partial y} = \frac{\partial F}{\partial \mu} = 0 \tag{E.2}$$

と等価である．これが，ラグランジュの未定係数法の直観的解釈である．

E.2　N 変数関数の条件つき極値問題

多変数関数 $f(x_1, \cdots, x_N)$ に対して，n 個の条件式 $(n \leq N)$

$$g_\alpha(x_1, \cdots, x_N) = 0 \quad (\alpha = 1, \cdots, n) \tag{E.3}$$

がある場合の条件つき極値問題も同様に考えることができる．この場合には，高次元であるため図 E.1 を直接描くことができないので，解析的な解法を与える．変数 x_i を最初の $N-n$ 個の $x_A (A = 1, \cdots, N-n)$ と後の n 個に分け，後者を $\boldsymbol{y} = (y_1, \cdots, y_n) \equiv (x_{N-n+1}, \cdots, x_{N-n})$ と表す．条件式 g_α も $\boldsymbol{g} = (g_1, \cdots, g_n)$ と表すことにすれば

$$\boldsymbol{g}(x_1, \cdots, x_{N-n}, \boldsymbol{y}) = 0 \tag{E.4}$$

となる．(E.4) を $\boldsymbol{y}$ の方程式として解けば，$\boldsymbol{y}$ が $x_1, \cdots, x_{N-n}$ の関数となるので

$$\boldsymbol{y} = \boldsymbol{G}(x_1, \cdots, x_{N-n})$$

が成り立つ．これを条件式 (E.4) に代入すれば，$\boldsymbol{g}(x_1, \cdots, x_{N-n}, \boldsymbol{G}(x_1, \cdots, x_N)) = 0$ となる．これは恒等式であるから $x_A (A = 1, \cdots, N-n)$ で微分して，次式を得る．

$$\frac{\partial \boldsymbol{g}}{\partial x_A} + \frac{\partial \boldsymbol{g}}{\partial \boldsymbol{y}} \frac{\partial \boldsymbol{G}}{\partial x_A} = 0 \quad (A = 1, \cdots, N-n)$$

$\partial \boldsymbol{g}/\partial \boldsymbol{y}$ は行列関数 $\partial \boldsymbol{g}/\partial \boldsymbol{y}|_{\alpha, \beta} = \partial g_\alpha / \partial y_\beta$ である．これを $\partial \boldsymbol{G}/\partial x_A$ について解けば

$$\frac{\partial \boldsymbol{G}}{\partial x_A} = -\left(\frac{\partial \boldsymbol{g}}{\partial \boldsymbol{y}}\right)^{-1} \frac{\partial \boldsymbol{g}}{\partial x_A} \quad (A = 1, \cdots, N-n) \tag{E.5}$$

が得られる．

関数$f(x_1,\cdots,x_{N-n},\ \boldsymbol{y})$に$\boldsymbol{y}=\boldsymbol{G}(x_1,\cdots,x_\alpha)$を代入して変数$\boldsymbol{y}$を消去した関数を

$$F(x_1,\cdots,x_{N-n})\equiv f(x_1,\cdots,x_{N-n},\boldsymbol{G}(x_1,\cdots,x_{N-n})) \tag{E.6}$$

と定義する．関数fの条件つき極値問題の解は，

$$\begin{aligned}\frac{\partial F}{\partial x_A}&=\frac{\partial f}{\partial x_A}+{}^t\!\left(\frac{\partial f}{\partial \boldsymbol{y}}\right)\bigg|_{\boldsymbol{y}=\boldsymbol{G}(\boldsymbol{x}_1,\cdots,\boldsymbol{x}_{N-n})}\frac{\partial \boldsymbol{G}}{\partial x_A}\\&=\frac{\partial f}{\partial x_A}-{}^t\!\left(\frac{\partial f}{\partial \boldsymbol{y}}\right)\bigg|_{\boldsymbol{y}=\boldsymbol{G}(\boldsymbol{x}_1,\cdots,\boldsymbol{x}_{N-n})}\left(\frac{\partial \boldsymbol{g}}{\partial \boldsymbol{y}}\right)^{-1}\frac{\partial \boldsymbol{g}}{\partial x_A}\\&=0\quad(A=1,\cdots,N-n)\end{aligned} \tag{E.7}$$

のように関数Fの（条件なし）極値問題の解として得られる．ここで(E.5)を用いた．左上添字tのついた微分は，横ベクトル表示

$${}^t\!\left(\frac{\partial f}{\partial \boldsymbol{y}}\right)=\left(\frac{\partial f}{\partial y_{N-n+1}},\cdots,\frac{\partial f}{\partial y_N}\right)$$

である．(E.7)の解（極値を与える点）を$(x_1,\cdots,x_{N-n})=(a_1,\cdots,a_{N-n})$とし，$(a_{N-n+1},\cdots,a_N)\equiv\boldsymbol{G}(a_1,\cdots,a_{N-n})$とする．未定係数$\boldsymbol{\mu}=(\mu_1,\cdots,\mu_N)$を，

$$\boldsymbol{\mu}\equiv{}^t\!\left\{\frac{\partial f}{\partial \boldsymbol{y}}(a_1,\cdots,a_N)\right\}\left(\frac{\partial \boldsymbol{g}}{\partial \boldsymbol{y}}\right)^{-1}(a_1,\cdots,a_N) \tag{E.8}$$

により定義する．これは，次のように書けることに注意しよう．

$$\frac{\partial f}{\partial \boldsymbol{y}}(a_1,\cdots,a_N)-\sum_{\alpha=1}^{n}\mu_\alpha\frac{\partial g_\alpha}{\partial \boldsymbol{y}}(a_1,\cdots,a_N) \tag{E.9}$$

(E.8)で定義された未定係数$\boldsymbol{\mu}$を用いて(E.7)は，

$$\frac{\partial f}{\partial x_A}(a_1,\cdots,a_N)-\sum_{\alpha=1}^{n}\mu_\alpha\frac{\partial \boldsymbol{g}}{\partial x_A}(a_1,\cdots,a_N)=0 \tag{E.10}$$

となる．よって，(E.9)と(E.11)に条件式(E.3)を合わせたものが，極値を求める方程式

$$\left.\begin{aligned}&\frac{\partial f}{\partial x_i}-\sum_{\alpha=1}^{n}\mu_\alpha\frac{\partial g}{\partial x_i}=0\quad(i=1,\cdots,N)\\&g_\alpha(x_1,\cdots,x_N)=0\quad(\alpha=1,\cdots,n)\end{aligned}\right\} \tag{E.11}$$

となる．これは条件式が1個の場合(E.1)と同様に，関数

$$F(x_1,\cdots,x_N,\mu_1,\cdots,\mu_n)=f(x_1,\cdots,x_N)-\sum_{\alpha=1}^{n}\mu_\alpha g_\alpha(x_1,\cdots,x_N)$$

の条件なし極値問題

$$\frac{\partial F}{\partial x_i}=0 \quad (i=1,\cdots,N) \qquad \frac{\partial F}{\partial \mu_\alpha}=0 \quad (\alpha=1,\cdots,n)$$

と等価である．

付録F 湯川ポテンシャルとクーロンポテンシャルのフーリエ変換

F.1 湯川ポテンシャルとクーロンポテンシャルのフーリエ変換

湯川型関数

$$f(\boldsymbol{x}) = \frac{e^{-\mu r}}{r}$$

のフーリエ変換を求める．関数$f(\boldsymbol{x}) = 1/r$が，

$$(\boldsymbol{\nabla}^2 - \mu^2)f(\boldsymbol{x}) = -4\pi\delta^3(\boldsymbol{x}) \tag{F.1}$$

のようにヘルムホルツ方程式のグリーン関数であることを利用する[†21]．関数$f(\boldsymbol{x})$を (1.13) で導入した$e^{i\boldsymbol{k}\boldsymbol{x}}$によってフーリエ級数で展開する．つまり，

$$f(\boldsymbol{r}) = \sum_{\boldsymbol{k}} A_{\boldsymbol{k}} e^{i\boldsymbol{k}\boldsymbol{x}} \tag{F.2}$$

となる．$f(\boldsymbol{r})$は，体積Vの矩形領域で周期境界条件を満たすものを考えていることに注意しよう．ヘルムホルツ方程式 (F.1) に代入し[†22]，$e^{-i\boldsymbol{k}\boldsymbol{x}}$を両辺に掛けて$\boldsymbol{x}$で積分する．$e^{i\boldsymbol{k}\boldsymbol{x}}$の規格直交性 (1.14) を用いると，

$$-(\boldsymbol{k}^2 + \mu^2)A_{\boldsymbol{k}}V = -4\pi \Longrightarrow A_{\boldsymbol{k}} = \frac{4\pi}{V}$$

のように$A_{\boldsymbol{k}}$の方程式を得る．これを (F.1) に代入し，湯川型関数$e^{-\mu r}/r$のフーリエ級数

$$\frac{e^{-\mu r}}{r} = \frac{1}{V}\sum_{\boldsymbol{k}} \frac{4\pi}{\boldsymbol{k}^2 + \mu^2} e^{i\boldsymbol{k}\boldsymbol{x}} \tag{F.3}$$

を得る．両辺で$\mu \to 0$とすれば，$1/r$のフーリエ級数

$$\frac{1}{r} = \frac{1}{V}\sum_{\boldsymbol{k}} \frac{4\pi}{\boldsymbol{k}^2} e^{i\boldsymbol{k}\boldsymbol{x}} \tag{F.4}$$

---

†21 以下の導出には数学的な厳密性からいくつか細かい問題があるが，ここでは追求しない．

†22 フーリエ級数の和$\boldsymbol{k}$を$\boldsymbol{k}'$に変えておく．

が導かれる．

(F.3) の右辺を直接に積分して左辺を求めるには複素積分の留数計算がよく用いられるが，初等的な方法でも可能である．それを紹介しておこう．

まず，

$$\int_0^\infty e^{-sc}e^{isx}\,dx = \int_0^\infty e^{-(c-ix)s}\,dx = \frac{1}{c-ix} \quad (c>0)$$

を考えて，両辺の虚部をとれば，

$$\int_0^\infty e^{-sc}\sin sx\,dx = \frac{x}{x^2+c^2}$$

となる．両辺に $\cos ax/x$ を掛けて，x で 0 から∞まで積分すると

$$\int_0^\infty \frac{\cos ax}{x^2+c^2}\,dx = \int_0^\infty\int_0^\infty e^{-sc}\frac{\sin sx\cos ax}{x}\,ds\,dx$$

$$= \int_0^\infty e^{-sc}\left\{\int_0^\infty \frac{\sin sx\cos ax}{x}\,dx\right\}ds \qquad \text{(F.5)}$$

が得られる．s と x の積分を交換した．x の積分は，三角関数の加法定理を用いて行えるので[†23]，

$$\int_0^\infty \frac{\sin sx\cos ax}{x}\,dx = \frac{1}{2}\left\{\int_0^\infty \frac{\sin(s+a)x}{x}\,dx + \int_0^\infty \frac{\sin(s-a)x}{x}\,dx\right\}$$

$$= \frac{\pi}{2}\theta(s-a)$$

となる．なお，$\theta(s-a)$ はヘビサイド関数であり，$x>0$ ならば $\theta(x)=1$，$x<0$ ならば $\theta(x)=0$ である．これを (F.5) に代入し

$$\int_0^\infty \frac{\cos ax}{x^2+c^2}\,dx = \int_0^\infty e^{-sc}\frac{\pi}{2}\theta(s-a)\,ds = \frac{\pi}{2}\int_a^\infty e^{-sc}\,ds = \frac{\pi}{2}\frac{e^{-ac}}{c} \qquad \text{(F.6)}$$

と計算される．上式の両辺を a で微分すれば，次の積分を得る．

---

†23　以下の正弦積分を用いた．

$$\int_0^\infty \frac{\sin(s+a)x}{x}\,dx = \frac{\pi}{2}, \qquad \int_0^\infty \frac{\sin(s-a)x}{x}\,dx = \begin{cases} \dfrac{\pi}{2}\,(s>a) \\ 0\,(s<a) \end{cases}$$

$$\int_0^{\infty}\frac{x\sin ax}{x^2+c^2}dx=\frac{\pi}{2}e^{-ac} \tag{F.7}$$

(F.3) に戻り，左辺の積分を極座標で実行すれば[†24]，

$$\begin{aligned}\frac{1}{V}\sum_{k}\frac{4\pi}{\boldsymbol{k}^2+\mu^2}e^{i\boldsymbol{kx}}&=\frac{1}{(2\pi)^3}\int\frac{4\pi}{\boldsymbol{k}^2+\mu^2}e^{i\boldsymbol{kx}}\,d^3\boldsymbol{k}\\&=\frac{1}{2\pi^2}\int\frac{k^2e^{ikr\cos\theta}}{k^2+\mu^2}dk\sin\theta\,d\theta\,d\phi=\frac{1}{\pi}\int_0^{\infty}\frac{k^2}{k^2+\mu^2}\left\{\int_{-1}^{1}e^{ikrz}\,dz\right\}dk\\&=\frac{2}{\pi}\frac{1}{r}\int_0^{\infty}\frac{k\sin(kr)}{k^2+\mu^2}=\frac{e^{-\mu r}}{r}\end{aligned}$$

を得る．

F.2　相互作用ポテンシャルの波数表示

前節の結果を用いて，相互作用ポテンシャルが $v(\xi,\xi')=v(\boldsymbol{x}-\boldsymbol{x}')$，1 粒子波動関数がスピン角運動量 1/2 の平面波状態 (1.41)

$$\phi_{\boldsymbol{k},m}(\boldsymbol{x},\sigma)=\frac{1}{\sqrt{V}}e^{i\boldsymbol{kx}}\chi_m(s)\quad\left(m=\pm\frac{1}{2}\right) \tag{F.8}$$

の場合に，3.11 節の (3.156) で定義される相互作用ポテンシャルの波数表示

$$\widehat{V}_{\mathrm{F}}=\frac{1}{2}\sum_{\substack{\boldsymbol{k}_1,m_1,\boldsymbol{k}_2,m_2\\ \boldsymbol{l}_1,n_1,\boldsymbol{l}_2,n_2}}v_{\boldsymbol{k}_1,m_1,\boldsymbol{k}_2,m_2;\boldsymbol{l}_1,n_1,\boldsymbol{l}_2,n_2}\hat{c}^{\dagger}_{\boldsymbol{k}_2,m_2}\hat{c}^{\dagger}_{\boldsymbol{k}_1,m_1}\hat{c}_{\boldsymbol{l}_1,n_1}\hat{c}_{\boldsymbol{l}_2,n_2} \tag{F.9}$$

を計算する．ここで，行列要素 $v_{\boldsymbol{k}_2,m_2,\boldsymbol{k}_1,m_1;\boldsymbol{l}_1,n_1,\boldsymbol{l}_2,n_2}$ は次のようになる．

$$\begin{aligned}v_{\boldsymbol{k}_2,m_2,\boldsymbol{k}_1,m_1;\boldsymbol{l}_1,n_1,\boldsymbol{l}_2,n_2}=\sum_{s,s'}\int d^3\boldsymbol{x}\,d^3\boldsymbol{x}'\,\phi^*_{\boldsymbol{k}_2,m_2}(\boldsymbol{x}',s')\phi^*_{\boldsymbol{k}_1,m_1}(\boldsymbol{x},s)\\ \times v(\boldsymbol{x}-\boldsymbol{x}')\phi_{\boldsymbol{l}_1,n_1}(\boldsymbol{x},s)\phi_{\boldsymbol{l}_2,n_2}(\boldsymbol{x}',s')\end{aligned} \tag{F.10}$$

(F.10) に波動関数 (F.8) を代入すると，$v(\boldsymbol{x}-\boldsymbol{x}')$ がスピン自由度に依存しないため，

$$v_{\boldsymbol{k}_1,m_1,\boldsymbol{k}_2,m_2;\boldsymbol{l}_1,n_1,\boldsymbol{l}_2,n_2}=\langle\phi_{\boldsymbol{k}_2,m_2}\phi_{\boldsymbol{k}_1,m_1}|\hat{v}\,|\phi_{\boldsymbol{l}_1,n_1}\phi_{\boldsymbol{l}_2,n_2}\rangle \tag{F.11}$$

---

†24　角度 θ の積分で $z=\cos\theta$ と変数変換を行い，k の積分は (F.7) を用いた．

のように，スピン波動関数部分と軌道部分に分離する．スピン波動関数部分と軌道部分は，それぞれ次のようになる．

$$S_{m_1, m_2\,;\, n_1, n_2} = \sum_{s, s'} \chi^\dagger_{m_2}(s')\chi^\dagger_{m_1}(s)\chi_{n_1}(s)\chi_{n_2}(s')$$

$$f_{\boldsymbol{k}_1, \boldsymbol{k}_2\,;\, \boldsymbol{l}_1, \boldsymbol{l}_2} = \frac{1}{V^2}\int d^3\boldsymbol{x}\, d^3\boldsymbol{x}'\, v(\boldsymbol{x}-\boldsymbol{x}')\, e^{i(-\boldsymbol{k}_2+\boldsymbol{l}_2)\boldsymbol{x}'} e^{(-\boldsymbol{k}_1+\boldsymbol{l}_1)\boldsymbol{x}}$$

スピン波動関数部分は，χ_m の直交性を用いて

$$S_{m_1, m_2\,;\, n_1, n_2} = \chi^\dagger_{m_2}\chi_{n_2}\chi^\dagger_{m_1}\chi_{n_1} = \delta_{m_2, n_2}\delta_{m_1, n_1} \tag{F.12}$$

というように簡単に計算できる．

では，軌道部分を計算しよう．ポテンシャル $v(\boldsymbol{x})$ のフーリエ展開

$$v(\boldsymbol{x}-\boldsymbol{x}') = \frac{1}{V}\sum_{\boldsymbol{k}} v_{\boldsymbol{K}} e^{i\boldsymbol{K}(\boldsymbol{x}-\boldsymbol{x}')} \tag{F.13}$$

を $f_{\boldsymbol{k}_1, \boldsymbol{k}_2\,;\, \boldsymbol{l}_1, \boldsymbol{l}_2}$ に代入すれば

$$\begin{aligned}
f_{\boldsymbol{k}_1, \boldsymbol{k}_2\,;\, \boldsymbol{l}_1, \boldsymbol{l}_2} &= \frac{1}{V^3}\sum_{\boldsymbol{K}} v_{\boldsymbol{K}}\int d^3\boldsymbol{x}\, d^3\boldsymbol{x}'\, e^{i\boldsymbol{K}(\boldsymbol{x}-\boldsymbol{x}')} e^{i(-\boldsymbol{k}_2+\boldsymbol{l}_2)\boldsymbol{x}'} e^{(-\boldsymbol{k}_1+\boldsymbol{l}_1)\boldsymbol{x}} \\
&= \frac{1}{V^3}\sum_{\boldsymbol{K}} v_{\boldsymbol{K}}\int d^3\boldsymbol{x}'\, e^{i(-\boldsymbol{K}-\boldsymbol{k}_2+\boldsymbol{l}_2)\boldsymbol{x}'}\int d^3\boldsymbol{x}\, e^{(\boldsymbol{K}-\boldsymbol{k}_1+\boldsymbol{l}_1)\boldsymbol{x}} \\
&= \frac{1}{V^3}\sum_{\boldsymbol{K}} v_{\boldsymbol{K}} \boldsymbol{\nabla} \delta_{\boldsymbol{k}_2, \boldsymbol{l}_2-\boldsymbol{K}} V\delta_{\boldsymbol{k}_1, \boldsymbol{l}_1+\boldsymbol{K}} = \frac{1}{V}\sum_{\boldsymbol{K}} v_{\boldsymbol{K}}\delta_{\boldsymbol{k}_1, \boldsymbol{l}_1+\boldsymbol{K}}\delta_{\boldsymbol{k}_2, \boldsymbol{l}_2-\boldsymbol{K}}
\end{aligned}$$

となる．スピン波動関数部分と共に (F.11) に代入して，次の結果を得る．

$$v_{\boldsymbol{k}_1, m_1, \boldsymbol{k}_2, m_2\,;\, \boldsymbol{l}_1, n_1, \boldsymbol{l}_2, n_2} = \delta_{m_2, n_2}\delta_{m_1, n_1}\frac{1}{V}\sum_{\boldsymbol{K}} v_{\boldsymbol{K}}\delta_{\boldsymbol{k}_1, \boldsymbol{l}_1+\boldsymbol{K}}\delta_{\boldsymbol{k}_2, \boldsymbol{l}_2-\boldsymbol{K}} \tag{F.14}$$

湯川型ポテンシャルの場合には (F.3)，クーロンポテンシャルの場合には (F.4) であるから，次のように $v_{\boldsymbol{K}}$ をとればよい．

$$\text{湯川型}：v_K = \frac{4\pi g}{\boldsymbol{K}^2+\mu^2}, \qquad \text{クーロン型}：v_K = \frac{4\pi\alpha\hbar c}{\boldsymbol{K}^2} \tag{F.15}$$

(F.14) の波数 $\boldsymbol{K}$ の項は，クロネッカーの δ 記号から，頂点 2 で粒子から $\boldsymbol{K}$ の運動量が失われて頂点 1 の粒子に移行することを表している．したがって，全運動量は相互作用の前後

$$\boldsymbol{l}_1 + \boldsymbol{l}_2 = \boldsymbol{k}_1 + \boldsymbol{k}_2 \tag{F.16}$$

で保存する．行列要素 (F.14) を相互作用ポテンシャル (F.9) に代入して，相互作用ポテンシャル $\widehat{V}_{\mathrm{F}}$ の波数表示

$$\widehat{V}_{\mathrm{F}} = \frac{1}{2V}\sum_{\boldsymbol{K}} v_{\boldsymbol{K}} \widehat{c}^{\dagger}_{\boldsymbol{l}_2-\boldsymbol{K},m_2} \widehat{c}^{\dagger}_{\boldsymbol{l}_1+\boldsymbol{K},m_1} \widehat{c}_{\boldsymbol{l}_1,m_1} \widehat{c}_{\boldsymbol{l}_2,m_2} \tag{F.17}$$

を得る．

最後に，反対称化された行列要素 (4.62) の波数表示を求めると，

$$V_{\boldsymbol{k}_1,m_1,\boldsymbol{k}_2,m_2\,;\,\boldsymbol{l}_1,n_1,\boldsymbol{l}_2,n_2} = \frac{1}{2}(v_{\boldsymbol{k}_1,m_1,\boldsymbol{k}_2,m_2\,;\,\boldsymbol{l}_1,n_1,\boldsymbol{l}_2,n_2} - v_{\boldsymbol{k}_1,m_1,\boldsymbol{k}_2,m_2\,;\,\boldsymbol{l}_2,n_2,\boldsymbol{l}_1,n_1}) \tag{F.18}$$

が得られる．(F.18) の直接項 $v_{\boldsymbol{k}_1,m_1,\boldsymbol{k}_2,m_2\,;\,\boldsymbol{l}_1,n_1,\boldsymbol{l}_2,n_2}$ は (F.14) で表され，交代項は，

$$v_{\boldsymbol{k}_1,m_1,\boldsymbol{k}_2,m_2\,;\,\boldsymbol{l}_2,n_2,\boldsymbol{l}_1,n_1} = \delta_{m_2,n_1}\delta_{m_1,n_2}\frac{1}{V}\sum_{\boldsymbol{K}} v_{|\boldsymbol{K}|}\delta_{\boldsymbol{k}_1,\boldsymbol{l}_2+\boldsymbol{K}}\delta_{\boldsymbol{k}_2,\boldsymbol{l}_1-\boldsymbol{K}}$$

であるから，反対称化された行列要素は次のようになる．

$$\begin{aligned} V_{\boldsymbol{k}_1,m_1,\boldsymbol{k}_2,m_2\,;\,\boldsymbol{l}_1,n_1,\boldsymbol{l}_2,n_2} = \frac{1}{2V}\sum_{\boldsymbol{K}} v_{\boldsymbol{K}}\{&\delta_{m_2,n_2}\delta_{m_1,n_1}\delta_{\boldsymbol{k}_1,\boldsymbol{l}_1+\boldsymbol{K}}\delta_{\boldsymbol{k}_2,\boldsymbol{l}_2-\boldsymbol{K}} \\ &- \delta_{m_2,n_1}\delta_{m_1,n_2}\delta_{\boldsymbol{k}_1,\boldsymbol{l}_2+\boldsymbol{K}}\delta_{\boldsymbol{k}_2,\boldsymbol{l}_1-\boldsymbol{K}}\} \end{aligned} \tag{F.19}$$

F.3 粒子空孔表示における相互作用の行列要素

4.6 節で議論した，相互作用 $\widehat{V}_4$ の粒子空孔表示に対する一様系の波数表示を求める．粒子空孔表示の相互作用演算子は，(4.72) のように粒子・空孔に対する生成消滅演算子の数で 4 種類に分けられ，(4.73) から (4.76) に見るように各項はさらにいくつかの項を含む．ここでは，電子ガス模型の RPA 方程式で利用する $\widehat{V}_{4\,:\,b^2d^2}$ を例として取り上げる．

ここで，行列要素 $v_{i,\nu\,;\,\mu,j}$ を考える．添字 i, j は空孔状態，添字 μ, ν は粒子状態を表す．それぞれに対応する波動関数を $\phi^{\mathrm{h}}_{\boldsymbol{k}_i,m_i}$, $\phi^{\mathrm{h}}_{\boldsymbol{k}_j,m_j}$, $\phi^{\mathrm{p}}_{\boldsymbol{k}_\mu,m_\mu}$, $\phi^{\mathrm{p}}_{\boldsymbol{k}_\nu,m_\nu}$ とする．行列要素 $v_{i,\nu\,;\,\mu,j}$ は，波数表示では次のようになる．

$$v_{\boldsymbol{k}_i,m_i,\boldsymbol{k}_\nu,m_\nu\,;\,\boldsymbol{k}_\mu,m_\mu,\boldsymbol{k}_j,m_j} = \langle \phi^{\mathrm{p}}_{\boldsymbol{k}_\nu,m_\nu},\ \phi^{\mathrm{h}}_{\boldsymbol{k}_i,m_i}|v|\phi^{\mathrm{p}}_{\boldsymbol{k}_\mu,m_\mu},\ \phi^{\mathrm{h}}_{\boldsymbol{k}_j,m_j}\rangle \tag{F.20}$$

ここで，空孔励起状態と粒子励起状態の波動関数は，

$$\phi^{\mathrm{h}}_{\boldsymbol{k},m}(\boldsymbol{x},\sigma)=\sum_{m'}(i\sigma_2)_{m,m'}\phi_{-\boldsymbol{k},m'}(\boldsymbol{x},\sigma),\qquad \phi^{\mathrm{p}}_{\boldsymbol{k},m}(\boldsymbol{x},\sigma)=\phi_{\boldsymbol{k},m}(\boldsymbol{x},\sigma)\quad(\mathrm{F}.21)$$

と示すように (4.45) および (4.43) で定義されることに注意しよう．

これを (F.18) に代入すれば，次のようになる．

$$\begin{aligned}v_{\boldsymbol{k}_i,m_i,\boldsymbol{k}_\nu,m_\nu;\boldsymbol{k}_\mu,m_\mu,\boldsymbol{k}_j,m_j}&=\langle\phi^{\mathrm{p}}_{\boldsymbol{k}_\nu,m_\nu},\phi^{\mathrm{h}}_{\boldsymbol{k}_i,m_i}|v|\phi^{\mathrm{p}}_{\boldsymbol{k}_\mu,m_\mu},\phi^{\mathrm{h}}_{\boldsymbol{k}_j,m_j}\rangle\\&=\sum_{m'_i,m'_j}(i\sigma_2)_{m_i,m'_i}(i\sigma_2)_{m_j,m'_j}\langle\phi_{\boldsymbol{k}_\nu,m_\nu},\phi_{-\boldsymbol{k}_i,m'_i}|v|\phi_{\boldsymbol{k}_\mu,m_\mu},\phi_{-\boldsymbol{k}_j,m'_j}\rangle\\&=\sum_{m'_i,m'_j}(i\sigma_2)_{m_i,m'_i}(i\sigma_2)_{m_j,m'_j}v_{-\boldsymbol{k}_i,m'_i,\boldsymbol{k}_\nu,m_\nu;\boldsymbol{k}_\mu,m_\mu,-\boldsymbol{k}_j,m'_j}\end{aligned}\quad(\mathrm{F}.22)$$

空孔状態に対しては波数に負号がつき，スピン量子数には $(i\sigma_2)$ がつくことになる．交換項，したがって反対称化ポテンシャルも

$$V_{\boldsymbol{k}_i,m_i,\boldsymbol{k}_\nu,m_\nu;\boldsymbol{k}_\mu,m_\mu,\boldsymbol{k}_j,m_j}=\sum_{m'_i,m'_j}(i\sigma_2)_{m_i,m'_i}(i\sigma_2)_{m_j,m'_j}V_{-\boldsymbol{k}_i,m'_i,\boldsymbol{k}_\nu,m_\nu;\boldsymbol{k}_\mu,m_\mu,-\boldsymbol{k}_j,m'_j}\quad(\mathrm{F}.23)$$

のように同じである．右辺の $V_{-\boldsymbol{k}_i,m'_i,\boldsymbol{k}_\nu,m_\nu;\boldsymbol{k}_\mu,m_\mu,-\boldsymbol{k}_j,m'_j}$ を前節の (F.19) を用いて波数表示で表せば，求める粒子空孔表示での相互作用ポテンシャルの波数表示

$$\begin{aligned}V_{\boldsymbol{k}_i,m_i,\boldsymbol{k}_\nu,m_\nu;\boldsymbol{k}_\mu,m_\mu,\boldsymbol{k}_j,m_j}=\frac{1}{2V}\{&(i\sigma_2)_{m_i,m_\mu}(i\sigma_2)_{m_j,m_\nu}v_{-(\boldsymbol{k}_\nu+\boldsymbol{k}_j)}\\&-\delta_{m_i,m_j}\delta_{m_\mu,m_\nu}v_{\boldsymbol{k}_j-\boldsymbol{k}_i}\}\delta_{\boldsymbol{k}_\mu,\boldsymbol{k}_\nu+\boldsymbol{k}_j-\boldsymbol{k}_i}\end{aligned}\quad(\mathrm{F}.24)$$

を得る．

行列要素 $V_{\nu,\mu;j,i}$ も同様に考えればよく，

$$V_{\boldsymbol{k}_\nu,m_\nu,\boldsymbol{k}_\mu,m_\mu;\boldsymbol{k}_j,m_j,\boldsymbol{k}_i,m_i}=\sum_{m'_i,m'_j}(i\sigma_2)_{m_i,m'_i}(i\sigma_2)_{m_j,m'_j}V_{\boldsymbol{k}_\nu,m_\nu,\boldsymbol{k}_\mu,m_\mu;-\boldsymbol{k}_j,m'_j,-\boldsymbol{k}_i,m'_i}$$

となる．(F.19) を用いて波数表示で表せば次のようになる．

$$\begin{aligned}V_{\boldsymbol{k}_\nu,m_\nu,\boldsymbol{k}_\mu,m_\mu;\boldsymbol{k}_j,m_j,\boldsymbol{k}_i,m_i}=\frac{1}{2V}\{&(i\sigma_2)_{m_i,m_\mu}(i\sigma_2)_{m_j,m_\nu}v_{\boldsymbol{k}_\nu+\boldsymbol{k}_j}\\&-(i\sigma_2)_{m_j,m_\mu}(i\sigma_2)_{m_i,m_\nu}v_{\boldsymbol{k}_\nu+\boldsymbol{k}_i}\}\delta_{\boldsymbol{k}_\mu,-\boldsymbol{k}_\nu-\boldsymbol{k}_j-\boldsymbol{k}_i}\end{aligned}\quad(\mathrm{F}.25)$$

付録G ハートリー - フォック近似に現れる積分

G.1 積 分 I_F

(5.56) の積分[†25]

$$I_\mathrm{F}(\mu) = \frac{1}{(2\pi)^3}\int_0^{k_\mathrm{F}} l^2\, dl \int d\Omega \frac{1}{k^2 + l^2 - 2kl\cos\theta + \mu^2} \tag{G.1}$$

を実行する．角度積分は，$z = \cos\theta$ と変数変換すれば

$$\begin{aligned}\int d\Omega \frac{1}{k^2 + l^2 + \mu^2 - 2kl\cos\theta} &= \int_0^{2\pi} d\phi \int_0^{\pi} \frac{\sin\theta\, d\theta}{k^2 + l^2 + \mu^2 - 2kl\cos\theta} \\ &= 2\pi \int_{-1}^{1} \frac{dz}{k^2 + l^2 + \mu^2 - 2klz} \\ &= -\frac{2\pi}{2kl}\int_{-1}^{1} \frac{dz}{z - (k^2 + l^2 + \mu^2)/2kl} \\ &= -\frac{2\pi}{2kl}\left[\log\left|z - \frac{k^2 + l^2 + \mu^2}{2kl}\right|\right]_{-1}^{1} \\ &= \frac{\pi}{kl}\log\left|\frac{(l + k)^2 + \mu^2}{(l - k)^2 + \mu^2}\right|\end{aligned}$$

のように求められる．

この結果を I_F に代入すれば，

$$I_\mathrm{F}(\mu) = \frac{1}{8\pi^2}\frac{1}{k}\int_0^{k_\mathrm{F}} dl\, l \log\left|\frac{(l + k)^2 + \mu^2}{(l - k)^2 + \mu^2}\right|$$

で示すように l の積分となる．簡単のため，μ でスケールした変数 $\lambda = l/\mu$, $\kappa = k/\mu$ を用いると

$$I_\mathrm{F}(\mu) = \frac{\mu}{8\pi^2}\frac{1}{\kappa}\int_0^{\kappa_\mathrm{F}} d\lambda\, \lambda \log\left|\frac{(\lambda + \kappa)^2 + 1}{(\lambda - \kappa)^2 + 1}\right|, \qquad \kappa_\mathrm{F} = \frac{k_\mathrm{F}}{\mu}$$

を得る．よって，積分 $I_\mathrm{F}(\mu)$ は次のようになる．

$$I_\mathrm{F}(\mu) = \frac{\mu}{(8\pi^2\kappa)}(I_+ - I_-), \qquad I_\pm = \int_0^{\kappa_\mathrm{F}} d\lambda\, \lambda \log|(\lambda \pm \kappa)^2 + 1| \tag{G.2}$$

積分 $I_\pm$ を計算しよう．見やすくするために $\kappa_\pm = \pm\kappa$ とし，積分変数を $x =$

---

†25 $d\Omega$ は立体角部分 $d\Omega = \sin\theta\, d\theta\, d\phi$ を表す．

$\lambda \pm \kappa = \lambda + \kappa_\pm$ に変換すると[†26]，

$$I_\pm = \int_{\kappa_\pm}^{K_\pm} (x - \kappa_\pm) \log(x^2+1)\, dx$$
$$= \int_{\kappa_\pm}^{K_\pm} x \log(x^2+1)\, dx - \kappa_\pm \int_{\kappa_\pm}^{K_\pm} \log(x^2+1)\, dx \equiv A_\pm - \kappa_\pm B_\pm$$

が得られる．

積分 $A_\pm$ は $z = x^2 + 1$ に変数変換すれば

$$A_\pm = \int_{\kappa_\pm}^{K_\pm} x \log(x^2+1)\, dx = \frac{1}{2}\int_{\kappa_\pm^2+1}^{K_\pm^2+1} \log z\, dz = \frac{1}{2}[z \log z - z]_{\kappa_\pm^2+1}^{K_\pm^2+1}$$
$$= \frac{1}{2}(K_\pm^2+1)\{\log(K_\pm^2+1) - 1\} - \frac{1}{2}(\kappa_\pm^2+1)\{\log(\kappa_\pm^2+1) - 1\}$$

のように簡単に求められる[†27]．積分 $\kappa_\pm B_\pm$ は部分積分で求められるので，

$$\kappa_\pm B_\pm = \int_{\kappa_\pm}^{K_\pm} \log(x^2+1)\, dx$$
$$= \kappa_\pm [x \log(x^2+1)]_{\kappa_\pm}^{K_\pm} - \kappa_\pm \int_{\kappa_\pm}^{K_\pm} \frac{2x^2}{x^2+1}\, dx$$
$$= \kappa_\pm [x \log(x^2+1) - 2x + 2\arctan x]_{\kappa_\pm}^{K_\pm}$$
$$= \kappa_\pm K_\pm \log(K_\pm^2+1) - 2\kappa_\pm \kappa_{\mathrm{F}} + 2\kappa_\pm \arctan K_\pm$$
$$- \kappa_\pm^2 \log(\kappa^2+1) - 2\kappa_\pm \arctan \kappa$$

と計算できる．

積分 $A_\pm$ と $B_\pm$ より，積分

$$I_\pm = A_\pm - \kappa_\pm B_\pm = \frac{\kappa_{\mathrm{F}}^2 + 1 - \kappa_\pm^2}{2} \log(K_\pm^2+1) + \kappa_\pm \kappa_{\mathrm{F}} + 2\kappa_\pm \arctan K_\pm + C_\kappa$$

が与えられる[†28]．これを (G.2) に代入して，積分は

$$I_{\mathrm{F}}(\mu) = \frac{\mu}{8\pi^2 \kappa}(I_+ - I_-)$$
$$= \frac{1}{8\pi^2}\left\{\frac{k_{\mathrm{F}}^2 + \mu^2 - k_\pm^2}{2k} \log \frac{(k_{\mathrm{F}}+k)^2+1}{(k_{\mathrm{F}}-k)^2+1}\right.$$
$$\left. + 2k_{\mathrm{F}} - 2\mu\left(\arctan \frac{k_{\mathrm{F}}+k}{\mu} + \arctan \frac{k_{\mathrm{F}}-k}{\mu}\right)\right\} \tag{G.3}$$

---

†26　$K_\pm = \kappa_{\mathrm{F}} + \kappa_\pm$ とした．

†27　$\kappa_\pm^2 = (\pm\kappa)^2 = \kappa^2$ を用いた．

†28　C_κ は κ に依存して，$\pm$ に関係のない部分である．

となる．この式において，$\mu \to 0$ の極限をとれば，クーロンポテンシャルに対する積分

$$
\begin{aligned}
I_{\mathrm{F}}(0) &= \frac{1}{(2\pi)^3}\int_0^{k_{\mathrm{F}}} l^2\,dl \int d\Omega\,\frac{1}{k^2+l^2-2kl\cos\theta} \\
&= \frac{1}{(2\pi)^2}\left\{\frac{k_{\mathrm{F}}^2-k^2}{2k}\log\left|\frac{k_{\mathrm{F}}+k}{k_{\mathrm{F}}-k}\right| + k_{\mathrm{F}}\right\}
\end{aligned}
\tag{G.4}
$$

を得る．

G.2 積分 I_f と I_e

ハートリー - フォック状態の交換エネルギーに現れる積分

$$
I_f = \int_{|\boldsymbol{k}|,\,|\boldsymbol{l}| \le k_{\mathrm{F}}} f(|\boldsymbol{k}-\boldsymbol{l}|)\,d^3\boldsymbol{k}\,d^3\boldsymbol{l} \tag{G.5}
$$

を実行する．積分変数を $\boldsymbol{k}$, $\boldsymbol{l}$ から，次式で定義される $\boldsymbol{P}$, $\boldsymbol{q}$ に変換する†29．

$$
\boldsymbol{k} = \boldsymbol{P} + \frac{\boldsymbol{q}}{2}, \quad \boldsymbol{l} = \boldsymbol{P} - \frac{\boldsymbol{q}}{2}, \quad \boldsymbol{P} = \frac{\boldsymbol{k}+\boldsymbol{l}}{2}, \quad \boldsymbol{q} = \boldsymbol{k} - \boldsymbol{l}
$$

ここで，図 G.1 に波数空間における $\boldsymbol{k}$, $\boldsymbol{l}$, $\boldsymbol{P}$, $\boldsymbol{q}$ の関係を示した．点 $\mathrm{O}_{\boldsymbol{k}}$ と $\mathrm{O}_{\boldsymbol{l}}$ を中心とする半径 k_{F} の球の内部 ($|\boldsymbol{k}|$, $|\boldsymbol{l}| \le k_{\mathrm{F}}$) は，それぞれ $\boldsymbol{k}$ と $\boldsymbol{l}$ のとりうる範囲である．点 O は中心 $\mathrm{O}_{\boldsymbol{k}}$ と $\mathrm{O}_{\boldsymbol{l}}$ の中点である．中心の相対ベクトル $\boldsymbol{q}$ は $0 \le |\boldsymbol{q}| \le 2k_{\mathrm{F}}$ で決まる球の内部を積分範囲とし，距離 $\boldsymbol{q}$ が決まると $\boldsymbol{P}$ は 2 つの球の交わる領域 $V(\boldsymbol{q})$ が積分範囲†30 となる．よって，(G.5) で定義される積分 I_f は，

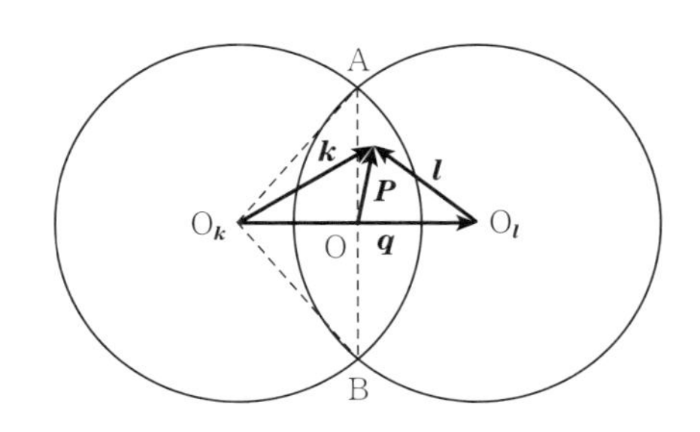

図 G.1 波数空間での積分範囲（実際は軸 $\mathrm{O}_k\mathrm{O}_l$ 周りに回転した領域）

---

†29 変数変換のヤコビアンは 1 である．

†30 そろばん玉のような形の領域．

$$I_f = \int_{|\boldsymbol{q}|\le 2k_{\mathrm{F}}} f(|\boldsymbol{q}|)\, d^3\boldsymbol{q} \int_{V(\boldsymbol{q})} d^3\boldsymbol{P} \tag{G.6}$$

となる．変数 $\boldsymbol{P}$ の積分は領域 $V(\boldsymbol{q})$ の体積である．これは，点 O を中心とし A および B を通る円によって中心 $\mathrm{O}_{\boldsymbol{k}}$ の球から切り取られる錐体に対して，円錐 $\mathrm{O}_{\boldsymbol{k}}\mathrm{AB}$ を取り去ったものの 2 個分に等しい．図 G.1 より，$\mathrm{O}_{\boldsymbol{k}}\mathrm{A}$ は球の半径 k_{F}，$\mathrm{O}_{\boldsymbol{k}}\mathrm{O}$ は $|\boldsymbol{q}|/2$ であるから，角度 $\theta_0 \equiv \mathrm{OO}_{\boldsymbol{k}}\mathrm{A}$ に対して，$\cos\theta_0 = |\boldsymbol{q}|/(2k_{\mathrm{F}})$ である．

これより錐体の体積は，球の体積に，立体角 $d\Omega_0$ の球の表面積に対する比を掛けて

$$\frac{4\pi}{3}k_{\mathrm{F}}^3\frac{\Omega_0}{4\pi} = \frac{k_{\mathrm{F}}^3}{3}\int_0^{\theta_0}\int_0^{2\pi}\sin\theta\, d\theta\, d\phi = \frac{2\pi}{3}k_{\mathrm{F}}^3(1-\cos\theta_0) = \frac{2\pi}{3}k_{\mathrm{F}}^3\left(1-\frac{|\boldsymbol{q}|}{2k_{\mathrm{F}}}\right)$$

のように求められる．円錐の底円の半径は $\sqrt{k_{\mathrm{F}}^2-(|\boldsymbol{q}|/2)^2}$，高さは $|\boldsymbol{q}|/2$ であるから，円錐の体積は

$$\frac{1}{3}\pi\left\{k_{\mathrm{F}}^2-\left(\frac{|\boldsymbol{q}|}{2}\right)^2\right\}\frac{|\boldsymbol{q}|}{2} = \frac{2\pi}{3}k_{\mathrm{F}}^3\left\{\frac{|\boldsymbol{q}|}{4k_{\mathrm{F}}}-\frac{1}{4}\left(\frac{|\boldsymbol{q}|}{k_{\mathrm{F}}}\right)^3\right\}$$

となる．よって，$\boldsymbol{P}$ の積分は次式のように求められる．

$$\int_{V(\boldsymbol{q})} d^3\boldsymbol{P} = \frac{4\pi}{3}k_{\mathrm{F}}^3\left\{1-\frac{3}{4}\frac{|\boldsymbol{q}|}{k_{\mathrm{F}}}+\frac{1}{16}\left(\frac{|\boldsymbol{q}|}{k_{\mathrm{F}}}\right)^3\right\} \tag{G.7}$$

これを (G.6) に代入して $\boldsymbol{q}$ の角度部分を積分すれば，I_f の公式

$$\begin{aligned} I_f &= \int_{0\le|\boldsymbol{q}|\le 2k_{\mathrm{F}}} d|\boldsymbol{q}|\sin\theta\, d\theta\, d\phi\, |\boldsymbol{q}|^2 f(|\boldsymbol{q}|)\left\{1-\frac{3}{4}\frac{|\boldsymbol{q}|}{k_{\mathrm{F}}}+\frac{1}{16}\left(\frac{|\boldsymbol{q}|}{k_{\mathrm{F}}}\right)^3\right\} \\ &= \frac{(4\pi)^2}{3}k_{\mathrm{F}}^6\int_0^2 dx\, x^2\left(1-\frac{3}{4}x+\frac{x^3}{16}\right)f(k_{\mathrm{F}}x) \end{aligned} \tag{G.8}$$

が求められる[†31]．

次に，湯川ポテンシャル $f(|\boldsymbol{q}|) = 1/(|\boldsymbol{q}|^2+\mu^2)$ の場合の積分

$$\begin{aligned} I_e(\mu) &= \int_{|\boldsymbol{k}|,|\boldsymbol{l}|\le k_{\mathrm{F}}} \frac{d^3\boldsymbol{k}\, d^3\boldsymbol{l}}{(\boldsymbol{k}-\boldsymbol{l})^2+\mu^2} \\ &= \frac{(4\pi)^2}{3}k_{\mathrm{F}}^4\int_0^2 dx\,\frac{x^2}{x^2+m^2}\left(1-\frac{3}{4}x+\frac{x^3}{16}\right), \quad m=\frac{\mu}{k_{\mathrm{F}}} \end{aligned}$$

を計算する．この積分は

---

†31　$\boldsymbol{q}$ の極座標を用い，$x = |\boldsymbol{q}|/k_{\mathrm{F}}$ とした．

$$
\begin{aligned}
I_e(\mu) &= \frac{2\pi^2 k_{\rm F}^4}{3}\left\{6 - m^2 + \frac{m^2(m^2+12)}{4}\log\frac{m^2+4}{m^2} - 8m\arctan\frac{2}{m}\right\} \\
&= \frac{2\pi^2 k_{\rm F}^4}{3}\left\{6 - \frac{\mu^2}{k_{\rm F}^2} + \frac{\mu^2(\mu^2+12k_{\rm F}^2)}{4k_{\rm F}^4}\log\frac{\mu^2+4k_{\rm F}^2}{\mu^2} - \frac{8\mu}{k_{\rm F}}\arctan\frac{2k_{\rm F}}{\mu}\right\}
\end{aligned}
\tag{G.9}
$$

のように初等的に求められる．クーロンポテンシャルに対する積分は $\mu \to 0$ により，次のように得られる[†32]．

$$
I_e(0) = \int_{|\boldsymbol{k}|,|\boldsymbol{l}|\leq k_{\rm F}} \frac{d^3\boldsymbol{k}\, d^3\boldsymbol{l}}{(\boldsymbol{k}-\boldsymbol{l})^2} = 4\pi^2 k_{\rm F}^4 \tag{G.10}
$$

G.3　積 分 $I_{\rm cor}$

電子ガス模型の相関エネルギーに現れる積分

$$
I_{\rm cor} = \int_{\substack{|\boldsymbol{k}|,|\boldsymbol{l}|\leq k_{\rm F} \\ |\boldsymbol{k}-\boldsymbol{l}|\geq k_{\rm c}}} \frac{d^3\boldsymbol{k}\, d^3\boldsymbol{l}}{(\boldsymbol{k}-\boldsymbol{l})^2} \tag{G.11}
$$

を実行する．この積分は (G.5) の I_e と同じ型であって，積分範囲が $|\boldsymbol{k}-\boldsymbol{l}| \equiv |\boldsymbol{q}| \geq k_{\rm c}$ とさらに限定されている．よって，I_e の積分と同じ方法で積分が可能で，異なるのは (G.8) における $|\boldsymbol{q}|$ の積分範囲が，$0 \leq |\boldsymbol{q}| \leq 2k_{\rm F}$ から $k_{\rm c} \leq |\boldsymbol{q}| \leq 2k_{\rm F}$ に変わるだけである．よって，

$$
\begin{aligned}
I_{\rm cor} &= \frac{(4\pi)^2}{3} k_{\rm F}^4 \int_\beta^2 dx \left(1 - \frac{3}{4}x + \frac{x^3}{16}\right) \\
&= 4\pi^2 k_{\rm F}^4 \left(1 - \frac{4\beta}{3} + \frac{\beta^2}{2} - \frac{\beta^4}{48}\right)
\end{aligned}
\tag{G.12}
$$

となる．ここで，$x = |\boldsymbol{q}|/k_{\rm F}$, $\beta = k_{\rm c}/k_{\rm F}$ である．

---

†32　積分 $I_e(0)$ は，ルジャンドル関数を用いても求めることができる．

付録 H　正規順序積とウィックの定理

H.1　ウィックの定理

縮約を用いて，交換 (反交換) 関係 (3.187) は次のように表される．

$$\widehat{X}_i \widehat{X}_j = \eta_{i,j} \widehat{X}_j \widehat{X}_i + \langle \widehat{X}_i \widehat{X}_j \rangle \tag{H.1}$$

符号因子 $\eta_{i,j}$ は，交換関係か反交換関係に応じて $\eta_{i,j} = \pm 1$ である．

ウィックの定理の証明は長くなるので，[補助定理 1]，[補助定理 2]，[ウィックの定理の証明] の順で 3 段階で行う．

補助定理 1 と証明

[補助定理 1]

$$\begin{aligned} N(\widehat{X}_1 \cdots \widehat{X}_N)\, \widehat{X}_{N+1} &= N(\widehat{X}_1 \cdots \widehat{X}_N \widehat{X}_{N+1}) \\ &= \sum_{i=1}^{N} N(\widehat{X}_1 \cdots \underbracket{\widehat{X}_i \cdots \widehat{X}_N \widehat{X}_{N+1}}) \end{aligned} \tag{H.2}$$

[補助定理 1 の証明]

左辺の各項での縮約は $\widehat{X}_i$ $(i = 1, \cdots, N)$ と $\widehat{X}_{N+1}$ の間でとられており，$\widehat{X}_{N+1}$ は常に演算子積の右端にある．よって，左右両辺で $\widehat{X}_1 \cdots \widehat{X}_N$ の順序交換 (反交換) を行っても，縮約がとられている演算子対の順序が交換されるわけではないことに注意しよう．したがって，$\widehat{X}_1 \cdots \widehat{X}_N$ の演算子を両辺で適当に順序交換 (反交換) して，正規順序にすることができる．よって，$\widehat{X}_1 \cdots \widehat{X}_N$ は，初めから正規順序積 $N(\widehat{X}_1 \cdots \widehat{X}_N) = \widehat{X}_1 \cdots \widehat{X}_N$ になっているとして証明すればよい．

（1）　$\widehat{X}_{N+1} = \widehat{A}_a$ (消滅演算子) の場合

$N(\widehat{X}_1 \cdots \widehat{X}_N)\widehat{X}_{N+1} = \widehat{X}_1 \cdots \widehat{X}_N \widehat{A}_a$ は全体で正規順序積である．よって，$\widehat{X}_1 \cdots \widehat{X}_N \widehat{A}_a = \widehat{N}(\widehat{X}_1 \cdots \widehat{X}_N \widehat{X}_{N+1})$ であり，(H.2) の左辺と右辺第 1 項は等しい．(H.2) の右辺に現れる縮約は，(3.191) より $\langle \widehat{X}_i \widehat{X}_{N+1} \rangle = \langle \widehat{X}_i \widehat{A}_a \rangle = 0$ であるから，2 項目以降の縮約を含む N 積はすべて 0 である．

（2）　$\widehat{X}_{N+1} = \widehat{A}_a^\dagger$ (生成演算子) の場合

$N(\widehat{X}_1 \cdots \widehat{X}_N)\, \widehat{X}_{N+1} = \widehat{X}_1 \cdots \widehat{X}_N \widehat{A}_a^\dagger$ は正規順序積ではない．よって，正規順序積にするには，(H.1) を用いて順序交換を行い，$\widehat{X}_{N+1}$ を左端に移動すると

$$
\begin{aligned}
\widehat{X}_1 \cdots \widehat{X}_N \widehat{X}_{N+1} &= \eta_{N,\,N+1} \widehat{X}_1 \cdots \widehat{X}_{N+1} \widehat{X}_N + \widehat{X}_1 \cdots \widehat{X}_{N-1} \langle \widehat{X}_N \widehat{X}_{N+1} \rangle \\
&= \eta_{N-1,\,N} \eta_{N,\,N+1} \widehat{X}_1 \cdots \widehat{X}_{N+1} \widehat{X}_{N-1} \widehat{X}_N \\
&\quad + \eta_{N,\,N+1} \widehat{X}_1 \cdots \widehat{X}_{N-2} \widehat{X}_N \langle \widehat{X}_{N-1} \widehat{X}_{N+1} \rangle \\
&\qquad + \widehat{X}_1 \cdots \widehat{X}_{N-1} \langle \widehat{X}_N \widehat{X}_{N+1} \rangle
\end{aligned}
$$

のようになる．$\widehat{X}_1 \cdots \widehat{X}_N$ はすでに正規順序積であるので，

$$
\eta_{N,\,N+1} \widehat{X}_1 \cdots \widehat{X}_N \langle \widehat{X}_{N-1} \widehat{X}_N \rangle = N(\widehat{X}_1 \cdots \underbrace{\widehat{X}_{N-1} \widehat{X}_N \widehat{X}_{N+1}})
$$

$$
\widehat{X}_1 \cdots \widehat{X}_{N-1} \langle \widehat{X}_N \widehat{X}_{N+1} \rangle = N(\widehat{X}_1 \cdots \widehat{X}_{N-1} \underbrace{\widehat{X}_N \widehat{X}_{N+1}})
$$

となる．よって，$\widehat{X}_1 \cdots \widehat{X}_N$ と $\widehat{X}_{N+1}$ の積は次のようになる．

$$
\begin{aligned}
\widehat{X}_1 \cdots \widehat{X}_N \widehat{X}_{N+1} &= \eta_{N-1,\,N} \eta_{N,\,N+1} \widehat{X}_1 \cdots \widehat{X}_{N+1} \widehat{X}_{N-1} \widehat{X}_N \\
&\quad + N(\widehat{X}_1 \cdots \underbrace{\widehat{X}_{N-1} \widehat{X}_N \widehat{X}_{N+1}}) + N(\widehat{X}_1 \cdots \widehat{X}_{N-1} \underbrace{\widehat{X}_N \widehat{X}_{N+1}})
\end{aligned}
$$

演算子 $\widehat{X}_{N+1}$ の順序交換をさらに続ければ，$\widehat{X}_{N+1}$ との縮約を 1 個もつ N 積が生成されていき，最後に $\widehat{X}_1$ との交換があって $\widehat{X}_{N+1}$ は以下に示すように積の左端に来る．

$$
\begin{aligned}
\widehat{X}_1 \cdots \widehat{X}_{N+1} &= \eta_{1,\,N+1} \cdots \eta_{N,\,N+1} \widehat{X}_{N+1} \widehat{X}_1 \cdots \widehat{X}_{N+1} \\
&\qquad + \sum_{i=1}^{N} N(\widehat{X}_1 \cdots \widehat{X}_i \cdots \widehat{X}_{N+1})
\end{aligned}
$$

1 項目の正規順序積は，

$$
\eta_{1,\,N+1} \cdots \eta_{N,\,N+1} \widehat{X}_{N+1} \widehat{X}_1 \cdots \widehat{X}_{N+1} = N(\widehat{X}_{N+1} \widehat{X}_1 \cdots \widehat{X}_{N+1})
$$

と書けるので，これを (H.1) に代入して証明が完了する．[証明終]

補助定理 2 と証明

[補助定理 2]

補助定理 1 の公式は，縮約のある正規順序に対しても成立する．もちろん，すでに縮約がある演算子と $\widehat{X}_{N+1}$ の縮約はとらないものとする．生成消滅演算子 $\widehat{Y}$ と

$\hat{Z}$ の縮約がある場合には，次のようになる．

$$
\begin{aligned}
N(\hat{X}_1 \cdots \wick{\c1 {\hat{Y}} \cdots \c1 {\hat{Z}}} \cdots \hat{X}_N)\,\hat{X}_{N+1} &= N(\hat{X}_1 \cdots \wick{\c1 {\hat{Y}} \cdots \c1 {\hat{Z}}} \cdots \hat{X}_N \hat{X}_{N+1}) \\
&\quad + \sum_i N(\hat{X}_1 \cdots \wick{\c2 {\hat{X}}_i \cdots \c1 {\hat{Y}} \cdots \c1 {\hat{Z}} \cdots \c2 {\hat{X}}_{N+1}}) \\
&\quad + \sum_j N(\hat{X}_1 \cdots \wick{\c1 {\hat{Y}} \cdots \c2 {\hat{X}}_j \cdots \c1 {\hat{Z}} \cdots \c2 {\hat{X}}_{N+1}}) \\
&\quad + \sum_k N(\hat{X}_1 \cdots \wick{\c1 {\hat{Y}} \cdots \c1 {\hat{Z}} \cdots \c2 {\hat{X}}_k \cdots \c2 {\hat{X}}_{N+1}})
\end{aligned}
\tag{H.3}
$$

縮約が複数あっても同様である．

［補助定理 2 の証明］

左辺は，$\hat{Y}$ と $\hat{Z}$ の縮約を外に出せば，次のようになる．

$$
N(\hat{X}_1 \cdots \wick{\c1 {\hat{Y}} \cdots \c1 {\hat{Z}}} \cdots \hat{X}_N)\,\hat{X}_{N+1} = \eta\langle \hat{Y}\hat{Z}\rangle\, N(\hat{X}_1 \cdots \hat{X}_N)\,\hat{X}_{N+1}
$$

符号因子 η は $\hat{Y}$ と $\hat{Z}$ を順序交換により隣に寄せる時につくもので，$\hat{Y}$ と $\hat{Z}$ の間にある演算子の数を m とすれば，$\eta = (\pm 1)^m$ である．縮約がある演算子 $\hat{Y}$ と $\hat{Z}$ の間の演算子の数は右辺の各項とも同じであるから，縮約 $\langle \hat{Y}\hat{Z}\rangle$ を外に出して同じ符号因子 $\eta = (-1)^m$ がつく．よって，(H.3) は，補助定理 1 の (H.2) に $\eta\langle \hat{Y}\hat{Z}\rangle$ が掛かった式となるので成立する．［証明終］

ウィックの定理の証明

最後に，ウィックの定理 (3.195) を数学的帰納法により証明する．

［ウィックの定理の証明］

（1）　$N = 1$ は，$\hat{X}_1 = N(\hat{X}_1)$，$N = 2$ は (3.194) であり，成立する．

（2）　N 個の演算子積に対してウィックの定理 (3.195) が成立すると仮定する．

（3）　$N + 1$ 個の積に対して，$\hat{X}_1 \cdots \hat{X}_N \hat{X}_{N+1} = (\hat{X}_1 \cdots \hat{X}_N)\,\hat{X}_{N+1}$ であるから，$\hat{X}_1 \cdots \hat{X}_N$ に対してウィックの定理を用いて

$$
\begin{aligned}
\widehat{X}_1 \cdots \widehat{X}_N \widehat{X}_{N+1} = N(\widehat{X}_1 \cdots \widehat{X}_N)\ \widehat{X}_{N+1} \\
&+ N(\wick{\c1 {\widehat{X}_1} \c1 {\widehat{X}_2}} \cdots \widehat{X}_N)\ \widehat{X}_{N+1} + \cdots \\
&+ N(\wick{\c1 {\widehat{X}_1} \c1 {\widehat{X}_2} \c1 {\widehat{X}_3} \c1 {\widehat{X}_4}} \cdots \widehat{X}_N)\ \widehat{X}_{N+1} \\
&+ N(\wick{\c1 {\widehat{X}_1} \c2 {\widehat{X}_2} \c1 {\widehat{X}_3} \c2 {\widehat{X}_4}} \cdots \widehat{X}_N)\ \widehat{X}_{N+1} + \cdots
\end{aligned}
\tag{H.4}
$$

が得られる．右辺の各項は縮約のついた N 積に X_{N+1} を左から掛けた形になっている．よって，各項に補助定理 2 を適用して N 積で展開することにより，縮約のついた N 積がすべて一回ずつ出現し，ウィックの定理が導かれる．［証明終］

H.2 粒子間相互作用への応用

ウィックの定理の応用例として，粒子間相互作用の正規順序化の計算を示す．粒子間相互作用は次のように表されている．

$$
\widehat{V}_{b^4} = \frac{1}{2} \sum_{\substack{i_1, i_2 \\ j_1, j_2}} V_{i_1, i_2 ; j_2, j_1} \hat{b}_{i_1} \hat{b}_{i_2} \hat{b}^\dagger_{j_1} \hat{b}^\dagger_{j_2} \tag{H.5}
$$

これを正規順序化するには，演算子部分 $\hat{b}_{i_1} \hat{b}_{i_2} \hat{b}^\dagger_{j_1} \hat{b}^\dagger_{j_2}$ にウィックの定理を用いればよい．(3.197) を用いて，

$$
\begin{aligned}
\hat{b}_{i_1} \hat{b}_{i_2} \hat{b}^\dagger_{j_1} \hat{b}^\dagger_{j_2} &= N(\hat{b}_{i_1} \hat{b}_{i_2} \hat{b}^\dagger_{j_1} \hat{b}^\dagger_{j_2}) + N(\wick{\c1 {\hat{b}_{i_1}} \hat{b}_{i_2} \c1 {\hat{b}^\dagger_{j_1}} \hat{b}^\dagger_{j_2}}) + N(\wick{\c1 {\hat{b}_{i_1}} \hat{b}_{i_2} \hat{b}^\dagger_{j_1} \c1 {\hat{b}^\dagger_{j_2}}}) \\
&+ N(\wick{\hat{b}_{i_1} \c1 {\hat{b}_{i_2}} \c1 {\hat{b}^\dagger_{j_1}} \hat{b}^\dagger_{j_2}}) + N(\wick{\hat{b}_{i_1} \c1 {\hat{b}_{i_2}} \hat{b}^\dagger_{j_1} \c1 {\hat{b}^\dagger_{j_2}}}) + N(\wick{\c1 {\hat{b}_{i_1}} \c2 {\hat{b}_{i_2}} \c1 {\hat{b}^\dagger_{j_1}} \c2 {\hat{b}^\dagger_{j_2}}}) + N(\wick{\c1 {\hat{b}_{i_1}} \c2 {\hat{b}_{i_2}} \c2 {\hat{b}^\dagger_{j_1}} \c1 {\hat{b}^\dagger_{j_2}}})
\end{aligned}
$$

が得られる．縮約が 0 となる項は，すでに省いてある．各項の N 積

$$
\begin{aligned}
N(\hat{b}_{i_1} \hat{b}_{i_2} \hat{b}^\dagger_{j_1} \hat{b}^\dagger_{j_2}) &= \hat{b}^\dagger_{j_1} \hat{b}^\dagger_{j_2} \hat{b}_{i_1} \hat{b}_{i_2} \\
N(\wick{\c1 {\hat{b}_{i_1}} \hat{b}_{i_2} \c1 {\hat{b}^\dagger_{j_1}} \hat{b}^\dagger_{j_2}}) &= -\langle \hat{b}_{i_1} \hat{b}^\dagger_{j_1} \rangle N(\hat{b}_{i_2} \hat{b}^\dagger_{j_2}) = -\delta_{i_1, j_1} \hat{b}_{i_2} \hat{b}^\dagger_{j_2} \\
N(\wick{\c1 {\hat{b}_{i_1}} \hat{b}_{i_2} \hat{b}^\dagger_{j_1} \c1 {\hat{b}^\dagger_{j_2}}}) &= \langle \hat{b}_{i_1} \hat{b}^\dagger_{j_2} \rangle N(\hat{b}_{i_2} \hat{b}^\dagger_{j_1}) = \delta_{i_1, j_2} \hat{b}_{i_2} \hat{b}^\dagger_{j_1} \\
N(\wick{\hat{b}_{i_1} \c1 {\hat{b}_{i_2}} \c1 {\hat{b}^\dagger_{j_1}} \hat{b}^\dagger_{j_2}}) &= \langle \hat{b}_{i_2} \hat{b}^\dagger_{j_1} \rangle N(\hat{b}_{i_1} \hat{b}^\dagger_{j_2}) = \delta_{i_2, j_1} \hat{b}_{i_1} \hat{b}^\dagger_{j_2}
\end{aligned}
$$

$$N(\hat{b}_{i_1}\hat{b}_{i_2}\hat{b}_{j_1}^{\dagger}\hat{b}_{j_2}^{\dagger}) = -\langle\hat{b}_{i_2}\hat{b}_{j_2}^{\dagger}\rangle N(\hat{b}_{i_1}\hat{b}_{j_1}^{\dagger}) = -\delta_{i_2,j_2}\hat{b}_{i_1}\hat{b}_{j_1}^{\dagger}$$

$$N(\hat{b}_{i_1}\hat{b}_{i_2}\hat{b}_{j_1}^{\dagger}\hat{b}_{j_2}^{\dagger}) = -\langle\hat{b}_{i_1}\hat{b}_{j_1}^{\dagger}\rangle\langle\hat{b}_{i_2}\hat{b}_{j_2}^{\dagger}\rangle = -\delta_{i_1,j_1}\delta_{i_2,j_2}$$

$$N(\hat{b}_{i_1}\hat{b}_{i_2}\hat{b}_{j_1}^{\dagger}\hat{b}_{j_2}^{\dagger}) = \langle\hat{b}_{i_1}\hat{b}_{j_2}^{\dagger}\rangle\langle\hat{b}_{i_2}\hat{b}_{j_1}^{\dagger}\rangle = \delta_{i_1,j_2}\delta_{i_2,j_1}$$

を代入して，演算子部分 $\hat{b}_{i_1}\hat{b}_{i_2}\hat{b}_{j_1}^{\dagger}\hat{b}_{j_2}^{\dagger}$ の正規順序化

$$\begin{aligned}\hat{b}_{i_1}\hat{b}_{i_2}\hat{b}_{j_1}^{\dagger}\hat{b}_{j_2}^{\dagger} &= -\delta_{i_1,j_1}\delta_{i_2,j_2} + \delta_{i_1,j_2}\delta_{i_2,j_1} \\ &\quad - \delta_{i_1,j_1}\hat{b}_{i_2}\hat{b}_{j_2}^{\dagger} + \delta_{i_1,j_2}\hat{b}_{i_2}\hat{b}_{j_1}^{\dagger} + \delta_{i_2,j_1}\hat{b}_{i_1}\hat{b}_{j_2}^{\dagger} - \delta_{i_2,j_2}\hat{b}_{i_1}\hat{b}_{j_1}^{\dagger} + \hat{b}_{j_1}^{\dagger}\hat{b}_{j_2}^{\dagger}\hat{b}_{i_1}\hat{b}_{i_2}\end{aligned}$$

を得る．

これを (H.5) に用いて，$\hat{V}_{b^4}$ の正規順序化が次のように求められる．

$$\hat{V}_{b^4} = \sum_{i,j} V_{i,j;i,j} - 2\sum_{i,j,k} V_{k,i;k,j}\hat{b}_j^{\dagger}\hat{b}_i + \frac{1}{2}\sum_{\substack{i_1,i_2\\ j_1,j_2}} V_{i_1,i_2;j_2,j_1}\hat{b}_{j_1}^{\dagger}\hat{b}_{j_2}^{\dagger}\hat{b}_{i_1}\hat{b}_{i_2}$$

ここで，$V_{i_1,i_2;j_2,j_1}$ の対称性 (4.64) を用いた．

同様にして，(4.66) ～ (4.69) の他の項も

$$\hat{V}_{d^4} = \frac{1}{2}\sum_{\substack{\mu_1,\mu_2\\ \nu_1,\nu_2}} V_{\mu_1,\mu_2;\nu_2,\nu_1}\hat{d}_{\mu_1}^{\dagger}\hat{d}_{\mu_2}^{\dagger}\hat{d}_{\nu_1}\hat{d}_{\nu_2}$$

$$\begin{aligned}\hat{V}_{b^3d} &= 2\sum_{i,\nu,k} V_{k,i;k,\nu}\hat{b}_i\hat{d}_{\nu} - 2\sum_{j,\mu,k} V_{k,\mu;k,j}\hat{b}_j^{\dagger}d_{\mu}^{\dagger} \\ &\quad + \sum_{\substack{i_1,i_2\\ \nu,j}} V_{i_1,i_2;\nu,j}\hat{b}_j^{\dagger}\hat{b}_{i_1}\hat{b}_{i_2}\hat{d}_{\nu} + \sum_{\substack{i,\mu\\ j_1,j_2}} V_{i,\mu;j_2,j_1}\hat{b}_{j_1}^{\dagger}\hat{b}_{j_2}^{\dagger}\hat{b}_i\hat{d}_{\mu}^{\dagger}\end{aligned}$$

$$\hat{V}_{bd^3} = -\sum_{\substack{\mu,i\\ \nu_1,\nu_2}} V_{\mu,i;\nu_2,\nu_1}\hat{b}_i\hat{d}_{\mu}^{\dagger}\hat{d}_{\nu_1}\hat{d}_{\nu_2} + \sum_{\substack{\mu_1,\mu_2\\ j,\nu}} V_{\mu_1,\mu_2;j,\nu}\hat{b}_j^{\dagger}\hat{d}_{\mu_1}^{\dagger}\hat{d}_{\mu_2}^{\dagger}\hat{d}_{\nu}$$

$$\begin{aligned}\hat{V}_{b^2d^2} &= 2\sum_{\mu,\nu,k} V_{k,\mu;k,\nu}\hat{d}_{\mu}^{\dagger}\hat{d}_{\nu} + 2\sum_{\substack{i,\mu\\ \nu,j}} V_{i,\mu;\nu,j}\hat{b}_j^{\dagger}\hat{b}_i\hat{d}_{\mu}^{\dagger}\hat{d}_{\nu} \\ &\quad + \frac{1}{2}\sum_{\substack{i_1,i_2\\ j_1,\nu_2}} V_{i_1,i_2;\nu_2,j_1}\hat{b}_{i_1}\hat{b}_{i_2}\hat{d}_{j_1}\hat{d}_{\nu_2} + \frac{1}{2}\sum_{\substack{\mu_1,\mu_2\\ j_1,j_2}} V_{\mu_1,\mu_2;j_2,j_1}\hat{d}_{\mu_1}^{\dagger}\hat{d}_{\mu_2}^{\dagger}\hat{b}_{j_1}^{\dagger}\hat{b}_{j_2}^{\dagger}\end{aligned}$$

のように正規順序化される．

H.3　ウィックの定理の真空期待値への応用

ウィックの定理は生成消滅演算子の積の真空期待値

$$\langle f_0|\hat{X}_1\cdots\hat{X}_N\hat{X}_{N+1}|f_0\rangle \tag{H.6}$$

の計算にも有効に用いることができる．ウィックの定理 (H.4) を演算子積に用いて N 積に書きかえると，すべての演算子に対して縮約がとられていない N 積の期待値は生成演算子が $\langle f_0|$ に作用するか，または消滅演算子が $|f_0\rangle$ に作用して 0 となる．よって，すべての演算子に対して縮約がとられた項が (H.6) に寄与するのである．

例として，次の計算を示しておく．

$$\begin{aligned}\langle F|\,\hat{d}_i\,\hat{b}_\mu\,\hat{d}_k^\dagger\,\hat{d}_k\,\hat{b}_\nu^\dagger\,\hat{d}_j^\dagger\,|F\rangle &= \langle F|\,\hat{d}_i\,\underbrace{\hat{b}_\mu\,\hat{d}_k^\dagger\,\hat{d}_k\,\hat{b}_\nu^\dagger}\,\hat{d}_j^\dagger\,|F\rangle \\ &= \delta_{\mu,\nu}\langle F|\,\underbrace{\hat{d}_i\,\hat{d}_k^\dagger}\,\underbrace{\hat{d}_k\,\hat{d}_j^\dagger}\,|F\rangle = \delta_{\mu,\nu}\delta_{i,k}\delta_{k,j} \qquad \text{(H.7)}\end{aligned}$$

$$\begin{aligned}\langle F|\,\hat{d}_i\,\hat{b}_\mu\,\hat{d}_{i_1}\hat{b}_{\mu_2}^\dagger\,\hat{d}_{j_1}^\dagger\,\hat{d}_{j_2}^\dagger\,|F\rangle &= \langle F|\,\hat{d}_i\,\underbrace{\hat{b}_\mu\,\hat{d}_{i_1}\hat{b}_{\mu_2}^\dagger}\,\hat{d}_{j_1}^\dagger\,\hat{d}_{j_2}^\dagger\,|F\rangle \\ &= -\,\delta_{\mu,\mu_2}\{\langle F|\,\hat{d}_i\,\hat{d}_{i_1}\hat{d}_{j_1}^\dagger\,\hat{d}_{j_2}^\dagger|F\rangle + \langle F|\,\underbrace{\hat{d}_i\,\underbrace{\hat{d}_{i_1}\hat{d}_{j_1}^\dagger}\,\hat{d}_{j_2}^\dagger}|F\rangle\} \\ &= \delta_{\mu,\mu_2}(\delta_{i,j_1}\delta_{i_1,j_2} - \delta_{i,j_2}\delta_{i_1,j_1}) \qquad \text{(H.8)}\end{aligned}$$

付録I　サウレスの定理

I.1　スレーター行列式

1粒子状態の完全系 $\phi_\alpha(\xi)\,(\alpha=1,\cdots,\infty)$ で表されるフェルミ粒子系を考える．例えば，自由粒子波動関数やハートリー－フォック波動関数である．波動関数 $\phi_\alpha(\xi)\,(\alpha=1,\cdots,N)$ を用いたスレーター行列式 (5.1) で表される状態

$$\Phi_0(\xi_I)=\frac{1}{\sqrt{N!}}\begin{vmatrix}\phi_1(\xi_1) & \cdots & \phi_1(\xi_N)\\ \vdots & \ddots & \vdots\\ \phi_N(\xi_1) & \cdots & \phi_N(\xi_N)\end{vmatrix} \tag{I.1}$$

を考えよう．フェルミ縮退状態がその例である．$\phi_\alpha(\xi)$ に対する生成消滅演算子を $\hat{a}_\alpha^\dagger,\,\hat{a}_\alpha$ とすれば，状態 (I.1) は次の占拠数状態で表される．

$$|\Phi_0\rangle=\hat{a}_N^\dagger\cdots\hat{a}_1^\dagger|f_0\rangle \tag{I.2}$$

ここで，$|f_0\rangle$ は真空状態である．

I.2　異なる完全系に対するスレーター行列式

完全系 $\phi_\alpha(\xi)$ とは異なる任意の完全系 $\psi_\alpha(\xi)\,(\alpha=1,\cdots,\infty)$ をとり，$\psi_\alpha(\xi)$ $(\alpha=1,\cdots,N)$ を用いたスレーター行列式で表される状態

$$\Phi_1(\xi_I)=\frac{1}{\sqrt{N!}}\begin{vmatrix}\psi_1(\xi_1) & \cdots & \psi_1(\xi_N)\\ \vdots & \ddots & \vdots\\ \psi_N(\xi_1) & \cdots & \psi_N(\xi_N)\end{vmatrix} \tag{I.3}$$

を考える．波動関数 $\psi_\alpha(\xi)$ に対する生成消滅演算子を $\hat{\alpha}_\alpha^\dagger,\,\hat{\alpha}_\alpha$ とすれば，(I.3) で表される状態は次の占拠数状態で表される．

$$|\Phi_1\rangle=\hat{\alpha}_N^\dagger\cdots\hat{\alpha}_1^\dagger|f_0\rangle \tag{I.4}$$

サウレスの定理は，$|\Phi_0\rangle$ と直交しない任意の $|\Phi_1\rangle\,(\langle\Phi_1|\Phi_0\rangle\neq 0)$ に対する一般的な表示式を与えるものである．この付録では，サウレスの定理の導出を行う．

I.3　非直交状態 $|\Phi_1\rangle$ の一般形

1 粒子波動関数 $\phi_\alpha(\xi)$ と $\psi_\alpha(\xi)$ は完全系であるから，前者は後者で展開されるので

$$\psi_\alpha(\xi) = \sum_{\beta=1}^{\infty} u_{\alpha,\beta}\phi_\beta(\xi) \tag{I.5}$$

が得られる．展開係数 $u_{\alpha,\beta}$ を要素とする行列を $u = (u_{\alpha,\beta})$ とする．展開 (I.5) に対応して，生成消滅演算子の展開式

$$\hat{\alpha}_\alpha^\dagger = \sum_{\beta=1}^{\infty} u_{\alpha,\beta}\hat{a}_\beta^\dagger, \qquad \hat{\alpha}_\alpha = \sum_{\beta=1}^{\infty} u_{\alpha,\beta}^*\hat{a}_\beta \tag{I.6}$$

が成り立つ．2 組の生成消滅演算子は共にフェルミ粒子の反交換関係

$$\left\{\hat{a}_\alpha,\ \hat{a}_\beta^\dagger\right\} = \left\{\hat{\alpha}_\alpha,\ \hat{\alpha}_\beta^\dagger\right\} = \delta_{\alpha,\beta}$$

を満たす．生成消滅演算子 $\hat{\alpha}$, $\hat{\alpha}^\dagger$ の反交換関係に (I.6) を代入して，$\hat{a}$, $\hat{a}^\dagger$ の反交換関係を用いて計算すれば，

$$\delta_{\alpha,\alpha'} = \left\{\hat{\alpha}_\alpha,\ \hat{\alpha}_{\alpha'}^\dagger\right\} = \sum_{\beta,\beta'=1}^{\infty} u_{\alpha,\beta}^* u_{\alpha',\beta'}\left\{\hat{a}_\beta,\ \hat{a}_{\beta'}^\dagger\right\}$$

$$= \sum_{\beta,\beta'=1}^{\infty} u_{\alpha,\beta}^* u_{\alpha',\beta'}\delta_{\beta,\beta'} = (u^\dagger u)_{\alpha,\alpha'}$$

となり，行列 u はユニタリ行列であることがわかる．つまり，

$$u^\dagger u = I \tag{I.7}$$

となる．

ここで，見やすいように $\alpha = 1, \cdots, N$ の状態（占拠状態）と $\alpha = N+1, \cdots, \infty$（空席状態）の消滅演算子を，

占拠状態：$\hat{a}_{\mathrm{f}:i} = \hat{a}_i$，および $\hat{\alpha}_{\mathrm{f}:i} = \hat{\alpha}_i$　$(i = 1, \cdots, N)$

空席状態：$\hat{a}_{\mathrm{p}:\mu} = \hat{a}_\mu$，および $\hat{\alpha}_{\mathrm{p}:\mu} = \hat{\alpha}_\mu$　$(\mu = N+1, \cdots, \infty)$

と表すことにしよう．なお，生成演算子 $\hat{a}^\dagger$ および $\hat{\alpha}^\dagger$ に対しても同様である．（真空状態 $|0\rangle$ を扱うので，粒子空孔表示 (4.8) でなくこの表示を用いる．）占拠空席表示を用いて，展開 (I.6) も，

$$\left.\begin{aligned}\hat{\alpha}^{\dagger}_{\mathrm{f}:i} &= \sum_{j=1}^{N} U_{i,j}\hat{a}^{\dagger}_{\mathrm{f}:j} + \sum_{\nu=N+1}^{\infty} V_{i,\nu}\hat{a}^{\dagger}_{\mathrm{p}:\nu} \\ \hat{\alpha}^{\dagger}_{\mathrm{p}:\mu} &= \sum_{j=1}^{N} \tilde{V}_{\mu,j}\hat{a}^{\dagger}_{\mathrm{f}:j} + \sum_{\nu=N+1}^{\infty} \tilde{U}_{\mu,\nu}\hat{a}^{\dagger}_{\mathrm{p}:\nu}\end{aligned}\right\} \tag{I.8}$$

$$\left.\begin{aligned}\hat{\alpha}_{\mathrm{f}:i} &= \sum_{j=1}^{N} U^{*}_{i,j}\hat{a}_{\mathrm{f}:j} + \sum_{\nu=N+1}^{\infty} V^{*}_{i,\nu}\hat{a}_{\mathrm{p}:\nu} \\ \hat{\alpha}_{\mathrm{p}:\mu} &= \sum_{j=1}^{N} \tilde{V}^{*}_{\mu,j}\hat{a}_{\mathrm{f}:j} + \sum_{\nu=N+1}^{\infty} \tilde{U}^{*}_{\mu,\nu}\hat{a}_{\mathrm{p}:\nu}\end{aligned}\right\} \tag{I.9}$$

と書くことにする．$\tilde{U}_{\mu,\nu}$ や $\tilde{V}_{\mu,j}$ は，単に $U_{i,j}$ や $V_{i,\nu}$ と異なる係数を表す記号である．

行列表示 $U=(U_{i,j})$，$V=(V_{i,\nu})$，$\tilde{V}=(\tilde{V}_{\mu,j})$，$\tilde{U}=(\tilde{U}_{\mu,\nu})$ を用いれば，行列 $\boldsymbol{u}$ は次のように表せることに注意しよう．

$$\boldsymbol{u} = \begin{pmatrix} U & V \\ \tilde{V} & \tilde{U} \end{pmatrix} \tag{I.10}$$

ユニタリ条件式 (I.9) に (I.10) を代入すれば，行列 U, V, $\tilde{U}$, $\tilde{V}$ に対する条件式

$$\left.\begin{aligned} UU^{\dagger} + VV^{\dagger} = I, &\qquad \tilde{V}\tilde{V}^{\dagger} + \tilde{U}\tilde{U}^{\dagger} = I \\ \tilde{V}U^{\dagger} + \tilde{U}V^{\dagger} = 0, &\qquad U\tilde{V}^{\dagger} + V\tilde{U}^{\dagger} = 0 \end{aligned}\right\} \tag{I.11}$$

を得る．

状態 $|\Phi_0\rangle$ と $|\Phi_1\rangle$ の内積を計算すると

$$\langle\Phi_0|\Phi_1\rangle = \langle\Phi_0|\,\hat{\alpha}^{\dagger}_{N}\hat{\alpha}^{\dagger}_{N-1}\cdots\hat{\alpha}^{\dagger}_{1}\,|f_0\rangle$$

を得る．生成演算子 $\hat{\alpha}^{\dagger}_{N}$ を (I.8) を用いて $\hat{a}^{\dagger}$ で表せば，

$$\langle\Phi_0|\Phi_1\rangle = \langle\Phi_0|\left(\sum_{j_N=1}^{N} U_{N,j_N}\hat{a}^{\dagger}_{f:j} + \sum_{\nu_N=N+1}^{\infty} V_{N,\nu_N}\hat{a}^{\dagger}_{\mathrm{p}:\nu_N}\right)\hat{\alpha}^{\dagger}_{N-1}\cdots\hat{\alpha}^{\dagger}_{1}\,|f_0\rangle$$

である．状態 $|\Phi_0\rangle$ は，(I.2) から明らかなように，空席状態の粒子を含まない．よって，$\langle\Phi_0|\,\hat{a}^{\dagger}_{\mathrm{p}:\nu}=0$ であるから，V_{N,ν_N} に比例する項は消えるので

$$\langle\Phi_0|\Phi_1\rangle = \langle\Phi_0|\sum_{j_N=1}^{N} U_{N,j_N}\hat{a}^{\dagger}_{\mathrm{f}:j_N}\hat{\alpha}^{\dagger}_{N-1}\cdots\hat{\alpha}^{\dagger}_{1}\,|f_0\rangle$$

となる．

次に，$\hat{\alpha}^\dagger_{N-1}$ を展開式 (I.8) を用いて書きかえれば

$$\langle\Phi_0|\Phi_1\rangle = \langle\Phi_0|\sum_{j_N=1}^{N} U_{N,j_N}\hat{a}^\dagger_{\mathrm{f}:j_N} \times\left(\sum_{j_{N-1}} U_{N-1,j_{N-1}}\hat{a}^\dagger_{\mathrm{f}:j_{N-1}} + \sum_{\nu_{N-1}} V_{N-1,\nu_{N-1}}\hat{a}^\dagger_{\mathrm{p}:\nu_{N-1}}\right)\hat{\alpha}^\dagger_{N-1}\cdots\hat{\alpha}^\dagger_1|f_0\rangle$$

が得られる．生成演算子 $\hat{a}^\dagger_{\mathrm{p}:\nu}$ は左にある $\hat{a}^\dagger_{\mathrm{f}:j}$ と反交換して，$\langle\Phi_0|$ に左から作用して消えるため

$$\langle\Phi_0|\Phi_1\rangle = \langle\Phi_0|\sum_{j_N=1}^{N} U_{N,j_N}\hat{a}^\dagger_{\mathrm{f}:j_N}\sum_{j_{N-1}=1}^{N} U_{N-1,j_{N-1}}\hat{a}^\dagger_{\mathrm{f}:j_{N-1}}\hat{\alpha}^\dagger_{N-2}\cdots\hat{\alpha}^\dagger_1|f_0\rangle$$

が成り立つ．同様にして，$\hat{\alpha}^\dagger_{N-2},\cdots,\hat{\alpha}^\dagger_1$ 中の $V_{i,\nu}$ に比例する項はすべて消えるため

$$\langle\Phi_0|\Phi_1\rangle = \sum_{j_N=1}^{N}\cdots\sum_{j_1=1}^{N} U_{N,j_N}\cdots U_{1,j_1}\langle\Phi_0|\hat{a}^\dagger_{\mathrm{f}:j_N}\cdots\hat{a}^\dagger_{\mathrm{f}:j_1}|f_0\rangle$$

も成り立つ．ここで，$j_1,\cdots,j_N$ が $1,\cdots,N$ の置換 $I\sigma^{-1}$ となる場合のみが残る．生成演算子 $\hat{a}^\dagger$ の反交換性から

$$\langle\Phi_0|\hat{a}^\dagger_{\mathrm{f}:j_N}\cdots\hat{a}^\dagger_{\mathrm{f}:j_1}|f_0\rangle = \langle\Phi_0|\hat{a}^\dagger_{\mathrm{f}:I\sigma^{-1}}|f_0\rangle = \varepsilon_\sigma\langle\Phi_0|\Phi_0\rangle = \varepsilon_\sigma$$

が計算される ($\varepsilon_\sigma = \mathrm{sgn}\,[\sigma]$)．よって，内積 $\langle\Phi_0|\Phi_1\rangle$ は次のようになる．

$$\langle\Phi_0|\Phi_1\rangle = \sum_{\sigma\in S_N}\varepsilon_\sigma U_{I,I\sigma^{-1}} = \det U \tag{I.12}$$

状態 $|\Phi_1\rangle$ は $|\Phi_0\rangle$ に直交していないとしているので，$\det U \neq 0$ でなければならず，行列 U は逆行列をもつ．そこで，行列 $Z=(Z_{\mu,i})$ を次式で定義する．

$${}^tZ = U^{-1}V, \qquad Z_{\mu,i} = \sum_{k=1}^{N} U^{-1}_{i,k}V_{k,\mu} \tag{I.13}$$

(I.13) において，転置行列 ${}^tZ$ で定義しているのは通常の記法と一致させるためである．係数 $Z_{\mu,i}$ を用いて演算子

$$\hat{Z} = \sum_{\mu=N+1}^{\infty}\sum_{i=1}^{N} Z_{\mu,i}\hat{a}^\dagger_{\mathrm{p}:\mu}\hat{a}_{\mathrm{f}:i} \tag{I.14}$$

を定義する．

演算子 $\hat{Z}$ の指数型演算子を用いた変換式

$$e^{\hat{Z}}\hat{a}^\dagger_{\mathrm{f}:i}e^{-\hat{Z}}=\sum_{j=1}^{N}U^{-1}_{i,j}\hat{\alpha}^\dagger_{\mathrm{f}:j}\equiv(U^{-1}\boldsymbol{\alpha}_\mathrm{f}^\dagger)_i \tag{I.15}$$

を示そう．そのために，$\hat{Z}$ と $\hat{a}^\dagger_{\mathrm{f}:i}$ の交換関係を計算すると[†33]，

$$\begin{aligned}[\hat{Z},\,\hat{a}^\dagger_{\mathrm{f}:i}]&=\sum_{\mu,j}Z_{\mu,j}[\hat{a}^\dagger_{\mathrm{p}:\mu}\hat{a}_{\mathrm{f}:j},\,\hat{a}^\dagger_{\mathrm{f}:i}]=\sum_{\mu,j}Z_{\mu,j}\hat{a}^\dagger_{\mathrm{p}:\mu}\left\{\hat{a}_{\mathrm{f}:j},\,\hat{a}^\dagger_{\mathrm{f}:i}\right\}\\&=\sum_{\mu,j}Z_{\mu,j}\hat{a}^\dagger_{\mathrm{p}:\mu}\delta_{i,j}=\sum_{\mu}Z_{\mu,j}\hat{a}^\dagger_{\mathrm{p}:\mu}\end{aligned} \tag{I.16}$$

のようになる．また，$[\hat{Z},\,\hat{a}^\dagger_{\mathrm{f}:i}]$ は空席状態の生成演算子 $\hat{a}^\dagger_{\mathrm{p}:\mu}$ のみを含み，占拠状態の消滅演算子とは反交換するため $\hat{Z}$ とは交換する．また，演算子 $\hat{Z}$ と3回以上の交換関係も0となるので，

$$[\hat{Z},\,[\hat{Z},\,\hat{a}^\dagger_{\mathrm{f}:i}]]=0,\qquad[\hat{Z},\,[\hat{Z},\,\cdots\,[\hat{Z},\,\hat{a}^\dagger_{\mathrm{f}:i}]\cdots]]=0 \tag{I.17}$$

が成り立つ．

よって，付録A.2節の変換公式 (A.8)[†34]を用いて (I.15) の左辺を計算すれば，

$$\begin{aligned}e^{\hat{Z}}\hat{a}^\dagger_{\mathrm{f}:i}e^{-\hat{Z}}&=\hat{a}^\dagger_{\mathrm{f}:i}+[\hat{Z},\,\hat{a}^\dagger_{\mathrm{f}:i}]=\hat{a}^\dagger_{\mathrm{f}:i}+\sum_{\mu}Z_{\mu,j}\hat{a}^\dagger_{\mathrm{p}:\mu}\\&=\sum_{j}U^{-1}_{i,j}\left\{\sum_{k}U_{j,k}\hat{a}^\dagger_{\mathrm{f}:k}+\sum_{\nu=N}^{\infty}V_{k,\nu}\hat{a}^\dagger_{\mathrm{p}:\nu}\right\}\\&=\sum_{j}U^{-1}_{i,j}\hat{\alpha}^\dagger_{\mathrm{f}:j}=(U^{-1}\hat{\boldsymbol{\alpha}}_\mathrm{f}^\dagger)\end{aligned} \tag{I.18}$$

となり (I.15) は証明された．

続いて状態 $|\Phi_0\rangle$ に $e^{\hat{Z}}$ を作用させてみる．状態 $|\Phi_0\rangle$ に (I.2) を用いて，演算子間に $1=e^{-\hat{Z}}e^{\hat{Z}}$ を挿入していくと

$$\begin{aligned}e^{\hat{Z}}|\Phi_0\rangle&=e^{\hat{Z}}\hat{a}^\dagger_{\mathrm{f}:N}\cdots\hat{a}^\dagger_{\mathrm{f}:1}|f_0\rangle=e^{\hat{Z}}\hat{a}^\dagger_{\mathrm{f}:N}e^{-\hat{Z}}e^{\hat{Z}}\hat{a}^\dagger_{\mathrm{f}:N}e^{-\hat{Z}}\cdots e^{\hat{Z}}\hat{a}^\dagger_{\mathrm{f}:1}e^{-\hat{Z}}|f_0\rangle\\&=(U^{-1}\hat{\boldsymbol{\alpha}}_\mathrm{f}^\dagger)_N\cdots(U^{-1}\hat{\boldsymbol{\alpha}}_\mathrm{f}^\dagger)_1|f_0\rangle\end{aligned}$$

が得られる．ここで，$\hat{Z}|0\rangle=\sum_{\mu,i}Z_{\mu,i}\hat{a}^\dagger_{\mathrm{p}:\mu}\hat{a}_{\mathrm{f}:i}|0\rangle=0$ より導かれる，

$$e^{\hat{Z}}|0\rangle=\left\{1+\hat{Z}+\frac{1}{2!}\hat{Z}^2+\cdots\right\}|0\rangle=|0\rangle$$

を用いたことにも注意しよう．内積 (I.12) の導出と同様に考えて，次の式を得る．

---

†33　演算子積の交換関係を反交換関係で展開する，付録A.1節の公式(A.6)を用いた．

†34　証明は付録A.2節を参照．

$$e^{\hat{Z}}|\Phi_0\rangle = \det U^{-1}\boldsymbol{\alpha}_{\mathrm{f}:N}^{\dagger}\cdots\boldsymbol{\alpha}_{\mathrm{f}:1}^{\dagger}|f_0\rangle = \det U^{-1}|\Phi_1\rangle$$

行列式の性質 $\det U^{-1} = 1/\det U$ を用いれば，$|\Phi_1\rangle$ は $|\Phi_0\rangle$ で表されるので

$$|\Phi_1\rangle = \det U e^{\hat{Z}}|\Phi_0\rangle \tag{I.19}$$

が成り立つ．

I.4　規格化定数 det *U* の計算

規格化定数 $\det U$ を行列 Z で表す公式を求めよう．ユニタリ条件式 (I.11) の第1式の両辺に，右から U^{-1} 左から $(U^{\dagger})^{-1}$ を作用させると，

$$U^{-1}(U^{\dagger})^{-1} = I + U^{-1}VV^{\dagger}(U^{\dagger})^{-1} = I + {}^{t}Z{}^{t}Z^{\dagger}$$

を得る（行列 U は一般にユニタリ行列ではないことに注意）．両辺の行列式をとれば，

$$\frac{1}{|\det U|^2} = \det U^{-1}\det(U^{\dagger})^{-1} = \det(I + {}^{t}Z{}^{t}Z^{\dagger}) = \det(I + Z^{\dagger}Z)$$

となり，行列式の絶対値を行列 Z で表す公式

$$|\det U| = \frac{1}{\sqrt{\det(I + Z^{\dagger}Z)}} \tag{I.20}$$

を得る．行列式 $\det U$ の位相因子は決まらないが，そもそも状態 $|\Phi_1\rangle$ を決める時に位相因子の違いは問題にならないので，(I.20) で $|\Phi_1\rangle$ の位相因子を決めてよい．

よって，$|\Phi_0\rangle$ に直交しないスレーター行列式で表される状態の一般式は，次のようになることが示される．

$$|\Phi_1\rangle = \frac{1}{\sqrt{\det(I + Z^{\dagger}Z)}}e^{\hat{Z}}|\Phi_0\rangle, \qquad \hat{Z} = \sum_{\mu=N+1}^{\infty}\sum_{i=1}^{N} Z_{\mu,i}\hat{a}_{\mathrm{p}:\mu}^{\dagger}\hat{a}_{\mathrm{f}:i} \tag{I.21}$$

これがサウレスの定理である．

I.5　粒子空孔表示によるサウレスの定理

状態 $|\Phi_0\rangle$ にフェルミ縮退状態 $|F\rangle$，生成消滅演算子に粒子空孔表示を用いれば，サウレスの定理は次のようになる．

$$|\Phi_1\rangle = \frac{1}{\sqrt{\det\,(I+Z^\dagger Z)}} e^{\hat{Z}} |F\rangle, \qquad \hat{Z} = \sum_{\mu=N+1}^{\infty} \sum_{i=1}^{N} Z_{\mu,i}\, \hat{b}_\mu^\dagger \hat{d}_i^\dagger \tag{I.22}$$

ここに現れる $\hat{b}_\mu^\dagger \hat{d}_i^\dagger$ は互いに反可換であって，べき零

$$\hat{b}_\mu^\dagger \hat{d}_i^\dagger \hat{b}_\mu^\dagger \hat{d}_i^\dagger = \hat{b}_\mu^\dagger (-\hat{b}_\mu^\dagger \hat{d}_i^\dagger) \hat{d}_i^\dagger = -(\hat{b}_\mu^\dagger)^2 (\hat{d}_i^\dagger)^2 = 0$$

であることから，(I.22) は次のようにも表せる．

$$|\Phi_1\rangle = \frac{1}{\sqrt{\det\,(I+Z^\dagger Z)}} \prod_{\mu,i} (1 + Z_{\mu,i}\, \hat{b}_\mu^\dagger \hat{d}_i^\dagger) |F\rangle \tag{I.23}$$

付録 J　RPA 方程式の行列要素の計算

ここでは，6.4 節における RPA 方程式 (6.66) に現れる行列要素

$$\left.\begin{aligned} A_{\nu,j\,;\,\mu,i} &= \langle f_0 \,|\, \widehat{B}_{\nu,j} \widehat{H} \widehat{B}^\dagger_{\mu,i} \,|\, f_0 \rangle = \langle f_0 \,|\, \hat{b}_\nu \hat{d}_j \widehat{H} \hat{d}^\dagger_i \hat{b}^\dagger_\mu \,|\, f_0 \rangle \\ B_{\nu,j\,;\,\mu,i} &= \langle f_0 \,|\, \widehat{B}_{\nu,j} \widehat{B}_{\mu,i} \widehat{H} \,|\, f_0 \rangle = \langle f_0 \,|\, \hat{b}_\nu \hat{d}_j \hat{b}_\mu \hat{d}_i \widehat{H} \,|\, f_0 \rangle \end{aligned}\right\} \quad \text{(J.1)}$$

を評価する．

これはもともとは (6.61) であるから，$\mathcal{H} = E_{\mathrm{F}} + \widehat{H}_0 + \widehat{V}_4$ の中で定数項 E_{F} は $\widehat{A}^\dagger$ と可換で 0 となる．よって，$\widehat{H}_0$ と $\widehat{V}_4$ を考えればよい．

まず $\widehat{H}_0$ を考える．この演算子は，

$$\widehat{H}_2 = \widehat{H}_0 = -\sum_k \varepsilon_k \hat{d}^\dagger_k \hat{d}_k + \sum_\lambda \varepsilon_\lambda \hat{b}^\dagger_\lambda \hat{b}_\lambda \quad \text{(J.2)}$$

で与えられる．よって，演算子として $\hat{d}^\dagger_k \hat{d}_k$ と $\hat{b}^\dagger_\lambda \hat{b}_\lambda$ が (J.1) の $\mathcal{H}$ に来る場合を計算すればよい．付録 H のウィックの定理を用いて，0 でない縮約 $\langle \hat{b}\hat{b}^\dagger \rangle$ または $\langle \hat{d}\hat{d}^\dagger \rangle$ をとりつくせばよい．行列要素 $A_{\nu,j\,;\,\mu,i}$ に対して，組み合わせは 1 通りしかない．つまり，

$$\langle f_0 | \hat{b}_\nu \hat{d}_j \hat{d}^\dagger_k \hat{d}_k \hat{d}^\dagger_i \hat{b}^\dagger_\mu | f_0 \rangle = \langle \hat{b}_\nu \hat{b}^\dagger_\mu \rangle \langle \hat{d}_j \hat{d}^\dagger_k \rangle \langle \hat{d}_k \hat{d}^\dagger_i \rangle = \delta_{\mu,\nu} \delta_{j,k} \delta_{k,i}$$

$$\langle f_0 | \hat{b}_\nu \hat{d}_j \hat{b}^\dagger_\lambda \hat{b}_\lambda \hat{d}^\dagger_i \hat{b}^\dagger_\mu | f_0 \rangle = \langle \hat{b}_\nu \hat{b}^\dagger_\lambda \rangle \langle \hat{d}_j \hat{d}^\dagger_i \rangle \langle \hat{b}_\lambda \hat{b}^\dagger_\mu \rangle = \delta_{\nu,\lambda} \delta_{i,j} \delta_{\lambda,\mu}$$

となる．これを用いて，$\widehat{H}_0$ の行列要素 $A_{\nu,j\,;\,\mu,i}$ への寄与

$$\begin{aligned} \langle f_0 \,|\, \widehat{B}_{\nu,j} \widehat{H}_0 \widehat{B}^\dagger_{\mu,i} \,|\, f_0 \rangle &= -\sum_k \varepsilon_k \delta_{\mu,\nu} \delta_{j,k} \delta_{k,i} + \sum_\lambda \varepsilon_\lambda \delta_{\nu,\lambda} \delta_{i,j} \delta_{\lambda,\mu} \\ &= (-\varepsilon_i + \varepsilon_\mu) \delta_{i,j} \delta_{\mu,\nu} \end{aligned} \quad \text{(J.3)}$$

を得る．

行列要素 $B_{\nu,j\,;\,\mu,i}$ は，(J.1) より $\widehat{H}$ 以外には，$\hat{b}$ を 2 個，$\hat{d}$ を 2 個の消滅演算子を含むのみである．したがって，$\hat{d}^\dagger_k \hat{d}_k$ または $\hat{b}^\dagger_\lambda \hat{b}_\lambda$ が $\mathcal{H}$ に来ても，0 でない縮約 $\langle \hat{b}\hat{b}^\dagger \rangle$ または $\langle \hat{d}\hat{d}^\dagger \rangle$ のために生成消滅演算子をとりつくせない．よって，$\widehat{H}_0$ の行列

要素 $B_{\nu,j\,;\,\mu,i}$ への寄与は0である．

次に，相互作用 $\hat{V}_4$ からの行列要素 $A_{\nu,j\,;\,\mu,i}$ への寄与を考える．定義式 (J.1) から明らかなように，行列要素 $A_{\nu,j\,;\,\mu,i}$ は，$\hat{H}$ 以外に生成消滅演算子 $\hat{b}^\dagger$ と $\hat{b}$ および $\hat{d}^\dagger$ と $\hat{d}$ を2個ずつ含んでいる．よって $\hat{V}_4$ の項の中で，生成演算子と消滅演算子を粒子と空孔に対して同数含むもの以外からの寄与は0となる．また，(4.73) で定義される $\hat{V}_{4\,:\,b^4}$ の場合は，(J.1) の最右辺の $\hat{d}_i^\dagger\hat{b}_\mu^\dagger$ に続いて $\hat{b}_{\alpha_1}^\dagger\hat{b}_{\alpha_2}^\dagger\hat{b}_{\lambda_1}\hat{b}_{\lambda_2}$ が作用することになるが，$\hat{b}_\mu^\dagger$ によって生成された粒子が $\hat{b}_{\lambda_2}$ によって消滅した後に，粒子の消滅演算子 $\hat{b}_{\lambda_1}$ が基底状態 $|f_0\rangle$ に作用することになり，0となる．相互作用 $\hat{V}_{4\,:\,d^4}$ の寄与も同様に0となる．

したがって，行列要素 $A_{\nu,j\,;\,\mu,i}$ に対して0でない寄与を与えるのは，(4.76) の第1項

$$2\sum_{\substack{k,\alpha\\ \beta,l}} V_{k,\alpha\,;\,\beta,l}\hat{d}_l^\dagger\hat{d}_k\hat{b}_\alpha^\dagger\hat{b}_\beta \tag{J.4}$$

のみである．この項に対応する行列要素をウィックの定理を用いて計算すると，

$$\langle f_0|\hat{b}_\nu\hat{d}_j\hat{d}_l^\dagger\hat{d}_k\hat{b}_\alpha^\dagger\hat{b}_\beta\hat{d}_i^\dagger\hat{b}_\mu^\dagger|f_0\rangle = \langle\hat{b}_\nu\hat{b}_\alpha^\dagger\rangle\langle\hat{d}_j\hat{d}_l^\dagger\rangle\langle\hat{b}_\beta\hat{b}_\mu^\dagger\rangle\langle\hat{d}_k\hat{d}_i^\dagger\rangle = \delta_{\nu,\alpha}\delta_{j,l}\delta_{\beta,\mu}\delta_{k,i}$$

のように，やはり1通りしか縮約の可能性がないことがわかる．これを (J.4) に用いて，$\hat{V}_4$ の行列要素 $A_{\nu,j\,;\,\mu,i}$ への寄与

$$\langle f_0|\hat{B}_{\nu,j}\hat{V}_4\hat{B}_{\mu,i}^\dagger|f_0\rangle = 2\sum_{\substack{k,\alpha\\ \beta,l}} V_{k,\alpha\,;\,\beta,l}\delta_{\nu,\alpha}\delta_{j,l}\delta_{\beta,\mu}\delta_{k,i} = 2V_{i,\nu\,;\,\mu,j} \tag{J.5}$$

を得る．

同様にして，行列要素 $B_{\nu,j\,;\,\mu,i}$ への $\hat{V}_4$ の寄与も計算できる．(J.1) より，行列要素 $B_{\nu,j\,;\,\mu,i}$ は $\hat{H}$ 以外に消滅演算子 $\hat{b}$ と $\hat{d}$ を2個ずつ含んでおり，$\hat{V}_4$ の中で生成演算子 $\hat{b}^\dagger$ と $\hat{d}^\dagger$ が2個ずつ含まれる演算子のみが寄与する．これは $\hat{V}_{4\,:\,b^2d^2}$ の第3項

$$\frac{1}{2}\sum_{\substack{\lambda_1,\lambda_2\\ k_1,k_2}} V_{\lambda_1,\lambda_2\,;\,k_2,k_1}\hat{b}_{\lambda_1}^\dagger\hat{b}_{\lambda_2}^\dagger\hat{d}_{k_1}^\dagger\hat{d}_{k_2}^\dagger \tag{J.6}$$

である．この項に対応する行列要素をウィックの定理を用いて計算するわけであるが，この場合には複数の縮約のとり方が存在する．計算しやすくするのに反交換性を用いて順序交換を行い，粒子演算子 $\hat{b}^\dagger$ および $\hat{b}$ を左に，空孔演算子 $\hat{d}^\dagger$ および $\hat{d}$ を右にまとめると

$$\langle f_0|\hat{b}_\nu\hat{d}_j\hat{b}_\mu\hat{d}_i\hat{b}^\dagger_{\lambda_1}\hat{b}^\dagger_{\lambda_2}\hat{d}^\dagger_{k_1}\hat{d}^\dagger_{k_2}|f_0\rangle = -\langle f_0|\hat{b}_\nu\hat{b}_\mu\hat{b}^\dagger_{\lambda_1}\hat{b}^\dagger_{\lambda_2}\hat{d}_j\hat{d}_i\hat{d}^\dagger_{k_1}\hat{d}^\dagger_{k_2}|f_0\rangle$$
$$= \langle f_0|\hat{b}_\nu\hat{b}_\mu\hat{b}^\dagger_{\lambda_1}\hat{b}^\dagger_{\lambda_2}|f_0\rangle\langle f_0|\hat{d}_j\hat{d}_i\hat{d}^\dagger_{k_1}\hat{d}^\dagger_{k_2}|f_0\rangle$$

のようになる．粒子部分と空孔部分は分離しておいた．

ここで，ウィックの定理を用いると，

$$\langle f_0|\hat{b}_\nu\hat{b}_\mu\hat{b}^\dagger_{\lambda_1}\hat{b}^\dagger_{\lambda_2}|f_0\rangle = \langle f_0|\hat{b}_\nu\hat{b}_\mu\hat{b}^\dagger_{\lambda_1}\hat{b}^\dagger_{\lambda_2}|f_0\rangle + \langle f_0|\hat{b}_\nu\hat{b}_\mu\hat{b}^\dagger_{\lambda_1}\hat{b}^\dagger_{\lambda_2}|f_0\rangle$$
$$= \delta_{\mu,\lambda_1}\delta_{\nu,\lambda_2} - \delta_{\mu,\lambda_2}\delta_{\nu,\lambda_1}$$

$$\langle f_0|\hat{d}_j\hat{d}_i\hat{d}^\dagger_{k_1}\hat{d}^\dagger_{k_2}|f_0\rangle = \langle f_0|\hat{d}_j\hat{d}_i\hat{d}^\dagger_{k_1}\hat{d}^\dagger_{k_2}|f_0\rangle + \langle f_0|\hat{d}_j\hat{d}_i\hat{d}^\dagger_{k_1}\hat{d}^\dagger_{k_2}|f_0\rangle$$
$$= \delta_{i,k_1}\delta_{j,k_2} - \delta_{i,k_2}\delta_{j,k_1}$$

であるから，次の結果を得る．

$$\langle f_0|\hat{b}_\nu\hat{d}_j\hat{b}_\mu\hat{d}_i\hat{b}^\dagger_{\lambda_1}\hat{b}^\dagger_{\lambda_2}\hat{d}^\dagger_{k_1}\hat{d}^\dagger_{k_2}|f_0\rangle = -(\delta_{\mu,\lambda_1}\delta_{\nu,\lambda_2} - \delta_{\mu,\lambda_2}\delta_{\nu,\lambda_1})(\delta_{i,k_1}\delta_{j,k_2} - \delta_{i,k_2}\delta_{j,k_1})$$

これを (J.6) に用いて，$\hat{V}_4$ の行列要素 $B_{\nu,j\,;\,\mu,i}$ への寄与

$$\langle f_0|\hat{B}_{\nu,j}\hat{B}_{\mu,i}\hat{H}|f_0\rangle$$
$$= -\frac{1}{2}\sum_{\substack{\lambda_1,\lambda_2\\k_1,k_2}} V_{\lambda_1,\lambda_2\,;\,k_2,k_1}(\delta_{\mu,\lambda_1}\delta_{\nu,\lambda_2} - \delta_{\mu,\lambda_2}\delta_{\nu,\lambda_1})(\delta_{i,k_1}\delta_{j,k_2} - \delta_{i,k_2}\delta_{j,k_1})$$
$$= -2V_{\mu,\nu\,;\,j,i} = 2V_{\nu,\mu\,;\,j,i} \tag{J.7}$$

を得る．

以上 (J.3)，(J.5)，(J.7) より，行列要素 $A_{\nu,j\,;\,\mu,i}$ および $B_{\nu,j\,;\,\mu,i}$ の表式

$$A_{\nu,j\,;\,\mu,i} = (-\varepsilon_i + \varepsilon_\mu)\delta_{i,j}\delta_{\mu,\nu} + 2V_{i,\nu\,;\,\mu,j}, \qquad B_{\nu,j\,;\,\mu,i} = 2V_{\nu,\mu\,;\,j,i} \tag{J.8}$$

を得る．

付録K　古典場に対するポアソン括弧式の計算

ここでは9.3節で用いた，古典シュレディンガー系におけるポアソン括弧式の計算を与える．正準座標 Q_i と正準共役運動量 P_i は (9.23) で与えられ，ポアソン括弧式は，フェルミ粒子系の場合を含めて，(9.24) で定義が与えられている．

K.1　ポアソン括弧式の交換公式

最初に，ポアソン括弧式の交換公式 (9.25) を証明する．ポアソン括弧式 (9.24) の被積分関数に対してグラスマン数の交換公式 (2.46) を用いて項の交換を行うと，

$$
\begin{aligned}
&\partial F/\partial Q_k(\boldsymbol{z})[\partial/\partial P_k(\boldsymbol{z})]G-\eta_{\mathrm{P}}\partial F/\partial P_k(\boldsymbol{z})[\partial/\partial Q_k(\boldsymbol{z})]G \\
&\quad=(-1)^{|Q_k||P_k|}(-1)^{|F||G|}\{[\partial/\partial P_k(\boldsymbol{z})]G\ \partial F/\partial Q_k(\boldsymbol{z}) \\
&\qquad\qquad -\eta_{\mathrm{P}}[\partial/\partial Q_k(\boldsymbol{z})]G\ \partial F/\partial P_k(\boldsymbol{z})\} \\
&\quad=-\eta_{\mathrm{P}}(-1)^{|Q_k||P_k|}(-1)^{|F||G|}\{[\partial/\partial Q_k(\boldsymbol{z})]G\ \partial F/\partial P_k(\boldsymbol{z}) \\
&\qquad\qquad -\eta_{\mathrm{P}}[\partial/\partial P_k(\boldsymbol{z})]G\ \partial F/\partial Q_k(\boldsymbol{z})\} \\
&\quad=-(-1)^{|F||G|}\{[\partial/\partial Q_k(\boldsymbol{z})]G\ \partial F/\partial P_k(\boldsymbol{z})-\eta_{\mathrm{P}}[\partial/\partial P_k(\boldsymbol{z})]G\ \partial F/\partial Q_k(\boldsymbol{z})\}
\end{aligned}
$$

を得る．ここで，$(-1)^{|Q_k||P_k|}=\eta_{\mathrm{P}}$ を用いた．これをポアソン括弧式 (9.24) に代入して結果を同式と見比べればよい．

また，正準変数 $(Q_i,\ P_i)$ のグラスマン微分式は次のようになる．

$$
\left.
\begin{aligned}
\partial Q_i(\boldsymbol{x})/\partial Q_j(\boldsymbol{y}) &= [\partial/\partial Q_j(\boldsymbol{y})]Q_i(\boldsymbol{x}) = \delta_{i,j}\delta^3(\boldsymbol{x}-\boldsymbol{y}) \\
\partial P_i(\boldsymbol{x})/\partial P_j(\boldsymbol{y}) &= [\partial/\partial P_j(\boldsymbol{y})]P_i(\boldsymbol{x}) = \delta_{i,j}\delta^3(\boldsymbol{x}-\boldsymbol{y}) \\
\partial Q_i(\boldsymbol{x})/\partial P_j(\boldsymbol{y}) &= [\partial/\partial P_j(\boldsymbol{y})]Q_i(\boldsymbol{x}) \\
&= \partial P_i(\boldsymbol{x})/\partial Q_j(\boldsymbol{y}) = [\partial/\partial Q_j(\boldsymbol{y})]P_i(\boldsymbol{x}) = 0
\end{aligned}
\right\}
\tag{K.1}
$$

K.2　正準変数 (Q_i, P_i) のポアソン括弧式

微分式 (K.1) を用いて，正準変数 $(Q_i,\ P_j)$ のポアソン括弧式 (9.27) は以下のように証明される[†35]．

(1) $\{Q_i(\boldsymbol{x}), Q_j(\boldsymbol{y})\}_{\mathrm{PB}}$

$$\{Q_i(\boldsymbol{x}), Q_j(\boldsymbol{y})\}_{\mathrm{PB}} = \sum_k \int d^3\boldsymbol{z}\, \{\partial Q_i(\boldsymbol{x})/\partial Q_k(\boldsymbol{z})\,[\partial/\partial P_k(\boldsymbol{z})]\,Q_j(\boldsymbol{y}) \\ - \eta_{\mathrm{P}}\partial Q_i(\boldsymbol{x})/\partial P_k(\boldsymbol{z})\,[\partial/\partial Q_k(\boldsymbol{z})]\,Q_j(\boldsymbol{y})\} = 0$$

(2) $\{P_i(\boldsymbol{x}), P_j(\boldsymbol{y})\}_{\mathrm{PB}}$

$$\{P_i(\boldsymbol{x}), P_j(\boldsymbol{y})\}_{\mathrm{PB}} = \sum_k \int d^3\boldsymbol{z}\{\partial P_i(\boldsymbol{x})/\partial Q_k(\boldsymbol{z})\,[\partial/\partial P_k(\boldsymbol{z})]\,P_j(\boldsymbol{y}) \\ - \eta_{\mathrm{P}}\partial P_i(\boldsymbol{x})/\partial P_k(\boldsymbol{z})\,[\partial/\partial Q_k(\boldsymbol{z})]\,P_j(\boldsymbol{y})\} = 0$$

(3) $\{Q_i(\boldsymbol{x}), P_j(\boldsymbol{y})\}_{\mathrm{PB}}$

$$\begin{aligned}\{Q_i(\boldsymbol{x}), P_j(\boldsymbol{y})\}_{\mathrm{PB}} &= \sum_k \int d^3\boldsymbol{z}\{\partial Q_i(\boldsymbol{x})/\partial Q_k(\boldsymbol{z})\,[\partial/\partial P_k(\boldsymbol{z})]\,P_j(\boldsymbol{y}) \\ &\qquad - \eta_{\mathrm{P}}\partial Q_i(\boldsymbol{x})/\partial P_k(\boldsymbol{z})\,[\partial/\partial Q_k(\boldsymbol{z})]\,P_j(\boldsymbol{y})\} \\ &= \sum_k \int d^3\boldsymbol{z}\; \delta_{i,k}\delta^3(\boldsymbol{x}-\boldsymbol{z})\delta_{j,k}\delta^3(\boldsymbol{y}-\boldsymbol{z}) = \delta_{i,j}\delta^3(\boldsymbol{x}-\boldsymbol{y})\end{aligned}$$

(4) $\{P_i(\boldsymbol{x}), Q_j(\boldsymbol{y})\}_{\mathrm{PB}}$

$$\{P_i(\boldsymbol{x}), Q_j(\boldsymbol{y})\}_{\mathrm{PB}} = -(-1)^{|Q_i||P_j|}\{Q_j(\boldsymbol{y}), P_i(\boldsymbol{x})\}_{\mathrm{PB}} = -\eta_{\mathrm{P}}\delta_{i,j}\delta^3(\boldsymbol{x}-\boldsymbol{y})$$

計算を簡単にするために，行列表現

$$\{Z(\boldsymbol{x}), Z'(\boldsymbol{y})\}_{\mathrm{PB}} = (\{Z_i(\boldsymbol{x}), Z'_j(\boldsymbol{y})\}_{\mathrm{PB}})$$

を用いる．ここで $Z=(Z_i)$, $Z'=(Z'_i)$ は Q_i, P_i あるいは ϕ_i などの 2 成分量である．すぐ上で計算した正準座標のポアソン括弧式は，行列表現では以下のようになる[†36]．

$$\left.\begin{aligned}\{Q_i(\boldsymbol{x}), Q_j(\boldsymbol{y})\}_{\mathrm{PB}} = \{P_i(\boldsymbol{x}), P_j(\boldsymbol{y})\}_{\mathrm{PB}} = 0 \\ \{Q_i(\boldsymbol{x}), P_j(\boldsymbol{y})\}_{\mathrm{PB}} = I\delta^3(\boldsymbol{x}-\boldsymbol{y}), \qquad \{P(\boldsymbol{x}), Q(\boldsymbol{y})\}_{\mathrm{PB}} = -\eta_{\mathrm{P}}I\delta^3(\boldsymbol{x}-\boldsymbol{y})\end{aligned}\right\} \tag{K.2}$$

K.3 拘束条件 ϕ_i のポアソン括弧式

(9.30) で与えられる拘束条件 ϕ_i のポアソン括弧式を計算する．ポアソン括弧式

†35 ポアソン括弧式の交換式 (9.25)，および符号因子 $(-1)^{|Q_i||P_j|} = \eta_{\mathrm{P}}$ を用いた．

†36 $I = (\delta_{i,j})$ は単位行列である．

の交換性 (9.25) と線形性 (9.26) を用いて，正準変数のポアソン括弧式 (9.27) に還元すればよい．最初に，正準変数と拘束条件のポアソン括弧式を求めると，

（1）　$\{Q(\boldsymbol{x}),\, \phi(\boldsymbol{y})\}_{\text{PB}}$

$$\{Q(\boldsymbol{x}),\, \phi(\boldsymbol{y})\}_{\text{PB}} = \{Q(\boldsymbol{x}),\, P(\boldsymbol{y})\}_{\text{PB}} + \frac{i\hbar}{2}\{Q(\boldsymbol{x}),\, Q(\boldsymbol{y})\}_{\text{PB}}{}^{t}R$$
$$= \{Q(\boldsymbol{x}),\, P(\boldsymbol{y})\}_{\text{PB}} = I\delta^3(\boldsymbol{x}-\boldsymbol{y})$$

（2）　$\{\phi(\boldsymbol{x}),\, Q(\boldsymbol{y})\}_{\text{PB}}$

$$\{\phi(\boldsymbol{x}),\, Q(\boldsymbol{y})\}_{\text{PB}} = (-\eta_{\text{P}})\{Q(\boldsymbol{y}),\, \phi(\boldsymbol{x})\}_{\text{PB}} = (-\eta_{\text{P}})I\delta^3(\boldsymbol{x}-\boldsymbol{y})$$

（3）　$\{P(\boldsymbol{x}),\, \phi(\boldsymbol{y})\}_{\text{PB}}$

$$\{P(\boldsymbol{x}),\, \phi(\boldsymbol{y})\}_{\text{PB}} = \{P(\boldsymbol{x}),\, P(\boldsymbol{y})\}_{\text{PB}} + \frac{i\hbar}{2}\{P(\boldsymbol{x}),\, Q(\boldsymbol{y})\}_{\text{PB}}{}^{t}R$$
$$= \frac{i\hbar}{2}\{P_i(\boldsymbol{x}),\, Q_k(\boldsymbol{y})\}_{\text{PB}}{}^{t}R = \frac{i\hbar}{2}(-\eta_{\text{P}})\delta^3(\boldsymbol{x}-\boldsymbol{y})\,{}^{t}R$$
$$= \frac{i\hbar}{2}R\delta^3(\boldsymbol{x}-\boldsymbol{y})$$

（4）　$\{\phi(\boldsymbol{x}),\, P(\boldsymbol{y})\}_{\text{PB}}$

$$\{\phi(\boldsymbol{x}),\, P(\boldsymbol{y})\}_{\text{PB}} = (-\eta_{\text{P}})\{P(\boldsymbol{y}),\, \phi(\boldsymbol{x})\}_{\text{PB}}$$
$$= (-\eta_{\text{P}})\frac{i\hbar}{2}R\delta^3(\boldsymbol{x}-\boldsymbol{y}) = \frac{i\hbar}{2}R\delta^3(\boldsymbol{x}-\boldsymbol{y})$$

を得る．

これを用いて，拘束条件のポアソン括弧式は，次のようになる．

$$\{\phi(\boldsymbol{x}),\, \phi(\boldsymbol{y})\}_{\text{PB}} = \{P(\boldsymbol{x}),\, \phi(\boldsymbol{y})\}_{\text{PB}} + \frac{i\hbar}{2}R\{Q(\boldsymbol{x}),\, \phi(\boldsymbol{y})\}_{\text{PB}}$$
$$= \frac{i\hbar}{2}R\delta^3(\boldsymbol{x}-\boldsymbol{y}) + \frac{i\hbar}{2}RI\delta^3(\boldsymbol{x}-\boldsymbol{y}) = i\hbar R\delta^3(\boldsymbol{x}-\boldsymbol{y})$$

K.4　ディラック括弧式の計算

次に，ディラック括弧式 (9.34) を計算する．まず，ディラック行列 (9.3) を用いて，(9.35) で定義された D を計算する．正準変数と拘束条件のポアソン括弧式 (9.31) を用いる．計算を簡単にするために行列表現

$$D[Z(\boldsymbol{x}),Z'(\boldsymbol{y})]=(D[Z_i(\boldsymbol{x}),Z'_j(\boldsymbol{y})]),\quad \{Z(\boldsymbol{x}),Z'(\boldsymbol{y})\}_{\mathrm{PB}}=(\{Z_i(\boldsymbol{x}),Z'_j(\boldsymbol{y})\}_{\mathrm{PB}})$$

などで表す．ここで，$Z=(Z_i)$, $Z'=(Z'_i)$ は Q_i, P_i, ϕ_i などの2成分量である．行列表現では，D は次のようになる．

$$\begin{aligned}D[Z(\boldsymbol{x}),Z'(\boldsymbol{y})]&=\int d^3\boldsymbol{z}\,d^3\boldsymbol{u}\{Z(\boldsymbol{x}),\phi(\boldsymbol{z})\}_{\mathrm{PB}}C^{-1}(\boldsymbol{z};\boldsymbol{u})\{\phi(\boldsymbol{u}),Z'(\boldsymbol{y})\}_{\mathrm{PB}}\\&=\frac{i}{\hbar}\eta_{\mathrm{P}}\int d^3\boldsymbol{z}\,d^3\boldsymbol{u}\,\delta^3(\boldsymbol{x}-\boldsymbol{y})\\&\qquad\times\{Z(\boldsymbol{x}),\phi(\boldsymbol{z})\}_{\mathrm{PB}}R\{\phi(\boldsymbol{u}),Z'(\boldsymbol{y})\}_{\mathrm{PB}}\end{aligned}\tag{K.3}$$

ここで，$D[Z(\boldsymbol{x}),Z'(\boldsymbol{y})]$ は行列表現

$$D[Z(\boldsymbol{x}),Z'(\boldsymbol{y})]=(D[Z_i(\boldsymbol{x}),Z'_j(\boldsymbol{y})])$$

であり，$C^{-1}(\boldsymbol{z};\boldsymbol{u})$ は，

$$C^{-1}(\boldsymbol{z};\boldsymbol{u})=(C^{-1}_{i,j}(\boldsymbol{z};\boldsymbol{u}))=\frac{i}{\hbar}\eta_{\mathrm{P}}R\delta^3(\boldsymbol{x}-\boldsymbol{y})$$

のようにディラック行列 (9.3) の行列表示である．さらに，(K.2) を用いてディラック括弧式 (9.34) の行列表示

$$\begin{aligned}\{Z(\boldsymbol{x}),Z'(\boldsymbol{y})\}_{\mathrm{D}}&=(\{Z_i(\boldsymbol{x}),Z'_j(\boldsymbol{y})\}_{\mathrm{D}})\\&=\{Z(\boldsymbol{x}),Z'(\boldsymbol{y})\}_{\mathrm{PB}}-D[Z(\boldsymbol{x}),Z'(\boldsymbol{y})]\end{aligned}\tag{K.4}$$

が求められる．

(K.2) を用いて正準変数 (Q_i, P_i) の D を計算する．正準変数と拘束条件のポアソン括弧式は (9.27) を用いる．

(1) $D[Q(\boldsymbol{x}),Q(\boldsymbol{y})]$

$$\begin{aligned}D[Q(\boldsymbol{x}),Q(\boldsymbol{y})]&=\frac{i}{\hbar}\eta_{\mathrm{P}}\int d^3\boldsymbol{z}\,d^3\boldsymbol{u}\,\delta^3(\boldsymbol{z}-\boldsymbol{u})\\&\qquad\times\{Q(\boldsymbol{x}),\phi(z)\}_{\mathrm{PB}}R\{\phi(\boldsymbol{u}),Q(\boldsymbol{y})\}_{\mathrm{PB}}\\&=\frac{i\eta_{\mathrm{P}}}{\hbar}\int d^3\boldsymbol{z}\,d^3\boldsymbol{u}\,\delta^3(\boldsymbol{z}-\boldsymbol{u})\delta^3(\boldsymbol{x}-\boldsymbol{z})R(-\eta_{\mathrm{P}})\delta^3(\boldsymbol{u}-\boldsymbol{y})\\&=-\frac{i}{\hbar}R\delta^3(\boldsymbol{x}-\boldsymbol{y})\end{aligned}$$

（2）$D[P(\boldsymbol{x}), P(\boldsymbol{y})]$

$$D[P(\boldsymbol{x}), P(\boldsymbol{y}))] = \frac{i}{\hbar}\eta_{\mathrm{P}}\int d^3\boldsymbol{z}\, d^3\boldsymbol{u}\, \delta^3(\boldsymbol{z}-\boldsymbol{u}) \times \{P(\boldsymbol{x}), \phi(\boldsymbol{z})\}_{\mathrm{PB}} R\{\phi(\boldsymbol{u}), P(\boldsymbol{y})\}_{\mathrm{PB}}$$

$$= \frac{i}{\hbar}\eta_{\mathrm{P}}\int d^3\boldsymbol{z}\, d^3\boldsymbol{u}\, \frac{i\hbar}{2}R\delta^3(\boldsymbol{x}-\boldsymbol{z})R\delta^3(\boldsymbol{z}-\boldsymbol{u})\frac{i\hbar}{2}R\delta^3(\boldsymbol{u}-\boldsymbol{y})$$

$$= -\eta_{\mathrm{P}}\frac{i\hbar}{4}R^3\delta^3(\boldsymbol{x}-\boldsymbol{y}) = \frac{i\hbar}{4}R\delta^3(\boldsymbol{x}-\boldsymbol{y})$$

（3）$D[Q(\boldsymbol{x}), P(\boldsymbol{y})]$

$$D[Q(\boldsymbol{x}), P(\boldsymbol{y})] = \frac{i}{\hbar}\eta_{\mathrm{P}}\int d^3\boldsymbol{z}\, d^3\boldsymbol{u}\, \delta^3(\boldsymbol{z}-\boldsymbol{u})\{Q(\boldsymbol{x}), \phi(\boldsymbol{z})\}_{\mathrm{PB}} R\{\phi(\boldsymbol{u}), P(\boldsymbol{y})\}_{\mathrm{PB}}$$

$$= \frac{i}{\hbar}\eta_{\mathrm{P}}\int d^3\boldsymbol{z}\, d^3\boldsymbol{u}\, \delta^3(\boldsymbol{x}-\boldsymbol{z})R\delta^3(\boldsymbol{z}-\boldsymbol{u})\frac{i\hbar}{2}R\delta^3(\boldsymbol{u}-\boldsymbol{y})$$

$$= -\eta_{\mathrm{P}}\frac{1}{2}R^2\delta^3(\boldsymbol{x}-\boldsymbol{y}) = \frac{1}{2}\delta^3(\boldsymbol{x}-\boldsymbol{y})$$

K.5　正準変数のディラック括弧式

前節の結果とポアソン括弧式 (9.27) を用いることで，正準変数に対するディラック括弧式

$$\left.\begin{aligned}
\{Q(\boldsymbol{x}), Q(\boldsymbol{y})\}_{\mathrm{D}} &= \{Q(\boldsymbol{x}), Q(\boldsymbol{y})\}_{\mathrm{PB}} - D[Q(\boldsymbol{x}), Q(\boldsymbol{y})] \\
&= 0 + \frac{i}{\hbar}R\delta^3(\boldsymbol{x}-\boldsymbol{y}) = \frac{i}{\hbar}R\delta^3(\boldsymbol{x}-\boldsymbol{y}) \\
\{P(\boldsymbol{x}), P(\boldsymbol{y})\}_{\mathrm{D}} &= \{P(\boldsymbol{x}), P(\boldsymbol{y})\}_{\mathrm{PB}} - D[P(\boldsymbol{x}), P(\boldsymbol{y})] \\
&= 0 - \frac{i\hbar}{4}R\delta^3(\boldsymbol{x}-\boldsymbol{y}) = -\frac{i\hbar}{4}R\delta^3(\boldsymbol{x}-\boldsymbol{y}) \\
\{Q(\boldsymbol{x}), P(\boldsymbol{y})\}_{\mathrm{D}} &= \{Q(\boldsymbol{x}), P(\boldsymbol{y})\}_{\mathrm{PB}} - D[Q(\boldsymbol{x}), P(\boldsymbol{y})] \\
&= \delta^3(\boldsymbol{x}-\boldsymbol{y}) - \frac{1}{2}\delta^3(\boldsymbol{x}-\boldsymbol{y}) = \frac{1}{2}\delta^3(\boldsymbol{x}-\boldsymbol{y})
\end{aligned}\right\} \quad \text{(K.5)}$$

が求められる．

K.6　拘束条件 ϕ_i のディラック括弧式

拘束条件 ϕ_i のディラック括弧式は，ディラック括弧式の線形性を用いて次のよ

うに計算される[†37].

$$\{\phi(\boldsymbol{x}),\phi(\boldsymbol{y})\}_{\mathrm{D}} = \{P(\boldsymbol{x}),P(\boldsymbol{y})\}_{\mathrm{D}} - \frac{\hbar^2}{4}\{Q(\boldsymbol{x}),Q(\boldsymbol{y})\}_{\mathrm{D}}{}^tR + \frac{i\hbar}{2}(R\{Q(\boldsymbol{x}),P(\boldsymbol{y})\}_{\mathrm{D}} + \{P(\boldsymbol{x}),Q(\boldsymbol{y})\}_{\mathrm{D}}{}^tR)$$

$$= -\frac{i\hbar}{4}R\delta^3(\boldsymbol{x}-\boldsymbol{y}) - \frac{\hbar^2}{4}R\frac{i}{\hbar}R^tR\delta^3(\boldsymbol{x}-\boldsymbol{y}) + \frac{i\hbar}{2}\frac{1}{2}(R-\eta_{\mathrm{P}}{}^tR)\delta^3(\boldsymbol{x}-\boldsymbol{y})$$

$$= \frac{i\hbar}{4}\{-R-R+2R\}\delta^3(\boldsymbol{x}-\boldsymbol{y}) = 0$$

K.7　場 $\psi(x)$ および $\psi^*(x)$ のディラック括弧式

ディラック括弧式(K.5)を用いて，場 ψ と ψ^* のディラック括弧式を計算しよう．$Q_1=\psi$ および $Q_2=\psi^*$ であるから，(9.37) の第1式を用いて，次のようになる．

$$\left.\begin{aligned}
\{\psi(\boldsymbol{x}),\psi(\boldsymbol{y})\}_{\mathrm{D}} &= \{Q_1(\boldsymbol{x}),Q_1(\boldsymbol{y})\}_{\mathrm{D}} = \frac{i}{\hbar}R_{1,1}\delta^3(\boldsymbol{x}-\boldsymbol{y}) = 0\\
\{\psi^*(\boldsymbol{x}),\psi^*(\boldsymbol{y})\}_{\mathrm{D}} &= \{Q_2(\boldsymbol{x}),Q_2(\boldsymbol{y})\}_{\mathrm{D}} = \frac{i}{\hbar}R_{2,2}\delta^3(\boldsymbol{x}-\boldsymbol{y}) = 0\\
\{\psi(\boldsymbol{x}),\psi^*(\boldsymbol{y})\}_{\mathrm{D}} &= \{Q_1(\boldsymbol{x}),Q_2(\boldsymbol{y})\}_{\mathrm{D}}\\
&= \frac{i}{\hbar}R_{1,2}\delta^3(\boldsymbol{x}-\boldsymbol{y}) = -\frac{i}{\hbar}\delta^3(\boldsymbol{x}-\boldsymbol{y})\\
\{\psi^*(\boldsymbol{x}),\psi(\boldsymbol{y})\}_{\mathrm{D}} &= \{Q_2(\boldsymbol{x}),Q_1(\boldsymbol{y})\}_{\mathrm{D}}\\
&= \frac{i}{\hbar}R_{2,1}\delta^3(\boldsymbol{x}-\boldsymbol{y}) = \eta_{\mathrm{P}}\frac{i}{\hbar}\delta^3(\boldsymbol{x}-\boldsymbol{y})
\end{aligned}\right\}\quad(\mathrm{K}.6)$$

†37　$R=-\eta_{\mathrm{P}}{}^tR$ および $R^tR=I$ を用いた．

付録L 関連図書

[1] P. A. M. Dirac：“*The Principles of Quantum Mechanics*”, 4th ed. (Clarendon, 1963)；ディラック 著，朝永振一郎，玉木英彦，木庭二郎，大塚益比古，伊藤大介 共訳：「量子力学 原書第 4 版」(みすず書房，1968 年)

[2] L. D. Landau and E. M. Lifshiz：“*Quantum Mechanics* (*Non - Relativistic Theory*) *Course of Theoretical Physics*”, Volume 3, 3rd ed. (Butterworth - Heinemann, 1981)

[3] 小谷正雄，梅沢博臣 共編：「大学演習 量子力学」(裳華房，1953 年)

[4] 梅沢博臣，ヴィティエロ 共著，保江邦夫，治部真理 共訳：「量子力学 ― 変換理論と散乱理論」(日本評論社，2005 年)

[5] 彌永昌吉，杉浦光男 共著「応用数学者のための代数学」(岩波書店，1960 年)

[6] H. Boerner：“*Darstellungen von Gruppen*” (Springer - Verlag, 1955)；“*Representation of Groups*”, tr. P. G. Murphy (North - Holland, Amsterdam, 1963)

[7] H. Weyl：“*Gruppentheorie und Quantenmechanik*” (Hirzel, 1931)；“*The Theory of Groups and Quantum Mechanics*”, tr. H. P. Robertson (Dover, 1951)；H. Weyl：“*Classical Groups*”, (Princeton, 1939)；ワイル 著，蟹江幸博 訳：「シュプリンガー数学クラシックス 古典群 ― 不変式と表現」(シュプリンガージャパン，2004 年)

[8] 岩堀長慶 著：「岩波講座 基礎数学 線型代数vi 対称群と一般線型群の表現論」(岩波書店，1978 年)

[9] M. Hammermesh：“*Group Theory and its Application to Physical Problem*” (Dover, 1989)

[10] 山内恭彦，杉浦光男，吉田洋一 共著「新数学シリーズ 連続群論入門」(培風館，2010 年)

[11] 久保亮五 編：「大学演習 熱学・統計力学 修訂版」(裳華房，1998 年)

[12] 梅沢博臣 著：「素粒子論」(みすず書房，1958 年)

［13］ I. Duck and E. C. Sudarshan："*Pauli and the Spin - Statistics Theorem*"（World Scientific，1998）

［14］ 小川修三，沢田昭二，中川昌美 共著：「物理学選書 素粒子の複合模型」（岩波書店，1980 年）

［15］ F. Harzen and A. D. Martin："*Quarks and Leptones：An Introductory Course in Modern Particle Physics*"（John Wiley & Sons, 1984）；F. ハルツェン，A. D. マーチン 共著，小林澈郎，広瀬立成 共訳：「クォークとレプトン ― 現代素粒子物理学入門（培風館，1986 年）

［16］ B. Povh, K. Rith, C. Scholz and F. Zetsche："*Particles and Nuclei*"（Springer - Verlag, 2008）；B. ポッフ，K. リーツ，C. ショル 共著，柴田利明 訳：「SPRINGER UNIVERSITY TEXTBOOK 素粒子・原子核物理入門 改訂版」（丸善出版，2012 年）

［17］ K. Husimi：Proc. Phys. Math. Soc. Japan **22**（1940）264；伏見康治，庄司一郎，中野藤生，西山敏之 共著：「復刊 量子統計力学」（共立出版，2010 年）

［18］ 西山敏之 著：「多体問題入門」（共立出版，1975 年）

［19］ 九後汰一郎 著：「新物理学シリーズ 23，24 ゲージ場の量子論Ⅰ，Ⅱ」（培風館，1989 年）

［20］ C. A. Coulson："Valence"，（Clerandon, 1961）；クールソン 著，関集三，千原秀昭，鈴木啓介 共訳：「化学結合論」（岩波書店，1963 年）

［21］ R. M. White："*Quantum Theory of Magnetism*", 3rd ed.（Springer - Verlag, 2006）

［22］ 武谷三男，長崎正幸 共著：「量子力学の形成と論理Ⅲ」（勁草書房，1993 年）

［23］ S. S. Schweber："*An Introduction to Relativistic Quantum Field Theory*"（Dover, 2005, reprint）

［24］ N. N. Bogoliubov and D. V. Shirkov："*Introduction to the Theory of Quantized Fields*", tr. G. M. Volkoff（Interscience, 1958）

［25］ 川村嘉春 著：「量子力学選書 相対論的量子力学」（裳華房，2012 年）

［26］ J. J. Sakurai："*Advanced Quantum Mechanics*"，（Addison - Wesley Pub., 1967）；J. J. サクライ 著，樺沢宇紀 訳：「上級量子力学 1，2」（丸善プラネット，2010 年）

[27] Y. Ohnuki and S. Kamefuchi："*Quantum Field and Parastatistics*"（Univ. Tokyo Press/Springer - Verlag, 1982）

[28] A. Altland and B. Simons："*Condensed Matter Field Theory*", 2nd ed.（Cambridge, 2011）；アルトランド，サイモンズ 共著，新井正男，井上純一，鈴浦秀勝，田中秋広，谷靴伸彦 共訳：「凝縮系物理における場の理論（上），（下）」（吉岡書店，2012 年）

[29] 山田一雄，大見哲巨 共著：「新物理学シリーズ 28 超流動」（培風館，1995 年）

[30] K. A. Brueckner："*The Many Body Problem*"（Dunod, 1959）

[31] R. Machleidt："*The Meson Theory of Nuclear Forces and Nuclear Structure*", Advances in Nuclear Physics Vol. 19（Springer - Verlag, 1989）pp. 189 - 376

[32] 沢田克郎 著：「現代科学選書 多体問題」（岩波書店，1971 年）

[33] 一松信 著：「解析学序説 下巻 新版」（裳華房，1982 年）

[34] D. Pines："*Elementary Excitations in Solids*"（W. A. Benjamin, 1963）

[35] D. ter Haar："*Introduction to the Physics of Many - body Systems*"（Interscience Pub. /John Wiley, 1958）

[36] P. Ring and P. Schuck："*The Nuclear Many - Body Problem*"（Springer - Verlag, 1980）

[37] 山内恭彦，武田暁 共編：「大学演習 量子物理学」（裳華房，1974 年）

[38] 高田健次郎 著：「原子核構造論におけるボソン写像法」（九州大学出版会，2008 年）

[39] D. Raimes："*Many - Electron Theory*"（North - Holland, 1972）

[40] G. Rickayzen："*Green's Functions and Condensed Matter*"（Dover, 1980）

[41] 阿部龍蔵 著：「統計力学 第二版」（東京大学出版会，1992 年）

[42] A. Fetter and J. D. Walecka："*Quantum Theory of Many - Particle Systems*"（Dover, 2003）；A. L. フェッター，J. D. ワレッカ 共著，松原武生，藤井勝彦 共訳：「ADVANCED PHYSICS LIBRARY 多粒子系の量子論 理論編，応用編」（マグロウヒル，1987 年）

[43] A. A. Abrikosov, L. P. Gorkov and I. E. Dzyalosinski："*Methods of Quantum Field Theory in Statistical Physics*", tr. R. S. Silverman（Dover, 1975）

[44] V. N. Popov："*Functional Integrals and Collective Excitations*"（Cambridge

Univ. Press, 1987)

[45] D. ter Haar：“*Elements of Statistical Mechanics*”(Rinehart & Company, Inc., New York, 1956)；テル・ハール 著，田中友安，池田和義 共訳：「熱統計学Ⅰ」，テル・ハール 著，戸田盛和，池田和義，小口武彦，高野文彦 共訳：「熱統計学Ⅱ」(みすず書房，1960年)

[46] C. J. Pethick and H. Smith：“*Bose - Einstein Condensation in Dilute Gases*”, 2nd ed. (Cambridge University Press, 2008)；ペシィック，スミス 共著，町田一成 訳：「物理学叢書 ボース・アインシュタイン凝縮」(吉岡書店，2005年)

[47] L. Pitaeskii and S. Stringari：“*Bose - Einstein Condensation (International Series of Monographs on Physics)*”(Oxford Science Pub., 2003)

[48] K. Huang：“*Statistical Mechanics*”, 2nd ed. (John Wiley & Sons, 1987)

[49] E. T. Whittaker and G. N. Watson：“*A Course of Modern Analysis*”, 4th ed. (Cambridge, 1935)

[50] J. M. Blatt and V. F. Weisskopf：“*Theoretical Nuclear Physics*”(Dover Publications, 2010)

[51] 洲之内源一郎 著：「現代数学講座 7 フーリエ解析」(共立出版，1966年)

[52] A. J. Legget：“*Quantum Liquids：Bose Condensation and Cooper Pairing in Condensed - matter Systems*”, Oxford Graduate Texts (Oxford Univ Press, 2006)

[53] 丹羽雅昭 著：「超電導の基礎」(東京電機大学出版会，2002年)

[54] J. M. Blatt：“*Theory of Superconductivity*”(Academic Press, 1964)

[55] N. H. March, W. H. Young and S. Sampanthar：“*The Many - Body Problem in Quantum Mechanics*”(Dover, 1995, reprint)

[56] R. D. Mattuck：“*A Guide to Feynman Diagrams in the Many - Body Problem*”(Dover, 1992, reprint)

[57] G. D. Mahan：“*Many - Particle Physics (Physics of Solids and Liquids)*”, 3rd ed. (Springer - Verlag, 2000)

[58] 高田康民 著：「朝倉物理学大系 多体問題」(朝倉書店，1999年)

[59] A. Pais：“*Niels Bohr's Times, In Physics, Philosophy, and Polity*”, (Oxford

Univ. Press, 1991）；アブラハム・パイス 著，西尾文子，今野宏之，山口雄仁 共訳：「ニールス・ボーアの時代 1，2 — 物理学・哲学・国家」（みすず書房，2007 年）

[60] P. A. M. Dirac："*Lectures on Quantum Mechanics*"（Dover, 2001, reprint）

[61] 竹内外史 著：「リー代数と素粒子論」（裳華房，1983 年）

[62] 宇野利男，洪妊植 共著：「新数学シリーズ ポテンシャル」（培風館，1961 年）

[63] E. W. Hobson："*The Theory of Spherical and Ellipsoidal Harmonics*"（paperback ed., 1931, Cambridge, 2011）

[64] P. H. Morse and H. Feshbach："*Methods of Theoretical Physics, Part I and II*"（McGraw - Hill, 1953）

[65] 犬井鉄郎 著：「岩波全書 特殊関数」（岩波書店，1962 年）

[66] 高橋健人 著：「新数学シリーズ 物理数学」（培風館，1958 年）

[67] 笠原晧司 著：「サイエンスライブラリ — 数学 微分積分学」（サイエンス社，1974 年）

事 項 索 引

ニ

ネ

ハ

ヒ

フ

ヘ

ホ

ミ

ヤ

ユ

ラ

リ

ル

レ

ワ

欧 文 索 引

T

U

V

W

Y

Z

著者略歴

藪(やぶ) 博之(ひろゆき)

1960 年　福井生まれ
1979 年　京都大学理学部入学
1988 年　京都大学大学院理学研究科物理学第二専攻修了　理学博士
学振特別研究員・フンボルト奨学生・サウスカロライナ大研究員を経て
1994 年 ～ 2006 年　東京都立大学（首都大学東京）理学研究科助手
2006 年　立命館大学理工学部教授　現在に至る
専攻　原子核理論，多体系の量子論

量子力学選書　多粒子系の量子論

2016 年 11 月 15 日　第 1 版 1 刷発行
2019 年 6 月 5 日　第 2 版 1 刷発行
2022 年 6 月 10 日　第 2 版 2 刷発行

検印省略

定価はカバーに表示してあります.

著作者　藪　博之
発行者　吉野和浩
発行所　東京都千代田区四番町 8-1
電話　03-3262-9166（代）
郵便番号　102-0081
株式会社　裳華房
印刷所　三報社印刷株式会社
製本所　株式会社松岳社

一般社団法人
自然科学書協会会員

ISBN 978-4-7853-2514-5